TURING 图灵程序设计丛书

Python数据科学手册（第2版）

Python Data Science Handbook, Second Edition

[美] 杰克·万托布拉斯（Jake VanderPlas）著

陶俊杰　陈小莉　译

Beijing · Boston · Farnham · Sebastopol · Tokyo

O'Reilly Media, Inc.授权人民邮电出版社有限公司出版

人 民 邮 电 出 版 社

北　京

图书在版编目（CIP）数据

Python 数据科学手册 ： 第 2 版 / （美） 杰克・万托布拉斯 （Jake VanderPlas） 著 ； 陶俊杰， 陈小莉译 . 2 版 . -- 北京 ： 人民邮电出版社， 2025. -- （图灵程序设计丛书）. -- ISBN 978-7-115-66266-8

Ⅰ . TP312.8-62

中国国家版本馆 CIP 数据核字第 2025AP2731 号

内 容 提 要

本书为数据科学领域经典畅销书升级版，基于 GitHub 热门开源项目，全面涵盖数据科学领域的重要工具。

全书共分为五部分，每部分介绍一两个 Python 数据科学中的重点工具包。首先从 IPython 和 Jupyter 开始，它们提供了数据科学家需要的计算环境；第二部分讲解 NumPy 如何高效地存储和操作大型数组；第三部分讲解 pandas 如何高效地存储和操作带标签的列式数据；第四部分聚焦 Matplotlib，展示其丰富的数据可视化功能；第五部分以 scikit-learn 为主，这个程序库为最重要的机器学习算法提供了高效整洁的 Python 版实现。

本书适合有一定 Python 使用经验，并想进一步掌握 Python 数据分析能力的读者。

◆ 著　　[美] 杰克・万托布拉斯（Jake VanderPlas）
译　　陶俊杰　陈小莉
责任编辑　刘美英
责任印制　胡　南

◆ 人民邮电出版社出版发行　　北京市丰台区成寿寺路11号
邮编　100164　　电子邮件　315@ptpress.com.cn
网址　https://www.ptpress.com.cn
北京天宇星印刷厂印刷

◆ 开本：800 × 1000　1/16
印张：32　　2025 年 2 月第 2 版
字数：819 千字　　2025 年 2 月北京第 1 次印刷

著作权合同登记号　图字：01-2023-1270 号

定价：139.80 元

读者服务热线：(010)84084456-6009　印装质量热线：(010)81055316

反盗版热线：(010)81055315

版权声明

O'Reilly Media, Inc.介绍

O'Reilly以“分享创新知识、改变世界”为己任。40多年来我们一直向企业、个人提供成功所必需之技能及思想，激励他们创新并做得更好。

O'Reilly业务的核心是独特的专家及创新者网络，众多专家及创新者通过我们分享知识。我们的在线学习（Online Learning）平台提供独家的直播培训、互动学习、认证体验、图书、视频等，使客户更容易获取业务成功所需的专业知识。几十年来O'Reilly图书一直被视为学习开创未来之技术的权威资料。我们所做的一切是为了帮助各领域的专业人士学习最佳实践，发现并塑造科技行业未来的新趋势。

我们的客户渴望做出推动世界前进的创新之举，我们希望能助他们一臂之力。

业界评论

“O'Reilly Radar博客有口皆碑。”

——*Wired*

“O'Reilly凭借一系列非凡想法（真希望当初我也想到了）建立了数百万美元的业务。”

——*Business 2.0*

“O'Reilly Conference是聚集关键思想领袖的绝对典范。”

——*CRN*

“一本O'Reilly的书就代表一个有用、有前途、需要学习的主题。”

——*Irish Times*

“Tim是位特立独行的商人，他不光放眼于最长远、最广阔的领域，并且切实地按照Yogi Berra的建议去做了：‘如果你在路上遇到岔路口，那就走小路。’回顾过去，尽管大路也不错，但Tim似乎每一次都选择了小路，而且有几次都抓住了一闪即逝的机会。”

——*Linux Journal*

目录

第三部分　pandas 数据处理

第四部分 Matplotlib 数据可视化

第五部分 机器学习

对本书的赞誉

如今市面上涌现了众多数据科学主题的图书，但我认为 Jake VanderPlas 的作品尤为卓越。他对这个广泛且复杂的主题进行了巧妙的简化，通过精彩的论述和示例让读者轻松掌握关键概念。

——Celeste Stinger，站点可靠性工程师

Jake VanderPlas 不仅业务专精，而且善于分享。《Python 数据科学手册（第 2 版）》中清晰、易懂的示例，可以帮助读者轻松创建并使用数据科学和机器学习的关键工具。如果你想深入了解如何利用基于 Python 的工具从数据中提取真知灼见，那么这本书正适合你！

——Anne Bonner，Content Simplicity 创始人兼首席执行官

《Python 数据科学手册》多年来一直是我向数据科学专业的学生强力推荐的佳作。该书第 2 版在第 1 版的基础上进行了优化，融入了更给力的 Jupyter Notebook，让读者在阅读时能够快速进行数据科学实验。

——Noah Gift，杜克大学 MIDS 项目驻场高管，Pragmatic AI Labs 创始人

这一版为读者详细介绍了让 Python 成为数据科学和科学计算领域顶级编程语言的若干工具，示例丰富，通俗易懂。

——Allen Downey，*Think Python* 和 *Think Bayes* 作者

《Python 数据科学手册》是向读者展示如何学习 Python 数据科学技术栈的绝佳指南。书中的代码示例通俗易懂、完整实用，让读者能学会有效地存储、处理数据并从中获得深刻见解。

——William Jamir Silva，Adjust GmbH 公司资深软件工程师

Jake VanderPlas 在将核心 Python 概念和工具讲解给数据科学学习者方面经验丰富，这在《Python 数据科学手册（第 2 版）》中再次得以体现。本书不仅为初学者提供了必备工具的全面概述，还阐释了背后的原理，并以通俗易懂的方式呈现出来。

——Jackie Kazil，Mesa 库创造者，数据科学家

译者序

本书主要介绍了 Python 在数据科学领域的基础工具，包括 IPython、Jupyter、NumPy、pandas、Matplotlib 和 scikit-learn。当然，数据科学并非 Python 一家之“言”，Scala、Java、R、Julia 等编程语言在此领域都有各自不同的工具。至于要不要学 Python，我们认为没必要纠结，秉承李小龙的武术哲学即可——Absorb what is useful, discard what is not, and add what is uniquely your own（取其精华，去其糟粕，再加点自己的独创）。Python 的语法简洁直观、易学易用，是表现力最强的编程语言之一，学会它就可以让计算机跟随思想，快速完成许多有趣的事情。同时，它也是备受欢迎的“胶水”语言之一，许多由 Java、C/C++ 语言开发的工具都会提供 Python 接口，如 Spark、H2O、TensorFlow 等。2024 年 2 月，PyPI 网站上的项目数量超过 50 万个，新项目还在不断地涌现，数据科学目前是 Python 星球最酷炫的风景之一。如果数据科学问题让你心有挂碍，那么 Python 这根数据科学的蛇杖（Asklēpiós，阿斯克勒庇俄斯之杖，医神手杖，医院的徽章）可以为你指点迷津。

本书从第 1 版的书稿就开源在了 GitHub 上，截至 2024 年 12 月收获高达 4.34 万 star，堪称 Python 近十年最成功的教材之一。由于本书的纸质版是黑白印刷的，作者在 GitHub 上建立了开源项目，以 Notebook 形式分享了本书的书稿，让读者可以看到彩色的可视化图。此外，作者也在博客上发布了 Jupyter Notebook 的 HTML 页面。除正文的部分内容外，Jupyter Notebook 中的代码、注释与纸质版相同。由于 Jupyter Notebook 是类 JSON 数据格式，因此也适合做版本管理，配合 GitHub 修复 bug 比较方便。配合本书同时开源的，还有作者编写的 Python 入门教程 *A Whirlwind Tour of Python*，该教程同样是使用 Jupyter Notebook 撰写的。Jupyter Notebook 是 IPython 的 Web 版，是一款适合编程、写作、分享甚至教学（Jupyter/nbgrader）的开源工具，其基本功能将在本书第 1 章中介绍。Notebook 的操作十分简单，在浏览器中即可运行。它不仅可以在浏览器中直接编写代码、生成可视化图，还支持 Markdown 文本格式，能够在网页中快速插入常用的 Web 元素（标题、列表、链接、图像）乃至 Mathjax 数学公式，稍加调整便能以幻灯片形式播放内容，阅读体验一级棒。

本书之所以受欢迎，也许离不开第三次 AI 浪潮推动 Python 社区快速发展，让 Python 成为许多人学习的第一门编程语言。1991 年 2 月 20 日，荷兰程序员 Guido van Rossum 发布了 Python，至今已经 34 年。Python 起源于欧洲，发扬于美国，闻名于世界，是互联网推动全球化合作的经典案例。每年，多个国家和地区都会举办若干 Python 会议，仅中国在 2023 年就有 9 个城市举办 PyCon。2020 年，64 岁的 Python 之父 Guido Van Rossum 加入微软，位于北京中关村的微软大厦也成为近几年 Python 北京聚会的大本营。2022 年 11 月 OpenAI 发布的 ChatGPT 更是让基于 Python 的大语言模型研究异彩纷呈，国内目前已经有近 250 个大模型，堪称“百模大战。期待更多的朋友加入 Python 社区，助力 Python 生态持续繁荣。

看编程书的第一步是搭建开发环境，但这一步往往会吓退不少对编程感兴趣的读者。本书对应的开发环境可以通过三种方式实现。第一种方式是在线版 Notebook 编程环境，免安装，只要有浏览器就可以学习编程知识，推荐想快速掌握知识的朋友使用。目前，有许多安装了 Python 编程环境的 Anaconda 发行版的网络平台（PaaS），支持 Jupyter Notebook 编程环境，可以免费使用，如 Google Colab、Jupyter on AWS、微软 Azure 在线编程环境。它们可以在线运行 Notebook 文件，编写、调试、运行代码，也支持文件的上传、下载、新建、删除，还可以运行 Terminal 工具。另外，基于 GitHub 代码仓库，有 nbviewer 可以查看 GitHub 的 Notebook，还有 binder 支持代码仓库一键部署，都是非常有趣的组合。Jupyter Notebook 支持许多编程语言内核，如 Python、R、Java、Go、Kotlin、Scala、Julia、Haskell、Ruby 等。第二种方式是在计算机上安装 Anaconda 发行版。作者在本书前言中介绍了具体的安装方法，安装成功后即可创建 Notebook 编写代码。建议国内的朋友使用清华大学 TUNA 网站的 Anaconda 镜像下载和更新 Anaconda 集成开发环境。第三种方式适合了解 Docker 的朋友——可以直接使用 Jupyter 在 GitHub 上的 Docker 镜像，一键安装，省时省力。里面除了标准 Anaconda 开发环境，还支持 Spark、TensorFlow 的 Notebook 开发环境。

前言

什么是数据科学

这是一本介绍 Python 数据科学的书。可能话音未落，你的脑海中便会浮现一个问题：什么是**数据科学**（data science）？要给这个术语下个定义其实很困难，尤其它现在还那么流行（自然也众口难调）。批评者们要么认为它是一个多余的标签（毕竟哪一门科学不需要数据呢？），要么认为它是一个粉饰简历、吸引技术招聘者眼球的噱头。

我认为这些批评都没抓住重点。如果去掉浮华累赘的装饰，数据科学可能算是目前对跨学科技能的最佳称呼，这些技能在工业界和学术界的诸多应用中扮演着越来越重要的角色。**跨学科**是数据科学的关键。我认为，如今对数据科学最合理的定义，就是 Drew Conway 于 2010 年 9 月在他的博客上首次发表的数据科学维恩图（如图 0-1 所示）。

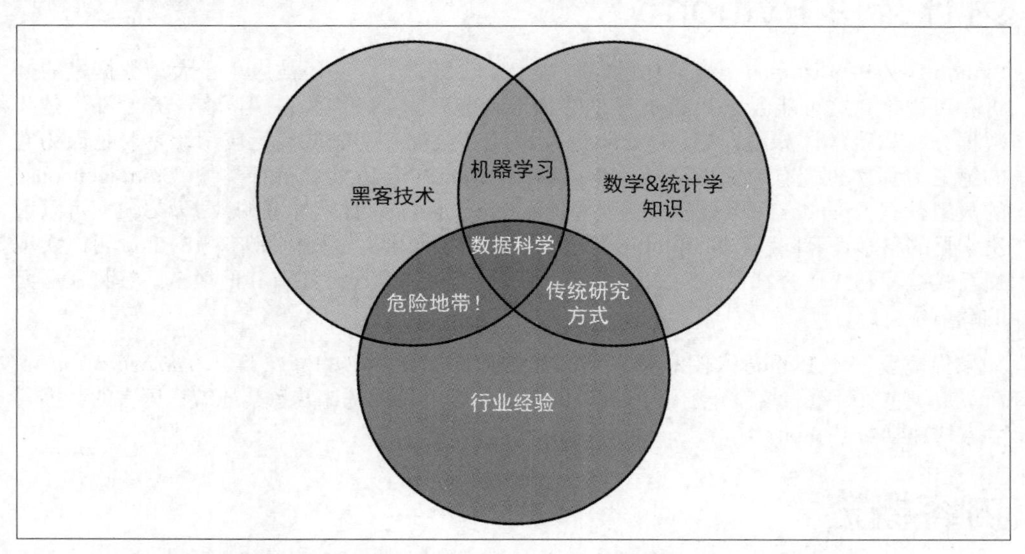

图 0-1：Drew Conway 的数据科学维恩图（由 Drew Conway 提供，经许可可使用）

虽然图中交错的标签看着跟开玩笑似的，但我还是认为这幅图道出了“数据科学”的真谛：它是一个**跨学科**的课题。数据科学综合了 3 个领域的能力：**统计学家**的能力——建立模型和聚合数据（数据量正在不断增大）；**计算机科学家**的能力——设计并使用算法对数据进行高效的存储、分析和可视化；**领域专家**的能力——在细分领域中经过专业的训练，既可以提出正确的问题，又可以做出专业的解答。

我希望你不要把数据科学看作一个新的知识领域，而要把它看成可以在自己熟悉的领域中运用的新能力。无论你是汇报竞选结果、预测股票收益、优化网络广告点击率、在显微镜下识别微生物、在太空中寻找新天体，还是在其他与数据相关的领域中工作，本书都会让你具备发现问题和解决问题的能力。

目标读者

无论是在华盛顿大学教书时，还是在各种科技会议上演讲时，我经常听到这样一个问题：“我应该怎样学习 Python 呢？”问这个问题的都是有技术能力的学生、程序员或科研人员，他们通常都具备很强的编程能力，善于使用计算机和数学工具。他们中的大多数人其实并不想学习 Python 本身，而是想把它作为处理数据密集型任务和计算机科学问题的工具来使用。虽然网上已经有很多教学视频、博客和教程，但是我一直觉得这个问题还缺少一个令我满意的答案——这就是创作本书的缘由。

这并不是一本介绍 Python 和编程基础知识的书。它假设读者已经熟悉 Python 的基本语法，包括定义函数、分配变量、调用对象方法、实现程序控制流等。这本书将帮助 Python 用户学习如何通过 Python 的数据科学栈——包括后文介绍的程序库和相关工具——高效地存储、处理和分析数据。

为什么用 Python

Python 作为科学计算的一流工具已经有几十年的历史了，它还被应用于大型数据集的分析和可视化。这可能会让 Python 早期的创导者感到惊奇，因为这门语言一开始并不是为数据分析和科学计算设计的。Python 之所以能在数据科学领域广泛应用，主要是因为它的第三方程序包拥有庞大而活跃的生态系统：NumPy 可以处理单种类型（homogeneous）的数组数据，pandas 可以处理多种类型（heterogeneous）且带标签的数据，SciPy 可以解决常见的科学计算问题，Matplotlib 可以绘制可用于印刷的可视化图形，IPython 可以实现交互式编程和快速分享代码，scikit-learn 可以进行机器学习，还有其他很多工具将在后面的章节中介绍。

如果你需要一本 Python 入门教程，那么我推荐你阅读本书的姊妹篇 *A Whirlwind Tour of Python*。这个简短的教程介绍了 Python 的基本特性，目的是让熟悉其他编程语言的数据科学家快速学习 Python。

内容概览

本书的每个部分都侧重于一两个特定的软件包或工具，它们都为 Python 数据科学的发展做出了重要贡献。每个部分都分成了若干独立的章节，每章讨论一个概念。

- 第一部分“Jupyter：超越 Python”介绍 IPython 和 Jupyter，这两个程序包为使用 Python 的数据科学家提供了计算环境。
- 第二部分“NumPy 入门”重点介绍 NumPy，这个程序库提供了 `ndarray` 对象，可以用 Python 高效地存储和操作大型数组。
- 第三部分“pandas 数据处理”介绍 pandas，这个程序库提供了 `DataFrame` 对象，可以用 Python 高效地存储和操作带标签的 / 列式数据。
- 第四部分“Matplotlib 数据可视化”介绍 Matplotlib，这个程序库为 Python 提供了丰富的数据可视化功能。
- 第五部分“机器学习”重点介绍 scikit-learn，这个程序库为最重要的机器学习算法提供了高效、整洁的 Python 版实现。

Python 数据科学（PyData）世界里当然不只有这 6 个程序包；相反，情况是日新月异的。因此，我在书中列举了用 Python 实现的其他有趣的图书、项目和程序包的参考资料。不过这 6 个程序包是目前在 Python 数据科学领域中完成大部分工作的基础，即使生态系统在不断发展，我仍然觉得它们 6 个非常重要。

软件安装注意事项

安装 Python 和科学计算程序库的方法其实很简单，下面列举一些在安装软件时的注意事项。

虽然安装Python的方法有很多，但是在数据科学方面，我推荐使用Anaconda发行版[1]，它在 Windows、Linux 和 macOS 操作系统中的安装和使用方式类似。Anaconda 发行版有两种。

- Miniconda 只包含 Python 解释器和一个名为 conda 的命令行工具。conda 是一个跨平台的程序包管理器，可以管理各种 Python 程序包，类似于 Linux 用户熟悉的 apt 和 yum 程序包管理器。
- Anaconda 除了包含 Python 和 conda 之外，还同时绑定了一套科学计算程序包。由于预安装了许多包，因此安装它需要占用几吉字节的存储空间。

如果安装了 Miniconda，Anaconda 附带的所有程序包都可以手动安装。因此，我推荐先安装 Miniconda，其他包视情况安装。

首先，下载并安装 Miniconda 程序包（确认你选择的是适合 Python 3 的版本），然后安装本书的几个重要程序包。

```
[~]$ conda install numpy pandas scikit-learn matplotlib seaborn jupyter
```

本书还会使用其他更专业的 Python 科学计算工具，它们的安装方法同样很简单，只需使用命令 **`conda install 程序包名称`**。如果你在默认的 conda 渠道中找不到所需的包，请务必访问 conda-forge。这是一个由社区驱动的、内容广泛的 conda 包仓库。

关于 conda 的更多信息，包括 conda 虚拟环境（强烈推荐）的创建和使用，请参考 conda 在线文档。

注 1：中国用户请使用清华大学 TUNA 镜像。——译者注

排版约定

本书使用以下排版约定。

黑体

表示新术语或重点强调的内容。

等宽字体（`constant width`）

表示程序片段，以及正文中出现的变量、函数名、数据库、数据类型、环境变量、语句和关键字等。

加粗等宽字体（**`constant width bold`**）

表示应该由用户输入的命令或其他文本。

等宽斜体（*`constant width italic`*）

表示应该由用户输入的值或根据上下文确定的值替换的文本。

该图标表示一般注记。

使用代码示例

本书的补充材料（代码示例、图像等）都可以在 https://github.com/jakevdp/PythonDataScienceHandbook 下载。

如果你使用代码示例时遇到问题，请发送邮件到 bookquestions@oreilly.com。

本书是要帮你完成工作的。一般来说，如果本书提供了示例代码，你可以把它用在你的程序或文档中。除非你使用了很大一部分代码，否则无须联系我们获得许可。比如，用本书的几个代码片段写一个程序就无须获得许可，销售或分发 O'Reilly 图书的示例光盘则需要获得许可；引用本书中的示例代码回答问题无须获得许可，将书中大量的代码放到你的产品文档中则需要获得许可。

我们很希望但并不强制要求你在引用本书内容时加上引用说明。引用说明一般包括书名、作者、出版社和 ISBN，比如"*Python Data Science Handbook, 2nd edition*, by Jake VanderPlas (O'Reilly). Copyright 2023 Jake VanderPlas, 978-1-098-12122-8"。

如果你觉得自己对示例代码的用法超出了上述许可的范围，欢迎你通过 permissions@oreilly.com 与我们联系。

O'Reilly 在线学习平台（O'Reilly Online Learning）

O'REILLY®

40 多年来，O'Reilly Media 致力于提供技术和商业培训、知识和卓越见解，来帮助众多公司取得成功。

我们拥有独特的由专家和创新者组成的庞大网络，他们通过图书、文章和我们的在线学习平台分享他们的知识和经验。O'Reilly 在线学习平台让你能够按需访问现场培训课程、深入的学习路径、交互式编程环境，以及 O'Reilly 和 200 多家其他出版商提供的大量文本资源和视频资源。有关的更多信息，请访问 https://www.oreilly.com。

联系我们

请把对本书的评价和问题发给出版社

美国：

O'Reilly Media, Inc.
1005 Gravenstein Highway North
Sebastopol, CA 95472

中国：

北京市西城区西直门南大街 2 号成铭大厦 C 座 807 室（100035）
奥莱利技术咨询（北京）有限公司

O'Reilly 的每一本书都有专属网页，你可以在那儿找到本书的相关信息，包括勘误表、示例代码以及其他信息。[1] 本书的网站地址是：https://oreil.ly/python-data-science-handbook

对于本书的评论和技术性问题，请发送电子邮件到：bookquestions@oreilly.com

要了解更多 O'Reilly 图书、培训课程和新闻的信息，请访问以下网站：https://www.oreilly.com

我们在 LinkedIn 的地址如下：https://linkedin.com/company/oreilly

请关注我们的 Twitter 动态：http://twitter.com/oreillymedia

我们的 YouTube 视频地址如下：http://www.youtube.com/oreillymedia

电子书

如需购买本书电子版，请扫描以下二维码。

注 1：读者可访问 ituring.cn/book/3029 查看和提交本书中文版勘误，下载示例代码。——编者注

第一部分

Jupyter：超越Python

Python 有很多开发环境可供选择，我也常常被问起在工作中使用哪一种开发环境。我的答案有时会让人惊讶：我偏爱的开发环境是 IPython 加上一个文本编辑器（Emacs 或 VS Code，具体视心情而定）。Jupyter 最初是从 IPython shell 演变而来的，而 IPython shell 由 Fernando Pérez 于 2001 年创建，作为一个增强的 Python 解释器，并自此发展为一个项目。用 Pérez 的原话来说，该项目致力于提供“科学计算全生命周期的开发工具”。如果将 Python 看作数据科学任务的引擎，那么 Jupyter 就是一个交互式控制面板。

除了作为 Python 的一个高效交互式界面外，Jupyter 还扩展了一系列实用的语法特性，这里将介绍其中最实用的几个。Jupyter 项目最为人熟知的产品可能就是 Jupyter Notebook 了，它是一个运行在浏览器中的环境，非常适合进行开发、协作、分享，甚至发布数据科学成果。想要了解 Notebook 的实用性，不妨看看你正在阅读的这本书：本书的全部内容都是通过一系列的 Jupyter Notebook 编写而成的。

本部分首先介绍 Jupyter 和 IPython 对数据科学非常有用的功能，尤其关注 Jupyter 在语法上超越了 Python 的特性。接下来将深入介绍一些更有用的“魔法命令”，这些命令可以提高与创建和使用数据科学代码相关的常规任务的执行速度。最后将介绍 Notebook 的一些特性，这些特性对于理解数据和分享结果非常有用。

第 1 章

IPython和Jupyter入门

在编写数据科学领域的 Python 代码时，我通常会在三种工作模式之间切换：使用 IPython shell 来尝试短命令序列，使用 Jupyter Notebook 进行更长的交互式分析并与他人共享内容，以及使用 Emacs 或 VS Code 等交互式开发环境（IDE）来创建可重用的 Python 包。本章重点介绍前两种模式：IPython shell 和 Jupyter Notebook。虽然 IDE 是数据科学家工具箱中重要的第三种工具，用于软件开发，但这里不会直接讨论它。

1.1 启动 IPython shell

本章和本书大部分内容一样，光靠眼睛看是学不会的。建议你通读一遍，并且用我们介绍的工具和语法动手实践一遍，毕竟通过实践形成的肌肉记忆远比简单阅读一遍持久得多。你可以在命令行中输入 **ipython** 启动 IPython 解释器。如果你安装了 Anaconda 或 EPD 的 Python 发行版，系统中将会有一个特别的启动器。

当你完成以上步骤后，将看到如下的提示：

```
Python 3.9.2 (v3.9.2:1a79785e3e, Feb 19 2021, 09:06:10)
Type 'copyright', 'credits' or 'license' for more information
IPython 7.21.0 -- An enhanced Interactive Python. Type '?' for help.

In [1]:
```

这时就可以执行接下来的步骤了。

1.2 启动 Jupyter Notebook

Jupyter Notebook 是 IPython shell 基于浏览器的图形界面，提供了一系列丰富的动态展示功能。Jupyter Notebook 不仅可以执行 Python/IPython 语句，还允许用户添加格式化文本、静态和动态的可视化图像、数学公式、JavaScript 插件，等等。不仅如此，这些 Notebook 文档还能以共享方式存储，以便其他人可以打开这些 Notebook，并且在他们自己的系统中执行这些 Notebook 代码。

尽管 Jupyter Notebook 是通过你的 Web 浏览器窗口进行查看和编辑的，但是它必须与一个正在运行的 Python 进程连接才能执行代码。想要启动这个进程（也被称作“核”，kernel），需要在系统的命令行中输入以下命令：

```
$ jupyter lab
```

这个命令会启动一个本地的 Web 服务器，可以在你的浏览器中看到页面内容。同时，它会立刻生成日志，显示它正在做什么。这个日志大概如下所示：

```
$ jupyter lab
[ServerApp] Serving notebooks from local directory: /Users/jakevdp/ \
PythonDataScienceHandbook
[ServerApp] Jupyter Server 1.4.1 is running at:
[ServerApp] http://localhost:8888/lab?token=dd852649
[ServerApp] Use Control-C to stop this server and shut down all kernels
(twice to skip confirmation).
```

一旦以上命令执行，你的默认浏览器将会自动打开，并且自动导航到 localhost 网址（实际地址会依据你的系统而定）。如果浏览器没有自动打开，你可以自己打开一个窗口，并且手动打开这个网址（在这个示例中是 http://localhost:8888/lab/）。

1.3 IPython 的帮助和文档

如果你没有阅读本章的其他节，那么请一定阅读本节。我觉得本节中讨论的工具对我的日常工作流程的贡献是最大的。

当一个技术型思维的人要帮助他的朋友、家人或同事解决计算机方面的问题时，大多数时候，重要的不是知道答案，而是知道如何快速找到答案。在数据科学领域也一样，通过搜索在线文档、邮件列表、Stack Overflow 等网络资源都可以获得丰富的信息，即使（尤其是）你曾经搜索过这个主题。要想成为一名高效的数据科学实践者，重要的不是记住针对每个场景应该使用的工具或命令，而是学习如何有效地找到未知信息，无论是通过搜索引擎还是其他方式。

IPython 和 Jupyter 最大的用处之一就是能缩短用户与帮助文档和搜索间的距离，帮助用户高效地完成工作。虽然网络搜索在解答复杂问题时非常有用，但是仅仅使用 IPython 就能找到大量的信息了。以下是仅通过几次按键，IPython 就可以帮你解答的一些问题。

- 我如何调用这个函数？这个函数有哪些参数和选项？
- 这个 Python 对象的源代码是怎样的？
- 我导入的包中有什么？
- 这个对象有哪些属性和方法？

接下来将介绍如何通过 IPython shell 和 Jupyter Notebook 工具来快速获取这些信息。符号 ? 用于浏览文档，符号 ?? 用于浏览源代码，而 Tab 键用于自动补全。

1.3.1 用符号 ? 获取文档

Python 语言及其数据科学生态系统是应用户需求而创建的，而用户的很大一部分需求就是获取文档。每一个 Python 对象都有一个字符串的引用，该字符串即 docstring。大多数情况下，该字符串包含对象的简要介绍和使用方法。Python 内置的 `help()` 函数可以用于获取这些信息，并且能打印输出结果。例如，要查看内置的 `len` 函数的文档，可以按照以下步骤操作：

```
In [1]: help(len)
Help on built-in function len in module builtins:

len(obj, /)
    Return the number of items in a container.
```

根据解释器的不同，这条信息可能会展示为内嵌文本，也可能出现在单独的弹出窗口中。

获取关于一个对象的帮助非常常见，也非常有用，所以 IPython 和 Jupyter 引入了 ? 符号作为获取这个文档和其他相关信息的快捷方式：

```
In [2]: len?
Signature: len(obj, /)
Docstring: Return the number of items in a container.
Type:      builtin_function_or_method
```

这种表示方式几乎适用于一切，包括对象方法：

```
In [3]: L = [1, 2, 3]
In [4]: L.insert?
Signature: L.insert(index, object, /)
Docstring: Insert object before index.
Type:      builtin_function_or_method
```

甚至对于对象本身以及相关类型的文档也适用：

```
In [5]: L?
Type:        list
String form: [1, 2, 3]
Length:      3
Docstring:
Built-in mutable sequence.

If no argument is given, the constructor creates a new empty list.
The argument must be an iterable if specified.
```

重要的是，这种方法也适用于你自己创建的函数或者其他对象！下面定义一个带有 docstring 的小函数：

```
In [6]: def square(a):
  ....:     """Return the square of a."""
  ....:     return a ** 2
  ....:
```

请注意，为了给函数创建一个 docstring，仅仅在第一行放置了一个字符串字面量。由于 docstring 通常是多行的，因此按照惯例，用 Python 的 3 个引号表示多行字符串。

接下来用 ? 符号来找到这个 docstring：

```
In [7]: square?
Signature: square(a)
Docstring: Return the square of a.
File:      <ipython-input-6>
Type:      function
```

你应该养成在所写的代码中添加这样的内嵌文档的习惯，这样就可以通过 docstring 快速获取文档。

1.3.2 用符号 ?? 获取源代码

由于 Python 非常易读，所以你可以通过阅读自己感兴趣的对象的源代码获得更深层次的理解。IPython 和 Jupyter 提供了获取源代码的快捷方式（使用两个问号 ??）：

```
In [8]: square??
Signature: square(a)
Source:
def square(a):
    """Return the square of a."""
    return a ** 2
File:      <ipython-input-6>
Type:      function
```

对于这样的简单函数，两个问号就可以帮助你深入理解隐含在表面之下的实现细节。

如果你经常使用 ?? 后缀，就会发现它有时不能显示源代码。这是因为你查询的对象并不是用 Python 实现的，而是用 C 语言或其他编译扩展语言实现的。在这种情况下，?? 后缀将等同于 ? 后缀。你将在很多 Python 内置对象和类型中发现这样的情况，例如上面示例中提到的 `len` 函数：

```
In [9]: len??
Signature: len(obj, /)
Docstring: Return the number of items in a container.
Type:      builtin_function_or_method
```

? 和 ?? 提供了一个强大又快速的接口，可以查找任何 Python 函数或模块的用途信息。

1.3.3 用 Tab 补全的方式探索模块

IPython 另一个有用的接口是 Tab 键，它可用于自动补全和探索对象、模块及命名空间的内容。在接下来的示例中，我们将用 `<TAB>` 来表示按 Tab 键。

1. 对象内容的 Tab 自动补全

每一个 Python 对象都包含各种属性和方法。和此前讨论的 `help` 函数类似，Python 有一个内置的 `dir` 函数，可以返回一个属性和方法的列表。但是 Tab 自动补全接口在实际的应用过程中更简便。要想看到对象所有可用属性的列表，可以输入这个对象的名称，再加上一个句点（.），然后按下 Tab 键：

```
In [10]: L.<TAB>
                    append() count    insert   reverse
                    clear    extend   pop      sort
                    copy     index    remove
```

为了进一步缩小整个列表，可以输入属性或方法名称的第一个或前几个字符，然后按 Tab 键将会查找匹配的属性或方法：

```
In [10]: L.c<TAB>
                     clear() count()
                     copy()

In [10]: L.co<TAB>
                      copy() count()
```

如果只有一个选项，按下 Tab 键将会把名称自动补全。例如，下面示例中的内容将会马上被 L.count 替换：

```
In [10]: L.cou<TAB>
```

尽管 Python 没有严格区分公共 / 外部属性和私有 / 内部属性，但是按照惯例，前面带有下划线表示私有属性或方法。为了清楚起见，这个列表中默认省略了这些私有方法和特殊方法。不过，你可以通过明确地输入一条下划线来把这些私有的属性或方法列出来：

```
In [10]: L._<TAB>
                   __add__                __delattr__     __eq__
                   __class__              __delitem__     __format__()
                   __class_getitem__() __dir__()         __ge__           >
                   __contains__           __doc__         __getattribute__
```

为了简洁起见，这里只展示了输出的前几列，大部分是 Python 特殊的双下划线方法（也被称作“dunder 方法”）。

2. 导入时的 Tab 自动补全

Tab 自动补全在从包中导入对象时也非常有用。下面用这种方法来查找 itertools 包中以 co 开头的所有可导入的对象：

```
In [10]: from itertools import co<TAB>
         combinations()                    compress()
         combinations_with_replacement() count()
```

同样，你也可以用 Tab 自动补全来查看你系统中所有可导入的包（这将因你的 Python 会话中有哪些第三方脚本和模块可见而不同）：

```
In [10]: import <TAB>
                abc                anyio
                activate_this      appdirs
                aifc               appnope        >
                antigravity        argon2

In [10]: import h<TAB>
                hashlib html
                heapq   http
                hmac
```

3. 超越 Tab 自动补全：通配符匹配

当你知道所寻找的对象或属性名称的第一个或者前几个字符时，Tab 自动补全将非常有用。但是当你想匹配名称中间或者末尾的几个字符时，它就束手无策了。对于这样的场景，IPython 和 Jupyter 提供了用 * 符号来实现的通配符匹配方法。

例如，可以用它列举出命名空间中名称以 Warning 结尾的所有对象：

```
In [10]: *Warning?
BytesWarning                    RuntimeWarning
DeprecationWarning              SyntaxWarning
FutureWarning                   UnicodeWarning
ImportWarning                   UserWarning
PendingDeprecationWarning       Warning
ResourceWarning
```

请注意，这里的 * 符号匹配任意字符串，包括空字符串。

同理，假设我们在寻找一个字符串方法，它的名称中包含 find。我们可以这样做：

```
In [11]: str.*find*?
str.find
str.rfind
```

在实际应用过程中，我发现，当我接触一个新的包或者是重新认识一个已经熟悉的包时，这种灵活的通配符查找方法对于找到其中一个特定的命令非常有用。

1.4 IPython shell 中的快捷键

如果你常用计算机，可能在工作流程中使用过快捷键。最熟悉的可能是 Cmd + C 和 Cmd + V（或者是 Ctrl + C 和 Ctrl + V），它们在很多程序和系统中用于复制和粘贴。高级用户会将快捷键用得更加深入和广泛，流行的文本编辑器（如 Emacs、Vim 等）通过复杂的按键组合为用户提供了很多快捷操作。

IPython 并没有上述编辑器那么强大，但是它也提供了一些快捷方式，能帮你在录入命令的时候快速导航。虽然一些快捷方式也可以在基于浏览器的 Notebook 中起作用，但是本节将主要讨论 IPython shell 中的快捷方式。

一旦你用惯了这些快捷方式，就能快速执行一些命令，而不用将手从“home”键上移开。如果你是一名 Emacs 用户，或者有 Linux shell 的使用经验，会对接下来的内容非常熟悉。我会将这些快捷键分为几类：**导航快捷键**、**文本输入快捷键**、**命令历史快捷键**和**其他快捷键**。

1.4.1 导航快捷键

利用左箭头键和右箭头键在一行中向前或向后移动是非常常见的，不过还有其他一些选项也可以让你不用把手从“home”键上挪开。

快捷键	动作
Ctrl + A	将光标移到当前行的开始处
Ctrl + E	将光标移到当前行的结尾处
Ctrl + B（或左箭头键）	将光标回退一个字符
Ctrl + F（或右箭头键）	将光标前进一个字符

1.4.2 文本输入快捷键

每个人都知道用 Backspace 键可以删除前一个字符，但手指要移动一定的距离才能够到这个按键，并且它一次只能删除一个字符。IPython 中有一些可以删除你输入的部分文本的快捷键，其中立马能派上用场的就是删除整行文本的快捷键。一旦你开始用 Ctrl + B 和 Ctrl + D 组合，而不是用 Backspace 按键删除前一个字符，就再也离不开这些快捷键了。

快捷键	动作
Backspace 键	删除前一个字符
Ctrl + D	删除下一个字符
Ctrl + K	从光标处开始剪切至当前行的末尾
Ctrl + U	从当前行的开头剪切至光标处
Ctrl + Y	粘贴之前剪切的文本
Ctrl + T	交换前两个字符

1.4.3 命令历史快捷键

可能本书讨论的最有效的快捷方式是 IPython 提供的导航命令历史的快捷方式。命令历史不仅限于你当前的 IPython 会话——你所有的命令历史都会存储在 IPython 配置文件路径下的一个 SQLite 数据库中。获取这些命令的最直接的方式就是用上下箭头键遍历历史，但是还有些别的选项。

快捷键	动作
Ctrl + P（或向上箭头键）	获取前一个历史命令
Ctrl + N（或向下箭头键）	获取后一个历史命令
Ctrl + R	对历史命令的反向搜索

反向搜索特别有用。我们在前文中定义了一个叫作 `square` 的函数。让我们从一个新的 IPython shell 中反向搜索 Python 历史，重新找到这个函数的定义。当你在 IPython 终端按下 Ctrl + R 键时，将看到如下提示：

```
In [1]:
(reverse-i-search)`':
```

如果你在该提示后开始输入字符，IPython 将自动填充时间最近的命令。如果有的话，将会匹配到如下字符：

```
In [1]:
(reverse-i-search)`sqa': square??
```

你可以随时添加更多的字符来重新定义搜索，或者再一次按下 Ctrl + R 键来寻找另外一个匹配该查询的命令。如果你在前面照做了的话，按下 Ctrl + R 键两次将可以看到：

```
In [1]:
(reverse-i-search)`sqa': def square(a):
    """Return the square of a"""
    return a ** 2
```

找到你所寻找的命令后，按下 Return 键将会终止查找。然后就可以利用查找到的命令，继续我们的会话：

```
In [1]: def square(a):
    """Return the square of a"""
    return a ** 2

In [2]: square(2)
Out[2]: 4
```

请注意，你也可以用 Ctrl + P / Ctrl + N 或者上下箭头键搜索历史，但仅仅是匹配每行的前几个字符。也就是说，如果你输入 **def** 然后按下 Ctrl + P，则会在你的命令历史中找到以 def 开头的最近的命令（如果有的话）。

1.4.4 其他快捷键

还有一些不能归在之前几个类别中的快捷键，但是它们也非常有用。

快捷键	动作
Ctrl + L	清除终端屏幕的内容
Ctrl + C	中断当前的 Python 命令
Ctrl + D	退出 IPython 会话

如果你无意间开启了一个运行时间非常长的程序，Ctrl + C 快捷键就能派上大用场。

这里讨论的一些快捷键可能乍看上去有些麻烦，但是经过实践你很快就会习惯它们。一旦你形成了这种肌肉记忆，甚至会希望将这些快捷方式应用到其他场景中。

第2章

增强的交互功能

IPython 和 Jupyter 的强大功能大多来自于它们提供的额外的交互工具。本章将介绍一部分工具，包括所谓的魔法命令、探索输入和输出历史的工具，以及与 shell 交互的工具。

2.1 IPython 魔法命令

前一章介绍了 IPython 如何让你以更有效且更具交互性的方式使用和探索 Python。本节将介绍 IPython 在普通 Python 语法基础之上的一些增强功能。这些功能被称作 IPython **魔法命令**，并且都以 `%` 符号作为前缀。这些魔法命令设计用于简洁地解决标准数据分析中的各种常见问题。魔法命令有两种形式：**行魔法**（line magic）和**单元魔法**（cell magic）。行魔法以单个 `%` 字符作为前缀，作用于单行输入；单元魔法以两个 `%%` 作为前缀，作用于多行输入。下面将展示和讨论一些简单的例子，本章后面会更详细地讨论一些有用的魔法命令。

2.1.1 执行外部代码：%run

当你开发更复杂的代码时，可能会发现自己在使用 IPython 进行交互式探索的同时，还需要使用文本编辑器存储你希望重用的代码。在 IPython 会话中运行之前的代码非常方便，无须在另一个新窗口中运行。这个功能可以通过 `%run` 魔法命令来实现。

假设你创建了一个 myscript.py 文件，该文件包含以下内容：

```
# 文件：myscript.py

def square(x):
    """ 求平方 """
    return x ** 2

for N in range(1, 4):
    print(f"{N} squared is {square(N)}")
```

你可以像下面这样在 IPython 会话中运行该程序：

```
In [1]: %run myscript.py
1 squared is 1
2 squared is 4
3 squared is 9
```

请注意，当你运行了这段代码之后，该代码中包含的所有函数都可以在 IPython 会话中使用：

```
In [2]: square(5)
Out[2]: 25
```

IPython 提供了几种方式来调整代码如何运行。你可以在 IPython 解释器中输入 **%run?** 来查看帮助文档。

2.1.2 计算代码运行时间：%timeit

另一个非常有用的魔法函数是 %timeit，它会自动计算接下来一行的 Python 语句的执行时间。例如，我们可能想了解列表推导式的性能：

```
In [3]: %timeit L = [n ** 2 for n in range(1000)]
430 µs ± 3.21 µs per loop (mean ± std. dev. of 7 runs, 1000 loops each)
```

%timeit 的好处是，它会自动多次执行简短的命令，以获得更稳定的结果。对于多行语句，可以增加一个 % 符号，将其转变成单元魔法，以处理多行输入。例如，下面是 for 循环的同等结构：

```
In [4]: %%timeit
   ...: L = []
   ...: for n in range(1000):
   ...:     L.append(n ** 2)
   ...:
484 µs ± 5.67 µs per loop (mean ± std. dev. of 7 runs, 1000 loops each)
```

从以上结果可以立刻看出，列表推导式比同等的 for 循环结构快约 10%。我们将在第 3 章进一步探索 %timeit 以及其他对代码进行计时和分析的方法。

2.1.3 魔法函数的帮助：?、%magic 和 %lsmagic

和普通的 Python 函数一样，IPython 魔法函数也有 docstring，并且可以通过标准的方式获取这些有用的文档注释。例如，为了读到 %timeit 魔法函数的文档注释，可以简单地输入以下命令：

```
In [5]: %timeit?
```

其他函数的文档注释也可以通过类似的方法获得。为了获得可用魔法函数的一般描述以及一些示例，可以输入以下命令：

```
In [6]: %magic
```

为了快速而简单地获得所有可用魔法函数的列表，可以输入以下命令：

```
In [7]: %lsmagic
```

最后我还想提醒你，更直接的方式是定制你自己的魔法函数。这里不会做具体介绍，但是如果你感兴趣，可以参考第 3 章最后列出的参考文献。

2.2 输入和输出历史

我们在前面看到，IPython shell 允许用上下箭头键或 Ctrl + P / Ctrl + N 快捷键获得历史命令。另外，IPython 在 shell 和 Notebook 中都提供了几种方式来获取历史命令的输出，以及这些命令本身的字符串形式。本节将会具体介绍。

2.2.1 IPython 的输入和输出对象

到目前为止，我想你应该特别熟悉 IPython 用到的 `In[1]:`/`Out[1]:` 形式的提示符。但实际上，它们并不仅仅是好看的装饰形式，它们还给出了在当前会话中获取输入和输出历史的线索。假设你用以下形式启动了一个会话：

```
In [1]: import math

In [2]: math.sin(2)
Out[2]: 0.9092974268256817

In [3]: math.cos(2)
Out[3]: -0.4161468365471424
```

我们导入了一个内置的 `math` 程序包，然后计算 2 的正弦函数和余弦函数值。这些输入和输出在 shell 中带有 `In`/`Out` 标签，但是不仅如此——IPython 实际上创建了叫作 `In` 和 `Out` 的 Python 变量，这些变量会自动更新以反映命令历史：

```
In [4]: In
Out[4]: ['', 'import math', 'math.sin(2)', 'math.cos(2)', 'In']

In [5]: Out
Out[5]:
{2: 0.9092974268256817,
 3: -0.4161468365471424,
 4: ['', 'import math', 'math.sin(2)', 'math.cos(2)', 'In', 'Out']}
```

`In` 对象是一个列表，按照顺序记录所有的命令（列表中的第一项是一个占位符，以便 `In[1]` 可以表示第一条命令）：

```
In [6]: print(In[1])
import math
```

`Out` 对象不是一个列表，而是一个字典，它将输入数字映射到相应的输出（如果有的话）：

```
In [7]: print(Out[2])
.9092974268256817
```

请注意，不是所有操作都有输出，例如 `import` 语句和 `print` 语句就不影响输出。对于后者你可能会感到有点意外，但是仔细想想，`print` 是一个函数，它的返回值是 `None`，这样就能说通了。总的来说，任何返回值是 None 的命令都不会加到 Out 变量中。

如果想利用之前的结果，理解以上内容将大有用处。例如，利用之前的计算结果检查 sin(2) ** 2 和 cos(2) ** 2 的和，结果如下：

```
In [8]: Out[2] ** 2 + Out[3] ** 2
Out[8]: 1.0
```

输出结果是 1.0，符合三角恒等式。在这个例子中，可能不需要利用之前的结果，但是如果你执行了一个非常复杂的计算却忘记将结果赋值给一个变量，那么该方法就会非常有用。

2.2.2 下划线快捷键和以前的输出

标准的 Python shell 仅仅包括一个用于获取以前的输出的简单快捷键。变量 _（单下划线）用于更新以前的输出，而这种方式在 IPython 中也适用：

```
In [9]: print(_)
.0
```

但是 IPython 更进了一步——你可以用两条下划线获取倒数第二个历史输出，用三条下划线获取倒数第三个历史输出（跳过任何没有输出的命令）：

```
In [10]: print(__)
-0.4161468365471424

In [11]: print(___)
.9092974268256817
```

IPython 的这一功能就此停止：超过三条下划线开始变得比较难计数，并且在这种情况下通过行号来指定输出更方便。

这里还要提到另外一个快捷键——Out[*X*] 的简写形式是 _*X*（即一条下划线加行号）：

```
In [12]: Out[2]
Out[12]: 0.9092974268256817

In [13]: _2
Out[13]: 0.9092974268256817
```

2.2.3 禁止输出

有时你可能希望禁止一条语句的输出（在第四部分将介绍的画图命令中最常见）。或者你执行的命令生成了一个你并不希望存储到输出历史中的结果，这样当其他引用被删除时，该空间可以被释放。要禁止一个命令的输出，最简单的方式就是在行末添加一个分号：

```
In [14]: math.sin(2) + math.cos(2);
```

请注意，这个结果被默默地计算了，并且输出结果既不会显示在屏幕上，也不会存储在 Out 路径下：

```
In [15]: 14 in Out
Out[15]: False
```

2.2.4 相关的魔法命令

如果想一次性获取此前所有的输入历史，%history 魔法命令会非常有用。在下面的示例中可以看到如何打印前 4 条输入命令：

```
In [16]: %history -n 1-3
   1: import math
   2: math.sin(2)
   3: math.cos(2)
```

按照惯例，可以输入 %history?（? 帮助功能的详情请参见第 1 章）来查看更多相关信息以及可用选项的详细描述。其他类似的魔法命令还有 %rerun（该命令将重新执行部分历史命令）和 %save（该命令将部分历史命令保存到一个文件中）。

2.3 IPython 和 shell 命令

当与标准 Python 解释器交互时，你将面临一个令人沮丧的场景——你需要在多个 Python 工具和系统命令行工具窗口间来回切换。而 IPython 可以跨越这个鸿沟，并且提供了在 IPython 终端直接执行 shell 命令的语法。这一神奇的功能是使用感叹号实现的：一行中任何在 ! 之后的内容将不会通过 Python 内核运行，而是通过系统命令行运行。

以下内容假定你在用一个类 Unix 系统，如 Linux 或者 -macOS。下文中的一些示例如果在 Windows 系统中运行将会失败，因为 Windows 系统默认使用的是与类 Unix 系统不同的 shell。如果你用 WSL，示例应该都能正常运行。如果你不熟悉 shell 命令，建议你查看 Software Carpentry Foundation 的 shell 教程。

2.3.1 shell 快速入门

关于如何使用 shell/ 终端 / 命令行的完整介绍不在本章的讨论范围内，但是我们为没有任何相关经验的初学者提供了一份快速入门指南。shell 是一种通过文本与计算机交互的方式。自 20 世纪 80 年代中期，微软和苹果发布其第一版（现在已经非常普遍的）图形操作系统以来，大多数计算机用户已经熟悉了通过菜单点击和拖放等方式与操作系统进行交互。但是，操作系统早在这些图形用户界面出现之前就存在，并且早期主要通过输入文本来控制：用户在提示符后输入一个命令，计算机将按照命令执行任务。这些早期的提示系统是 shell 和终端的前身，并且大多数活跃的数据科学家至今仍然用它们与计算机交互。

有些不熟悉 shell 的人可能会问，明明通过简单地点击图标和菜单就可以完成很多任务，为什么要把它复杂化？ shell 用户可能想用另一个问题来回答：明明在命令行中简单地输入就能完成任务，为什么还要点击图标和菜单？这听起来可能像一个典型的技术偏好僵局，但显然，shell 对于高级任务能提供更多的控制操作。但是，我们也不得不承认 shell 的学习曲线会使很多普通计算机用户望而却步。

例如，以下是一个用户在 Linux/macOS 系统中探索、创建和修改文件和路径的 shell 会话的示例（osx:~ $ 是提示符，在 $ 符号后的所有内容是输入的命令；在 # 之前的文本是一个描述，并不是实际输入的内容）：

```
osx:~ $ echo "hello world"                # echo 类似于 Python 的 print 函数
hello world

osx:~ $ pwd                               # pwd= 打印工作路径
/home/jake                                # 这就是我们所在的路径

osx:~ $ ls                                # ls= 列出当前路径的内容
notebooks  projects

osx:~ $ cd projects/                      # cd= 改变路径

osx:projects $ pwd
/home/jake/projects

osx:projects $ ls
datasci_book   mpld3   myproject.txt

osx:projects $ mkdir myproject            # mkdir= 创建新的路径

osx:projects $ cd myproject/

osx:myproject $ mv ../myproject.txt ./    # mv= 移动文件。这里将
                                          # 文件 myproject.txt 从上一级
                                          # 路径（../）移动到当前路径（./）
osx:myproject $ ls
myproject.txt
```

请注意，以上示例仅仅是通过输入命令而不是通过点击图标和菜单来执行熟悉操作（对路径结构的导航、创建路径、移动文件等）的一种紧凑方式。在这个例子中，仅仅通过几个简单的命令（pwd、ls、cd、mkdir 和 cp）就可以完成大多数常见的文件操作。当你执行一些高级任务时，shell 方法将变得非常有用。

2.3.2 IPython 中的 shell 命令

你可以通过将！符号作为前缀，在 IPython 中执行任何 shell 命令。例如，ls、pwd 和 echo 命令可以按照以下方式运行：

```
In [1]: !ls
myproject.txt

In [2]: !pwd
/home/jake/projects/myproject

In [3]: !echo "printing from the shell"
printing from the shell
```

2.3.3 在 shell 中传入或传出值

shell 命令不仅可以从 IPython 中调用，还可以和 IPython 命名空间进行交互。例如，你可以通过赋值运算符 = 将任何 shell 命令的输出保存到一个 Python 列表中：

```
In [4]: contents = !ls

In [5]: print(contents)
['myproject.txt']

In [6]: directory = !pwd

In [7]: print(directory)
['/Users/jakevdp/notebooks/tmp/myproject']
```

请注意，这些结果并不以列表的形式返回，而是以 IPython 中定义的一个特殊 shell 返回类型的形式返回：

```
In [8]: type(directory)
IPython.utils.text.SList
```

这看上去和 Python 列表很像，并且可以像列表一样操作。但是这种类型还有其他功能，例如 `grep` 和 `fields` 方法以及 `s`、`n` 和 `p` 属性，允许你轻松地搜索、过滤和显示结果。你可以用 IPython 内置的帮助功能来查看更多的详细信息。

另一个方向的交互，即将 Python 变量传入 shell，可以通过 `{`*`varname`*`}` 语法实现：

```
In [9]: message = "hello from Python"

In [10]: !echo {message}
hello from Python
```

变量名包含在大括号内，在 shell 命令中用实际的变量替代。

2.3.4 与 shell 相关的魔法命令

操作 IPython 的 shell 命令一段时间后，你可能会注意到你不能通过 `!cd` 来导航文件系统：

```
In [11]: !pwd
/home/jake/projects/myproject

In [12]: !cd ..

In [13]: !pwd
/home/jake/projects/myproject
```

原因是 Notebook 中的 shell 命令是在一个临时的分支 shell 中执行的，该分支 shell 不会在命令之间保持状态。如果你希望以一种更持久的方式更改工作路径，可以使用 `%cd` 魔法命令：

```
In [14]: %cd ..
/home/jake/projects
```

事实上，默认情况下，你甚至不用 `%` 符号就可以实现该功能：

```
In [15]: cd myproject
/home/jake/projects/myproject
```

这被称作**自动魔法**（automagic）函数，而是否能够在不显式使用 `%` 的情况下执行此类命令，可以通过 `%automagic` 魔法函数进行切换。

除了 %cd，其他可用的类似 shell 的魔法函数还有 %cat、%cp、%env、%ls、%man、%mkdir、%more、%mv、%pwd、%rm 和 %rmdir。如果 automagic 被打开，以上任何一个魔法命令都可以省略 % 符号，这使得你可以将 IPython 提示符当作普通 shell 一样使用：

```
In [16]: mkdir tmp

In [17]: ls
myproject.txt  tmp/

In [18]: cp myproject.txt tmp/

In [19]: ls tmp
myproject.txt

In [20]: rm -r tmp
```

这种在和 Python 会话相同的窗口中访问 shell 的方式，意味着你在编辑 Python 代码时，可以减少在 Python 解释器和 shell 之间来回切换的次数。

第3章

调试及性能分析

除了前一章介绍的增强型交互工具外，Jupyter 还提供了许多探索和理解当前运行代码的方法，例如跟踪代码逻辑中的错误或异常慢执行。本章将讨论其中一些工具。

3.1 错误和调试

代码开发和数据分析经常需要一些试错，而 IPython 包含了一系列提高这一流程效率的工具。本节将先简要介绍一些控制 Python 异常报告的选项，然后探索调试代码中错误的工具。

3.1.1 控制异常：%xmode

大多数时候，当一个 Python 脚本未执行通过时，会抛出异常。当解释器捕获到这些异常中的一个时，可以在**轨迹追溯**（traceback）中找到引起这个错误的原因。利用 %xmode 魔法函数，IPython 允许你在异常发生时控制打印信息的数量。以下面的代码为例：

```
In[1]: def func1(a, b):
           return a / b

       def func2(x):
           a = x
           b = x - 1
           return func1(a, b)

In[2]: func2(1)
ZeroDivisionError                         Traceback (most recent call last)

<ipython-input-2-b2e110f6fc8f^gt; in <module>()
----> 1 func2(1)
```

```
<ipython-input-1-d849e34d61fb> in func2(x)
      5     a = x
      6     b = x - 1
----> 7     return func1(a, b)

<ipython-input-1-d849e34d61fb> in func1(a, b)
      1 def func1(a, b):
----> 2     return a / b
      3
      4 def func2(x):
      5     a = x

ZeroDivisionError: division by zero
```

调用 func2 函数导致一个错误，阅读打印的轨迹可以清楚地看见发生了什么。在默认模式下，这个轨迹信息包括几行，显示了导致错误的每个步骤的上下文。利用 %xmode 魔法函数（简称**异常模式**），可以改变打印的信息。

%xmode 有一个输入参数，即模式。模式有 3 个可选项：Plain、Context 和 Verbose。默认情况下是 Context，该模式的输出结果我们已经见过。Plain 更紧凑，给出的信息更少：

```
In[3]: %xmode Plain
Out[3]: Exception reporting mode: Plain

In[4]: func2(1)
Traceback (most recent call last):

  File "<ipython-input-4-b2e110f6fc8f>", line 1, in <module>
    func2(1)

  File "<ipython-input-1-d849e34d61fb>", line 7, in func2
    return func1(a, b)

  File "<ipython-input-1-d849e34d61fb>", line 2, in func1
    return a / b

ZeroDivisionError: division by zero
```

Verbose 模式加入了一些额外的信息，包括任何被调用的函数的参数：

```
In[5]: %xmode Verbose
Out[5]: Exception reporting mode: Verbose

In[6]: func2(1)
ZeroDivisionError                         Traceback (most recent call last)
<ipython-input-6-b2e110f6fc8f> in <module>()
----> 1 func2(1)
        global func2 = <function func2 at 0x103729320>

<ipython-input-1-d849e34d61fb> in func2(x=1)
      5     a = x
      6     b = x - 1
----> 7     return func1(a, b)
        global func1 = <function func1 at 0x1037294d0>
        a = 1
        b = 0
```

```
<ipython-input-1-d849e34d61fb> in func1(a=1, b=0)
      1 def func1(a, b):
----> 2     return a / b
        a = 1
        b = 0
      3
      4 def func2(x):
      5     a = x

ZeroDivisionError: division by zero
```

这些额外的信息可以帮助你发现为什么会出现异常。那么为什么不在所有场景中都使用 Verbose 模式呢？这是因为如果代码变得更复杂，这种方式的轨迹追溯会变得非常长。根据情境的不同，有时 Plain 或 Context 模式的简要描述更容易处理。

3.1.2 调试：当阅读轨迹追溯不足以解决问题时

标准的 Python 交互式调试工具是 pdb，它是 Python 的调试器。这个调试器允许用户逐行运行代码，以便查找导致错误的可能原因。IPython 增强版本的调试器是 ipdb，它是 IPython 专用的调试器。

启动和运行这两个调试器的方式有很多，这里不会一一介绍。你可以通过在线文档了解关于它们的更多信息。

IPython 中最方便的调试界面可能就是 %debug 魔法命令了。如果你在捕获异常后调用该调试器，它会在异常点自动打开一个交互式调试提示符。ipdb 提示符让你可以探索栈空间的当前状态，探索可用变量，甚至运行 Python 命令！

来看看最近的异常，然后执行一些简单的任务——打印 a 和 b 的值，然后输入 **quit** 来结束调试会话：

```
In [7]: %debug <ipython-input-1-d849e34d61fb>(2)func1()
      1 def func1(a, b):
----> 2     return a / b
      3

ipdb> print(a)
1
ipdb> print(b)
0
ipdb> quit
```

这个交互式调试器的功能不止如此，我们甚至可以设置单步入栈和出栈来查看各变量的值：

```
In [8]: %debug <ipython-input-1-d849e34d61fb>(2)func1()
      1 def func1(a, b):
----> 2     return a / b
      3

ipdb> up <ipython-input-1-d849e34d61fb>(7)func2()
      5     a = x
      6     b = x - 1
----> 7     return func1(a, b)
```

```
ipdb> print(x)
1
ipdb> up <ipython-input-6-b2e110f6fc8f>(1)<module>()
----> 1 func2(1)

ipdb> down <ipython-input-1-d849e34d61fb>(7)func2()
      5     a = x
      6     b = x - 1
----> 7     return func1(a, b)

ipdb> quit
```

这让你可以快速找到导致错误的原因，并且知道是哪一个函数调用导致了错误。

如果你希望在发生任何异常时都自动启动调试器，可以用 %pdb 魔法函数来启动这个自动过程：

```
In[9]: %xmode Plain
       %pdb on
       func2(1)
Exception reporting mode: Plain
Automatic pdb calling has been turned ON
ZeroDivisionError: division by zero  <ipython-input-1-d849e34d61fb>(2)func1()
      1 def func1(a, b):
----> 2     return a / b
      3

ipdb> print(b)
0
ipdb> quit
```

最后，如果你有一个脚本，并且希望以交互式模式运行，则可以用 %run -d 命令来运行，并利用 next 命令单步向下交互地运行代码。

这里仅仅列举了部分可用的交互式调试命令。表 3-1 中包含了一些常用且有用的命令及其描述。

表 3-1：部分常用调试命令

命令	描述
l(ist)	显示文件的当前路径
h(elp)	显示命令列表，或查找特定命令的帮助信息
q(uit)	退出调试器和程序
c(ontinue)	退出调试器，继续运行程序
n(ext)	跳到程序的下一步
<enter>	重复前一个命令
p(rint)	打印变量
s(tep)	步入子进程
r(eturn)	从子进程跳出

在调试器中使用 help 命令，或者查看 ipdb 的在线文档，可获取更多的相关信息。

3.2 代码性能与耗时分析

在开发代码和创建数据处理管道的过程中，经常需要在各种实现方式之间取舍，但在开发算法的早期就考虑这些事情会适得其反。正如高德纳所说："大约 97% 的时间，我们应该忘记微小的效率差别；过早优化是一切罪恶的根源。"

不过，一旦代码运行起来，提高代码的运行效率总是有用的。有时候查看给定命令或一组命令的运行时间非常有用，有时候深入多行进程并确定一系列复杂操作的效率瓶颈也非常有用。IPython 提供了很多执行代码计时和性能分析的函数。我们将讨论以下 IPython 魔法命令。

`%time`

　对单个语句的执行时间进行计时。

`%timeit`

　对单个语句的重复执行进行计时，以获得更高的准确度。

`%prun`

　利用分析器运行代码。

`%lprun`

　利用逐行分析器运行代码。

`%memit`

　测量单个语句的内存使用。

`%mprun`

　通过逐行的内存分析器运行代码。

最后 4 条魔法命令并不是与 IPython 捆绑的，你需要安装 `line_profiler` 和 `memory_profiler` 扩展。我们将在接下来的部分介绍这些扩展。

3.2.1 代码段计时：%timeit 和 %time

第 2 章对魔法函数进行了简单的介绍，我们了解了 `%timeit` 行魔法和 `%%timeit` 单元魔法，它们可以让代码段重复运行来计算代码的运行时间：

```
In[1]: %timeit sum(range(100))
1.53 µs ± 47.8 ns per loop (mean ± std. dev. of 7 runs, 1000000 loops each)
```

请注意，因为这个操作很快，所以 `%timeit` 自动让代码段重复运行很多次。对于较慢的命令，`%timeit` 将自动调整并减少重复运行的次数：

```
In[2]: %%timeit
       total = 0
       for i in range(1000):
           for j in range(1000):
               total += i * (-1) ** j
536 ms ± 15.9 ms per loop (mean ± std. dev. of 7 runs, 1 loop each)
```

有时候重复一个操作并不是最佳选择。例如，如果有一个列表需要排序，我们可能会被重复操作误导。对一个预先排好序的列表进行排序，比对一个无序的列表进行排序要快，所以重复运行将使结果出现偏差：

```
In[3]: import random
       L = [random.random() for i in range(100000)]
       %timeit L.sort()
Out[3]: 1.71 ms ± 334 µs per loop (mean ± std. dev. of 7 runs, 1000 loops each)
```

对于这种情况，%time 魔法函数可能是更好的选择。对于运行时间较长的命令来说，如果较短的系统延迟不太可能影响结果，那么 %time 魔法函数也是一个不错的选择。下面对一个无序列表排序和一个已排序列表排序分别计时：

```
In [4]: import random
        L = [random.random() for i in range(100000)]
        print("sorting an unsorted list:")
        %time L.sort()
Out[4]: sorting an unsorted list:
        CPU times: user 31.3 ms, sys: 686 µs, total: 32 ms
        Wall time: 33.3 ms

In [5]: print("sorting an already sorted list:")
        %time L.sort()
Out[5]: sorting an already sorted list:
        CPU times: user 5.19 ms, sys: 268 µs, total: 5.46 ms
        Wall time: 14.1 ms
```

可以看出，虽然对已排序的列表进行排序比对未排序的列表进行排序快很多，但是即使同样对已排序的列表进行排序，用 %time 计时也比用 %timeit 计时花费的时间要长。这是由于 %timeit 在底层做了一些很聪明的事情来阻止系统调用对计时过程的干扰。例如，%timeit 会阻止清理未利用的 Python 对象（即**垃圾回收**），该过程可能影响计时。因此，%timeit 通常比 %time 更快得到结果。

和 %timeit 一样，%time 魔法命令也可以通过双百分号语法实现多行代码的计时：

```
In[6]: %%time
       total = 0
       for i in range(1000):
           for j in range(1000):
               total += i * (-1) ** j
CPU times: user 655 ms, sys: 5.68 ms, total: 661 ms
Wall time: 710 ms
```

关于 %time 和 %timeit 的更多信息，以及它们可用的参数选项，可以通过 IPython 的帮助功能（如在 IPython 提示符中输入 **%time?**）获取。

3.2.2 对整个脚本进行性能分析：%prun

一个程序是由很多单个语句组成的，有时候对整个脚本计时比对单个语句计时更重要。Python 包含一个内置的代码分析器（你可以在 Python 文档中了解更多相关信息），但是 IPython 提供了一种更方便的方式来使用这个分析器，即通过魔法函数 %prun 实现。

在以下例子中，我们将定义一个简单的函数，该函数会完成一些计算：

```
In [7]: def sum_of_lists(N):
            total = 0
            for i in range(5):
                L = [j ^ (j >> i) for j in range(N)]
                total += sum(L)
            return total
```

现在用 %prun 和一个函数调用来看分析结果：

```
In [8]: %prun sum_of_lists(1000000)
14 function calls in 0.932 seconds
Ordered by: internal time
ncalls  tottime  percall  cumtime  percall filename:lineno(function)
     5    0.808    0.162    0.808  0.162 <ipython-input-7-f105717832a2>:4(<listcomp>)
     5    0.066    0.013    0.066  0.013 {built-in method builtins.sum}
     1    0.044    0.044    0.918  0.918 <ipython-input-7-f105717832a2>:1
     > (sum_of_lists)
     1    0.014    0.014    0.932  0.932 <string>:1(<module>)
     1    0.000    0.000    0.932  0.932 {built-in method builtins.exec}
     1    0.000    0.000    0.000  0.000 {method 'disable' of '_lsprof.Profiler'
     > objects}
```

结果是一个表格，该表格按照每个函数调用的总时间，显示了执行时间最多用在了哪里。在这个例子中，大部分执行时间用在 sum_of_lists 的列表推导式中。通过观察这个数据，我们可以开始考虑通过调整哪里来提升算法的性能。

关于 %prun 的更多信息，以及它们可用的参数选项，可以通过 IPython 的帮助功能（在 IPython 提示符中输入 **%prun?**）获取。

3.2.3 用 %lprun 进行逐行性能分析

用 %prun 对代码中的每个函数进行分析非常有用，但有时逐行代码分析报告更方便。该功能并没有内置于 Python 或 IPython，但是可以通过安装 line_profiler 包来实现。首先利用 Python 的包管理工具 pip 安装 line_profiler 包：

```
$ pip install line_profiler
```

接下来可以用 IPython 导入 line_profiler 包提供的 IPython 扩展：

```
In [9]: %load_ext line_profiler
```

现在 %lprun 命令就可以对任何函数进行逐行分析了。在下面的例子中，我们需要明确指出要分析哪些函数：

```
In [10]: %lprun -f sum_of_lists sum_of_lists(5000)
Timer unit: 1e-06 s

Total time: 0.014803 s
File: <ipython-input-7-f105717832a2>
Function: sum_of_lists at line 1
```

```
Line #      Hits         Time  Per Hit   % Time  Line Contents
==============================================================
     1                                           def sum_of_lists(N):
     2         1          6.0      6.0      0.0      total = 0
     3         6         13.0      2.2      0.1      for i in range(5):
     4         5      14242.0   2848.4     96.2          L = [j ^ (j >> i) for j
     5         5        541.0    108.2      3.7          total += sum(L)
     6         1          1.0      1.0      0.0      return total
```

最上面的信息给出了阅读这些结果的关键：报告中运行时间的单位是微秒，我们可以看到程序中哪些地方最耗时。可以通过这些信息修改代码，使其更高效地实现我们的目的。

更多关于 %lprun 的信息，以及相关的参数选项，可以通过 IPython 的帮助功能（在 IPython 提示符中输入 **%lprun?**）获取。

3.2.4 用 %memit 和 %mprun 进行内存分析

另一种分析是分析一个操作所用的内存量，这可以通过 IPython 的另一个扩展来评估，即 memory_profiler。和 line_profiler 一样，首先用 pip 安装这个扩展：

```
$ pip install memory_profiler
```

然后用 IPython 导入该扩展：

```
In [11]: %load_ext memory_profiler
```

内存分析扩展包括两个有用的魔法函数：%memit 魔法函数（它提供的内存消耗计算功能类似于 %timeit）和 %mprun 魔法函数（它提供的内存消耗计算功能类似于 %lprun）。%memit 函数用起来很简单：

```
In[12]: %memit sum_of_lists(1000000)
peak memory: 141.70 MiB, increment: 75.65 MiB
```

可以看到，这个函数大约消耗了 140MB 的内存。

对于逐行代码的内存消耗描述，可以用 %mprun 魔法函数。但不幸的是，这个魔法函数仅仅对独立模块内部的函数有效，而对于 Notebook 本身不起作用。所以首先用 %%file 魔法函数创建一个简单的模块，将该模块命名为 mprun_demo.py。它包含 sum_of_lists 函数，该函数中包含一次加法，能使内存分析结果更清晰：

```
In[13]: %%file mprun_demo.py
        def sum_of_lists(N):
            total = 0
            for i in range(5):
                L = [j ^ (j >> i) for j in range(N)]
                total += sum(L)
                del L # 移除对 L 的引用
            return total
Overwriting mprun_demo.py
```

现在可以重新导入函数，并运行逐行的内存分析器：

```
In[14]: from mprun_demo import sum_of_lists
        %mprun -f sum_of_lists sum_of_lists(1000000)

Filename: /Users/jakevdp/github/jakevdp/PythonDataScienceHandbook/notebooks_v2/
> m prun_demo.py

Line #    Mem usage    Increment  Occurrences  Line Contents
============================================================
     1     66.7 MiB     66.7 MiB           1  def sum_of_lists(N):
     2     66.7 MiB      0.0 MiB           1      total = 0
     3     75.1 MiB      8.4 MiB           6      for i in range(5):
     4    105.9 MiB     30.8 MiB     5000015          L = [j ^ (j >> i) for j
     5    109.8 MiB      3.8 MiB           5          total += sum(L)
     6     75.1 MiB    -34.6 MiB           5          del L # 移除对 L 的引用
     7     66.9 MiB     -8.2 MiB           1      return total
```

Increment 列告诉我们每行代码对总内存预算的影响：创建和删除列表 L 时用掉了 30MB 的内存。这是除 Python 解释器本身外最消耗内存资源的部分。

关于 %memit 和 %mprun 的更多信息，以及相关的参数选项，可以通过 IPython 的帮助功能（在 IPython 提示符中输入 **%memit?**）获取。

3.3 IPython 参考资料

这一章仅仅粗浅地介绍了如何利用 IPython 完成数据科学任务，你可以在其他图书和互联网上找到更多信息。下面列举了其中一些可能对你有帮助的资源。

3.3.1 网络资源

IPython 网站

IPython 网站链接到各种相关文档、示例、教程以及很多其他资源。

nbviewer 网站

该网站展示了网络上任何可用的 IPython Notebook 的静态翻译。该网站的首页展示了一些示例 Notebook，通过这些示例你可以看到其他人用 IPython 做了什么。

有趣的 Jupyter Notebook 集合

这是由 nbviewer 运行的最全的 Notebook 列表（并且该列表还在不断增长），展示了通过 IPython 可以进行多深、多广的数值分析。它还包括简短的示例、教程、全套课程以及 Notebook 格式的图书。

视频教程

通过搜索互联网，你可以找到很多 IPython 的视频教程。强烈建议你搜索 Fernando Pérez 和 Brian Granger 在 PyCon、SciPy 和 PyData 会议中的视频，他们二位是 IPython 和 Jupyter 的主要创建者和维护者。

3.3.2 相关图书

《利用 Python 进行数据分析》
: Wes McKinney 的这本书用一章介绍了如何像数据科学家那样使用 IPython。尽管其中的很多内容与上面介绍的内容有所重复，但是多一个视角总不是坏事。

Learning IPython for Interactive Computing and Data Visualization
: Cyrille Rossant 的这本薄书对如何用 IPython 进行数据分析做了很好的介绍。

IPython Interactive Computing and Visualization Cookbook
: 这本也是 Cyrille Rossant 的著作。它篇幅更长，并且深入介绍了将 IPython 用于数据科学的方法。这本书不仅仅是关于 IPython 的，还涉及了数据科学中更深、更广的主题。

最后要提醒你的是，你可以自己寻求帮助。如果你能充分且经常使用 IPython 的 ? 式帮助功能（详情请参见第 1 章），会对你大有帮助。当你学习本书或别处介绍的示例时，可以用这个功能来熟悉 IPython 提供的所有工具。

第二部分

NumPy入门

这一部分和第三部分将介绍通过 Python 有效导入、存储和操作内存数据的主要技巧。这个主题非常广泛，因为数据集的来源与格式都十分丰富，包括文档集合、图像集合、声音片段集合、数值数据集合，等等。尽管存在明显的异构性，但是许多数据集从根本上仍然可以用数值数组来表示。

例如，可以将图像（尤其是数字图像）简单地看作二维数值数组，这些数值数组代表各区域的像素值；声音片段可以看作时间和强度的一维数组；文本可以通过各种方式转换成数值表示，一种可能的转换是用二进制数表示特定单词或单词对出现的频率。不管数据是何种形式，第一步都是将其转换成数值数组形式的可分析数据（第 40 章将更详细地介绍一些实现这种数据转换的示例）。

正因如此，高效地存储和操作数值数组是数据科学中绝对的基础过程。我们将介绍 Python 中专门用来处理这些数值数组的工具：NumPy 包和 pandas 包（将在第三部分介绍）。

这一部分将详细介绍 NumPy。NumPy（Numerical Python 的简称）提供了高效存储和操作密集数据缓存的接口。在某些方面，NumPy 数组与 Python 内置的列表（`list`）类型非常相似。但是随着数组在维度上变大，NumPy 数组提供了更加高效的存储和数据操作。NumPy 数组几乎是整个 Python 数据科学工具生态系统的核心。因此，不管你对数据科学的哪个方面感兴趣，花点时间学习如何有效地使用 NumPy 都是非常值得的。

如果你听从前言给出的建议安装了 Anaconda，那么你已经安装好 NumPy 并可以使用它了。如果你是个体验派，则可以到 NumPy 网站按照其安装指导进行安装。安装好后，你可以导入 NumPy 并再次核实你的 NumPy 版本：

```
In [1]: import numpy
        numpy.__version__
Out[1]: '1.21.1'
```

针对这一部分中介绍的 NumPy 功能，我建议你使用 NumPy 1.8 及之后的版本。遵循传统，你将发现 SciPy/PyData 社区中的大多数人用 np 作为别名导入 NumPy：

```
In [2]: import numpy as np
```

在这一部分以及之后的内容中，我们都将用这种方式导入和使用 NumPy。

线框格式，参照原书

关于内置文档的提醒

当你阅读这一部分时，不要忘记 IPython 提供了快速探索包的内容的方法（用 Tab 键自动补全功能），以及各种函数的文档（用 ? 符号）。如果你还需要回顾一下，可以翻回第 1 章。

例如，要显示 NumPy 命名空间的所有内容，可以用如下方式：

```
In [3]: np.<TAB>
```

要显示 NumPy 内置的文档，可以用如下方式：

```
In [4]: np?
```

要获取更详细的文档，以及教程和其他资源，可以访问 NumPy 网站。

第4章

理解Python中的数据类型

要实现高效的数据驱动科学和计算，需要理解数据是如何被存储和操作的。本章将介绍在Python语言中数据数组是如何被处理的，并对比NumPy所做的改进。理解这个不同之处是理解本书其他内容的基础。

Python的用户往往被其易用性所吸引，其中一个易用之处就在于动态输入。静态类型的语言（如C或Java）往往需要每一个变量都被明确地声明，而动态类型的语言（例如Python）可以跳过这个特殊规定。例如在C语言中，你可能会按照如下方式指定一个特殊的操作：

```
/* C代码 */
int result = 0;
for(int i=0; i<100; i++){
    result += i;
}
```

而在Python中，同等的操作可以按照如下方式实现：

```
# Python代码
result = 0
for i in range(100):
    result += i
```

注意这里最大的不同之处：在C语言中，每个变量的数据类型被明确地声明，而在Python中类型是动态推断的。这意味着可以将任何类型的数据指定给任何变量：

```
# Python代码
x = 4
x = "four"
```

这里已经将 x 变量的内容由整型转变成了字符串，而同样的操作在 C 语言中将会导致（取决于编译器设置）编译错误或其他未知的后果：

```
/* C 代码 */
int x = 4;
x = "four";  // 编译失败
```

这种灵活性是使 Python 和其他动态类型的语言更易用的原因之一。理解这一特性如何工作是学习用 Python 有效且高效地分析数据的重要一环。但是这种类型的灵活性也指出了一个事实：Python 变量不仅是它们的值，还包括了关于值的类型的一些额外信息，本章接下来的内容将更详细地介绍。

4.1 Python 整型不仅仅是一个整型

标准的 Python 实现是用 C 语言编写的。这意味着每一个 Python 对象都是一个巧妙设计的 C 语言结构体，该结构体不仅包含其值，还有其他信息。例如，当我们在 Python 中定义一个整型，例如 x = 10000 时，x 并不是一个"原生"整型，而是一个指针，指向一个 C 语言的复合结构体，结构体里包含了一些值。查看 Python 3.10 的源代码，可以发现整型（长整型）的类型定义如下所示（C 语言的宏经过扩展之后）：

```
struct _longobject {
    long ob_refcnt;
    PyTypeObject *ob_type;
    size_t ob_size;
    long ob_digit[1];
};
```

Python 3.10 中的一个整型实际上包括 4 个部分。

- ob_refcnt 是一个引用计数，它帮助 Python 默默地处理内存的分配和回收。
- ob_type 将变量的类型编码。
- ob_size 指定接下来的数据成员的大小。
- ob_digit 包含我们希望 Python 变量表示的实际整型值。

这意味着与 C 语言这样的编译语言中的整型相比，在 Python 中存储一个整型会有一些开销，如图 4-1 所示。

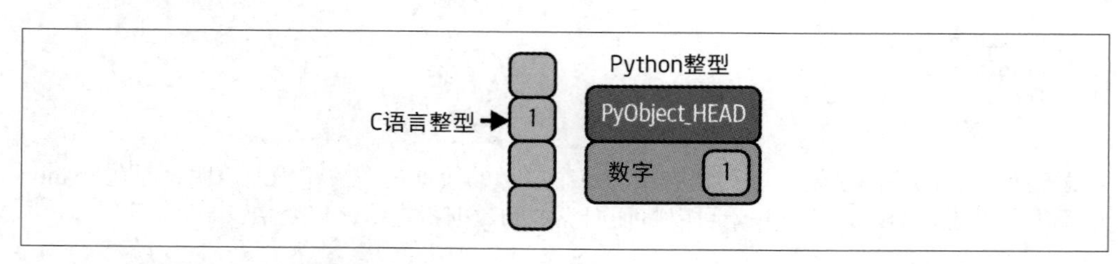

图 4-1：C 整型和 Python 整型的区别

这里 `PyObject_HEAD` 是结构体中包含引用计数、类型编码和其他之前提到的内容的部分。

两者的差异在于，C 语言整型本质上是对应某个内存位置的标签，里面存储的字节会编码成整型。而 Python 的整型其实是一个指针，指向包含这个 Python 对象的所有信息的某个内存位置，其中包括可以转换成整型的字节。由于 Python 的整型结构体里面还包含了大量额外的信息，所以 Python 可以自由、动态地编码。但是，Python 类型中的这些额外信息也会成为负担，在组合多个对象的结构体中这种负担尤其明显。

4.2 Python 列表不仅仅是一个列表

设想一下：如果使用一个包含很多 Python 对象的 Python 数据结构，会发生什么？ Python 中的标准可变多元素容器是列表。可以用如下方式创建一个整型值列表：

```
In [1]: L = list(range(10))
        L
Out[1]: [0, 1, 2, 3, 4, 5, 6, 7, 8, 9]

In [2]: type(L[0])
Out[2]: int
```

或者创建一个字符串列表：

```
In [3]: L2 = [str(c) for c in L]
        L2
Out[3]: ['0', '1', '2', '3', '4', '5', '6', '7', '8', '9']

In [4]: type(L2[0])
Out[4]: str
```

因为 Python 的动态类型特性，甚至可以创建一个异构的列表：

```
In [5]: L3 = [True, "2", 3.0, 4]
        [type(item) for item in L3]
Out[5]: [bool, str, float, int]
```

但是想拥有这种灵活性也是要付出一定代价的：为了获得这些灵活的类型，列表中的每一项必须包含各自的类型信息、引用计数和其他信息；也就是说，每一项都是一个完整的 Python 对象。来看一个特殊的例子：如果列表中的所有变量都是同一类型的，那么很多信息都会显得多余，将数据存储在固定类型的数组中应该会更高效。动态类型的列表和固定类型的（NumPy 式）数组之间的区别如图 4-2 所示。

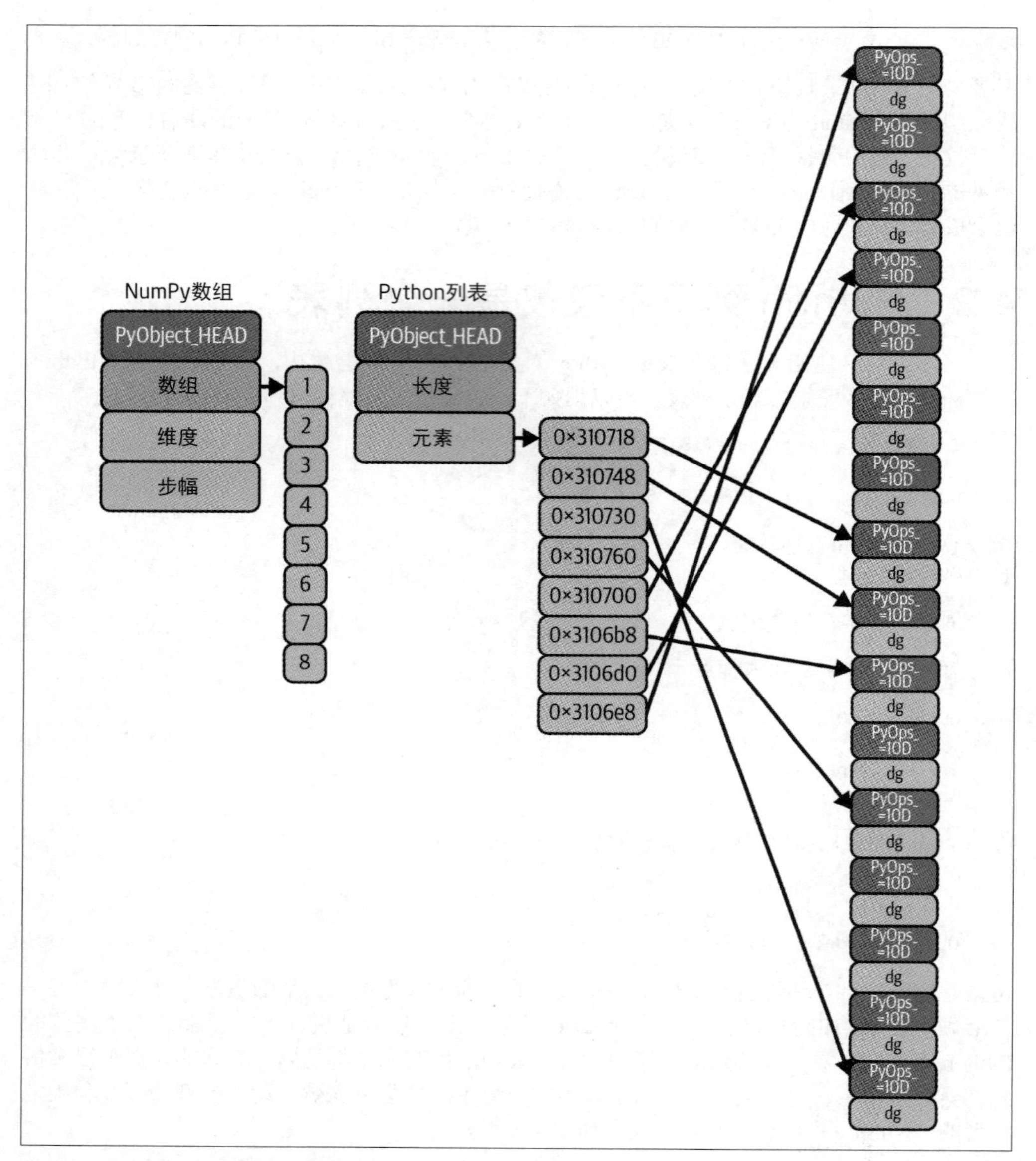

图 4-2：C 列表和 Python 列表的区别

在实现层面，数组基本上包含一个指向连续数据块的指针。而 Python 列表包含一个指向指针块的指针，这其中的每一个指针对应一个完整的 Python 对象（如前面看到的 Python 整型）。列表的优势是灵活，因为每个列表元素都是一个包含数据和类型信息的完整结构体，而且列表可以用任意类型的数据填充。固定类型的 NumPy 式数组缺乏这种灵活性，但是能更高效地存储和操作数据。

4.3 Python 中的固定类型数组

Python 提供了几个将数据存储在高效的、固定类型的数据缓存中的选项。内置的数组（array）模块（在 Python 3.3 之后可用）可以用于创建统一类型的密集数组：

```
In [6]: import array
        L = list(range(10))
        A = array.array('i', L)
        A
Out[6]: array('i', [0, 1, 2, 3, 4, 5, 6, 7, 8, 9])
```

这里的 'i' 是一个数据类型码，表示数据为整型。

更实用的是 NumPy 包中的 ndarray 对象。Python 的数组对象提供了数组型数据的有效存储，而 NumPy 为该数据加上了高效的**操作**。稍后将介绍这些操作，下面先展示几种创建 NumPy 数组的方法。

4.4 从 Python 列表创建数组

从用 np 别名导入 NumPy 的标准做法开始：

```
In[7]: import numpy as np
```

首先，可以用 np.array 从 Python 列表创建数组：

```
In [8]: # 整型数组：
        np.array([1, 4, 2, 5, 3])
Out[8]: array([1, 4, 2, 5, 3])
```

请记住，不同于 Python 列表，NumPy 数组必须包含同一类型的数据。如果类型不匹配，NumPy 将根据其类型提升规则进行向上转换。这里整型被转换为浮点型：

```
In [9]: np.array([3.14, 4, 2, 3])
Out[9]: array([3.14, 4.  , 2.  , 3.  ])
```

如果希望明确设置数组的数据类型，可以用 dtype 关键字：

```
In [10]: np.array([1, 2, 3, 4], dtype=np.float32)
Out[10]: array([1., 2., 3., 4.], dtype=float32)
```

最后，与总是作为一维序列的 Python 列表不同，NumPy 数组可以是多维的。以下是用列表的列表初始化多维数组的一种方法：

```
In [11]: # 嵌套列表构成的多维数组
         np.array([range(i, i + 3) for i in [2, 4, 6]])
Out[11]: array([[2, 3, 4],
                [4, 5, 6],
                [6, 7, 8]])
```

内层的列表被当作二维数组的行。

4.5 从头创建数组

尤其是对于大型数组，用 NumPy 内置的方法从头创建数组是一种更高效的方法。以下是几个示例：

```
In [12]: # 创建一个长度为10的整型数组，数组的值都是0
         np.zeros(10, dtype=int)
Out[12]: array([0, 0, 0, 0, 0, 0, 0, 0, 0, 0])

In [13]: # 创建一个3×5的浮点型数组，数组的值都是1
         np.ones((3, 5), dtype=float)
Out[13]: array([[1., 1., 1., 1., 1.],
                [1., 1., 1., 1., 1.],
                [1., 1., 1., 1., 1.]])

In[14]: # 创建一个3×5的浮点型数组，数组的值都是3.14
        np.full((3, 5), 3.14)
Out[14]: array([[3.14, 3.14, 3.14, 3.14, 3.14],
                [3.14, 3.14, 3.14, 3.14, 3.14],
                [3.14, 3.14, 3.14, 3.14, 3.14]])

In [15]: # 创建一个线性序列数组
         # 从0开始，到20结束，步长为2
         # （它和内置的range()函数类似）
         np.arange(0, 20, 2)

Out[15]: array([ 0,  2,  4,  6,  8, 10, 12, 14, 16, 18])

In [16]: # 创建一个5个元素的数组，这5个数在0和1之间均匀分布
         np.linspace(0, 1, 5)
Out[16]: array([ 0.  ,  0.25,  0.5 ,  0.75,  1. ])

In [17]: # 创建一个3×3的、在0和1之间均匀分布的随机数组成的数组
         np.random.random((3, 3))
Out[17]: array([[0.09610171, 0.88193001, 0.70548015],
                [0.35885395, 0.91670468, 0.8721031 ],
                [0.73237865, 0.09708562, 0.52506779]])

In [18]: # 创建一个3×3的、均值为0、标准差为1的
         # 正态分布的随机数数组
         np.random.normal(0, 1, (3, 3))
Out[18]: array([[-0.46652655, -0.59158776, -1.05392451],
                [-1.72634268,  0.03194069, -0.51048869],
                [ 1.41240208,  1.77734462, -0.43820037]])

In [19]: # 创建一个3×3的、由[0, 10)区间中的随机整型数组成的数组
         np.random.randint(0, 10, (3, 3))
Out[19]: array([[4, 3, 8],
                [6, 5, 0],
                [1, 1, 4]])

In [20]: # 创建一个3×3的单位矩阵
         np.eye(3)
Out[20]: array([[1., 0., 0.],
                [0., 1., 0.],
                [0., 0., 1.]])
```

```
In [21]: # 创建一个由 3 个整型数组成的未初始化的数组
         # 数组的值是内存空间中的任意值
         np.empty(3)
Out[21]: array([ 1., 1., 1.])
```

4.6 NumPy 标准数据类型

NumPy 数组包含同一类型的值，因此详细了解这些数据类型及其限制是非常重要的。因为 NumPy 是在 C 语言的基础上开发的，所以 C、Fortran 和其他类似语言的用户会比较熟悉这些数据类型。

表 4-1 列出了标准 NumPy 数据类型。请注意，当构建一个数组时，你可以用一个字符串参数来指定数据类型：

```
np.zeros(10, dtype='int16')
```

或者用相关的 NumPy 对象来指定：

```
np.zeros(10, dtype=np.int16)
```

还可以进行更高级的数据类型指定，例如指定高位字节数或低位字节数；更多的信息可以在 NumPy 文档中查看。NumPy 也支持复合数据类型，这一点将会在第 12 章中介绍。

表 4-1：NumPy 标准数据类型

数据类型	描述
bool_	布尔值（True 或 False），用一字节存储
int_	默认整型（类似于 C 语言中的 long，通常情况下是 int64 或 int32）
intc	同 C 语言中的 int 相同（通常是 int32 或 int64）
intp	用作索引的整型（和 C 语言中的 ssize_t 相同，通常情况下是 int32 或 int64）
int8	字节（范围从 –128 到 127）
int16	整型（范围从 –32768 到 32767）
int32	整型（范围从 –2147483648 到 2147483647）
int64	整型（范围从 –9223372036854775808 到 9223372036854775807）
uint8	无符号整型（范围从 0 到 255）
uint16	无符号整型（范围从 0 到 65535）
uint32	无符号整型（范围从 0 到 4294967295）
uint64	无符号整型（范围从 0 到 18446744073709551615）
float_	float64 的简化形式
float16	半精度浮点型：符号位（1），指数位（5），10 尾数位（10）
float32	单精度浮点型：符号位（1），指数位（8），尾数位（23）
float64	双精度浮点型：符号位（1），指数位（11），尾数位（52）
complex_	complex128 的简化形式
complex64	复数，由两个 32 位浮点数表示
complex128	复数，由两个 64 位浮点数表示

第5章

NumPy数组基础

Python 中的数据操作几乎等同于 NumPy 数组操作，甚至新出现的 pandas 工具（第三部分中将介绍）也是构建在 NumPy 数组的基础之上的。本章将展示一些用 NumPy 数组操作获取数据或子数组，对数组进行拆分、变形和连接的例子。本章介绍的操作类型可能读起来有些枯燥，但其中也包括了本书其他例子中将用到的内容，所以要好好了解这些内容！

我们将介绍以下几类基本的数组操作。

数组的属性
　确定数组的大小、形状、内存消耗和数据类型。

数组的索引
　获取和设置数组各个元素的值。

数组的切分
　在大的数组中获取或设置更小的子数组。

数组的变形
　改变给定数组的形状。

数组的连接和拆分
　将多个数组合并为一个，以及将一个数组拆分成多个。

5.1　NumPy 数组的属性

首先介绍一些有用的数组属性。定义 3 个随机的数组：1 个一维数组、1 个二维数组和 1 个三维数组。我们将用 NumPy 的随机数生成器设置一组**种子值**，以确保每次程序执行时都可以生成同样的随机数组：

```
In [1]: import numpy as np
        rng = np.random.default_rng(seed=1701)  # 设置随机数种子

        x1 = rng.integers(10, size=6)  # 一维数组
        x2 = rng.integers(10, size=(3, 4))  # 二维数组
        x3 = rng.integers(10, size=(3, 4, 5))  # 三维数组
```

每个数组有 ndim（数组的维数）、shape（数组每个维度的大小）、size（数组的总大小）和 dtype（每个元素的类型）属性：

```
In [2]: print("x3 ndim: ", x3.ndim)
        print("x3 shape:", x3.shape)
        print("x3 size: ", x3.size)
        print("dtype:   ", x3.dtype)
Out[2]: x3 ndim:  3
        x3 shape: (3, 4, 5)
        x3 size:  60
        dtype:    int64
```

关于数据类型的更多介绍见第 4 章。

5.2 数组索引：获取单个元素

如果你熟悉 Python 的标准列表索引，那么你对 NumPy 的索引方式也不会陌生。和 Python 列表一样，在一维数组中，你也可以通过在中括号中指定索引来获取第 i 个值（从 0 开始计数）：

```
In [3]: x1
Out[3]: array([9, 4, 0, 3, 8, 6])

In [4]: x1[0]
Out[4]: 9

In [5]: x1[4]
Out[5]: 8
```

为了获取数组的末尾索引，可以用负值索引：

```
In [6]: x1[-1]
Out[6]: 6

In [7]: x1[-2]
Out[7]: 8
```

在多维数组中，可以用逗号分隔的 (行，列) 索引元组获取元素：

```
In [8]: x2
Out[8]: array([[3, 1, 3, 7],
               [4, 0, 2, 3],
               [0, 0, 6, 9]])

In [9]: x2[0, 0]
Out[9]: 3
```

```
In [10]: x2[2, 0]
Out[10]: 0

In [11]: x2[2, -1]
Out[11]: 9
```

也可以用以上索引方式修改元素值：

```
In [12]: x2[0, 0] = 12
         x2
Out[12]: array([[12, 1, 3, 7],
                [ 4, 0, 2, 3],
                [ 0, 0, 6, 9]])
```

请注意，和 Python 列表不同，NumPy 数组是固定类型的。这意味着当你试图将一个浮点值插入一个整型数组时，浮点值会被截断成整型，并且这种截断是自动完成的，不会给你提示或警告，所以需要特别注意这一点！

```
In [13]: x1[0] = 3.14159  # 这将被截断
         x1
Out[13]: array([3, 4, 0, 3, 8, 6])
```

5.3 数组切片：获取子数组

正如此前用中括号获取单个数组元素，我们也可以用**切片**（slice）符号获取子数组，切片符号用冒号（:）表示。NumPy 切片语法和标准 Python 列表的切片语法相同。为了获取数组 x 的一个切片，可以用以下方式：

```
x[start:stop:step]
```

如果以上 3 个参数都未指定，那么它们会被分别设置默认值 start=0、stop=< 维度的大小>(size of dimension)和 step=1。下面看看在一维数组和多维数组中获取子数组的例子。

5.3.1 一维子数组

下面是获取一维子数组中元素的例子：

```
In [14]: x1
Out[14]: array([3, 4, 0, 3, 8, 6])

In [15]: x1[:3] # 前 3 个元素
Out[15]: array([3, 4, 0])

In [16]: x1[3:] # 索引 3 之后的元素
Out[16]: array([3, 8, 6])

In [17]: x1[1:4] # 中间的子数组
Out[17]: array([4, 0, 3])

In [18]: x1[::2] # 偶数索引元素
Out[18]: array([3, 0, 8])
```

```
In [19]: x1[1::2] # 奇数索引元素
Out[19]: array([4, 3, 6])
```

一个可能令人困惑的情况是步长值为负数时。在这个例子中，start 参数和 stop 参数的默认值被互换。因此这是一种非常方便的反转数组的方式：

```
In [20]: x1[::-1] # 将所有元素逆序排列
Out[20]: array([6, 8, 3, 0, 4, 3])

In [21]: x1[4::-2] # 从索引 4 开始每隔一个元素进行逆序排列
Out[21]: array([8, 0, 3])
```

5.3.2 多维子数组

多维切片也采用同样的方式处理，用冒号分隔。例如：

```
In [22]: x2
Out[22]: array([[12,  1,  3,  7],
                [ 4,  0,  2,  3],
                [ 0,  0,  6,  9]])

In [23]: x2[:2, :3] # 前两行，前三列
Out[23]: array([[12,  1,  3],
                [ 4,  0,  2]])

In [24]: x2[:3, ::2] # 前三行，偶数列
Out[24]: array([[12,  3],
                [ 4,  2],
                [ 0,  6]])

In [25]: x2[::-1, ::-1] # 所有行和列，逆序排列
Out[25]: array([[ 9,  6,  0,  0],
                [ 3,  2,  0,  4],
                [ 7,  3,  1, 12]])
```

一种常见的需求是获取数组的单行和单列。你可以将索引与切片组合起来实现这个功能，用一个冒号（:）表示空切片：

```
In [26]: x2[:, 0] # x2 的第一列
Out[26]: array([12,  4,  0])

In [27]: x2[0, :] # x2 的第一行
Out[27]: array([12,  1,  3,  7])
```

在获取行时，为了语法的简洁性，可以省略空的切片：

```
In [28]: x2[0] # 等于 x2[0, :]
Out[28]: array([12,  1,  3,  7])
```

5.3.3 非副本视图的子数组

与 Python 列表切片不同，NumPy 数组切片返回的是数组数据的**视图**，而不是数据**副本**。例如此前示例中的那个二维数组：

```
In [29]: print(x2)
Out[29]: [[12  1  3  7]
          [ 4  0  2  3]
          [ 0  0  6  9]]
```

从中抽取一个 2×2 的子数组：

```
In [30]: x2_sub = x2[:2, :2]
         print(x2_sub)
Out[30]: [[12  1]
          [ 4  0]]
```

现在如果修改这个子数组，将会看到原始数组也被修改了！结果如下所示：

```
In [31]: x2_sub[0, 0] = 99
         print(x2_sub)
Out[31]: [[99  1]
          [ 4  0]]

In [32]: print(x2)
Out[32]: [[99  1  3  7]
          [ 4  0  2  3]
          [ 0  0  6  9]]
```

有些用户可能会感到惊讶，但这实际上非常有用：例如，在处理非常大的数据集时，可以获取并处理这些数据集的片段，而不用复制底层的数据缓存。

5.3.4 创建数组的副本

尽管数组视图有一些非常好的特性，但是有些时候明确地复制数组里的数据或子数组也是非常有用的。这可以很简单地通过 copy() 方法来实现：

```
In [33]: x2_sub_copy = x2[:2, :2].copy()
         print(x2_sub_copy)
Out[33]: [[99  1]
          [ 4  0]]
```

如果修改这个子数组，原始的数组不会被改变：

```
In [34]: x2_sub_copy[0, 0] = 42
         print(x2_sub_copy)
Out[34]: [[42  1]
          [ 4  0]]

In [35]: print(x2)
Out[35]: [[99  1  3  7]
          [ 4  0  2  3]
          [ 0  0  6  9]]
```

5.4 数组的变形

另一个有用的操作类型是数组的变形，可以通过 reshape() 函数来实现。例如，如果你希望将数字 1~9 放入一个 3×3 的矩阵中，可以采用如下方法：

```
In [36]: grid = np.arange(1, 10).reshape(3, 3)
         print(grid)
Out[36]: [[1 2 3]
          [4 5 6]
          [7 8 9]]
```

请注意，如果希望该方法可行，那么原始数组的大小必须和变形后的数组的大小一致。在大多数情况下，reshape 方法会返回原始数组的一个非副本视图。

一个常见的变形操作是将一个一维数组转变为二维的行或列的矩阵：

```
In [37]: x = np.array([1, 2, 3])
         x.reshape((1, 3)) # 通过 reshape 获取行向量
Out[37]: array([[1, 2, 3]])

In [38]: x.reshape((3, 1)) # 通过 reshape 获取列向量
Out[38]: array([[1],
                [2],
                [3]])
```

更简单的操作是利用 np.newaxis 切片语法：

```
In [39]: x[np.newaxis, :] # 通过 newaxis 获取行向量
Out[39]: array([[1, 2, 3]])

In [40]: x[:, np.newaxis] # 通过 newaxis 获取列向量
Out[40]: array([[1],
                [2],
                [3]])
```

在本书的其余部分中，我们将利用这种模式。

5.5 数组拼接和拆分

以上所有的操作都是针对单一数组的。NumPy 还提供了将多个数组合并为一个，以及将一个数组拆分成多个数组的工具。

5.5.1 数组的拼接

在 NumPy 中，拼接或连接两个数组主要由 np.concatenate、np.vstack 和 np.hstack 例程实现。np.concatenate 将数组元组或数组列表作为第一个参数，如下所示：

```
In [41]: x = np.array([1, 2, 3])
         y = np.array([3, 2, 1])
         np.concatenate([x, y])
Out[41]: array([1, 2, 3, 3, 2, 1])
```

你也可以一次性拼接两个以上数组：

```
In [42]: z = np.array([99, 99, 99])
         print(np.concatenate([x, y, z]))
Out[42]: [ 1 2 3 3 2 1 99 99 99]
```

np.concatenate 也可以用于二维数组的拼接：

```
In [43]: grid = np.array([[1, 2, 3],
                          [4, 5, 6]])

In [44]: # 沿着第一个轴（按行）拼接
         np.concatenate([grid, grid])
Out[44]: array([[1, 2, 3],
                [4, 5, 6],
                [1, 2, 3],
                [4, 5, 6]])

In [45]: # 沿着第二个轴（按列）拼接（从 0 开始索引）
         np.concatenate([grid, grid], axis=1)
Out[45]: array([[1, 2, 3, 1, 2, 3],
                [4, 5, 6, 4, 5, 6]])
```

处理固定维度的数组时，使用 np.vstack（垂直方向拼接）和 np.hstack（水平方向拼接）函数会更简洁：

```
In [46]: # 按垂直方向（行）拼接数组
         np.vstack([x, grid])
Out[46]: array([[1, 2, 3],
                [1, 2, 3],
                [4, 5, 6]])

In [47]: # 按水平方向（列）拼接数组
         y = np.array([[99],
                       [99]])
         np.hstack([grid, y])
Out[47]: array([[ 1,  2,  3, 99],
                [ 4,  5,  6, 99]])
```

同理，对于更高维的数组，np.dstack 将沿着第三个轴（维度）拼接数组。

5.5.2 数组的拆分

与拼接相反的过程是拆分。拆分可以通过 np.split、np.hsplit 和 np.vsplit 函数来实现。可以向以上函数传递一个索引列表作为参数，索引列表记录的是拆分点位置：

```
In [48]: x = [1, 2, 3, 99, 99, 3, 2, 1]
         x1, x2, x3 = np.split(x, [3, 5])
         print(x1, x2, x3)
Out[48]: [1 2 3] [99 99] [3 2 1]
```

值得注意的是，N 个拆分点会产生 $N + 1$ 个子数组。相关的 np.hsplit 和 np.vsplit 函数的用法也类似：

```
In [49]: grid = np.arange(16).reshape((4, 4))
         grid
Out[49]: array([[ 0,  1,  2,  3],
                [ 4,  5,  6,  7],
                [ 8,  9, 10, 11],
                [12, 13, 14, 15]])
```

```
In [50]: upper, lower = np.vsplit(grid, [2])
         print(upper)
         print(lower)
Out[50]: [[0 1 2 3]
          [4 5 6 7]]
         [[ 8  9 10 11]
          [12 13 14 15]]

In [51]: left, right = np.hsplit(grid, [2])
         print(left)
         print(right)
Out[51]: [[ 0  1]
          [ 4  5]
          [ 8  9]
          [12 13]]
         [[ 2  3]
          [ 6  7]
          [10 11]
          [14 15]]
```

同理，对于更高维的数组，np.dsplit 将沿着第三个轴（维度）拆分数组。

第6章

NumPy数组的计算：通用函数

到目前为止，我们讨论了 NumPy 的一些基础知识。在接下来的几章中，我们将深入了解 NumPy 在 Python 数据科学世界中如此重要的原因。明确点儿说，就是 NumPy 提供了一个简单灵活的接口来优化数组的计算。

NumPy 数组的计算有时非常快，有时非常慢。使 NumPy 数组的计算变快的关键是利用向量化操作，通常在 NumPy 的**通用函数**（ufunc）中实现。本章将介绍 NumPy 通用函数的重要性——它们可以提高数组元素的重复计算的效率；然后会介绍 NumPy 包中很多常用且有用的数学通用函数。

6.1 缓慢的循环

Python 的默认实现（被称作 CPython）处理起某些操作时非常慢，部分原因是该语言的动态性和解释性——数据类型灵活的特性决定了序列操作不能像在 C 语言和 Fortran 语言中一样被编译成高效的机器码。近来，一些项目试图解决 Python 的这一问题，比较知名的包括：PyPy 项目，一个实时的 Python 编译实现；Cython 项目，将 Python 代码转换成可编译的 C 代码；Numba 项目，将 Python 代码的片段转换成快速的 LLVM 字节码。以上这些项目都各有优势和劣势，但是可以肯定地说，这三种方法中还没有一种能超越标准 CPython 引擎的受欢迎程度。

Python 的缓慢通常出现在很多小操作需要不断重复的时候，比如对数组的每个元素执行循环操作时。假设有一个数组，我们想计算其中每个元素的倒数。一种直接的解决方法是：

```
In[1]: import numpy as np
       rng = np.random.default_rng(seed=1701)

       def compute_reciprocals(values):
           output = np.empty(len(values))
```

```
        for i in range(len(values)):
            output[i] = 1.0 / values[i]
        return output

    values = rng.integers(1, 10, size=5)
    compute_reciprocals(values)
Out[1]: array([0.11111111, 0.25      , 1.        , 0.33333333, 0.125     ])
```

这种实现方式可能对于有 C 语言或 Java 背景的人来说非常自然，但是如果测量这段代码在处理大量输入时的运行时间，可以看到这一操作是非常耗时的，并且出乎意料地慢！我们将用 IPython 的 `%timeit` 魔法函数（详情请参见第 3 章）来测量：

```
In[2]: big_array = rng.integers(1, 100, size=1000000)
       %timeit compute_reciprocals(big_array)
Out[2]: 2.61 s ± 192 ms per loop (mean ± std. dev. of 7 runs, 1 loop each)
```

完成百万次上述操作并存储结果花了几秒的时间！在手机都以 Giga-FLOPS（每秒十亿次浮点运算）为单位计算处理速度时，上面的操作所花费的时间确实太长了。事实上，这里的处理瓶颈并不是运算本身，而是 CPython 在每次循环时必须做数据类型的检查和函数的调度。每次进行倒数运算时，Python 首先检查对象的类型，并且动态查找适用于该数据类型的函数。如果我们在编译代码时进行这样的操作，那么就能在代码执行之前知晓类型的声明，结果的计算也会更加高效。

6.2 通用函数介绍

对于许多类型的操作，NumPy 提供了一个非常方便的接口，可以执行这种静态类型的、已编译的程序。这被称作**向量化**操作。对于简单的操作，比如这里的逐元素除法，向量化操作就像直接在数组对象上使用 Python 算术运算符一样简单。这种向量化方法被设计用于将循环推送至 NumPy 底层的编译层，从而实现更快的执行速度。

比较以下两个操作的结果：

```
In [3]: print(compute_reciprocals(values))
        print(1.0 / values)
Out[3]: [0.11111111 0.25       1.         0.33333333 0.125     ]
        [0.11111111 0.25       1.         0.33333333 0.125     ]
```

如果计算一个较大数组的运行时间，可以看到它的完成时间比 Python 循环花费的时间短得多：

```
In[4]: %timeit (1.0 / big_array)
Out[4]: 2.54 ms ± 383 µs per loop (mean ± std. dev. of 7 runs, 100 loops each)
```

NumPy 中的向量化操作是通过通用函数实现的。通用函数的主要作用是对 NumPy 数组中的值执行更快的重复操作。通用函数非常灵活——前面我们看过了标量和数组的运算，但是也可以对两个数组进行运算：

```
In[5]: np.arange(5) / np.arange(1, 6)
Out[5]: array([0.        , 0.5       , 0.66666667, 0.75      , 0.8       ])
```

通用函数并不仅限于对一维数组进行运算，它们也可以对多维数组进行运算：

```
In[6]: x = np.arange(9).reshape((3, 3))
       2 ** x
Out[6]: array([[  1,   2,   4],
               [  8,  16,  32],
               [ 64, 128, 256]])
```

通过通用函数用向量的方式进行计算，几乎总是比用 Python 循环实现的计算更加高效，尤其是当数组很大时。只要你看到 NumPy 脚本中有这样的循环，就应该考虑能否用向量方式替换这个循环。

6.3 探索 NumPy 的通用函数

通用函数有两种：**一元通用函数**（unary ufunc）对单个输入执行操作，**二元通用函数**（binary ufunc）对两个输入执行操作。我们将在以下的介绍中看到这两种类型的例子。

6.3.1 数组的运算

NumPy 通用函数的使用方式非常自然，因为它们用到了 Python 原生的算术运算符，标准的加、减、乘、除运算符都可以使用：

```
In [7]: x = np.arange(4)
        print("x      =", x)
        print("x + 5  =", x + 5)
        print("x - 5  =", x - 5)
        print("x * 2  =", x * 2)
        print("x / 2  =", x / 2)
        print("x // 2 =", x // 2)  # 向下取整运算
Out[7]: x      = [0 1 2 3]
        x + 5  = [5 6 7 8]
        x - 5  = [-5 -4 -3 -2]
        x * 2  = [0 2 4 6]
        x / 2  = [0.  0.5 1.  1.5]
        x // 2 = [0 0 1 1]
```

还有用于取反的一元通用函数、用于指数运算的 ** 运算符，以及用于取模运算的 % 运算符：

```
In [8]: print("-x     = ", -x)
        print("x ** 2 = ", x ** 2)
        print("x % 2  = ", x % 2)
Out[8]: -x     =  [ 0 -1 -2 -3]
        x ** 2 =  [0 1 4 9]
        x % 2  =  [0 1 0 1]
```

你可以任意组合这些算术运算符。当然，你得考虑这些运算符的优先级：

```
In [9]: -(0.5*x + 1) ** 2
Out[9]: array([-1.  , -2.25, -4.  , -6.25])
```

所有这些算术运算符都是对 NumPy 内置通用函数的简单封装器，例如 + 运算符就是 add 函数的封装器：

```
In [10]: np.add(x, 2)
Out[10]: array([2, 3, 4, 5])
```

表 6-1 列出了 NumPy 实现的算术运算符。

表 6-1：NumPy 实现的算术运算符

运算符	对应的通用函数	描述
+	np.add	加法运算（例如 1 + 1 = 2）
-	np.subtract	减法运算（例如 3 - 2 = 1）
-	np.negative	取反运算（例如 -2）
*	np.multiply	乘法运算（例如 2 * 3 = 6）
/	np.divide	除法运算（例如 3 / 2 = 1.5）
//	np.floor_divide	向下取整运算（floor division，例如 3 // 2 = 1）
**	np.power	指数运算（例如 2 ** 3 = 8）
%	np.mod	求模 / 余数（例如 9 % 4 = 1）

另外，NumPy 中还有布尔 / 位运算符，这些运算符将在第 9 章中进一步介绍。

6.3.2 绝对值

正如 NumPy 能理解 Python 内置的算术运算符，NumPy 也可以理解 Python 内置的绝对值函数：

```
In [11]: x = np.array([-2, -1, 0, 1, 2])
         abs(x)
Out[11]: array([2, 1, 0, 1, 2])
```

对应的 NumPy 通用函数是 np.absolute，该函数也可以用别名 np.abs 来访问。

```
In [12]: np.absolute(x)
Out[12]: array([2, 1, 0, 1, 2])

In [13]: np.abs(x)
Out[13]: array([2, 1, 0, 1, 2])
```

这个通用函数也可以处理复数数据。当处理复数时，返回的是该复数的模（magnitude）：

```
In [14]: x = np.array([3 - 4j, 4 - 3j, 2 + 0j, 0 + 1j])
         np.abs(x)
Out[14]: array([ 5.,  5.,  2.,  1.])
```

6.3.3 三角函数

NumPy 提供了大量好用的通用函数，其中对于数据科学家来说最有用的就是三角函数。首先定义一个角度数组：

```
In[15]: theta = np.linspace(0, np.pi, 3)
```

现在可以对这些值进行一些三角函数计算：

```
In [16]: print("theta      = ", theta)
         print("sin(theta) = ", np.sin(theta))
         print("cos(theta) = ", np.cos(theta))
         print("tan(theta) = ", np.tan(theta))
Out[16]: theta      =  [0.         1.57079633 3.14159265]
         sin(theta) =  [0.0000000e+00 1.0000000e+00 1.2246468e-16]
         cos(theta) =  [ 1.000000e+00  6.123234e-17 -1.000000e+00]
         tan(theta) =  [ 0.00000000e+00  1.63312394e+16 -1.22464680e-16]
```

这些值是在机器精度内计算的，所以有些应该是 0 的值并没有精确到 0。反三角函数同样可以使用：

```
In [17]: x = [-1, 0, 1]
         print("x         = ", x)
         print("arcsin(x) = ", np.arcsin(x))
         print("arccos(x) = ", np.arccos(x))
         print("arctan(x) = ", np.arctan(x))
Out[17]: x         =  [-1, 0, 1]
         arcsin(x) =  [-1.57079633  0.          1.57079633]
         arccos(x) =  [3.14159265 1.57079633 0.        ]
         arctan(x) =  [-0.78539816  0.          0.78539816]
```

6.3.4 指数和对数

NumPy 通用函数的另一个常用的运算是指数运算：

```
In [18]: x = [1, 2, 3]
         print("x   =", x)
         print("e^x =", np.exp(x))
         print("2^x =", np.exp2(x))
         print("3^x =", np.power(3, x))
Out[18]: x   = [1, 2, 3]
         e^x = [ 2.71828183  7.3890561  20.08553692]
         2^x = [2. 4. 8.]
         3^x = [ 3   9  27.]
```

指数运算的逆运算，即对数运算也是可用的。最基本的 np.log 给出的是以自然常数（e）为底数的对数。如果你希望计算以 2 为底数或者以 10 为底数的对数，可以按照如下示例处理：

```
In [19]: x = [1, 2, 4, 10]
         print("x        =", x)
         print("ln(x)    =", np.log(x))
         print("log2(x)  =", np.log2(x))
         print("log10(x) =", np.log10(x))
Out[19]: x        = [1, 2, 4, 10]
         ln(x)    = [ 0.          0.69314718 1.38629436 2.30258509]
         log2(x)  = [ 0.          1.         2.         3.32192809]
         log10(x) = [ 0.          0.30103    0.60205999 1.        ]
```

还有一些特殊的版本，对于非常小的输入值可以保持较好的精度：

```
In [20]: x = [0, 0.001, 0.01, 0.1]
         print("exp(x) - 1 =", np.expm1(x))
```

```
           print("log(1 + x) =", np.log1p(x))
Out[20]: exp(x) - 1 = [ 0.         0.0010005  0.01005017 0.10517092]
         log(1 + x) = [ 0.         0.0009995  0.00995033 0.09531018]
```

当 x 的值很小时，以上函数给出的值比 np.log 和 np.exp 的计算结果更精确。

6.3.5 专业的通用函数

除了以上介绍到的，NumPy 还提供了很多其他的通用函数，包括双曲三角函数、位运算、比较运算、弧度转化为角度的运算、取整和求余运算，等等。浏览 NumPy 的文档会发现很多有趣的功能。

另一个提供更为专业的通用函数的优秀资源是子模块 scipy.special。如果你希望对你的数据进行一些不常见的数学计算，scipy.special 中很可能包含了你需要的函数。这些函数能列一个长长的列表，下面的代码片段展示了一些可能在统计学中用到的函数：

```
In [21]: from scipy import special

In [22]: # Gamma 函数（广义阶乘）和相关函数
         x = [1, 5, 10]
         print("gamma(x)     =", special.gamma(x))
         print("ln|gamma(x)| =", special.gammaln(x))
         print("beta(x, 2)   =", special.beta(x, 2))
Out[22]: gamma(x)     = [1.0000e+00 2.4000e+01 3.6288e+05]
         ln|gamma(x)| = [ 0.          3.17805383 12.80182748]
         beta(x, 2)   = [0.5        0.03333333 0.00909091]

In [23]: # 误差函数（高斯积分）
         # 它的实现和它的逆实现
         x = np.array([0, 0.3, 0.7, 1.0])
         print("erf(x)  =", special.erf(x))
         print("erfc(x) =", special.erfc(x))
         print("erfinv(x) =", special.erfinv(x))
Out[23]: erf(x)  = [0.         0.32862676 0.67780119 0.84270079]
         erfc(x) = [1.         0.67137324 0.32219881 0.15729921]
         erfinv(x) = [ 0.         0.27246271 0.73286908        inf]
```

NumPy 和 scipy.special 中提供了大量的通用函数，这些包的文档在网上就可以查到，搜索“gamma function python”即可。

6.4 高级的通用函数特性

很多 NumPy 用户在没有完全了解通用函数的特性时就开始使用它们，本节将介绍通用函数的一些特殊特性。

6.4.1 指定输出

当进行大量的运算时，有时候指定一个用于存放运算结果的数组是非常有用的。对于所有的通用函数，这都可以通过 out 参数来实现：

```
In [24]: x = np.arange(5)
         y = np.empty(5)
         np.multiply(x, 10, out=y)
         print(y)
Out[24]: [  0.  10.  20.  30.  40.]
```

这个特性也可以用于数组视图，例如可以将计算结果写入指定数组的每隔一个元素的位置：

```
In [25]: y = np.zeros(10)
         np.power(2, x, out=y[::2])
         print(y)
Out[25]: [ 1.  0.  2.  0.  4.  0.  8.  0.16.  0.]
```

如果这里写的是 y[::2] = 2 ** x，那么结果将是创建一个临时数组，该数组存放的是 2 ** x 的结果，并且接下来会将这些值复制到 y 数组中。对于上述例子中比较小的计算量来说，这两种方式的差别并不大。但是对于较大的数组，通过慎重使用 out 参数将能够有效节约内存。

6.4.2　聚合

对于二元通用函数，可以直接从对象计算聚合。如果我们希望对数组应用特定的运算进行规约（reduce），那么可以用任何通用函数的 reduce 方法。reduce 方法会对一个数组的元素反复执行给定的运算，直至得到单个结果。

例如，对 add 通用函数调用 reduce 方法会返回数组中所有元素的和：

```
In [26]: x = np.arange(1, 6)
         np.add.reduce(x)
Out[26]: 15
```

同样，对 multiply 通用函数调用 reduce 方法会返回数组中所有元素的乘积：

```
In [27]: np.multiply.reduce(x)
Out[27]: 120
```

如果需要存储每次计算的中间结果，可以使用 accumulate：

```
In [28]: np.add.accumulate(x)
Out[28]: array([ 1,  3,  6, 10, 15])

In [29]: np.multiply.accumulate(x)
Out[29]: array([  1,   2,   6,  24, 120])
```

请注意，对于这些特殊情况，NumPy 提供了专用的函数（np.sum、np.prod、np.cumsum、np.cumprod），这些函数将在第 7 章中具体介绍。

6.4.3　外积

最后，任何通用函数都可以用 outer 方法获得两个不同输入数组所有元素对的函数运算结果。这意味着你可以用一行代码实现一个乘法表：

```
In [30]: x = np.arange(1, 6)
         np.multiply.outer(x, x)
Out[30]: array([[ 1,  2,  3,  4,  5],
                [ 2,  4,  6,  8, 10],
                [ 3,  6,  9, 12, 15],
                [ 4,  8, 12, 16, 20],
                [ 5, 10, 15, 20, 25]])
```

第 10 章将介绍非常有用的 `ufunc.at` 和 `ufunc.reduceat` 方法。

通用函数另外一个非常有用的特性是它能对大小和形状不同的数组进行操作，一组这样的操作被称为**广播**（broadcasting）。这个主题非常重要，我们将用一章来专门介绍它（参见第 8 章）。

6.5 通用函数：更多的信息

有关通用函数的更多信息（包括可用的通用函数的完整列表）可以在 NumPy 和 SciPy 的官网中找到。

前面介绍过，可直接在 IPython 中导入相应的包，然后利用 IPython 的 Tab 键自动补全和帮助（?）功能获取信息，详情请参见第 1 章。

第 7 章

聚合：最小值、最大值和其他值

探索任何一个数据集时，第一步通常是计算各种概括统计量。最常见的概括统计量是均值和标准差，这两个值能让你概括出数据集中的“典型”值，但是其他一些形式的聚合也是非常有用的（如总和、乘积、中位数、最小值、最大值、分位数，等等）。

NumPy 有非常快速的内置聚合函数可用于数组，我们将介绍其中的几个。

7.1 数组值求和

先来看一个小例子，设想要计算一个数组的所有元素之和。Python 本身可以用内置的 sum 函数来实现：

```
In [1]: import numpy as np
        rng = np.random.default_rng()

In [2]: L = rng.random(100)
        sum(L)
Out[2]: 52.76825337322368
```

它的语法和 NumPy 的 sum 函数非常相似，并且在这个简单的例子中结果也是一样的：

```
In [3]: np.sum(L)
Out[3]: 52.76825337322366
```

然而，因为 NumPy 的 sum 函数在编译码中执行操作，所以 NumPy 操作的计算速度更快一些：

```
In [4]: big_array = rng.random(1000000)
        %timeit sum(big_array)
        %timeit np.sum(big_array)
Out[4]: 89.9 ms ± 233 µs per loop (mean ± std. dev. of 7 runs, 10 loops each)
        521 µs ± 8.37 µs per loop (mean ± std. dev. of 7 runs, 1000 loops each)
```

但是需要注意，sum 函数和 np.sum 函数并不等同，这有时会导致混淆。尤其是它们各自的可选参数都有不同的含义（sum(x, 1) 对 x 的所有元素求和再加 1，而 np.sum(x, 1) 会按 1 轴分别求和），np.sum 函数是关注数组维度的，这一点将在下一节中讲解。

7.2 最小值和最大值

同样，Python 也有内置的 min 函数和 max 函数，分别被用于获取给定数组的最小值和最大值：

```
In [5]: min(big_array), max(big_array)
Out[5]: (2.0114398036064074e-07, 0.9999997912802653)
```

NumPy 对应的函数也有类似的语法，并且也执行得更快：

```
In [6]: np.min(big_array), np.max(big_array)
Out[6]: (2.0114398036064074e-07, 0.9999997912802653)

In [7]: %timeit min(big_array)
        %timeit np.min(big_array)
Out[7]: 72 ms ± 177 µs per loop (mean ± std. dev. of 7 runs, 10 loops each)
        564 µs ± 3.11 µs per loop (mean ± std. dev. of 7 runs, 1000 loops each)
```

对于 min、max、sum 和其他 NumPy 聚合，一种更简洁的语法形式是数组对象直接调用这些方法：

```
In [8]: print(big_array.min(), big_array.max(), big_array.sum())
Out[8]: 2.0114398036064074e-07 0.9999997912802653 499854.0273321711
```

当你操作 NumPy 数组时，确保你执行的是 NumPy 版本的聚合。

7.2.1 多维度聚合

一种常用的聚合操作是沿着一行或一列聚合。例如，假设你有一些数据存储在一个二维数组中：

```
In [9]: M = rng.integers(0, 10, (3, 4))
        print(M)
Out[9]: [[0 3 1 2]
        [1 9 7 0]
        [4 8 3 7]]
```

NumPy 聚合将应用于多维数组的所有元素：

```
In [10]: M.sum()
Out[10]: 45
```

聚合函数还有一个参数，用于指定沿着哪个**轴**进行聚合。例如，可以通过指定 axis=0 找到每一列中的最小值：

```
In [11]: M.min(axis=0)
Out[11]: array([0, 3, 1, 0])
```

这个函数返回 4 个值，对应 4 列数字的计算值。

同样，也可以找到每一行中的最大值：

```
In [12]: M.max(axis=1)
Out[12]: array([3, 9, 8])
```

其他语言的用户会对轴的指定方式感到困惑。axis 关键字指定的是**数组将会被折叠的维度**，而不是将要返回的维度。因此，指定 axis=0 意味着第一个轴将被折叠——对于二维数组，这意味着每一列的值都将被聚合。

7.2.2 其他聚合函数

NumPy 提供了其他几个具有类似 API 的聚合函数。此外，大多数聚合函数有一个 NaN 安全版本，该版本在计算时会忽略所有的缺失值，这些缺失值由特殊的 IEEE 浮点型 NaN 值标记（参见第 16 章）。

表 7-1 提供了 NumPy 中可用的聚合函数的清单。

表 7-1：NumPy 中可用的聚合函数

函数名称	NaN安全版本	描述
np.sum	np.nansum	计算元素的和
np.prod	np.nanprod	计算元素的积
np.mean	np.nanmean	计算元素的平均值
np.std	np.nanstd	计算元素的标准差
np.var	np.nanvar	计算元素的方差
np.min	np.nanmin	找出最小值
np.max	np.nanmax	找出最大值
np.argmin	np.nanargmin	找出最小值的索引
np.argmax	np.nanargmax	找出最大值的索引
np.median	np.nanmedian	计算元素的中位数
np.percentile	np.nanpercentile	计算基于元素排序的统计值
np.any	N/A	验证任何一个元素是否为真
np.all	N/A	验证所有元素是否为真

本书的其余部分将展示这些聚合函数的使用方法。

7.3 示例：美国总统的平均身高是多少

用 NumPy 的聚合功能来概括一组数据非常有用。这里举一个简单的例子，考虑美国历任总统的身高。这个数据在 president_heights.csv 文件中，这是一个简单的用逗号分隔的标签和值的列表：

```
In [13]: !head -4 data/president_heights.csv
Out[13]: order,name,height(cm)
         1,George Washington,189
         2,John Adams,170
         3,Thomas Jefferson,189
```

我们将用 pandas 包来读文件并抽取身高信息。（请注意，身高的计量单位是厘米。）第三部分将更全面地介绍 pandas。

```
In [14]: import pandas as pd
         data = pd.read_csv('data/president_heights.csv')
         heights = np.array(data['height(cm)'])
         print(heights)
Out[14]: [189 170 189 163 183 171 185 168 173 183 173 173 175 178 183 193 178 173
          174 183 183 168 170 178 182 180 183 178 182 188 175 179 183 193 182 183
          177 185 188 188 182 185 191 182]
```

有了这个数据数组后，就可以计算很多概括统计量了：

```
In [15]: print("Mean height:       ", heights.mean())
         print("Standard deviation:", heights.std())
         print("Minimum height:    ", heights.min())
         print("Maximum height:    ", heights.max())
Out[15]: Mean height:        180.04545454545453
         Standard deviation: 6.983599441335736
         Minimum height:     163
         Maximum height:     193
```

请注意，在这个例子中，聚合操作将整个数组缩减到单个概括统计量，这个概括统计量给出了这些数值的分布信息。我们也可以计算分位数：

```
In [16]: print("25th percentile:   ", np.percentile(heights, 25))
         print("Median:            ", np.median(heights))
         print("75th percentile:   ", np.percentile(heights, 75))
Out[16]: 25th percentile:    174.75
         Median:             182.0
         75th percentile:    183.5
```

可以看到，美国总统的身高中位数是 182 厘米，或者说不到 6 英尺。

当然，有些时候将数据可视化更有用。这可以用 Matplotlib 来实现（第四部分将详细讨论该工具）。例如，以下代码创建了图 7-1：

```
In [17]: %matplotlib inline
         import matplotlib.pyplot as plt
         plt.style.use('seaborn-whitegrid')

In [18]: plt.hist(heights)
         plt.title('Height Distribution of US Presidents')
         plt.xlabel('height (cm)')
         plt.ylabel('number');
```

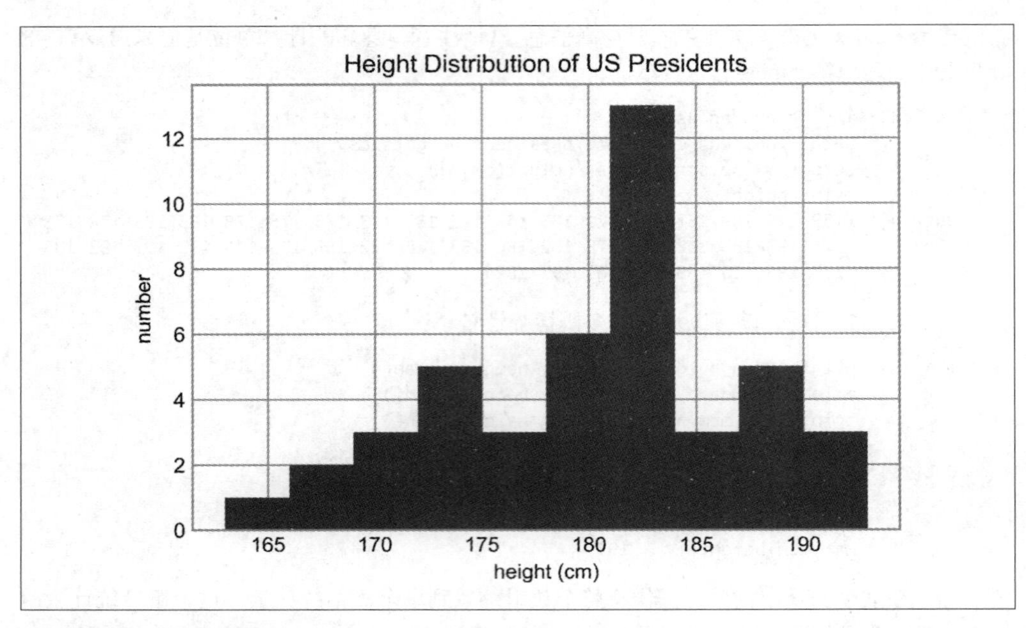

图 7-1：美国总统身高的直方图

第 8 章

数组的计算：广播

我们在第 6 章中介绍了 NumPy 如何通过通用函数的**向量化**操作来减少缓慢的 Python 循环。本章介绍**广播**。广播是一套规则，通过这套规则，NumPy 允许你在不同大小和形状的数组之间进行二元运算（加、减、乘等）。

8.1 广播的介绍

前面曾提到，对于大小相同的数组，二元运算是逐元素执行的：

```
In [1]: import numpy as np

In [2]: a = np.array([0, 1, 2])
        b = np.array([5, 5, 5])
        a + b
Out[2]: array([5, 6, 7])
```

广播使得这些二元运算可以在不同大小的数组上执行。例如，可以简单地将一个标量（可以视为一个 0 维数组）和一个数组相加：

```
In [3]: a + 5
Out[3]: array([5, 6, 7])
```

我们可以把这看作将数值 5 扩展或复制到数组 [5, 5, 5] 中，然后将结果相加的操作。

我们也可以将这个原理扩展到更高维度的数组。观察以下将 1 个一维数组和 1 个二维数组相加的结果：

```
In [4]: M = np.ones((3, 3))
        M
Out[4]: array([[1., 1., 1.],
```

```
                 [1., 1., 1.],
                 [1., 1., 1.]])

In [5]: M + a
Out[5]: array([[1., 2., 3.],
               [1., 2., 3.],
               [1., 2., 3.]])
```

这里这个一维数组 a 沿着第二个维度被扩展或者广播，以匹配 M 数组的形状。

以上的这些例子都很好理解，更复杂的情况会涉及对两个数组同时广播，例如以下示例：

```
In [6]: a = np.arange(3)
        b = np.arange(3)[:, np.newaxis]

        print(a)
        print(b)
Out[6]: [0 1 2]
        [[0]
         [1]
         [2]]

In [7]: a + b
Out[7]: array([[0, 1, 2],
               [1, 2, 3],
               [2, 3, 4]])
```

正如此前将一个值扩展或广播以匹配另外一个值的形状，这里对 a 和 b 都进行了扩展来匹配一个公共的形状，最终的结果是一个二维数组。以上这些例子的几何可视化如图 8-1 所示。

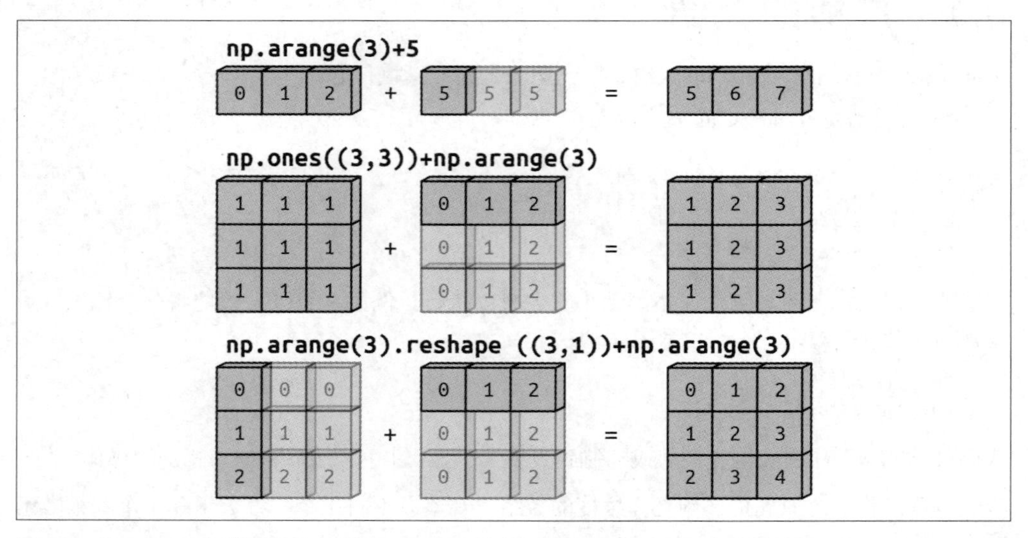

图 8-1：NumPy 广播的可视化（基于 astroML 文档进行了调整，已获得使用许可）[1]

注 1：生成此图的源代码可在在线附录（https://oreil.ly/gtOaU）中查看。本书其他在线附录均可从这个页面中的 notebooks 文件夹下找到。

图 8-1 中浅色的盒子表示广播的值。这种关于广播的思考方式可能会让人对其在内存使用方面的效率产生疑问，但不必担心：NumPy 的广播实际上并不会在内存中复制被广播的值。尽管如此，在我们思考广播时，这仍然可以作为一个有用的思维模型。

8.2 广播的规则

NumPy 的广播遵循一组严格的规则，设定这组规则是为了决定两个数组间的交互操作。

规则 1

如果两个数组的维数不同，那么将会在小维数数组的形状的左边补 1。

规则 2

如果两个数组的形状在某个维度上不匹配，那么在该维度上形状为 1 的数组会被扩展，以匹配另一个数组的形状。

规则 3

如果两个数组的形状在任何一个维度上都不匹配，并且没有任何一个数组的维数等于 1，那么会引发异常。

为了更清楚地理解这些规则，来看几个具体示例。

8.2.1 广播示例 1

将 1 个二维数组与 1 个一维数组相加：

```
In [8]: M = np.ones((2, 3))
        a = np.arange(3)
```

来看这两个数组的加法操作。两个数组的形状如下：

- `M.shape` 是`(2, 3)`
- `a.shape` 是`(3,)`

可以看到，根据规则 1，数组 `a` 的维数更小，所以在其左边补 1：

- `M.shape` 保持`(2, 3)` 不变
- `a.shape` 变成`(1, 3)`

根据规则 2，第一个维度不匹配，因此扩展这个维度以匹配数组：

- `M.shape` 保持`(2, 3)` 不变
- `a.shape` 变成`(2, 3)`

现在两个数组的形状匹配了，可以看到它们的最终形状都为 `(2, 3)`：

```
In [9]: M + a
Out[9]: array([[1., 2., 3.],
               [1., 2., 3.]])
```

8.2.2 广播示例 2

来看两个数组均需要广播的示例：

```
In[10]: a = np.arange(3).reshape((3, 1))
        b = np.arange(3)
```

同样，首先写出两个数组的形状：

- a.shape 是(3, 1)
- b.shape 是(3,)

规则 1 告诉我们，需要用 1 将 b 的形状补全：

- a.shape 保持(3, 1) 不变
- b.shape 变成(1, 3)

规则 2 告诉我们，需要更新这两个数组的维度来相互匹配：

- a.shape 变成(3, 3)
- b.shape 变成(3, 3)

因为结果匹配，所以这两个形状是兼容的。我们可以看到以下结果：

```
In [11]: a + b
Out[11]: array([[0, 1, 2],
               [1, 2, 3],
               [2, 3, 4]])
```

8.2.3 广播示例 3

现在来看两个数组不兼容的示例：

```
In [12]: M = np.ones((3, 2))
         a = np.arange(3)
```

和第一个示例相比，这里有个微小的不同之处：矩阵 M 是转置的。那么这将如何影响计算呢？两个数组的形状如下：

- M.shape 是(3, 2)
- a.shape 是(3,)

同样，规则 1 告诉我们，a 数组的形状必须用 1 进行补全：

- M.shape 保持(3, 2) 不变
- a.shape 变成(1, 3)

根据规则 2，对 a 数组的第一个维度进行扩展以匹配 M 的维度：

- M.shape -> (3, 2)
- a.shape -> (3, 3)

现在需要用到规则 3——最终的形状还是不匹配，因此这两个数组是不兼容的。当我们执

行运算时会看到以下结果：

```
In [13]: M + a
ValueError: operands could not be broadcast together with shapes (3,2) (3,)
```

请注意，这里可能发生的混淆在于：你可能想通过在 a 数组的右边补 1，而不是在左边补 1，让 a 和 M 的维度变得兼容。但是这不被广播的规则所允许。这种灵活性在有些情景中可能会有用，但是它可能会导致结果模糊。如果你希望实现右边补全，可以通过变形数组来实现（将会用到 np.newaxis 关键字，详情请参见第 5 章）：

```
In [14]: a[:, np.newaxis].shape
Out[14]: (3, 1)

In [15]: M + a[:, np.newaxis]
Out[15]: array([[1., 1.],
                [2., 2.],
                [3., 3.]])
```

虽然这里仅用到了 + 运算符，但这些广播规则对于**任意**二元通用函数都是适用的。例如这里的 logaddexp(a, b) 函数，比起简单的方法，该函数计算 log(exp(a) + exp(b)) 更准确：

```
In [16]: np.logaddexp(M, a[:, np.newaxis])
Out[16]: array([[1.31326169, 1.31326169],
                [1.69314718, 1.69314718],
                [2.31326169, 2.31326169]])
```

更多关于可用的通用函数的信息，请参见第 6 章。

8.3 广播的实际应用

广播操作是本书中很多例子的核心，我们将通过几个简单的示例来展示广播功能的作用。

8.3.1 数组的归一化

在第 6 章中，我们看到通用函数让 NumPy 用户不需要再写很慢的 Python 循环。广播进一步扩展了这个功能。数据科学中一个常见的例子是从一个数据数组中逐行减去行均值。假设有一个有 10 个观察值的数组，每个观察值包含 3 个数值。按照惯例（详情请参见第 38 章），我们将用一个 10×3 的数组存放该数据：

```
In [17]: rng = np.random.default_rng(seed=1701)
         X = rng.random((10, 3))
```

我们可以计算每一列的均值，计算方法是利用 mean 函数沿着第一个维度聚合：

```
In [18]: Xmean = X.mean(0)
         Xmean
Out[18]: array([0.38503638, 0.36991443, 0.63896043])
```

现在通过从 X 数组的元素中减去这个均值实现归一化（该操作是一个广播操作）：

```
In [19]: X_centered = X - Xmean
```

为了进一步核对我们的处理是否正确，可以查看归一化的数组的均值是否接近 0：

```
In [20]: X_centered.mean(0)
Out[20]: array([ 4.99600361e-17, -4.44089210e-17, 0.00000000e+00])
```

在机器精度范围内，该均值为 0。

8.3.2 画一个二维函数

广播另外一个非常有用的地方在于，它能基于二维函数显示图像。如果我们希望定义一个函数 $z = f(x, y)$，可以用广播沿着数值区间计算该函数：

```
In [21]: # x 和 y 表示 0~5 区间 50 个步长的序列
         x = np.linspace(0, 5, 50)
         y = np.linspace(0, 5, 50)[:, np.newaxis]

         z = np.sin(x) ** 10 + np.cos(10 + y * x) * np.cos(x)
```

我们将用 Matplotlib 来画出这个二维数组（这些工具将在第 28 章详细介绍）：

```
In [22]: %matplotlib inline
         import matplotlib.pyplot as plt

In [23]: plt.imshow(z, origin='lower', extent=[0, 5, 0, 5])
         plt.colorbar();
```

结果如图 8-2 所示，这是一个引人注目的二维函数可视化。

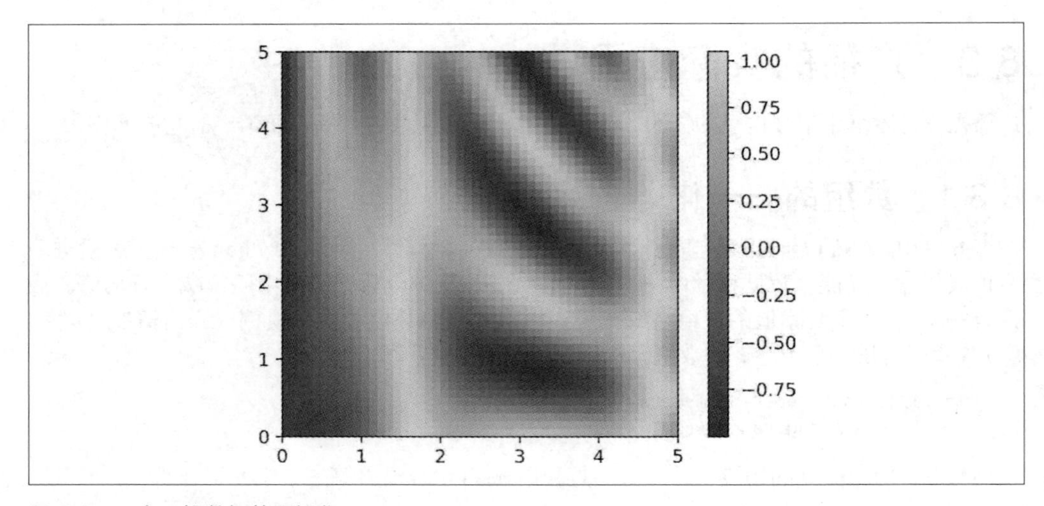

图 8-2：一个二维数组的可视化

第 9 章

比较、掩码和布尔逻辑

本章将介绍如何用布尔掩码来查看和操作 NumPy 数组中的值。当你想基于某些准则来抽取、修改、计数或对一个数组中的值进行其他操作时，掩码就可以派上用场了。例如，你可能希望统计数组中有多少值大于某一个给定值，或者删除所有超出某个阈值的异常点。在 NumPy 中，布尔掩码通常是完成这类任务的最高效的方式。

9.1 示例：统计下雨天数

假设你有表示某城市一年内日降水量的一系列数据。例如，这里将用 pandas（将在第三部分详细介绍）加载西雅图市 2015 年的日降水统计数据：

```
In [1]: import numpy as np
        from vega_datasets import data

        # 用 DataFrame 抽取降雨量，放入一个 NumPy 数组
        rainfall_mm = np.array(
            data.seattle_weather().set_index('date')['precipitation']['2015'])
        len(rainfall_mm)
Out[1]: 365
```

这个数组包含 365 个值，给出了从 2015 年 1 月 1 日至 2015 年 12 月 31 日每天的降水量（mm）。

首先做一个快速的可视化，用 Matplotlib（将在第四部分详细讨论）生成下雨天数的直方图，如图 9-1 所示：

```
In [2]: %matplotlib inline
        import matplotlib.pyplot as plt
        plt.style.use('seaborn-whitegrid')
In [3]: plt.hist(rainfall_mm, 40);
```

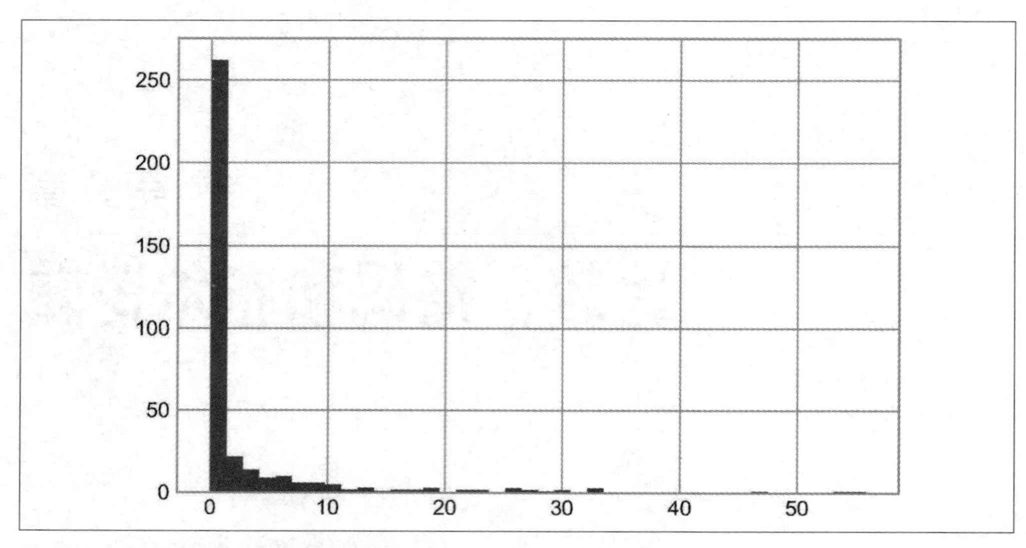

图 9-1：2015 年西雅图市降水量的直方图

该直方图让我们对数据的大致情况有所了解：尽管西雅图以多雨著称，但是 2015 年它大多数日子的降水量都接近 0。但是这样做并没有很好地传递出我们希望看到的某些信息，例如一年中有多少天在下雨，这些下雨天的平均降水量是多少，有多少天的降水量超过了 10mm。

回答以上问题的一种方法是通过传统的统计方式，即对所有数据进行循环，当碰到数据落在我们希望的区间时，计数器便加 1。但因为本章讨论的原因，无论从编写代码的角度看，还是从计算结果的角度看，这都是一种浪费时间、非常低效的方法。我们从第 6 章中了解到，NumPy 的通用函数可以用来替代循环，以快速实现数组的逐元素运算。同样，我们也可以用其他通用函数实现数组的逐元素**比较**，然后利用计算结果回答之前提出的问题。先将数据放在一边，我们来看一下 NumPy 中有哪些用**掩码**来高效解决这类问题的通用工具。

9.2　将比较运算符看作通用函数

第 6 章介绍了通用函数，并且特别关注了算术运算符。我们看到用 +、-、*、/ 和其他一些运算符实现了数组的逐元素操作。NumPy 还实现了如 <（小于）和 >（大于）的逐元素比较的通用函数。这些比较运算的结果是一个布尔数据类型的数组。一共有 6 种标准的比较操作：

```
In [4]: x = np.array([1, 2, 3, 4, 5])

In [5]: x < 3  # 小于
Out[5]: array([ True,  True, False, False, False])

In [6]: x > 3  # 大于
Out[6]: array([False, False, False,  True,  True])
```

```
In [7]: x <= 3  # 小于等于
Out[7]: array([ True,  True,  True, False, False])

In [8]: x >= 3  # 大于等于
Out[8]: array([False, False,  True,  True,  True])

In [9]: x != 3  # 不等于
Out[9]: array([ True,  True, False,  True,  True])

In [10]: x == 3  # 等于
Out[10]: array([False, False,  True, False, False])
```

另外，利用复合表达式实现对两个数组的逐元素比较也是可行的：

```
In [11]: (2 * x) == (x ** 2)
Out[11]: array([False,  True, False, False, False])
```

和算术运算符一样，比较运算符在 NumPy 中也是借助通用函数来实现的。例如，当你写 `x < 3` 时，NumPy 内部会使用 `np.less(x, 3)`。比较运算符及与其对应的通用函数如下表所示。

运算符	对应的通用函数
==	np.equal
!=	np.not_equal
<	np.less
<=	np.less_equal
>	np.greater
>=	np.greater_equal

和算术运算通用函数一样，这些比较运算通用函数也可以用于任意形状、任意大小的数组。下面是一个二维数组的示例：

```
In [12]: rng = np.random.default_rng(seed=1701)
         x = rng.integers(10, size=(3, 4))
         x
Out[12]: array([[9, 4, 0, 3],
                [8, 6, 3, 1],
                [3, 7, 4, 0]])

In [13]: x < 6
Out[13]: array([[False,  True,  True,  True],
                [False, False,  True,  True],
                [ True, False,  True,  True]])
```

这样，每次计算的结果都是一个布尔数组。NumPy 提供了一些简明的模式来操作这些布尔结果。

9.3 操作布尔数组

给定一个布尔数组，你可以实现很多有用的操作。首先打印出此前生成的二维数组 `x`：

```
In [14]: print(x)
Out[14]: [[9 4 0 3]
          [8 6 3 1]
          [3 7 4 0]]
```

9.3.1 统计记录的个数

如果需要统计布尔数组中 True 记录的个数，可以使用 np.count_nonzero 函数：

```
In [15]: # 有多少个值小于 6？
         np.count_nonzero(x < 6)
Out[15]: 8
```

我们看到有 8 个数组记录是小于 6 的。另外一种实现方式是利用 np.sum。在这个例子中，False 会被解释成 0，True 会被解释成 1：

```
In [16]: np.sum(x < 6)
Out[16]: 8
```

使用np.sum() 的好处是，和其他 NumPy 聚合函数一样，这个求和也可以沿着行或列进行：

```
In [17]: # 每行有多少个值小于 6？
         np.sum(x < 6, axis=1)
Out[17]: array([3, 2, 3])
```

这统计矩阵的每一行中小于 6 的值的个数。

如要快速检查任意值或者所有值是否为 True，可以用（你一定猜到了）np.any() 或 np.all()：

```
In [18]: # 有没有值大于 8？
         np.any(x > 8)
Out[18]: True

In [19]: # 有没有值小于 0？
         np.any(x < 0)
Out[19]: False

In [20]: # 是否所有值都小于 10？
         np.all(x < 10)
Out[20]: True

In [21]: # 是否所有值都等于 6？
         np.all(x == 6)
Out[21]: False
```

np.all() 和 np.any() 也可以用于沿着特定的轴操作，例如：

```
In [22]: # 是否每行的所有值都小于 8？
         np.all(x < 8, axis=1)
Out[22]: array([False, False, True])
```

这里第 3 行的所有元素都小于 8，而其他行不是所有元素都小于 8。

最后需要提醒的是，正如在第 7 章中提到的，Python 有内置的 sum()、any() 和 all() 函数，这些函数在 NumPy 中有不同的语法版本。如果在多维数组上混用这两个版本，会导致失败或产生不可预知的错误结果。因此，要确保在以上的示例中用的都是 np.sum()、np.any() 和 np.all() 函数。

9.3.2 布尔运算符

我们已经看到该如何统计降水量小于 20mm 或者大于 10mm 的天数，但是如果我们想统计降水量大于 10mm 且小于 20mm 的天数，该如何操作呢？这可以通过 Python 的**按位逻辑运算符**（bitwise logic operator）&、|、^ 和 ~ 来实现。同标准的算术运算符一样，NumPy 用通用函数重载了这些逻辑运算符，这样可以实现数组的按位运算（通常是布尔运算）。

例如，可以写如下的复合表达式：

```
In [23]: np.sum((rainfall_mm > 10) & (rainfall_mm < 20))
Out[23]: 16
```

可以看到，降水量在 10~20 mm 区间的天数是 16 天。

请注意，这些括号非常重要，因为有运算优先级规则。如果去掉这些括号，该表达式会变成以下形式，这会导致运行错误：

```
rainfall_mm > (10) & rainfall_mm) < 20
```

让我们再演示一个更复杂的表达式。利用德摩根定律，可以用另外一种形式实现同样的结果：

```
In [24]: np.sum(~( (rainfall_mm <= 10) | (rainfall_mm >= 20) ))
Out[24]: 16
```

将比较运算符和布尔运算符合并起来用在数组上，可以实现更多高效的逻辑运算操作。

下表总结了按位布尔运算符及与其对应的通用函数。

运算符	对应的通用函数
&	np.bitwise_and
|	np.bitwise_or
^	np.bitwise_xor
~	np.bitwise_not

利用这些工具，就可以回答那些关于天气数据的问题了。以下示例是结合使用布尔运算和聚合可以计算的结果：

```
In [25]: print("Number days without rain:  ", np.sum(rainfall_mm == 0))
         print("Number days with rain:     ", np.sum(rainfall_mm != 0))
         print("Days with more than 10 mm: ", np.sum(rainfall_mm > 10))
         print("Rainy days with < 5 mm:    ", np.sum((rainfall_mm > 0) &
                                                      (rainfall_mm < 5)))
Out[25]: Number days without rain:   221
         Number days with rain:      144
         Days with more than 10 mm:  34
         Rainy days with < 5 mm:     83
```

9.4 将布尔数组作为掩码

在前一节中，我们看到了如何直接对布尔数组进行聚合计算。一种更强大的模式是使用布尔数组作为掩码，选择数据的子集。以前一节用过的 x 数组为例，假设我们希望抽取出数组中所有小于 5 的元素：

```
In [26]: x
Out[26]: array([[9, 4, 0, 3],
                [8, 6, 3, 1],
                [3, 7, 4, 0]])
```

如前面介绍过的方法，利用比较运算符可以得到一个布尔数组：

```
In [27]: x < 5
Out[27]: array([[False,  True,  True,  True],
                [False, False,  True,  True],
                [ True, False,  True,  True]])
```

现在为了将这些值从数组中**选出**，可以进行简单的索引，即执行**掩码**操作：

```
In [28]: x[x < 5]
Out[28]: array([4, 0, 3, 3, 1, 3, 4, 0])
```

现在返回的是 1 个一维数组，它包含了所有满足条件的值。换句话说，所有的这些值是掩码数组对应位置为 True 的值。

现在，我们可以对这些值进行任意操作，例如可以根据西雅图降水数据进行一些相关统计：

```
In [29]: # 为所有下雨天创建一个掩码
         rainy = (rainfall_mm > 0)

         # 构建一个包含整个夏季日期的掩码（6 月 21 日是第 172 天）
         days = np.arange(365)
         summer = (days > 172) & (days < 262)

         print("Median precip on rainy days in 2015 (mm):   ",
               np.median(rainfall_mm[rainy]))
         print("Median precip on summer days in 2015 (mm):  ",
               np.median(rainfall_mm[summer]))
         print("Maximum precip on summer days in 2015 (mm): ",
               np.max(rainfall_mm[summer]))
         print("Median precip on non-summer rainy days (mm):",
               np.median(rainfall_mm[rainy & ~summer]))
Out[29]: Median precip on rainy days in 2015 (mm):    3.8
         Median precip on summer days in 2015 (mm):   0.0
         Maximum precip on summer days in 2015 (mm):  32.5
         Median precip on non-summer rainy days (mm): 4.1
```

通过结合布尔操作、掩码操作和聚合，可以快速回答针对数据集提出的这类问题。

9.5 使用关键字 and/or 与逻辑操作运算符 &/|

人们经常困惑于关键字 and 和 or 与逻辑操作运算符 & 和 | 的区别是什么，以及什么时候该

选择哪一种。

区别在于：and 和 or 是对整个对象进行操作，而& 和| 是对对象内的元素进行操作。

当你使用 and 或 or 时，就等于让 Python 将对象当作一个布尔实体。在 Python 中，所有非零的整数都会被当作 True：

```
In [30]: bool(42), bool(0)
Out[30]: (True, False)

In [31]: bool(42 and 0)
Out[31]: False

In [32]: bool(42 or 0)
Out[32]: True
```

当你对整数使用 & 和 | 时，表达式会对元素的位表示进行操作，将 and 或 or 应用于组成该数字的每个位：

```
In [33]: bin(42)
Out[33]: '0b101010'

In [34]: bin(59)
Out[34]: '0b111011'

In [35]: bin(42 & 59)
Out[35]: '0b101010'

In [36]: bin(42 | 59)
Out[36]: '0b111011'
```

请注意，用 & 和 | 运算时，会对对应的二进制位进行比较，以得到最终结果。

当你在 NumPy 中有一个布尔数组时，该数组可以被当作由位组成的字符串，其中 1 = True、0 = False。这样的数组可以用上面介绍的方式进行 & 和 | 的操作：

```
In [37]: A = np.array([1, 0, 1, 0, 1, 0], dtype=bool)
         B = np.array([1, 1, 1, 0, 1, 1], dtype=bool)
         A | B
Out[37]: array([ True,  True,  True, False,  True,  True])
```

而用 or 对这两个数组进行运算时，Python 会计算整个数组对象的真或假，这会导致程序出错：

```
In [38]: A or B
ValueError: The truth value of an array with more than one element is
          > ambiguous.
          a.any() or a.all()
```

同样，对给定数组进行逻辑运算时，你也应该使用 | 或 &，而不是 or 或 and：

```
In [39]: x = np.arange(10)
         (x > 4) & (x < 8)
Out[39]: array([False, False, False, False, False, True, True, True, False,
                False])
```

如果试图计算整个数组的真或假，程序同样会抛出 ValueError：

```
In [40]: (x > 4) and (x < 8)
ValueError: The truth value of an array with more than one element is
        > ambiguous.
        a.any() or a.all()
```

因此，可以记住：and 和 or 对整个对象执行单个的布尔运算，而 & 和 | 对一个对象的内容（单独的位或字节）执行多个布尔运算。对于 NumPy 布尔数组，后者是常用的操作。

第 10 章

花式索引

在前几章中，我们介绍了如何利用简单的索引值（如 arr[0]）、切片（如 arr[:5]）和布尔掩码（如 arr[arr > 0]）获取并修改数组的一部分。在这一章中，我们将介绍另外一种数组索引，也称作**花式索引**（fancy indexing）。花式索引和前面那些简单的索引类似，但是传递的是索引数组，而不是单个标量。花式索引让我们能够快速获取并修改复杂的数组值的子集。

10.1 探索花式索引

花式索引在概念上非常简单，它意味着传递一个索引数组来一次性获取多个数组元素。例如，考虑以下数组：

```
In [1]: import numpy as np
        rng = np.random.default_rng(seed=1701)

        x = rng.integers(100, size=10)
        print(x)
Out[1]: [90 40 9 30 80 67 39 15 33 79]
```

假设我们希望获取 3 个不同的元素，可以用以下方式实现：

```
In [2]: [x[3], x[7], x[2]]
Out[2]: [30, 15, 9]
```

另外一种方法是通过传递索引的单个列表或数组来获得同样的结果：

```
In [3]: ind = [3, 7, 4]
        x[ind]
Out[3]: array([30, 15, 80])
```

利用花式索引，结果的形状与**索引数组**的形状一致，而不是与**被索引数组**的形状一致：

```
In [4]: ind = np.array([[3, 7],
                        [4, 5]])
        x[ind]
Out[4]: array([[30, 15],
               [80, 67]])
```

花式索引对多个维度也适用。假设我们有以下数组：

```
In [5]: X = np.arange(12).reshape((3, 4))
        X
Out[5]: array([[ 0,  1,  2,  3],
               [ 4,  5,  6,  7],
               [ 8,  9, 10, 11]])
```

和标准的索引方式一样，第 1 个索引指的是行，第 2 个索引指的是列：

```
In [6]: row = np.array([0, 1, 2])
        col = np.array([2, 1, 3])
        X[row, col]
Out[6]: array([ 2, 5, 11])
```

需要注意，结果中的第 1 个值是 X[0, 2]，第 2 个值是 X[1, 1]，第 3 个值是 X[2, 3]。在花式索引中，索引值的配对遵循第 8 章介绍的广播的规则。因此，当我们将一个列向量和一个行向量组合在一个索引中时，会得到一个二维的结果：

```
In [7]: X[row[:, np.newaxis], col]
Out[7]: array([[ 2,  1,  3],
               [ 6,  5,  7],
               [10,  9, 11]])
```

这里，每一行的值都与每一列的向量配对，正如我们看到的广播的算术运算：

```
In [8]: row[:, np.newaxis] * col
Out[8]: array([[0, 0, 0],
               [2, 1, 3],
               [4, 2, 6]])
```

需要特别记住的是，花式索引返回的值反映的是**广播后的索引数组的形状**，而不是被索引的数组的形状。

10.2 组合索引

花式索引可以和其他索引方案结合起来形成更强大的索引操作。例如，给定数组 X：

```
In [9]: print(X)
Out[9]: [[ 0  1  2  3]
         [ 4  5  6  7]
         [ 8  9 10 11]]
```

可以将花式索引和简单的索引组合起来使用：

```
In [10]: X[2, [2, 0, 1]]
Out[10]: array([10,  8,  9])
```

也可以将花式索引和切片组合起来使用：

```
In [11]: X[1:, [2, 0, 1]]
Out[11]: array([[ 6,  4,  5],
                [10,  8,  9]])
```

更可以将花式索引和掩码组合起来使用：

```
In [12]: mask = np.array([True, False, True, False])
         X[row[:, np.newaxis], mask]
Out[12]: array([[ 0,  2],
                [ 4,  6],
                [ 8, 10]])
```

组合使用不同的数组可以实现非常灵活的获取和修改数组元素的操作。

10.3 示例：选择随机点

花式索引的一个常见用途是从一个矩阵中选择行的子集。假设我们有一个 $N \times D$ 的矩阵，表示 D 个维度中的 N 个点，以下从一个二维正态分布中抽取的点：

```
In [13]: mean = [0, 0]
         cov = [[1, 2],
                [2, 5]]
         X = rand.multivariate_normal(mean, cov, 100)
         X.shape
Out[13]: (100, 2)
```

利用将在第四部分介绍的画图工具，我们可以用散点图将这些点可视化（如图 10-1 所示）：

```
In [14]: %matplotlib inline
         import matplotlib.pyplot as plt
         plt.style.use('seaborn-whitegrid')

         plt.scatter(X[:, 0], X[:, 1]);
```

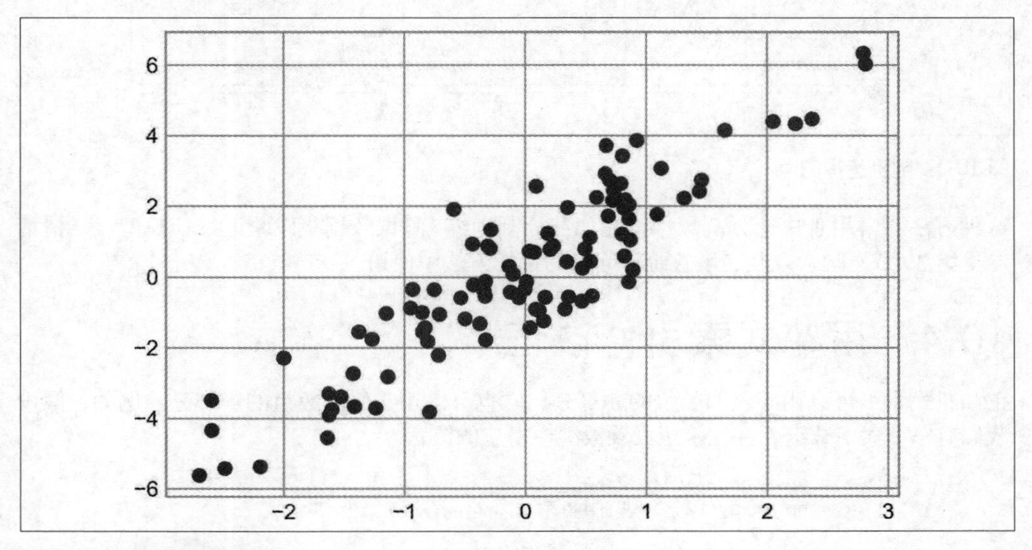

图 10-1：正态分布的点

我们将利用花式索引随机选取 20 个点——选择 20 个随机的、不重复的索引值，并利用这些索引值选取原始数组中对应的值：

```
In [15]: indices = np.random.choice(X.shape[0], 20, replace=False)
         indices
Out[15]: array([82, 84, 10, 55, 14, 33, 4, 16, 34, 92, 99, 64, 8, 76, 68, 18, 59,
                80, 87, 90])

In [16]: selection = X[indices] # 花式索引
         selection.shape
Out[16]: (20, 2)
```

现在来看哪些点被选中了，将选中的点在图上用大圆圈标示出来（如图 10-2 所示）：

```
In [17]: plt.scatter(X[:, 0], X[:, 1], alpha=0.3)
         plt.scatter(selection[:, 0], selection[:, 1],
                     facecolor='none', edgecolor='black', s=200);
```

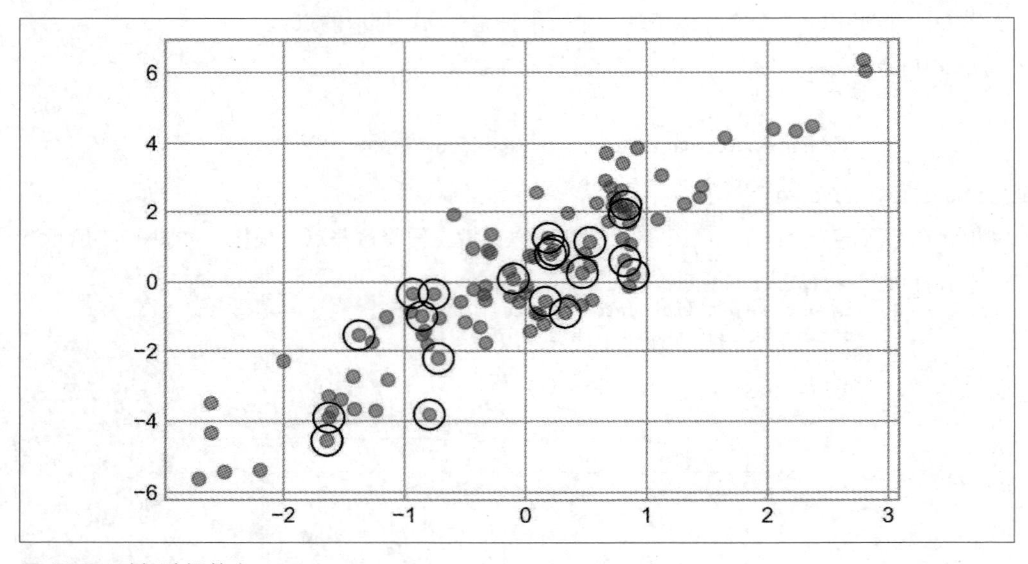

图 10-2：随机选择的点

这种方法通常用于快速分割数据，比如在分割训练 / 测试数据集以验证统计模型（详情请参见第 39 章）时，以及在解答统计问题的抽样方法中使用。

10.4 用花式索引修改值

正如花式索引可以用于获取数组的一部分，它也可以用于修改数组的一部分。例如，假设我们有一个索引数组，并且希望设置数组中对应的值：

```
In [18]: x = np.arange(10)
         i = np.array([2, 1, 8, 4])
         x[i] = 99
         print(x)
```

```
Out[18]: [ 0 99 99  3 99  5  6  7 99  9]
```

可以用任何的赋值操作来实现，例如：

```
In [19]: x[i] -= 10
         print(x)
Out[19]: [ 0 89 89  3 89  5  6  7 89  9]
```

不过需要注意，操作中重复的索引会导致一些出乎意料的结果产生，如以下例子所示：

```
In [20]: x = np.zeros(10)
         x[[0, 0]] = [4, 6]
         print(x)
Out[20]: [6. 0. 0. 0. 0. 0. 0. 0. 0. 0.]
```

4 去哪里了？这个操作首先赋值 `x[0] = 4`，然后赋值 `x[0] = 6`，因此 `x[0]` 的值为 6。

以上还算合理，但是设想以下操作：

```
In [21]: i = [2, 3, 3, 4, 4, 4]
         x[i] += 1
         x
Out[21]: array([6., 0., 1., 1., 1., 0., 0., 0., 0., 0.])
```

你可能期望 `x[3]` 的值为 2，`x[4]` 的值为 3，因为这是这些索引值重复的次数。但是为什么结果不同于我们的预想呢？从概念的角度理解，这是因为 `x[i] += 1` 是 `x[i] = x[i] + 1` 的简写。`x[i] + 1` 计算完后，这个结果被赋值给了 `x` 相应的索引值。记住这个原理后，我们却发现数组并没有发生多次累加，而是发生了多次赋值，显然这不是我们想要的结果。

因此，如果你希望多次累加，该怎么做呢？你可以借助通用函数中的 `at` 方法来实现如下操作：

```
In [22]: x = np.zeros(10)
         np.add.at(x, i, 1)
         print(x)
Out[22]: [0. 0. 1. 2. 3. 0. 0. 0. 0. 0.]
```

`at` 方法会在给定的索引位置（这里是 `i`），对给定的值（这里是 `1`）进行就地累加操作。另一个可以实现该功能的方法是通用函数中的 `reduceat` 方法，你可以在 NumPy 文档中找到更多关于该函数的信息。

10.5 示例：数据区间划分

你可以用这些方法高效地将数据划分为区间并手动创建直方图。例如，假设我们有 100 个值，并希望快速计算出它们落在哪个区间。可以用 `ufunc.at` 来计算：

```
In [23]: rng = np.random.default_rng(seed=1701)
         x = rng.normal(size=100)

         # 手动计算直方图
         bins = np.linspace(-5, 5, 20)
         counts = np.zeros_like(bins)
```

```
# 为每个 x 找到合适的区间
i = np.searchsorted(bins, x)

# 为每个区间加上 1
np.add.at(counts, i, 1)
```

计数数组 counts 反映的是在每个区间中的点的个数，即直方图分布（如图 10-3 所示）：

```
In [24]: # 画出结果
         plt.plot(bins, counts, drawstyle='steps');
```

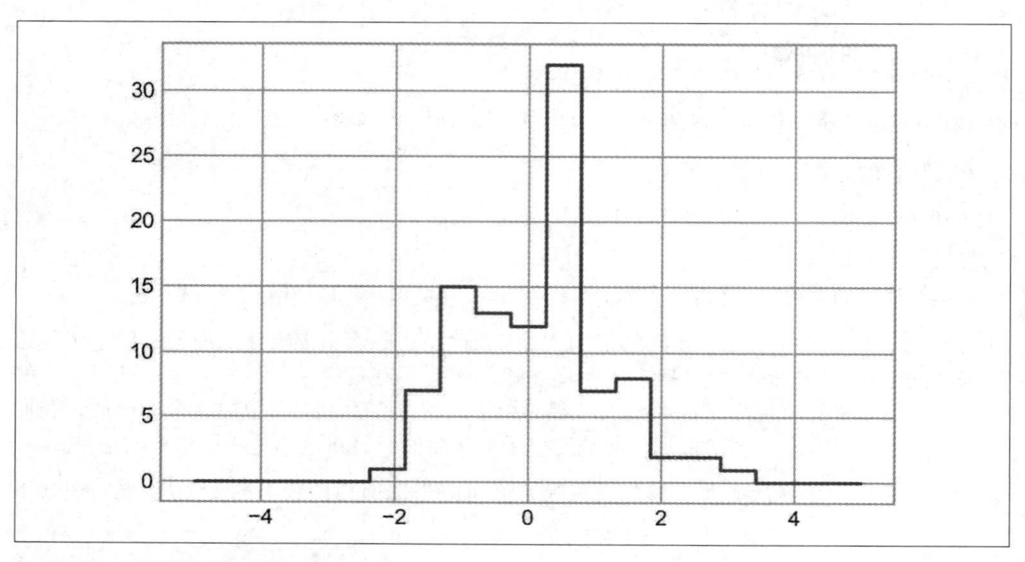

图 10-3：手动计算的直方图

当然，如果每次需要画直方图你都这么做的话，也是很不明智的。这就是为什么 Matplotlib 提供了 plt.hist 方法，该方法仅用一行代码就实现了上述功能：

```
plt.hist(x, bins, histtype='step');
```

这个函数将生成一个和图 10-3 几乎一模一样的图。为了计算区间，Matplotlib 将使用 np.histogram 函数，该函数的计算功能也和上面执行的计算类似。接下来比较一下这两种方法：

```
In [25]: print(f"NumPy histogram ({len(x)} points):")
         %timeit counts, edges = np.histogram(x, bins)

         print(f"Custom histogram ({len(x)} points):")
         %timeit np.add.at(counts, np.searchsorted(bins, x), 1)
Out[25]: NumPy histogram (100 points):
         33.8 µs ± 311 ns per loop (mean ± std. dev. of 7 runs, 10000 loops each)
         Custom histogram (100 points):
         17.6 µs ± 113 ns per loop (mean ± std. dev. of 7 runs, 100000 loops each)
```

可以看到，我们一行代码的算法比 NumPy 优化过的算法快一倍！这是如何做到的呢？如果你深入研究 `np.histogram` 源代码（可以在 IPython 中输入 **`np.histogram??`** 查看源代码），就会看到它比我们前面用过的简单的搜索和计数方法更复杂。这是由于 NumPy 的算法更灵活（需要适应不同场景），因此在数据点比较大时更能显示出其良好的性能：

```
In [26]: x = rng.normal(size=1000000)
         print(f"NumPy histogram ({len(x)} points):")
         %timeit counts, edges = np.histogram(x, bins)

         print(f"Custom histogram ({len(x)} points):")
         %timeit np.add.at(counts, np.searchsorted(bins, x), 1)
Out[26]: NumPy histogram (1000000 points):
         84.4 ms ± 2.82 ms per loop (mean ± std. dev. of 7 runs, 10 loops each)
         Custom histogram (1000000 points):
         128 ms ± 2.04 ms per loop (mean ± std. dev. of 7 runs, 10 loops each)
```

以上比较表明，算法 . 效率并不是一个简单的问题。一个对大数据集非常有效的算法并不总是小数据集的最佳选择，反之同理（详情请参见第 11 章）。但是自己编写这个算法的好处是可以理解这些基本方法。你可以利用这些编写好的模块去扩展，以实现一些有意思的自定义操作。将 Python 有效地用在数据密集型应用中的关键是，当应用场景合适时知道使用 `np.histogram` 这样的现成函数，当需要执行更多指定的操作时，也知道如何利用更低级的功能来实现。

第 11 章

数组排序

到目前为止，我们主要关注了用 NumPy 获取和操作数组的工具。这一章将介绍用于排序 NumPy 数组的算法，这些算法是计算机科学导论课程非常偏爱的话题。如果你曾经参加过这样的课程，可能睡觉时都在想**插入排序**、**选择排序**、**归并排序**、**快速排序**、**冒泡排序**等（这取决于你的体温，也可能是一个噩梦）。所有这些方法都是为了实现一个类似的任务：对一个列表或数组中的值进行排序。

Python 有几个内置函数和方法用于对列表和其他可迭代对象进行排序。`sorted` 函数接受一个列表并返回它的排序版本：

```
In [1]: L = [3, 1, 4, 1, 5, 9, 2, 6]
        sorted(L) # 返回排序副本
Out[1]: [1, 1, 2, 3, 4, 5, 6, 9]
```

相比之下，列表的 `sort` 方法会对列表进行就地排序：

```
In [2]: L.sort() # 就地排序并返回 None
        print(L)
Out[2]: [1, 1, 2, 3, 4, 5, 6, 9]
```

Python 的排序方法非常灵活，可以处理任何可迭代对象。例如，这里我们对一个字符串进行排序：

```
In [3]: sorted('python')
Out[3]: ['h', 'n', 'o', 'p', 't', 'y']
```

这些内置排序方法很方便，但正如前面所讨论的，Python 数值的动态性意味着它们的性能不如专门为统一数值数组设计的方法。这正是 NumPy 的排序方法的用武之地。

11.1 NumPy 中的快速排序：np.sort 和 np.argsort

np.sort 方法与 Python 的内置 sorted 函数类似，可以快速地返回数组的排序副本：

```
In [4]: import numpy as np

        x = np.array([2, 1, 4, 3, 5])
        np.sort(x)
Out[4]: array([1, 2, 3, 4, 5])
```

数组的 sort 方法与 Python 列表的 sort 方法类似，可以就地排序替换原数组：

```
In [5]: x.sort()
         print(x)
Out[5]: [1 2 3 4 5]
```

另外一个相关的函数是 argsort，该函数返回的是原始数组排好序的**索引值**：

```
In [6]: x = np.array([2, 1, 4, 3, 5])
        i = np.argsort(x)
        print(i)
Out[6]: [1 0 3 2 4]
```

以上结果的第 1 个元素是数组中最小元素的索引值，第 2 个值给出的是次小元素的索引值，以此类推。这些索引值可以被用于（通过花式索引）创建有序的数组：

```
In [7]: x[i]
Out[7]: array([1, 2, 3, 4, 5])
```

11.2 沿着行或列排序

NumPy 排序算法的一个有用的功能是通过 axis 参数，沿着多维数组的行或列进行排序，例如：

```
In [8]: rng = np.random.default_rng(seed=42)
        X = rng.integers(0, 10, (4, 6))
        print(X)
Out[8]: [[0 7 6 4 4 8]
         [0 6 2 0 5 9]
         [7 7 7 7 5 1]
         [8 4 5 3 1 9]]

In [9]: # 对 X 的每一列排序
        np.sort(X, axis=0)
Out[9]: array([[0, 4, 2, 0, 1, 1],
               [0, 6, 5, 3, 4, 8],
               [7, 7, 6, 4, 5, 9],
               [8, 7, 7, 7, 5, 9]])

In [10]: # 对 X 的每一行排序
         np.sort(X, axis=1)
```

```
Out[10]: array([[0, 4, 4, 6, 7, 8],
                [0, 0, 2, 5, 6, 9],
                [1, 5, 7, 7, 7, 7],
                [1, 3, 4, 5, 8, 9]])
```

需要记住的是，这种处理方式是将行或列当作独立的数组，行或列的值之间的任何关系都将丢失！

11.3 部分排序：分区

有时候我们不希望对整个数组进行排序，仅仅希望找到数组中第 K 小的值，NumPy 的 `np.partition` 函数提供了该功能。`np.partition` 函数的输入是一个数组和数字 K，输出结果是一个新数组，其左边是前 K 小的值，右边是任意顺序的其他值：

```
In [11]: x = np.array([7, 2, 3, 1, 6, 5, 4])
         np.partition(x, 3)
Out[11]: array([2, 1, 3, 4, 6, 5, 7])
```

请注意，结果数组中前 3 个值是数组中最小的 3 个值，剩下的位置是原始数组剩下的值。在这两个分隔区间中，元素都是任意排列的。

与排序类似，也可以沿着多维数组任意的轴进行分区：

```
In [12]: np.partition(X, 2, axis=1)
Out[12]: array([[0, 4, 4, 7, 6, 8],
                [0, 0, 2, 6, 5, 9],
                [1, 5, 7, 7, 7, 7],
                [1, 3, 4, 5, 8, 9]])
```

输出结果是一个数组，该数组每一行的前两个元素是该行最小的两个值，每一行的其他值分布在剩下的位置。

最后，正如 `np.argsort` 函数计算的是排序的索引值，也有一个 `np.argpartition` 函数计算的是分区的索引值，我们将在下一节中举例介绍它。

11.4 示例：*k* 个最近邻

以下示例展示的是如何利用 `argsort` 函数沿着多个轴快速找到集合中每个点的最近邻。首先，在二维平面上创建一个有 10 个随机点的集合。按照惯例，将这些数据点放在一个 10×2 的数组中：

```
In [13]: X = rng.random((10, 2))
```

为了对这些点有一个直观的印象，来画出它的散点图（如图 11-1 所示）：

```
In [14]: %matplotlib inline
         import matplotlib.pyplot as plt
         plt.style.use('seaborn-whitegrid')
         plt.scatter(X[:, 0], X[:, 1], s=100);
```

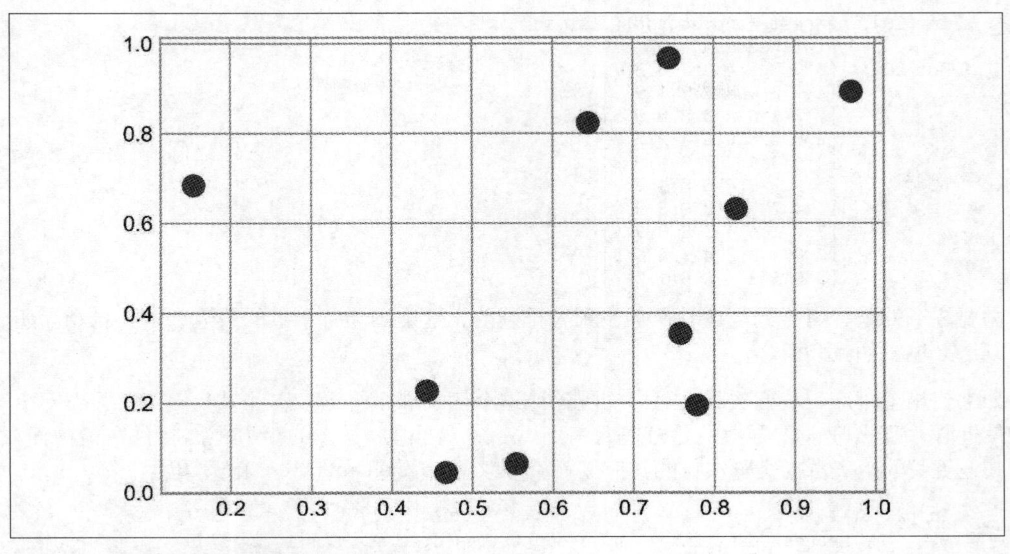

图 11-1：将示例 *k* 个最近邻中的点可视化

现在来计算每对数据间的距离。我们学过两点间距离的平方等于每个维度上的差的平方和。利用 NumPy 的广播（详情请参见第 8 章）和聚合（详情请参见第 7 章）功能，可以用一行代码计算平方距离矩阵：

```
In [15]: dist_sq = np.sum((X[:, np.newaxis] - X[np.newaxis, :]) ** 2, axis=-1)
```

这个操作由很多部分组成。如果你对 NumPy 的广播规则不熟悉的话，可能这行代码看起来有些令人困惑。当你遇到这种代码时，将其各组件分解后再分析是非常有用的：

```
In [16]: # 在坐标系中计算每对点的差值
         differences = X[:, np.newaxis] - X[np.newaxis, :]
         differences.shape
Out[16]: (10, 10, 2)

In [17]: # 求出差值的平方
         sq_differences = differences ** 2
         sq_differences.shape
Out[17]: (10, 10, 2)

In [18]: # 对差值求和获得平方距离
         dist_sq = sq_differences.sum(-1)
         dist_sq.shape
Out[18]: (10, 10)
```

再次确认以上步骤，应该看到该矩阵对角线（也就是每个点到其自身的距离）上的值都是 0：

```
In [19]: dist_sq.diagonal()
Out[19]: array([ 0., 0., 0., 0., 0., 0., 0., 0., 0., 0.])
```

当我们有了这样一个转化为两点间的平方距离的矩阵后，就可以使用 np.argsort 函数沿着每行进行排序了。最左边的列给出的索引值就是最近邻：

```
In [20]: nearest = np.argsort(dist_sq, axis=1)
         print(nearest)
Out[20]: [[0 9 3 5 4 8 1 6 2 7]
          [1 7 2 6 4 8 3 0 9 5]
          [2 7 1 6 4 3 8 0 9 5]
          [3 0 4 5 9 6 1 2 8 7]
          [4 6 3 1 2 7 0 5 9 8]
          [5 9 3 0 4 6 8 1 2 7]
          [6 4 2 1 7 3 0 5 9 8]
          [7 2 1 6 4 3 8 0 9 5]
          [8 0 1 9 3 4 7 2 6 5]
          [9 0 5 3 4 8 6 1 2 7]]
```

需要注意的是，第 1 列是按 0~9 从小到大排列的。这是因为每个点的最近邻是其自身，所以结果也正如我们所想。

如果使用全排序，我们实际上可以实现的比这个例子展示得更多。如果我们仅仅关心 k 个最近邻，那么唯一需要做的是分隔每一行，这样最小的 $k + 1$ 的平方距离将排在最前面，其他更长的距离占据矩阵该行的其他位置。可以用 `np.argpartition` 函数实现：

```
In [21]: K = 2
         nearest_partition = np.argpartition(dist_sq, K + 1, axis=1)
```

为了将邻节点网络可视化，我们将每个点与它的两个最近邻相连接（如图 11-2 所示）：

```
In [22]: plt.scatter(X[:, 0], X[:, 1], s=100)

         # 将每个点与它的两个最近邻相连接
         K = 2

         for i in range(X.shape[0]):
             for j in nearest_partition[i, :K+1]:
                 # 画一条从 X[i] 到 X[j] 的线段
                 # 用 zip 方法实现：
                 plt.plot(*zip(X[j], X[i]), color='black')
```

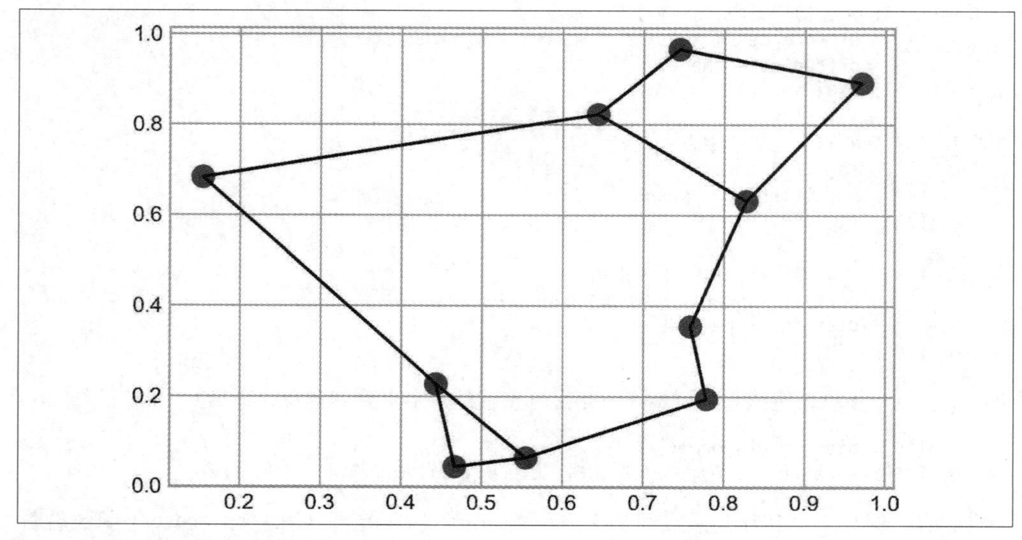

图 11-2：每个点的邻节点的可视化

图 11-2 中每个点和离它最近的两个节点用连线连接。乍一看，你可能会奇怪为什么有些点的连线多于两条，这是因为假设点 A 是点 B 最邻近的两个节点之一，但是这并不意味着点 B 一定是点 A 的最邻近的两个节点之一。

尽管本例中的广播和按行排序可能看起来不如循环直观，但是在实际运行中，Python 中这类数据的操作会更高效。你可能会尝试通过手动循环数据并对每一组邻节点单独进行排序来实现同样的功能，但是这种方法和我们使用的向量化操作相比，肯定在算法执行上效率更低。并且向量化操作的优美之处在于，它的实现方式决定了它对输入数据的数据量并不敏感。也就是说，我们可以非常轻松地计算任意维度空间的 100 或 1 000 000 个邻节点，而代码看起来是一样的。

最后还想提醒一点，做大数据量的最近邻搜索时，有几种基于树的算法的复杂度可以接近 $O[N\log N]$，或者比蛮力搜索法的 $O[N^2]$ 更好。其中一种就是 KD-Tree，在 scikit-learn 中实现。

第 1 2 章

结构化数据：NumPy的结构化数组

大多数时候，我们的数据可以用一个异构类型值组成的数组表示，有时却并非如此。本章介绍 NumPy 的**结构化数组**和**记录数组**，它们为复合的、异构的数据提供了非常有效的存储。尽管这里列举的模式对于简单的操作非常有用，但是这些场景通常也可以用 pandas 的 `DataFrame` 来实现（将在第三部分详细介绍）。

```
In [1]: import numpy as np
```

假定现在有关于一些人的分类数据（如姓名、年龄和体重），我们需要存储这些数据以便在 Python 项目中使用，那么一种可行的方法是将它们存在 3 个单独的数组中：

```
In [2]: name = ['Alice', 'Bob', 'Cathy', 'Doug']
        age = [25, 45, 37, 19]
        weight = [55.0, 85.5, 68.0, 61.5]
```

这种方法有点笨，因为并没有任何信息告诉我们这 3 个数组是相关联的。如果可以用一种单一结构来存储所有的数据，那么看起来会更自然。NumPy 可以用结构化数组实现这种存储。

前面介绍过，可以利用以下表达式生成一个简单的数组：

```
In [3]: x = np.zeros(4, dtype=int)
```

与之类似，可以通过指定复合数据类型，构造一个结构化数组：

```
In [4]: # 使用复合数据结构的结构化数组
        data = np.zeros(4, dtype={'names':('name', 'age', 'weight'),
                                  'formats':('U10', 'i4', 'f8')})
        print(data.dtype)
Out[4]: [('name', '<U10'), ('age', '<i4'), ('weight', '<f8')]
```

这里 U10 表示“长度不超过 10 的 Unicode 字符串”，i4 表示“4 字节（即 32 位）整型”，f8 表示“8 字节（即 64 位）浮点型”。后续的小节中将介绍更多的数据类型代码。

现在生成了一个空的容器数组，可以将列表数据放入数组中：

```
In [5]: data['name'] = name
        data['age'] = age
        data['weight'] = weight
        print(data)
Out[5]: [('Alice', 25, 55.0) ('Bob', 45, 85.5) ('Cathy', 37, 68.0)
         ('Doug', 19, 61.5)]
```

正如我们希望的，现在所有的数据被安排在一个结构化数组中。

结构化数组的方便之处在于，可以通过索引或名称查看相应的值：

```
In [6]: # 获取所有名字
        data['name']
Out[6]: array(['Alice', 'Bob', 'Cathy', 'Doug'], dtype='<U10')

In [7]: # 获取第一行数据
        data[0]
Out[7]: ('Alice', 25, 55.0)

In [8]: # 获取最后一行的名字
        data[-1]['name']
Out[8]: 'Doug'
```

利用布尔掩码，还可以执行一些更复杂的操作，如按照年龄进行筛选：

```
In [9]: # 获取年龄小于 30 岁的人的名字
        data[data['age'] < 30]['name']
Out[9]: array(['Alice', 'Doug'], dtype='<U10')
```

如果你希望实现比上面更复杂的操作，那么你应该考虑使用 pandas 包，我们将在第四部分详细介绍它。正如你将看到的，pandas 提供了一个 DataFrame 对象，该结构是构建于 NumPy 数组之上的，提供了很多有用的数据操作功能，其中有些与前面介绍的类似，当然也有更多没提到过并且非常实用的功能。

12.1 生成结构化数组

结构化数组的数据类型有多种指定方式。此前我们学习了采用字典的方法：

```
In [10]: np.dtype({'names':('name', 'age', 'weight'),
                   'formats':('U10', 'i4', 'f8')})
Out[10]: dtype([('name', '<U10'), ('age', '<i4'), ('weight', '<f8')])
```

为了简明起见，数值数据类型可以用 Python 类型或 NumPy 的 dtype 类型指定：

```
In [11]: np.dtype({'names':('name', 'age', 'weight'),
                   'formats':((np.str_, 10), int, np.float32)})
Out[11]: dtype([('name', '<U10'), ('age', '<i8'), ('weight', '<f4')])
```

复合数据类型也可以是元组列表：

```
In [12]: np.dtype([('name', 'S10'), ('age', 'i4'), ('weight', 'f8')])
Out[12]: dtype([('name', 'S10'), ('age', '<i4'), ('weight', '<f8')])
```

如果类型的名称对你来说并不重要，那你可以仅仅用一个字符串来指定它。在该字符串中数据类型用逗号分隔：

```
In [13]: np.dtype('S10,i4,f8')
Out[13]: dtype([('f0', 'S10'), ('f1', '<i4'), ('f2', '<f8')])
```

简写的字符串格式的代码可能不直观，但是它们其实基于非常简单的规则。第一个（可选）字符是 < 或者 >，分别表示“小端”与“大端”，用来指定有效位的排序约定。第二个字符指定的是数据的类型：字符、字节、整型、浮点型，等等（如表 12-1 所示）。最后一个或几个字符表示该对象的字节大小。

表 12-1：NumPy 的数据类型

NumPy数据类型符号	描述	示例
'b'	字节型	np.dtype('b')
'i'	有符号整型	np.dtype('i4') == np.int32
'u'	无符号整型	np.dtype('u1') == np.uint8
'f'	浮点型	np.dtype('f8') == np.int64
'c'	复数浮点型	np.dtype('c16') == np.complex128
'S'、'a'	字符串	np.dtype('S5')
'U'	Unicode 编码字符串	np.dtype('U') == np.str_
'V'	原生数据（空）	np.dtype('V') == np.void

12.2 更高级的复合数据类型

NumPy 中也可以定义更高级的复合数据类型。例如，你可以创建一种类型，其中每个元素都包含一个数组或矩阵。这里我们会创建一个数据类型，该数据类型用 mat 组件包含一个 3 × 3 的浮点矩阵：

```
In [14]: tp = np.dtype([('id', 'i8'), ('mat', 'f8', (3, 3))])
         X = np.zeros(1, dtype=tp)
         print(X[0])
         print(X['mat'][0])
Out[14]: (0, [[0., 0., 0.], [0., 0., 0.], [0., 0., 0.]])
         [[0. 0. 0.]
          [0. 0. 0.]
          [0. 0. 0.]]
```

现在 X 数组的每个元素都包含一个 id 和一个 3 × 3 的矩阵。为什么我们宁愿用这种方法存储数据，也不用简单的多维数组或者 Python 字典呢？一个原因是 NumPy 的 dtype 直接映射到 C 结构的定义，因此包含数组内容的缓存可以直接在 C 程序中使用。如果你想写一个 Python 接口与一个遗留的 C 语言库或 Fortran 库交互，从而操作结构化数据，你会发现结构化数组非常有用！

12.3 记录数组：结构化数组的扭转

NumPy 还提供了记录数组（np.recarray 类的实例）。它和前面介绍的结构化数组几乎相同，但是它有一个独特的特征：域可以像属性一样获取，而不是像字典的键那样获取。前面的例子通过以下代码获取年龄：

```
In [15]: data['age']
Out[15]: array([25, 45, 37, 19], dtype=int32)
```

如果将这些数据当作一个记录数组，我们可以用很少的按键次数来获取这个结果：

```
In [16]: data_rec = data.view(np.recarray)
         data_rec.age
Out[16]: array([25, 45, 37, 19], dtype=int32)
```

记录数组不好的地方在于，即使使用同样的语法，在获取域时也会有一些额外的开销，如以下示例所示：

```
In [17]: %timeit data['age']
         %timeit data_rec['age']
         %timeit data_rec.age
Out[17]: 121 ns ± 1.4 ns per loop (mean ± std. dev. of 7 runs, 1000000 loops each)
         2.41 µs ± 15.7 ns per loop (mean ± std. dev. of 7 runs, 100000 loops each)
         3.98 µs ± 20.5 ns per loop (mean ± std. dev. of 7 runs, 100000 loops each)
```

是否值得为更简便的标记方式花费额外的开销，这将取决于你的实际应用。

12.4 关于 pandas

关于结构化数组和记录数组的这一章放在第二部分的末尾是有意为之，因为它能很好地衔接要介绍的下一个包：pandas。结构化数组在某些场景中很好用，比如使用 NumPy 数组将数据映射到 C、Fortran 或其他语言的二进制数据格式。但是如果每天都需要使用结构化数据，那么 pandas 包是更好的选择，我们将在接下来的章节中详细介绍它。

第三部分

pandas数据处理

在第二部分中，我们详细介绍了 NumPy 和它的 ndarray 对象，这个对象为 Python 多维数组提供了高效的存储和处理方法。下面，我们将基于前面的知识，深入学习 pandas 程序库提供的数据结构。pandas 是在 NumPy 基础上建立的新程序库，提供了一种高效的 DataFrame 数据结构。DataFrame 本质上是一种带行标签和列标签、支持异构数据类型和缺失值的多维数组。pandas 不仅为带各种标签的数据提供了便利的存储界面，还实现了许多强大的操作，这些操作对数据库框架和电子表格程序的用户来说非常熟悉。

正如我们之前看到的那样，NumPy 的 ndarray 数据结构为数值计算任务中常见的干净整齐、组织良好的数据提供了许多不可或缺的功能。虽然它在这方面做得很好，但是当我们需要处理更灵活的数据任务（如为数据添加标签、处理缺失值等），或者需要做一些不是对每个元素都进行广播映射的计算（如分组、透视表等）时，NumPy 的限制就非常明显了，而这些都是分析各种非结构化数据时很重要的一部分。建立在 NumPy 数组结构上的 pandas，尤其是它的 Series 和 DataFrame 对象，为数据科学家们处理那些消耗大量时间的“数据整理”（data munging）任务提供了捷径。

这一部分将重点介绍 Series、DataFrame 和其他相关数据结构的高效使用方法。我们会酌情使用真实数据集作为演示示例，但这些示例本身并不是学习重点。

安装并使用 pandas

在安装 pandas 之前，确保你的操作系统中有 NumPy。如果你是从源代码直接编译，那么还需要相应的工具编译建立 pandas 所需的 C 语言与 Cython 代码。详细的安装方法，请参考 pandas 官方文档。如果你按照前言的建议使用了 Anaconda，那么 pandas 就已经安装好了。

pandas 安装好之后，可以导入它检查一下版本号。本书使用的版本如下：

```
In [1]: import pandas
        pandas.__version__
Out[1]: '1.3.5'
```

和之前导入 NumPy 并使用别名 np 一样，我们将导入 pandas 并使用别名 pd：

```
In[2]: import pandas as pd
```

这种简写方式将贯穿本书。

关于显示内置文档的提醒

当你阅读这一部分时，不要忘了利用 IPython 可以快速浏览软件包的内容（通过 Tab 键补全功能），以及各种函数的文档（使用 ?）。（如果你需要复习相关内容，请参见第 1 章。）

例如，可以通过按下 Tab 键显示 pandas 命名空间的所有内容：

```
In [3]: pd.<TAB>
```

如果要显示 pandas 的内置文档，可以这样：

```
In [4]: pd?
```

详细的文档请参考 pandas 网站，里面除了有基础教程，还有许多有用的其他资源。

第 13 章

pandas对象简介

如果从底层视角观察 pandas 对象，可以把它们看成增强版的 NumPy 结构化数组，其中行和列都不再只是简单的整数索引，还可以带上标签。在本章后面的内容中我们将会发现，虽然 pandas 在基本数据结构的基础上实现了许多便利的工具、方法和功能，但是后面将要介绍的每一个工具、方法和功能几乎都需要我们理解基本数据结构的内部细节。因此，在深入学习 pandas 之前，先来看看 pandas 的 3 个基本数据结构：Series、DataFrame 和 Index。

从导入标准 NumPy 和 pandas 开始：

```
In [1]: import numpy as np
        import pandas as pd
```

13.1 pandas 的 Series 对象

pandas 的 Series 对象是一个由带索引的数据构成的一维数组。可以用一个列表或数组创建 Series 对象，如下所示：

```
In [2]: data = pd.Series([0.25, 0.5, 0.75, 1.0])
        data
Out[2]: 0    0.25
        1    0.50
        2    0.75
        3    1.00
        dtype: float64
```

从上面的结果中，你会发现 Series 对象将一组数据和一组索引绑定在一起，我们可以通过 values 属性和 index 属性获取数据。values 属性返回的结果与 NumPy 数组类似：

```
In [3]: data.values
Out[3]: array([0.25, 0.5 , 0.75, 1.  ])
```

index 属性返回的结果是一个类型为 pd.Index 的类数组对象，我们将在后面的内容里详细介绍它：

```
In [4]: data.index
Out[4]: RangeIndex(start=0, stop=4, step=1)
```

和 NumPy 数组一样，数据可以通过 Python 的中括号索引标签获取：

```
In [5]: data[1]
Out[5]: 0.5

In [6]: data[1:3]
Out[6]: 1    0.50
        2    0.75
        dtype: float64
```

但是我们将会看到，pandas 的 Series 对象比它模仿的一维 NumPy 数组更加通用、灵活。

13.1.1 Serise 是通用的 NumPy 数组

到目前为止，我们可能觉得 Series 对象和一维 NumPy 数组基本可以互换，但两者间的本质差异其实是索引：NumPy 数组通过**隐式定义**的整数索引获取数值，而 pandas 的 Series 对象用一种**显式定义**的索引与数值关联。

显式索引的定义让 Series 对象拥有了更强的能力。例如，索引不再仅仅是整数，还可以是任意想要的类型。如果需要，完全可以用字符串定义索引：

```
In [7]: data = pd.Series([0.25, 0.5, 0.75, 1.0],
                         index=['a', 'b', 'c', 'd'])
        data
Out[7]: a    0.25
        b    0.50
        c    0.75
        d    1.00
        dtype: float64
```

获取数值的方式与之前一样：

```
In[8]: data['b']
Out[8]: 0.5
```

也可以使用不连续或不按顺序的索引：

```
In [9]: data = pd.Series([0.25, 0.5, 0.75, 1.0],
                         index=[2, 5, 3, 7])
        data
Out[9]: 2    0.25
        5    0.50
        3    0.75
        7    1.00
        dtype: float64

In [10]: data[5]
Out[10]: 0.5
```

13.1.2 Series 是特殊的字典

你可以把 pandas 的 Series 对象看成一种特殊的 Python 字典。字典是一种将任意键映射到一组任意值的数据结构，而 Series 对象其实是一种将类型键映射到一组类型值的数据结构。类型至关重要：就像 NumPy 数组背后的类型特定的经过编译的代码使得它在某些操作上比普通的 Python 列表更加高效一样，pandas Series 的类型信息使得它在某些操作上比 Python 的字典更高效。

我们可以直接用 Python 的字典创建一个 Series 对象，让 Series 对象与字典的类比更加清晰，下面是根据美国 2020 年人口普查数据得出的人口最多的五个州：

```
In [11]: population_dict = {'California': 39538223, 'Texas': 29145505,
                            'Florida': 21538187, 'New York': 20201249,
                            'Pennsylvania': 13002700}
         population = pd.Series(population_dict)
         population
Out[11]: California      39538223
         Texas           29145505
         Florida         21538187
         New York        20201249
         Pennsylvania    13002700
         dtype: int64
```

典型的字典数值获取方式仍然有效：

```
In [12]: population['California']
Out[12]: 39538223
```

和字典不同，Series 对象还支持数组形式的操作，比如切片：

```
In [13]: population['California':'Florida']
Out[13]: California    39538223
         Texas         29145505
         Florida       21538187
         dtype: int64
```

我们将在第 14 章介绍 pandas 取值与切片的一些技巧。

13.1.3 创建 Series 对象

我们已经见过几种创建 pandas 的 Series 对象的方法，都是像这样的形式：

```
pd.Series(data, index=index)
```

其中，index 是一个可选参数，data 参数支持多种数据类型。

例如，data 可以是列表或 NumPy 数组，这时 index 默认为整数序列：

```
In [14]: pd.Series([2, 4, 6])
Out[14]: 0    2
         1    4
         2    6
         dtype: int64
```

data 也可以是一个标量，创建 Series 对象时会重复填充到每个索引上：

```
In [15]: pd.Series(5, index=[100, 200, 300])
Out[15]: 100    5
         200    5
         300    5
         dtype: int64
```

data 还可以是一个字典，这时 index 默认是字典键：

```
In [16]: pd.Series({2:'a', 1:'b', 3:'c'})
Out[16]: 2    a
         1    b
         3    c
         dtype: object
```

在每种情况下，都可以显式设置索引以控制所使用的键的顺序或子集：

```
In [17]: pd.Series({2:'a', 1:'b', 3:'c'}, index=[1, 2])
Out[17]: 1    b
         2    a
         dtype: object
```

13.2 pandas 的 DataFrame 对象

pandas 的另一个基本数据结构是 DataFrame。和上一节介绍的 Series 对象一样，DataFrame 既可以作为一个通用型 NumPy 数组，也可以被看作特殊的 Python 字典。下面来分别看看。

13.2.1 DataFrame 是通用的 NumPy 数组

如果将 Series 类比为带显式索引的一维数组，那么 DataFrame 就可以被看作一种带显式行索引和列索引的二维数组。就像你可以把二维数组看成有序排列的一维数组一样，你也可以把 DataFrame 看成有序排列的若干 Series 对象。这里的“排列”指的是它们拥有共同的索引。

下面用上一节中美国 5 个州面积的数据创建一个新的 Series 来进行演示：

```
In [18]: area_dict = {'California': 423967, 'Texas': 695662, 'Florida': 170312,
                      'New York': 141297, 'Pennsylvania': 119280}
         area = pd.Series(area_dict)
         area
Out[18]: California      423967
         Texas           695662
         Florida         170312
         New York        141297
         Pennsylvania    119280
         dtype: int64
```

再结合之前创建的 population 的 Series 对象，用一个字典创建一个包含这些信息的二维对象：

```
In [19]: states = pd.DataFrame({'population': population,
                                'area': area})
         states
Out[19]:               population    area
         California      39538223  423967
         Texas           29145505  695662
         Florida         21538187  170312
         New York        20201249  141297
         Pennsylvania    13002700  119280
```

和 Series 对象一样，DataFrame 也有一个 index 属性可以获取索引标签：

```
In [20]: states.index
Out[20]: Index(['California', 'Texas', 'Florida', 'New York', 'Pennsylvania'],
          > dtype='object')
```

另外，DataFrame 还有一个 columns 属性，是存放列标签的 Index 对象：

```
In [21]: states.columns
Out[21]: Index(['area', 'population'], dtype='object')
```

因此 DataFrame 可以被看作一种通用的 NumPy 二维数组，它的行与列都可以通过索引获取。

13.2.2　DataFrame 是特殊的字典

与 Series 类似，我们也可以把 DataFrame 看成一种特殊的字典。字典是一个键映射一个值，而 DataFrame 是一列映射一个 Series 的数据。例如，通过 'area' 的列属性可以返回包含面积数据的 Series 对象：

```
In [22]: states['area']
Out[22]: California      423967
         Texas           695662
         Florida         170312
         New York        141297
         Pennsylvania    119280
         Name: area, dtype: int64
```

这里需要注意的是，在 NumPy 的二维数组里，data[0] 返回第一行；而在 DataFrame 中，data['col0'] 返回第一列。因此，最好把 DataFrame 看成一种通用字典，而不是通用数组，即使这两种看法在不同情况下都是有用的。第 14 章将介绍更多 DataFrame 灵活取值的方法。

13.2.3　创建 DataFrame 对象

pandas 的 DataFrame 对象可以通过许多方式创建，这里举几个常用的例子。

1. 通过单个 Series 对象创建

DataFrame 是一组 Series 对象的集合，可以用单个 Series 创建一个单列的 DataFrame：

```
In [23]: pd.DataFrame(population, columns=['population'])
Out[23]:             population
            California   39538223
                 Texas   29145505
```

```
          Florida    21538187
         New York    20201249
     Pennsylvania    13002700
```

2. 通过字典列表创建

任何元素是字典的列表都可以变成 DataFrame。用一个简单的列表综合来创建一些数据：

```
In[24]: data = [{'a': i, 'b': 2 * i}
                for i in range(3)]
        pd.DataFrame(data)
Out[24]:    a  b
         0  0  0
         1  1  2
         2  2  4
```

即使字典中有些键不存在，pandas 也会用缺失值 NaN（即 not a number，不是数字）来表示：

```
In [25]: pd.DataFrame([{'a': 1, 'b': 2}, {'b': 3, 'c': 4}])
Out[25]:       a  b    c
         0  1.0  2  NaN
         1  NaN  3  4.0
```

3. 通过 Series 对象字典创建

就像之前见过的那样，DataFrame 也可以用一个由 Series 对象构成的字典创建：

```
In [26]: pd.DataFrame({'population': population,
                       'area': area})
Out[26]:               population    area
         California      39538223  423967
         Texas           29145505  695662
         Florida         21538187  170312
         New York        20201249  141297
         Pennsylvania    13002700  119280
```

4. 通过 NumPy 二维数组创建

假如有一个二维数组，就可以创建一个能够指定行列索引值的 DataFrame。如果不指定行列索引值，那么行和列默认都是整数索引值：

```
In [27]: pd.DataFrame(np.random.rand(3, 2),
                      columns=['foo', 'bar'],
                      index=['a', 'b', 'c'])
Out[27]:         foo       bar
         a  0.471098  0.317396
         b  0.614766  0.305971
         c  0.533596  0.512377
```

5. 通过 NumPy 结构化数组创建

第 12 章介绍了结构化数组。由于 pandas 的 DataFrame 与结构化数组十分相似，因此可以通过结构化数组创建 DataFrame：

```
In [28]: A = np.zeros(3, dtype=[('A', 'i8'), ('B', 'f8')])
         A
```

```
Out[28]: array([(0, 0.0), (0, 0.0), (0, 0.0)], dtype=[('A', '<i8'), ('B', '<f8')])

In [29]: pd.DataFrame(A)
Out[29]:    A    B
         0  0  0.0
         1  0  0.0
         2  0  0.0
```

13.3 pandas 的 Index 对象

我们已经发现，Series 和 DataFrame 对象都使用便于引用和调整的**显式索引**。pandas 的 Index 对象是一个很有趣的数据结构，可以将它看作一个**不可变数组**或**有序集合**（实际上是一个多集，因为 Index 对象可能会包含重复的值）。这两种观点使得 Index 对象能呈现一些有趣的功能。让我们用一个简单的整数列表来创建一个 Index 对象：

```
In [30]: ind = pd.Index([2, 3, 5, 7, 11])
         ind
Out[30]: Int64Index([2, 3, 5, 7, 11], dtype='int64')
```

13.3.1 将 Index 看作不可变数组

Index 对象的许多操作都像数组。例如，可以通过标准 Python 的索引方法获取数值，也可以通过切片获取数值：

```
In [31]: ind[1]
Out[31]: 3

In [32]: ind[::2]
Out[32]: Int64Index([2, 5, 11], dtype='int64')
```

Index 对象还有许多与 NumPy 数组相似的属性：

```
In [33]: print(ind.size, ind.shape, ind.ndim, ind.dtype)
Out[33]: 5 (5,) 1 int64
```

Index 对象与 NumPy 数组的一个不同之处在于，Index 对象的索引是不可变的，也就是说不能通过通常的方式进行调整：

```
In [34]: ind[1] = 0
TypeError: Index does not support mutable operations
```

Index 对象的不可变特征使得多个 DataFrame 和数组之间进行索引共享时更加安全，尤其是可以避免因修改索引时粗心大意而导致的副作用。

13.3.2 将 Index 看作有序集合

pandas 对象被设计用于实现许多操作，如连接（join）数据集，其中会涉及许多集合操作。Index 对象遵循 Python 标准库的集合（set）数据结构的许多习惯用法，包括并集、交集、差集等：

```
In [35]: indA = pd.Index([1, 3, 5, 7, 9])
         indB = pd.Index([2, 3, 5, 7, 11])

In [36]: indA.intersection(indB)
Out[36]: Int64Index([3, 5, 7], dtype='int64')

In [37]: indA.union(indB)
Out[37]: Int64Index([1, 2, 3, 5, 7, 9, 11], dtype='int64')

In [38]: indA.symmetric_difference(indB)
Out[38]: Int64Index([1, 2, 9, 11], dtype='int64')
```

第 14 章

数据取值与选择

第二部分具体介绍了获取、设置、调整 NumPy 数组数值的方法与工具，包括取值操作（如 arr[2, 1]）、切片操作（如 arr[:, 1:5]）、掩码操作（如 arr[arr > 0]）、花式索引操作（如 arr[0, [1, 5]]），以及组合操作（如 arr[:, [1, 5]]）。下面介绍 pandas 的 Series 和 DataFrame 对象相似的数据获取与调整操作。如果你用过 NumPy 操作模式，就会非常熟悉 pandas 的操作模式，只是有几个细节需要注意一下。

我们将从简单的一维 Series 对象开始，然后再用比较复杂的二维 DataFrame 对象进行演示。

14.1 Series 数据选择方法

如前所述，Series 对象与一维 NumPy 数组和标准 Python 字典在许多方面都一样。牢记这两个类比，有助于更好地理解 Series 对象的数据取值与选择模式。

14.1.1 将 Series 看作字典

和字典一样，Series 对象提供了键 - 值对的映射：

```
In [1]: import pandas as pd
        data = pd.Series([0.25, 0.5, 0.75, 1.0],
                         index=['a', 'b', 'c', 'd'])
        data
Out[1]: a    0.25
        b    0.50
        c    0.75
        d    1.00
        dtype: float64
```

```
In[2]: data['b']
Out[2]: 0.5
```

我们还可以像操作字典一样使用 Python 的表达式和方法来检测键 / 索引和值：

```
In [3]: 'a' in data
Out[3]: True

In [4]: data.keys()
Out[4]: Index(['a', 'b', 'c', 'd'], dtype='object')

In [5]: list(data.items())
Out[5]: [('a', 0.25), ('b', 0.5), ('c', 0.75), ('d', 1.0)]
```

Series 对象还可以用类似字典的语法调整数据。就像你可以通过增加新的键来扩展字典一样，你也可以通过增加新的索引值来扩展 Series：

```
In [6]: data['e'] = 1.25
        data
Out[6]: a    0.25
        b    0.50
        c    0.75
        d    1.00
        e    1.25
        dtype: float64
```

Series 对象的可变性是一个非常方便的特性：pandas 在底层已经为可能发生的内存布局和数据复制自动决策，用户不需要担心这些问题。

14.1.2 将 Series 看作一维数组

Series 不仅有着和字典一样的接口，而且还具备和 NumPy 数组一样的数组数据选择功能，包括**索引**、**掩码**、**花式索引**等操作，具体示例如下所示：

```
In [7]: # 将显式索引作为切片
        data['a':'c']
Out[7]: a    0.25
        b    0.50
        c    0.75
        dtype: float64

In [8]: # 将隐式整数索引作为切片
        data[0:2]
Out[8]: a    0.25
        b    0.50
        dtype: float64

In [9]: # 掩码
        data[(data > 0.3) & (data < 0.8)]
Out[9]: b    0.50
        c    0.75
        dtype: float64
```

```
In [10]: # 花式索引
         data[['a', 'e']]
Out[10]: a    0.25
         e    1.25
         dtype: float64
```

在以上示例中，切片是绝大部分混乱之源。需要注意的是，当使用显式索引（如 data['a':'c']）作为切片时，结果**包含**最后一个索引；而当使用隐式索引（如 data[0:2]）作为切片时，结果**不包含**最后一个索引。

14.1.3 索引器：loc 和 iloc

如果你的 Series 是显式整数索引，那么像 data[1] 这样的取值操作会使用显式索引，而像 data[1:3] 这样的切片操作却会使用隐式索引。

```
In [11]: data = pd.Series(['a', 'b', 'c'], index=[1, 3, 5])
         data
Out[11]: 1    a
         3    b
         5    c
         dtype: object

In [12]: # 取值操作是显式索引
         data[1]
Out[12]: 'a'

In [13]: # 切片操作是隐式索引
         data[1:3]
Out[13]: 3    b
         5    c
         dtype: object
```

由于整数索引很容易造成混淆，所以 pandas 提供了一些**索引器**（indexer）属性来作为取值的方法。它们不是 Series 对象的函数方法，而是暴露切片接口的属性。

第一种索引器是 loc 属性，表示取值和切片都是显式的：

```
In [14]: data.loc[1]
Out[14]: 'a'

In [15]: data.loc[1:3]
Out[15]: 1    a
         3    b
         dtype: object
```

第二种索引器是 iloc 属性，表示取值和切片都是 Python 形式的[1]隐式索引：

```
In [16]: data.iloc[1]
Out[16]: 'b'
```

注 1：从 0 开始，左闭右开区间。——译者注

```
In [17]: data.iloc[1:3]
Out[17]: 3    b
         5    c
         dtype: object
```

Python 代码的设计原则之一是"显式优于隐式"。使用 loc 和 iloc 可以让代码更容易维护，可读性更高。特别是在处理整数索引的对象时，使用这两种索引器能避免因误用索引 / 切片而产生的小 bug。

14.2 DataFrame 数据选择方法

前面曾提到，DataFrame 在有些方面像二维数组或结构化数组，在有些方面又像一个由共享索引的若干 Series 对象构成的字典。这两种类比可以帮助我们更好地掌握这种数据结构的数据选择方法。

14.2.1 将 DataFrame 看作字典

第一种类比是把 DataFrame 当作一个由若干 Series 对象构成的字典。让我们用之前的美国五州面积与人口数据来演示：

```
In [18]: area = pd.Series({'California': 423967, 'Texas': 695662,
                           'Florida': 170312, 'New York': 141297,
                           'Pennsylvania': 119280})
         pop = pd.Series({'California': 39538223, 'Texas': 29145505,
                          'Florida': 21538187, 'New York': 20201249,
                          'Pennsylvania': 13002700})
         data = pd.DataFrame({'area':area, 'pop':pop})
         data
Out[18]:                 area       pop
         California    423967  39538223
         Texas         695662  29145505
         Florida       170312  21538187
         New York      141297  20201249
         Pennsylvania  119280  13002700
```

两个 Series 分别构成 DataFrame 的一列，可以通过对列名进行字典样式（dictionary-style）的取值来获取数据：

```
In [19]: data['area']
Out[19]: California      423967
         Texas           695662
         Florida         170312
         New York        141297
         Pennsylvania    119280
         Name: area, dtype: int64
```

同样，也可以用属性形式（attribute-style）选择纯字符串列名的数据：

```
In [20]: data.area
Out[20]: California      423967
         Texas           695662
```

```
Florida         170312
New York        141297
Pennsylvania    119280
Name: area, dtype: int64
```

虽然属性形式的数据选择方法很方便，但是它并不是通用的。如果列名不是纯字符串，或者列名与 DataFrame 的方法同名，那么就不能用属性索引。例如，DataFrame 有一个 pop 方法，如果用 data.pop 就不会获取 "pop" 列，而是显示为方法：

```
In [21]: data.pop is data["pop"]
Out[21]: False
```

另外，还应该避免对用属性形式选择的列直接赋值（可以用 data['pop'] = z，但不要用 data.pop = z）。

和前面介绍的 Series 对象一样，还可以用字典形式的语法调整对象。如果要增加一列，可以这样做：

```
In [22]: data['density'] = data['pop'] / data['area']
         data
Out[22]:                 area       pop     density
         California    423967  39538223   93.257784
         Texas         695662  29145505   41.896072
         Florida       170312  21538187  126.463121
         New York      141297  20201249  142.970120
         Pennsylvania  119280  13002700  109.009893
```

这里演示了两个 Series 对象算术运算的简便语法，我们将在第 15 章详细介绍。

14.2.2 将 DataFrame 看作二维数组

前面曾提到，可以把 DataFrame 看成一个增强版的二维数组。可以用 values 属性按行查看数组数据：

```
In [23]: data.values
Out[23]: array([[4.23967000e+05, 3.95382230e+07, 9.32577842e+01],
                [6.95662000e+05, 2.91455050e+07, 4.18960717e+01],
                [1.70312000e+05, 2.15381870e+07, 1.26463121e+02],
                [1.41297000e+05, 2.02012490e+07, 1.42970120e+02],
                [1.19280000e+05, 1.30027000e+07, 1.09009893e+02]])
```

理解了这一点，就可以把许多数组操作方式用在 DataFrame 上。例如，可以对 DataFrame 进行行列转置：

```
In [24]: data.T
Out[24]:
           California         Texas       Florida      New York  Pennsylvania
area     4.239670e+05  6.956620e+05  1.703120e+05  1.412970e+05  1.192800e+05
pop      3.953822e+07  2.914550e+07  2.153819e+07  2.020125e+07  1.300270e+07
density  9.325778e+01  4.189607e+01  1.264631e+02  1.429701e+02  1.090099e+02
```

通过字典样式对列进行取值，显然会限制我们把 DataFrame 作为 NumPy 数组可以获得的能力，尤其是当我们在 DataFrame 数组中使用单个行索引获取一行数据时：

```
In [25]: data.values[0]
Out[25]: array([4.23967000e+05, 3.95382230e+07, 9.32577842e+01])
```

而获取一列数据就需要向 DataFrame 传递单个列索引：

```
In [26]: data['area']
Out[26]: California      423967
         Texas           695662
         Florida         170312
         New York        141297
         Pennsylvania    119280
         Name: area, dtype: int64
```

因此，在进行数组形式的取值时，我们需要用另一种方法——前面介绍过的 pandas 索引器 loc 和 iloc。通过 iloc 索引器，我们就可以像对待 NumPy 数组一样对 pandas 的底层数组（Python 的隐式索引）进行索引，DataFrame 的行列标签会自动保留在结果中：

```
In [27]: data.iloc[:3, :2]
Out[27]:               area       pop
         California  423967  39538223
         Texas       695662  29145505
         Florida     170312  21538187
```

同理，使用 loc 索引器，我们能够以类似数组的方式对底层数据进行索引，但使用的是显式索引和列名：

```
In [28]: data.loc[:'Florida', :'pop']
Out[28]:               area       pop
         California  423967  39538223
         Texas       695662  29145505
         Florida     170312  21538187
```

任何用于处理 NumPy 形式数据的方法都可以用于这些索引器。例如，可以在 loc 索引器中结合使用掩码与花式索引方法：

```
In [29]: data.loc[data.density > 120, ['pop', 'density']]
Out[29]:                pop     density
         Florida   21538187  126.463121
         New York  20201249  142.970120
```

任何一种取值方法都可以用于调整数据，这一点和 NumPy 的常用方法是相同的：

```
In [30]: data.iloc[0, 2] = 90
         data
Out[30]:                 area       pop     density
         California    423967  39538223   90.000000
         Texas         695662  29145505   41.896072
         Florida       170312  21538187  126.463121
         New York      141297  20201249  142.970120
         Pennsylvania  119280  13002700  109.009893
```

如果你想熟练使用 pandas 的数据操作方法，我建议你花点时间在一个简单的 DataFrame 上练习不同的取值方法，包括查看索引类型、切片、掩码和花式索引操作。

14.2.3 其他取值方法

还有一些取值方法和前面介绍过的方法不太一样。它们虽然看着有点奇怪，但是在实践中还是很好用的。首先，如果对单个标签**取值**就选择列，而对多个标签用**切片**就选择行：

```
In [31]: data['Florida':'New York']
Out[31]:             area       pop     density
         Florida   170312  21538187  126.463121
         New York  141297  20201249  142.970120
```

切片也可以不用索引值，而直接用行数来实现：

```
In [32]: data[1:3]
Out[32]:            area       pop    density
         Texas    695662  29145505  41.896072
         Florida  170312  21538187  126.463121
```

与之类似，掩码操作也可以直接对每一行进行过滤，而不需要使用 loc 索引器：

```
In [33]: data[data.density > 120]
Out[33]:             area       pop      density
         Florida   170312  21538187   126.463121
         New York  141297  20201249  142.970120
```

这两种操作方法其实与 NumPy 数组的语法类似，虽然它们与 pandas 的操作习惯不太一致，但是在实践中非常好用。

第 15 章

pandas数值运算方法

NumPy 的基本能力之一是快速地对每个元素进行运算，既包括基本算术运算（加、减、乘、除），也包括更复杂的运算（三角函数、指数函数和对数函数等）。pandas 继承了 NumPy 的功能，在第 6 章介绍过的通用函数是关键。

但是 pandas 也实现了一些高效技巧：对于一元运算（如取反与三角函数），这些通用函数将在输出结果中**保留索引和列标签**；而对于二元运算（如加法和乘法），pandas 在传递通用函数时会自动**对齐索引**进行计算。这就意味着，保存数据内容与组合不同来源的数据——两处在 NumPy 数组中都容易出错的地方——变成了 pandas 的撒手锏。后面还会介绍一些关于一维 `Series` 和二维 `DataFrame` 的便捷运算方法。

15.1　通用函数：保留索引

因为 pandas 是建立在 NumPy 基础之上的，所以 NumPy 的通用函数同样适用于 pandas 的 `Series` 和 `DataFrame` 对象。让我们用一个简单的 `Series` 和 `DataFrame` 来演示：

```
In [1]: import pandas as pd
        import numpy as np

In [2]: rng = np.random.default_rng(42)
        ser = pd.Series(rng.integers(0, 10, 4))
        ser
Out[2]: 0    0
        1    7
        2    6
        3    4
        dtype: int64
```

```
In [3]: df = pd.DataFrame(rng.integers(0, 10, (3, 4)),
                          columns=['A', 'B', 'C', 'D'])
        df
Out[3]:    A  B  C  D
        0  4  8  0  6
        1  2  0  5  9
        2  7  7  7  7
```

如果对这两个对象的其中一个使用 NumPy 通用函数，则生成的结果是另一个**保留索引的** pandas 对象：

```
In [4]: np.exp(ser)
Out[4]: 0       1.000000
        1    1096.633158
        2     403.428793
        3      54.598150
        dtype: float64
```

对于更复杂的运算也是如此：

```
In [5]: np.sin(df * np.pi / 4)
Out[5]:               A             B         C         D
        0  1.224647e-16 -2.449294e-16  0.000000 -1.000000
        1  1.000000e+00  0.000000e+00 -0.707107  0.707107
        2 -7.071068e-01 -7.071068e-01 -0.707107 -0.707107
```

任何一种在第 6 章介绍过的通用函数都可以按照类似的方式使用。

15.2 通用函数：索引对齐

当在两个 Series 或 DataFrame 对象上进行二元计算时，pandas 会在计算过程中对齐两个对象的索引。在处理不完整的数据时，这一点非常方便，这在后面的示例中会有所体现。

15.2.1 Series 索引对齐

来看一个例子，假如你要整合两个数据源的数据，其中一个是美国面积最大的三个州的**面积**数据，另一个是美国人口最多的三个州的**人口**数据：

```
In [6]: area = pd.Series({'Alaska': 1723337, 'Texas': 695662,
                          'California': 423967}, name='area')
        population = pd.Series({'California': 39538223, 'Texas': 29145505,
                                'Florida': 21538187}, name='population')
```

来看看如果用人口除以面积会得到什么样的结果：

```
In [7]: population / area
Out[7]: Alaska              NaN
        California    93.257784
        Florida             NaN
        Texas         41.896072
        dtype: float64
```

结果数组的索引是两个输入数组索引的**并集**。我们也可以用 Python 标准库的集合运算规则来获得这个索引：

```
In [8]: area.index.union(population.index)
Out[8]: Index(['Alaska', 'California', 'Florida', 'Texas'], dtype='object')
```

对于缺失位置的数据，pandas 会用 NaN 填充，表示“此处无数”。这是 pandas 表示缺失值的方法（详情请参见第 16 章关于缺失值的介绍）。这种索引对齐方式是通过 Python 内置的集合运算规则实现的，任何缺失值默认都用 NaN 填充：

```
In [9]: A = pd.Series([2, 4, 6], index=[0, 1, 2])
        B = pd.Series([1, 3, 5], index=[1, 2, 3])
        A + B
Out[9]: 0    NaN
        1    5.0
        2    9.0
        3    NaN
        dtype: float64
```

如果用 NaN 值不是我们想要的结果，那么可以用适当的对象方法代替运算符。例如，A.add(B) 等价于 A + B，也可以设置参数自定义 A 或 B 缺失的数据：

```
In [10]: A.add(B, fill_value=0)
Out[10]: 0    2.0
         1    5.0
         2    9.0
         3    5.0
         dtype: float64
```

15.2.2 DataFrame 索引对齐

在计算两个 DataFrame 时，类似的索引对齐规则同样会出现在**共同**（并集）列中：

```
In [11]: A = pd.DataFrame(rng.integers(0, 20, (2, 2)),
                          columns=['a', 'b'])
         A
Out[11]:     a  b
         0  10  2
         1  16  9
In [12]: B = pd.DataFrame(rng.integers(0, 10, (3, 3)),
                          columns=['b', 'a', 'c'])
         B
Out[12]:    b  a  c
         0  5  3  1
         1  9  7  6
         2  4  8  5
In [13]: A + B
Out[13]:       a     b   c
         0  13.0   7.0 NaN
         1  23.0  18.0 NaN
         2   NaN   NaN NaN
```

你会发现，两个对象的行列索引可以是不同顺序的，结果的索引会自动按顺序排列。在

Series 中，我们可以通过运算符方法的 fill_value 参数自定义缺失值。这里，我们将用 A 中所有值的均值来填充缺失值：

```
In [14]: A.add(B, fill_value=A.values.mean())
Out[14]:        a      b      c
         0  13.00   7.00  10.25
         1  23.00  18.00  15.25
         2  17.25  13.25  14.25
```

表 15-1 列出了 Python 运算符及与其对应的 pandas 对象方法。

表 15-1：Python 运算符与 pandas 方法的映射关系

Python运算符	pandas方法
+	add
-	sub、subtract
*	mul、multiply
/	truediv、div、divide
//	floordiv
%	mod
**	pow

15.3 通用函数：DataFrame 与 Series 的运算

我们经常需要对一个 DataFrame 和一个 Series 进行计算，行列对齐方式与之前类似。也就是说，DataFrame 和 Series 的运算规则，与 NumPy 中二维数组与一维数组的运算规则是一样的。来看一个常见运算，让一个二维数组减去自身的一行数据：

```
In [15]: A = rng.integers(10, size=(3, 4))
         A
Out[15]: array([[4, 4, 2, 0],
                [5, 8, 0, 8],
                [8, 2, 6, 1]])

In [16]: A - A[0]
Out[16]: array([[ 0, 0, 0, 0],
                [ 1, 4, -2, 8],
                [ 4, -2, 4, 1]])
```

根据 NumPy 的广播规则（详情请参见第 8 章），让二维数组减去自身的一行数据会按行计算。

在 pandas 里默认也是按行计算的：

```
In [17]: df = pd.DataFrame(A, columns=['Q', 'R', 'S', 'T'])
         df - df.iloc[0]
Out[17]:    Q  R  S  T
         0  0  0  0  0
         1  1  4 -2  8
         2  4 -2  4  1
```

如果你想按列计算，那么就需要利用前面介绍过的运算符方法，通过 axis 参数进行设置：

```
In [18]: df.subtract(df['R'], axis=0)
Out[18]:    Q  R  S  T
         0  0  0 -2 -4
         1 -3  0 -8  0
         2  6  0  4 -1
```

你会发现 DataFrame/Series 的运算与前面介绍的运算一样，结果的索引都会自动对齐：

```
In [19]: halfrow = df.iloc[0, ::2]
         halfrow
Out[19]: Q    4
         S    2
         Name: 0, dtype: int64

In [20]: df - halfrow
Out[20]:      Q   R    S   T
         0  0.0 NaN  0.0 NaN
         1  1.0 NaN -2.0 NaN
         2  4.0 NaN  4.0 NaN
```

这些行列索引的保留与对齐方法说明 pandas 在运算时会一直保存这些数据内容，从而避免在处理数据类型有差异或维度不一致的 NumPy 数组时可能遇到的问题。

第16章

处理缺失值

大多数教程里使用的数据与现实世界中的数据的区别在于后者很少是干净整齐的，许多目前流行的数据集都有数据缺失的现象。更为复杂的是，处理不同数据源缺失值的方法还不同。

本章将介绍一些处理缺失值的通用规则以及 pandas 对缺失值的表现形式，并演示 pandas 自带的几个处理缺失值的工具的用法。本章以及全书涉及的缺失值主要有 3 种形式：`null`、`NaN` 和 `NA`。

16.1 处理缺失值的方法选择

识别数据表或 `DataFrame` 中缺失值的方法有很多，一般可以分为两种：一种方法是通过一个覆盖全局的**掩码**表示缺失值，另一种方法是用一个**哨兵值**（sentinel value）表示缺失值。

在掩码方法中，掩码可能是一个与原数组维度相同的完整布尔类型数组，也可能是用一位（0 或 1）表示有缺失值的局部状态。

在标签方法中，哨兵值可能是具体的数据（例如用 −9999 表示缺失的整数），也可能是些极少出现的形式哨兵值，还可能是更全局的值，比如用 `NaN`（不是一个数）表示缺失的浮点数，它是 IEEE 浮点数规范中指定的特殊字符。

使用这两种方法之前都需要综合考量：使用单独的掩码数组会额外出现一个布尔类型的数组，从而增加存储与计算的负担；而哨兵值方法缩小了可以被表示为有效值的范围，可能需要在 CPU 或 GPU 算术逻辑单元中增加额外的（往往也不是最优的）计算逻辑。通常使用的 `NaN` 也不能表示所有数据类型。

大多数情况下是不存在最佳选择的，不同的编程语言与系统使用不同的方法。例如，R 语言在每种数据类型中保留一位作为缺失数据的哨兵值，而 SciDB 系统会在每个单元后面加额外的一字节表示 `NA` 状态。

16.2 pandas 的缺失值

pandas 中处理缺失值的方式延续了 NumPy 程序包的方式，并没有为浮点数据类型提供内置的 NA 作为缺失值。

pandas 原本也可以按照 R 语言采用的位模式为每一种数据类型标注缺失值，但是这种方法非常笨拙。R 语言包含 4 种基本数据类型，而 NumPy 支持的数据类型**远超** 4 种。例如，R 语言只有一种整数类型，而 NumPy 支持 14 种基本的整数类型，可以根据位宽、符号位和字节序按需选择。如果要为 NumPy 的每种数据类型都设置一个特定的位模式标注缺失值，可能需要为不同类型的不同操作耗费大量的时间与精力，其工作量几乎相当于创建一个新的 NumPy 程序包。另外，对于一些较小的数据类型（例如 8 位整型数据），牺牲一位用于缺失值标注的掩码还会导致其可表示的数据范围显著缩小。

由于存在这些限制和权衡，pandas 选择了两种存储和处理空值的“模式”。

- 默认模式是使用基于哨兵值的缺失数据方案，哨兵值为 NaN 或 None，具体取决于数据类型。
- 另一种模式是使用 pandas 提供的可空值（nullable）数据类型（dtypes，本章稍后讨论），这样就会创建一个附带的掩码数组来跟踪缺失数据。这些缺失数据会以特殊的 pd.NA 值呈现给用户。

无论是哪种情况，pandas API 提供的数据操作和处理都会以可预测的方式处理和传播这些缺失数据。不过，为了对这些选择的原因有一些直观的了解，让我们快速了解一下 None、NaN 和 NA 的使用场景。和之前一样，我们先从导入 NumPy 和 pandas 开始：

```
In [1]: import numpy as np
        import pandas as pd
```

16.2.1 None 作为哨兵值

对于部分数据类型，pandas 可以使用的第一种缺失值标签是 None。由于 None 是一个 Python 对象，因此任何包含 None 的数组类型必须是 dtype=object，也就是说该数组必须是 Python 对象构成的序列。

例如，看看向下面的 NumPy 数组传递 None 时会发生什么：

```
In [2]: vals1 = np.array([1, None, 2, 3])
        vals1
Out[2]: array([1, None, 2, 3], dtype=object)
```

这里 dtype=object 表示 NumPy 认为由于这个数组是 Python 对象构成的，因此将其类型判断为 object。虽然这种类型在某些情景中非常有用，对数据的任何操作最终都会在 Python 层面完成，但是在进行常见的快速操作时，这种类型比其他原生类型数组要消耗更多的资源：

```
In [3]: %timeit np.arange(1E6, dtype=int).sum()
Out[3]: 2.73 ms ± 288 µs per loop (mean ± std. dev. of 7 runs, 100 loops each)

In [4]: %timeit np.arange(1E6, dtype=object).sum()
Out[4]: 92.1 ms ± 3.42 ms per loop (mean ± std. dev. of 7 runs, 10 loops each)
```

另外，由于 Python 不支持 None 的算术运算，因此像 sum 或 min 这样的聚合运算通常会导致错误：

```
In [5]: vals1.sum()
TypeError: unsupported operand type(s) for +: 'int' and 'NoneType'
```

因此，pandas 在数值数组中不使用 None 作为哨兵值。

16.2.2 NaN：数值类型的缺失值

另一种缺失值标签是 NaN（全称 Not a Number，**不是一个数字**），是一种按照 IEEE 浮点数标准设计、在任何系统中都兼容的特殊浮点数：

```
In [6]: vals2 = np.array([1, np.nan, 3, 4])
        vals2
Out[6]: array([ 1., nan, 3., 4.])
```

请注意，NumPy 会为这个数组选择一个原生浮点类型，这意味着和之前的 object 类型的数组不同，这个数组会被编译成 C 代码从而实现快速操作。你可以把 NaN 看作一个数据类病毒，它会将与它接触过的数据同化。

无论和 NaN 进行何种操作，最终结果都是 NaN：

```
In [7]: 1 + np.nan
Out[7]: nan

In [8]: 0 * np.nan
Out[8]: nan
```

虽然这些聚合操作的结果定义是合理的（即不会抛出异常），但并非总是有效的：

```
In [9]: vals2.sum(), vals2.min(), vals2.max()
Out[9]: (nan, nan, nan)
```

NumPy 也提供了一些特殊的聚合函数，它们可以忽略缺失值的影响：

```
In [10]: np.nansum(vals2), np.nanmin(vals2), np.nanmax(vals2)
Out[10]: (8.0, 1.0, 4.0)
```

NaN 的主要缺点是，它只是一个浮点数值，对于整数、字符串或其他数据类型，没有等效的 NaN 值。

16.2.3 pandas 中 NaN 与 None 的差异

虽然 NaN 与 None 各有各的用处，但是 pandas 把它们看成是可以等价交换的，在适当的时候会将两者进行替换：

```
In [11]: pd.Series([1, np.nan, 2, None])
Out[11]: 0    1.0
         1    NaN
         2    2.0
         3    NaN
         dtype: float64
```

对于没有哨兵值的数据类型，pandas 会自动将其转换为 NA。例如，当我们将整型数组中的一个值设置为 np.nan 时，这个值就会被强制转换成浮点数缺失值 NA。

```
In [12]: x = pd.Series(range(2), dtype=int)
         x
Out[12]: 0    0
         1    1
         dtype: int64

In [13]: x[0] = None
         x
Out[13]: 0    NaN
         1    1.0
         dtype: float64
```

请注意，除了将整型数组的缺失值强制转换为浮点数，pandas 还会自动将 None 转换为 NaN。

尽管这些仿佛会魔法的类型比 R 语言等专用统计语言中的缺失值要复杂一些，但是 pandas 的哨兵值 / 转换方法在实践中的效果非常好，在我个人的使用过程中几乎没有出过问题。

pandas 对 NA 缺失值进行强制转换的规则如表 16-1 所示。

表 16-1：pandas 对不同类型缺失值的转换规则

类型	缺失值转换规则	NA哨兵值
floating（浮点型）	无变化	np.nan
object（对象类型）	无变化	None 或 np.nan
integer（整数类型）	强制转换为 float64	np.nan
boolean（布尔类型）	强制转换为 object	None 或 np.nan

需要注意的是，pandas 中字符串类型的数据通常是用 object 类型存储的。

16.3 pandas 可空类型

在 pandas 的早期版本中，NaN 和 None 作为哨兵值是唯一可用的缺失数据表示方法。这种处理方法的问题在于隐式类型转换，例如，无法用缺失数据表示真正的整型数组。

为了解决这个问题，pandas 后来添加了可空类型，这些类型通过将名称大写（例如，用 pd.Int32 而不是 np.int32）与普通类型区分开来。为了向后兼容，这些可空类型只有在特殊场景下才会使用。

例如，下面是一个带缺失数据的整型 Series，由一个包含了三种缺失数据标记的列表创建：

```
In [14]: pd.Series([1, np.nan, 2, None, pd.NA], dtype='Int32')
Out[14]: 0       1
         1    <NA>
         2       2
         3    <NA>
         4    <NA>
         dtype: Int32
```

在本章后面介绍的所有操作中，这种表示法将和其他表示法交替使用。

16.4 处理缺失值

我们已经知道，pandas 基本上把 None、NaN 和NA 看成可以等价交换的缺失值形式。为了完成这种交换过程，pandas 提供了一些方法来发现、剔除和替换数据结构中的缺失值，主要包括以下几种。

`isnull`

  创建一个布尔类型的掩码标签缺失值。

`notnull`

  与 `isnull` 操作相反。

`dropna`

  返回剔除缺失值后的数据。

`fillna`

  返回一个填充了缺失值的数据副本。

本节将用简单的示例演示这些方法。

16.4.1 发现缺失值

pandas 数据结构有两种有效的方法可以发现缺失值：`isnull` 和 `notnull`。每种方法都返回布尔类型的掩码数据，例如：

```
In [15]: data = pd.Series([1, np.nan, 'hello', None])

In [16]: data.isnull()
Out[16]: 0    False
         1     True
         2    False
         3     True
         dtype: bool
```

就像第 14 章介绍的那样，布尔类型的掩码数组可以直接作为 `Series` 或 `DataFrame` 的索引使用：

```
In [17]: data[data.notnull()]
Out[17]: 0        1
         2    hello
         dtype: object
```

在 `Series` 里使用的 `isnull` 和 `notnull` 方法同样适用于 `DataFrame`，产生的结果同样是布尔类型。

16.4.2 剔除缺失值

除了前面介绍的掩码方法，还有两种很好用的缺失值处理方法，分别是 `dropna`（剔除缺失值）和 `fillna`（填充缺失值）。在 `Series` 上使用这两种方法非常简单：

```
In [18]: data.dropna()
Out[18]: 0        1
         2    hello
         dtype: object
```

而在 DataFrame 上使用它们时需要设置一些参数，例如下面的 DataFrame：

```
In [19]: df = pd.DataFrame([[1,      np.nan, 2],
                            [2,      3,      5],
                            [np.nan, 4,      6]])
         df
Out[19]:      0    1  2
         0  1.0  NaN  2
         1  2.0  3.0  5
         2  NaN  4.0  6
```

我们没法从 DataFrame 中单独剔除一个值，要么剔除缺失值所在的整行，要么剔除整列。根据实际需求，有时你需要剔除整行，有时可能是整列，DataFrame 中的 dropna 会有一些参数可以配置。

默认情况下，dropna 会剔除包含**任何**缺失值的整行数据：

```
In [20]: df.dropna()
Out[20]:      0    1  2
         1  2.0  3.0  5
```

可以设置按不同的坐标轴剔除缺失值，比如 axis=1 或 axis='columns' 会剔除**任何**包含缺失值的整列数据：

```
In [21]: df.dropna(axis='columns')
Out[21]:    2
         0  2
         1  5
         2  6
```

但是这么做也会把非缺失值一并剔除，因为可能有时候只需要剔除一些**全部**是缺失值的行或列，或者绝大多数是缺失值的行或列。这些需求可以通过设置 how 或 thresh 参数来满足，它们可以设置剔除行或列缺失值的数量阈值。

默认设置是 how='any'，也就是说只要有缺失值就剔除整行或整列（通过 axis 设置坐标轴）。你还可以设置 how='all'，这样就只会剔除**全部**是缺失值的行或列了：

```
In [22]: df[3] = np.nan
         df
Out[22]:      0    1  2   3
         0  1.0  NaN  2 NaN
         1  2.0  3.0  5 NaN
         2  NaN  4.0  6 NaN

In [23]: df.dropna(axis='columns', how='all')
Out[23]:      0    1  2
         0  1.0  NaN  2
         1  2.0  3.0  5
         2  NaN  4.0  6
```

还可以通过 thresh 参数设置行或列中**非缺失值**的最小数量，从而实现更加个性化的配置：

```
In [24]: df.dropna(axis='rows', thresh=3)
Out[24]:      0    1  2   3
         1  2.0  3.0  5 NaN
```

第 1 行与第 3 行被剔除了，因为它们只包含两个非缺失值。

16.4.3 填充缺失值

有时候你可能并不想剔除缺失值，而是想把它们替换成有效的数值。有效的值可能是像 0、1、2 那样单独的值，也可能是经过插补（imputation）或插值（interpolation）得到的。虽然你可以通过 isnull 方法建立掩码来填充缺失值，但是 pandas 为此专门提供了一个 fillna 方法，它将返回填充了缺失值后的数组副本。

来用下面的 Series 演示：

```
In [25]: data = pd.Series([1, np.nan, 2, None, 3], index=list('abcde'))
                          dtype='Int32')
         data
Out[25]: a       1
         b    <NA>
         c       2
         d    <NA>
         e       3
         dtype: Int32
```

我们将用一个单独的值来填充缺失值，例如用 0：

```
In [26]: data.fillna(0)
Out[26]: a    1
         b    0
         c    2
         d    0
         e    3
         dtype: Int32
```

可以用缺失值前面的有效值来从前往后填充（forward-fill）：

```
In[27]: # 从前往后填充
        data.fillna(method='ffill')
Out[27]: a    1
         b    1
         c    2
         d    2
         e    3
         dtype: Int32
```

也可以用缺失值后面的有效值来从后往前填充（back-fill）：

```
In [28]: # 从后往前填充
         data.fillna(method='bfill')
Out[28]: a    1
         b    2
```

```
c    2
d    3
e    3
dtype: Int32
```

DataFrame 的操作方法与 Series 类似，只是在填充时需要设置坐标轴参数 axis：

```
In [29]: df
Out[29]:      0    1  2    3
         0  1.0  NaN  2  NaN
         1  2.0  3.0  5  NaN
         2  NaN  4.0  6  NaN

In [30]: df.fillna(method='ffill', axis=1)
Out[30]:      0    1    2    3
         0  1.0  1.0  2.0  2.0
         1  2.0  3.0  5.0  5.0
         2  NaN  4.0  6.0  6.0
```

需要注意的是，假如在从前往后填充时，需要填充的缺失值前面没有值，那么它就仍然是缺失值。

第 17 章
分层索引

当目前为止，我们接触的都是一维和二维数据，用 pandas 的 `Series` 和 `DataFrame` 对象就可以存储。但我们也经常会遇到存储多维数据的需求，数据索引超过一两个键。虽然早期版本的 pandas 提供了 `Panel` 和 `Panel4D` 对象来解决三维数据与四维数据的存储问题，但是它们使用起来比较复杂。在实践中，更直观的形式是通过**分层索引**（hierarchical indexing，也被称为**多级索引**，multi-indexing）配合多个有不同**级别**（level）的一级索引一起使用，这样就可以将高维数组转换成类似一维 `Series` 和二维 `DataFrame` 对象的形式。（如果你对具备 pandas 式灵活索引的真正 *N* 维数组处理感兴趣，可以参考优秀的 Xarray 软件包。）

在本章中，我们将介绍创建 `MultiIndex` 对象的方法，多级索引数据的取值、切片和统计值的计算，以及普通索引与分层索引的转换方法。

首先导入 pandas 和 NumPy：

```
In [1]: import pandas as pd
        import numpy as np
```

17.1　多级索引 Series

让我们看看如何用一维的 `Series` 对象表示二维数据——用一系列包含特征与数值的数据点来简单演示。

17.1.1　笨办法

假设你想要分析美国各州在两个不同年份的数据。如果你用前面介绍的 pandas 工具来处理，那么可能会用一个 Python 元组来表示索引：

```
In [2]: index = [('California', 2010), ('California', 2020),
                 ('New York', 2010), ('New York', 2020),
                 ('Texas', 2010), ('Texas', 2020)]
        populations = [37253956, 39538223,
                       19378102, 20201249,
                       25145561, 29145505]
        pop = pd.Series(populations, index=index)
        pop
Out[2]: (California, 2010)    37253956
        (California, 2020)    39538223
        (New York, 2010)      19378102
        (New York, 2020)      20201249
        (Texas, 2010)         25145561
        (Texas, 2020)         29145505
        dtype: int64
```

通过元组构成的多级索引，你可以直接在 Series 上取值或用切片查询数据：

```
In [3]: pop[('California', 2020):('Texas', 2010)]
Out[3]: (California, 2020)    39538223
        (New York, 2010)      19378102
        (New York, 2020)      20201249
        (Texas, 2010)         25145561
        dtype: int64
```

但是这么做很不方便。假如你想要选择所有 2010 年的数据，那么就得用一些比较复杂的（可能也比较慢的）整理方法了：

```
In [4]: pop[[i for i in pop.index if i[1] == 2010]]
Out[4]: (California, 2010)    37253956
        (New York, 2010)      19378102
        (Texas, 2010)         25145561
        dtype: int64
```

这么做虽然也能得到需要的结果，但是与 pandas 令人爱不释手的切片语法相比，这种方法确实不够简洁（在处理较大的数据时也不够高效）。

17.1.2 好办法：pandas 多级索引

好在 pandas 提供了更好的解决方案。用元组表示索引其实是多级索引的基础，pandas 的 MultiIndex 类型提供了更丰富的操作方法。我们可以用元组创建一个多级索引，如下所示：

```
In [5]: index = pd.MultiIndex.from_tuples(index)
```

你会发现 MultiIndex 里面有一个 levels 属性表示索引的**级别**——这样做可以将州名和年份作为每个数据点的不同**标签**。

如果将前面创建的 pop 的索引重置（reindex）为 MultiIndex，就会看到分层索引：

```
In [6]: pop = pop.reindex(index)
        pop
Out[6]: California  2010    37253956
                    2020    39538223
        New York    2010    19378102
```

```
            2020    20201249
Texas       2010    25145561
            2020    29145505
dtype: int64
```

其中前两列表示 Series 的多级索引值，第三列是数据。你会发现有些行仿佛缺失了第一列数据——这其实是多级索引的表现形式，每个空格表示与上面的索引相同。

现在可以直接用第二个索引获取 2020 年的全部数据，与 pandas 的切片查询用法一致：

```
In [7]: pop[:, 2020]
Out[7]: California    39538223
        New York      20201249
        Texas         29145505
        dtype: int64
```

结果是单索引的数组，正是我们需要的。与之前的元组索引相比，多级索引的语法更简洁（操作也更高效）。下面继续介绍分层索引的取值操作方法。

17.1.3 高维数据的多级索引

你可能已经注意到，我们其实完全可以用一个带行列索引的简单 DataFrame 代替前面的多级索引。其实 pandas 已经实现了类似的功能。unstack 方法可以快速将一个多级索引的 Series 转化为普通索引的 DataFrame：

```
In [8]: pop_df = pop.unstack()
        pop_df
Out[8]:                 2010      2020
        California  37253956  39538223
        New York    19378102  20201249
        Texas       25145561  29145505
```

当然，也有 stack 方法实现相反的效果：

```
In [9]: pop_df.stack()
Out[9]: California  2010    37253956
                    2020    39538223
        New York    2010    19378102
                    2020    20201249
        Texas       2010    25145561
                    2020    29145505
        dtype: int64
```

你可能好奇为什么要费时间研究分层索引。其实理由很简单：如果我们可以用含多级索引的一维 Series 数据表示二维数据，那么就可以用 Series 或 DataFrame 表示三维甚至更高维度的数据。多级索引每增加一级，就表示数据增加一维，利用这一特点就可以轻松表示任意维度的数据了。假如要增加一列显示每一年美国各州的人口统计指标（例如 18 岁以下的人口），那么对于这种带有 MultiIndex 的对象，增加一列就像 DataFrame 的操作一样简单：

```
In [10]: pop_df = pd.DataFrame({'total': pop,
                                'under18': [9284094, 8898092,
                                            4318033, 4181528,
                                            6879014, 7432474]})
```

```
        pop_df
Out[10]:                   total  under18
        California 2010  37253956  9284094
                   2020  39538223  8898092
        New York   2010  19378102  4318033
                   2020  20201249  4181528
        Texas      2010  25145561  6879014
                   2020  29145505  7432474
```

另外，所有在第 15 章介绍过的通用函数和其他功能也同样适用于分层索引。我们可以计算上面的数据中 18 岁以下的人口占总人口的比例：

```
In [11]: f_u18 = pop_df['under18'] / pop_df['total']
         f_u18.unstack()
Out[11]:                 2010      2020
         California  0.249211  0.225050
         New York    0.222831  0.206994
         Texas       0.273568  0.255013
```

同样，我们也可以快速浏览和操作高维数据。

17.2 多级索引的创建方法

为 Series 或 DataFrame 创建多级索引，最直接的办法就是将 index 参数设置为至少二维的索引数组，如下所示：

```
In [12]: df = pd.DataFrame(np.random.rand(4, 2),
                           index=[['a', 'a', 'b', 'b'], [1, 2, 1, 2]],
                           columns=['data1', 'data2'])
         df
Out[12]:         data1     data2
         a 1  0.748464  0.561409
           2  0.379199  0.622461
         b 1  0.701679  0.687932
           2  0.436200  0.950664
```

MultiIndex 的创建工作将在后台完成。

同理，如果你把将元组作为键的字典传递给 pandas，pandas 也会默认转换为 MultiIndex：

```
In [13]: data = {('California', 2010): 37253956,
                 ('California', 2020): 39538223,
                 ('New York', 2010): 19378102,
                 ('New York', 2020): 20201249,
                 ('Texas', 2010): 25145561,
                 ('Texas', 2020): 29145505}
         pd.Series(data)
Out[13]: California  2010    37253956
                     2020    39538223
         New York    2010    19378102
                     2020    20201249
         Texas       2010    25145561
                     2020    29145505
          dtype: int64
```

但是有时候显式地创建 MultiIndex 也是很有用的，下面来介绍一些创建方法。

17.2.1 显式地创建多级索引

你可以用 pd.MultiIndex 类中的方法更加灵活地构建多级索引。例如，就像前面介绍的，你可以通过一个有不同级别的、由若干简单数组组成的列表来构建 MultiIndex：

```
In [14]: pd.MultiIndex.from_arrays([['a', 'a', 'b', 'b'], [1, 2, 1, 2]])
Out[14]: MultiIndex([('a', 1),
                     ('a', 2),
                     ('b', 1),
                     ('b', 2)],
                    )
```

也可以通过包含多个索引值的、由元组构成的列表创建 MultiIndex：

```
In [15]: pd.MultiIndex.from_tuples([('a', 1), ('a', 2), ('b', 1), ('b', 2)])
Out[15]: MultiIndex([('a', 1),
                     ('a', 2),
                     ('b', 1),
                     ('b', 2)],
                    )
```

还可以用两个索引的笛卡儿积（Cartesian product）创建 MultiIndex：

```
In [16]: pd.MultiIndex.from_product([['a', 'b'], [1, 2]])
Out[16]: MultiIndex([('a', 1),
                     ('a', 2),
                     ('b', 1),
                     ('b', 2)],
                    )
```

更可以直接提供 levels（包含每个级别的索引值列表的列表）和 codes（包含每个索引值标签列表的列表）创建 MultiIndex：

```
In [17]: pd.MultiIndex(levels=[['a', 'b'], [1, 2]],
                       codes=[[0, 0, 1, 1], [0, 1, 0, 1]])
Out[17]: MultiIndex([('a', 1),
                     ('a', 2),
                     ('b', 1),
                     ('b', 2)],
                    )
```

在创建 Series 或 DataFrame 时，可以将这些对象作为 index 参数，或者通过 reindex 方法更新 Series 或 DataFrame 的索引。

17.2.2 多级索引的级别名称

给 MultiIndex 的级别加上名称会为一些操作提供便利。你可以在前面任何一个 MultiIndex 构造器中通过 names 参数设置级别名称，也可以在创建之后通过索引的 names 属性来修改名称：

```
In [18]: pop.index.names = ['state', 'year']
         pop
Out[18]: state       year
         California  2010    37253956
                     2020    39538223
         New York    2010    19378102
                     2020    20201249
         Texas       2010    25145561
                     2020    29145505
         dtype: int64
```

在处理复杂的数据时，为级别设置名称是管理多个索引值的好办法。

17.2.3 多级列索引

每个 DataFrame 的行与列都是对称的，也就是说，既然有多级行索引，那么同样可以有多级列索引。让我们通过一份医学报告的模拟数据来演示：

```
In [19]: # 多级行、列索引
         index = pd.MultiIndex.from_product([[2013, 2014], [1, 2]],
                                            names=['year', 'visit'])
         columns = pd.MultiIndex.from_product([['Bob', 'Guido', 'Sue'],
                                              ['HR', 'Temp']],
                                              names=['subject', 'type'])

         # 模拟数据
         data = np.round(np.random.randn(4, 6), 1)
         data[:, ::2] *= 10
         data += 37

         # 创建 DataFrame
         health_data = pd.DataFrame(data, index=index, columns=columns)
         health_data
Out[19]: subject      Bob       Guido       Sue
         type          HR  Temp    HR  Temp    HR  Temp
         year visit
         2013 1      30.0  38.0  56.0  38.3  45.0  35.8
              2      47.0  37.1  27.0  36.0  37.0  36.4
         2014 1      51.0  35.9  24.0  36.7  32.0  36.2
              2      49.0  36.3  48.0  39.2  31.0  35.7
```

上面创建了一个简单的四维数据，四个维度分别为被检查人的姓名、检查项目、检查年份和检查次数。可以在列索引的第一级查询姓名，从而获取包含一个人（例如 Guido）全部检查信息的 DataFrame：

```
In [20]: health_data['Guido']
Out[20]: type          HR  Temp
         year visit
         2013 1      56.0  38.3
              2      27.0  36.0
         2014 1      24.0  36.7
              2      48.0  39.2
```

17.3 多级索引的取值与切片

`MultiIndex` 的取值和切片操作很直观，你可以直接把索引看成额外增加的维度。我们先来介绍 `Series` 多级索引的取值与切片方法，再介绍 `DataFrame` 的用法。

17.3.1 Series 多级索引

看看下面由美国各州历年人口数量创建的多级索引 `Series`：

```
In [21]: pop
Out[21]: state       year
         California  2010    37253956
                     2020    39538223
         New York    2010    19378102
                     2020    20201249
         Texas       2010    25145561
                     2020    29145505
         dtype: int64
```

可以通过多级索引中的多个键 - 值访问单个元素：

```
In [22]: pop['California', 2010]
Out[22]: 37253956
```

`MultiIndex` 也支持**部分索引**（partial indexing），即只取索引的某一个层级。假如只取最高级的索引，那么获得的结果是一个新的 `Series`，未被选中的低层索引值会被保留：

```
In [23]: pop['California']
Out[23]: year
         2010    37253956
         2020    39538223
         dtype: int64
```

类似的还有局部切片，不过要求 `MultiIndex` 是按顺序排列的（就像将在 17.4.1 节介绍的那样）：

```
In [24]: poploc['california':'new york']
Out[24]: state       year
         california  2010    37253956
                     2020    39538223
         new york    2010    19378102
                     2020    20201249
         dtype: int64
```

如果索引已经排序，那么可以用较低层级的索引取值，第一层级的索引可以用空切片：

```
In [25]: pop[:, 2010]
Out[25]: state
         california    37253956
         new york      19378102
         texas         25145561
         dtype: int64
```

其他取值与数据选择的方法（详情请参见第 14 章）也都起作用。下面的例子是通过布尔掩码选择数据：

```
In [26]: pop[pop > 22000000]
Out[26]: state       year
         California  2010    37253956
                     2020    39538223
         Texas       2010    25145561
                     2020    29145505
         dtype: int64
```

也可以用花式索引选择数据：

```
In [27]: pop[['California', 'Texas']]
Out[27]: state       year
         California  2010    37253956
                     2020    39538223
         Texas       2010    25145561
                     2020    29145505
         dtype: int64
```

17.3.2 DataFrame 多级索引

DataFrame 多级索引的用法与 Series 类似。还用之前的医学报告数据来演示：

```
In [28]: health_data
Out[28]: subject      Bob       Guido       Sue
         type          HR  Temp    HR  Temp   HR  Temp
         year visit
         2013 1      30.0  38.0  56.0  38.3  45.0  35.8
              2      47.0  37.1  27.0  36.0  37.0  36.4
         2014 1      51.0  35.9  24.0  36.7  32.0  36.2
              2      49.0  36.3  48.0  39.2  31.0  35.7
```

由于 DataFrame 的基本索引是列索引，因此 Series 中多级索引的用法到了 DataFrame 中就应用在列上了。例如，可以通过简单的操作获取 Guido 的心率数据：

```
In [29]: health_data['Guido', 'HR']
Out[29]: year  visit
         2013  1        56.0
               2        27.0
         2014  1        24.0
               2        48.0
         Name: (Guido, HR), dtype: float64
```

与单索引类似，在第 14 章介绍的 loc、iloc 和 ix 索引器都可以使用，例如：

```
In [30]: health_data.iloc[:2, :2]
Out[30]: subject      Bob
         type          HR  Temp
         year visit
         2013 1      30.0  38.0
              2      47.0  37.1
```

虽然这些索引器将多维数据当作二维数据处理，但是在 loc 和 iloc 中可以传递多个层级的索引元组，例如：

```
In [31]: health_data.loc[:, ('Bob', 'HR')]
Out[31]: year  visit
         2013  1        30.0
               2        47.0
         2014  1        51.0
               2        49.0
         Name: (Bob, HR), dtype: float64
```

这种索引元组的用法不是很方便，如果在元组中使用切片还会导致语法错误：

```
In [32]: health_data.loc[(:, 1), (:, 'HR')]
SyntaxError: invalid syntax (3311942670.py, line 1)
```

虽然你可以用 Python 内置的 slice 函数获取想要的切片，但还有一种更好的办法，那就是使用 IndexSlice 对象。pandas 专门用它解决这类问题，例如：

```
In [33]: idx = pd.IndexSlice
         health_data.loc[idx[:, 1], idx[:, 'HR']]
Out[33]: subject      Bob Guido   Sue
         type          HR    HR    HR
         year visit
         2013 1      30.0  56.0  45.0
         2014 1      51.0  24.0  32.0
```

和带多级索引的 Series 和 DataFrame 进行数据交互的方法有很多，但就像本书中的诸多工具一样，若想掌握它们，最好的办法就是多用！

17.4 多级索引行列转换

使用多级索引的关键是掌握有效数据转换的方法。pandas 提供了许多操作，可以让数据在内容保持不变的同时，根据需要进行行列转换。之前我们用一个简短的例子演示过 stack 和 unstack 的用法，但其实还有许多合理控制层级行列索引的方法，让我们来一探究竟。

17.4.1 有序的索引和无序的索引

在前面的内容里，我们简单提过多级索引排序，这里需要详细介绍一下。**如果 MultiIndex 不是有序的索引，那么大多数切片操作会失败**。让我们演示一下。

首先创建一个**不按字典顺序排列的**多级索引 Series：

```
In [34]: index = pd.MultiIndex.from_product([['a', 'c', 'b'], [1, 2]])
         data = pd.Series(np.random.rand(6), index=index)
         data.index.names = ['char', 'int']
         data
Out[34]: char  int
         a     1      0.280341
               2      0.097290
         c     1      0.206217
               2      0.431771
```

```
b     1      0.100183
      2      0.015851
dtype: float64
```

如果想对索引使用局部切片，那么就会出现错误：

```
In[35]: try:
            data['a':'b']
        except KeyError as e:
            print("KeyError", e)
KeyError 'Key length (1) was greater than MultiIndex lexsort depth (0)'
```

尽管从错误信息里看不出具体的细节，但问题出在 MultiIndex 无序排列上。局部切片和许多其他相似的操作都要求 MultiIndex 的各级索引是有序的（即按照字典顺序由 A 至 Z）。为此，pandas 提供了许多便捷的操作来完成排序，如 sort_index 和 sortlevel 方法。我们用最简单的 sort_index 方法来演示：

```
In [36]: data = data.sort_index()
         data
Out[36]: char  int
         a     1      0.280341
               2      0.097290
         b     1      0.100183
               2      0.015851
         c     1      0.206217
               2      0.431771
         dtype: float64
```

索引排序之后，局部切片就可以正常使用了：

```
In [37]: data['a':'b']
Out[37]: char  int
         a     1      0.280341
               2      0.097290
         b     1      0.100183
               2      0.015851
         dtype: float64
```

17.4.2 索引 stack 与 unstack

前文曾提过，我们可以将一个多级索引数据集转换成简单的二维形式。可以通过 level 参数设置转换的索引级别：

```
In [38]: pop.unstack(level=0)
Out[38]: year             2010      2020
         state
         California  37253956  39538223
         New York    19378102  20201249
         Texas       25145561  29145505

In [39]: pop.unstack(level=1)
Out[39]: state       year
         California  2010    37253956
                     2020    39538223
```

```
New York    2010    19378102
            2020    20201249
Texas       2010    25145561
            2020    29145505
dtype: int64
```

unstack 是 stack 的逆操作，同时使用这两种方法会让数据保持不变：

```
In [40]: pop.unstack().stack()
Out[40]: state       year
         California  2010    37253956
                     2020    39538223
         New York    2010    19378102
                     2020    20201249
         Texas       2010    25145561
                     2020    29145505
         dtype: int64
```

17.4.3　索引的设置与重置

层级数据维度转换的另一种方法是行列标签转换，可以通过 reset_index 方法实现。如果在上面的人口数据 Series 中使用该方法，则会生成一个列标签中包含之前行索引标签 state 和 year 的 DataFrame。也可以用数据的 name 属性为列设置名称：

```
In [41]: pop_flat = pop.reset_index(name='population')
         pop_flat
Out[41]:         state  year  population
         0  California  2010    37253956
         1  California  2020    39538223
         2    New York  2010    19378102
         3    New York  2020    20201249
         4       Texas  2010    25145561
         5       Texas  2020    29145505
```

通常在解决实际问题的时候，如果能将类似这样的原始输入数据的列直接转换成 MultiIndex，将大有裨益。其实可以通过 DataFrame 的 set_index 方法实现，返回结果就会是一个带多级索引的 DataFrame：

```
In [42]: pop_flat.set_index(['state', 'year'])
Out[42]:                  population
         state      year
         California 2010    37253956
                    2020    39538223
         New York   2010    19378102
                    2020    20201249
         Texas      2010    25145561
                    2020    29145505
```

在实践中，用这种重建索引的方法处理数据集非常方便。

第18章

合并数据集：concat与append操作

将不同的数据源合并是数据科学中最有趣的事情之一，这既包括将两个不同的数据集非常简单地拼接在一起，也包括用数据库那样的连接（join）与合并（merge）操作处理有重叠字段的数据集。Series 与 DataFrame 都具备这类操作，pandas 的函数与方法让数据合并变得快速且简单。

先来用 pd.concat 函数演示一个 Series 与 DataFrame 的简单的合并操作。之后，我们将介绍 pandas 中更复杂的 merge 和 join 内存数据合并操作。

首先导入 pandas 和 NumPy：

```
In [1]: import pandas as pd
        import numpy as np
```

为简单起见，定义一个能够创建某种格式的 DataFrame 的函数，后面将会用到：

```
In [2]: def make_df(cols, ind):
            """一个简单的DataFrame"""
            data = {c: [str(c) + str(i) for i in ind]
                    for c in cols}
            return pd.DataFrame(data, ind)

        # DataFrame示例
        make_df('ABC', range(3))
Out[2]:     A   B   C
        0  A0  B0  C0
        1  A1  B1  C1
        2  A2  B2  C2
```

此外，我们在这里创建一个快速类，它允许我们并排显示多个 DataFrame。代码使用了特殊的 _repr_html_ 方法，IPython/Jupyter 使用该方法来实现富文本对象的显示：

```
In [3]: class display(object):
            """ 用 HTML 并排展示多个对象 """
            template = """<div style="float: left; padding: 10px;">
            <p style='font-family:"Courier New", Courier, monospace'>{0}{1}
            """
            def __init__(self, *args):
                self.args = args

            def _repr_html_(self):
                return '\n'.join(self.template.format(a, eval(a)._repr_html_())
                                 for a in self.args)

            def __repr__(self):
                return '\n\n'.join(a + '\n' + repr(eval(a))
                                   for a in self.args)
```

在下一节继续介绍时，我们将更清楚地了解其用途。

18.1 知识回顾：NumPy 数组的合并

合并 Series 与 DataFrame 同合并 NumPy 数组基本相同，后者通过第 5 章中介绍的 np.concatenate 函数即可完成。你可以用这个函数将两个及两个以上的数组合并成一个数组。

```
In [4]: x = [1, 2, 3]
        y = [4, 5, 6]
        z = [7, 8, 9]
        np.concatenate([x, y, z])
Out[4]: array([1, 2, 3, 4, 5, 6, 7, 8, 9])
```

第一个参数是需要合并的数组列表或元组。另外，合并多维数组时，还有一个 axis 参数可以设置合并的坐标轴方向：

```
In [5]: x = [[1, 2],
             [3, 4]]
        np.concatenate([x, x], axis=1)
Out[5]: array([[1, 2, 1, 2],
               [3, 4, 3, 4]])
```

18.2 通过 pd.concat 实现简单合并

pandas 有一个 pd.concat 函数与 np.concatenate 的语法类似，但是配置参数更多，功能也更强大：

```
# pandas v1.3.5 版中的函数签名
pd.concat(objs, axis=0, join='outer', ignore_index=False, keys=None,
          levels=None, names=None, verify_integrity=False,
          sort=False, copy=True)
```

pd.concat 可以简单地合并一维的 Series 或 DataFrame 对象，与 np.concatenate 可以简单地合并数组一样：

```
In [6]: ser1 = pd.Series(['A', 'B', 'C'], index=[1, 2, 3])
        ser2 = pd.Series(['D', 'E', 'F'], index=[4, 5, 6])
        pd.concat([ser1, ser2])
Out[6]: 1    A
        2    B
        3    C
        4    D
        5    E
        6    F
        dtype: object
```

pd.concat 也可以用来合并高维数据，例如下面的 DataFrame：

```
In [7]: df1 = make_df('AB', [1, 2])
        df2 = make_df('AB', [3, 4])
        display('df1', 'df2', 'pd.concat([df1, df2])')
Out[7]: df1            df2            pd.concat([df1, df2])
            A   B          A   B          A   B
        1  A1  B1      3  A3  B3      1  A1  B1
        2  A2  B2      4  A4  B4      2  A2  B2
                                      3  A3  B3
                                      4  A4  B4
```

默认情况下，DataFrame 的合并都是逐行进行的（默认设置是 axis=0）。与 np.concatenate 一样，pd.concat 也可以设置合并的坐标轴，例如下面的示例：

```
In [8]: df3 = make_df('AB', [0, 1])
        df4 = make_df('CD', [0, 1])
        display('df3', 'df4', "pd.concat([df3, df4], axis='columns')")
Out[8]: df3            df4            pd.concat([df3, df4], axis='columns')
            A   B          C   D          A   B   C   D
        0  A0  B0      0  C0  D0      0  A0  B0  C0  D0
        1  A1  B1      1  C1  D1      1  A1  B1  C1  D1
```

这里也可以使用 axis=1，效果是一样的。但是用 axis='columns' 会更直观。

18.2.1 索引重复

np.concatenate 与 pd.concat 最主要的差异之一就是 pandas 在合并时会**保留索引**，即使索引是重复的。例如下面的简单示例：

```
In [9]: x = make_df('AB', [0, 1])
        y = make_df('AB', [2, 3])
        y.index = x.index  # 复制索引
        display('x', 'y', 'pd.concat([x, y])')
Out[9]: x              y              pd.concat([x, y])
            A   B          A   B          A   B
        0  A0  B0      0  A2  B2      0  A0  B0
        1  A1  B1      1  A3  B3      1  A1  B1
                                      0  A2  B2
                                      1  A3  B3
```

你会发现结果中的索引是重复的。虽然 DataFrame 允许这么做，但结果并不是我们想要的。pd.concat 提供了一些解决这个问题的方法。

1. 捕捉索引重复的错误

如果你想要检测 pd.concat() 合并的结果中是否出现了重复的索引，可以设置 verify_integrity 参数。将参数设置为 True，合并时若有索引重复就会触发异常。下面的示例可以让我们清晰地捕捉并打印错误信息：

```
In [10]: try:
             pd.concat([x, y], verify_integrity=True)
         except ValueError as e:
             print("ValueError:", e)
ValueError: Indexes have overlapping values: Int64Index([0, 1], dtype='int64')
```

2. 忽略索引

有时索引无关紧要，那么合并时就可以忽略它们，可以通过设置 ignore_index 参数来实现。如果将参数设置为 True，那么合并时将会创建一个新的整数索引。

```
In [11]: display('x', 'y', 'pd.concat([x, y], ignore_index=True)')
Out[11]: x              y              pd.concat([x, y], ignore_index=True)
             A   B          A   B          A   B
         0  A0  B0      0  A2  B2      0  A0  B0
         1  A1  B1      1  A3  B3      1  A1  B1
                                       2  A2  B2
                                       3  A3  B3
```

3. 增加多级索引

另一种处理索引重复的方法是通过 keys 参数为数据源设置多级索引标签，这样结果数据就会带上多级索引：

```
In [12]: display('x', 'y', "pd.concat([x, y], keys=['x', 'y'])")
Out[12]: x              y              pd.concat([x, y], keys=['x', 'y'])
             A   B          A   B            A   B
         0  A0  B0      0  A2  B2      x 0  A0  B0
         1  A1  B1      1  A3  B3        1  A1  B1
                                       y 0  A2  B2
                                         1  A3  B3
```

示例合并后的结果是多级索引的 DataFrame，可以用第 17 章中介绍的方法转换成我们需要的形式。

18.2.2 类似 join 的合并

前面介绍的简单示例都有一个共同特点，那就是我们合并的 DataFrame 都有同样的列名。而在实际工作中，需要合并的数据往往带有不同的列名，pd.concat 提供了一些选项来解决这类合并问题。看下面两个 DataFrame，它们的列名部分相同，却又不完全相同：

```
In [13]: df5 = make_df('ABC', [1, 2])
         df6 = make_df('BCD', [3, 4])
         display('df5', 'df6', 'pd.concat([df5, df6])')
Out[13]: df5                 df6                 pd.concat([df5, df6])
             A   B   C           B   C   D            A   B   C    D
         1  A1  B1  C1       3  B3  C3  D3       1   A1  B1  C1  NaN
```

```
    2  A2  B2  C2       4  B4  C4  D4       2   A2  B2  C2  NaN
                                            3  NaN  B3  C3   D3
                                            4  NaN  B4  C4   D4
```

默认情况下，某个位置上缺失的数据会用 NaN 表示。如果不想这样，可以用 concat 函数的 join 参数设置合并方式。默认的合并方式是对所有输入列进行并集合并（join='outer'），当然也可以用 join='inner' 实现对输入列的交集合并：

```
In [14]: display('df5', 'df6',
                 "pd.concat([df5, df6], join='inner')")
Out[14]: df5                  df6
             A   B   C            B   C   D
         1  A1  B1  C1        3  B3  C3  D3
         2  A2  B2  C2        4  B4  C4  D4

         pd.concat([df5, df6], join='inner')
             B   C
         1  B1  C1
         2  B2  C2
         3  B3  C3
         4  B4  C4
```

另一种有用的合并方式是在连接前使用 reindex 方法，以便更精细地控制哪些列被剔除：

```
In [15]: pd.concat([df5, df6.reindex(df5.columns, axis=1)])
Out[15]:      A   B   C
         1   A1  B1  C1
         2   A2  B2  C2
         3  NaN  B3  C3
         4  NaN  B4  C4
```

18.2.3 append 方法

因为直接进行数组合并的需求非常普遍，所以 Series 和 DataFrame 对象都支持 append 方法，让你能够通过最少的代码实现合并功能。例如，你可以使用 df1.append(df2)，效果与 pd.concat([df1, df2]) 一样：

```
In [16]: display('df1', 'df2', 'df1.append(df2)')
Out[16]: df1              df2              df1.append(df2)
             A   B             A   B             A   B
         1  A1  B1        3  A3  B3        1  A1  B1
         2  A2  B2        4  A4  B4        2  A2  B2
                                           3  A3  B3
                                           4  A4  B4
```

需要注意的是，与 Python 列表中的 append 和 extend 方法不同，pandas 的 append 方法不直接更新原有对象的值，而是为合并后的数据创建一个新对象。它不是一个非常高效的解决方案，因为每次合并都需要重新创建索引和数据缓存。总之，如果你需要进行多个 append 操作，还是建议先创建一个 DataFrame 列表，然后用 concat 函数一次性解决所有合并任务。

下一章将介绍另一种功能强大的数据组合方法——类似数据库的数据合并，在 pd.merge 里实现。关于 concat 与 append 的更多信息，请参考 pandas 文档中的“Merge, Join, and Concatenate”一节。

第19章

合并数据集：合并与连接

pandas 的基本特性之一就是高性能的内存式数据连接（join）与合并（merge）操作。如果你有使用数据库的经验，那么对这类操作一定很熟悉。pandas 的主接口是 `pd.merge` 函数，下面让我们通过一些示例来介绍它的用法。

为方便起见，我们将在 `import` 后再次定义上一章中的 `display` 函数：

```
In [1]: import pandas as pd
        import numpy as np

        class display(object):
            """ 用 HTML 并排展示多个对象 """
            template = """<div style="float: left; padding: 10px;">
            <p style='font-family:"Courier New", Courier, monospace'>{0}{1}
            """
            def __init__(self, *args):
                self.args = args

            def _repr_html_(self):
                return '\n'.join(self.template.format(a, eval(a)._repr_html_())
                                 for a in self.args)

            def __repr__(self):
                return '\n\n'.join(a + '\n' + repr(eval(a))
                                   for a in self.args)
```

19.1 关系代数

`pd.merge()` 实现的功能基于**关系代数**（relational algebra）的一部分。关系代数是处理关系型数据的通用理论，绝大部分数据库中的可用操作以此为理论基础。关系代数方法论的强大之处在于，它提出的若干简单操作规则经过组合就可以为任意数据集构建十分复杂的操作。通过在数据库或程序里已经高效实现的基本操作规则，你就可以完成许多非常复杂的操作。

pandas 在 pd.merge 函数以及 Series 和 DataFrame 的 join 方法里实现了这些基本操作规则。下面来看看如何用这些简单的规则连接不同数据源的数据。

19.2 数据连接的类型

pd.merge 函数实现了 3 种数据连接类型：**一对一**、**多对一**和**多对多**。这 3 种数据连接类型都通过 pd.merge 接口进行调用，根据不同的数据连接需求进行不同的操作。下面将通过一些示例来演示这 3 种类型，并进一步介绍更多的细节。

19.2.1 一对一连接

一对一连接可能是最简单的数据合并类型了，与第 18 章介绍的按列合并十分相似。如下面的示例所示，有两个包含同一家公司内员工的不同信息的 DataFrame：

```
In [2]: df1 = pd.DataFrame({'employee': ['Bob', 'Jake', 'Lisa', 'Sue'],
                            'group': ['Accounting', 'Engineering',
                                      'Engineering', 'HR']})
        df2 = pd.DataFrame({'employee': ['Lisa', 'Bob', 'Jake', 'Sue'],
                            'hire_date': [2004, 2008, 2012, 2014]})
        print(df1); print(df2)
Out[2]: df1                         df2
          employee        group       employee  hire_date
        0      Bob   Accounting     0     Lisa       2004
        1     Jake  Engineering     1      Bob       2008
        2     Lisa  Engineering     2     Jake       2012
        3      Sue           HR     3      Sue       2014
```

若想将这两个 DataFrame 合并成一个 DataFrame，可以用 pd.merge 函数来实现：

```
In [3]: df3 = pd.merge(df1, df2)
        df3
Out[3]:   employee        group  hire_date
        0      Bob   Accounting       2008
        1     Jake  Engineering       2012
        2     Lisa  Engineering       2004
        3      Sue           HR       2014
```

pd.merge 函数会发现两个 DataFrame 都有“employee”列，并会自动以这个列作为键进行连接。两个输入的合并结果是一个新的 DataFrame。需要注意的是，共同列的位置可以不一致。例如，在这个例子中，虽然 df1 与 df2 中“employee”列的位置是不一样的，但是 pd.merge 函数会正确处理这个问题。另外还需要注意的是，除了按索引合并的特殊情况外(参见 left_index 和 right_index 关键字,稍后讨论),pd.merge 默认会丢弃索引。

19.2.2 多对一连接

多对一连接是指，在需要连接的两个列中，有一列的值有重复。通过多对一连接获得的结果 DataFrame 将会保留重复值。请看下面的例子：

```
In [4]: df4 = pd.DataFrame({'group': ['Accounting', 'Engineering', 'HR'],
                            'supervisor': ['Carly', 'Guido', 'Steve']})
        display('df3', 'df4', 'pd.merge(df3, df4)')
Out[4]: df3                                         df4
          employee        group  hire_date                group supervisor
        0      Bob   Accounting       2008      0   Accounting      Carly
        1     Jake  Engineering       2012      1  Engineering      Guido
        2     Lisa  Engineering       2004      2           HR      Steve
        3      Sue           HR       2014

        pd.merge(df3, df4)
          employee        group  hire_date supervisor
        0      Bob   Accounting       2008      Carly
        1     Jake  Engineering       2012      Guido
        2     Lisa  Engineering       2004      Guido
        3      Sue           HR       2014      Steve
```

在结果 DataFrame 中多了一个“supervisor”列，里面有些值会因为输入数据的对应关系而有所重复。

19.2.3 多对多连接

多对多连接是个有点儿复杂的概念，不过也可以理解。如果左右两个输入的共同列都包含重复值，那么合并的结果就是一种多对多连接。用一个例子来演示可能更容易理解。来看下面的例子，里面有一个 DataFrame 显示不同岗位人员的一种或多种能力。

通过多对多连接，就可以得知每位员工所具备的能力：

```
In [5]: df5 = pd.DataFrame({'group': ['Accounting', 'Accounting',
                                      'Engineering', 'Engineering', 'HR', 'HR'],

                            'skills': ['math', 'spreadsheets', 'software', 'math',
                                       'spreadsheets', 'organization']})
        display('df1', 'df5', "pd.merge(df1, df5)")
Out[5]: df1                            df5
        employee        group                 group        skills
      0      Bob   Accounting        0   Accounting          math
      1     Jake  Engineering        1   Accounting  spreadsheets
      2     Lisa  Engineering        2  Engineering      software
      3      Sue           HR        3  Engineering          math
                                     4           HR  spreadsheets
                                     5           HR  organization

      pd.merge(df1, df5)
        employee        group        skills
      0      Bob   Accounting          math
      1      Bob   Accounting  spreadsheets
      2     Jake  Engineering      software
```

```
3     Jake  Engineering         math
4     Lisa  Engineering     software
5     Lisa  Engineering         math
6      Sue           HR  spreadsheets
7      Sue           HR  organization
```

这 3 种数据连接类型可以直接与其他 pandas 工具组合使用，从而实现各种各样的功能。但是工作中的真实数据集往往并不像示例中演示的那么干净、整洁。下面就来介绍 pd.merge 的一些功能，它们可以让你更好地应对数据连接中的问题。

19.3 设置数据合并的键

我们已经见过 pd.merge 的默认行为：它会将两个输入的一个或多个共同列作为键进行合并。但由于两个输入要合并的列通常都不是同名的，因此 pd.merge 提供了一些参数来处理这个问题。

19.3.1 参数 on 的用法

最简单的方法就是直接将参数 on 设置为一个列名字符串或者一个包含多列名称的列表：

```
In [6]: display('df1', 'df2', "pd.merge(df1, df2, on='employee')")
Out[6]: df1                          df2
          employee        group        employee  hire_date
        0      Bob   Accounting      0     Lisa       2004
        1     Jake  Engineering      1      Bob       2008
        2     Lisa  Engineering      2     Jake       2012
        3      Sue           HR      3      Sue       2014

        pd.merge(df1, df2, on='employee')
          employee        group  hire_date
        0      Bob   Accounting       2008
        1     Jake  Engineering       2012
        2     Lisa  Engineering       2004
        3      Sue           HR       2014
```

这个参数仅在两个 DataFrame 有共同列名的时候才可以使用。

19.3.2 left_on 与 right_on 参数

有时也需要合并两个列名不同的数据集，例如前面的员工信息表中有一个字段不是“employee”而是“name”。在这种情况下，就可以用 left_on 和 right_on 参数来指定列名：

```
In [7]: df3 = pd.DataFrame({'name': ['Bob', 'Jake', 'Lisa', 'Sue'],
                            'salary': [70000, 80000, 120000, 90000]})
        display('df1', 'df3', 'pd.merge(df1, df3, left_on="employee",
                 right_on="name")')
Out[7]: df1                          df3
          employee        group         name  salary
        0      Bob   Accounting      0   Bob   70000
        1     Jake  Engineering      1  Jake   80000
        2     Lisa  Engineering      2  Lisa  120000
```

```
3     Sue          HR      3   Sue   90000

pd.merge(df1, df3, left_on="employee", right_on="name")
  employee        group  name  salary
0      Bob   Accounting   Bob   70000
1     Jake  Engineering  Jake   80000
2     Lisa  Engineering  Lisa  120000
3      Sue           HR   Sue   90000
```

获取的结果中会有一个多余的列，可以通过 DataFrame 的 drop 方法将这个列去掉：

```
In[8]: pd.merge(df1, df3, left_on="employee", right_on="name").drop('name', axis=1)
Out[8]:  employee        group  salary
      0      Bob   Accounting   70000
      1     Jake  Engineering   80000
      2     Lisa  Engineering  120000
      3      Sue           HR   90000
```

19.3.3 left_index 与 right_index 参数

除了合并列之外，你可能还需要合并索引。例如，你的数据可能如下例所示：

```
In [9]: df1a = df1.set_index('employee')
        df2a = df2.set_index('employee')
        display('df1a', 'df2a')

Out[9]: df1a                           df2a
                      group                      hire_date
        employee                       employee
        Bob          Accounting        Lisa           2004
        Jake        Engineering        Bob            2008
        Lisa        Engineering        Jake           2012
        Sue                  HR        Sue            2014
```

你可以通过设置 pd.merge() 中的 left_index 和 / 或 right_index 参数将索引设置为键来实现合并：

```
In[10]: display('df1a', 'df2a',
                "pd.merge(df1a, df2a, left_index=True, right_index=True)")
Out[10]: df1a                        df2a
                     group                     hire_date
         employee                    employee
         Bob        Accounting       Lisa           2004
         Jake      Engineering       Bob            2008
         Lisa      Engineering       Jake           2012
         Sue                HR       Sue            2014

         pd.merge(df1a, df2a, left_index=True, right_index=True)
                      group  hire_date
         employee
         Lisa      Engineering      2004
         Bob        Accounting      2008
         Jake      Engineering      2012
         Sue                HR      2014
```

为了方便，DataFrame 实现了 join 方法，它可以按照索引进行数据合并：

```
In [11]: df1a.join(df2a)
Out[11]:                 group  hire_date
         employee
         Bob        Accounting       2008
         Jake      Engineering       2012
         Lisa      Engineering       2004
         Sue                HR       2014
```

如果想将索引与列混合使用，那么可以通过结合 left_index 与 right_on，或者结合 left_on 与 right_index 来实现：

```
In [12]: display('df1a', 'df3', "pd.merge(df1a, df3, left_index=True,
                  right_on='name')")
Out[12]: df1a                           df3
                         group          name  salary
         employee                       0   Bob   70000
         Bob        Accounting          1  Jake   80000
         Jake      Engineering          2  Lisa  120000
         Lisa      Engineering          3   Sue   90000
         Sue                HR

         pd.merge(df1a, df3, left_index=True, right_on='name')
                  group  name  salary
         0   Accounting   Bob   70000
         1  Engineering  Jake   80000
         2  Engineering  Lisa  120000
         3           HR   Sue   90000
```

当然，这些参数都适用于多个索引和 / 或多个列名，函数接口非常简单。若想了解关于 pandas 数据合并的更多信息，请参考 pandas 文档中的“Merge, Join, and Concatenate”一节。

19.4 设置数据连接的集合操作规则

通过前面的示例，我们总结出数据连接的一个重要条件：集合操作规则。当一个值出现在一列中，却没有出现在另一列中时，就需要考虑集合操作规则了。来看看下面的例子：

```
In [13]: df6 = pd.DataFrame({'name': ['Peter', 'Paul', 'Mary'],
                             'food': ['fish', 'beans', 'bread']},
                            columns=['name', 'food'])
         df7 = pd.DataFrame({'name': ['Mary', 'Joseph'],
                             'drink': ['wine', 'beer']},
                            columns=['name', 'drink'])
         display('df6', 'df7', 'pd.merge(df6, df7)')
Out[13]: df6                    df7
             name   food              name drink
         0  Peter   fish        0     Mary  wine
         1   Paul  beans        1   Joseph  beer
         2   Mary  bread
```

```
pd.merge(df6, df7)
   name   food  drink
0  Mary  bread   wine
```

我们合并两个数据集，它们在“name”列中只有一个共同的值：Mary。默认情况下，结果中只会包含两个输入集合的**交集**，这种连接方式被称为**内连接**（inner join）。我们可以用 `how` 参数设置连接方式，默认值为 `'inner'`：

```
In [14]: pd.merge(df6, df7, how='inner')
Out[14]:    name   food drink
         0  Mary  bread  wine
```

`how` 参数支持的数据连接方式还有 `'outer'`、`'left'` 和 `'right'`。**外连接**（outer join）返回两个输入列的并集，所有缺失值都用 `NaN` 填充：

```
In [15]: display('df6', 'df7', "pd.merge(df6, df7, how='outer')")
Out[15]: df6                    df7
             name   food             name drink
         0  Peter   fish        0    Mary  wine
         1   Paul  beans        1  Joseph  beer
         2   Mary  bread

         pd.merge(df6, df7, how='outer')
              name   food drink
         0   Peter   fish   NaN
         1    Paul  beans   NaN
         2    Mary  bread  wine
         3  Joseph    NaN  beer
```

左连接（left join）和**右连接**（right join）返回的结果分别只包含左列和右列，如下所示：

```
In [16]: display('df6', 'df7', "pd.merge(df6, df7, how='left')")
Out[16]: df6                    df7
             name   food             name drink
         0  Peter   fish        0    Mary  wine
         1   Paul  beans        1  Joseph  beer
         2   Mary  bread

         pd.merge(df6, df7, how='left')
             name   food drink
         0  Peter   fish   NaN
         1   Paul  beans   NaN
         2   Mary  bread  wine
```

现在输出的行中只包含左边输入列的值。如果用 `how='right'` 的话，输出的行则只包含右边输入列的值。

这 4 种数据连接的集合操作规则都可以直接应用于前面介绍过的连接类型。

19.5　重复列名：suffixes 参数

最后，你可能会遇到两个输入 `DataFrame` 有重名列的情况。来看看下面的例子：

```
In [17]: df8 = pd.DataFrame({'name': ['Bob', 'Jake', 'Lisa', 'Sue'],
                             'rank': [1, 2, 3, 4]})
         df9 = pd.DataFrame({'name': ['Bob', 'Jake', 'Lisa', 'Sue'],
                             'rank': [3, 1, 4, 2]})
         display('df8', 'df9', 'pd.merge(df8, df9, on="name")')
Out[17]: df8                 df9
            name  rank          name  rank
         0   Bob     1       0   Bob     3
         1  Jake     2       1  Jake     1
         2  Lisa     3       2  Lisa     4
         3   Sue     4       3   Sue     2

         pd.merge(df8, df9, on="name")
         name  rank_x  rank_y
         0   Bob       1       3
         1  Jake       2       1
         2  Lisa       3       4
         3   Sue       4       2
```

由于输出结果中有两个重复的列名，因此 pd.merge 函数会自动为它们增加后缀 _x 或 _y。当然，也可以通过 suffixes 参数自定义后缀名：

```
In [18]: pd.merge(df8, df9, on="name", suffixes=["_L", "_R"])
Out[18]:    name  rank_L  rank_R
         0   Bob       1       3
         1  Jake       2       1
         2  Lisa       3       4
         3   Sue       4       2
```

suffixes 参数适用于任何连接方式，即使有三个及三个以上的重复列名时也同样适用。

第 20 章对关系代数进行了更加深入的介绍。另外，还可以参考 pandas 文档中的“Merge, Join, Concatenate and Compare”一节。

19.6 案例：美国各州的统计数据

数据的合并与连接是组合来源不同的数据最常用的方法。下面通过美国各州的统计数据来进行一个演示：

```
In [19]: # 请使用下面的 shell 下载数据
         # repo = "https://raw.githubusercontent.com/jakevdp/data-USstates/master"
         # !cd data && curl -O {repo}/state-population.csv
         # !cd data && curl -O {repo}/state-areas.csv
         # !cd data && curl -O {repo}/state-abbrevs.csv
```

用 pandas 的 read_csv 函数看看这 3 个数据集：

```
In [20]: pop = pd.read_csv('data/state-population.csv')
         areas = pd.read_csv('data/state-areas.csv')
         abbrevs = pd.read_csv('data/state-abbrevs.csv')

         display('pop.head()', 'areas.head()', 'abbrevs.head()')
```

```
Out[20]: pop.head()
           state/region     ages  year  population
         0           AL  under18  2012   1117489.0
         1           AL    total  2012   4817528.0
         2           AL  under18  2010   1130966.0
         3           AL    total  2010   4785570.0
         4           AL  under18  2011   1125763.0

         areas.head()
                 state  area (sq. mi)
         0     Alabama          52423
         1      Alaska         656425
         2     Arizona         114006
         3    Arkansas          53182
         4  California         163707

         abbrevs.head()
                 state abbreviation
         0     Alabama           AL
         1      Alaska           AK
         2     Arizona           AZ
         3    Arkansas           AR
         4  California           CA
```

假设看过这些数据之后，我们想要计算一个比较简单的结果：2010 年美国各州的人口密度排名。虽然可以直接通过计算每张表获取结果，但这次试着用数据集连接来解决这个问题。

首先用一个多对一合并获取人口（pop）DataFrame 中各州名称缩写对应的全称。我们需要将 pop 的 state/region 列与 abbrevs 的 abbreviation 列合并，还需要通过 how='outer' 确保数据没有缺失。

```
In [21]: merged = pd.merge(pop, abbrevs, how='outer',
                           left_on='state/region', right_on='abbreviation')
         merged = merged.drop('abbreviation', axis=1) # 剔除重复信息
         merged.head()
Out[21]:   state/region     ages  year  population    state
         0           AL  under18  2012   1117489.0  Alabama
         1           AL    total  2012   4817528.0  Alabama
         2           AL  under18  2010   1130966.0  Alabama
         3           AL    total  2010   4785570.0  Alabama
         4           AL  under18  2011   1125763.0  Alabama
```

我们来全面检查一下数据是否有缺失，为此可以对每个字段逐行检查是否有缺失值：

```
In [22]: merged.isnull().any()
Out[22]: state/region    False
         ages            False
         year            False
         population       True
         state            True
         dtype: bool
```

部分 population 是缺失值，让我们仔细看看那些数据！

```
In [23]: merged[merged['population'].isnull()].head()
Out[23]:      state/region     ages  year  population state
        2448           PR  under18  1990         NaN   NaN
        2449           PR    total  1990         NaN   NaN
        2450           PR    total  1991         NaN   NaN
        2451           PR  under18  1991         NaN   NaN
        2452           PR    total  1993         NaN   NaN
```

好像所有的人口缺失值都出现在2000年之前的波多黎各[1]，可能是因为此前并没有统计过波多黎各的人口。

更重要的是，我们还发现一些新的州的数据也有缺失，可能是由于名称缩写没有匹配上全称。来看看究竟是哪个州有缺失：

```
In [24]: merged.loc[merged['state'].isnull(), 'state/region'].unique()
Out[24]: array(['PR', 'USA'], dtype=object)
```

我们可以快速解决这个问题：人口数据中包含波多黎各（PR）和全美国总数（USA），但这两项没有出现在州名称缩写表中。下面快速填充对应的全称：

```
In [25]: merged.loc[merged['state/region'] == 'PR', 'state'] = 'Puerto Rico'
         merged.loc[merged['state/region'] == 'USA', 'state'] = 'United States'
         merged.isnull().any()
Out[25]: state/region    False
         ages            False
         year            False
         population       True
         state           False
         dtype: bool
```

现在 state 列没有缺失值了，万事俱备！

让我们用类似的规则将面积数据也合并进来。用两个数据集共同的 state 列来合并：

```
In [26]: final = pd.merge(merged, areas, on='state', how='left')
         final.head()
Out[26]:   state/region     ages  year  population    state  area (sq. mi)
         0           AL  under18  2012   1117489.0  Alabama        52423.0
         1           AL    total  2012   4817528.0  Alabama        52423.0
         2           AL  under18  2010   1130966.0  Alabama        52423.0
         3           AL    total  2010   4785570.0  Alabama        52423.0
         4           AL  under18  2011   1125763.0  Alabama        52423.0
```

再检查一下数据，看看哪些列还有缺失值，没有匹配上：

```
In [27]: final.isnull().any()
Out[27]: state/region     False
         ages             False
         year             False
         population        True
         state            False
         area (sq. mi)     True
         dtype: bool
```

注 1：Puerto Rico，目前尚未成为美国第 51 个州，2017 年 6 月第五次入美公投。——译者注

area 列里还有缺失值。来看看究竟是哪些地区面积缺失：

```
In [28]: final['state'][final['area (sq. mi)'].isnull()].unique()
Out[28]: array(['United States'], dtype=object)
```

我们发现面积（areas）DataFrame 里面不包含美国的总面积数据。可以插入美国总面积数据（对各州面积求和即可），但是针对本案例，我们要去掉这个缺失值，因为美国的人口密度在此无关紧要：

```
In [29]: final.dropna(inplace=True)
         final.head()
Out[29]:   state/region     ages  year  population    state  area (sq. mi)
         0           AL  under18  2012   1117489.0  Alabama        52423.0
         1           AL    total  2012   4817528.0  Alabama        52423.0
         2           AL  under18  2010   1130966.0  Alabama        52423.0
         3           AL    total  2010   4785570.0  Alabama        52423.0
         4           AL  under18  2011   1125763.0  Alabama        52423.0
```

现在所有的数据都准备好了。为了解决眼前的问题，先选择 2010 年的各州人口以及总人口数据。让我们用 query 函数进行快速计算（这需要用到 NumExpr 程序库，详情请参见第 24 章）：

```
In [30]: data2010 = final.query("year == 2010 & ages == 'total'")
         data2010.head()
Out[30]:     state/region   ages  year  population       state  area (sq. mi)
         3             AL  total  2010   4785570.0     Alabama        52423.0
         91            AK  total  2010    713868.0      Alaska       656425.0
         101           AZ  total  2010   6408790.0     Arizona       114006.0
         189           AR  total  2010   2922280.0    Arkansas        53182.0
         197           CA  total  2010  37333601.0  California       163707.0
```

现在来计算人口密度并按序排列。首先对索引进行重置，然后再计算结果：

```
In [31]: data2010.set_index('state', inplace=True)
         density = data2010['population'] / data2010['area (sq. mi)']

In [32]: density.sort_values(ascending=False, inplace=True)
         density.head()
Out[32]: state
         District of Columbia    8898.897059
         Puerto Rico             1058.665149
         New Jersey              1009.253268
         Rhode Island             681.339159
         Connecticut              645.600649
         dtype: float64
```

计算结果是美国各州加上华盛顿特区（Washington, DC）、波多黎各在 2010 年的人口密度排序，以万人 / 平方英里为单位。我们发现人口密度最高的地区是华盛顿特区的哥伦比亚地区（the District of Columbia）。在美国各州中，新泽西州（New Jersey）的人口密度是最高的。

还可以看看人口密度最低的几个州的数据：

```
In [33]: density.tail()
Out[33]: state
         South Dakota    10.583512
         North Dakota     9.537565
         Montana          6.736171
         Wyoming          5.768079
         Alaska           1.087509
         dtype: float64
```

可以看出，人口密度最低的州是阿拉斯加（Alaska），刚刚超过 1 万人 / 平方英里。

当人们用现实世界的数据解决问题时，合并这类脏乱的数据是十分常见的任务。希望这个案例可以帮你把前面介绍过的工具串起来，从而在数据中找到想要的答案。

第20章

聚合与分组

在对较大的数据集进行分析时，一项基本的工作就是高效的汇总：计算聚合（aggregation）指标，如 sum、mean、median、min 和 max，其中每一个指标都呈现了大数据集的特征。在本章中，我们将探索 pandas 的聚合功能，从类似前面 NumPy 数组中的简单操作，到基于 groupby 实现的复杂操作。

为方便起见，我们将在 import 后再次定义前几章中的 display 函数：

```
In [1]: import numpy as np
        import pandas as pd

        class display(object):
            """ 用 HTML 并排展示多个对象 """
            template = """<div style="float: left; padding: 10px;">
            <p style='font-family:"Courier New", Courier, monospace'>{0}{1}
            """
            def __init__(self, *args):
                self.args = args

            def _repr_html_(self):
                return '\n'.join(self.template.format(a, eval(a)._repr_html_())
                                 for a in self.args)

            def __repr__(self):
                return '\n\n'.join(a + '\n' + repr(eval(a))
                                   for a in self.args)
```

20.1 行星数据

我们将通过 Seaborn 程序库（详情请参见第 36 章）用一份行星数据来进行演示，其中包含天文学家观测到的围绕除太阳外的其他恒星运转的行星（通常简称为**太阳系外行星**或**系外行星**）的数据。行星数据可以直接通过 Seaborn 下载：

```
In [2]: import seaborn as sns
        planets = sns.load_dataset('planets')
        planets.shape
Out[2]: (1035, 6)

In [3]: planets.head()
Out[3]:             method  number  orbital_period   mass  distance  year
        0  Radial Velocity       1         269.300   7.10     77.40  2006
        1  Radial Velocity       1         874.774   2.21     56.95  2008
        2  Radial Velocity       1         763.000   2.60     19.84  2011
        3  Radial Velocity       1         326.030  19.40    110.62  2007
        4  Radial Velocity       1         516.220  10.50    119.47  2009
```

数据中包含了截至 2014 年已被发现的一千多颗系外行星的资料。

20.2 pandas 的简单聚合功能

之前我们介绍过 NumPy 数组的一些数据聚合指标（详情请参见第 7 章）。与一维 NumPy 数组相同，pandas 的 Series 的聚合函数也会返回一个统计值：

```
In [4]: rng = np.random.RandomState(42)
        ser = pd.Series(rng.rand(5))
        ser
Out[4]: 0    0.374540
        1    0.950714
        2    0.731994
        3    0.598658
        4    0.156019
        dtype: float64

In[ 5]: ser.sum()
Out[5]: 2.811925491708157

In [6]: ser.mean()
Out[6]: 0.5623850983416314
```

DataFrame 的聚合函数默认对每列进行统计：

```
In [7]: df = pd.DataFrame({'A': rng.rand(5),
                           'B': rng.rand(5)})
        df
Out[7]:           A         B
        0  0.155995  0.020584
        1  0.058084  0.969910
        2  0.866176  0.832443
        3  0.601115  0.212339
        4  0.708073  0.181825

In [8]: df.mean()
Out[8]: A    0.477888
```

```
B    0.443420
dtype: float64
```

设置 axis 参数，你就可以对每一行进行统计了：

```
In[9]: df.mean(axis='columns')
Out[9]: 0    0.088290
        1    0.513997
        2    0.849309
        3    0.406727
        4    0.444949
        dtype: float64
```

pandas 的 Series 和 DataFrame 支持所有在第 7 章中介绍的常用聚合函数。另外，还有一个非常方便的 describe 方法可以计算每一列的若干常用统计值。让我们在行星数据上试验一下，首先去除包含缺失值的行：

```
In [10]: planets.dropna().describe()
Out[10]:         number  orbital_period        mass    distance         year
         count  498.00000      498.000000  498.000000  498.000000   498.000000
         mean     1.73494      835.778671    2.509320   52.068213  2007.377510
         std      1.17572     1469.128259    3.636274   46.596041     4.167284
         min      1.00000        1.328300    0.003600    1.350000  1992.000000
         25%      1.00000       38.272250    0.212500   24.497500  2005.000000
         50%      1.00000      357.000000    1.245000   39.940000  2009.000000
         75%      2.00000      999.600000    2.867500   59.332500  2011.000000
         max      6.00000    17337.500000   25.000000  354.000000  2014.000000
```

这是一种理解数据集所有统计属性的有效方法。例如，从 year 列中可以看出，1992 年首次发现系外行星，而且一半的已知系外行星都是在 2010 年及以后的年份被发现的。这主要得益于**开普勒计划**——一个通过一台特别设计的空间望远镜发现围绕其他恒星运行的行星的太空计划。

pandas 内置的一些聚合方法如表 20-1 所示。

表 20-1：pandas 的聚合方法

指标	描述
count	计数项
first、last	第一项与最后一项
mean、median	均值与中位数
min、max	最小值与最大值
std、var	标准差与方差
mad	平均绝对偏差
prod	所有项乘积
sum	所有项求和

DataFrame 和 Series 对象支持以上所有方法。

但若想深入理解数据，仅仅依靠聚合函数是远远不够的。更为复杂的数据汇总是 groupby 操作，它可以让你快速、有效地计算数据各子集的聚合值。

20.3 groupby：分割、应用和组合

简单的聚合方法可以让我们对数据集有一个笼统的认识，但是我们经常还需要对某些标签或索引的局部进行聚合分析，这时就需要用到 groupby 了。虽然“group by”（分组）这个名字源于 SQL 数据库语言中的命令，但对于其理念，引用 R 语言专家、著名统计学家 Hadley Wickham 的观点可能更合适：**分割**（split）、**应用**（apply）和**组合**（combine）。

20.3.1 分割、应用和组合

一个经典分割－应用－组合操作的示例如图 20-1 所示，其中“应用”的是一个求和函数。

图 20-1 清晰地描述了 groupby 的过程。

- **分割**步骤将 DataFrame 按照指定的键分割成若干组。
- **应用**步骤对每个组应用函数，通常是聚合、转换或过滤函数。
- **组合**步骤将每一组的结果合并成一个输出数组。

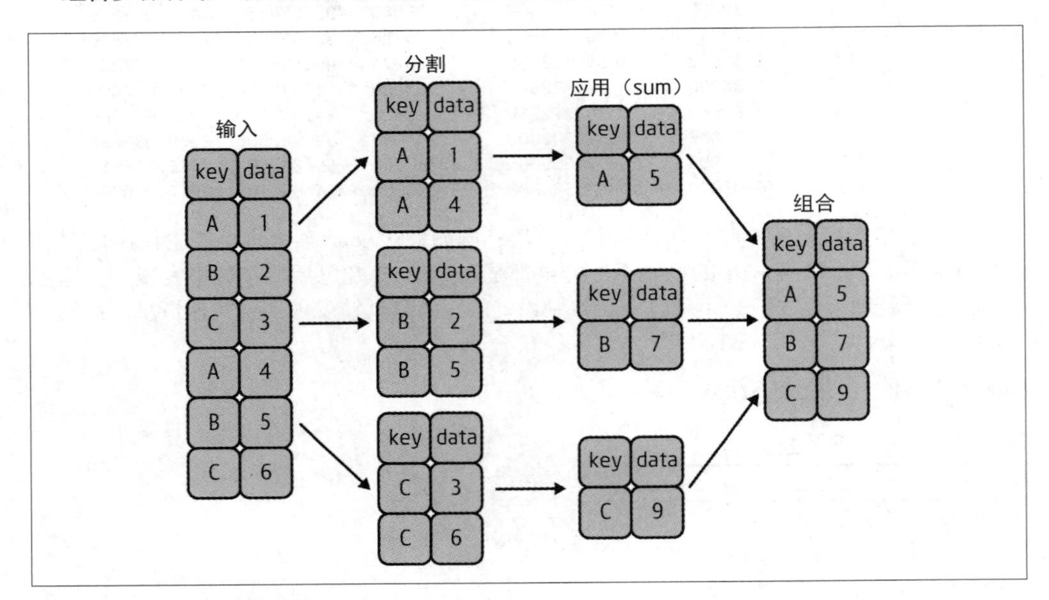

图 20-1：groupby 操作的可视化过程

虽然我们也可以通过前面介绍的一系列的掩码、聚合与合并操作来实现，但是意识到**中间分割过程不需要显式地暴露出来**这一点十分重要。而且 groupby（经常）只需要一行代码，就可以计算每组的和、均值、计数、最小值以及其他聚合值。groupby 的用处就是对这些步骤进行抽象：用户不需要知道在底层**如何**计算，只要**把操作看成一个整体**就够了。

作为一个具体示例，让我们来看看如何使用 pandas 进行下面的计算。从创建输入 DataFrame 开始：

```
In [11]: df = pd.DataFrame({'key': ['A', 'B', 'C', 'A', 'B', 'C'],
                            'data': range(6)}, columns=['key', 'data'])
         df
Out[11]:  key  data
         0   A     0
         1   B     1
         2   C     2
         3   A     3
         4   B     4
         5   C     5
```

我们可以用 DataFrame 的 groupby 方法进行绝大多数常见的分割 – 应用 – 组合操作，将需要分组的列名传进去即可：

```
In [12]: df.groupby('key')
Out[12]: <pandas.core.groupby.generic.DataFrameGroupBy object at 0x117272160>
```

需要注意的是，这里的返回值不是一个 DataFrame 对象，而是一个 DataFrameGroupBy 对象。这个对象的魔力在于，你可以将它看成一种特殊的 DataFrame，里面隐藏着若干组数据，但是在应用聚合函数之前不会计算。这种“延迟计算”（lazy evaluation）的方法使得大多数常见的聚合操作可以通过一种对用户而言几乎是透明的（感觉操作仿佛不存在）方式非常高效地实现。

为了得到这个结果，可以对 DataFrameGroupBy 对象应用聚合函数，它会完成相应的应用 / 组合步骤并生成结果：

```
In [13]: df.groupby('key').sum()
Out[13]:      data
         key
         A       3
         B       5
         C       7
```

sum 只是众多可用方法中的一个。你可以用 pandas 或 NumPy 的大多数聚合函数，也可以用大多数的 DataFrame 对象。下面就会介绍。

20.3.2 GroupBy 对象

GroupBy 对象是一种非常灵活的抽象类型。在大多数场景中，你可以将它看成 DataFrame 的集合，在底层解决所有难题。让我们用行星数据来做一些演示。

GroupBy 中最重要的操作可能就是 aggregate、filter、transform 和 apply（聚合、过滤、转换和应用）了，后文将详细介绍这些内容，现在先来介绍 GroupBy 的基本操作方法。

1. 列索引

GroupBy 对象与 DataFrame 一样，也支持列索引，并返回一个修改过的 GroupBy 对象，例如：

```
In [14]: planets.groupby('method')
Out[14]: <pandas.core.groupby.generic.DataFrameGroupBy object at 0x11d1bc820>
```

```
In [15]: planets.groupby('method')['orbital_period']
Out[15]: <pandas.core.groupby.generic.SeriesGroupBy object at 0x11d1bcd60>
```

这里从原来的 DataFrame 中取某个列名作为一个 Series 组。与 GroupBy 对象一样，直到我们运行聚合函数，才会开始计算：

```
In [16]: planets.groupby('method')['orbital_period'].median()
Out[16]: method
         Astrometry                         631.180000
         Eclipse Timing Variations         4343.500000
         Imaging                          27500.000000
         Microlensing                      3300.000000
         Orbital Brightness Modulation        0.342887
         Pulsar Timing                       66.541900
         Pulsation Timing Variations       1170.000000
         Radial Velocity                    360.200000
         Transit                              5.714932
         Transit Timing Variations           57.011000
         Name: orbital_period, dtype: float64
```

这样就可以获得不同方法下所有行星公转周期（按天计算）的中位数。

2. 按组迭代

GroupBy 对象支持直接按组进行迭代，返回的每一组都是 Series 或 DataFrame：

```
In [17]: for (method, group) in planets.groupby('method'):
             print("{0:30s} shape={1}".format(method, group.shape))
Out[17]: Astrometry                     shape=(2, 6)
         Eclipse Timing Variations      shape=(9, 6)
         Imaging                        shape=(38, 6)
         Microlensing                   shape=(23, 6)
         Orbital Brightness Modulation  shape=(3, 6)
         Pulsar Timing                  shape=(5, 6)
         Pulsation Timing Variations    shape=(1, 6)
         Radial Velocity                shape=(553, 6)
         Transit                        shape=(397, 6)
         Transit Timing Variations      shape=(4, 6)
```

尽管通常还是使用内置的 apply 功能速度更快，但这种方式在手动处理某些问题时非常有用，后面会详细介绍。

3. 调用方法

借助 Python 类的魔力（@classmethod），可以让任何不由 GroupBy 对象直接实现的方法直接应用到每一组，无论是 DataFrame 还是 Series 对象都同样适用。例如，你可以用 DataFrame 的 describe 方法对每一组数据进行描述性统计：

```
In [18]: planets.groupby('method')['year'].describe().unstack()
Out[18]:        method
         count  Astrometry                          2.0
                Eclipse Timing Variations           9.0
                Imaging                            38.0
                Microlensing                       23.0
```

```
        Orbital Brightness Modulation        3.0
                                             ...
max     Pulsar Timing                     2011.0
        Pulsation Timing Variations       2007.0
        Radial Velocity                   2014.0
        Transit                           2014.0
        Transit Timing Variations         2014.0
Length: 80, dtype: float64
```

这张表可以帮助我们更深刻地认识数据，例如，截至 2014 年，大多数行星是通过 Radial Velocity 和 Transit 方法发现的，而且后者近来变得越来越普遍。最新的 Transit Timing Variation 和 Orbital Brightness Modulation 方法在 2011 年之后才有新的发现。

这些调用方法首先会应用到每组数据上，然后结果由 GroupBy 组合后返回。任意 DataFrame/Series 的方法都可以由 GroupBy 对象调用。

20.3.3 聚合、过滤、转换和应用

虽然前面的章节只重点介绍了组合操作，但是还有许多操作没有介绍，尤其是 GroupBy 对象的 aggregate、filter、transform 和 apply 方法，在数据组合之前实现了大量高效的操作。

为了方便后面内容的演示，我们使用下面这个 DataFrame：

```
In [19]: rng = np.random.RandomState(0)
         df = pd.DataFrame({'key': ['A', 'B', 'C', 'A', 'B', 'C'],
                            'data1': range(6),
                            'data2': rng.randint(0, 10, 6)},
                            columns = ['key', 'data1', 'data2'])
         df
Out[19]:   key  data1  data2
         0   A      0      5
         1   B      1      0
         2   C      2      3
         3   A      3      3
         4   B      4      7
         5   C      5      9
```

1. 聚合

我们目前比较熟悉的 groupby 聚合方法只有 sum 和 median 之类的简单函数，但是 aggregate 其实可以支持更复杂的操作，比如字符串、函数或者函数列表，并且能一次性计算多个聚合操作。下面来快速演示一个例子：

```
In [20]: df.groupby('key').aggregate(['min', np.median, max])
Out[20]:     data1            data2
               min median max   min median max
         key
         A       0    1.5   3     3    4.0   5
         B       1    2.5   4     0    3.5   7
         C       2    3.5   5     3    6.0   9
```

另一种用法是通过 Python 字典指定不同列需要聚合的函数：

```
In [21]: df.groupby('key').aggregate({'data1': 'min',
                                      'data2': 'max'})
Out[21]:      data1  data2
         key
         A        0      5
         B        1      7
         C        2      9
```

2. 过滤

过滤操作可以让你按照分组的属性筛选数据。例如，我们可能只需要保留标准差超过某个阈值的组：

```
In [22]: def filter_func(x):
             return x['data2'].std() > 4

         display('df', "df.groupby('key').std()",
                 "df.groupby('key').filter(filter_func)")
Out[22]: df                          df.groupby('key').std()
           key  data1  data2            data1      data2
         0   A      0      5         key
         1   B      1      0         A    2.12132  1.414214
         2   C      2      3         B    2.12132  4.949747
         3   A      3      3         C    2.12132  4.242641
         4   B      4      7
         5   C      5      9

         df.groupby('key').filter(filter_func)
           key  data1  data2
         1   B      1      0
         2   C      2      3
         4   B      4      7
         5   C      5      9
```

`filter` 函数会返回一个布尔值，表示每个组是否通过过滤。由于 A 组 `'data2'` 列的标准差不大于 4，所以被丢弃了。

3. 转换

聚合操作返回的是对组内全量数据缩减过的结果，而转换操作会返回一个新的全量数据。数据经过转换之后，其形状与原来的输入数据是一样的。一个常见的例子是将每一组的样本数据减去各组的均值，实现数据标准化：

```
In [23]: def center(x):
             return x - x.mean()
         df.groupby('key').transform(center)
Out[23]:    data1  data2
         0   -1.5    1.0
         1   -1.5   -3.5
         2   -1.5   -3.0
         3    1.5   -1.0
         4    1.5    3.5
         5    1.5    3.0
```

4. 应用

apply 方法让你可以在每个组上应用任意方法。这个方法输入一个 DataFrame，返回一个 pandas 对象（如 DataFrame 或 Series）或一个标量（scalar，单个数值）。组合操作会根据返回结果的类型进行调整。

下面的例子使用 apply 方法将第一列数据以第二列的和为基数进行标准化：

```
In [24]: def norm_by_data2(x):
             # x 是一个分组数据的 DataFrame
             x['data1'] /= x['data2'].sum()
             return x

         df.groupby('key').apply(norm_by_data2)
Out[24]:   key     data1  data2
         0   A  0.000000      5
         1   B  0.142857      0
         2   C  0.166667      3
         3   A  0.375000      3
         4   B  0.571429      7
         5   C  0.416667      9
```

GroupBy 里的 apply 方法非常灵活，唯一需要注意的地方是，它总是输入分组数据的 DataFrame，返回 pandas 对象或标量。具体如何选择需要视情况而定。

20.3.4 设置分割的键

前面的简单例子一直在用列名分割 DataFrame。这只是众多分组操作中的一种，下面将继续介绍更多的分组方法。

1. 将列表、数组、Series 或索引作为分组键

分组键可以是长度与 DataFrame 匹配的任意 Series 或列表，例如：

```
In [25]: L = [0, 1, 0, 1, 2, 0]
         df.groupby(L).sum()
Out[25]:    data1  data2
         0      7     17
         1      4      3
         2      4      7
```

因此，还有一种比前面直接用列名更啰嗦的表示方法 df.groupby('key')：

```
In [26]: df.groupby(df['key']).sum()
Out[26]:       data1  data2
         key
         A         3      8
         B         5      7
         C         7     12
```

2. 用字典或 Series 将索引映射到分组名称

另一种方法是提供一个字典，将索引映射到分组键：

```
In [27]: df2 = df.set_index('key')
         mapping = {'A': 'vowel', 'B': 'consonant', 'C': 'consonant'}
         display('df2', 'df2.groupby(mapping).sum()')
Out[27]: df2                          df2.groupby(mapping).sum()
             data1  data2                        data1  data2
         key                          key
         A       0      5             consonant     12     19
         B       1      0             vowel          3      8
         C       2      3
         A       3      3
         B       4      7
         C       5      9
```

3. 任意 Python 函数

与前面的字典映射类似，你可以将任意 Python 函数传入 groupby，函数映射到索引，然后新的分组输出：

```
In [28]: df2.groupby(str.lower).mean()
Out[28]:      data1  data2
         key
         a      1.5    4.0
         b      2.5    3.5
         c      3.5    6.0
```

4. 多个有效键构成的列表

此外，前述任意有效的键都可以组合起来进行分组，从而返回一个多级索引的分组结果：

```
In [29]: df2.groupby([str.lower, mapping]).mean()
Out[29]:                data1  data2
         key key
         a   vowel        1.5    4.0
         b   consonant    2.5    3.5
         c   consonant    3.5    6.0
```

5. 分组案例

通过下例中的几行 Python 代码，我们就可以运用上述知识，获取不同方法和不同年份发现的行星数量：

```
In [30]: decade = 10 * (planets['year'] // 10)
         decade = decade.astype(str) + 's'
         decade.name = 'decade'
         planets.groupby(['method', decade])['number'].sum().unstack().fillna(0)
Out[30]: decade                         1980s  1990s  2000s  2010s
         method
         Astrometry                       0.0    0.0    0.0    2.0
         Eclipse Timing Variations        0.0    0.0    5.0   10.0
         Imaging                          0.0    0.0   29.0   21.0
         Microlensing                     0.0    0.0   12.0   15.0
         Orbital Brightness Modulation    0.0    0.0    0.0    5.0
         Pulsar Timing                    0.0    9.0    1.0    1.0
         Pulsation Timing Variations      0.0    0.0    1.0    0.0
         Radial Velocity                  1.0   52.0  475.0  424.0
```

```
Transit                          0.0     0.0   64.0  712.0
Transit Timing Variations        0.0     0.0    0.0    9.0
```

此例足以展现 groupby 在探索真实数据集时快速组合多种操作的能力——只用寥寥几行代码，就可以让我们立即对过去几十年里不同年代的行星发现方法有一个大概的了解。

我建议你花点儿时间分析这几行代码，确保自己真正理解了每一行代码对结果产生了怎样的影响。虽然这个例子的确有点儿复杂，但是理解这几行代码的含义可以帮你掌握分析类似数据的方法。

第21章

数据透视表

我们已经介绍过 groupby 抽象类是如何探索数据集内部的关联性的了。**数据透视表**（pivot table）是一种类似的操作方法，常见于 Excel 与类似的表格应用中。数据透视表将每一列数据作为输入，输出将数据不断细分成多个维度累计信息的二维数据表。人们有时容易弄混数据透视表与 groupby，我觉得数据透视表更像是一种**多维的** groupby 聚合操作。也就是说，虽然你也可以遵循分割 - 应用 - 组合的逻辑，但是分割与组合不是发生在一维索引上，而是在二维网格上（行列同时分组）。

21.1　演示数据透视表

这一节的示例将采用**泰坦尼克号**的乘客信息数据库来演示，数据可以从 Seaborn 程序库（详情请参见第 36 章）获取：

```
In [1]: import numpy as np
        import pandas as pd
        import seaborn as sns
        titanic = sns.load_dataset('titanic')

In [2]: titanic.head()
Out[2]:    survived  pclass     sex   age  sibsp  parch     fare embarked  class  \
        0         0       3    male  22.0      1      0   7.2500        S  Third
        1         1       1  female  38.0      1      0  71.2833        C  First
        2         1       3  female  26.0      0      0   7.9250        S  Third
        3         1       1  female  35.0      1      0  53.1000        S  First
        4         0       3    male  35.0      0      0   8.0500        S  Third

             who adult_male deck  embark_town alive  alone
        0    man       True  NaN  Southampton    no  False
        1  woman      False    C    Cherbourg   yes  False
```

```
2  woman       False  NaN  Southampton   yes   True
3  woman       False    C  Southampton   yes  False
4    man        True  NaN  Southampton    no   True
```

这份数据包含了惨遭厄运的每位乘客的大量信息，包括性别（gender）、年龄（age）、船舱等级（class）和船票价格（fare paid）等。

21.2 手工制作数据透视表

在研究这些数据之前，先将它们按照性别、最终生还状态或其他组合属性进行分组。如果你看过前一章，可能会想用 groupby 来实现，例如像下面这样统计不同性别的乘客的生还率：

```
In [3]: titanic.groupby('sex')[['survived']].mean()
Out[3]:         survived
        sex
        female  0.742038
        male    0.188908
```

这组数据会立刻给我们一个直观感受：总体来说，有四分之三的女性被救，但只有五分之一的男性被救！

这组数据很有用，但是我们可能还想进一步探索，同时观察不同性别与船舱等级的生还情况。根据 groupby 的操作流程，我们也许能够实现想要的结果：将船舱等级（'class'）与性别（'sex'）**分组**，然后**选择**生还状态（'survived'）列，**应用**均值（'mean'）聚合函数，再将各组结果**组合**，最后通过**行索引转列索引**操作将最里层的行索引转换成列索引，形成二维数组。代码如下所示：

```
In [4]: titanic.groupby(['sex', 'class'])['survived'].aggregate('mean').unstack()
Out[4]: class      First    Second     Third
        sex
        female  0.968085  0.921053  0.500000
        male    0.368852  0.157407  0.135447
```

虽然这样就可以更清晰地观察性别和船舱等级对乘客是否生还的影响，但是代码看上去有点复杂。尽管这个管道命令的每一步都是前面介绍过的，但是要理解这个长长的语句可不是那么容易的事。由于二维的 groupby 应用场景非常普遍，因此 pandas 提供了一个快捷方式 pivot_table 来快速解决多维的聚合分析任务。

21.3 数据透视表语法

用 DataFrame 的 pivot_table 实现的效果等同于上一节的管道命令的代码：

```
In [5]: titanic.pivot_table('survived', index='sex', columns='class', aggfunc='mean')
Out[5]: class      First    Second     Third
        sex
        female  0.968085  0.921053  0.500000
        male    0.368852  0.157407  0.135447
```

与 groupby 方法相比，这行代码的可读性更强，而且取得的结果一样。可能与你对 20 世纪初的那场灾难的猜想一致，生还率最高的是船舱等级高的女性。一等舱的女性乘客基本全部生还（露丝自然得救），而三等舱男性乘客的生还率仅为八分之一（杰克为爱牺牲）。

21.3.1 多级数据透视表

与 groupby 类似，数据透视表中的分组也可以通过各种参数指定多个级别。例如，我们可能想把年龄（'age'）加进去作为第三个维度，为此可以通过 pd.cut 函数将年龄分段：

```
In [6]: age = pd.cut(titanic['age'], [0, 18, 80])
        titanic.pivot_table('survived', ['sex', age], 'class')
Out[6]: class               First    Second     Third
        sex    age
        female (0, 18]   0.909091  1.000000  0.511628
               (18, 80]  0.972973  0.900000  0.423729
        male   (0, 18]   0.800000  0.600000  0.215686
               (18, 80]  0.375000  0.071429  0.133663
```

对某一列也可以使用同样的策略——让我们用 pd.qcut 将船票价格按照计数项等分为两份，加入数据透视表看看：

```
In [7]: fare = pd.qcut(titanic['fare'], 2)
        titanic.pivot_table('survived', ['sex', age], [fare, 'class'])
Out[7]: fare            (-0.001, 14.454]                     (14.454, 512.329] \
        class                      First    Second     Third             First
        sex    age
        female (0, 18]               NaN  1.000000  0.714286          0.909091
               (18, 80]              NaN  0.880000  0.444444          0.972973
        male   (0, 18]               NaN  0.000000  0.260870          0.800000
               (18, 80]              0.0  0.098039  0.125000          0.391304

        fare
        class              Second     Third
        sex    age
        female (0, 18]   1.000000  0.318182
               (18, 80]  0.914286  0.391304
        male   (0, 18]   0.818182  0.178571
               (18, 80]  0.030303  0.192308
```

结果是一个带分层索引（详情请参见第 17 章）的四维聚合数据表，通过网格显示不同数值之间的相关性。

21.3.2 其他数据透视表选项

DataFrame 的 pivot_table 方法的完整签名如下所示：

```
# pandas 1.3.5 版的函数签名
DataFrame.pivot_table(data, values=None, index=None, columns=None,
                      aggfunc='mean', fill_value=None, margins=False,
                      dropna=True, margins_name='All', observed=False,
                      sort=True)
```

我们已经介绍过前面三个参数了，现在来看看其他参数。fill_value 和 dropna 这两个参数用于处理缺失值，用法很简单，我们将在后面的示例中演示其用法。

aggfunc 参数用于设置聚合函数的类型，默认值是均值（mean）。与 groupby 的用法一样，聚合函数可以用一些常见的字符串（'sum'、'mean'、'count'、'min'、'max' 等）表示，也可以用标准的聚合函数（np.sum()、min()、sum() 等）表示。另外，还可以通过字典为不同的列指定不同的聚合函数：

```
In [8]: titanic.pivot_table(index='sex', columns='class',
                            aggfunc={'survived':sum, 'fare':'mean'})
Out[8]:               fare                            survived
        class         First      Second       Third    First Second Third
        sex
        female   106.125798   21.970121   16.118810       91     70    72
        male      67.226127   19.741782   12.661633       45     17    47
```

需要注意的是，这里忽略了一个参数 values。当我们为 aggfunc 指定映射关系的时候，待透视的数值就已经确定了。

当需要计算每一组的总数时，可以通过 margins 参数来设置：

```
In [9]: titanic.pivot_table('survived', index='sex', columns='class', margins=True)
Out[9]: class       First    Second     Third       All
        sex
        female   0.968085  0.921053  0.500000  0.742038
        male     0.368852  0.157407  0.135447  0.188908
        All      0.629630  0.472826  0.242363  0.383838
```

这样就可以自动获取不同性别下船舱等级与生还率的相关信息，不同船舱等级下性别与生还率的相关信息，以及全部乘客的生还率为 38%。margin 的标签可以通过 margins_name 参数进行自定义，默认值是 "All"。

21.4 案例：美国人的生日

再来看一个有趣的例子——由美国疾病控制与预防中心（Centers for Disease Control and Prevention，CDC）提供的公开生日数据。（Andrew Gelman 和他的团队已经对这个数据集进行了深入的分析，详情请参见博客文章“Cool-ass signal processing using Gaussian processes (birthdays again)”。）

```
In [10]: # shell 下载数据
         # !cd data && curl -O \
         # https://raw.githubusercontent.com/jakevdp/data-CDCbirths/master/births.csv

In [11]: births = pd.read_csv('data/births.csv')
```

只需简单浏览一下，就会发现这些数据比较简单，只包含了不同出生日期（年月日）与性别的出生人数：

```
In [12]: births.head()
Out[12]:    year  month  day gender  births
         0  1969      1  1.0      F    4046
```

```
1  1969     1  1.0     M    4440
2  1969     1  2.0     F    4454
3  1969     1  2.0     M    4548
4  1969     1  3.0     F    4548
```

可以用一个数据透视表来探索这份数据。先增加一列表示不同年代，看看各年代的男女出生比例：

```
In [13]: births['decade'] = 10 * (births['year'] // 10)
         births.pivot_table('births', index='decade', columns='gender',
                            aggfunc='sum')
Out[13]: gender         F         M
         decade
         1960     1753634   1846572
         1970    16263075  17121550
         1980    18310351  19243452
         1990    19479454  20420553
         2000    18229309  19106428
```

我们马上就会发现，每个年代的男性出生率都比女性出生率高。如果希望更直观地体现这种趋势，可以用 pandas 内置的画图功能将每一年的出生人数画出来（如图 21-1 所示，详情请参见第四部分中关于 Matplotlib 画图的内容）：

```
In [14]: %matplotlib inline
         import matplotlib.pyplot as plt
         plt.style.use('seaborn-whitegrid')
         births.pivot_table(
             'births', index='year', columns='gender', aggfunc='sum').plot()
         plt.ylabel('total births per year');
```

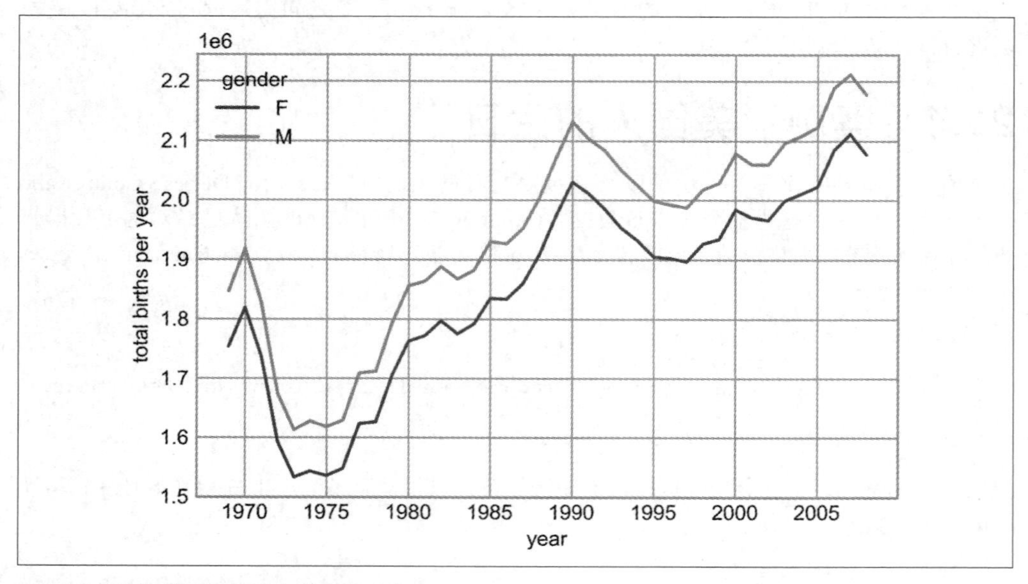

图 21-1：各年份不同性别出生人数分布图

借助一个简单的数据透视表和 plot 方法，我们马上就可以发现不同性别出生率的趋势。通过肉眼观察，可得知过去 50 年间的男性出生率比女性出生率高约 5%。

虽然使用数据透视表并不是必需的，但是通过 pandas 的这个工具可以展现一些有趣的特征。我们必须对数据做一点儿清理工作，消除由于输错了日期而造成的异常点（如 6 月 31 号）或者是缺失值（如 1999 年 6 月）。消除这些异常的简便方法就是直接删除异常值，我们可以通过更稳定的 sigma 消除法（sigma-clipping，按照正态分布标准差划定范围，SciPy 中默认是 4 个标准差）操作来实现：

```
In [15]: quartiles = np.percentile(births['births'], [25, 50, 75])
         mu = quartiles[1]
         sig = 0.74 * (quartiles[2] - quartiles[0])
```

最后一行是样本标准差的稳定性估计（robust estimate），其中 0.74 是指标准正态分布的分位数间距。你可以从我与 Željko Ivezić、Andrew J. Connolly 以及 Alexander Gray 合著的、由普林斯顿大学出版社于 2014 年出版的 *Statistics, Data Mining, and Machine Learning in Astronomy* 一书中了解更多关于 sigma 消除法操作的内容。

在 query 方法（详情请参见第 24 章）中用这个范围就可以将有效的生日数据筛选出来了：

```
In [16]: births = births.query('(births > @mu - 5 * @sig) &
                                (births < @mu + 5 * @sig)')
```

然后，将 day 列设置为整数。这列数据在筛选之前是字符串，因为数据集中有的列含有缺失值 'null'：

```
In [17]: # 将 'day' 列设置为整数。由于其中含有缺失值 null，因此是字符串
         births['day'] = births['day'].astype(int)
```

现在就可以将年月日组合起来创建一个日期索引了（详情请参见第 23 章），这样就可以快速计算每一行是星期几：

```
In [18]: # 从年月日创建一个日期索引
         births.index = pd.to_datetime(10000 * births.year +
                                       100 * births.month +
                                       births.day, format='%Y%m%d')

         births['dayofweek'] = births.index.dayofweek
```

用这个索引可以画出不同年代不同星期的日均出生数据（如图 21-2 所示）：

```
In [19]: import matplotlib.pyplot as plt
         import matplotlib as mpl

         births.pivot_table('births', index='dayofweek',
                             columns='decade', aggfunc='mean').plot()
         plt.gca().set(xticks=range(7),
                       xticklabels=['Mon', 'Tues', 'Wed', 'Thurs',
                                    'Fri', 'Sat', 'Sun'])
         plt.ylabel('mean births by day');
```

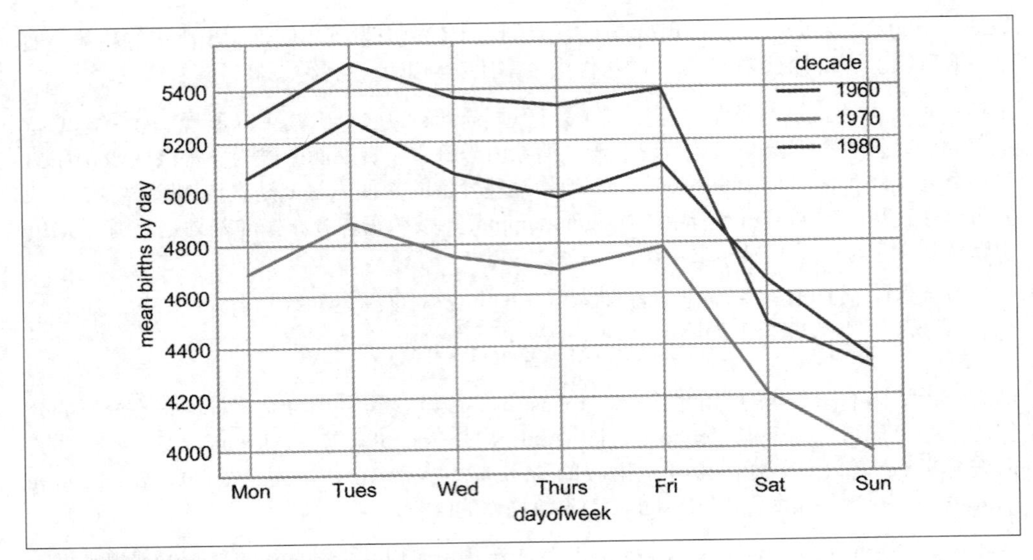

图 21-2：不同年代不同星期的日均出生数据

由图可知，周末的出生人数比工作日要低很多。另外，因为 CDC 只提供了 1989 年之前的数据，所以没有 20 世纪 90 年代和 21 世纪的数据。

另一个有趣的图表是画出各个**年份**平均每天的出生人数，可以按照月和日两个维度分别对数据进行分组：

```
In [20]: births_by_date = births.pivot_table('births',
                                             [births.index.month, births.index.day])
         births_by_date.head()
Out[20]:        births
         1 1  4009.225
           2  4247.400
           3  4500.900
           4  4571.350
           5  4603.625
```

这是一个包含月和日的多级索引。为了让数据可以用图形表示，我们可以虚构一个年份，与月和日组合成新索引（注意日期为 2 月 29 日时，索引年份需要用闰年，例如 2012）：

```
In [21]: from datetime import datetime
         births_by_date.index = [pd.datetime(2012, month, day)
                                 for (month, day) in births_by_date.index]
         births_by_date.head()
Out[21]:               births
         2012-01-01    4009.225
         2012-01-02    4247.400
         2012-01-03    4500.900
         2012-01-04    4571.350
         2012-01-05    4603.625
```

如果只关心月和日的话，这就是一个可以反映一年中平均每天出生人数的时间序列。可以用 `plot` 方法将数据画成图（如图 21-3 所示），从图中可以看到一些有趣的趋势：

```
In [22]: # 将结果画成图
         fig, ax = plt.subplots(figsize=(12, 4))
         births_by_date.plot(ax=ax);
```

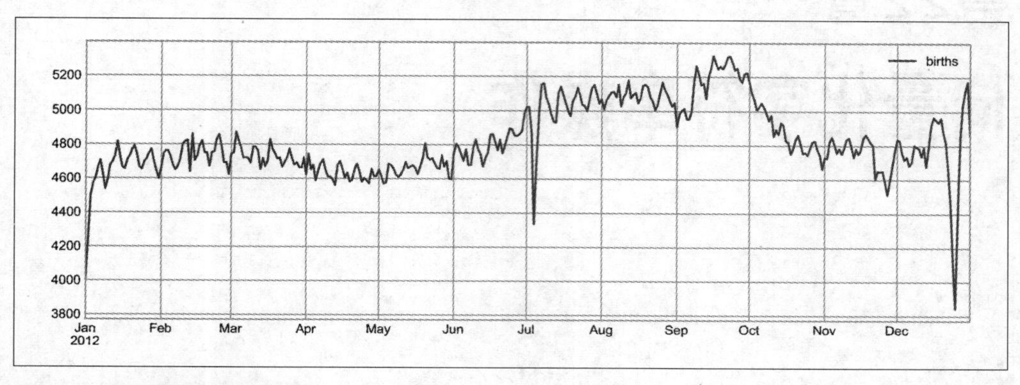

图 21-3：平均每天的出生人数

从图中可以明显看出，在美国节假日的时候，出生人数急速下降（例如美国独立日、劳动节、感恩节、圣诞节以及新年）。这种现象可能是由于医院放假导致的接生减少（自己在家生），而非某种自然生育的心理学效应。关于这个趋势的更详细介绍，请参考 Andrew Gelman 的博客。我们将在第 32 章再次使用这张图，那时将用 Matplotlib 的画图工具为这张图增加标注。

通过这个简单的案例，你会发现许多前面介绍过的 Python 和 pandas 工具都可以相互结合，用于从大量数据集中获取信息。我们将在后面的章节中介绍如何用这些工具创建更复杂的应用。

第 22 章

向量化字符串操作

使用 Python 的一个优势就是字符串处理起来比较容易。在此基础上创建的 pandas 同样提供了一系列**向量化字符串操作**（vectorized string operation），它们都是在处理（清洗）现实工作中的数据时不可或缺的功能。在这一章中，我们将介绍 pandas 的字符串操作，学习如何用它们对一个从网络采集来的杂乱无章的数据集进行局部清理。

22.1 pandas 字符串操作简介

前面的章节已经介绍过如何用 NumPy 和 pandas 进行一般的运算操作，因此我们也能简便、快速地对多个数组元素执行同样的操作，例如：

```
In [1]: import numpy as np
        x = np.array([2, 3, 5, 7, 11, 13])
        x * 2
Out[1]: array([ 4,  6, 10, 14, 22, 26])
```

向量化操作简化了纯数值的数组操作语法——我们不再需要担心数组的长度或维度，只需关心需要执行的操作。然而，由于 NumPy 并没有为字符串数组提供简单的接口，因此需要通过烦琐的 for 循环来解决问题：

```
In [2]: data = ['peter', 'Paul', 'MARY', 'gUIDO']
        [s.capitalize() for s in data]
Out[2]: ['Peter', 'Paul', 'Mary', 'Guido']
```

虽然这么做对于某些数据可能是有效的，但是如果数据中出现了缺失值，那么这样做就会引起异常，因此这种方式需要增加额外的检查：

```
In [3]: data = ['peter', 'Paul', None, 'MARY', 'gUIDO']
        [s if s is None else s.capitalize() for s in data]
Out[3]: ['Peter', 'Paul', None, 'Mary', 'Guido']
```

这种手动方法不仅冗长烦琐、不便操作，而且容易出错。

pandas 为包含字符串的 Series 和 Index 对象提供的 str 属性堪称两全其美的方法，它既可以满足向量化字符串操作的需求，又可以正确地处理缺失值。例如，我们用前面的 data 创建了一个 pandas 的 Series，现在就可以直接调用转换大写的方法 capitalize() 将所有的字符串变成大写形式，缺失值会被自动处理：

```
In [4]: import pandas as pd
        names = pd.Series(data)
        names.str.capitalize()
Out[4]: 0    Peter
        1    Paul
        2    None
        3    Mary
        4    Guido
        dtype: object
```

22.2 pandas 字符串方法列表

如果你熟悉 Python 的字符串方法的话，就会发现 pandas 绝大多数的字符串语法都很直观，甚至可以列成一个表格。在深入论述后面的内容之前，让我们先从这一步开始。这一节的示例将采用一些人名来演示：

```
In [5]: monte = pd.Series(['Graham Chapman', 'John Cleese', 'Terry Gilliam',
                           'Eric Idle', 'Terry Jones', 'Michael Palin'])
```

22.2.1 与 Python 字符串方法相似的方法

Python 内置的几乎所有字符串方法都被复制到了 pandas 的向量化字符串方法中。下面列举了 pandas 的 str 方法借鉴 Python 字符串方法的内容：

```
len          lower        translate  islower  ljust
upper        startswith   isupper    rjust    find
endswith     isnumeric    center     rfind    isalnum
isdecimal    zfill        index      isalpha  split
strip        rindex       isdigit    rsplit   rstrip
capitalize   isspace      partition  lstrip   swapcase
```

需要注意的是，这些方法的返回值不同，例如 lower 方法返回一个字符串 Series：

```
In [6]: monte.str.lower()
Out[6]: 0    graham chapman
        1       john cleese
        2     terry gilliam
        3         eric idle
        4       terry jones
        5     michael palin
        dtype: object
```

但是有些方法返回数值：

```
In [7]: monte.str.len()
Out[7]: 0    14
        1    11
        2    13
        3     9
        4    11
        5    13
        dtype: int64
```

有些方法返回布尔值：

```
In [8]: monte.str.startswith('T')
Out[8]: 0    False
        1    False
        2     True
        3    False
        4     True
        5    False
        dtype: bool
```

还有些方法返回列表或其他复合值：

```
In [9]: monte.str.split()
Out[9]: 0    [Graham, Chapman]
        1       [John, Cleese]
        2     [Terry, Gilliam]
        3         [Eric, Idle]
        4       [Terry, Jones]
        5     [Michael, Palin]
        dtype: object
```

在接下来的内容中，我们将进一步学习这类由列表元素构成的 Series（series-of-lists）对象。

22.2.2 使用正则表达式的方法

还有一些支持正则表达式的方法可以用来处理每个字符串元素。表 22-1 中是 pandas 向量化字符串方法根据 Python 标准库的 re 模块函数实现的 API。

表 22-1：pandas 向量化字符串方法与 Python 标准库的 re 模块的函数对应关系

方法	描述
match	对每个元素调用 re.match，返回布尔类型值
extract	对每个元素调用 re.match，返回匹配的字符串组（groups）
findall	对每个元素调用 re.findall
replace	用正则模式替换字符串
contains	对每个元素调用 re.search，返回布尔类型值
count	计算符合正则模式的字符串的数量
split	等价于 str.split，支持正则表达式
rsplit	等价于 str.rsplit，支持正则表达式

通过这些方法，你就可以实现各种有趣的操作了。例如，可以提取元素前面的连续字母作

为每个人的名字（first name）：

```
In [10]: monte.str.extract('([A-Za-z]+)', expand=False)
Out[10]: 0     Graham
         1       John
         2      Terry
         3       Eric
         4      Terry
         5    Michael
         dtype: object
```

我们还能实现更复杂的操作，例如找出所有开头和结尾都是辅音字母的名字——这可以用正则表达式中的开始符号（^）与结尾符号（$）来实现：

```
In [11]: monte.str.findall(r'^[^AEIOU].*[^aeiou]$')
Out[11]: 0    [Graham Chapman]
         1                  []
         2     [Terry Gilliam]
         3                  []
         4       [Terry Jones]
         5     [Michael Palin]
         dtype: object
```

能将正则表达式应用到 Series 与 DataFrame 之中的话，就有可能实现更多的数据分析与清洗方法。

22.2.3 其他字符串方法

还有其他一些方法也可以实现方便的操作（如表 22-2 所示）。

表 22-2：其他 pandas 字符串方法

方法	描述
get	获取元素索引位置上的值，索引从 0 开始
slice	对元素进行切片取值
slice_replace	对元素进行切片替换
cat	连接字符串（此功能比较复杂，建议阅读文档）
repeat	重复元素
normalize	将字符串转换为 Unicode 规范形式
pad	在字符串的左边、右边或两边增加空格
wrap	将字符串按照指定的宽度换行
join	用分隔符连接 Series 的每个元素
get_dummies	按照分隔符提取每个元素的 dummy 变量，转换为独热（one-hot）编码的 DataFrame

1. 向量化字符串的取值与切片操作

这里需要特别指出的是，get 与 slice 操作可以从每个字符串数组中获取向量化元素。例如，我们可以通过 str.slice(0, 3) 获取每个字符串数组的前 3 个字符。通过 Python 的标准取值方法也可以取得同样的效果，例如 df.str.slice(0, 3) 等价于 df.str[0:3]：

```
In [12]: monte.str[0:3]
Out[12]: 0    Gra
         1    Joh
         2    Ter
         3    Eri
         4    Ter
         5    Mic
         dtype: object
```

df.str.get(i) 与 df.str[i] 的按索引取值效果类似。

索引方法还可以在 split 操作之后用来获取元素。例如，要获取每个姓名的姓（last name），可以同时使用 split 与 str 索引：

```
In [13]: monte.str.split().str[-1]
Out[13]: 0    Chapman
         1     Cleese
         2    Gilliam
         3       Idle
         4      Jones
         5      Palin
         dtype: object
```

2. 指标变量

另一个需要多花点儿时间解释的是 get_dummies 方法。当你的数据有一列包含了若干已被编码的指标（coded indicator）时，这个方法就能派上用场了。例如，假设有一个包含了某种编码信息的数据集，如 A = 出生在美国、B = 出生在英国、C = 喜欢奶酪、D = 喜欢午餐肉：

```
In [14]: full_monte = pd.DataFrame({'name': monte,
                                    'info': ['B|C|D', 'B|D', 'A|C',
                                             'B|D', 'B|C', 'B|C|D']})
         full_monte
Out[14]:              name   info
         0  Graham Chapman  B|C|D
         1     John Cleese    B|D
         2   Terry Gilliam    A|C
         3       Eric Idle    B|D
         4     Terry Jones    B|C
         5   Michael Palin  B|C|D
```

get_dummies 方法可以让你快速将这些指标变量分割成一个 DataFrame（每个元素都是 0 或 1）：

```
In [15]: full_monte['info'].str.get_dummies('|')
Out[15]:    A  B  C  D
         0  0  1  1  1
         1  0  1  0  1
         2  1  0  1  0
         3  0  1  0  1
         4  0  1  1  0
         5  0  1  1  1
```

通过 pandas 自带的这些字符串操作方法，你就可以建立一个功能无比强大的字符串处理程序来清洗自己的数据了。

虽然本书不会继续介绍这些方法，但是希望你仔细阅读 pandas 在线文档中的“Working with Text Data”一节，或者阅读本部分最后一节中的相关资源。

22.3 案例：食谱数据库

前面介绍的这些向量化字符串操作方法非常适合用来处理现实中那些凌乱的数据。下面将通过一个从不同网站获取的公开食谱数据库的案例来进行演示。我们的目标是将这些食谱数据解析为食材列表，这样就可以根据现有的食材快速找到食谱。获取数据的脚本可以在 GitHub 上找到，那里还有最新版的数据库链接。

这个数据集大约 30MB，可以通过下面的命令下载并解压数据：

```
In [16]: # repo = "https://raw.githubusercontent.com/jakevdp/open-recipe-data/master"
         # !cd data && curl -O {repo}/recipeitems.json.gz
         # !gunzip data/recipeitems.json.gz
```

这个数据库是 JSON 格式的，我们试试通过 `pd.read_json` 读取数据（因为文件的每一行都是一个 JSON 条目，所以 `lines=True` 是读取该数据集所必需的参数）：

```
In [17]: recipes = pd.read_json('data/recipeitems.json', lines=True)
         recipes.shape
Out[17]: (173278, 17)
```

这样就会看到将近 175 000 份食谱，共 17 列。抽一行看看具体内容：

```
In [18]: recipes.iloc[0]
Out[18]: _id                                {'$oid': '5160756b96cc62079cc2db15'}
         name                                    Drop Biscuits and Sausage Gravy
         ingredients           Biscuits\n3 cups All-purpose Flour\n2 Tablespo...
         url                   http://thepioneerwoman.com/cooking/2013/03/dro...
         image                 http://static.thepioneerwoman.com/cooking/file...
         ts                                          {'$date': 1365276011104}
         cookTime                                                          PT30M
         source                                                  thepioneerwoman
         recipeYield                                                          12
         datePublished                                                2013-03-11
         prepTime                                                          PT10M
         description           Late Saturday afternoon, after Marlboro Man ha...
         totalTime                                                           NaN
         creator                                                             NaN
         recipeCategory                                                      NaN
         dateModified                                                        NaN
         recipeInstructions                                                  NaN
         Name: 0, dtype: object
```

这里有一堆信息，而且其中有不少都和从网站上抓取的数据一样，字段形式混乱。值得关注的是，食材列表是字符串形式，我们需要从中抽取感兴趣的信息。下面来仔细看看这个字段：

```
In [19]: recipes.ingredients.str.len().describe()
Out[19]: count    173278.000000
         mean        244.617926
```

```
std          146.705285
min            0.000000
25%          147.000000
50%          221.000000
75%          314.000000
max         9067.000000
Name: ingredients, dtype: float64
```

食材列表平均 250 个字符长，最短的字符串是 0，最长的竟然接近 1 万字符！

出于好奇心，来看看拥有最长食材列表的究竟是哪道菜：

```
In [20]: recipes.name[np.argmax(recipes.ingredients.str.len())]
Out[20]: 'Carrot Pineapple Spice &amp; Brownie Layer Cake with Whipped Cream &amp;
          > Cream Cheese Frosting and Marzipan Carrots'
```

我们还可以再做一些聚合探索，例如看看哪些食谱是早餐（使用正则表达式语法匹配大小写字母）：

```
In [21]: recipes.description.str.contains('[Bb]reakfast').sum()
Out[21]: 3524
```

或者看看有多少食谱用肉桂（cinnamon）作为食材：

```
In [22]: recipes.ingredients.str.contains('[Cc]innamon').sum()
Out[22]: 10526
```

还可以看看究竟是哪些食谱里把肉桂错写成了“cinamon”：

```
In [23]: recipes.ingredients.str.contains('[Cc]inamon').sum()
Out[23]: 11
```

这些基本的数据探索都可以用 pandas 的字符串工具来处理，Python 非常适合进行类似的数据清理工作。

22.3.1 制作简单的美食推荐系统

现在让我们更进一步，来制作一个简单的美食推荐系统：如果用户提供一些食材，系统就会推荐使用了所有食材的食谱。这说起来容易，但是由于大量不规则（heterogeneity）数据的存在，这个任务变得十分复杂，例如并没有一个简单直接的办法可以从每一行数据中清理出一份干净的食材列表。因此，我们在这里简化处理：首先提供一些常见食材列表，然后通过简单搜索判断这些食材是否在食谱中。为了简化任务，这里只列举常用的香料和调味料：

```
In [24]: spice_list = ['salt', 'pepper', 'oregano', 'sage', 'parsley',
                       'rosemary', 'tarragon', 'thyme', 'paprika', 'cumin']
```

现在就可以通过一个由 True 与 False 构成的布尔类型的 DataFrame 来判断食材是否出现在某个食谱中：

```
In [25]: import re
         spice_df = pd.DataFrame({
             spice: recipes.ingredients.str.contains(spice, re.IGNORECASE)
```

```
                for spice in spice_list})
           spice_df.head()
Out[25]:      salt  pepper  oregano   sage  parsley  rosemary  tarragon  thyme   \
           0  False   False    False   True    False     False     False  False
           1  False   False    False  False    False     False     False  False
           2   True    True    False  False    False     False     False  False
           3  False   False    False  False    False     False     False  False
           4  False   False    False  False    False     False     False  False
              paprika   cumin
           0    False   False
           1    False   False
           2    False    True
           3    False   False
           4    False   False
```

现在，来找一份使用了欧芹（parsley）、辣椒粉（paprika）和龙蒿叶（tarragon）这 3 种食材的食谱。我们可以通过第 24 章介绍的 `DataFrame` 的 `query` 方法来快速完成计算：

```
In [26]: selection = spice_df.query('parsley & paprika & tarragon')
         len(selection)
Out[26]: 10
```

最后只找到了 10 份同时包含这 3 种食材的食谱。让我们用索引看看这些食谱究竟是哪些：

```
In [27]: recipes.name[selection.index]
Out[27]: 2069      All cremat with a Little Gem, dandelion and wa...
         74964                         Lobster with Thermidor butter
         93768      Burton's Southern Fried Chicken with White Gravy
         113926                     Mijo's Slow Cooker Shredded Beef
         137686                     Asparagus Soup with Poached Eggs
         140530                                 Fried Oyster Po'boys
         158475                Lamb shank tagine with herb tabbouleh
         158486                 Southern fried chicken in buttermilk
         163175           Fried Chicken Sliders with Pickles + Slaw
         165243                        Bar Tartine Cauliflower Salad
         Name: name, dtype: object
```

现在，我们已经把选择范围从 175 000 个食谱减少到了 10 个，可以更明智地决定晚餐该做什么菜了。

22.3.2　继续完善美食推荐系统

希望这个示例可以让你对 pandas 字符串方法可以高效解决哪些数据清理问题有个初步的了解。当然，如果要建立一个稳定的美食推荐系统，还需要做大量的工作。从每个食谱中提取完整的食材列表是这个任务的重中之重。不过，由于食材的书写格式千奇百怪，解析它们需要耗费大量时间。这其实也揭示了数据科学的真相——真实数据的清洗与整理工作往往会占据工作中的大部分时间，而使用 pandas 提供的工具可以提高你的工作效率。

第23章

处理时间序列

由于 pandas 最初是为金融模型而创建的，因此它拥有一些功能非常强大的日期、时间、带时间索引数据的处理工具。本章将介绍的日期与时间数据主要有 3 类。

时间戳

　表示某个具体的时间点（例如 2021 年 7 月 4 日上午 7 点）。

时间间隔与周期

　表示开始时间点与结束时间点之间的时间长度，例如 2021 年 6 月 1 日到 2021 年 6 月 30 日。周期通常是指一种特殊的时间间隔，每个间隔长度相同，彼此之间不会重叠（例如，24 小时为一天）。

时间增量（time delta）或持续时间（duration）

　表示精确的时间长度（例如，某程序的运行持续 22.56 秒）。

本章将介绍 pandas 中的 3 种日期 / 时间数据类型的具体用法。由于篇幅有限，后文无法对 Python 或 pandas 的时间序列工具进行详细的介绍，仅仅是通过一个宽泛的综述，总结何时应该使用它们。在开始介绍 pandas 的时间序列工具之前，我们先简单介绍一下 Python 处理日期与时间数据的工具。在介绍完一些值得深入学习的资源之后，再通过一些简短的示例来演示 pandas 处理时间序列数据的方法。

23.1 Python 的日期与时间工具

在 Python 标准库与第三方库中有许多可以表示日期、时间、时间增量和时间跨度（timespan）的工具。尽管 pandas 提供的时间序列工具更适合用来处理数据科学问题，但是了解 pandas 与 Python 标准库以及第三方库中的其他时间序列工具之间的关联性将大有裨益。

23.1.1 Python 的原生日期与时间工具：datetime 与 dateutil

Python 基本的日期与时间功能都在标准库的 datetime 模块中。如果和第三方库 dateutil 模块搭配使用，可以快速实现许多处理日期与时间的功能。例如，你可以用 datetime 类型创建一个日期：

```
In [1]: from datetime import datetime
        datetime(year=2021, month=7, day=4)
Out[1]: datetime.datetime(2021, 7, 4, 0, 0)
```

或者使用 dateutil 模块对各种字符串格式的日期进行正确解析：

```
In [2]: from dateutil import parser
        date = parser.parse("4th of July, 2021")
        date
Out[2]: datetime.datetime(2021, 7, 4, 0, 0)
```

一旦有了 datetime 对象，就可以进行许多操作了，例如打印出这一天是星期几：

```
In [3]: date.strftime('%A')
Out[3]: 'Sunday'
```

在最后一行代码中，为了打印出是星期几，我们使用了一个标准字符串格式（standard string format）代码 "%A"，你可以在 Python 的 datetime 文档的“strftime”一节查看具体信息。关于 dateutil 的其他日期功能，可以通过 dateutil 的在线文档学习。还有一个值得关注的程序包是 pytz，这个工具解决了绝大多数时间序列数据都会遇到的难题：时区。

datetime 和 dateutil 模块在灵活性与易用性方面都表现出色，你可以用这些对象及其相应的方法轻松完成你感兴趣的任意操作。但如果你处理的时间数据量比较大，那么速度就会比较慢。就像之前介绍过的 Python 的原生列表对象没有 NumPy 中已经被编码的数值类型数组的性能好一样，Python 的原生日期对象也没有 NumPy 中已经被编码的日期（encoded dates）类型数组的性能好。

23.1.2 时间类型数组：NumPy 的 datetime64 类型

Python 原生日期格式的性能弱点促使 NumPy 团队为 NumPy 增加了自己的时间序列类型。datetime64 类型将日期编码为 64 位整数，这样可以让日期数组非常紧凑（节省内存）。datetime64 需要在设置日期时确定具体的输入类型：

```
In [4]: import numpy as np
        date = np.array('2021-07-04', dtype=np.datetime64)
        date
Out[4]: array('2021-07-04', dtype='datetime64[D]')
```

但只要有了这个日期格式，就可以进行快速的向量化运算：

```
In [5]: date + np.arange(12)
Out[5]: array(['2021-07-04', '2021-07-05', '2021-07-06', '2021-07-07',
               '2021-07-08', '2021-07-09', '2021-07-10', '2021-07-11',
               '2021-07-12', '2021-07-13', '2021-07-14', '2021-07-15'],
              dtype='datetime64[D]')
```

因为 NumPy 的 datetime64 数组内元素的类型是统一的，所以这种数组的运算速度会比 Python 的 datetime 对象的运算速度快很多，尤其是在处理较大数组时（关于向量化运算的内容已经在第 6 章介绍过）。

datetime64 与 timedelta64 对象的一个共同特点是，它们都是在**基本时间单位**（fundamental time unit）的基础上建立的。由于 datetime64 对象是 64 位精度，所以可编码的时间范围是基本单元的 2^{64} 倍。也就是说，datetime64 在**时间精度**（time resolution）与**最大时间跨度**（maximum time span）之间达成了一种平衡。

比如你想要一个纳秒（nanosecond，ns）级的时间精度，那么你就可以将时间编码到 0~2^{64} 纳秒或 600 年之内，NumPy 会自动判断输入时间需要使用的时间单位。例如，下面是一个以天为单位的日期：

```
In [6]: np.datetime64('2021-07-04')
Out[6]: numpy.datetime64('2021-07-04')
```

而这是一个以分钟为单位的日期：

```
In [7]: np.datetime64('2021-07-04 12:00')
Out[7]: numpy.datetime64('2021-07-04T12:00')
```

你可以通过各种格式的代码设置基本时间单位。例如，将时间单位设置为纳秒：

```
In [8]: np.datetime64('2021-07-04 12:59:59.50', 'ns')
Out[8]: numpy.datetime64('2021-07-04T12:59:59.500000000')
```

NumPy 的 datetime64 文档总结了所有支持相对与绝对时间跨度的时间与日期单位格式代码，表 23-1 对此总结如下。

表 23-1：日期与时间单位格式代码

代码	含义	时间跨度 (相对)	时间跨度 (绝对)
Y	年（year）	± 9.2e18 年	[9.2e18 BC, 9.2e18 AD]
M	月（month）	± 7.6e17 年	[7.6e17 BC, 7.6e17 AD]
W	周（week）	± 1.7e17 年	[1.7e17 BC, 1.7e17 AD]
D	日（day）	± 2.5e16 年	[2.5e16 BC, 2.5e16 AD]
h	时（hour）	± 1.0e15 年	[1.0e15 BC, 1.0e15 AD]
m	分（minute）	± 1.7e13 年	[1.7e13 BC, 1.7e13 AD]
s	秒（second）	± 2.9e12 年	[2.9e9 BC, 2.9e9 AD]
ms	毫秒（millisecond）	± 2.9e9 年	[2.9e6 BC, 2.9e6 AD]
us	微秒（microsecond）	± 2.9e6 年	[290301 BC, 294241 AD]
ns	纳秒（nanosecond）	± 292 年	[1678 AD, 2262 AD]
ps	皮秒（picosecond）	± 106 天	[1969 AD, 1970 AD]
fs	飞秒（femtosecond）	± 2.6 小时	[1969 AD, 1970 AD]
as	原秒（attosecond）	± 9.2 秒	[1969 AD, 1970 AD]

对于日常工作中的时间数据类型，默认单位都用纳秒 datetime64[ns]，因为用它来表示时间范围，精度可以满足绝大部分需求。

最后还需要说明一点，虽然 datetime64 弥补了 Python 原生的 datetime 类型的不足，但它缺少了 datetime（尤其是 dateutil）原本具备的许多便捷方法与函数，具体内容请参考 NumPy 的 datetime64 文档。

23.1.3 pandas 的日期与时间工具：理想与现实的最佳解决方案

pandas 所有关于日期与时间的处理方法都是通过 Timestamp 对象实现的，它利用 numpy.datetime64 的有效存储和向量化接口将 datetime 和 dateutil 的易用性有机结合起来。pandas 通过一组 Timestamp 对象就可以创建一个可以作为 Series 或 DataFrame 索引的 DatetimeIndex。

例如，可以用 pandas 的方式演示前面介绍的日期与时间功能。我们可以灵活处理不同格式的日期与时间字符串，获取某一天是星期几：

```
In [9]: import pandas as pd
        date = pd.to_datetime("4th of July, 2021")
        date
Out[9]: Timestamp('2021-07-04 00:00:00')

In[10]: date.strftime('%A')
Out[10]: 'Sunday'
```

另外，也可以直接进行 NumPy 类型的向量化运算：

```
In [11]: date + pd.to_timedelta(np.arange(12), 'D')
Out[11]: DatetimeIndex(['2021-07-04', '2021-07-05', '2021-07-06', '2021-07-07',
                        '2021-07-08', '2021-07-09', '2021-07-10', '2021-07-11',
                        '2021-07-12', '2021-07-13', '2021-07-14', '2021-07-15'],
                       dtype='datetime64[ns]', freq=None)
```

下面将详细介绍 pandas 用来处理时间序列数据的工具。

23.2 pandas 时间序列：用时间作索引

pandas 时间序列工具非常适合用来处理**带时间戳的索引数据**。例如，我们可以通过时间索引数据创建一个 Series 对象：

```
In [12]: index = pd.DatetimeIndex(['2020-07-04', '2020-08-04',
                                   '2021-07-04', '2021-08-04'])
         data = pd.Series([0, 1, 2, 3], index=index)
         data
Out[12]: 2020-07-04    0
         2020-08-04    1
         2021-07-04    2
         2021-08-04    3
         dtype: int64
```

有了一个带时间索引的 Series 之后，就能用它来演示之前介绍过的 Series 取值方法，可以直接用日期进行切片取值：

```
In [13]: data['2020-07-04':'2021-07-04']
Out[13]: 2020-07-04    0
         2020-08-04    1
         2021-07-04    2
         dtype: int64
```

另外，还有一些仅在此类 Series 上可用的取值操作，例如直接通过年份切片获取该年的数据：

```
In [14]: data['2021']
Out[14]: 2021-07-04    2
         2021-08-04    3
         dtype: int64
```

下面将介绍一些示例，体现将日期作为索引为运算带来的便利性。在此之前，让我们仔细看看现有的时间序列数据结构。

23.3 pandas 时间序列数据结构

本节将介绍 pandas 用来处理时间序列的基础数据类型。

- 针对**时间戳**数据，pandas 提供了 Timestamp 类型。与前面介绍的一样，它本质上是 Python 的原生 datetime 类型的替代品，但是在性能更好的 numpy.datetime64 类型的基础上创建。对应的索引数据结构是 DatetimeIndex。
- 针对**时间周期**数据，pandas 提供了 Period 类型。这是利用 numpy.datetime64 类型对固定频率的时间间隔进行编码。对应的索引数据结构是 PeriodIndex。
- 针对**时间增量**或**持续时间**，pandas 提供了 Timedelta 类型。Timedelta 是一种代替 Python 原生 datetime.timedelta 类型的高性能数据结构，同样是基于 numpy.timedelta64 类型。对应的索引数据结构是 TimedeltaIndex。

最基础的日期 / 时间对象是 Timestamp 和 DatetimeIndex。这两种对象可以直接使用，最常用的方法是 pd.to_datetime 函数，它可以解析许多日期与时间格式。给 pd.to_datetime 传递一个日期会返回一个 Timestamp 类型，传递一个时间序列会返回一个 DatetimeIndex 类型：

```
In [15]: dates = pd.to_datetime([datetime(2021, 7, 3), '4th of July, 2021',
                                 '2021-Jul-6', '07-07-2021', '20210708'])
         dates
Out[15]: DatetimeIndex(['2021-07-03', '2021-07-04', '2021-07-06', '2021-07-07',
                        '2021-07-08'],
                       dtype='datetime64[ns]', freq=None)
```

任何 DatetimeIndex 类型都可以通过 to_period 方法和一个频率代码转换成 PeriodIndex 类型。下面用 'D' 将数据转换成单日的时间序列：

```
In [16]: dates.to_period('D')
Out[16]: PeriodIndex(['2021-07-03', '2021-07-04', '2021-07-06', '2021-07-07',
                      '2021-07-08'],
                     dtype='period[D]')
```

当用一个日期减去另一个日期时，返回的结果是 TimedeltaIndex 类型：

```
In [17]: dates - dates[0]
Out[17]: TimedeltaIndex(['0 days', '1 days', '3 days', '4 days', '5 days'],
        > dtype='timedelta64[ns]', freq=None)
```

23.4 有规律的时间序列：pd.date_range

为了能更简便地创建有规律的时间序列，pandas 提供了一些方法：pd.date_range 可以处理时间戳，pd.period_range 可以处理周期，pd.timedelta_range 可以处理时间间隔。我们已经介绍过，Python 的 range 和 NumPy 的 np.arange 可以用起点、终点和步长（可选的）创建一个序列。pd.date_range 与之类似，通过开始日期、结束日期和频率代码（同样是可选的）创建一个有规律的日期序列，默认的频率是天：

```
In [18]: pd.date_range('2015-07-03', '2015-07-10')
Out[18]: DatetimeIndex(['2015-07-03', '2015-07-04', '2015-07-05', '2015-07-06',
                        '2015-07-07', '2015-07-08', '2015-07-09', '2015-07-10'],
                       dtype='datetime64[ns]', freq='D')
```

此外，日期范围不一定是开始时间与结束时间，也可以是开始时间与周期数 periods：

```
In [19]: pd.date_range('2015-07-03', periods=8)
Out[19]: DatetimeIndex(['2015-07-03', '2015-07-04', '2015-07-05', '2015-07-06',
                        '2015-07-07', '2015-07-08', '2015-07-09', '2015-07-10'],
                       dtype='datetime64[ns]', freq='D')
```

你可以通过 freq 参数改变时间间隔，默认值是 D。例如，可以创建一个按小时变化的时间戳：

```
In [20]: pd.date_range('2015-07-03', periods=8, freq='H')
Out[20]: DatetimeIndex(['2015-07-03 00:00:00', '2015-07-03 01:00:00',
                        '2015-07-03 02:00:00', '2015-07-03 03:00:00',
                        '2015-07-03 04:00:00', '2015-07-03 05:00:00',
                        '2015-07-03 06:00:00', '2015-07-03 07:00:00'],
                       dtype='datetime64[ns]', freq='H')
```

如果要创建一个有规律的周期或时间间隔序列，有类似的函数 pd.period_range 和 pd.timedelta_range。下面是一个以月为周期的示例：

```
In [21]: pd.period_range('2015-07', periods=8, freq='M')
Out[21]: PeriodIndex(['2015-07', '2015-08', '2015-09',
                      '2015-10', '2015-11', '2015-12',
                      '2016-01', '2016-02'],
                     dtype='period[M]')
```

以及一个以小时递增的序列：

```
In [22]: pd.timedelta_range(0, periods=6, freq='H')
Out[22]: TimedeltaIndex(['0 days 00:00:00', '0 days 01:00:00', '0 days 02:00:00',
                         '0 days 03:00:00', '0 days 04:00:00', '0 days 05:00:00'],
                        dtype='timedelta64[ns]', freq='H')
```

掌握 pandas 频率代码是使用所有这些时间序列创建方法的必要条件。接下来，我们将总结这些代码。

23.5 时间频率与偏移量

pandas 时间序列工具的基础是**时间频率**或**偏移量**（offset）代码。就像之前见过的 `D`（day）和 `H`（hour）代码，我们可以用这些代码设置任意需要的时间间隔。表 23-2 总结了主要的频率代码。

表 23-2：pandas 频率代码

代码	描述	代码	描述
`D`	天（calendar day，按日历算，含双休日）	`B`	天（business day，仅含工作日）
`W`	周（weekly）		
`M`	月末（month end）	`BM`	月末（business month end，仅含工作日）
`Q`	季末（quarter end）	`BQ`	季末（business quarter end，仅含工作日）
`A`	年末（year end）	`BA`	年末（business year end，仅含工作日）
`H`	小时（hours）	`BH`	小时（business hours，工作时间）
`T`	分钟（minutes）		
`S`	秒（seconds）		
`L`	毫秒（milliseconds）		
`U`	微秒（microseconds）		
`N`	纳秒（nanoseconds）		

月、季、年频率都是具体周期的结束时间（月末、季末、年末），而有一些以 `S`（start，开始）为后缀的代码表示日期开始（如表 23-3 所示）。

表 23-3：带开始索引的频率代码

代码	频率
`MS`	月初（month start）
`BMS`	月初（business month start，仅含工作日）
`QS`	季初（quarter start）
`BQS`	季初（business quarter start，仅含工作日）
`AS`	年初（year start）
`BAS`	年初（business year start，仅含工作日）

另外，你可以在频率代码后面加上三个月份缩写字母来改变季、年频率的开始时间：

- `Q-JAN`、`BQ-FEB`、`QS-MAR`、`BQS-APR` 等
- `A-JAN`、`BA-FEB`、`AS-MAR`、`BAS-APR` 等

同理，也可以在后面加上三个星期缩写字母来改变一周的开始时间：

- `W-SUN`、`W-MON`、`W-TUE`、`W-WED` 等

此外，还可以将频率组合起来创建的新的周期。例如，可以用小时（`H`）和分钟（`T`）的组合来实现 2 小时 30 分钟：

```
In [23]: pd.timedelta_range(0, periods=6, freq="2H30T")
Out[23]: TimedeltaIndex(['0 days 00:00:00', '0 days 02:30:00', '0 days 05:00:00',
```

```
               '0 days 07:30:00', '0 days 10:00:00', '0 days 12:30:00'],
               dtype='timedelta64[ns]', freq='150T')
```

所有这些频率代码都对应 pandas 时间序列的偏移量，具体内容可以在 `pd.tseries.offsets` 模块中找到。例如，可以用下面的方法直接创建一个工作日偏移序列：

```
In [24]: from pandas.tseries.offsets import BDay
         pd.date_range('2015-07-01', periods=6, freq=BDay())
Out[24]: DatetimeIndex(['2015-07-01', '2015-07-02', '2015-07-03', '2015-07-06',
                        '2015-07-07', '2015-07-08'],
                       dtype='datetime64[ns]', freq='B')
```

关于时间频率与偏移量的更多内容，请参考 pandas 在线文档的“Date Offset objects”一节。

23.6 重采样、移位和窗口

用日期和时间直观地组织与获取数据是 pandas 时间序列工具最重要的功能之一。pandas 不仅支持普通索引功能（合并数据时自动索引对齐、直观的数据切片和取值方法等），还专为时间序列提供了额外的操作。

下面让我们用一些股票数据来演示这些功能。由于 pandas 最初是为金融数据模型服务的，因此可以用它非常方便地获取金融数据。例如，`pandas-datareader` 程序包（可以通过 `pip install pandas-datareader` 进行安装）知道如何从一些可用的数据源导入金融数据。下面来导入 S&P 500 的历史股票价格：

```
In [25]: from pandas_datareader import data

         sp500 = data.DataReader('^GSPC', start='2018', end='2022',
                                 data_source='yahoo')
         sp500.head()
Out[25]:                    High          Low         Open        Close      Volume \
         Date
         2018-01-02  2695.889893  2682.360107  2683.729980  2695.810059  3367250000
         2018-01-03  2714.370117  2697.770020  2697.850098  2713.060059  3538660000
         2018-01-04  2729.290039  2719.070068  2719.310059  2723.989990  3695260000
         2018-01-05  2743.449951  2727.919922  2731.330078  2743.149902  3236620000
         2018-01-08  2748.510010  2737.600098  2742.669922  2747.709961  3242650000
                       Adj Close
         Date
         2018-01-02  2695.810059
         2018-01-03  2713.060059
         2018-01-04  2723.989990
         2018-01-05  2743.149902
         2018-01-08  2747.709961
```

出于简化的目的，这里只用收盘价：

```
In [26]: sp500 = sp500['Close']
```

设置 Matplotlib（详情见第四部分）之后，就可以通过 `plot` 画出可视化图了（如图 23-1 所示）：

```
In [27]: %matplotlib inline
         import matplotlib.pyplot as plt
         plt.style.use('seaborn-whitegrid')
         sp500.plot();
```

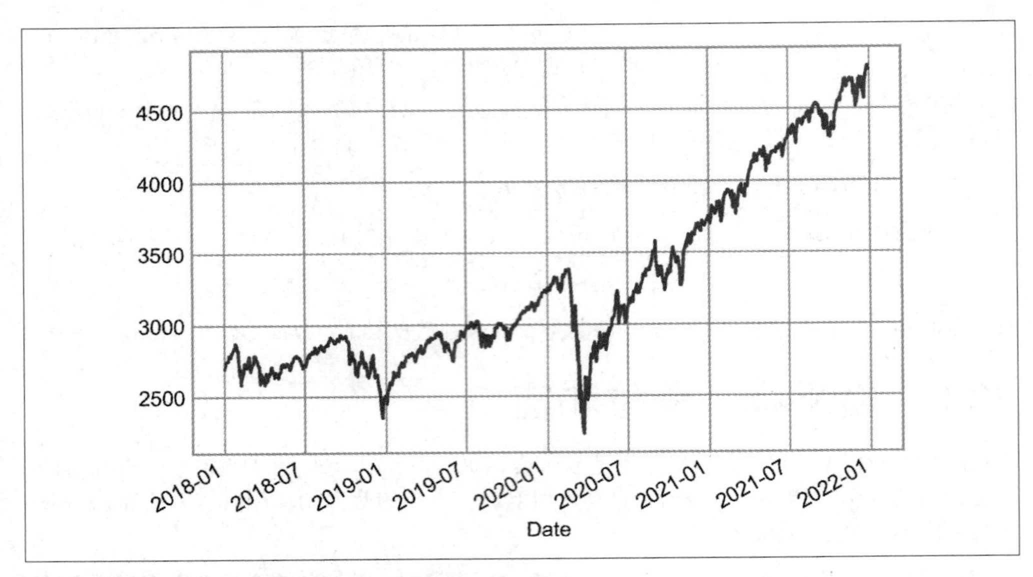

图 23-1：S&P 500 收盘价随时间变化的趋势

23.6.1 重采样与频率转换

处理时间序列数据时，经常需要按照新的频率（更高频率、更低频率）对数据进行重采样。你可以通过 `resample` 方法解决这个问题，或者用更简单的 `asfreq` 方法。这两个方法的主要差异在于，`resample` 方法是以**数据聚合**（data aggregation）为基础，而 `asfreq` 方法是以**数据选择**（data selection）为基础。

看到 S&P 500 的收盘价之后，让我们用两种方法对数据进行降采样（down-sample）。这里用每年末（`'BA'`，最后一个工作日）对数据进行重采样（如图 23-2 所示）：

```
In [28]: sp500.plot(alpha=0.5, style='-')
         sp500.resample('BA').mean().plot(style=':')
         sp500.asfreq('BA').plot(style='--');
         plt.legend(['input', 'resample', 'asfreq'],
                    loc='upper left');
```

请注意这两种采样方法的差异：在每个数据点上，`resample` 反映的是**上一年的均值**，而 `asfreq` 反映的是**上一年最后一个工作日的收盘价**。

在进行升采样（up-sampling）时，`resample()` 与 `asfreq()` 的用法大体相同，不过重采样有多种配置方式。操作时，两种方法都默认将升采样作为缺失值处理，也就是说在里面填充 `NaN`。与第 16 章中介绍过的 `pd.fillna` 函数类似，`asfreq()` 有一个 `method` 参数可以设置填充缺失值的方式。下面将对工作日数据按天进行重采样（即包含周末），结果如图 23-3 所示：

```
In [29]: fig, ax = plt.subplots(2, sharex=True)
         data = sp500.iloc[:20]

         data.asfreq('D').plot(ax=ax[0], marker='o')
```

```
data.asfreq('D', method='bfill').plot(ax=ax[1], style='-o')
data.asfreq('D', method='ffill').plot(ax=ax[1], style='--o')
ax[1].legend(["back-fill", "forward-fill"]);
```

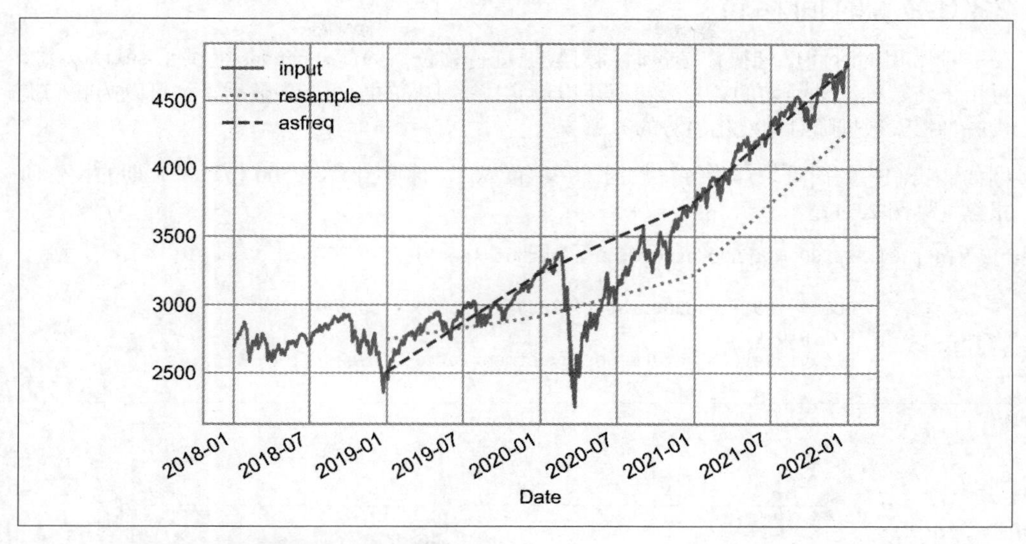

图 23-2：对 S&P 500 股票收盘价进行重采样

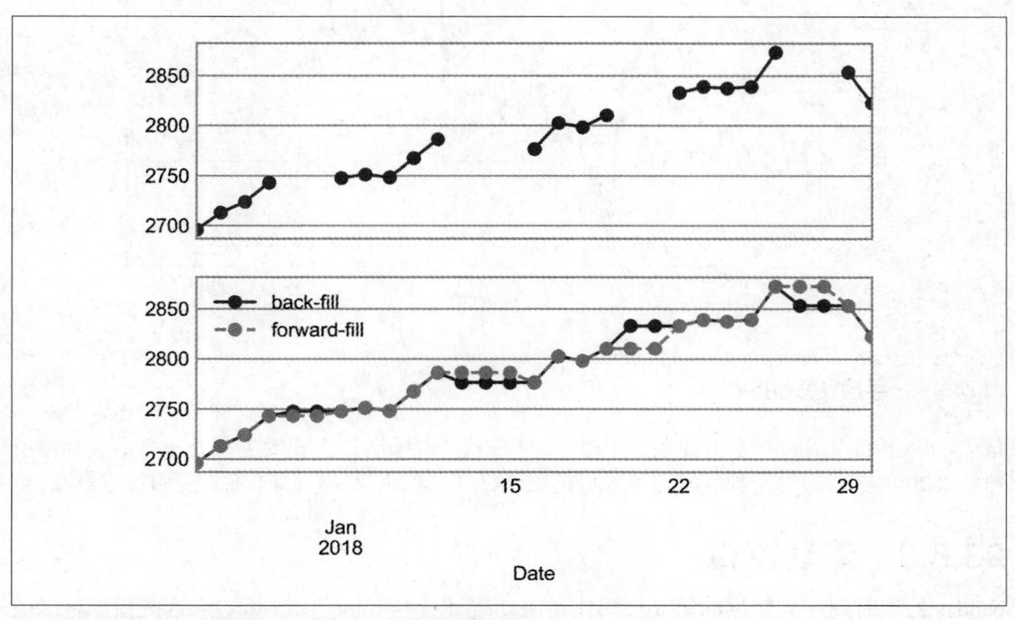

图 23-3：asfreq 向前填充与向后填充插值的结果对比

图 23-3 中的上图是原始数据：因为 S&P 500 非工作日的股价是缺失值，所以不会出现在图上。而图 23-3 中的下图通过向前填充与向后填充插值法这两种方法填补了缺失值。

23.6.2 时间移位

另一种常用的时间序列操作是按时间对数据进行移位。为此，pandas 提供了 `shift` 方法，可用于将数据移动给定的条目数。对于以固定频率采样的时间序列数据，这可以为我们提供一种探索数据随时间变化趋势的方法。

例如，我们将数据重采样为每日数据，并移位 364，计算出 S&P 500 指数一年期的投资回报率（见图 23-4）。

```
In [30]: sp500 = sp500.asfreq('D', method='pad')

         ROI = 100 * (sp500.shift(-365) - sp500) / sp500
         ROI.plot()
         plt.ylabel('% Return on Investment after 1 year');
```

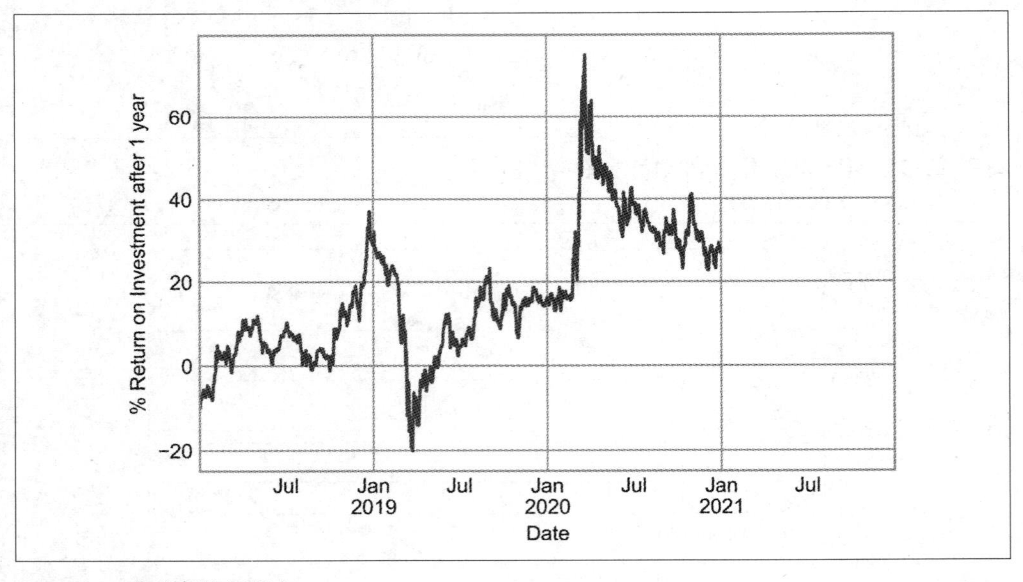

图 23-4：一年期投资回报率

最差的一年期投资回报率出现在 2019 年 3 月左右，市场崩盘正好发生在一年之后。如你所料，2020 年 3 月，对于那些有远见或好运气逢低买入的人来说，一年期投资回报率最高。

23.6.3 滚动窗口

pandas 处理时间序列数据的第 3 种操作是滚动统计量（rolling statistics）。这些指标可以通过 `Series` 和 `DataFrame` 的 `rolling` 属性来实现，它会返回与 `groupby` 操作类似的结果（详情请参见第 20 章）。滚动视图（rolling view）使得许多聚合操作成为可能。

例如，可以通过下面的代码获取股票收盘价的一年期滚动均值和标准差（如图 23-5 所示）：

```
In [31]: rolling = sp500.rolling(365, center=True)

         data = pd.DataFrame({'input': sp500,
                              'one-year rolling_mean': rolling.mean(),
                              'one-year rolling_median': rolling.median()})
         ax = data.plot(style=['-', '--', ':'])
         ax.lines[0].set_alpha(0.3)
```

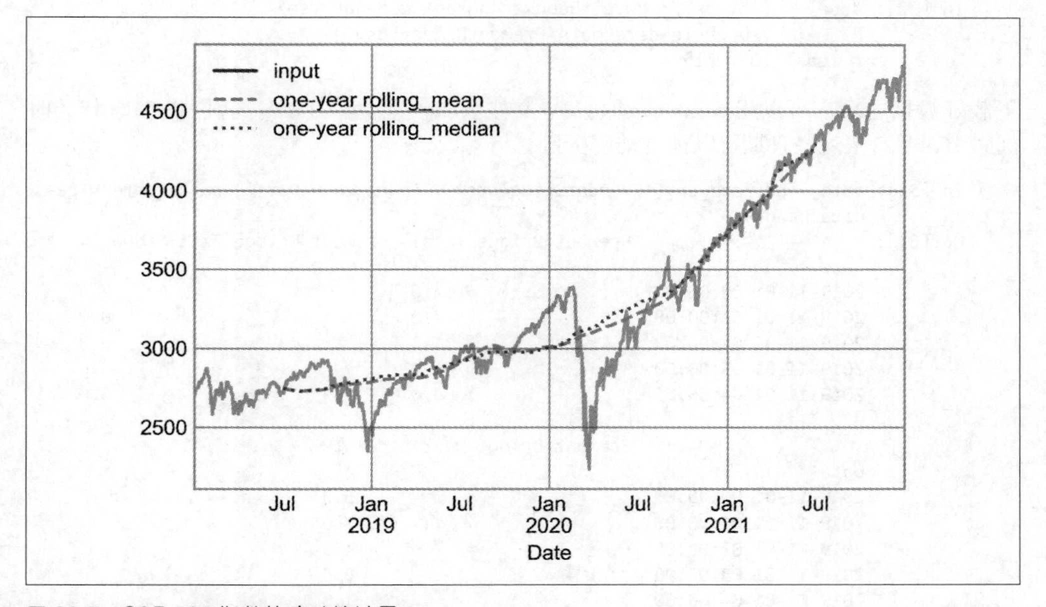

图 23-5：S&P 500 指数的滚动统计量

与 groupby 操作一样，aggregate 和 apply 方法都可以用来自定义滚动计算。

更多学习资料

本章只是简单总结了 pandas 时间序列工具的一些最常用功能，更详细的介绍请参考 pandas 在线文档的“Time Series/Date Functionality”一节。

另一个优秀的资源是 Wes McKinney（pandas 创建者）所著的《利用 Python 进行数据分析》一书。它是学习 pandas 的优秀资源，尤其是其中重点介绍了时间序列工具在商业与金融业务中的应用，作者用大量笔墨介绍了工作日历、时区和相关主题的具体内容。

你当然可以用 IPython 的帮助功能来浏览和深入探索上面介绍过的函数与方法，我个人认为这是学习各种 Python 工具的最佳途径。

23.7 案例：美国西雅图自行车统计数据的可视化

下面来介绍一个比较复杂的时间序列数据：自 2012 年末以来每天经过美国西雅图弗莱蒙特桥的自行车的数量，该数据由安装在弗莱蒙特桥东西两侧人行道上的传感器采集。小时统计数据可以从西雅图市政府网站下载。

CSV 数据可以用以下命令下载：

```
In [32]: # url = ('https://raw.githubusercontent.com/jakevdp/'
         #        'bicycle-data/main/FremontBridge.csv')
         # !curl -O {url}
```

下载好数据之后，可以用 pandas 读取 CSV 文件获取一个 `DataFrame`。我们将 `Date` 作为时间索引，并希望这些日期可以被自动解析：

```
In [33]: data = pd.read_csv('FremontBridge.csv', index_col='Date', parse_dates=True)
         data.head()
Out[33]:                      Fremont Bridge Total  Fremont Bridge East Sidewalk  \
         Date
         2019-11-01 00:00:00                  12.0                           7.0
         2019-11-01 01:00:00                   7.0                           0.0
         2019-11-01 02:00:00                   1.0                           0.0
         2019-11-01 03:00:00                   6.0                           6.0
         2019-11-01 04:00:00                   6.0                           5.0

                              Fremont Bridge West Sidewalk
         Date
         2019-11-01 00:00:00                           5.0
         2019-11-01 01:00:00                           7.0
         2019-11-01 02:00:00                           1.0
         2019-11-01 03:00:00                           0.0
         2019-11-01 04:00:00                           1.0
```

为了方便后面的计算，缩短数据集的列名：

```
In [34]: data.columns = ['Total', 'East', 'West']
```

现在来看看这三列的统计值：

```
In [35]: data.dropna().describe()
Out[35]:                Total           East           West
         count  147255.000000  147255.000000  147255.000000
         mean      110.341462      50.077763      60.263699
         std       140.422051      64.634038      87.252147
         min         0.000000       0.000000       0.000000
         25%        14.000000       6.000000       7.000000
         50%        60.000000      28.000000      30.000000
         75%       145.000000      68.000000      74.000000
         max      1097.000000     698.000000     850.00000
```

23.7.1 数据可视化

通过可视化，我们可以对数据集有一些直观的认识。先为原始数据画图（如图 23-6 所示）：

```
In [36]: data.plot()
         plt.ylabel('Hourly Bicycle Count');
```

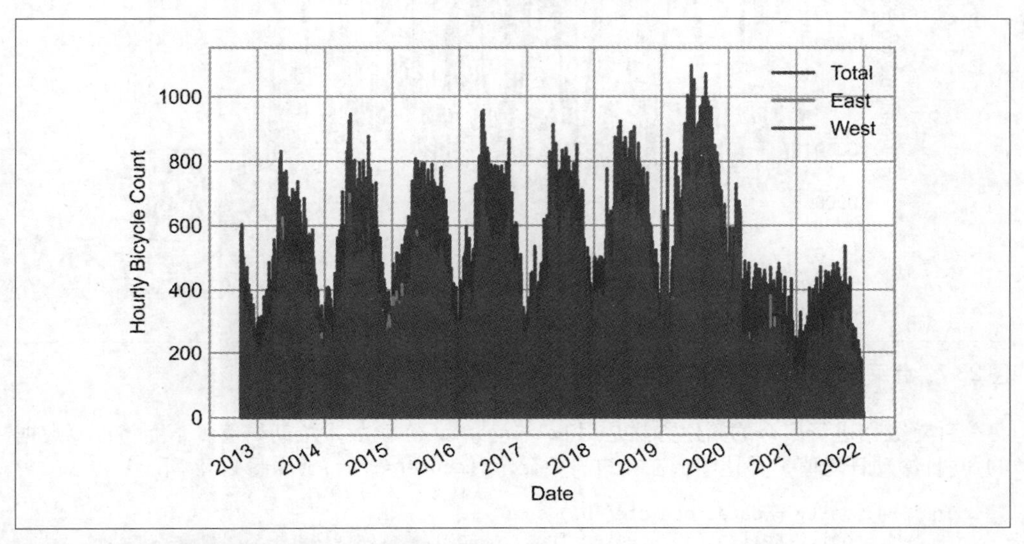

图 23-6：弗莱蒙特桥每小时通行的自行车数量

重采样每小时约有 150 000 个样本，这个数据的密度太大，无法进行深入分析。我们可以通过对数据重新采样来获得更多的信息。让我们按周重采样（见图 23-7）：

```
In [37]: weekly = data.resample('W').sum()
         weekly.plot(style=['-', ':', '--'])
         plt.ylabel('Weekly bicycle count');
```

这揭示了一些趋势：如你所预料的那样，人们在夏季骑自行车出行的次数要多于冬季，并且即使在一个特定的季节里，自行车的使用率也每周都不同（可能取决于天气；见第 42 章，我们将在该章中进一步探讨）。此外，从 2020 年初开始，COVID-19 大流行对通勤模式的影响非常明显。

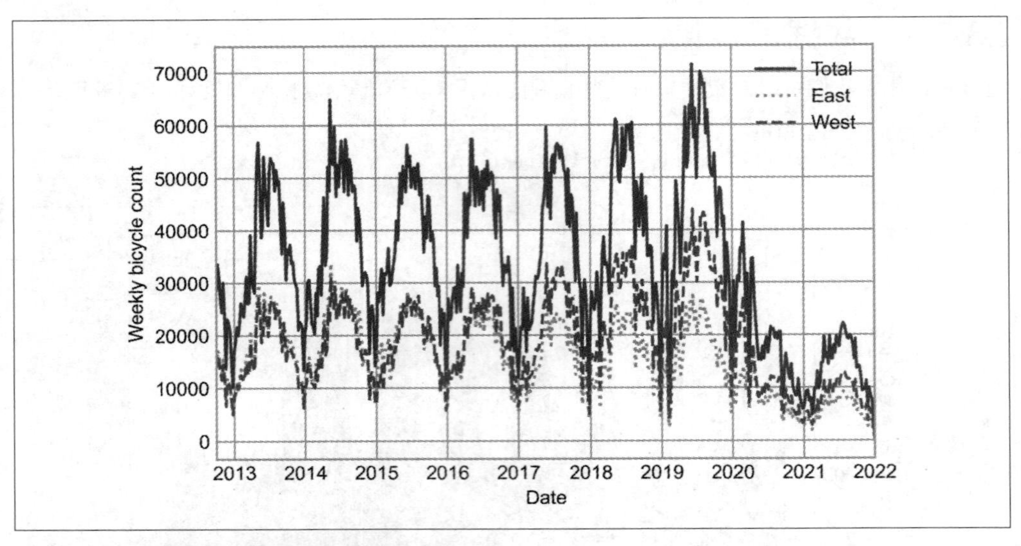

图 23-7：弗莱蒙特桥每周通行的自行车数量

另一种对数据进行聚合的简便方法是用 `rolling.mean()` 函数求滚动均值。下面将计算数据的 30 日滚动日均值，并让图形在窗口居中显示（`center=True`）（如图 23-8 所示）：

```
In [38]: daily = data.resample('D').sum()
         daily.rolling(30, center=True).mean().plot(style=['-', ':', '--'])
         plt.ylabel('mean hourly count');
```

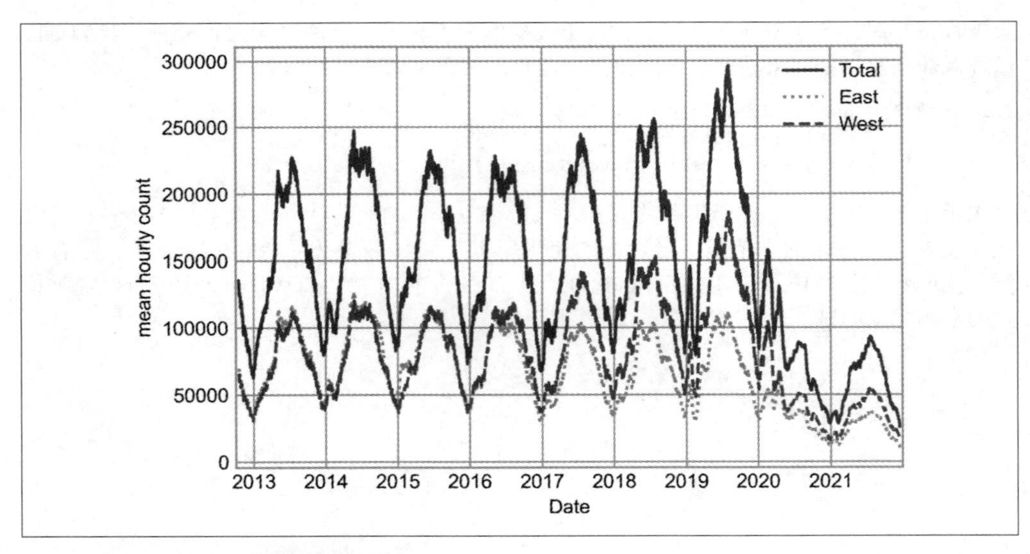

图 23-8：每 30 日自行车的滚动日均值

由于窗口太小，现在的图形还不太平滑。我们可以用另一个求滚动均值的方法获得更平滑的图形，例如高斯分布时间窗口。下面的代码（可视化后如图 23-9 所示）将设置窗口的宽度（50 天）和窗口内高斯平滑的宽度（10 天）：

```
In [39]: daily.rolling(50, center=True,
                       win_type='gaussian').sum(std=10).plot(style=['-', ':', '--']);
```

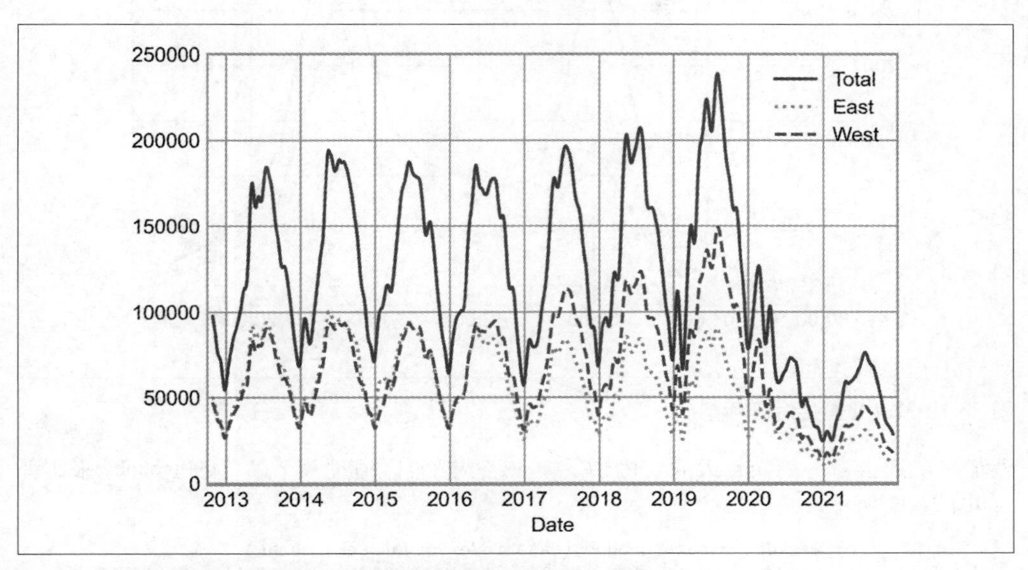

图 23-9：用高斯平滑方法处理每周通行的自行车数量的滚动均值

23.7.2 深入挖掘数据

虽然我们已经从图 23-9 的平滑数据图中观察到了数据的总体趋势，但是它们还隐藏了一些有趣的特征。例如，我们可能希望观察单日内的小时均值流量，这可以通过 groupby（详情请参见第 20 章）操作来解决（如图 23-10 所示）：

```
In [40]: by_time = data.groupby(data.index.time).mean()
         hourly_ticks = 4 * 60 * 60 * np.arange(6)
         by_time.plot(xticks=hourly_ticks, style=['-', ':', '--']);
```

小时均值流量呈现出十分明显的双峰分布特征，早间峰值在上午 8 点，晚间峰值在下午 5 点左右。这充分反映了过桥上下班往返自行车流量的特征。进一步分析会发现，桥西的高峰在早上（因为人们每天会到西雅图的市中心上班），而桥东的高峰在下午（下班再从市中心离开）。

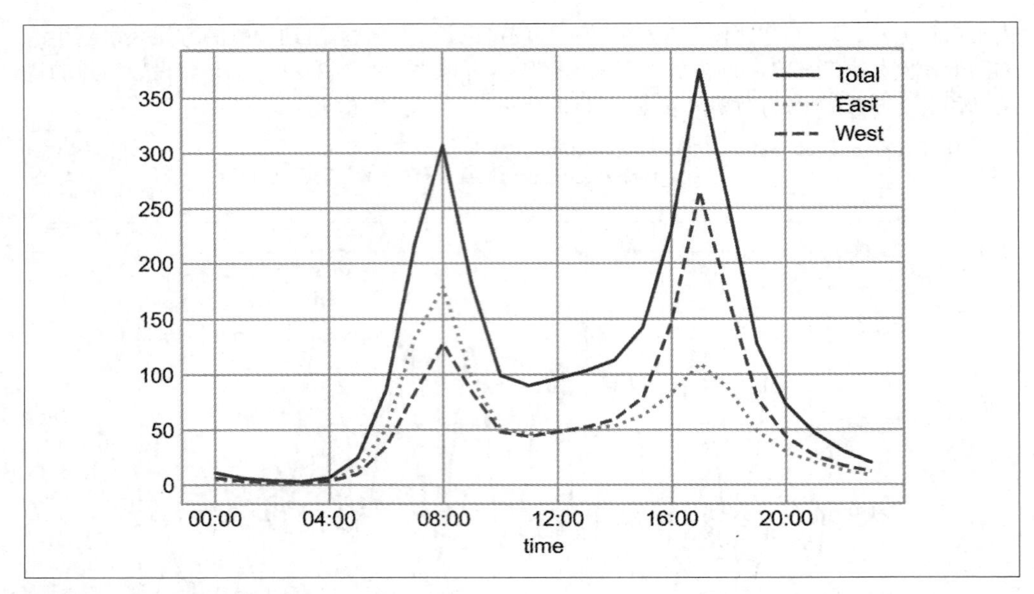

图 23-10：每小时的自行车流量

我们可能还会对一周内每天的变化感兴趣，这依然可以通过一个简单的 groupby 来实现（如图 23-11 所示）：

```
In [41]: by_weekday = data.groupby(data.index.dayofweek).mean()
         by_weekday.index = ['Mon', 'Tues', 'Wed', 'Thurs', 'Fri', 'Sat', 'Sun']
         by_weekday.plot(style=['-', ':', '--']);
```

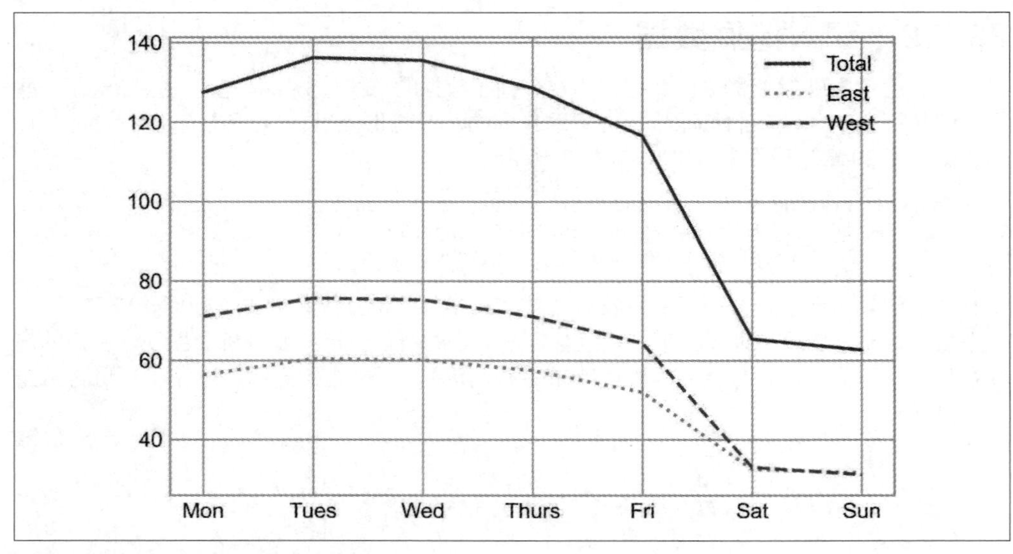

图 23-11：每周的自行车流量

工作日与周末的自行车流量差异十分显著，周一到周五通过的自行车数量差不多是周六、周日的两倍。

看到这个特征之后，让我们用一个复合 groupby 来观察一周内工作日与双休日每小时的数据。用标签表示周末和一天中的不同小时：

```
In [42]: weekend = np.where(data.index.weekday < 5, 'Weekday', 'Weekend')
         by_time = data.groupby([weekend, data.index.time]).mean()
```

现在用一些 Matplotlib 工具（详情请参见第 31 章）画出两张图（如图 23-12 所示）：

```
In [43]: import matplotlib.pyplot as plt
         fig, ax = plt.subplots(1, 2, figsize=(14, 5))
         by_time.loc['Weekday'].plot(ax=ax[0], title='Weekdays',
                                     xticks=hourly_ticks, style=['-', ':', '--'])
         by_time.loc['Weekend'].plot(ax=ax[1], title='Weekends',
                                     xticks=hourly_ticks, style=['-', ':', '--']);
```

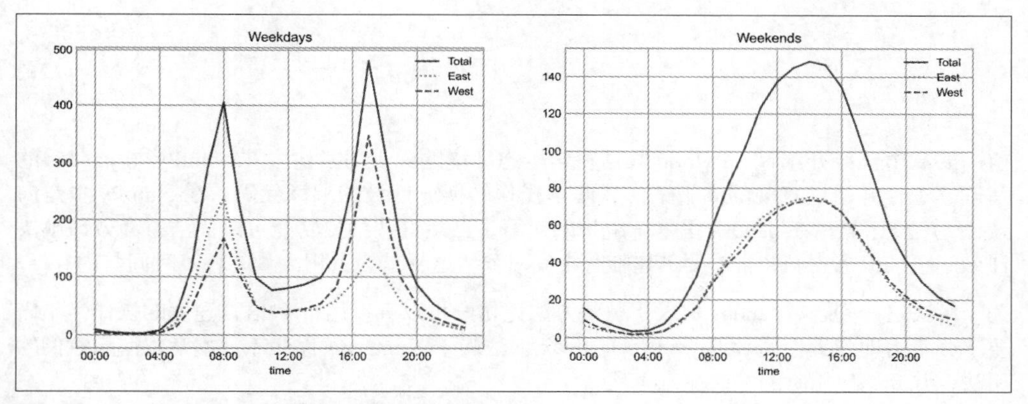

图 23-12：工作日与双休日每小时的自行车流量

结果很有意思，我们会发现工作日的自行车流量呈双峰通勤模式（bimodal commute pattern），而到了周末就变成了单峰休闲模式（unimodal recreational pattern）。假如继续挖掘数据应该还会发现更多有趣的信息，比如研究天气、温度、一年中的不同时间以及其他因素对人们通勤模式的影响。关于更深入的分析内容，请参考我的博文“Is Seattle Really Seeing an Uptick in Cycling?”，里面用数据的子集做了一些分析。我们将在第 42 章继续使用这个数据集。

第24章

高性能pandas：eval与query

前面的章节已经介绍过，Python 数据科学生态环境的强大力量建立在 NumPy 与 pandas 的基础之上，并通过直观的高级语法将基本操作转换成低级的编译代码：在 NumPy 里是向量化 / 广播运算，在 pandas 里是分组型的运算。虽然这些抽象功能可以简洁、高效地解决许多问题，但是它们经常需要创建临时中间对象，这样就会占用大量的计算时间与内存。

为了解决这一问题，pandas 引入了一些方法让用户可以直接运行 C 语言速度的操作，不需要十分费力地配置中间数组：query 与 eval 都依赖于 NumExpr 程序库。本章将演示它们的用法，并介绍使用时的一些注意事项。

24.1 query 与 eval 的设计动机：复合表达式

前面已经介绍过，NumPy 与 pandas 都支持快速的向量化运算。例如，你可以对下面两个数组进行求和：

```
In [1]: import numpy as np
        rng = np.random.default_rng(42)
        x = rng.random(1000000)
        y = rng.random(1000000)
        %timeit x + y
Out[1]: 2.21 ms ± 142 µs per loop (mean ± std. dev. of 7 runs, 100 loops each)
```

就像第 6 章中介绍的那样，这样做比普通的 Python 循环或列表推导式要快很多：

```
In [2]: %timeit np.fromiter((xi + yi for xi, yi in zip(x, y)),
                            dtype=x.dtype, count=len(x))
Out[2]: 263 ms ± 43.4 ms per loop (mean ± std. dev. of 7 runs, 1 loop each)
```

但是这种运算在处理复合表达式（compound expression）的问题时，效率比较低。例如下面的表达式：

```
In [3]: mask = (x > 0.5) & (y < 0.5)
```

由于 NumPy 会计算每一个子表达式，因此这个计算过程等价于：

```
In [4]: tmp1 = (x > 0.5)
        tmp2 = (y < 0.5)
        mask = tmp1 & tmp2
```

也就是说，**每段中间过程都需要显式地分配内存**。如果 x 和 y 数组非常大，这么运算就会占用大量的时间和内存。NumExpr 程序库可以让你在不为中间过程分配全部内存的前提下，完成元素到元素的复合表达式运算。虽然 NumExpr 文档里提供了更详细的内容，但是简单点儿说，这个程序库其实就是用一个 NumPy 风格的**字符串**表达式进行运算：

```
In [5]: import numexpr
        mask_numexpr = numexpr.evaluate('(x > 0.5) & (y < 0.5)')
        np.all(mask == mask_numexpr)
Out[5]: True
```

这么做的好处是，由于 NumExpr 在计算表达式时不需要为临时数组分配全部内存，因此计算比 NumPy 更高效，尤其适合处理大型数组。马上要介绍的 pandas 的 eval 和 query 工具其实也是基于 NumExpr 实现的。

24.2 用 pandas.eval 实现高性能运算

pandas 的 eval 函数用字符串表达式实现了 DataFrame 的高性能运算，例如下面的 DataFrame：

```
In [6]: import pandas as pd
        nrows, ncols = 100000, 100
        df1, df2, df3, df4 = (pd.DataFrame(rng.rand(nrows, ncols))
                              for i in range(4))
```

如果要用普通的 pandas 方法计算 4 个 DataFrame 的和，可以这么写：

```
In [7]: %timeit df1 + df2 + df3 + df4
Out[7]: 73.2 ms ± 6.72 ms per loop (mean ± std. dev. of 7 runs, 10 loops each)
```

也可以通过 pd.eval 和字符串表达式计算并得出相同的结果：

```
In [8]: %timeit pd.eval('df1 + df2 + df3 + df4')
Out[8]: 34 ms ± 4.2 ms per loop (mean ± std. dev. of 7 runs, 10 loops each)
```

这个 eval 版本的表达式比普通方法快一倍（而且内存消耗更少），结果也是一样的：

```
In [9]: np.allclose(df1 + df2 + df3 + df4,
                    pd.eval('df1 + df2 + df3 + df4'))
Out[9]: True
```

pd.eval() 支持许多运算方法。为了演示这些运算，创建一个整数类型的 DataFrame：

```
In [10]: df1, df2, df3, df4, df5 = (pd.DataFrame(rng.randint(0, 1000, (100, 3)))
                                    for i in range(5))
```

下面总结了 **pd.eval()** 支持的所有运算方法。

1. 算术运算符

pd.eval 支持所有的算术运算符，例如：

```
In [11]: result1 = -df1 * df2 / (df3 + df4) - df5
         result2 = pd.eval('-df1 * df2 / (df3 + df4) - df5')
         np.allclose(result1, result2)
Out[11]: True
```

2. 比较运算符

pd.eval 支持所有的比较运算符，包括链式表达式：

```
In [12]: result1 = (df1 < df2) & (df2 <= df3) & (df3 != df4)
         result2 = pd.eval('df1 < df2 <= df3 != df4')
         np.allclose(result1, result2)
Out[12]: True
```

3. 位运算符

pd.eval 支持 & （与）和 | （或）位运算符：

```
In [13]: result1 = (df1 < 0.5) & (df2 < 0.5) | (df3 < df4)
         result2 = pd.eval('(df1 < 0.5) & (df2 < 0.5) | (df3 < df4)')
         np.allclose(result1, result2)
Out[13]: True
```

另外，你还可以在布尔类型的表达式中使用 and 和 or 字面值：

```
In[14]: result3 = pd.eval('(df1 < 0.5) and (df2 < 0.5) or (df3 < df4)')
        np.allclose(result1, result3)
Out[14]: True
```

4. 对象属性与索引

pd.eval 可以通过 obj.attr 语法获取对象属性，通过 obj[index] 语法获取对象索引：

```
In[15]: result1 = df2.T[0] + df3.iloc[1]
        result2 = pd.eval('df2.T[0] + df3.iloc[1]')
        np.allclose(result1, result2)
Out[15]: True
```

5. 其他运算

目前 pd.eval 尚不支持函数调用、条件语句、循环以及更复杂的运算。如果你想要进行这些运算，可以借助 NumExpr 来实现。

24.3 用 DataFrame.eval 实现列间运算

由于 pd.eval 是 pandas 的顶层函数，因此 DataFrame 有一个 eval 方法可以做类似的运算。使用 eval 方法的好处是可以借助**列名称**进行运算，示例如下：

```
In [16]: df = pd.DataFrame(rng.random((1000, 3)), columns=['A', 'B', 'C'])
         df.head()
Out[16]:           A         B         C
         0  0.850888  0.966709  0.958690
         1  0.820126  0.385686  0.061402
         2  0.059729  0.831768  0.652259
         3  0.244774  0.140322  0.041711
         4  0.818205  0.753384  0.578851
```

如果用前面介绍的 pd.eval，就可以通过下面的表达式计算这 3 列：

```
In[ 17]: result1 = (df['A'] + df['B']) / (df['C'] - 1)
         result2 = pd.eval("(df.A + df.B) / (df.C - 1)")
         np.allclose(result1, result2)
Out[17]: True
```

而 DataFrame.eval 方法可以通过列名称实现简洁的表达式：

```
In [18]: result3 = df.eval('(A + B) / (C - 1)')
         np.allclose(result1, result3)
Out[18]: True
```

请注意，这里用**列名称作为变量**来计算表达式，结果同样是正确的。

24.3.1 用 DataFrame.eval 新增列

除了前面介绍的运算功能，DataFrame.eval 还可以创建新的列。还用前面的 DataFrame 来演示，列名是 'A'、'B' 和 'C'：

```
In [19]: df.head()
Out[19]:           A         B         C
         0  0.850888  0.966709  0.958690
         1  0.820126  0.385686  0.061402
         2  0.059729  0.831768  0.652259
         3  0.244774  0.140322  0.041711
         4  0.818205  0.753384  0.578851
```

可以用 df.eval 创建一个新的列 'D'，然后赋给它其他列计算的值：

```
In [20]: df.eval('D = (A + B) / C', inplace=True)
         df.head()
Out[20]:           A         B         C          D
         0  0.850888  0.966709  0.958690   1.895916
         1  0.820126  0.385686  0.061402  19.638139
         2  0.059729  0.831768  0.652259   1.366782
         3  0.244774  0.140322  0.041711   9.232370
         4  0.818205  0.753384  0.578851   2.715013
```

还可以修改已有的列：

```
In [21]: df.eval('D = (A - B) / C', inplace=True)
         df.head()
Out[21]:           A         B         C         D
         0  0.850888  0.966709  0.958690 -0.120812
```

```
1  0.820126  0.385686  0.061402  7.075399
2  0.059729  0.831768  0.652259 -1.183638
3  0.244774  0.140322  0.041711  2.504142
4  0.818205  0.753384  0.578851  0.111982
```

24.3.2 DataFrame.eval 使用局部变量

DataFrame.eval 方法还支持通过 @ 符号使用 Python 的局部变量，如下所示：

```
In [22]: column_mean = df.mean(1)
         result1 = df['A'] + column_mean
         result2 = df.eval('A + @column_mean')
         np.allclose(result1, result2)
Out[22]: True
```

@ 符号表示这是一个**变量名称**而不是一个**列名称**，从而让你灵活地用两个“命名空间”的资源（列名称的命名空间和 Python 对象的命名空间）计算表达式。需要注意的是，@ 符号只能在 DataFrame.eval() **方法**中使用，而不能在 pandas.eval **函数**中使用，因为 pandas.eval 函数只能获取一个（Python）命名空间的内容。

24.4 DataFrame.query 方法

DataFrame 基于字符串表达式的运算实现了另一个方法，被称为 query，例如：

```
In [23]: result1 = df[(df.A < 0.5) & (df.B < 0.5)]
         result2 = pd.eval('df[(df.A < 0.5) & (df.B < 0.5)]')
         np.allclose(result1, result2)
Out[23]: True
```

和前面介绍过的 DataFrame.eval 一样，这是一个用 DataFrame 列创建的表达式，但是不能用 DataFrame.eval 语法[1]。不过，对于这种过滤运算，你可以用 query() 方法：

```
In [24]: result2 = df.query('A < 0.5 and B < 0.5')
         np.allclose(result1, result2)
Out[24]: True
```

除了计算性能更优之外，这种方法的语法也比掩码表达式语法更好理解。需要注意的是，query 方法也支持用 @ 符号引用局部变量：

```
In [25]: Cmean = df['C'].mean()
         result1 = df[(df.A < Cmean) & (df.B < Cmean)]
         result2 = df.query('A < @Cmean and B < @Cmean')
         np.allclose(result1, result2)
Out[25]: True
```

注 1：因为你要的结果是包含 DataFrame 的全部列。——译者注

24.5 性能决定使用时机

在考虑要不要使用 eval 和query 这两个函数时，需要考虑两个方面：**计算时间和内存消耗**，其中内存消耗是更重要的影响因素。就像前面介绍的那样，每个涉及 NumPy 数组或 pandas 的 DataFrame 的复合表达式都会产生临时数组，例如：

```
In[26]: x = df[(df.A < 0.5) & (df.B < 0.5)]
```

它基本等价于：

```
In [27]: tmp1 = df.A < 0.5
         tmp2 = df.B < 0.5
         tmp3 = tmp1 & tmp2
         x = df[tmp3]
```

如果临时 DataFrame 的内存需求比你的系统内存还大（通常是几吉字节），那么最好还是使用 eval 和 query 表达式。你可以通过下面的方法大概估算一下变量的内存消耗：

```
In [28]: df.values.nbytes
Out[28]: 32000
```

在性能方面，即使你没有使用最大的系统内存，eval 的计算速度也比普通方式快。现在的性能瓶颈变成了临时 DataFrame 与系统 CPU 的 L1 和 L2 缓存（通常是几兆字节）之间的对比了——如果系统缓存足够大，那么 eval 就可以避免在不同缓存间缓慢地移动临时文件。在实际工作中，我发现普通的计算方法与 eval/query 计算方法在计算时间上的差异并非总是那么明显，普通方法在处理较小的数组时速度反而更快。eval/query 方法的优点主要是节省内存，有时语法也更加简洁。

我们已经介绍了 eval 与 query 的绝大多数细节，若想了解更多的信息，请参考 pandas 文档。尤其需要注意的是，可以通过设置不同的解析器和引擎来执行这些查询，相关细节请参考 pandas 文档中的“Enhancing Performance”一节。

24.6 参考资料

在这一部分，我们介绍了许多关于通过 pandas 实现高效数据分析的基础知识，但因篇幅有限，仍有许多知识无法介绍到。如果你想学习更多的 pandas 知识，推荐参考下面的资源。

pandas 在线文档

这是 pandas 程序包最详细的文档。虽然文档中的示例都是在处理小数据集，但是它们内容完整、功能全面，对于理解各种函数的用法非常有用。

《利用 Python 进行数据分析》

这是 Wes McKinney（pandas 创建者）的著作，里面介绍了许多本章没有介绍的 pandas 知识，非常详细。值得一提的是，由于 McKinney 曾经是一名金融分析师，因此他深刻论述了用 pandas 处理时间序列的工具。这本书中还有许多有趣的示例，展示了如何通过 pandas 探索真实数据集的规律。

Effective Pandas

这本由 pandas 开发人员 Tom Augspurger 编写的电子书简明扼要地概述了如何以有效、习以为常的方式使用 pandas 库的全部功能。

PyVideo 上关于 pandas 的教学视频

从 PyCon 到 SciPy 再到 PyData，许多会议都有 pandas 开发者和专家分享的教程。PyCon 的教程特别受欢迎，好评最多。

希望这一部分的内容和这些资源，可以让你学会如何通过 pandas 解决工作中遇到的所有数据分析问题！

第四部分

Matplotlib数据可视化

本部分将详细介绍使用 Python 的 Matplotlib 工具实现数据可视化的方法。Matplotlib 是建立在 NumPy 数组基础上的多平台数据可视化程序库，最初被设计用于完善 SciPy 的生态环境。John Hunter 在 2002 年提出了 Matplotlib 的构想——希望通过一个 IPython 的补丁，让 IPython 命令行可以用 gnuplot 画出类似 MATLAB 风格的交互式图形。但那时 IPython 的作者 Fernando Pérez 正忙着写博士论文，就对 John 说自己最近几个月都没时间审核补丁。John 倒觉得这是个机会，就把补丁做成了 Matplotlib 程序包，于 2003 年发布了 0.1 版。后来，美国空间望远镜科学研究所（Space Telescope Science Institute，STScI，哈勃空间望远镜背后的团队）选择它作为画图程序包，并一直为 Matplotlib 开发团队提供资金支持，从而极大地扩展了 Matplotlib 的功能。

Matplotlib 最重要的特性之一就是具有良好的操作系统兼容性和图形显示底层接口兼容性。Matplotlib 支持几十种图形显示接口与输出格式，这使得用户无论在哪种操作系统上都可以输出自己想要的图形格式。这种跨平台、面面俱到的特点已经成为 Matplotlib 最大的优势之一，Matplotlib 也因此吸引了大量用户，进而形成了一个活跃的开发者团队，Matplotlib 也晋升为 Python 科学领域不可或缺的强大武器。

然而近几年，Matplotlib 的界面与风格似乎有点儿跟不上时代。新的画图工具，如 R 语言中的 ggplot 和 ggvis，都开始使用基于 D3js 和 HTML5 canvas 构建的网页可视化工具。相比之下，Matplotlib 更显沧桑。但我觉得，我们仍然不能放弃 Matplotlib 这样一个功能完善、跨平台的画图引擎。目前，新版的 Matplotlib 已经可以轻松实现主流的绘图风格（详情请参见第 34 章），人们不断在 Matplotlib 的基础上开发出新的程序包，实现更加简洁、现代化的 API，例如 Seaborn（详情请参见第 36 章）、ggpy、HoloViews，以及 pandas 对 Matplotlib 的 API 封装的画图功能。虽然已经有了封装后的高级工具，但是掌握 Matplotlib 的语法能让你灵活地控制最终的图形结果。因此，即使新工具的出现说明社区正在逐渐放弃直接使用底层的 Matplotlib API 去画图的做法，但我依然觉得 Matplotlib 是数据可视化技术中不可或缺的一环。

第25章

Matplotlib常用技巧

在深入学习 Matplotlib 数据可视化的功能之前，你需要知道 Matplotlib 的几个使用技巧。

25.1 导入 Matplotlib

就像之前用 np 作为 NumPy 的简写形式、pd 作为 pandas 的简写形式，我们也可以在导入 Matplotlib 时用一些它常用的简写形式：

```
In [1]: import matplotlib as mpl
        import matplotlib.pyplot as plt
```

plt 是最常用的接口，在本部分后面的内容中会经常用到。

25.2 设置绘图样式

我们将使用 plt.style 来选择图形的绘图风格。现在选择经典（classic）风格，这样画出的图就都是经典的 Matplotlib 风格了：

```
In [2]: plt.style.use('classic')
```

在后面的内容中，我们将根据需要调整绘图风格。关于风格列表的更多信息，请参见第 34 章。

25.3 用不用 show？如何显示图形

如果数据可视化图不能被看见，那它就一点儿用也没有了。但如何显示你的图形，取决于具体的开发环境。Matplotlib 的最佳实践与你使用的开发环境有关。简单来说，有 3 种开发环境，分别是脚本、IPython shell 和 Jupyter Notebook。

25.3.1 在脚本中画图

如果你在脚本文件中使用 Matplotlib，那么显示图形的时候必须使用 plt.show。plt.show 会启动一个事件循环（event loop），并找到所有当前可用的图形对象，然后打开一个或多个交互式窗口显示图形。

例如，你现在有一个名为 myplot.py 的文件，代码如下所示：

```
# file: myplot.py
import matplotlib.pyplot as plt
import numpy as np

x = np.linspace(0, 10, 100)

plt.plot(x, np.sin(x))
plt.plot(x, np.cos(x))

plt.show()
```

你可以从命令行工具中执行这个脚本，然后会看到一个新窗口，里面会显示你的图形：

```
$ python myplot.py
```

plt.show 这行代码在背后完成了许多事情，它需要与你使用的操作系统的图形显示接口进行交互。虽然具体的操作细节会因操作系统和安装过程不同而有很大的差异，但是 Matplotlib 为你隐藏了所有的细节，非常省心。

不过有一点需要注意，一个 Python 会话（session）中**只能**使用一次 plt.show，因此通常都把它放在脚本的最后。多个 plt.show 命令会导致难以预料的显示异常，应该尽量避免。

25.3.2 在 IPython shell 中画图

在 IPython shell 中交互式地使用 Matplotlib 画图非常方便（详情请参见第一部分），在 IPython 中启用 Matplotlib 模式就可以使用它。为了启用这个模式，你需要在启动 ipython 后使用 %matplotlib 魔法命令：

```
In [1]: %matplotlib
Using matplotlib backend: TkAgg

In [2]: import matplotlib.pyplot as plt
```

此后的任何 plt 命令都会自动打开一个图形窗口，增加新的命令，图形就会更新。有一些变化（例如改变已经画好的线条属性）不会自动及时更新，对于这些变化，可以使用 plt.draw 强制更新。在 IPython shell 中启用 Matplotlib 模式之后，就不需要使用 plt.show 了。

25.3.3 在 Jupyter Notebook 中画图

Jupyter Notebook 是一款基于浏览器的交互式数据分析工具，可以将描述性文字、代码、图形、HTML 元素以及更多的媒体形式组合起来，集成到单个可执行的 Notebook 文档中（详情请参见第一部分）。

用 Jupyter Notebook 进行交互式画图与使用 IPython shell 类似，也需要使用 %matplotlib 命令。你可以将图形直接嵌在 Jupyter Notebook 页面中，图形有两种展现形式。

- %matplotlib inline 会在 Notebook 中启动**静态**图形。
- %matplotlib notebook 会在 Notebook 中启动**交互式**图形。

我们在本书中统一使用 %matplotlib inline，将图片渲染为**静态**图形（如图 25-1 所示）：

```
In [3]: %matplotlib inline

In [4]: import numpy as np
        x = np.linspace(0, 10, 100)

        fig = plt.figure()
        plt.plot(x, np.sin(x), '-')
        plt.plot(x, np.cos(x), '--');
```

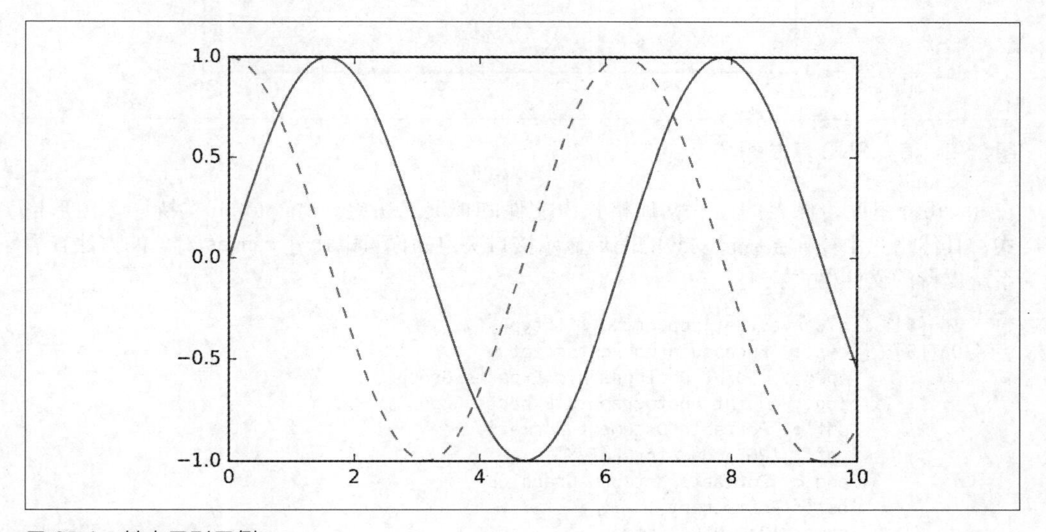

图 25-1：基本图形示例

25.3.4 将图形保存为文件

Matplotlib 的一个优点是能够将图形保存为不同的数据格式。可以用 savefig 命令将图形保存为文件。例如，如果要将图形保存为 PNG 格式，可以运行这行代码：

```
In [5]: fig.savefig('my_figure.png')
```

这样工作文件夹里就有了一个 my_figure.png 文件：

```
In [6]: !ls -lh my_figure.png
Out[6]: -rw-r--r--  1 jakevdp  staff    26K Feb  1 06:15 my_figure.png
```

为了确定文件中是否保存了我们需要的内容，可以用 IPython 的 Image 对象来显示文件内容（如图 25-2 所示）：

```
In [7]: from IPython.display import Image
        Image('my_figure.png')
```

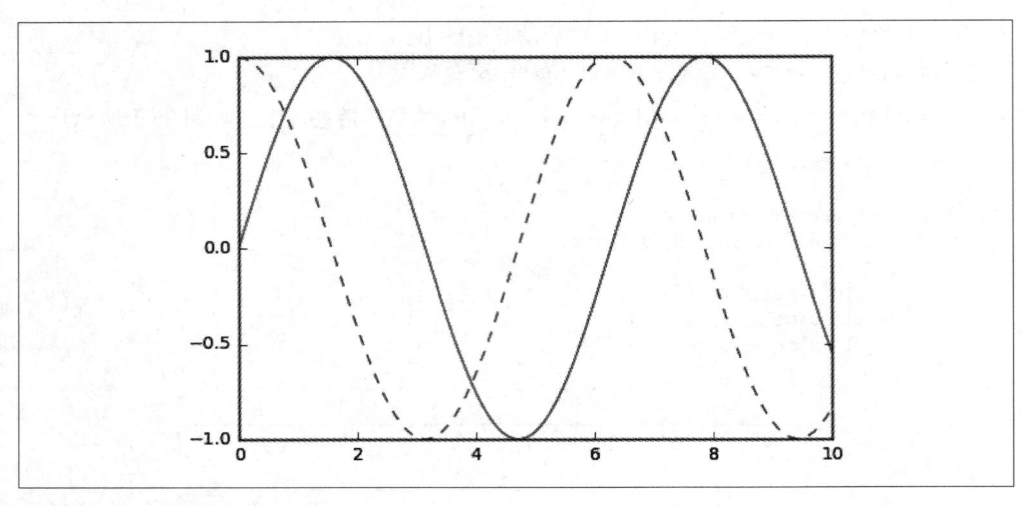

图 25-2：渲染 PNG 基本图形

在 savefig 里面，保存的图片文件格式由文件的扩展名决定。Matplotlib 支持许多图形格式，具体格式由操作系统已安装的图形显示接口决定。你可以通过 canvas 对象的方法查看系统支持的文件格式：

```
In [8]: fig.canvas.get_supported_filetypes()
Out[8]: {'eps': 'Encapsulated Postscript',
         'jpeg': 'Joint Photographic Experts Group',
         'jpg': 'Joint Photographic Experts Group',
         'pdf': 'Portable Document Format',
         'pgf': 'PGF code for LaTeX',
         'png': 'Portable Network Graphics',
         'ps': 'Postscript',
         'raw': 'Raw RGBA bitmap',
         'rgba': 'Raw RGBA bitmap',
         'svg': 'Scalable Vector Graphics',
         'svgz': 'Scalable Vector Graphics',
         'tif': 'Tagged Image File Format',
         'tiff': 'Tagged Image File Format'}
```

需要注意的是，当你保存图形文件时，不需要使用 plt.show 或者前面介绍过的命令。

25.3.5　两种画图接口

不过 Matplotlib 有一个容易让人混淆的特性，就是它的两种画图接口：一个是便捷的 MATLAB 风格接口，另一个是功能更强大的面向对象接口。下面来快速对比一下两种接口的主要差异。

1. MATLAB 风格接口

Matplotlib 最初作为 MATLAB 用户的 Python 版替代品，许多语法都和 MATLAB 类似。MATLAB 风格的工具位于 pyplot（plt）接口中。MATLAB 用户肯定对下面的代码特别熟悉（如图 25-3 所示）：

```
In [9]: plt.figure()  # 创建图形

        # 创建两个子图中的第一个，设置坐标轴
        plt.subplot(2, 1, 1) # (行、列、子图编号)
        plt.plot(x, np.sin(x))

        # 创建两个子图中的第二个，设置坐标轴
        plt.subplot(2, 1, 2)
        plt.plot(x, np.cos(x));
```

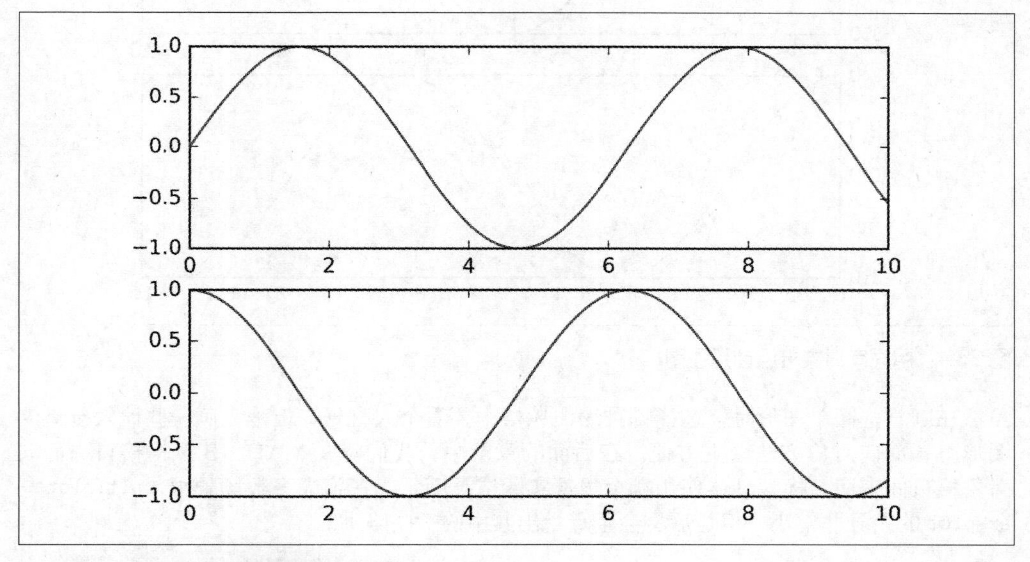

图 25-3：MATLAB 风格接口绘制的子图

这种接口最重要的特性是**有状态的**（stateful）：它会持续跟踪“当前的”图形和坐标轴，所有 plt 命令都可以应用。你可以用 plt.gcf（获取当前图形）和 plt.gca（获取当前坐标轴）来查看具体信息。

虽然这个有状态的接口画起图来又快又方便，但是也很容易出问题。例如，当创建上面的第二个子图时，怎么才能回到第一个子图，并增加新内容呢？虽然用 MATLAB 风格接口也能实现，但过于复杂，好在还有一种更好的办法。

2. 面向对象接口

面向对象接口可以适应更复杂的场景，更好地控制你自己的图形。在面向对象接口中，画图函数不再受到当前“活动”图形或坐标轴的限制，而变成了显式的 Figure 和 Axes 对象的**方法**。通过下面的代码，可以用面向对象接口重新创建之前的图形（如图 25-4 所示）：

```
In [10]: # 先创建图形网格
         # ax 是一个包含两个 Axes 对象的数组
         fig, ax = plt.subplots(2)

         # 在每个对象上调用 plot() 方法
         ax[0].plot(x, np.sin(x))
         ax[1].plot(x, np.cos(x));
```

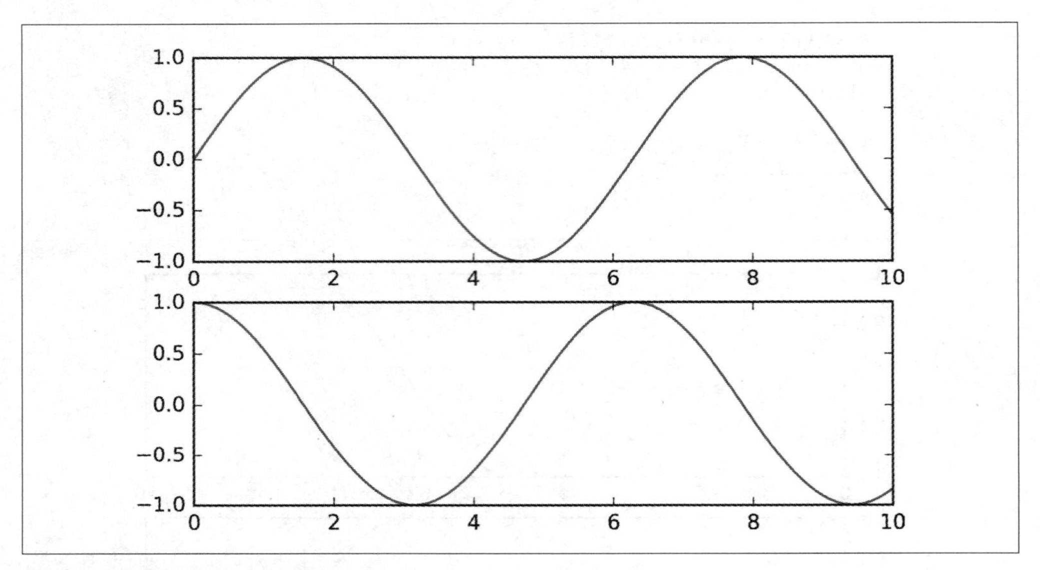

图 25-4：用面向对象接口创建子图

虽然在画一些简单图形时，选择哪种绘图风格主要看个人喜好，但是在画一些比较复杂的图形时，面向对象方法会更方便。在后面的章节中，我们将在 MATLAB 风格接口与面向对象接口间来回转换，具体使用哪个根据实际情况而定。在绝大多数场景中，plt.plot 与 ax.plot 的差异非常小，但是后文会重点指出其中的一些陷阱。

第26章

简单线形图

在所有的图形中，最简单的应该就是线性方程 $y = f(x)$ 的可视化了。下面来看看如何创建这个简单的线形图。接下来的内容都是在 Notebook 中画图，因此需要导入以下程序包：

```
In [1]: %matplotlib inline
        import matplotlib.pyplot as plt
        plt.style.use('seaborn-whitegrid')
        import numpy as np
```

要画 Matplotlib 图形时，都需要先创建一个图形（fig）和一个坐标轴（ax）。创建图形与坐标轴的最简单的做法如下所示（如图 26-1 所示）：

```
In [2]: fig = plt.figure()
        ax = plt.axes()
```

在 Matplotlib 里面，figure（plt.Figure 类的一个实例）可以被看成一个能够容纳各种坐标轴、图形、文字和标签的容器。就像你在图中看到的那样，axes（plt.Axes 类的一个实例）是一个带有刻度、网格和标签的矩形，最终会包含所有可视化的图形元素。在本部分中，我们通常会用变量 fig 表示一个图形实例，用变量 ax 表示一个坐标轴实例或一组坐标轴实例。

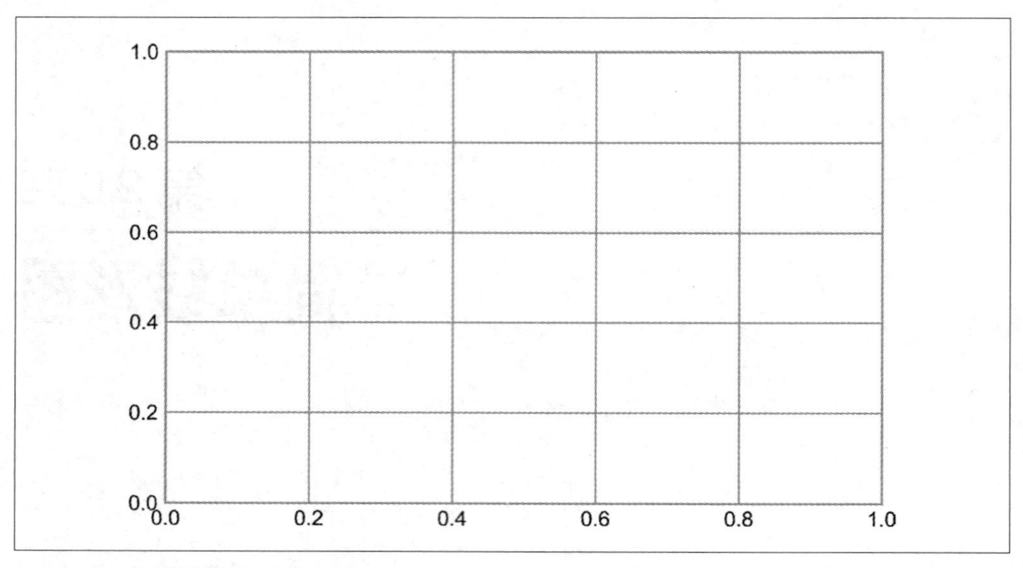

图 26-1：一个空的网格坐标轴

创建好坐标轴之后，就可以用 ax.plot 画图了。从一条简单的正弦曲线（sinusoid）开始（如图 26-2 所示）：

```
In [3]: fig = plt.figure()
        ax = plt.axes()

        x = np.linspace(0, 10, 1000)
        ax.plot(x, np.sin(x));
```

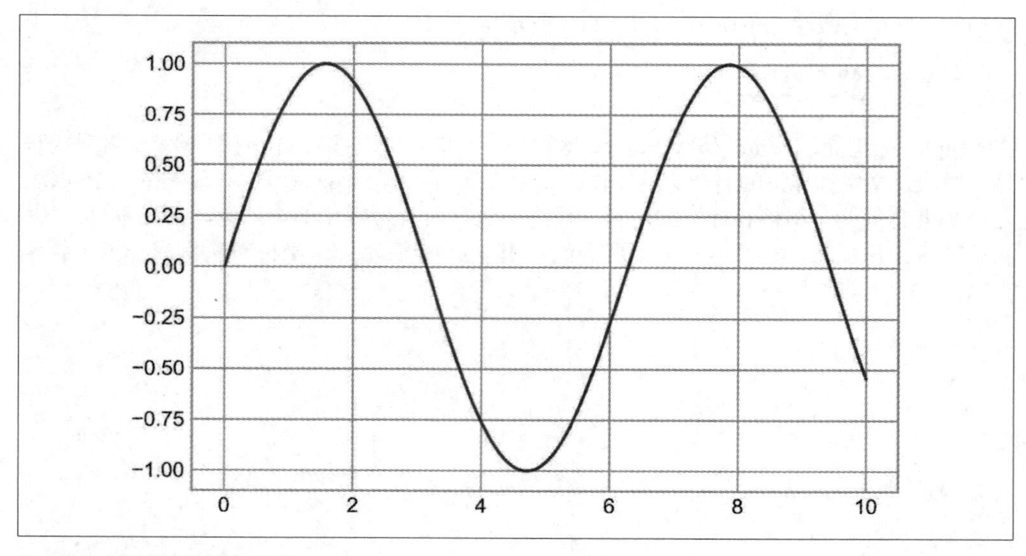

图 26-2：简单的正弦曲线图

注意，最后一行代码末尾的分号是有意添加的，它用于抑制图形在输出中的文本表示。

另外，也可以用 PyLab 接口画图，这时图形与坐标轴都在底层创建（上一章详细讨论了这两种接口）。如图 26-3 所示，画图结果是一样的：

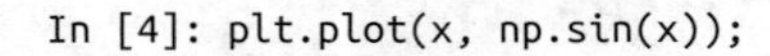

```
In [4]: plt.plot(x, np.sin(x));
```

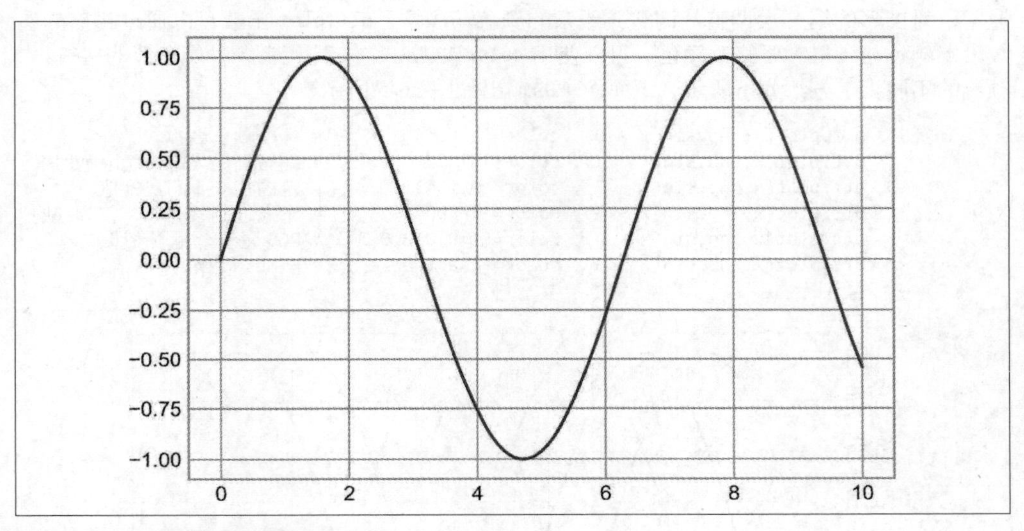

图 26-3：用面向对象接口画正弦曲线

如果想在一张图中创建多条线（如图 26-4 所示），可以重复调用 `plot` 命令：

```
In [5]: plt.plot(x, np.sin(x))
        plt.plot(x, np.cos(x));
```

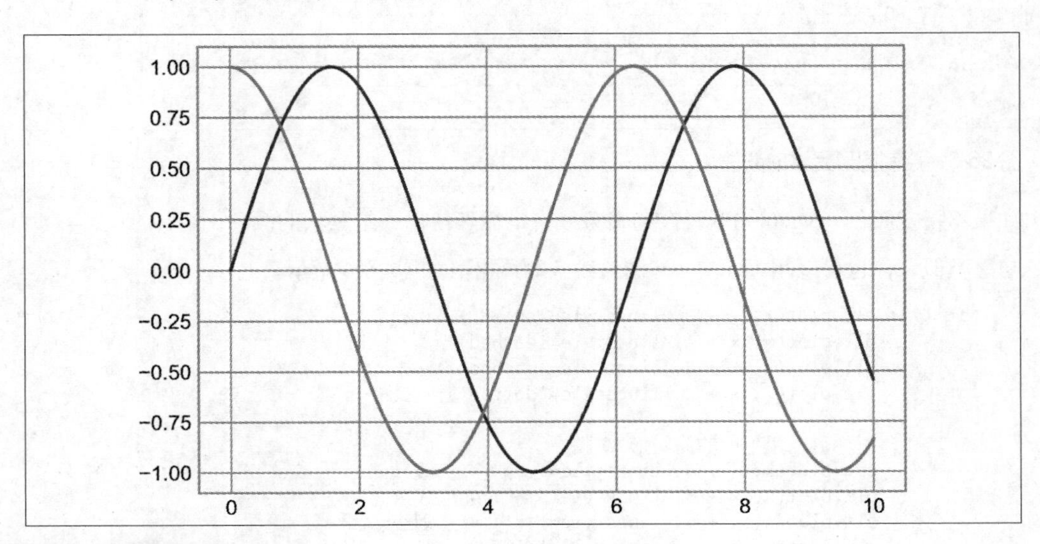

图 26-4：创建多条线

在 Matplotlib 中绘制简单函数的图像就是如此简单！下面将详细介绍控制坐标轴和线条外观的方法。

26.1　调整图形：线条的颜色与风格

通常，对图形的第一次调整是调整其线条的颜色与风格。`plt.plot` 函数可以通过相应的参数设置颜色与风格。要修改颜色，可以使用 `color` 参数，它支持代表各种颜色值的字符串。颜色的不同指定方法如下所示（下面例子的输出如图 26-5 所示）：

```
In [6]: plt.plot(x, np.sin(x - 0), color='blue')        # 标准颜色名称
        plt.plot(x, np.sin(x - 1), color='g')           # 缩写颜色代码（rgbcmyk）
        plt.plot(x, np.sin(x - 2), color='0.75')        # 范围在 0~1 的灰度值
        plt.plot(x, np.sin(x - 3), color='#FFDD44')     # 十六进制（RRGGBB, 00~FF）
        plt.plot(x, np.sin(x - 4), color=(1.0,0.2,0.3)) # RGB 元组，范围在 0~1 内
        plt.plot(x, np.sin(x - 5), color='chartreuse'); # HTML 颜色名称
```

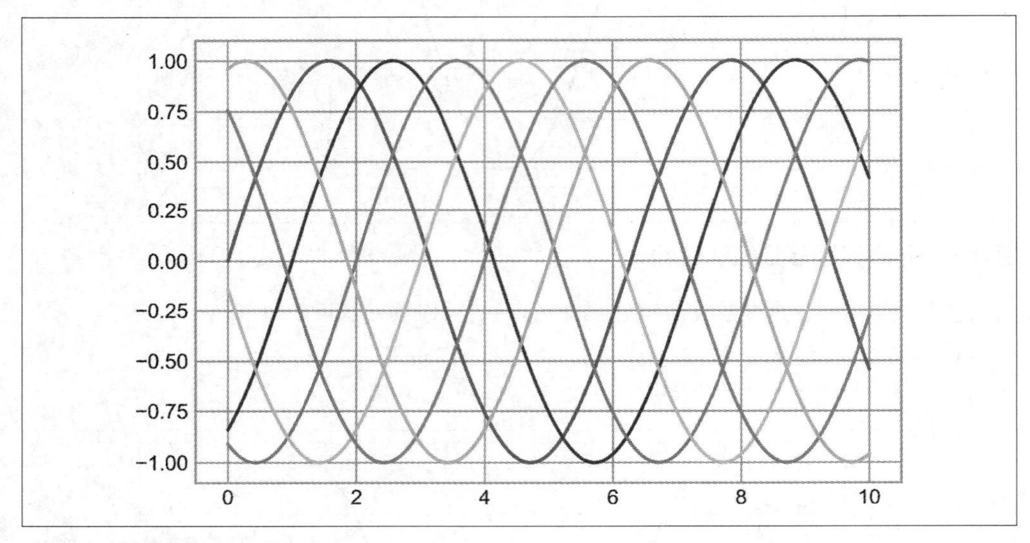

图 26-5：控制图形元素的颜色

如果不指定颜色，Matplotlib 就会为多条线自动循环使用一组默认的颜色。

与之类似，你也可以用 `linestyle` 调整线条的风格（如图 26-6 所示）。

```
In [7]: plt.plot(x, x + 0, linestyle='solid')
        plt.plot(x, x + 1, linestyle='dashed')
        plt.plot(x, x + 2, linestyle='dashdot')
        plt.plot(x, x + 3, linestyle='dotted');

        # 你可以用下面的简写形式
        plt.plot(x, x + 4, linestyle='-')  # 实线
        plt.plot(x, x + 5, linestyle='--') # 虚线
        plt.plot(x, x + 6, linestyle='-.') # 点划线
        plt.plot(x, x + 7, linestyle=':'); # 点线
```

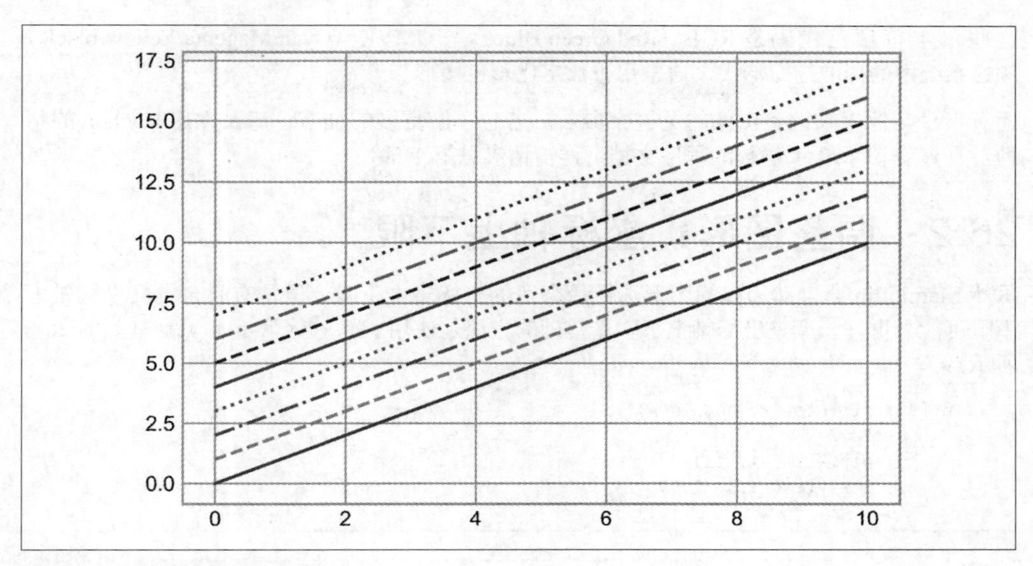

图 26-6：不同风格的线条

如果你想用一种更简洁的方式，则可以将 `linestyle` 和 `color` 编码组合起来，作为 `plt.plot` 函数的一个非关键字参数使用（结果如图 26-7 所示）：

```
In[8]: plt.plot(x, x + 0, '-g')  # 绿色实线
       plt.plot(x, x + 1, '--c') # 青色虚线
       plt.plot(x, x + 2, '-.k') # 黑色点划线
       plt.plot(x, x + 3, ':r');  # 红色点线
```

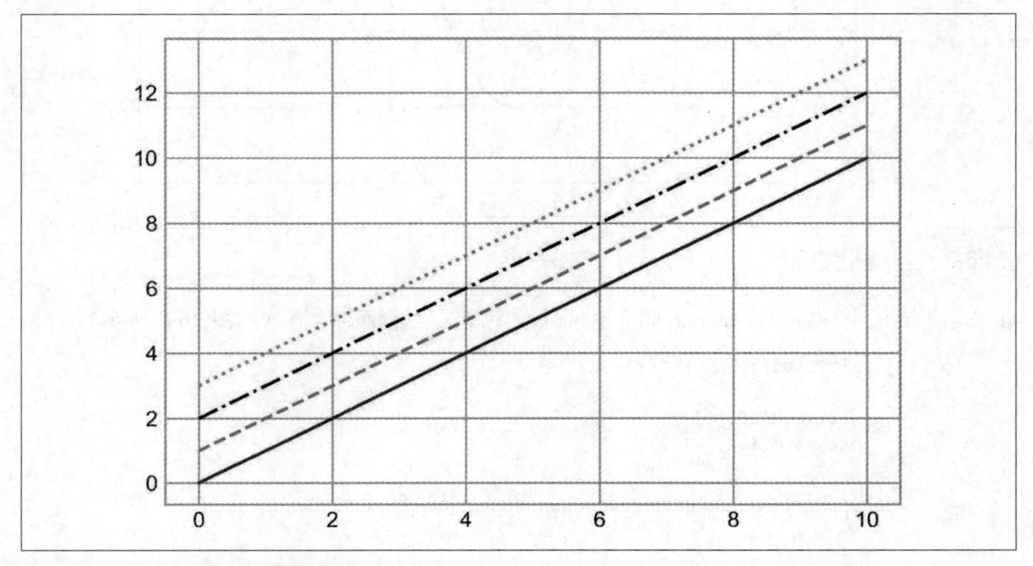

图 26-7：用快捷方式设置颜色和风格

这些单字符颜色代码是 RGB（Red/Green/Blue）与 CMYK（Cyan/Magenta/Yellow/blacK）颜色系统中的标准缩写形式，通常用于数字化彩色图形。

还有很多其他用来调整图像的关键字参数。若想了解更多的细节，建议你用 IPython 的帮助工具查看 `plt.plot` 函数的程序文档（详情请参见第 1 章）。

26.2 调整图形：坐标轴上下限

虽然 Matplotlib 会自动为你的图形选择最合适的坐标轴上下限，但是有时自定义坐标轴上下限可能会更好。调整坐标轴上下限最基础的方法是使用 `plt.xlim` 和 `plt.ylim`（如图 26-8 所示）：

```
In [9]: plt.plot(x, np.sin(x))

        plt.xlim(-1, 11)
        plt.ylim(-1.5, 1.5);
```

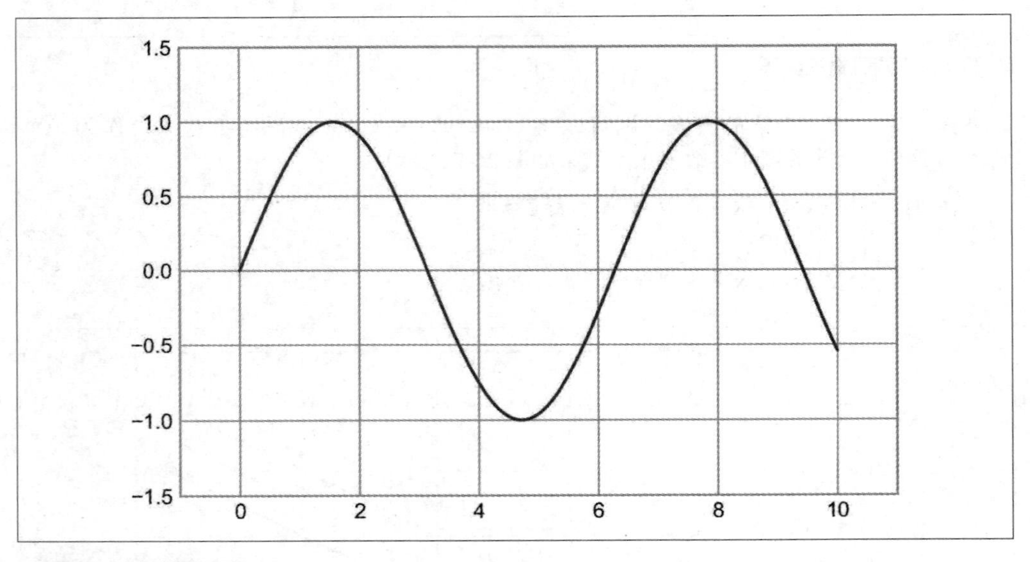

图 26-8：坐标轴上下限

如果你想要让坐标轴逆序显示，那么也可以逆序设置坐标轴刻度值（如图 26-9 所示）：

```
In [10]: plt.plot(x, np.sin(x))

         plt.xlim(10, 0)
         plt.ylim(1.2, -1.2)
```

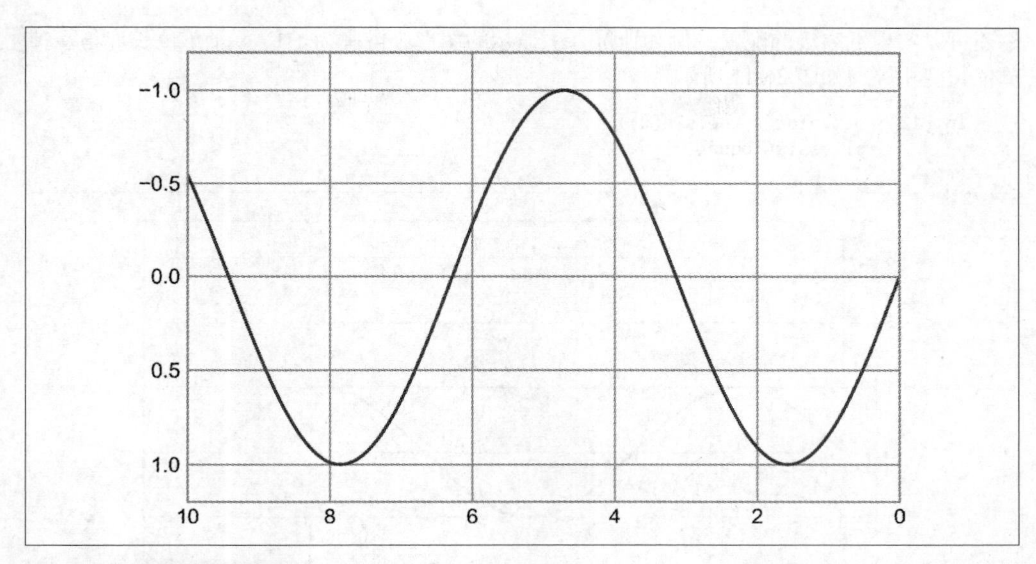

图 26-9：坐标轴刻度值逆序

还有一个方法是 plt.axis（注意不要搞混 axes 和 axis），它允许对坐标轴上下限进行更多的定性规范。例如，你可以自动收紧当前内容周围的边界（如图 26-10 所示）：

```
In [11]: plt.plot(x, np.sin(x))
         plt.axis('tight');
```

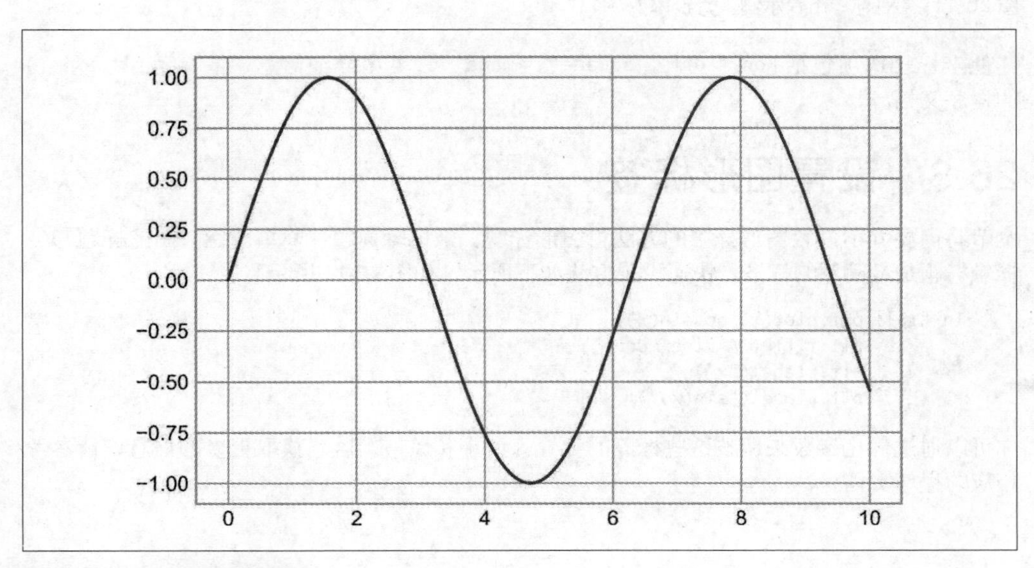

图 26-10：一个收紧的布局

你还可以实现更高级的配置，例如让屏幕上显示的图形分辨率为 1:1，x 轴单位长度与 y 轴单位长度相等（如图 26-11 所示）：

```
In [12]: plt.plot(x, np.sin(x))
         plt.axis('equal');
```

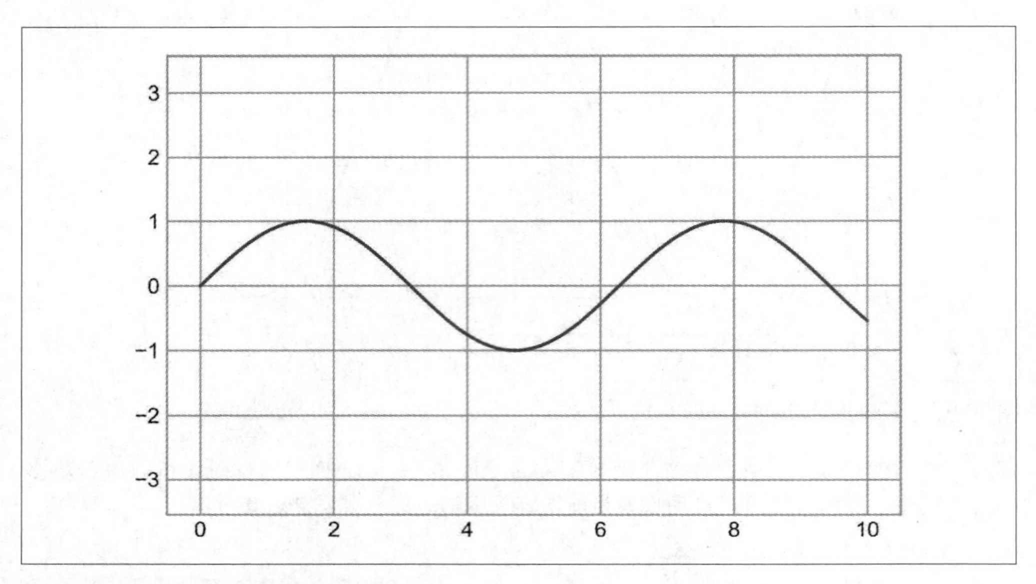

图 26-11："相等"布局示例，分辨率为 1:1

其他坐标轴选项包括 'on'、'off'、'square'、'image' 等。更多详细信息，请参考 plt.axis() 的程序文档。

26.3 设置图形标签

本节将简要介绍设置图形标签的方法：图形标题、坐标轴标题、简单图例。图形标题与坐标轴标题是最简单的标签，快速设置方法如下所示（如图 26-12 所示）：

```
In [13]: plt.plot(x, np.sin(x))
         plt.title("A Sine Curve")
         plt.xlabel("x")
         plt.ylabel("sin(x)");
```

你可以通过优化参数来调整这些标签的位置、大小和风格。若想获取更多的信息，请参考相应的程序文档。

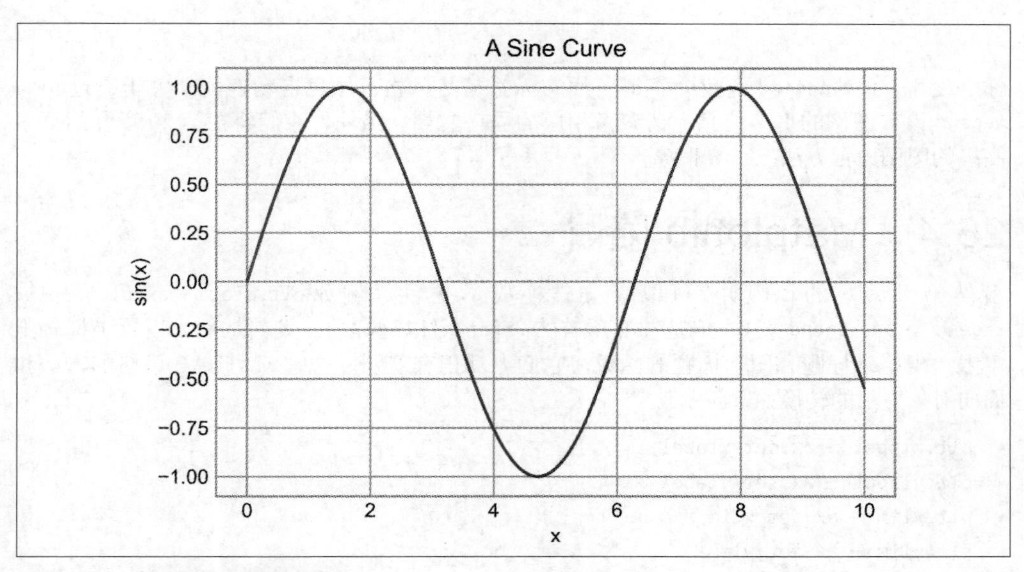

图 26-12：图形标题与坐标轴标题

在单个坐标轴上显示多条线时，创建图例来标注每条线是很有效的方法。Matplotlib 内置了一个简单快速的方法，可以用来创建图例，那就是（估计你也猜到了）`plt.legend`。虽然有不少用来设置图例的办法，但我觉得还是在 `plt.plot` 函数中用 `label` 参数为每条线设置一个标签最简单（如图 26-13 所示）：

```
In [14]: plt.plot(x, np.sin(x), '-g', label='sin(x)')
         plt.plot(x, np.cos(x), ':b', label='cos(x)')
         plt.axis('equal')

         plt.legend();
```

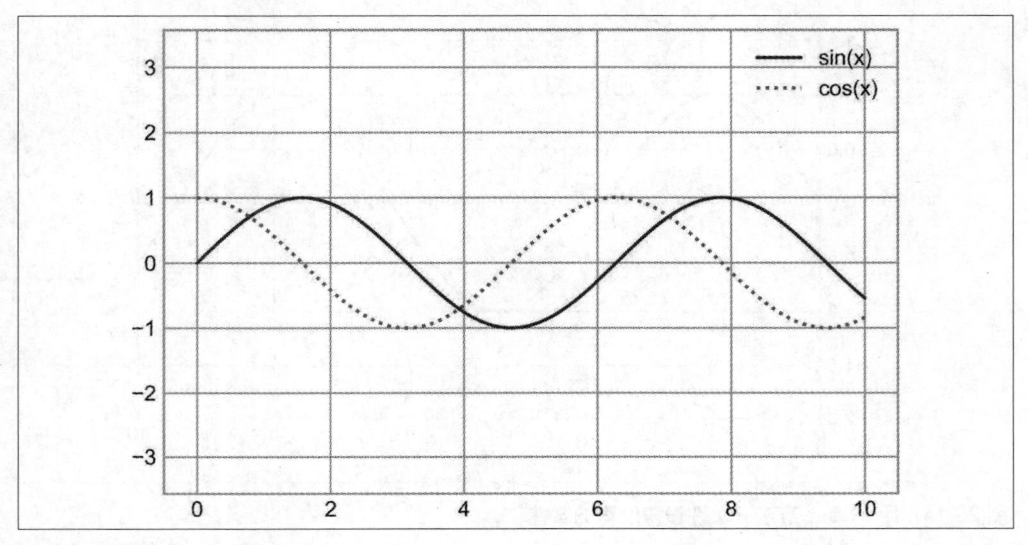

图 26-13：图例

你会发现，plt.legend 函数会将每条线的标签与其风格、颜色自动匹配。关于通过 plt.legend 设置图例的更多信息，请参考相应的程序文档。另外，我们将在第 29 章介绍更多高级的图例设置方法。

26.4 Matplotlib 陷阱

虽然绝大多数的 plt 函数可以直接转换成 ax 方法（例如 plt.plot → ax.plot、plt.legend → ax.legend 等），但是并非所有的命令都可以这样用。尤其是用来设置坐标轴上下限、坐标轴标题和图形标题的函数，它们大都稍有差别。一些 MATLAB 风格的方法和面向对象方法的转换如下所示：

- plt.xlabel → ax.set_xlabel
- plt.ylabel → ax.set_ylabel
- plt.xlim → ax.set_xlim
- plt.ylim → ax.set_ylim
- plt.title → ax.set_title

在用面向对象接口画图时，不需要单独调用这些函数，采用 ax.set 方法一次性设置所有的属性通常是更简便的方法（如图 26-14 所示）：

```
In [15]: ax = plt.axes()
         ax.plot(x, np.sin(x))
         ax.set(xlim=(0, 10), ylim=(-2, 2),
                xlabel='x', ylabel='sin(x)',
                title='A Simple Plot');
```

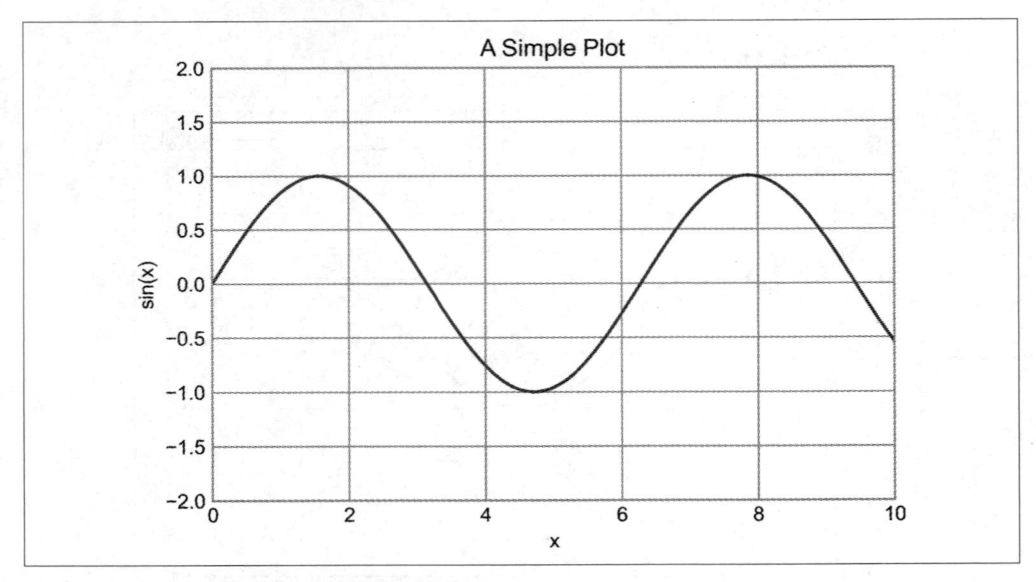

图 26-14：用 ax.set 方法一次性设置所有的属性

第 27 章

简单散点图

另一种常用的图形是简单散点图（scatter plot），与线形图类似。这种图形不再是由线段连接的点，而是由独立的点、圆圈或其他形状构成。开始的时候同样需要在 Notebook 中导入函数：

```
In [1]: %matplotlib inline
        import matplotlib.pyplot as plt
        plt.style.use('seaborn-whitegrid')
        import numpy as np
```

27.1　用 plt.plot 画散点图

上一章介绍了用 plt.plot/ax.plot 画线形图的方法，现在用这些函数来画散点图（如图 27-1 所示）：

```
In [2]: x = np.linspace(0, 10, 30)
        y = np.sin(x)

        plt.plot(x, y, 'o', color='black');
```

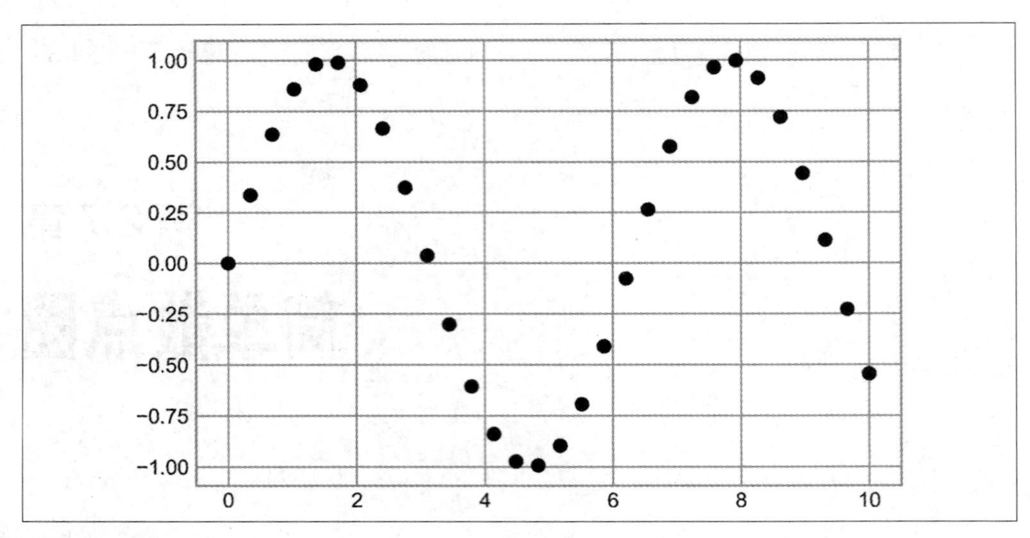

图 27-1：散点图

函数的第三个参数是一个字符，表示图形符号的类型。与你之前用 '-' 和 '--' 设置线条属性类似，对应的图形标记也有缩写形式。所有的缩写形式都可以在 plt.plot 文档中查到，也可以参考 Matplotlib 的在线文档。绝大部分图形标记非常直观，我们在这里演示一部分（如图 27-2 所示）：

```
In [3]: rng = np.random.default_rng(0)
        for marker in ['o', '.', ',', 'x', '+', 'v', '^', '<', '>', 's', 'd']:
            plt.plot(rng.random(2), rng.random(2), marker, color='black',
                     label="marker='{0}'".format(marker))
        plt.legend(numpoints=1, fontsize=13)
        plt.xlim(0, 1.8);
```

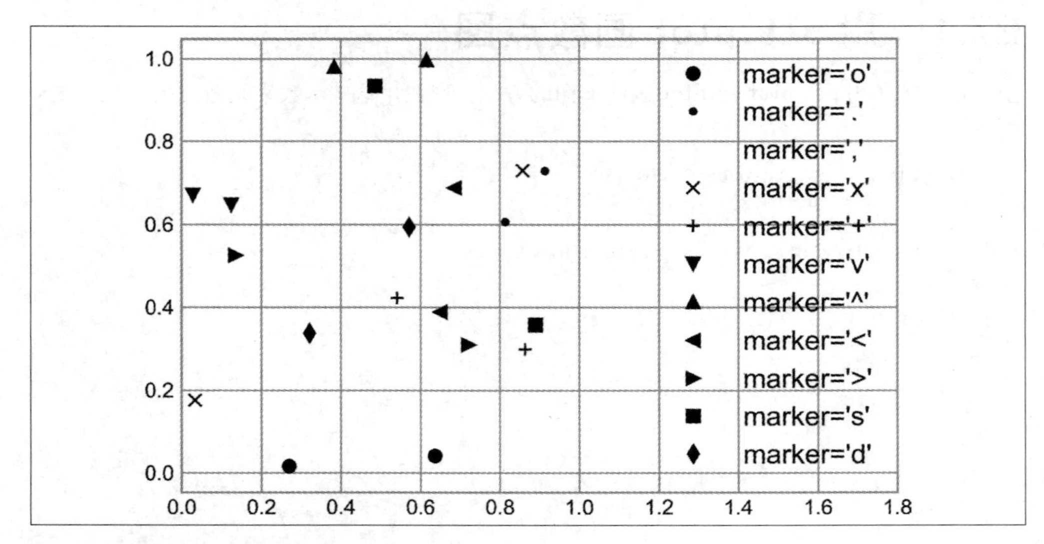

图 27-2：不同的图形标记

这些代码还可以与线条、颜色代码组合起来，画出一条连接散点的线（如图 27-3 所示）：

```
In [4]: plt.plot(x, y, '-ok');
```

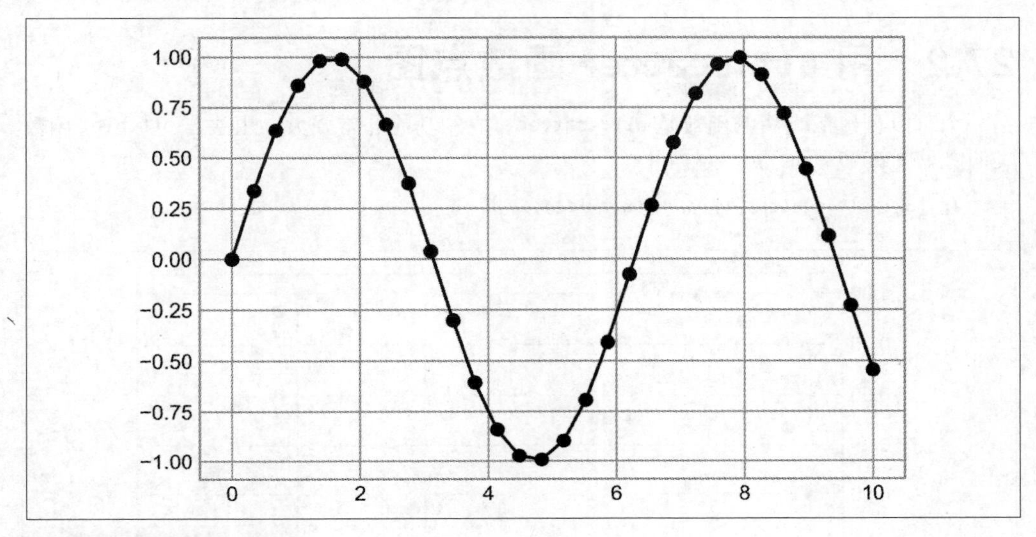

图 27-3：组合线条与散点

另外，plt.plot 支持许多设置线条和散点属性的参数（如图 27-4 所示）：

```
In [5]: plt.plot(x, y, '-p', color='gray',
                 markersize=15, linewidth=4,
                 markerfacecolor='white',
                 markeredgecolor='gray',
                 markeredgewidth=2)
        plt.ylim(-1.2, 1.2);
```

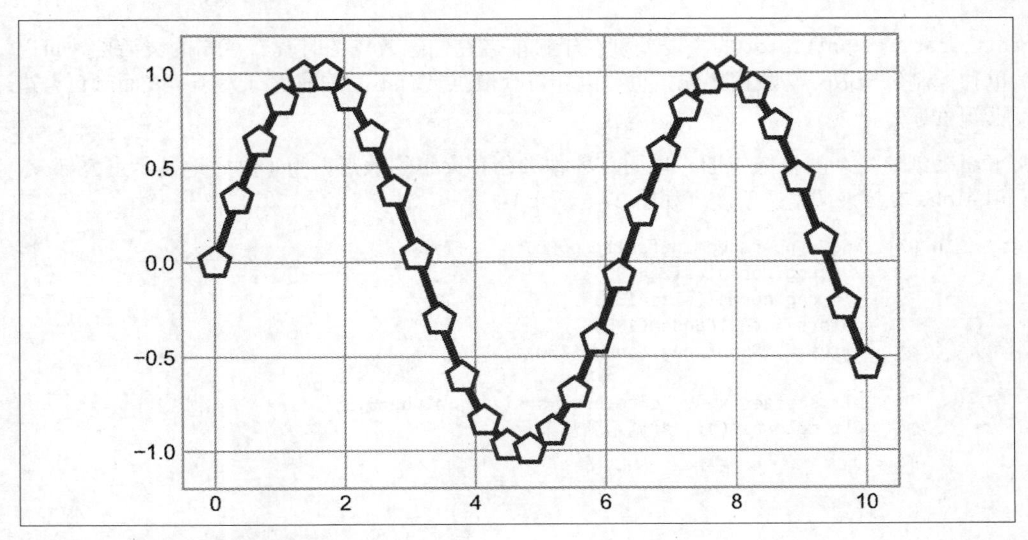

图 27-4：自定义线条和散点属性

这些参数使得 plt.plot 成为在 Matplotlib 中绘制二维图形的主要工具。关于这些参数的完整描述，请参考 plt.plot 文档。

27.2 用 plt.scatter 画散点图

另一个可以创建散点图的函数是 plt.scatter。它的功能非常强大，用法与 plt.plot 函数类似（如图 27-5 所示）：

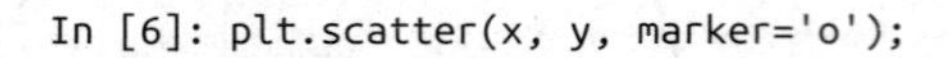

```
In [6]: plt.scatter(x, y, marker='o');
```

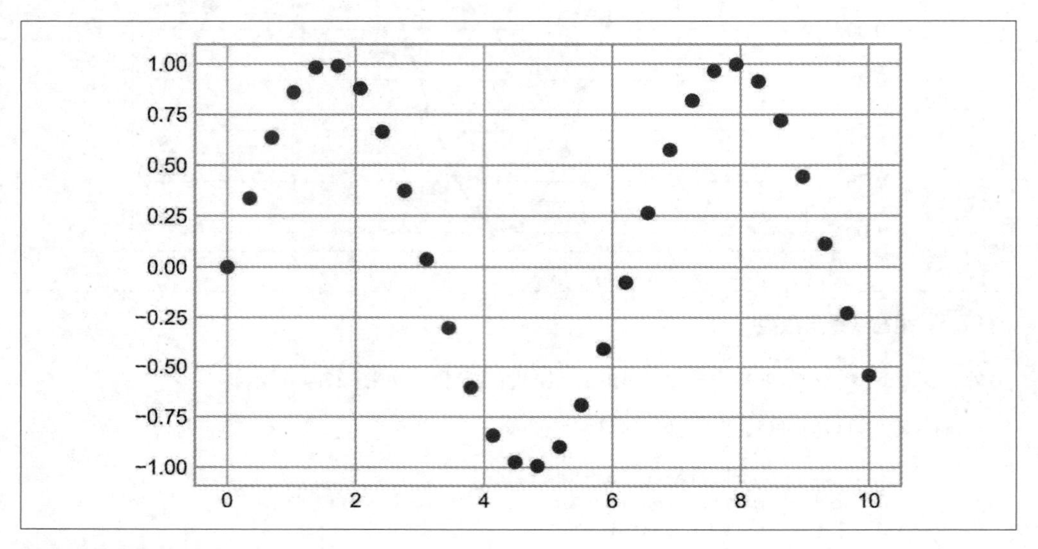

图 27-5：简单散点图

plt.scatter 与 plt.plot 的主要差别在于，前者在创建散点图时具有更高的灵活性，可以单独控制每个散点与数据匹配，也可以让每个散点具有不同的属性（大小、表面颜色、边框颜色等）。

下面来创建一个随机散点图，里面有各种颜色和大小的散点。为了更好地显示重叠部分，用 alpha 参数来调整透明度（如图 27-6 所示）：

```
In [7]: rng = np.random.default_rng(0)
        x = rng.normal(size=100)
        y = rng.normal(size=100)
        colors = rng.random(100)
        sizes = 1000 * rng.random(100)

        plt.scatter(x, y, c=colors, s=sizes, alpha=0.3,
        plt.colorbar();  # 显示颜色条
```

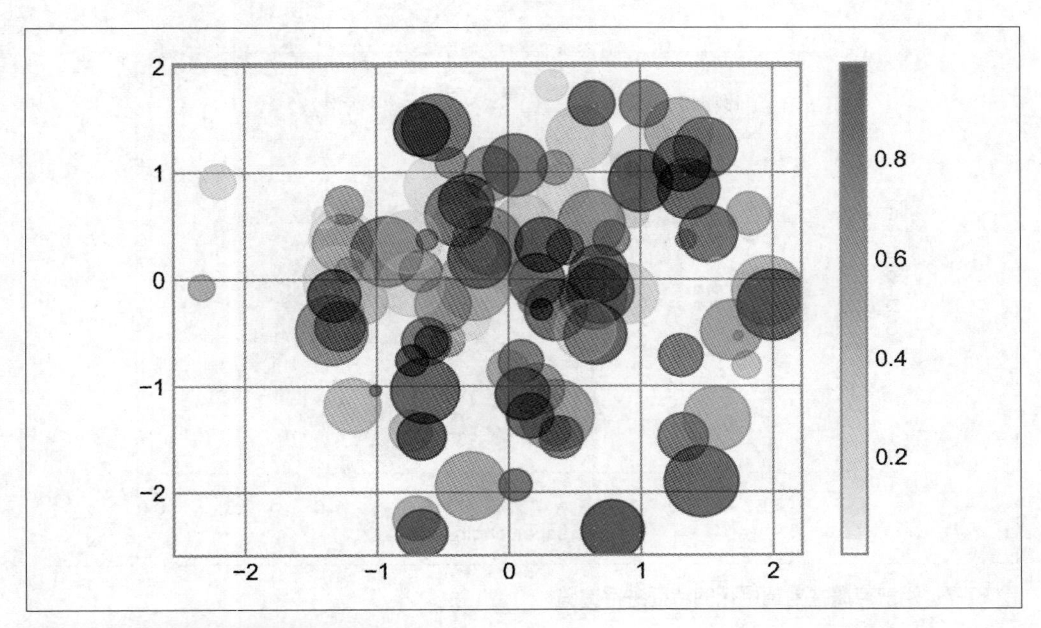

图 27-6：改变散点图中散点的大小和颜色

请注意，颜色参数自动映射成颜色条（color scale，通过 colorbar 命令显示），散点的大小以像素为单位。这样，散点的颜色与大小就可以在可视化图中显示多维数据的信息了。

例如，可以用 scikit-learn 程序库里面的鸢尾花（Iris）数据来演示。它里面有三种鸢尾花，每个样本是一种花，其花瓣（petal）与花萼（sepal）的长度与宽度都经过了仔细测量（如图 27-7 所示）：

```
In [8]: from sklearn.datasets import load_iris
        iris = load_iris()
        features = iris.data.T

        plt.scatter(features[0], features[1], alpha=0.4,
                    s=100*features[3], c=iris.target, cmap='viridis')
        plt.xlabel(iris.feature_names[0])
        plt.ylabel(iris.feature_names[1]);
```

散点图可以让我们同时看到不同维度的数据：每个点的坐标值 (x, y) 分别表示花萼的长度和宽度，而点的大小表示花瓣的宽度，三种颜色对应三种不同类型的鸢尾花。这类多颜色与多特征的散点图在探索与演示数据时非常有用。

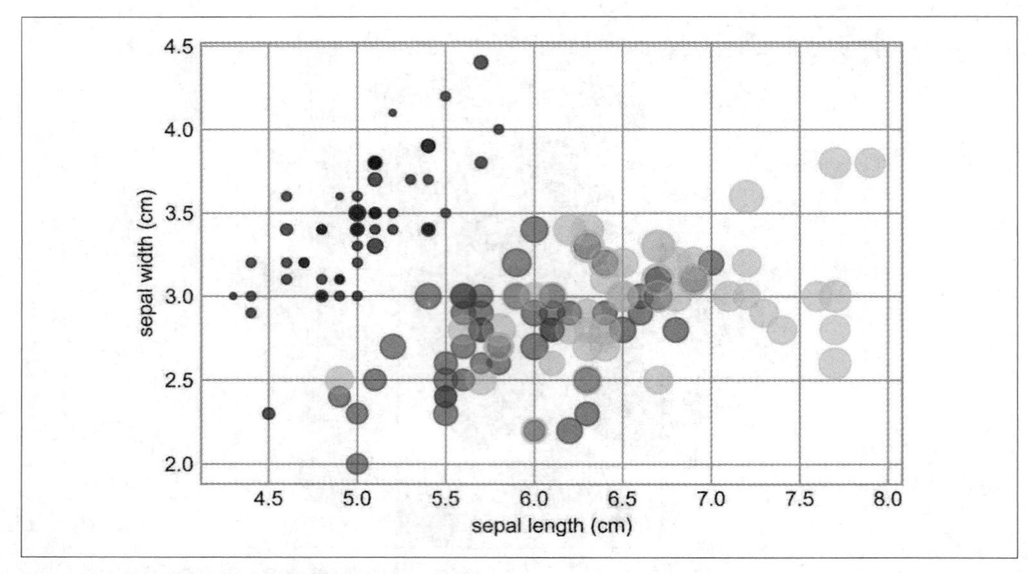

图 27-7：用散点属性对鸢尾花的特征进行编码

27.3 plot 与 scatter：效率对比

`plt.plot` 与 `plt.scatter` 除了特征上的差异之外，还有什么影响我们选择的因素呢？在数据量较小的时候，两者在效率上的差异不大。但是当数据变大到有几千个散点时，`plt.plot` 的效率将大大高于 `plt.scatter`。这是由于 `plt.scatter` 会对每个散点进行单独的大小与颜色的渲染，因此渲染器会消耗更多的资源。而在 `plt.plot` 中，每个点的标记样式是统一的，因此整个数据集中所有点的颜色和尺寸只需要配置一次。由于这两种方法在处理大型数据集时性能差异还是很大的，因此面对大型数据集时，`plt.plot` 方法比 `plt.scatter` 方法好。

27.4 可视化误差

对任何一种科学测量方法来说，准确地衡量数据误差都是无比重要的事情，甚至比数据本身还要重要。举个例子，假如我用一种天文学观测手段评估哈勃常数（the Hubble Constant）——银河外星系相对于地球的退行速度与距离的比值。我知道目前的公认值大约是 70(km/s)/Mpc，而我用自己的方法测得的值是 74(km/s)/Mpc。那么，我的测量值可信吗？如果仅知道一个数据，是不可能知道它是否可信的。

假如我现在知道了数据可能存在的不确定性：当前的公认值是 70 ± 2.5(km/s)/Mpc，而我的测量值是 74 ± 5(km/s)/Mpc。那么现在我的数据与公认值一致吗？这个问题可以从定量的角度来回答。

在数据可视化的结果中用图形将误差有效地显示出来，就可以提供更充分的信息。

27.4.1 基本误差线

可视化误差的一种标准方法是使用误差线。基本误差线（errorbar）可以通过一个 Matplotlib 函数来创建（如图 27-8 所示）：

```
In [1]: %matplotlib inline
        import matplotlib.pyplot as plt
        plt.style.use('seaborn-whitegrid')
        import numpy as np

In [2]: x = np.linspace(0, 10, 50)
        dy = 0.8
        y = np.sin(x) + dy * np.random.randn(50)

        plt.errorbar(x, y, yerr=dy, fmt='.k');
```

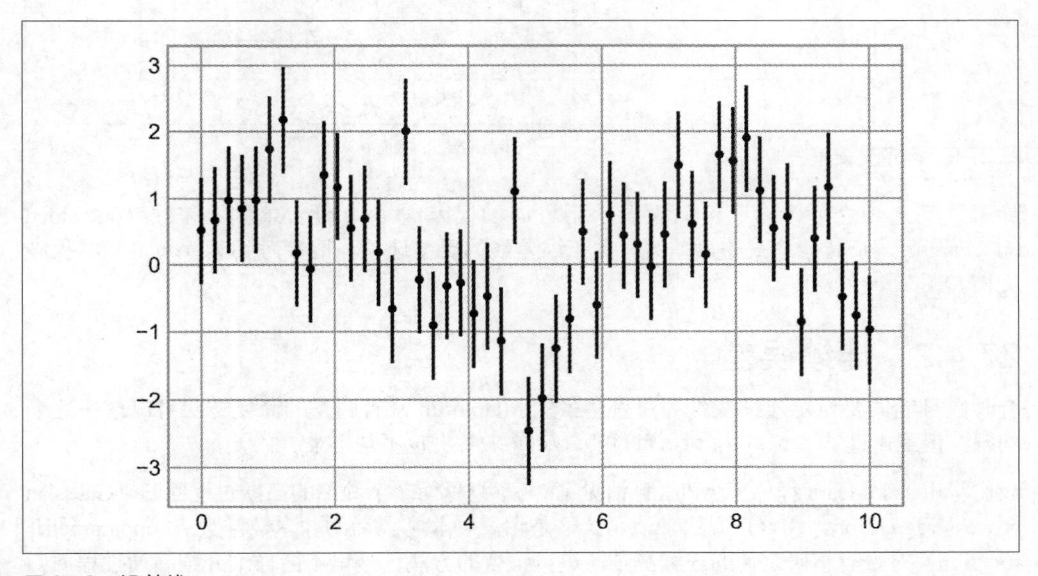

图 27-8：误差线

其中，fmt 是一种控制线条和点的外观的代码格式，语法与 plt.plot 的缩写代码相同，详情请参见前一章以及本章前面的内容。

除了基本选项之外，errorbar 还有许多改善结果的选项。通过这些额外的选项，你可以轻松自定义误差线图形的绘画风格。我的经验是，让误差线的颜色比数据点的颜色浅一点效果会非常好，尤其是在那些比较密集的图形中（如图 27-9 所示）：

```
In [3]: plt.errorbar(x, y, yerr=dy, fmt='o', color='black',
                     ecolor='lightgray', elinewidth=3, capsize=0);
```

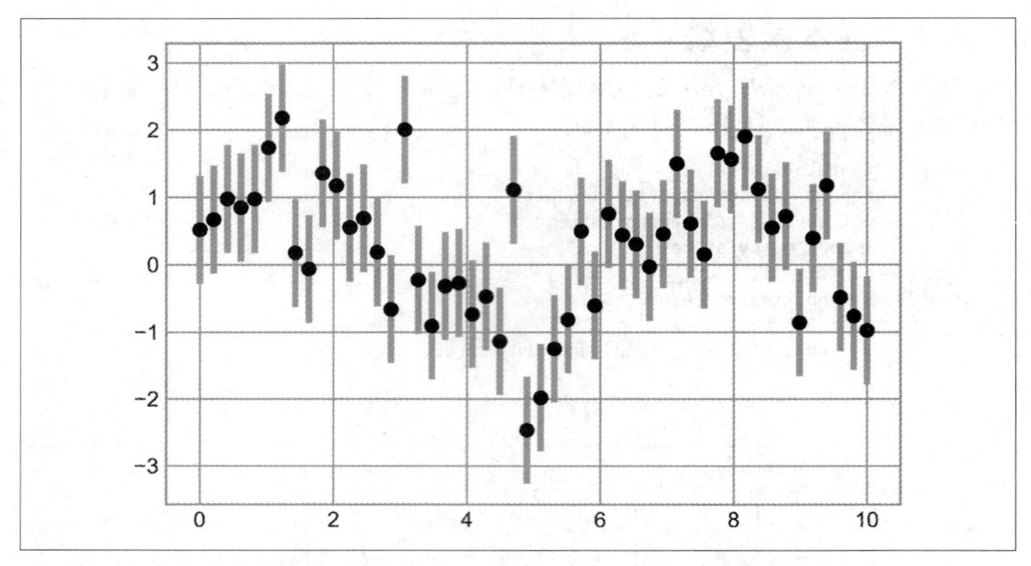

图 27-9：自定义误差线

除了这些选项之外，你还可以设置水平方向的误差线（`xerr`）、单侧误差线（one-sided errorbar），以及其他形式的误差线。关于误差线的更多选项，请参考 `plt.errorbar` 的程序文档。

27.4.2 连续误差

有时候可能需要显示连续变量的误差。虽然 Matplotlib 没有内置的简便方法可以解决这个问题，但是通过 `plt.plot` 与 `plt.fill_between` 来解决也不是很难。

我们将用 scikit-learn 程序库 API（详情见第 38 章）里面一个简单的**高斯过程回归**（Gaussian process regression，GPR）方法来演示。这是用一种非常灵活的非参数函数（nonparametric function）对带有不确定性的连续测量值进行拟合的方法。这里不会详细介绍高斯过程回归方法的具体内容，而是将注意力放在数据可视化上：

```
In [4]: from sklearn.gaussian_process import GaussianProcessRegressor

        # 定义模型和要画的数据
        model = lambda x: x * np.sin(x)
        xdata = np.array([1, 3, 5, 6, 8])
        ydata = model(xdata)

        # 计算高斯过程拟合结果
        gp = GaussianProcessRegressor()
        gp.fit(xdata[:, np.newaxis], ydata)

        xfit = np.linspace(0, 10, 1000)
        yfit, dyfit = gp.predict(xfit[:, np.newaxis], return_std=True)
```

现在，我们获得了 xfit、yfit 和 dyfit，表示数据的连续拟合结果。接着，如上一节所示将这些数据传入 plt.errorbar 函数。但是我们并不是真的要为 1000 个数据点画上 1000 条误差线；相反，可以通过在 plt.fill_between 函数中设置颜色来表示连续误差线（如图 27-10 所示）：

```
In [5]: # 将结果可视化
        plt.plot(xdata, ydata, 'or')
        plt.plot(xfit, yfit, '-', color='gray')
        plt.fill_between(xfit, yfit - dyfit, yfit + dyfit,
                         color='gray', alpha=0.2)
        plt.xlim(0, 10);
```

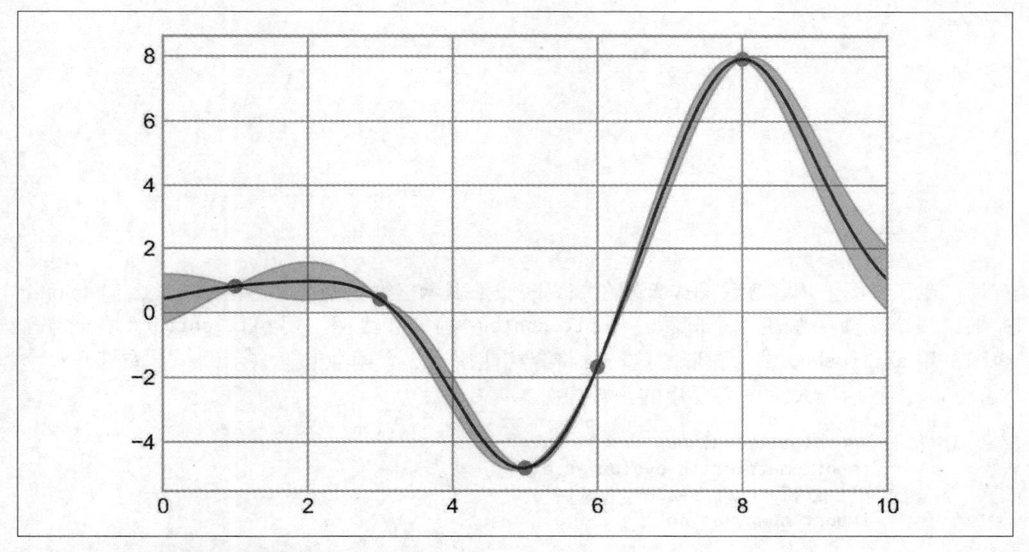

图 27-10：通过区域填充表示连续误差

请注意，我们设置 fill_between 函数的内容是：首先传入 x 轴坐标值，然后传入 y 轴下边界以及 y 轴上边界，这样整个区域就被误差线填充了。

从结果图形中可以非常直观地看出高斯过程回归方法拟合的效果：在接近样本点的区域，模型受到很强的约束，拟合误差非常小，非常接近真实值；而在远离样本点的区域，模型不受约束，误差不断增大。

若想获取更多关于 plt.fill_between 函数（以及与之密切相关的 plt.fill 函数）选项的信息，请参考函数文档或者 Matplotlib 文档。

最后提一点，如果你觉得这样实现连续误差线的做法太原始，可以参考第 36 章，我们会在那里介绍 Seaborn 程序包，它提供了一个更加简便的 API 来实现连续误差线。

第28章

密度图与等高线图

有时，在二维图上用等高线图或者颜色编码区域来表示三维数据是个不错的方法。Matplotlib 提供了 3 个函数来解决这个问题：用 `plt.contour` 画等高线图、用 `plt.contourf` 填充等高线图、用 `plt.imshow` 显示图形。这一章将介绍使用这 3 个函数的一些示例。首先打开一个 Notebook，然后导入画图需要用的函数：

```
In [1]: %matplotlib inline
        import matplotlib.pyplot as plt
        plt.style.use('seaborn-white')
        import numpy as np
```

28.1 三维函数的可视化

首先用函数 $z = f(x, y)$ 演示一个等高线图，按照下面的方式生成函数 f（在第 8 章已经介绍过，当时用它来演示数组的广播功能）样本数据：

```
In [2]: def f(x, y):
            return np.sin(x) ** 10 + np.cos(10 + y * x) * np.cos(x)
```

等高线图可以用 `plt.contour` 函数来创建。它需要 3 个参数：x 轴、y 轴、z 轴 3 个坐标轴的网格数据。x 轴与 y 轴表示图形中的位置，而 z 轴将通过等高线的等级来表示。用 `np.meshgrid` 函数来准备这些数据可能是最简单的方法，它可以从一维数组构建二维网格数据：

```
In [3]: x = np.linspace(0, 5, 50)
        y = np.linspace(0, 5, 40)

        X, Y = np.meshgrid(x, y)
        Z = f(X, Y)
```

现在来看看标准的线形等高线图（如图 28-1 所示）：

```
In [4]: plt.contour(X, Y, Z, colors='black');
```

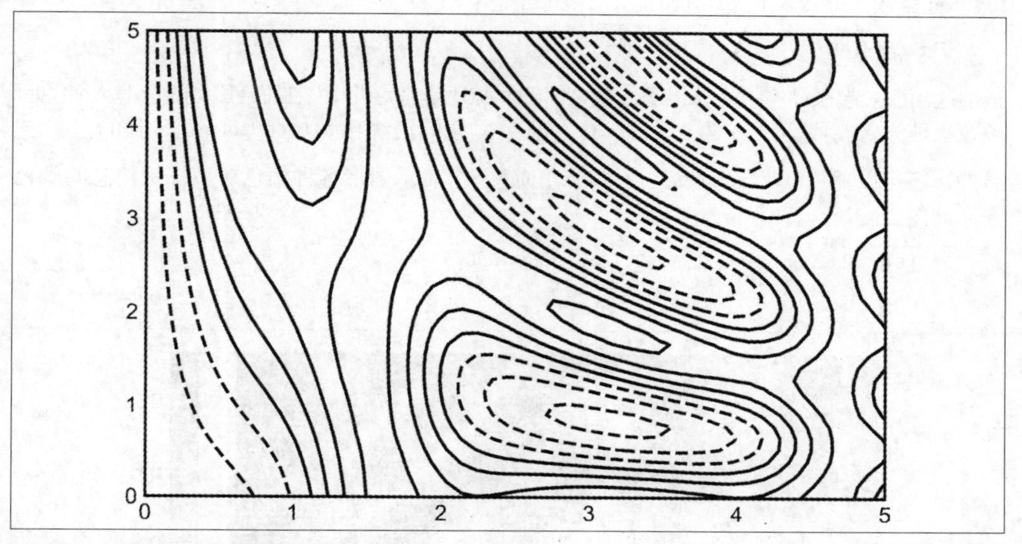

图 28-1：用等高线图可视化三维数据

需要注意的是，当图形中只使用一种颜色时，默认使用虚线表示负数，使用实线表示正数。另外，你可以用 cmap 参数设置一个线条配色方案来自定义颜色。还可以让更多的线条显示不同的颜色——可以将数据范围等分为 20 份，然后用不同的颜色表示（如图 28-2 所示）：

```
In [5]: plt.contour(X, Y, Z, 20, cmap='RdGy');
```

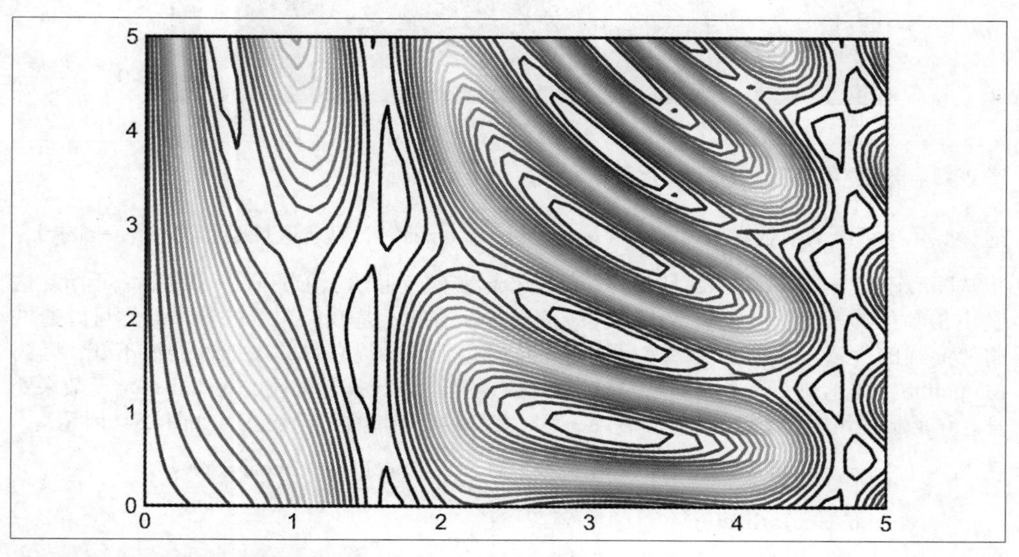

图 28-2：用彩色等高线可视化三维数据

现在使用 RdGy（红 – 灰，Red-Gray 的缩写）配色方案，这对于离散数据（即在零值周围有正负变化的数据）来说是个不错的选择。Matplotlib 有非常丰富的配色方案，你可以在 IPython 里用 Tab 键浏览 plt.cm 模块对应的信息：

```
plt.cm.<TAB>
```

虽然这幅图看起来漂亮多了，但是线条之间的间隙还是有点儿大。我们可以通过 plt.contourf 函数来填充等高线图（需要注意结尾有字母 f），它的语法和 plt.contour 是一样的。

另外，还可以通过 plt.colorbar 命令自动创建一个表示图形各种颜色对应标签信息的颜色条（如图 28-3 所示）：

```
In [6]: plt.contourf(X, Y, Z, 20, cmap='RdGy')
        plt.colorbar();
```

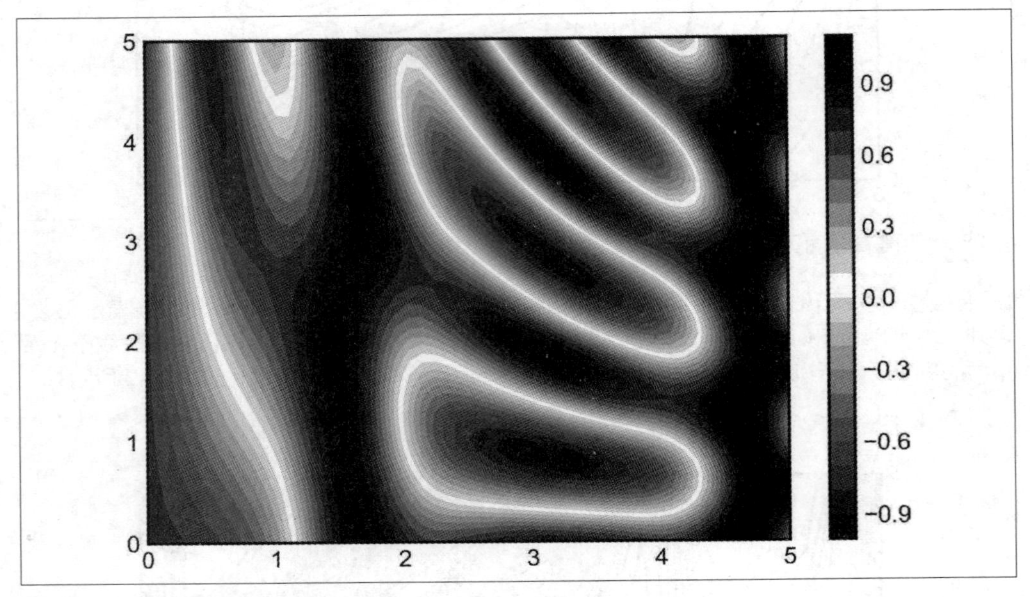

图 28-3：带填充色的三维数据可视化图

通过颜色条可以清晰地看出，黑色区域是“波峰”（peak），红色区域是“波谷”（valley）。

但是图形还有一点不尽如人意的地方，就是看起来有点儿“污渍斑斑”，不是那么干净。这是由于颜色的改变是一个离散而非连续的过程，这并不是我们想要的效果。你可以通过将等高线的数量设置得非常多来解决这个问题，但是最终获得的图形性能很不好，因为 Matplotlib 必须渲染每一级的等高线。其实有更好的做法，那就是通过 plt.imshow 函数来处理，该函数提供了 interpolation 参数，可以将二维数组渲染成渐变图（如图 28-4 所示）。

```
In [7]: plt.imshow(Z, extent=[0, 5, 0, 5], origin='lower', cmap='RdGy',
                   interpolation='gaussian', aspect='equal')
        plt.colorbar();
```

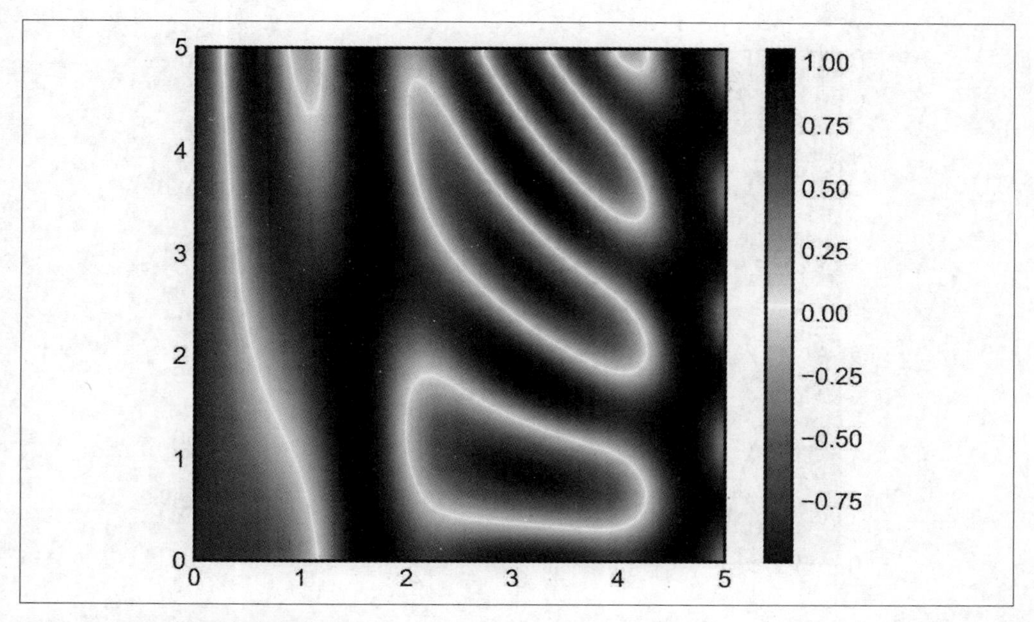

图 28-4：重新渲染三维数据的彩色图

但是，使用 plt.imshow 时有一些注意事项。

- plt.imshow 不支持用 x 轴和 y 轴数据设置网格，而是必须通过 extent 参数设置图形的坐标范围 [xmin, xmax, ymin, ymax]。
- plt.imshow 默认使用标准的图形数组定义，就是原点位于左上角（浏览器都是如此），而不是绝大多数等高线图中使用的左下角。这一点在显示网格数据图形的时候必须调整。
- plt.imshow 会自动调整坐标轴的精度以适应数据显示。可以通过 plt.axis(aspect='image') 来设置 x 轴与 y 轴的单位。

最后还有一个可能会用到的方法，就是将等高线图与彩色图组合起来。例如，如果我们想创建图 28-5 的效果，就需要用一幅背景色半透明的彩色图（可以通过 alpha 参数设置透明度），与另一幅有相同坐标轴、带数据标签的等高线图叠放在一起（用 plt.clabel 函数实现）：

```
In [8]: contours = plt.contour(X, Y, Z, 3, colors='black')
        plt.clabel(contours, inline=True, fontsize=8)

        plt.imshow(Z, extent=[0, 5, 0, 5], origin='lower',
                   cmap='RdGy', alpha=0.5)
        plt.colorbar();
```

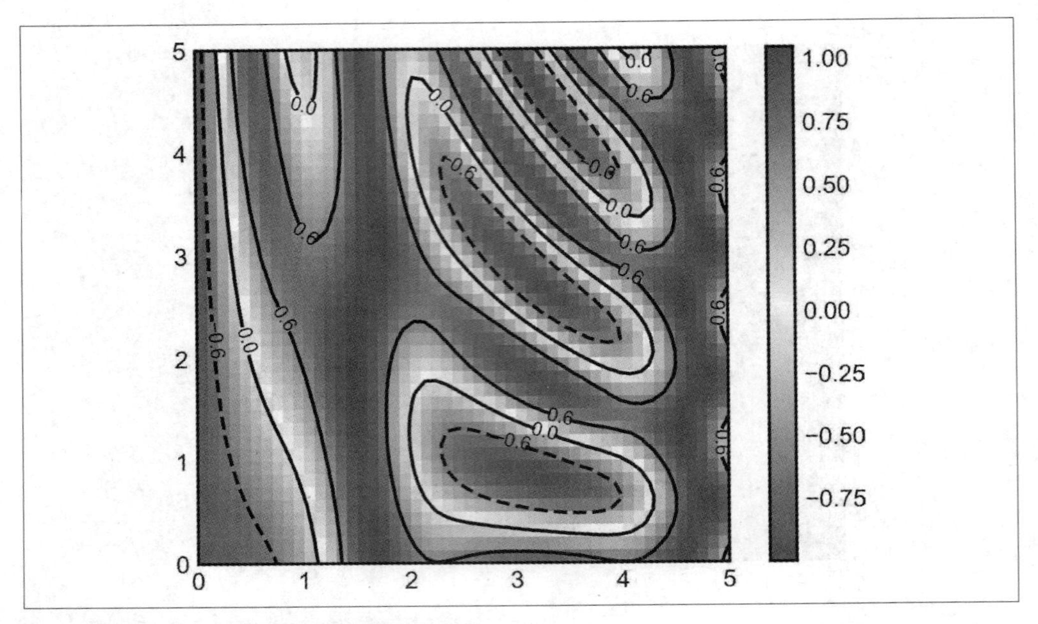

图 28-5：在彩色图上叠加带数据标签的等高线

将 plt.contour、plt.contourf 与 plt.imshow 这 3 个函数组合起来之后，就有了用二维图画三维数据的无尽可能。关于这些函数的更多信息，请参考相应的程序文档。如果对三维数据可视化感兴趣，请参见第 35 章。

28.2 频次直方图、数据区间划分和分布密度

一个简单的频次直方图是理解数据集的良好开端。在前面的内容中，我们见过了 Matplotlib 的频次直方图函数（详情请参见第 9 章）。只要导入了画图的函数，只用一行代码就可以创建一个简单的频次直方图（如图 28-6 所示）：

```
In [1]: %matplotlib inline
        import numpy as np
        import matplotlib.pyplot as plt
        plt.style.use('seaborn-white')

        rng = np.random.default_rng(1701)
        data = rng.normal(size=1000)

In [2]: plt.hist(data);
```

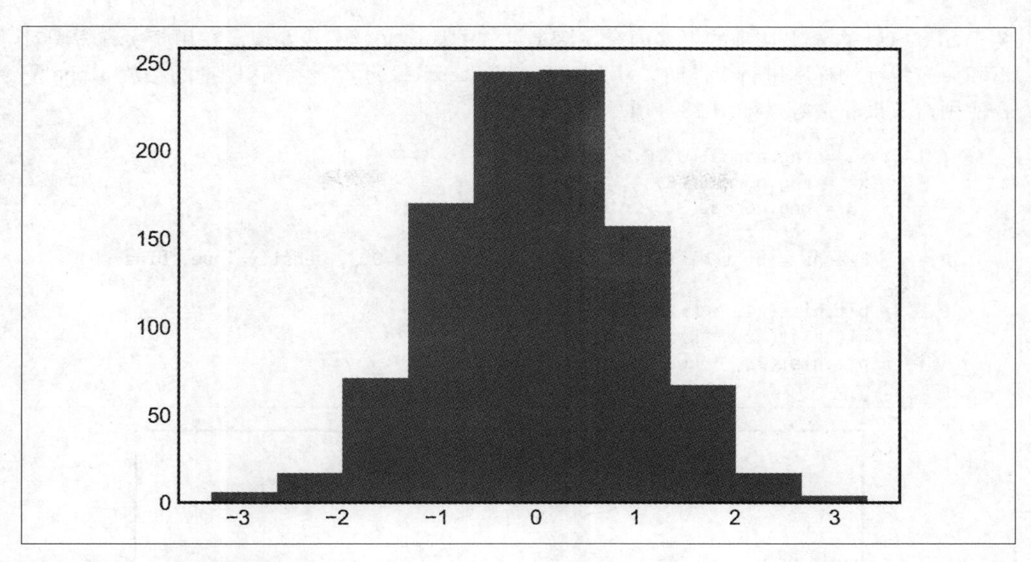

图 28-6：一个简单的频次直方图

hist 函数有许多用来调整计算过程和显示效果的选项，下面是一个更加个性化的频次直方图（如图 28-7 所示）：

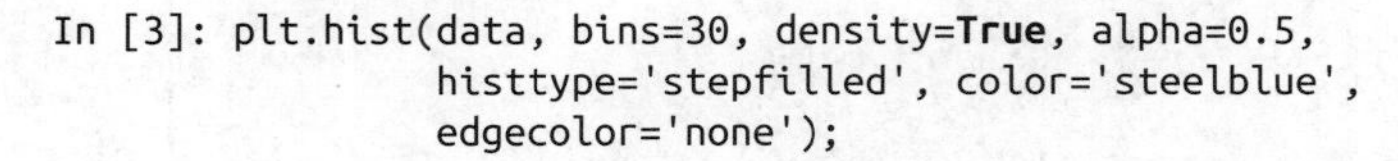

```
In [3]: plt.hist(data, bins=30, density=True, alpha=0.5,
                 histtype='stepfilled', color='steelblue',
                 edgecolor='none');
```

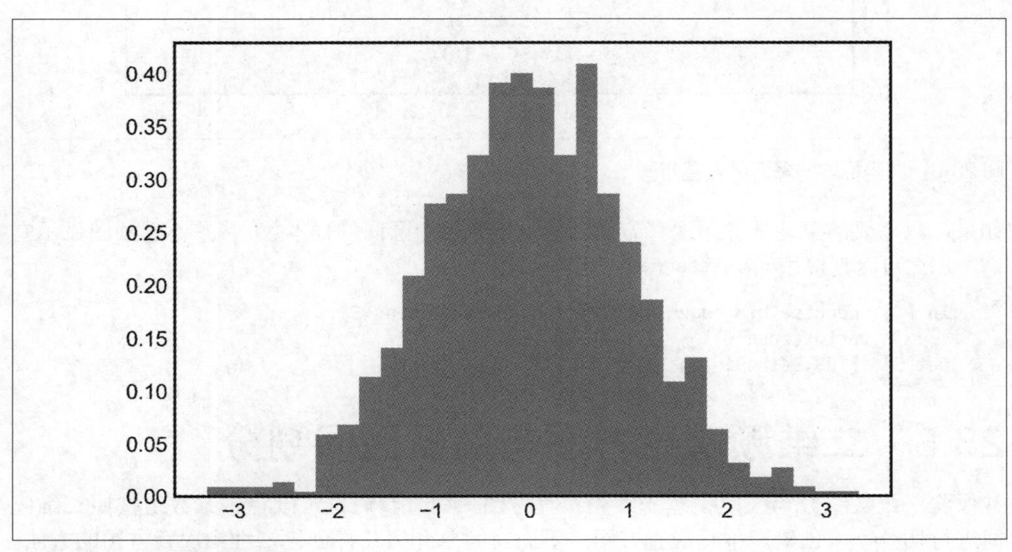

图 28-7：自定义的频次直方图

关于 plt.hist 自定义选项的更多内容，请参见它的程序文档。我发现，在用频次直方图对不同分布特征的样本进行对比时，将 histtype='stepfilled' 与设置透明度的参数 alpha 配合使用，效果非常好（如图 28-8 所示）：

```
In [4]: x1 = rng.normal(0, 0.8, 1000)
        x2 = rng.normal(-2, 1, 1000)
        x3 = rng.normal(3, 2, 1000)

        kwargs = dict(histtype='stepfilled', alpha=0.3, density=True, bins=40)

        plt.hist(x1, **kwargs)
        plt.hist(x2, **kwargs)
        plt.hist(x3, **kwargs);
```

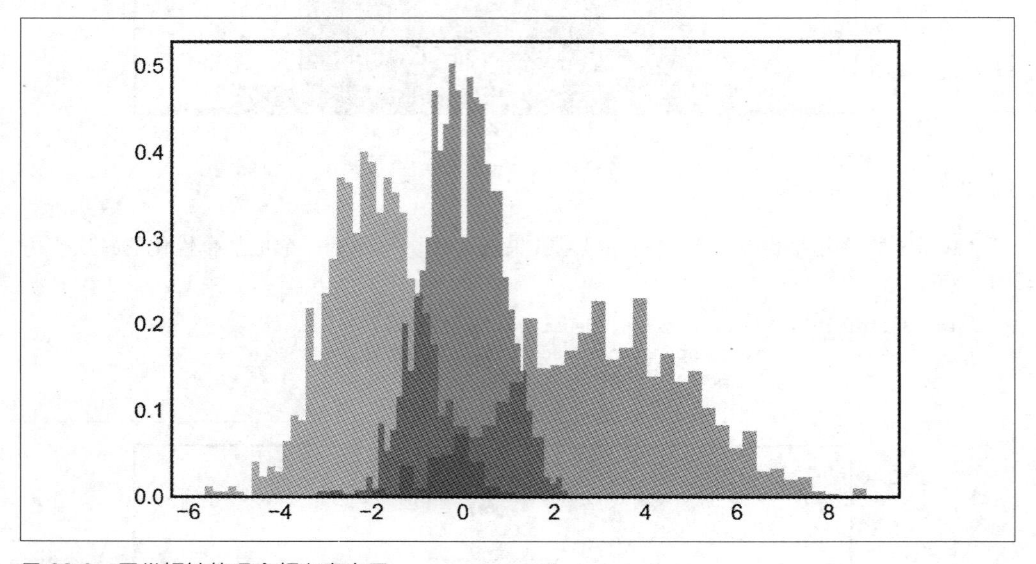

图 28-8：同坐标轴的多个频次直方图

如果你只需要简单地计算频次直方图（就是计算每个区间的样本数），并不想画图显示它们，那么可以直接用 np.histogram：

```
In [5]: counts, bin_edges = np.histogram(data, bins=5)
        print(counts)
Out[5]: [ 23 241 491 224  21]
```

28.3　二维频次直方图与数据区间划分

就像将一维数组分为区间创建一维频次直方图一样，我们也可以将二维数组按照二维区间进行切分，来创建二维频次直方图。下面将简单介绍几种创建二维频次直方图的方法。首先，用一个多元高斯分布（multivariate Gaussian distribution）生成 x 轴与 y 轴的样本数据：

```
In [6]: mean = [0, 0]
        cov = [[1, 1], [1, 2]]
        x, y = rng.multivariate_normal(mean, cov, 10000).T
```

28.3.1 plt.hist2d：二维频次直方图

画二维频次直方图最简单的方法就是使用 Matplotlib 的 plt.hist2d 函数（如图 28-9 所示）：

```
In [7]: plt.hist2d(x, y, bins=30)
        cb = plt.colorbar()
        cb.set_label('counts in bin')
```

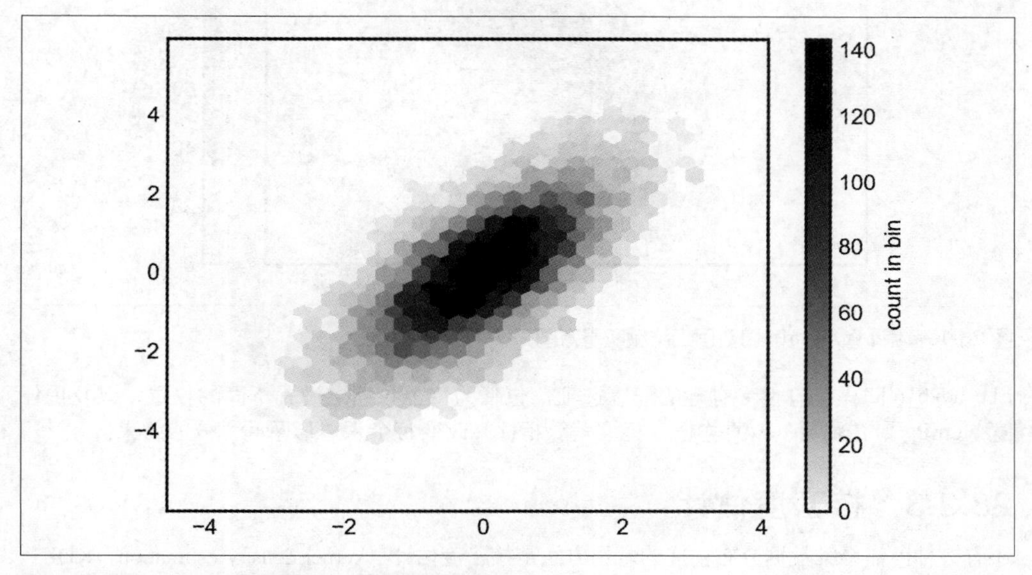

图 28-9：用 plt.hist2d 函数画二维频次直方图

与 plt.hist 函数一样，plt.hist2d 也有许多调整图形与区间划分的配置选项，详细内容都在程序文档中。另外，就像 plt.hist 对应着一个只计算结果不画图的 np.histogram 函数一样，与 plt.hist2d 类似的函数是 np.histogram2d，其用法如下所示：

```
In [8]: counts, xedges, yedges = np.histogram2d(x, y, bins=30)
        print(counts.shape)
Out[8]: (30, 30)
```

关于二维以上的频次直方图区间划分方法的具体内容，请参考 np.histogramdd 函数的程序文档。

28.3.2 plt.hexbin：六边形区间划分

二维频次直方图是由与坐标轴正交的方块分割而成的，还有一种常用的方式是用正六边形分割。Matplotlib 提供了 plt.hexbin 来满足此类需求，将二维数据集分割成蜂窝状（如图 28-10 所示）：

```
In [9]: plt.hexbin(x, y, gridsize=30)
        cb = plt.colorbar(label='count in bin')
```

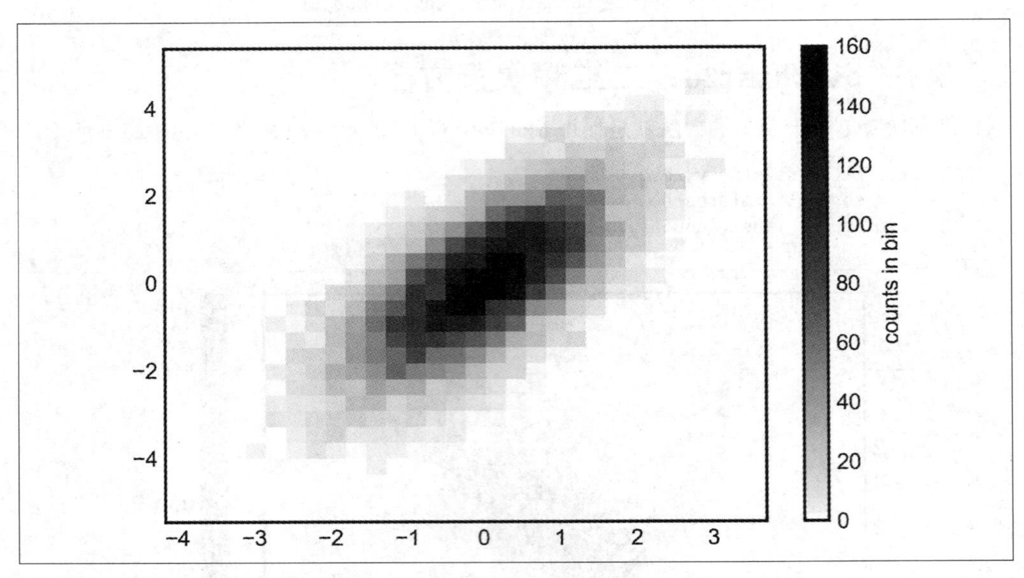

图 28-10：用 plt.hexbin 函数画二维频次直方图

plt.hexbin 同样也有很多有趣的配置选项，包括为每个数据点设置不同的权重，以及用任意 NumPy 聚合函数（权重均值、标准差等指标）改变每个六边形区间划分的结果。

28.3.3 核密度估计

还有一种评估多维数据分布密度的常用方法是**核密度估计**（kernel density estimation，KDE）。我们将在第 49 章详细介绍这种方法，现在先简单地演示如何用 KDE 方法"抹掉"（smear out）空间中离散的数据点，从而拟合出一个平滑的函数。scipy.stats 程序包里有一个简单快速的 KDE 实现方法，下面就是用这个方法演示的简单示例（如图 28-11 所示）：

```
In [10]: from scipy.stats import gaussian_kde

         # 拟合数组维度 [Ndim, Nsamples]
         data = np.vstack([x, y])
         kde = gaussian_kde(data)

         # 用一对规则的网格数据进行拟合
         xgrid = np.linspace(-3.5, 3.5, 40)
         ygrid = np.linspace(-6, 6, 40)
         Xgrid, Ygrid = np.meshgrid(xgrid, ygrid)
         Z = kde.evaluate(np.vstack([Xgrid.ravel(), Ygrid.ravel()]))

         # 画出结果图
         plt.imshow(Z.reshape(Xgrid.shape),
                    origin='lower', aspect='auto',
                    extent=[-3.5, 3.5, -6, 6],
```

```
cb = plt.colorbar()
cb.set_label("density")
```

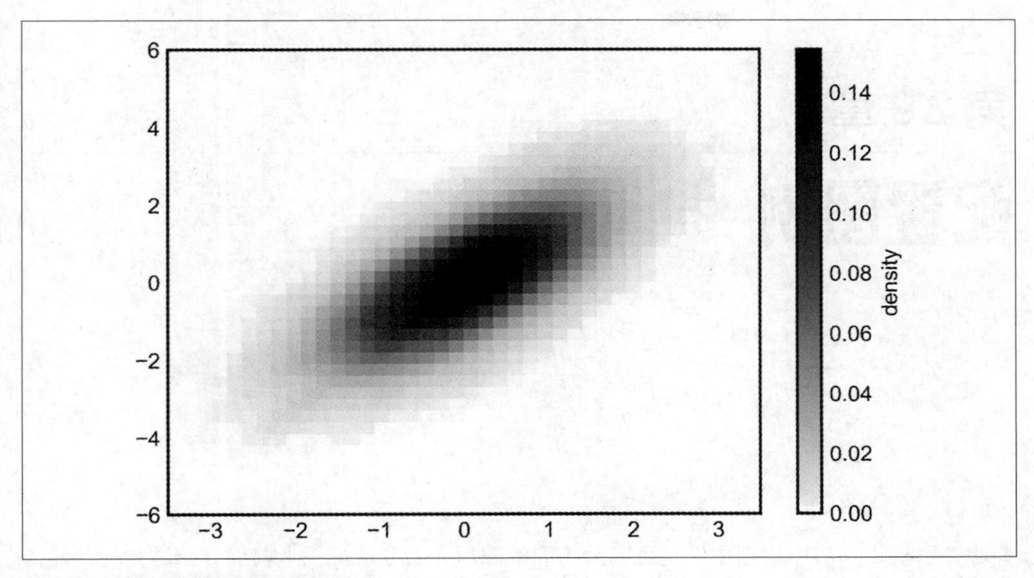

图 28-11：用 KDE 表示分布密度

KDE 方法通过不同的平滑长度（smoothing length）在拟合函数的准确性与平滑性之间做出权衡（无处不在的偏差与方差的取舍问题的一个例子）。想找到恰当的平滑长度是件很困难的事，`gaussian_kde` 通过一种经验方法试图找到输入数据平滑长度的近似最优解。

在 SciPy 的生态系统中还有其他的 KDE 方法实现，每种版本都有各自的优缺点，例如 `sklearn.neighbors.KernelDensity` 和 `statsmodels.nonparametric.KDEMultivariate`。

用 Matplotlib 做 KDE 的可视化图的过程比较烦琐，Seaborn 程序库（详情请参见第 36 章）提供了一个更加简洁的 API 来创建基于 KDE 的可视化图。

第 29 章

配置图例

要想在可视化图形中使用图例，可以为不同的图形元素分配标签。前面介绍过如何创建简单的图例，现在将介绍如何在 Matplotlib 中自定义图例的位置与艺术风格。

可以用 plt.legend 命令来创建最简单的图例，它会自动创建一个包含每个图形元素的图例（如图 29-1 所示）：

```
In [1]: import matplotlib.pyplot as plt
        plt.style.use('seaborn-whitegrid')

In [2]: %matplotlib inline
        import numpy as np

In [3]: x = np.linspace(0, 10, 1000)
        fig, ax = plt.subplots()
        ax.plot(x, np.sin(x), '-b', label='Sine')
        ax.plot(x, np.cos(x), '--r', label='Cosine')
        ax.axis('equal')
        leg = ax.legend();
```

但是，我们经常需要对图例进行各种个性化的配置。例如，我们想设置图例的位置，并添加外边框（如图 29-2 所示）：

```
In [4]: ax.legend(loc='upper left', frameon=Ture)
        fig
```

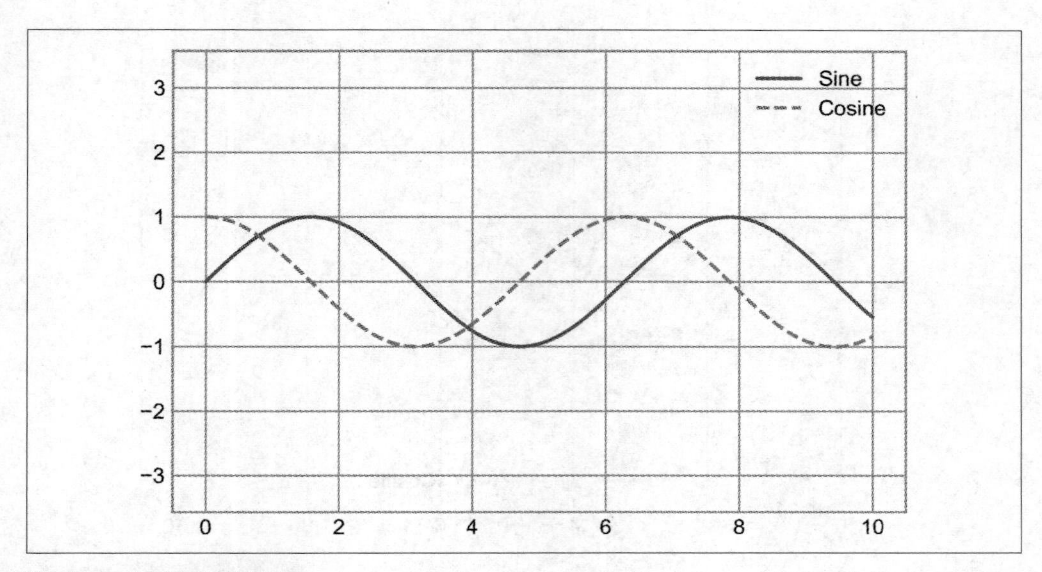

图 29-1：图例的默认配置

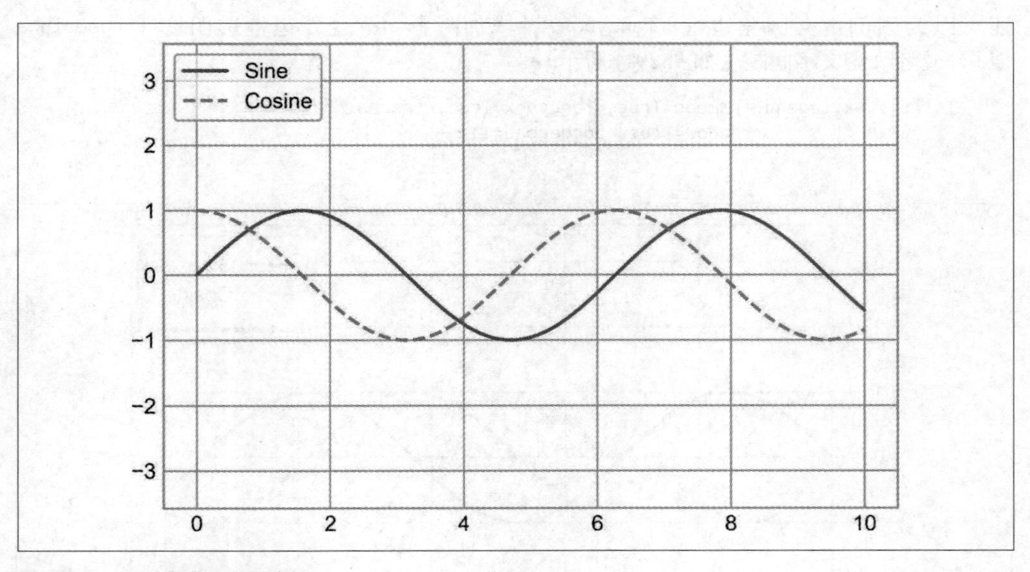

图 29-2：一个自定义的图例

还可以用 ncol 参数设置图例的标签列数（如图 29-3 所示）：

```
In [5]: ax.legend(loc='lower center', ncol=2)
        fig
```

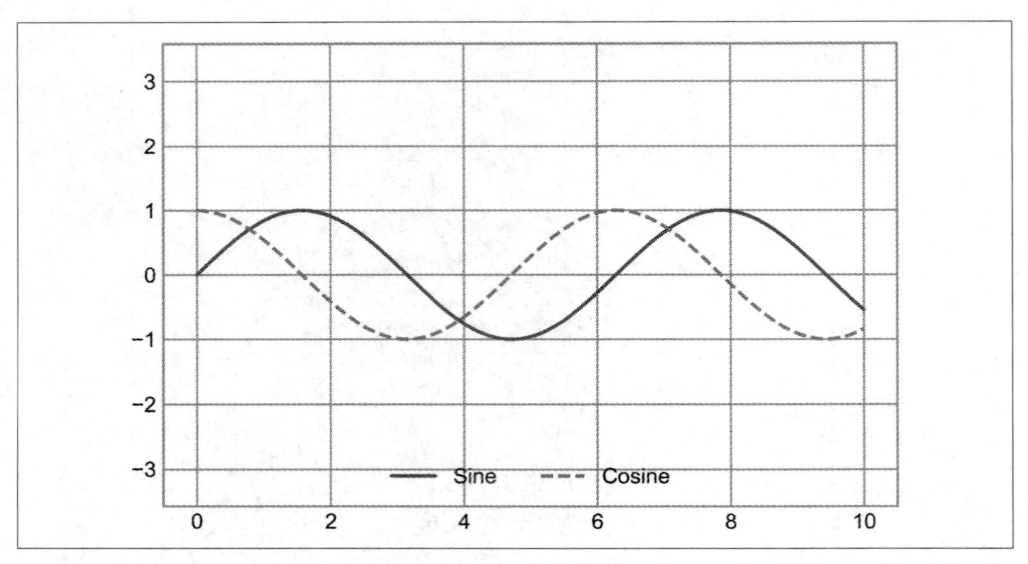

图 29-3：分成两列的图例

还可以为图例定义圆角边框（fancybox）、增加阴影、改变外边框透明度（framealpha 值），或者改变文字间距（如图 29-4 所示）：

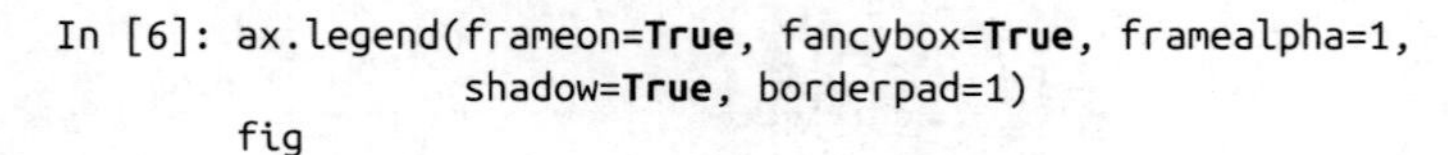

```
In [6]: ax.legend(frameon=True, fancybox=True, framealpha=1,
                  shadow=True, borderpad=1)
        fig
```

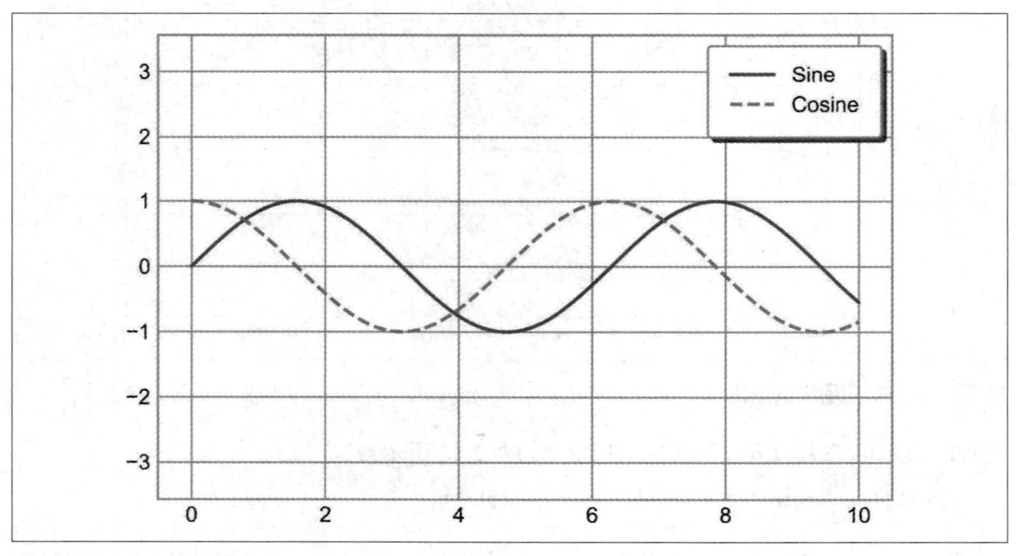

图 29-4：圆角边框的图例

关于图例的更多配置信息，请参考 plt.legend 的程序文档。

29.1 选择图例显示的元素

我们已经看到，图例会默认显示所有元素的标签。如果你不想显示全部，可以通过一些图形命令来指定显示图例中的哪些元素和标签。plt.plot 命令可以一次创建多条线，返回线条实例列表。一种方法是将需要显示的线条传入 plt.legend，另一种方法是只为需要在图例中显示的线条设置标签（如图 29-5 所示）：

```
In [7]: y = np.sin(x[:, np.newaxis] + np.pi * np.arange(0, 2, 0.5))
        lines = plt.plot(x, y)

        # lines 变量是一组 plt.Line2D 实例
        plt.legend(lines[:2], ['first', 'second'], frameon=True);
```

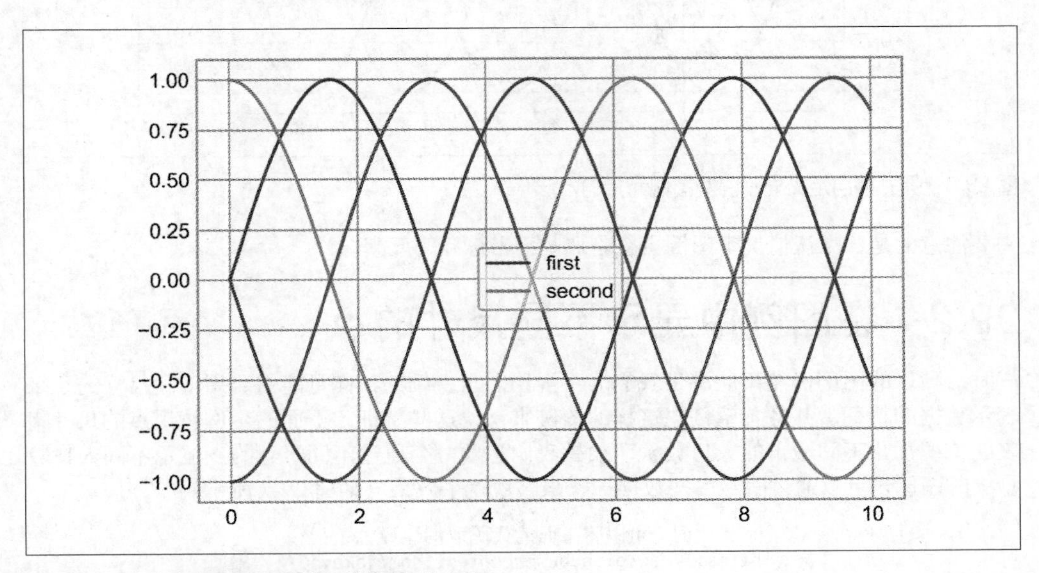

图 29-5：一种自定义显示哪些图例元素的方法

在实践中，我发现第一种方法更清晰。当然，也可以只为需要在图例中显示的元素设置标签（如图 29-6 所示）：

```
In [8]: plt.plot(x, y[:, 0], label='first')
        plt.plot(x, y[:, 1], label='second')
        plt.plot(x, y[:, 2:])
        plt.legend(frameon=True);
```

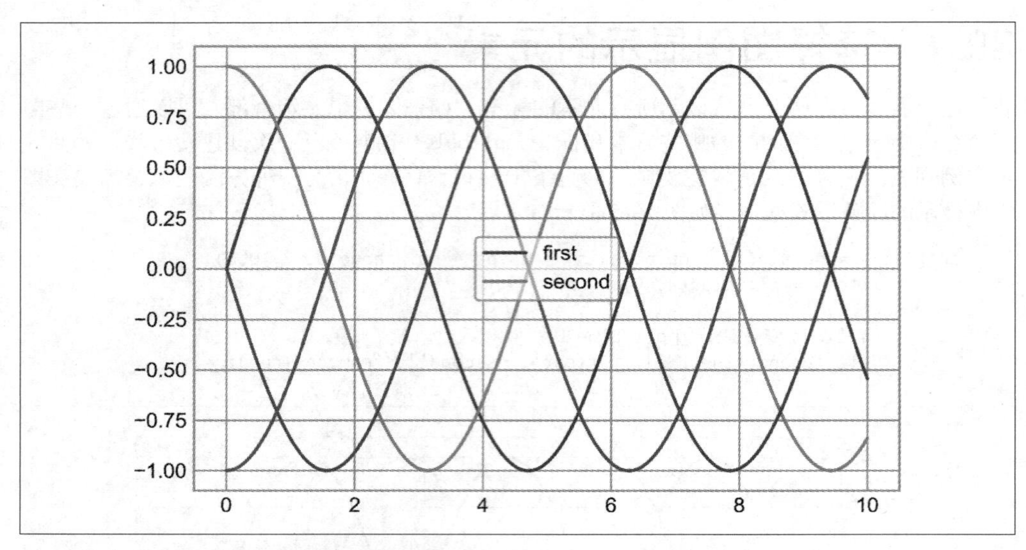

图 29-6：另一种自定义显示哪些图例元素的方法

需要注意的是，默认情况下图例会忽略那些不带标签的元素。

29.2 在图例中显示不同尺寸的点

有时，默认的图例仍然不能满足我们的可视化需求。例如，你可能需要用不同尺寸的点来表示数据的特征，并且希望创建这样的图例来反映这些特征。下面的示例将用点的尺寸来表明美国加州不同城市的人口数量。如果我们想要一个通过不同尺寸的点显示不同人口数量级的图例，可以通过隐藏一些数据标签来实现这个效果（如图 29-7 所示）：

```
In [9]: # 如果需要下载数据，可以将下面的代码取消注释
        # url = ('https://raw.githubusercontent.com/jakevdp/
        #         PythonDataScienceHandbook/''master/notebooks/data/
        #         california_cities.csv')
        # !cd data && curl -O {url}

In [10]: import pandas as pd
         cities = pd.read_csv('data/california_cities.csv')

         # 提取感兴趣的数据
         lat, lon = cities['latd'], cities['longd']
         population, area = cities['population_total'], cities['area_total_km2']

         # 用不同尺寸和颜色的散点表示数据，但是不带标签
         plt.scatter(lon, lat, label=None,
                     c=np.log10(population), cmap='viridis',
                     s=area, linewidth=0, alpha=0.5)
         plt.axis('equal')
         plt.xlabel('longitude')
         plt.ylabel('latitude')
```

```
plt.colorbar(label='log$_{10}$(population)')
plt.clim(3, 7)

# 下面创建一个图例：
# 画一些带标签和尺寸的空列表
for area in [100, 300, 500]:
    plt.scatter([], [], c='k', alpha=0.3, s=area,
                label=str(area) + ' km$^2$')
plt.legend(scatterpoints=1, frameon=False,
           labelspacing=1, title='City Area')

plt.title('California Cities: Area and Population');
```

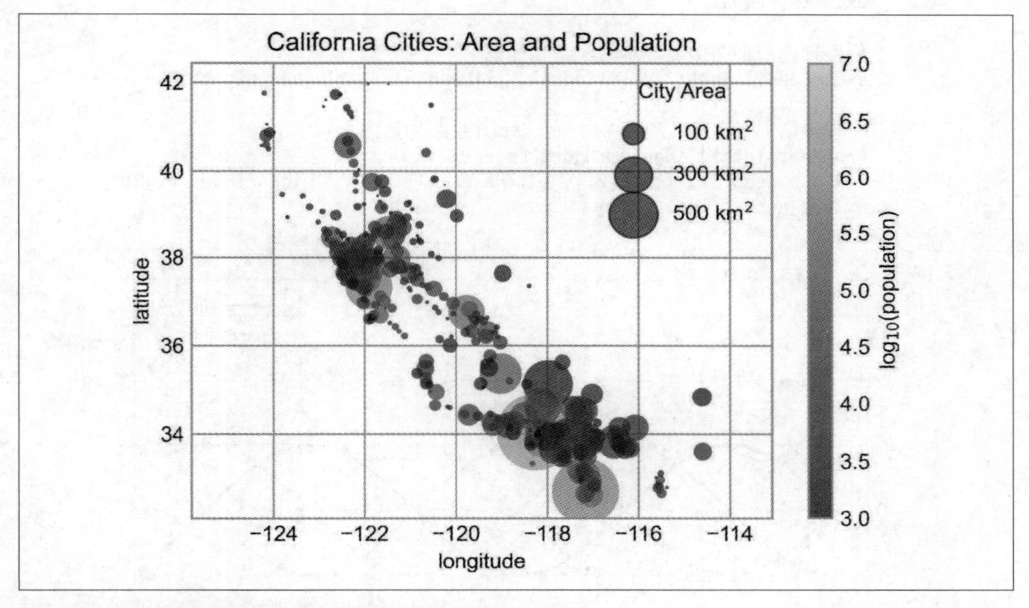

图 29-7：美国加州各城市的地理位置、面积和人口数量

由于图例通常是图形中对象的参照，因此如果我们想显示某种形状，就需要将它画出来。但是在这个示例中，我们想要的对象（灰色圆圈）并不在图形中，因此把它们用空列表假装画出来。还需要注意的是，图例只会显示带标签的元素。

为了画出这些空列表中的图形元素，需要为它们设置标签，以便图例可以显示它们，这样就可以从图例中获得想要的信息了。这个策略对于创建复杂的可视化图形很有效。

29.3 同时显示多个图例

有时，我们可能需要在同一张图上显示多个图例。不过，用 Matplotlib 解决这个问题并不容易，因为通过标准的 `legend` 接口只能为一张图创建一个图例。如果你想用 `plt.legend` 或 `ax.legend` 方法创建第二个图例，那么第一个图例就会被覆盖。但是，我们可以通过一种变通的方法实现多个图例——从头开始创建一个新的图例艺术家对象（legend artist，

Artist 是 Matplotlib 用于视觉属性的基类），然后用底层的 ax.add_artist 方法在图上添加第二个图例（如图 29-8 所示）：

```
In [11]: fig, ax = plt.subplots()

         lines = []
         styles = ['-', '--', '-.', ':']
         x = np.linspace(0, 10, 1000)

         for i in range(4):
             lines += ax.plot(x, np.sin(x - i * np.pi / 2),
                              styles[i], color='black')
         ax.axis('equal')

         # 设置第一个图例要显示的线条和标签
         ax.legend(lines[:2], ['line A', 'line B'], loc='upper right')

         # 创建第二个图例，通过 add_artist 方法添加到图上
         from matplotlib.legend import Legend
         leg = Legend(ax, lines[2:], ['line C', 'line D'], loc='lower right')
         ax.add_artist(leg);
```

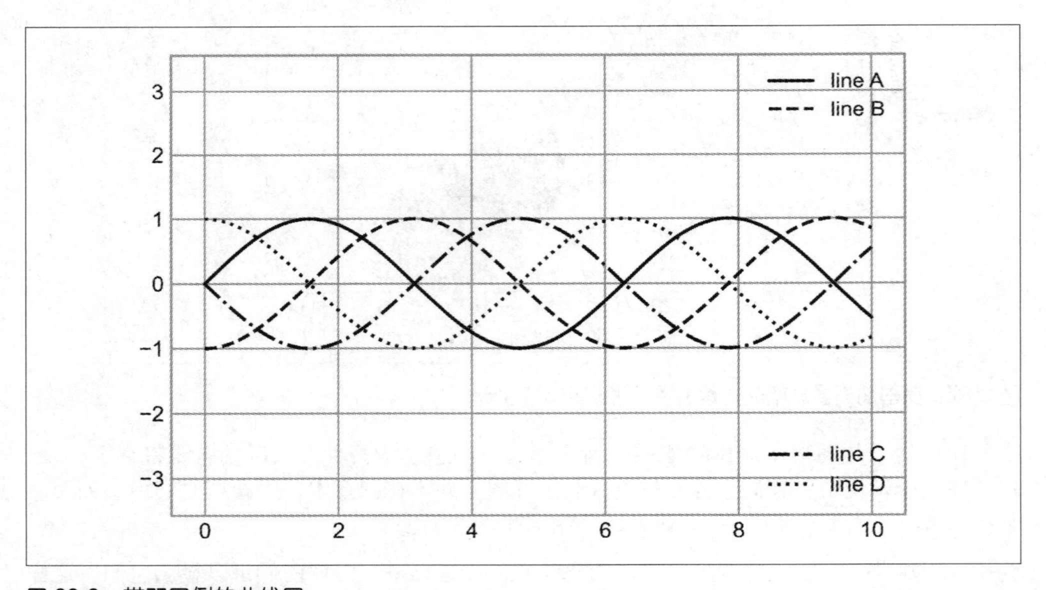

图 29-8：带双图例的曲线图

这里只是小试了一下构成 Matplotlib 图形的底层图例艺术家对象。如果你查看过 ax.legend 的源代码（前面介绍过，在 Jupyter Notebook 里面用 ax.legend?? 来显示源代码），就会发现这个函数通过几条简单的逻辑就创建了一个 Legend 图例艺术家对象，然后保存到了 legend_ 属性里。当图形被画出来之后，就可以将该图例增加到图形上。

第30章

配置颜色条

图例通过离散的标签表示离散的图形元素。然而，对于图形中由彩色的点、线、面构成的连续标签，用颜色条来表示的效果比较好。在 Matplotlib 里面，颜色条是一个独立的坐标轴，可以指明图形中颜色的含义。由于本书以黑白印刷的形式呈现，大家可以在本书的在线补充材料中查看本章图形的彩色版。首先还是导入需要使用的画图工具：

```
In [1]: import matplotlib.pyplot as plt
        plt.style.use('seaborn-white')

In [2]: %matplotlib inline
        import numpy as np
```

和在前面看到的一样，通过 plt.colorbar 函数就可以创建最简单的颜色条（如图 30-1 所示）：

```
In [3]: x = np.linspace(0, 10, 1000)
       I = np.sin(x) * np.cos(x[:, np.newaxis])

       plt.imshow(I)
       plt.colorbar();
```

要查看全部的彩色版图，请移步本书的在线补充材料：ituring.cn/book/3029。

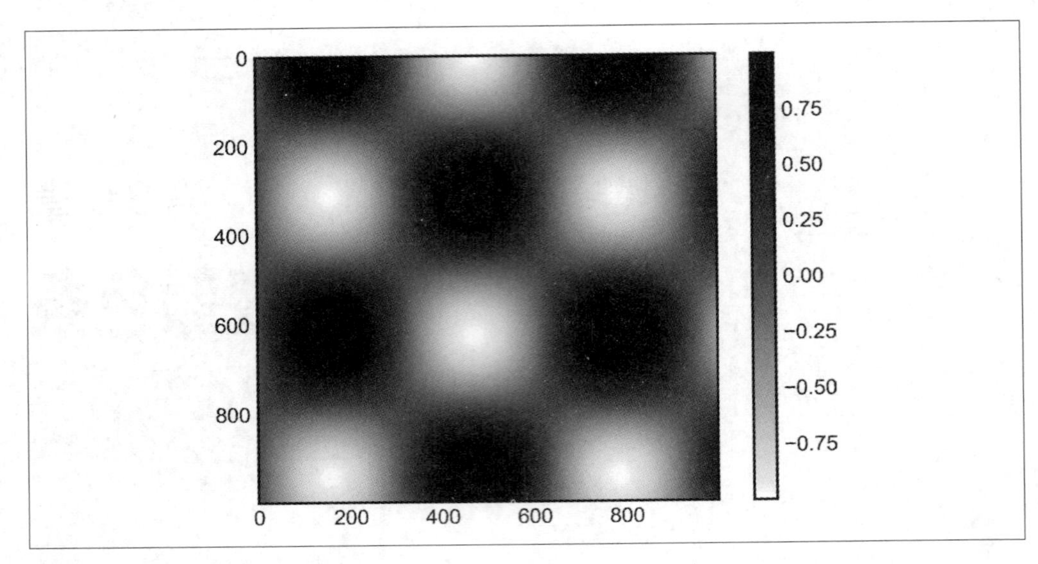

图 30-1：一个简单的颜色条图例

下面将介绍一些颜色条的个性化配置方法，让你能将它们有效地应用在不同场景中。

30.1 配置颜色条

可以通过 cmap 参数为图形设置颜色条的配色方案（如图 30-2 所示）：

```
In [4]: plt.imshow(I, cmap='Blues');
```

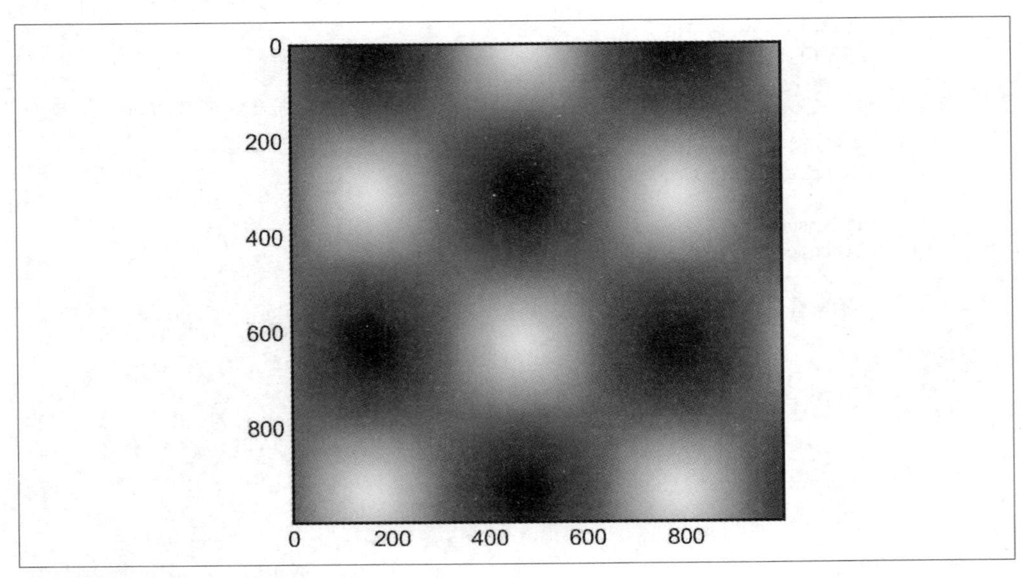

图 30-2：一个采用蓝色配色方案的图形

所有可用的配色方案都在 `plt.cm` 命名空间里面，在 IPython 里通过 Tab 键就可以查看所有的配色方案：

```
plt.cm.<TAB>
```

有这么多备选配色方案只是第一步，更重要的是如何**确定**用哪种方案。最终的选择结果可能和你一开始想用的有很大不同。

30.1.1 选择配色方案

关于可视化图形颜色选择的全部介绍超出了本书范围，如果你想了解与此相关的入门知识，可以参考 Nicholas Rougier、Michael Droettboom 和 Philip Bourne 的文章"Ten Simple Rules for Better Figures"。Matplotlib 的在线文档中也有关于配色方案选择的有趣论述。

一般情况下，你只需要重点关注 3 种配色方案。

顺序配色方案

　由一组连续的颜色构成（例如 `binary` 或 `viridis`）。

发散配色方案

　通常由两种互补的颜色构成，表示正负两种偏离（例如 `RdBu` 或 `PuOr`）。

定性配色方案

　无特定顺序的一组颜色（例如 `rainbow` 或 `jet`）。

`jet` 是一种定性配色方案，曾是 Matplotlib 2.0 之前所有版本的默认配色方案。把它作为默认配色方案实在不是个好主意，因为定性配色方案在对定性数据进行可视化时的选择空间非常有限。随着图形亮度的提升，经常会出现颜色无法区分的问题。

可以通过把 `jet` 转换为黑白的灰度图看看具体的颜色（如图 30-3 所示）：

```
In [5]: from matplotlib.colors import LinearSegmentedColormap

        def grayscale_cmap(cmap):
            """ 为配色方案显示灰度图 """
            cmap = plt.cm.get_cmap(cmap)
            colors = cmap(np.arange(cmap.N))

            # 将 RGBA 色转换为不同亮度的灰度值
            # 参考链接 http://alienryderflex.com/hsp.html
            RGB_weight = [0.299, 0.587, 0.114]
            luminance = np.sqrt(np.dot(colors[:, :3] ** 2, RGB_weight))
            colors[:, :3] = luminance[:, np.newaxis]

            return LinearSegmentedColormap.from_list(
                cmap.name + "_gray", colors, cmap.N)


        def view_colormap(cmap):
            """ 用等价的灰度图表示配色方案 """
            cmap = plt.cm.get_cmap(cmap)
            colors = cmap(np.arange(cmap.N))
```

```
    cmap = grayscale_cmap(cmap)
    grayscale = cmap(np.arange(cmap.N))

    fig, ax = plt.subplots(2, figsize=(6, 2),
                           subplot_kw=dict(xticks=[], yticks=[]))
    ax[0].imshow([colors], extent=[0, 10, 0, 1])
    ax[1].imshow([grayscale], extent=[0, 10, 0, 1])
```

```
In[6]: view_colormap('jet')
```

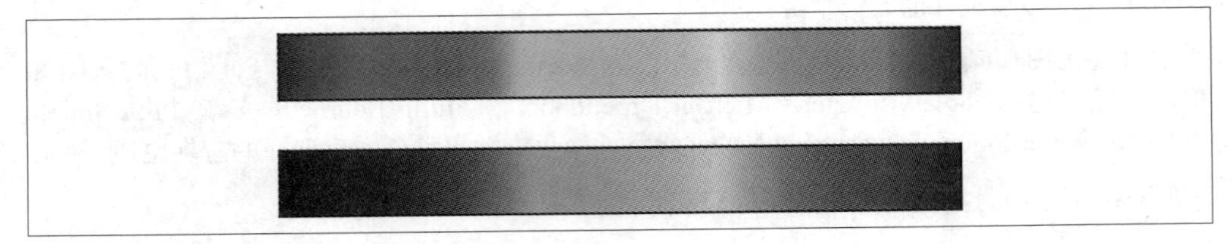

图 30-3：jet 配色方案与非等差的渐变亮度

注意观察灰度图里比较亮的那部分条纹。这些亮度变化不均匀的条纹在彩色图中对应某一段彩色区间，由于色彩太接近，容易突显出数据集中不重要的部分，导致眼睛无法识别重点。更好的配色方案是 viridis（已经成为 Matplotlib 2.0 的默认配色方案）。它采用了精心设计的亮度渐变方式，这样不仅便于视觉观察，而且转换成灰度图后也更清晰（如图 30-4 所示）。

```
In [7]: view_colormap('viridis')
```

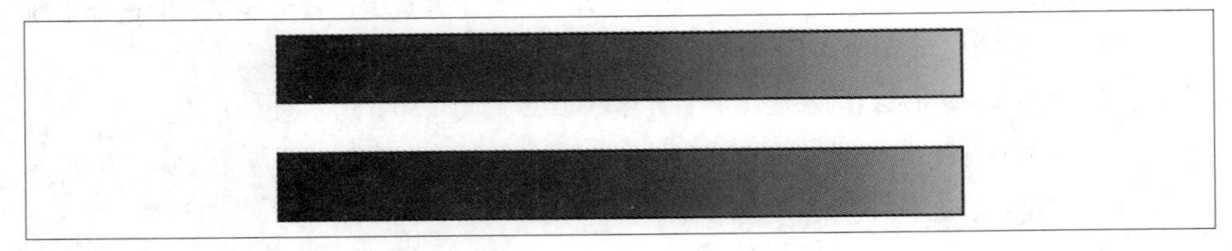

图 30-4：viridis 配色方案和渐变亮度 scale

至于其他的场景，例如要用两种颜色表示正负两种含义时，可以使用 RdBu（Red-Blue，红色 - 蓝色）双色配色方案。但正如图 30-5 所示，用红色和蓝色表示的正负两种信息在灰度图上看不出差别！

```
In [8]: view_colormap('RdBu')
```

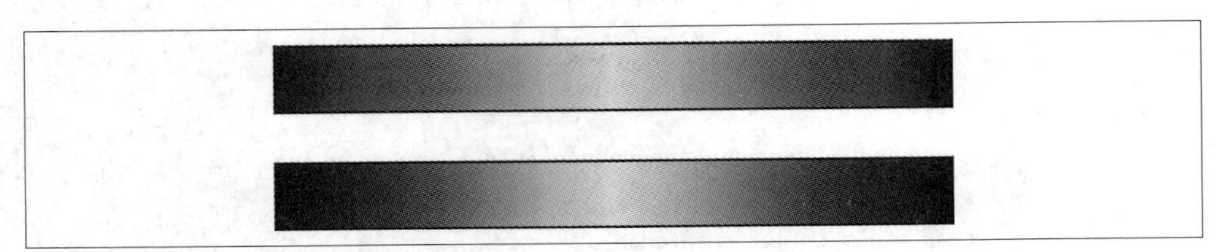

图 30-5：RdBu 配色方案和渐变亮度

我们将在后面的章节中继续使用这些配色方案。

Matplotlib 里有许多配色方案，在 IPython 里用 Tab 键浏览 `plt.cm` 模块就可以看到所有内容。关于 Python 语言中配色的更多基本原则，可以参考 Seaborn 程序库的工具和文档（详情请参见第 36 章）。

30.1.2　颜色条刻度的限制与扩展功能的设置

Matplotlib 提供了丰富的颜色条配置功能。由于可以将颜色条本身看作一个 `plt.Axes` 实例，因此前面所学的所有关于坐标轴和刻度值的格式配置技巧都可以派上用场。颜色条有一些有趣的特性。例如，我们可以缩小颜色取值的上下限，对于超出上下限的数据，通过 `extend` 参数用三角箭头表示比上限大的数或者比下限小的数。这种方法很简单，比如你想展示一张噪点图（如图 30-6 所示）：

```
In [9]: # 为图形像素设置 1% 噪点
        speckles = (np.random.random(I.shape) < 0.01)
        I[speckles] = np.random.normal(0, 3, np.count_nonzero(speckles))

        plt.figure(figsize=(10, 3.5))

        plt.subplot(1, 2, 1)
        plt.imshow(I, cmap='RdBu')
        plt.colorbar()

        plt.subplot(1, 2, 2)
        plt.imshow(I, cmap='RdBu')
        plt.colorbar(extend='both')
        plt.clim(-1, 1);
```

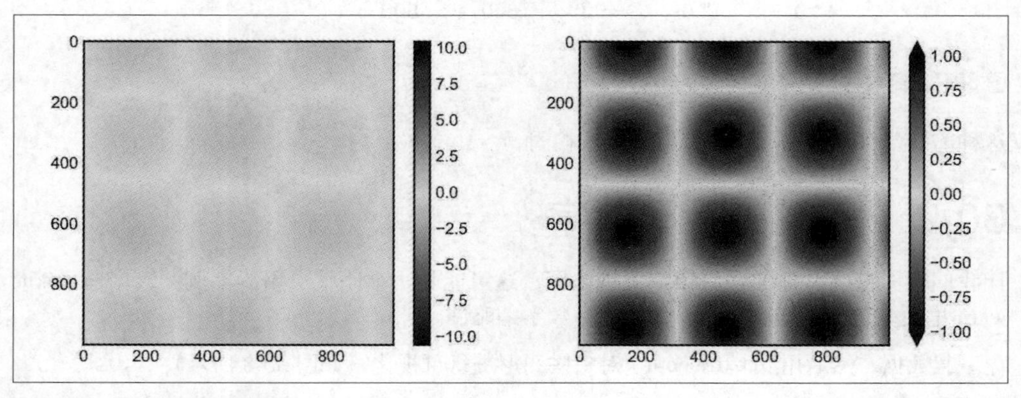

图 30-6：设置颜色条扩展属性

图 30-6 中的左图是用默认的颜色条刻度限制实现的效果，噪点的范围完全覆盖了我们感兴趣的数据。而右边的图形设置了颜色条的刻度上下限，并在上下限之外增加了扩展功能，这样的数据可视化图形显然效果更好。

30.1.3　离散型颜色条

虽然颜色条默认都是连续的，但有时你可能也需要表示离散数据。最简单的做法就是使用 `plt.cm.get_cmap()` 函数，将适当的配色方案的名称以及需要的区间数量传进去即可（如图 30-7 所示）：

```
In [10]: plt.imshow(I, cmap=plt.cm.get_cmap('Blues', 6))
         plt.colorbar(extend='both')
         plt.clim(-1, 1);
```

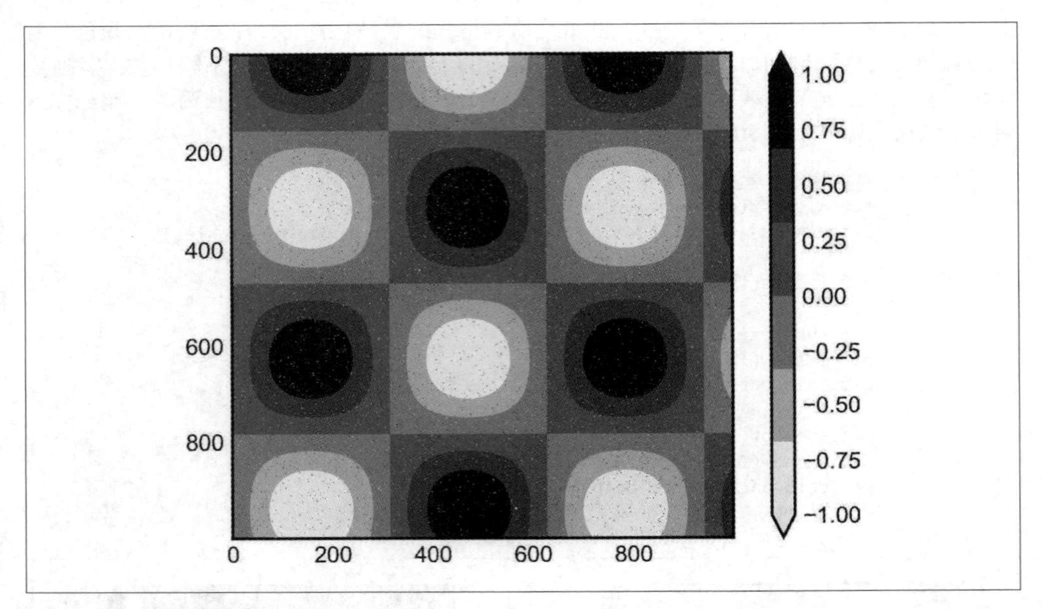

图 30-7：离散型颜色条

这种离散型颜色条的用法和其他颜色条相同。

30.2　案例：手写数字

让我们来看一些有趣的手写数字可视化图，这可能是一个比较实用的案例。数据在 scikit-learn 里面，包含近 2000 份 8 × 8 的手写数字缩略图。

先下载数据，然后用 `plt.imshow()` 对一些图形进行可视化（如图 30-8 所示）：

```
In [11]: # 加载数字 0~5 的图形，对其进行可视化
         from sklearn.datasets import load_digits
         digits = load_digits(n_class=6)

         fig, ax = plt.subplots(8, 8, figsize=(6, 6))
         for i, axi in enumerate(ax.flat):
             axi.imshow(digits.images[i], cmap='binary')
             axi.set(xticks=[], yticks=[])
```

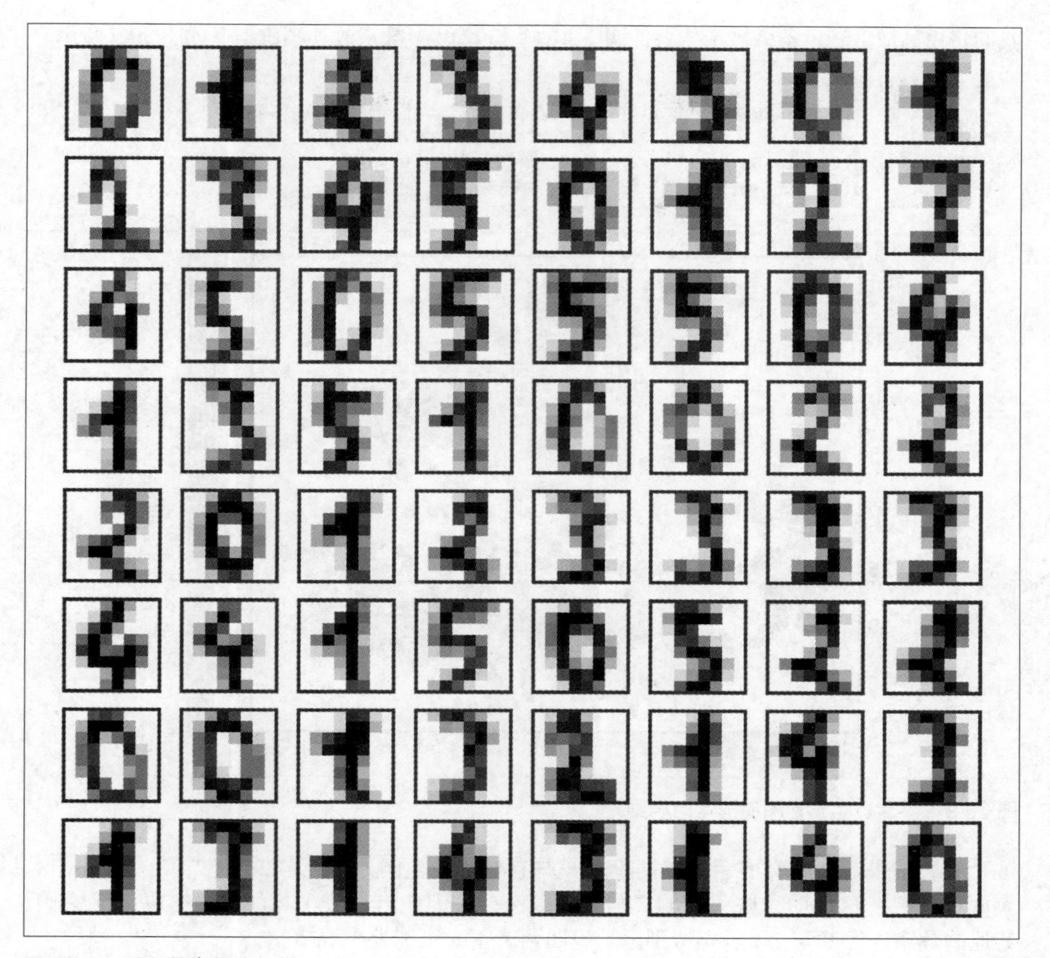

图 30-8：手写数字样本

由于每个数字都由 64 像素的色相（hue）构成，因此可以将每个数字看成一个位于 64 维空间的点，即每个维度表示一个像素的亮度。但是想通过可视化来描述如此高维度的空间是非常困难的。一种解决方案是通过**降维**技术，在尽量保留数据内部重要关联性的同时降低数据的维度，例如流形学习（manifold learning）。降维是无监督学习的重要内容，第 37 章将详细介绍这部分知识。

暂且不提具体的降维细节，先来看看如何用流形学习将这些数据投影到二维空间进行可视化（详情请参见第 46 章）：

```
In [12]: # 用 Isomap 方法将数字投影到二维空间
         from sklearn.manifold import Isomap
         iso = Isomap(n_components=2, n_neighbors=15)
         projection = iso.fit_transform(digits.data)
```

我们将用离散型颜色条来显示结果，调整 ticks 与 clim 参数来改善颜色条（如图 30-9 所示）：

```
In [13]: # 画图
         plt.scatter(projection[:, 0], projection[:, 1], lw=0.1,
                     c=digits.target, cmap=plt.cm.get_cmap('plasma', 6))
         plt.colorbar(ticks=range(6), label='digit value')
         plt.clim(-0.5, 5.5)
```

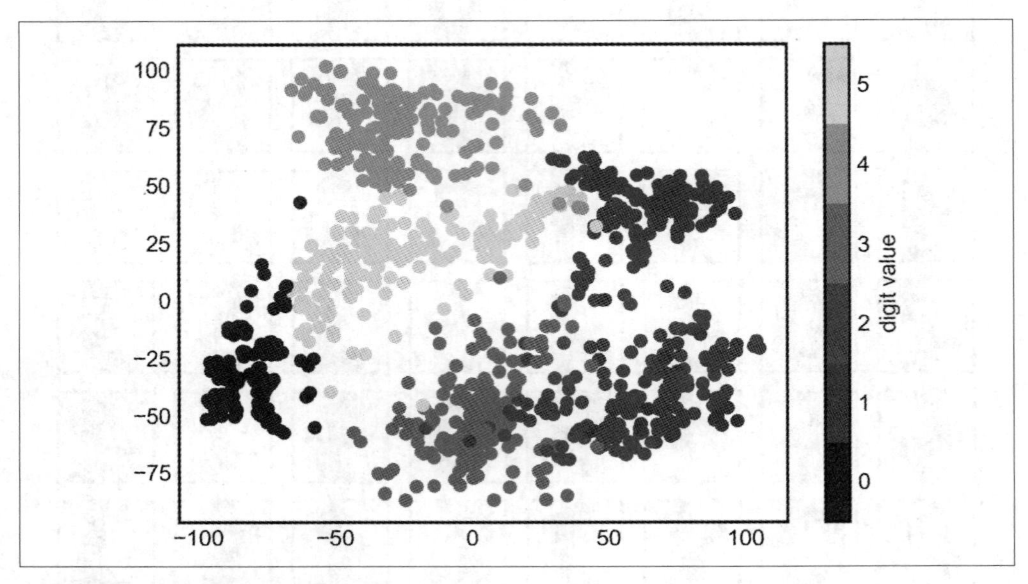

图 30-9：手写数字像素的流形学习结果

这个投影结果还向我们展示了数据集的一些有趣特性。例如，数字 2 与数字 3 在投影中有大面积重叠，这说明一些手写的 2 与 3 难以区分，因此自动分类算法也更容易搞混它们。其他的数字，像 0 与 1，隔得特别远，说明两者不太可能发生混淆。

我们将在第四部分深入学习流形学习和手写数字识别的相关内容。

第31章 多子图

有时候需要从多个角度对数据进行对比。Matplotlib 为此提出了**子图**（subplot）的概念：在较大的图形中同时放置一组较小的坐标轴。这些子图可能是画中画（inset）、网格图（grid of plots），或者是其他更复杂的布局形式。在这一章中，我们将介绍 4 种用 Matplotlib 创建子图的方法。首先，在 Notebook 中导入画图需要的程序库：

```
In [1]: %matplotlib inline
        import matplotlib.pyplot as plt
        plt.style.use('seaborn-white')
        import numpy as np
```

31.1 plt.axes：手动创建子图

创建坐标轴最基本的方法就是使用 `plt.axes` 函数。前面已经介绍过，这个函数的默认配置是创建一个标准的坐标轴，填满整张图。它还有一个可选参数，由图形坐标系统的 4 个值构成。这 4 个值分别表示图形坐标系统的 [*left, bottom, width, height*]（左坐标、底坐标、宽度、高度），数值的取值范围是左下角（原点）为 0，右上角为 1。

如果想要在右上角创建一个画中画，那么可以首先将 x 与 y 设置为 0.65（就是坐标轴原点位于图形高度 65% 和宽度 65% 的位置），然后将 x 与 y 扩展到 0.2（也就是将坐标轴的宽度与高度设置为图形的 20%）。图 31-1 显示了代码的结果：

```
In [2]: ax1 = plt.axes()  # 默认坐标轴
        ax2 = plt.axes([0.65, 0.65, 0.2, 0.2])
```

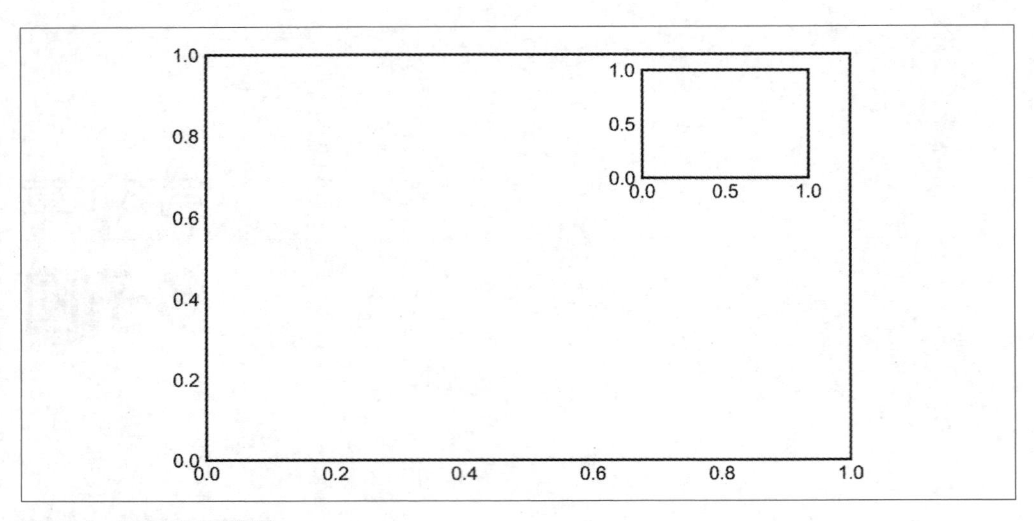

图 31-1：图中图的坐标轴

面向对象画图接口中类似的命令是 fig.add_axes。用这个命令创建两个竖直排列的坐标轴（如图 31-2 所示）：

```
In [3]: fig = plt.figure()
        ax1 = fig.add_axes([0.1, 0.5, 0.8, 0.4],
                           xticklabels=[], ylim=(-1.2, 1.2))
        ax2 = fig.add_axes([0.1, 0.1, 0.8, 0.4],
                           ylim=(-1.2, 1.2))

        x = np.linspace(0, 10)
        ax1.plot(np.sin(x))
        ax2.plot(np.cos(x));
```

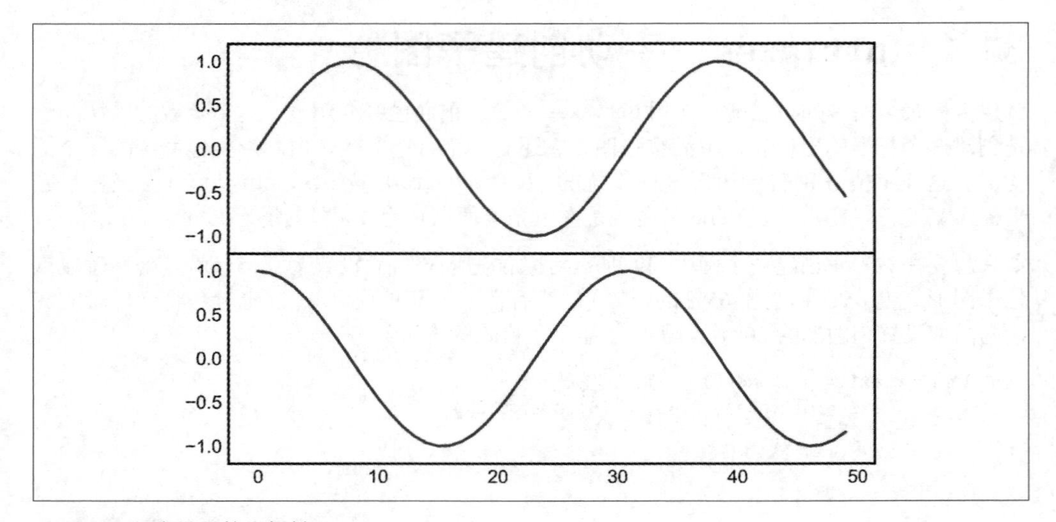

图 31-2：竖直排列的坐标轴

现在就可以看到两个紧挨着的坐标轴（上面的坐标轴没有刻度）：上子图（起点 y 坐标为 0.5 位置）与下子图的 x 轴刻度是对应的（起点 y 坐标为 0.1，高度为 0.4）。

31.2 plt.subplot：简单网格子图

若干彼此对齐的行列子图是常见的可视化任务，Matplotlib 拥有一些可以轻松创建它们的简便方法。最底层的方法是用 `plt.subplot` 在一个网格中创建一个子图。这个命令有 3 个整型参数，分别是将要创建的网格子图的行数、列数和索引值，其中索引值从 1 开始，从左上角到右下角依次增大（如图 31-3 所示）：

```
In [4]: for i in range(1, 7):
            plt.subplot(2, 3, i)
            plt.text(0.5, 0.5, str((2, 3, i)),
                     fontsize=18, ha='center')
```

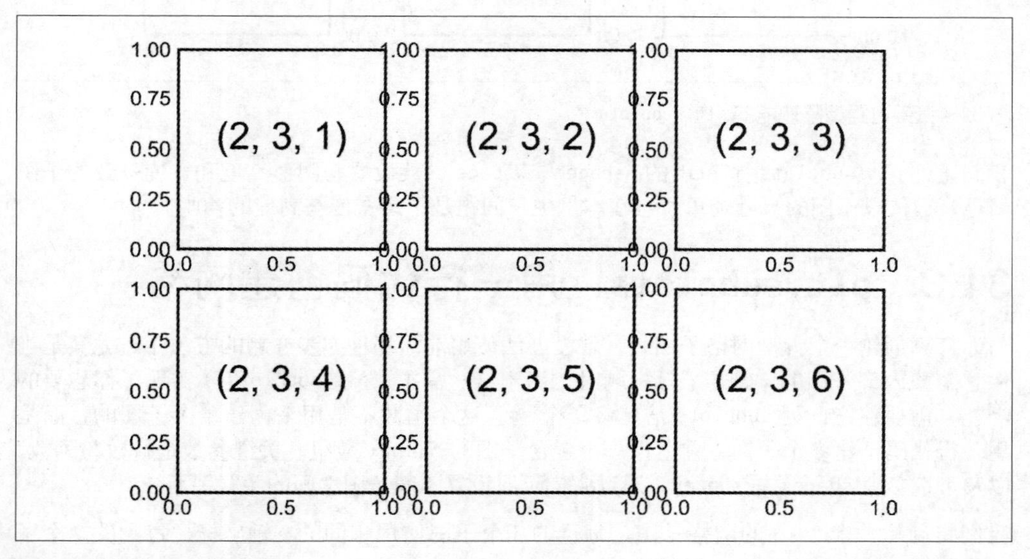

图 31-3：`plt.subplot` 示例

`plt.subplots_adjust` 命令可以调整子图之间的间隔。用面向对象接口的命令 `fig.add_subplot` 可以取得同样的效果（结果如图 31-4 所示）：

```
In [5]: fig = plt.figure()
        fig.subplots_adjust(hspace=0.4, wspace=0.4)
        for i in range(1, 7):
            ax = fig.add_subplot(2, 3, i)
            ax.text(0.5, 0.5, str((2, 3, i)),
                    fontsize=18, ha='center')
```

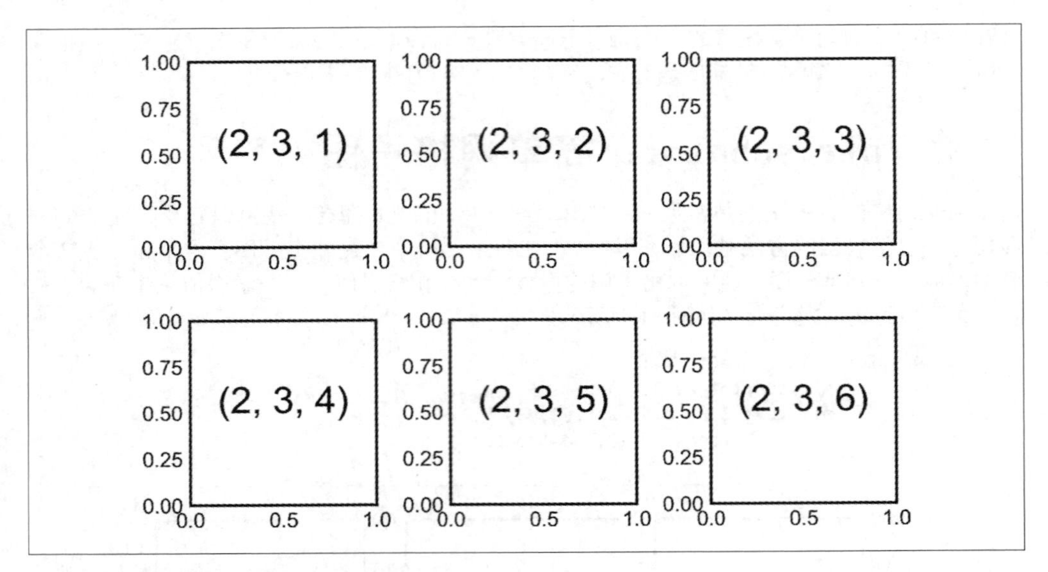

图 31-4：带边距调整功能的 plt.subplot

我们通过 plt.subplots_adjust 的 hspace 与 wspace 参数设置与图形高度和宽度一致的子图间距，数值以子图的尺寸为单位（在本例中，间距是子图宽度与高度的 40%）。

31.3 plt.subplots：用一行代码创建网格

当你打算创建一个大型网格子图时，就没办法使用前面那种亦步亦趋的方法了，尤其是当你想隐藏内部子图的 x 轴与 y 轴标题时。出于这一需求，plt.subplots() 实现了你想要的功能（需要注意此处 subplots 结尾多了个 s）。这个函数不是用来创建单个子图的，而是用一行代码创建多个子图，并返回一个包含子图的 NumPy 数组。关键参数是行数与列数，以及可选参数 sharex 与 sharey，通过它们可以设置不同子图之间的关联关系。

我们将创建一个 2×3 的网格子图，每行的 3 个子图使用相同的 y 轴坐标，每列的 2 个子图使用相同的 x 轴坐标（如图 31-5 所示）：

```
In [6]: fig, ax = plt.subplots(2, 3, sharex='col', sharey='row')
```

设置 sharex 与 sharey 参数之后，我们就可以自动去掉网格内部子图的标签，让图形看起来更整洁。坐标轴实例网格的返回结果是一个 NumPy 数组，这样就可以通过标准的数组取值方式轻松获取想要的坐标轴了（如图 31-6 所示）：

```
In [7]: # 坐标轴存放在一个 NumPy 数组中，按照 [row, col] 取值
        for i in range(2):
            for j in range(3):
                ax[i, j].text(0.5, 0.5, str((i, j)),
                              fontsize=18, ha='center')
        fig
```

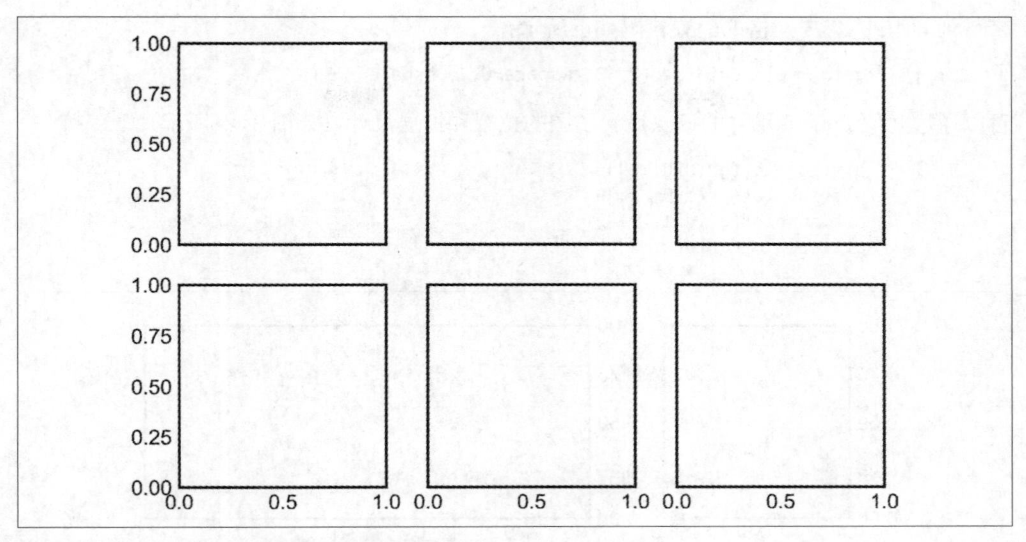

图 31-5：`plt.subplots` 方法共享 *x* 轴与 *y* 轴坐标

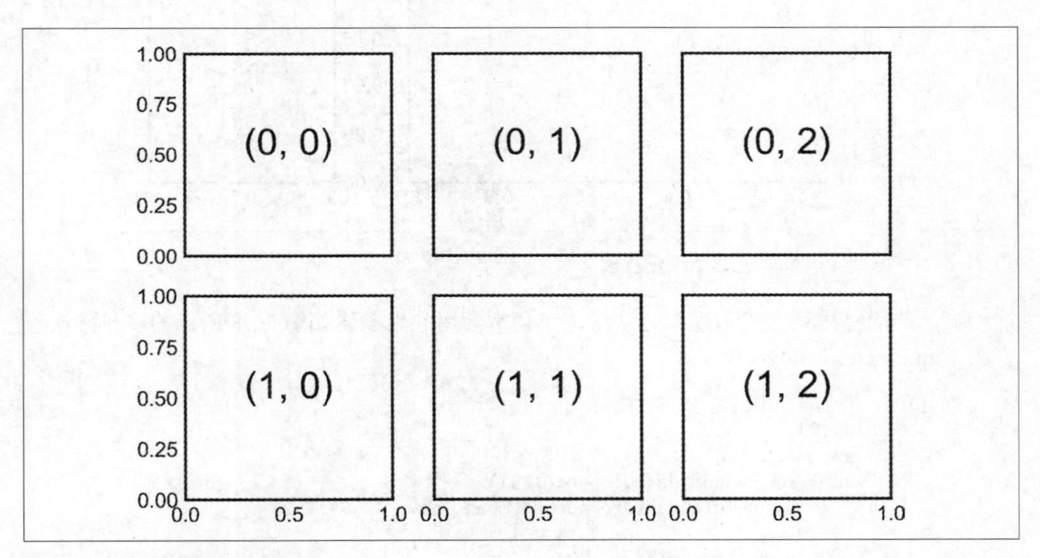

图 31-6：确定网格中的子图

与 `plt.subplot` 相比，`plt.subplots` 与 Python 索引从 0 开始的习惯保持一致，而 `plt.subplot` 使用 MATLAB 风格从 1 开始的索引。

31.4　plt.GridSpec：实现更复杂的排列方式

如果想实现不规则的多行多列子图网格，`plt.GridSpec` 是最好的工具。`plt.GridSpec` 对象本身不能直接创建一个图形，它只是 `plt.subplot` 命令可以识别的简单接口。例如，一个带行列间距的 2×3 网格的配置代码如下所示：

```
In [8]: grid = plt.GridSpec(2, 3, wspace=0.4, hspace=0.3)
```

可以通过类似 Python 切片的语法设置子图的位置和扩展尺寸（如图 31-7 所示）：

```
In [9]: plt.subplot(grid[0, 0])
        plt.subplot(grid[0, 1:])
        plt.subplot(grid[1, :2])
        plt.subplot(grid[1, 2]);
```

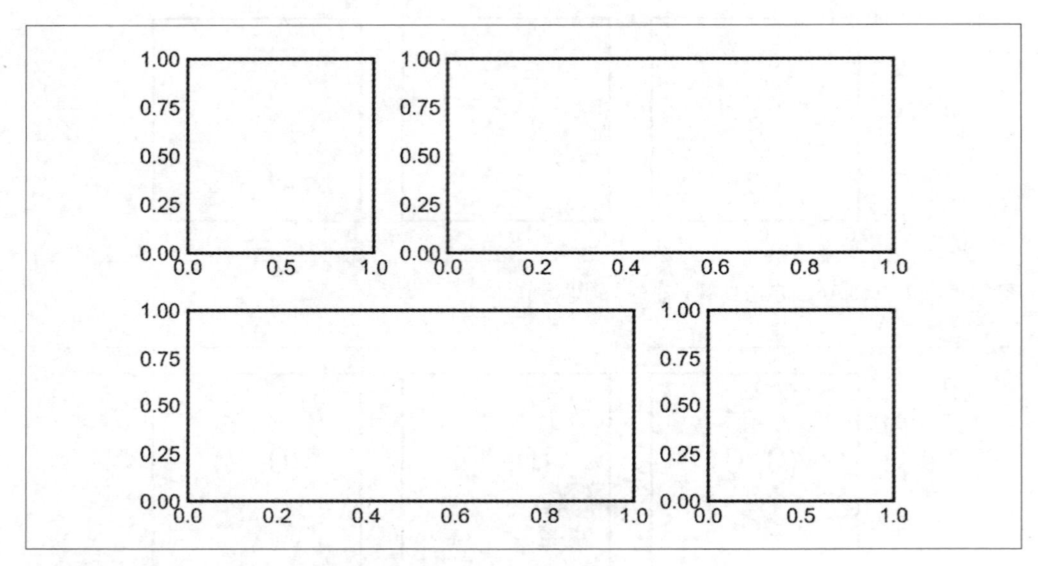

图 31-7：用 plt.GridSpec 生成不规则子图

这种灵活的网格排列方式用途十分广泛，我经常会用它来创建如图 31-8 所示的多轴频次直方图（multi-axes histogram）：

```
In [10]: # 创建一些正态分布数据
         mean = [0, 0]
         cov = [[1, 1], [1, 2]]
         rng = np.random.default_rng(1701)
         x, y = rng.multivariate_normal(mean, cov, 3000).T

         # 设置坐标轴和网格配置方式
         fig = plt.figure(figsize=(6, 6))
         grid = plt.GridSpec(4, 4, hspace=0.2, wspace=0.2)
         main_ax = fig.add_subplot(grid[:-1, 1:])
         y_hist = fig.add_subplot(grid[:-1, 0], xticklabels=[], sharey=main_ax)
         x_hist = fig.add_subplot(grid[-1, 1:], yticklabels=[], sharex=main_ax)

         # 主坐标轴画散点图
         main_ax.plot(x, y, 'ok', markersize=3, alpha=0.2)
```

```
# 次坐标轴画频次直方图
x_hist.hist(x, 40, histtype='stepfilled',
            orientation='vertical', color='gray')
x_hist.invert_yaxis()

y_hist.hist(y, 40, histtype='stepfilled',
            orientation='horizontal', color='gray')
y_hist.invert_xaxis()
```

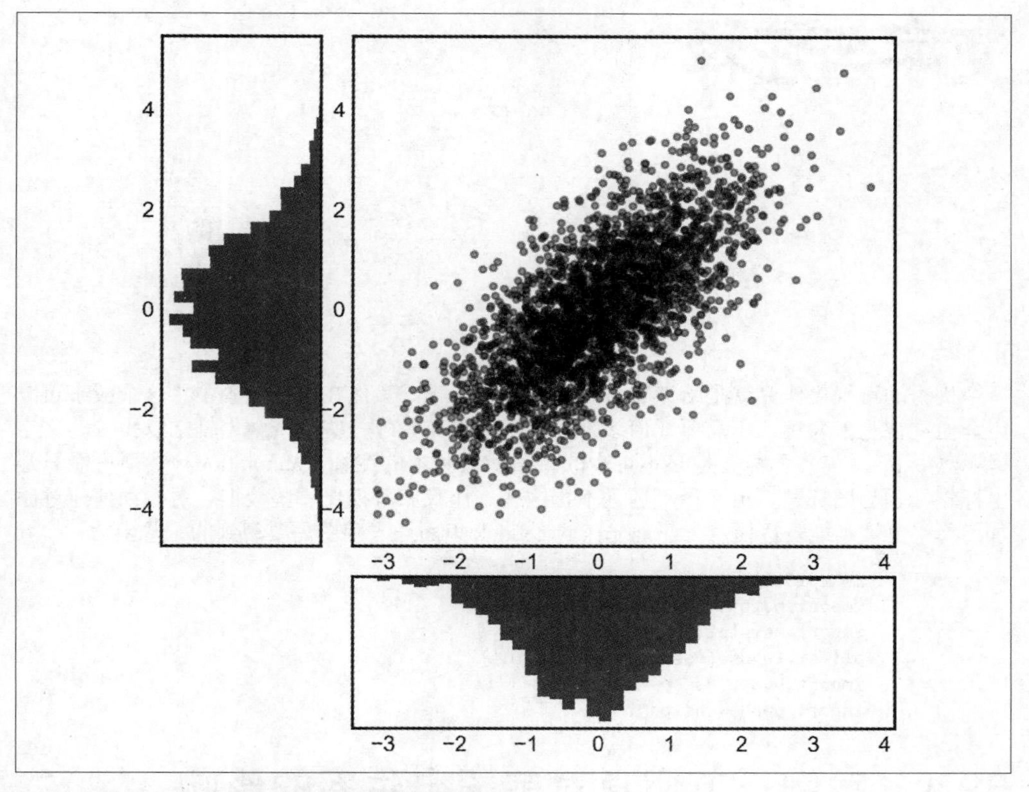

图 31-8：用 plt.GridSpec 可视化多维分布数据

这种类型的分布图十分常见，Seaborn 程序包提供了专门的 API 来实现它们，详情请参见第 36 章。

第32章

文字与注释

一个优秀的可视化作品就是给读者讲一个精彩的故事。虽然在一些场景中，这个故事可以完全通过视觉来表达，不需要任何多余的文字。但在另外一些场景中，辅之以少量的文字提示（textual cue）和标签是必不可少的。虽然最基本的注释（annotation）类型可能只是坐标轴标题与图标题，但注释可远远不止这些。让我们可视化一些数据，看看如何通过添加注释来更恰当地表达信息。还是先在 Notebook 里面导入画图需要用到的一些函数：

```
In [1]: %matplotlib inline
        import matplotlib.pyplot as plt
        import matplotlib as mpl
        plt.style.use('seaborn-whitegrid')
        import numpy as np
        import pandas as pd
```

32.1 案例：节假日对美国出生率的影响

让我们用第 21 章介绍过的数据来演示。在那个案例中，我们画了一幅图来表示美国每一年的出生人数。首先用前面介绍过的清洗方法处理数据，然后画出结果（如图 32-1 所示）：

```
In [2]: # 下载数据的 shell 命令：
        # !cd data && curl -O \
        #   https://raw.githubusercontent.com/jakevdp/data-CDCbirths/master/
        #   births.csv
In [3]: from datetime import datetime

        births = pd.read_csv('data/births.csv')

        quartiles = np.percentile(births['births'], [25, 50, 75])
        mu, sig = quartiles[1], 0.74 * (quartiles[2] - quartiles[0])
```

```
births = births.query('(births > @mu - 5 * @sig) &
                       (births < @mu + 5 * @sig)')

births['day'] = births['day'].astype(int)

births.index = pd.to_datetime(10000 * births.year +
                              100 * births.month +
                              births.day, format='%Y%m%d')
births_by_date = births.pivot_table('births',
                                    [births.index.month, births.index.day])
births_by_date.index = [datetime(2012, month, day)
                        for (month, day) in births_by_date.index]
```

```
In [4]: fig, ax = plt.subplots(figsize=(12, 4))
        births_by_date.plot(ax=ax);
```

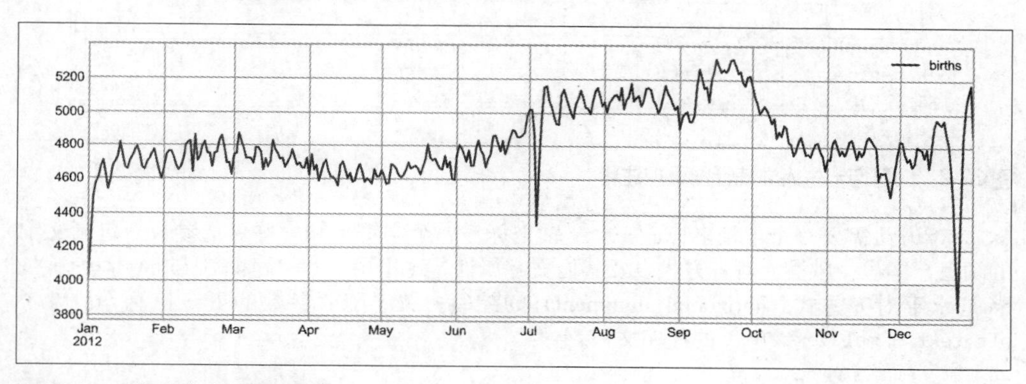

图 32-1：日均出生人数统计图[1]

在用这样的图表达观点时，如果在图中增加一些注释，就更能吸引读者的注意了。可以通过 plt.text/ax.text 命令手动添加注释，它们可以在具体的 *x/y* 坐标点上放上文字（如图 32-2 所示）：

```
In [5]: fig, ax = plt.subplots(figsize=(12, 4))
        births_by_date.plot(ax=ax)

        # 在图上增加文字标签
        style = dict(size=10, color='gray')

        ax.text('2012-1-1', 3950, "New Year's Day", **style)
        ax.text('2012-7-4', 4250, "Independence Day", ha='center', **style)
        ax.text('2012-9-4', 4850, "Labor Day", ha='center', **style)
        ax.text('2012-10-31', 4600, "Halloween", ha='right', **style)
        ax.text('2012-11-25', 4450, "Thanksgiving", ha='center', **style)
        ax.text('2012-12-25', 3850, "Christmas ", ha='right', **style)

        # 设置坐标轴标题
        ax.set(title='USA births by day of year (1969-1988)',
               ylabel='average daily births')
```

注 1：此图的完整版本可在 GitHub 上查看。

```
# 设置 x 轴刻度值，让月份居中显示
ax.xaxis.set_major_locator(mpl.dates.MonthLocator())
ax.xaxis.set_minor_locator(mpl.dates.MonthLocator(bymonthday=15))
ax.xaxis.set_major_formatter(plt.NullFormatter())
ax.xaxis.set_minor_formatter(mpl.dates.DateFormatter('%h'));
```

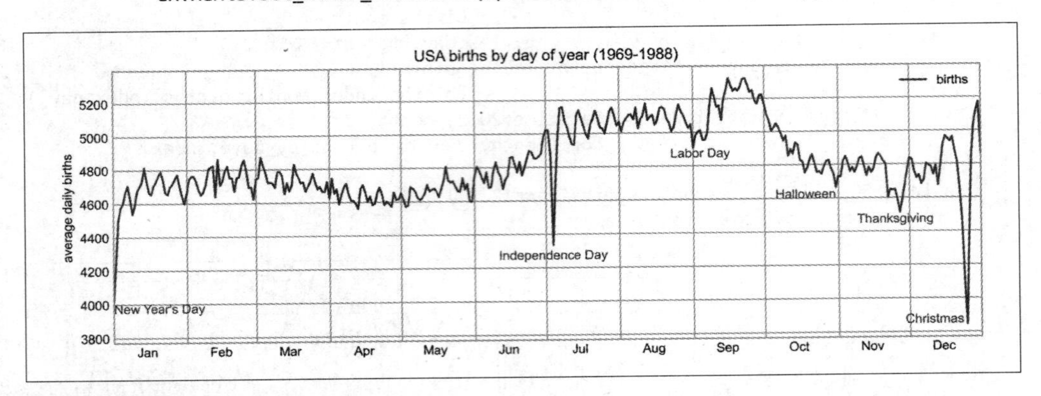

图 32-2：为日均出生人数统计图添加注释[1]

ax.text 方法需要一个 x 轴坐标、一个 y 轴坐标、一个字符串和一些可选参数，包括文字的颜色、字号、风格、对齐方式以及其他文字属性。这里用了 ha='right' 与 ha='center'，ha 是**水平对齐方式**（horizontal alignment）的缩写。关于配置参数的更多信息，请参考 plt.text 与 mpl.text.Text 的程序文档。

32.2 坐标变换与文字位置

在前面的示例中，我们将文字放在了目标数据的位置上。但有时候可能需要将文字放在与数据无关的位置上，比如坐标轴或者图形中。在 Matplotlib 中，我们通过调整**坐标变换**（transform）来实现。

Matplotlib 利用了几个不同的坐标系：一个位于 $(x, y) = (1, 1)$ 位置的点对应坐标轴或图上一个特定的位置，这个位置又对应屏幕上的一个特定像素。用数学方法处理这种坐标系变换很简单，Matplotlib 有一组非常棒的工具可以实现类似功能（这些工具位于 matplotlib.transforms 子模块中）。

虽然用户一般不需要关心这些变换的细节，但是了解这些知识对于在图上放置文字大有帮助。一共有 3 种解决这类问题的预定义变换方式。

ax.transData

以数据为基准的坐标变换。

ax.transAxes

以坐标轴为基准的坐标变换（以坐标轴维度为单位）。

注 1：此图的完整版本可在 GitHub 上查看。

fig.transFigure

以图形为基准的坐标变换（以图形维度为单位）。

下面举一个例子，用 3 种变换方式将文字画在不同的位置（如图 32-3 所示）：

```
In [6]: fig, ax = plt.subplots(facecolor='lightgray')
        ax.axis([0, 10, 0, 10])

        # 虽然 transform=ax.transData 是默认值，但还是设置一下
        ax.text(1, 5, ". Data: (1, 5)", transform=ax.transData)
        ax.text(0.5, 0.1, ". Axes: (0.5, 0.1)", transform=ax.transAxes)
        ax.text(0.2, 0.2, ". Figure: (0.2, 0.2)", transform=fig.transFigure);
```

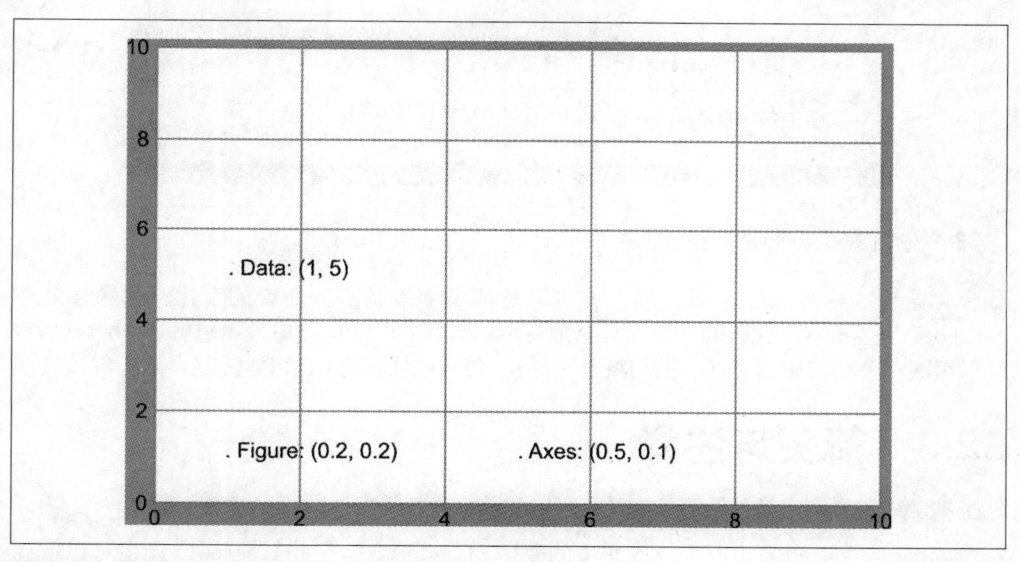

图 32-3：对比 Matplotlib 的 3 种坐标系（1）

默认情况下，上面的文字在各自的坐标系中都是文本对齐的。这 3 个字符串开头的“.”字符基本就是对应的坐标位置。

transData 坐标用 x 轴与 y 轴的标签作为数据坐标。transAxes 坐标以坐标轴（图中白色矩形）左下角的位置为原点，按坐标轴尺寸的比例呈现坐标。transFigure 坐标与之类似，不过是以图形（图中灰色矩形）左下角的位置为原点，按图形尺寸的比例呈现坐标。

需要注意的是，假如你改变了坐标轴上下限，那么只有 transData 坐标会受影响，其他坐标系都不变（如图 32-4 所示）：

```
In [7]: ax.set_xlim(0, 2)
        ax.set_ylim(-6, 6)
        fig
```

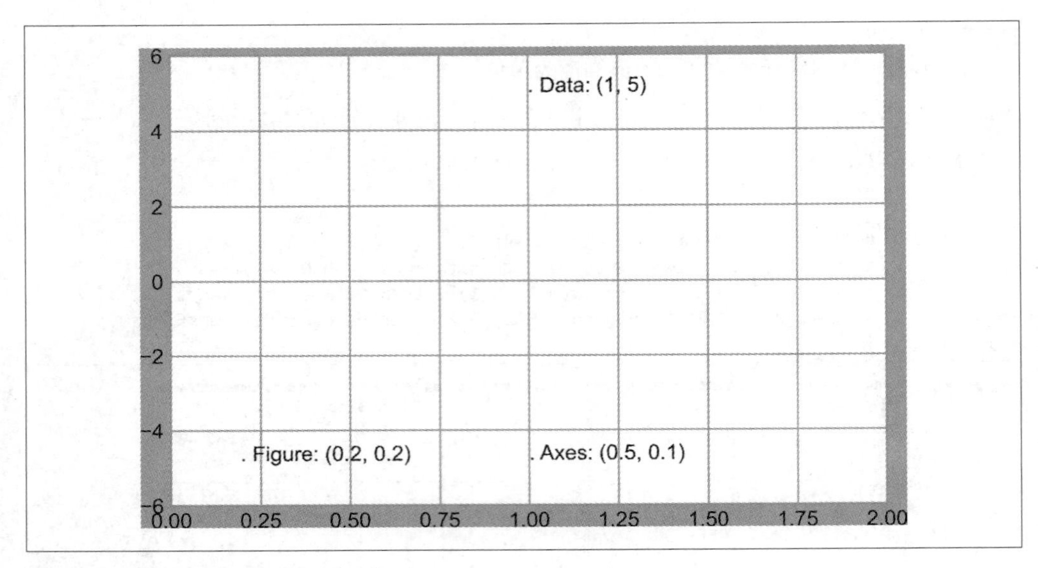

图 32-4：对比 Matplotlib 的 3 种坐标系（2）

如果你改变了坐标轴上下限，那么就可以更清晰地看到刚刚所说的变化。如果你是在 Notebook 里运行本书代码的，那么可以把 `%matplotlib inline` 改成 `%matplotlib notebook`，然后用图形菜单与图形交互（拖动按钮即可），就可以实现坐标轴平移了。

32.3　箭头与注释

除了刻度线和文字，简单的箭头也是一种有用的注释标签。

在 Matplotlib 里面画箭头通常比你想象的要困难。虽然有一个 `plt.arrow()` 函数可以实现这个功能，但是我不推荐使用它，因为它创建出的箭头是 SVG 对象，会随着图形分辨率的变化而改变，最终的结果可能完全不是用户想要的。我要推荐的是 `plt.annotate()` 函数。这个函数既可以创建文字，也可以创建箭头，而且它创建的箭头能够进行非常灵活的配置。

下面用 `annotate` 的一些配置选项来演示（如图 32-5 所示）：

```
In [8]: fig, ax = plt.subplots()

        x = np.linspace(0, 20, 1000)
        ax.plot(x, np.cos(x))
        ax.axis('equal')

        ax.annotate('local maximum', xy=(6.28, 1), xytext=(10, 4),
                    arrowprops=dict(facecolor='black', shrink=0.05))

        ax.annotate('local minimum', xy=(5 * np.pi, -1), xytext=(2, -6),
                    arrowprops=dict(arrowstyle="->",
                                    connectionstyle="angle3,angleA=0,angleB=-90"));
```

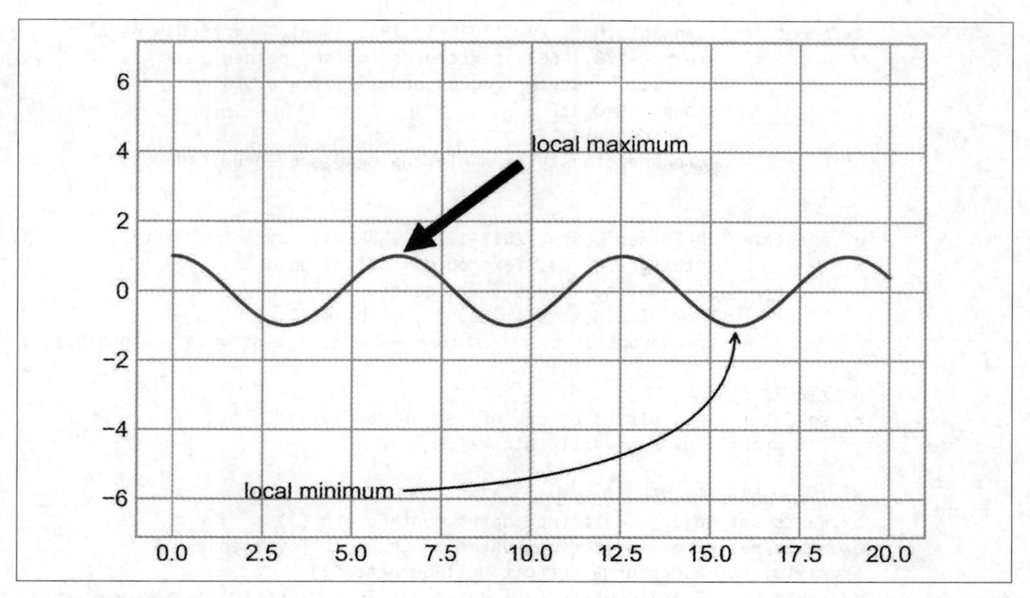

图 32-5：图形注释

箭头的风格是通过 arrowprops 字典控制的，里面有许多可用的选项。由于这些选项在 Matplotlib 的官方文档中都有非常详细的介绍，我就不再赘述，仅做一点儿功能演示。让我们用前面的美国出生人数图来演示一些箭头注释（如图 32-6 所示）：

```
In [9]: fig, ax = plt.subplots(figsize=(12, 4))
        births_by_date.plot(ax=ax)

        # 在图上增加箭头标签
        ax.annotate("New Year's Day", xy=('2012-1-1', 4100),  xycoords='data',
                    xytext=(50, -30), textcoords='offset points',
                    arrowprops=dict(arrowstyle="->",
                                    connectionstyle="arc3,rad=-0.2"))

        ax.annotate("Independence Day", xy=('2012-7-4', 4250),  xycoords='data',
                    bbox=dict(boxstyle="round", fc="none", ec="gray"),
                    xytext=(10, -40), textcoords='offset points', ha='center',
                    arrowprops=dict(arrowstyle="->"))

        ax.annotate('Labor Day Weekend', xy=('2012-9-4', 4850), xycoords='data',
                    ha='center', xytext=(0, -20), textcoords='offset points')
        ax.annotate('', xy=('2012-9-1', 4850), xytext=('2012-9-7', 4850),
                    xycoords='data', textcoords='data',
                    arrowprops={'arrowstyle': '|-|,widthA=0.2,widthB=0.2', })

        ax.annotate('Halloween', xy=('2012-10-31', 4600),  xycoords='data',
                    xytext=(-80, -40), textcoords='offset points',
                    arrowprops=dict(arrowstyle="fancy",
                                    fc="0.6", ec="none",
                                    connectionstyle="angle3,angleA=0,angleB=-90"))
```

```
ax.annotate('Thanksgiving', xy=('2012-11-25', 4500),  xycoords='data',
            xytext=(-120, -60), textcoords='offset points',
            bbox=dict(boxstyle="round4,pad=.5", fc="0.9"),
            arrowprops=dict(
                arrowstyle="->",
                connectionstyle="angle,angleA=0,angleB=80,rad=20"))


ax.annotate('Christmas', xy=('2012-12-25', 3850),  xycoords='data',
             xytext=(-30, 0), textcoords='offset points',
             size=13, ha='right', va="center",
             bbox=dict(boxstyle="round", alpha=0.1),
             arrowprops=dict(arrowstyle="wedge,tail_width=0.5", alpha=0.1));

# 设置坐标轴标题
ax.set(title='USA births by day of year (1969-1988)',
       ylabel='average daily births')

# 设置 x 轴刻度值，让月份居中显示
ax.xaxis.set_major_locator(mpl.dates.MonthLocator())
ax.xaxis.set_minor_locator(mpl.dates.MonthLocator(bymonthday=15))
ax.xaxis.set_major_formatter(plt.NullFormatter())
ax.xaxis.set_minor_formatter(mpl.dates.DateFormatter('%h'));

ax.set_ylim(3600, 5400);
```

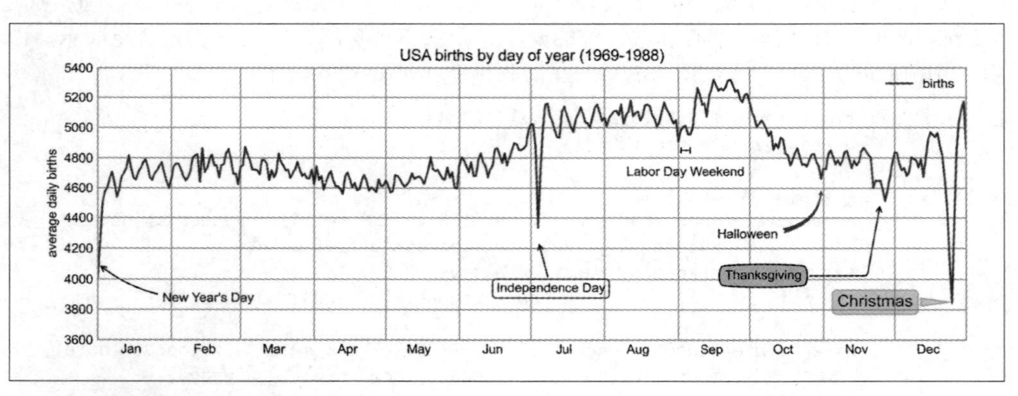

图 32-6：带注释的日均出生人数[1]

这些选项令 annotate 功能强大又灵活，你几乎可以创建自己想要的任何风格的箭头。不过，功能太过细致往往也就意味着操作起来比较复杂，如果真要做一个产品级的图形，可能得耗费大量的时间。最后我想说一句，前面适用的混合风格并不是数据可视化的最佳实践，仅仅是对一些功能的演示而已。

关于箭头和注释风格的更多介绍与示例，可以在 Matplotlib 注释教程中查看。

注 1：此图的完整版本可在 GitHub 上查看。

第33章

自定义坐标轴刻度

虽然 Matplotlib 默认的坐标轴定位器（locator）与格式生成器（formatter）可以满足大部分需求，但是并非对每一幅图都合适。本章将通过一些示例来演示如何将坐标轴刻度调整为你需要的位置与格式。

在介绍示例之前，我们最好先对 Matplotlib 图形的对象层级有更深入的理解。Matplotlib 的目标是用 Python 对象表现任意图形元素。例如，想想前面介绍的 `figure` 对象，它其实就是一个盛放图形元素的边界框（bounding box）。每个 Matplotlib 对象都可以看成子对象（sub-object）的容器，例如每个 `figure` 都会包含一个或多个 `axes` 对象，每个 `axes` 对象又会包含其他表示图形内容的对象。

坐标轴刻度线也不例外。每个 `axes` 都有 `xaxis` 和 `yaxis` 属性，每个属性又包含构成坐标轴的线条、刻度和标签的全部属性。

33.1 主要刻度与次要刻度

每一个坐标轴都有**主要**刻度线与**次要**刻度线。顾名思义，主要刻度往往更大或更显著，而次要刻度往往更小。虽然一般情况下 Matplotlib 不会使用次要刻度，但是你会在对数图中看到它们（如图 33-1 所示）：

```
In [1]: import matplotlib.pyplot as plt
        plt.style.use('classic')
        import numpy as np

        %matplotlib inline

In[2]:  ax = plt.axes(xscale='log', yscale='log')
        ax.set(xlim=(1, 1E3), ylim=(1, 1E3))
        ax.grid(True);
```

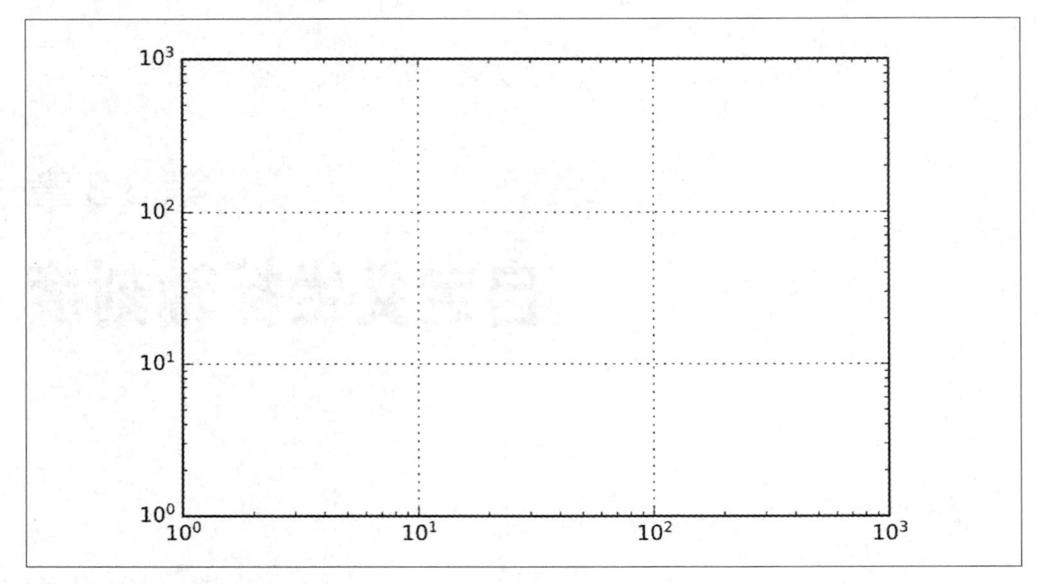

图 33-1：对数刻度与标签

我们发现图 33-1 中的每个主要刻度都显示为一个较大的刻度线和标签，而次要刻度都显示为一个较小的刻度线且不显示标签。

可以通过设置每个坐标轴的 `formatter` 与 `locator` 对象，自定义这些刻度属性（包括刻度线的位置和标签）。来检查一下图形 x 轴的属性：

```
In [3]: print(ax.xaxis.get_major_locator())
        print(ax.xaxis.get_minor_locator())
Out[3]: <matplotlib.ticker.LogLocator object at 0x1129b9370>
        <matplotlib.ticker.LogLocator object at 0x1129aaf70>
In [4]: print(ax.xaxis.get_major_formatter())
        print(ax.xaxis.get_minor_formatter())
Out[4]: <matplotlib.ticker.LogFormatterSciNotation object at 0x1129aaa00>
        <matplotlib.ticker.LogFormatterSciNotation object at 0x1129aac10>
```

我们会发现，主要刻度标签和次要刻度标签的位置都是通过一个 `LogLocator` 对象（在对数图中可以看到）设置的。然而，次要刻度有一个 `NullFormatter` 对象处理标签，这样标签就不会在图上显示了。

下面来演示一些示例，看看不同图形的定位器与格式生成器是如何设置的。

33.2 隐藏刻度与标签

最常用的刻度 / 标签格式化操作可能就是隐藏刻度与标签了，可以通过 `plt.NullLocator` 与 `plt.NullFormatter` 实现（如图 33-2 所示）：

```
In [5]: ax = plt.axes()
        rng = np.random.default_rng(1701)
        ax.plot(rng.random(50))
        ax.grid()

        ax.yaxis.set_major_locator(plt.NullLocator())
        ax.xaxis.set_major_formatter(plt.NullFormatter())
```

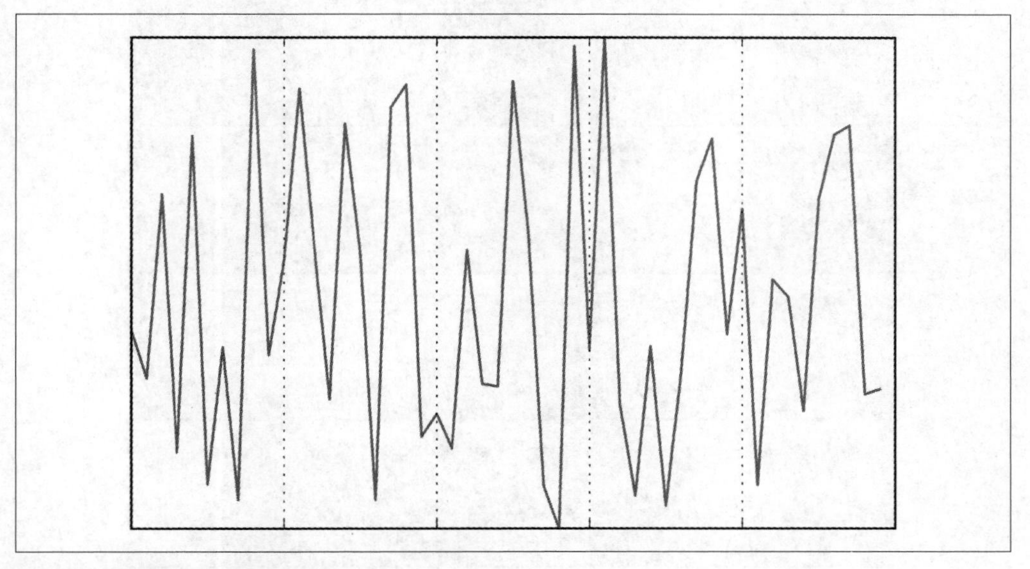

图 33-2：隐藏图形的 x 轴标签与 y 轴刻度

需要注意的是，我们移除了 x 轴的标签（但是保留了刻度线 / 网格线），以及 y 轴的刻度（标签也一并被移除）。在许多场景中都不需要刻度线，比如当你想要显示一组图形时。举个例子，像图 33-3 那样包含不同人脸的照片，就是经常用于研究监督机器学习问题的示例（详情请参见第 43 章）：

```
In [6]: fig, ax = plt.subplots(5, 5, figsize=(5, 5))
        fig.subplots_adjust(hspace=0, wspace=0)

        # 从 scikit-learn 获取一些人脸照片数据
        from sklearn.datasets import fetch_olivetti_faces
        faces = fetch_olivetti_faces().images

        for i in range(5):
            for j in range(5):
                ax[i, j].xaxis.set_major_locator(plt.NullLocator())
                ax[i, j].yaxis.set_major_locator(plt.NullLocator())
                ax[i, j].imshow(faces[10 * i + j], cmap="binary_r")
```

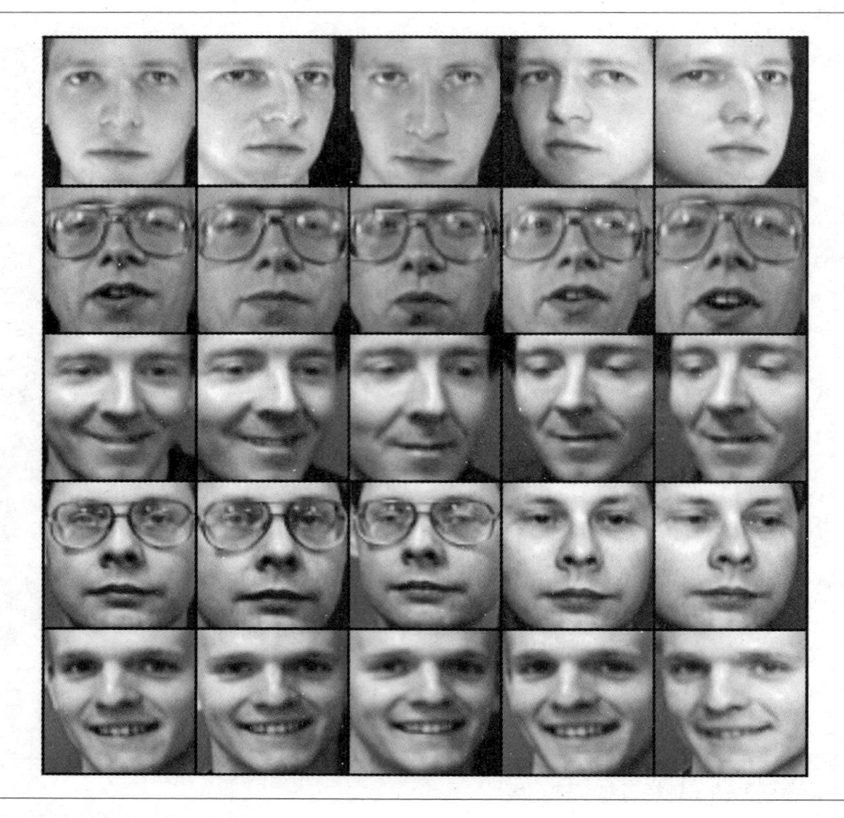

图 33-3：隐藏人脸图形的坐标轴

需要注意的是，每幅人脸图形默认都有各自的坐标轴，然而在这个特殊的可视化场景中，刻度值（本例中是像素值）的存在并不能传达任何有用的信息，因此需要将定位器设置为空。

33.3 增减刻度数量

默认刻度标签有一个问题，就是显示较小的图形时，通常刻度会显得十分拥挤。我们可以在图 33-4 的网格中看到类似的问题。

```
In [7]: fig, ax = plt.subplots(4, 4, sharex=True, sharey=True)
```

尤其是 x 轴的刻度，数字几乎都重叠在一起，辨识起来非常困难。我们可以用 `plt.MaxNLocator` 来解决这个问题，通过它可以设置最多需要显示多少刻度。根据设置的最多刻度数量，Matplotlib 会自动为刻度安排恰当的位置（如图 33-5 所示）：

```
In [8]: # 为每个坐标轴设置主要刻度定位器
        for axi in ax.flat:
            axi.xaxis.set_major_locator(plt.MaxNLocator(3))
            axi.yaxis.set_major_locator(plt.MaxNLocator(3))
        fig
```

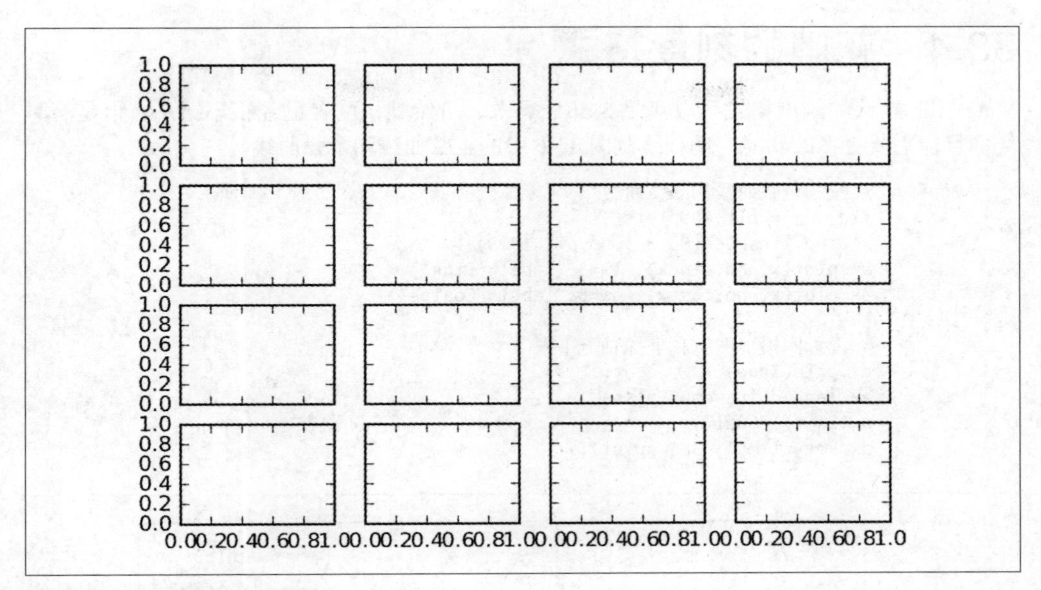

图 33-4：刻度拥挤的图形

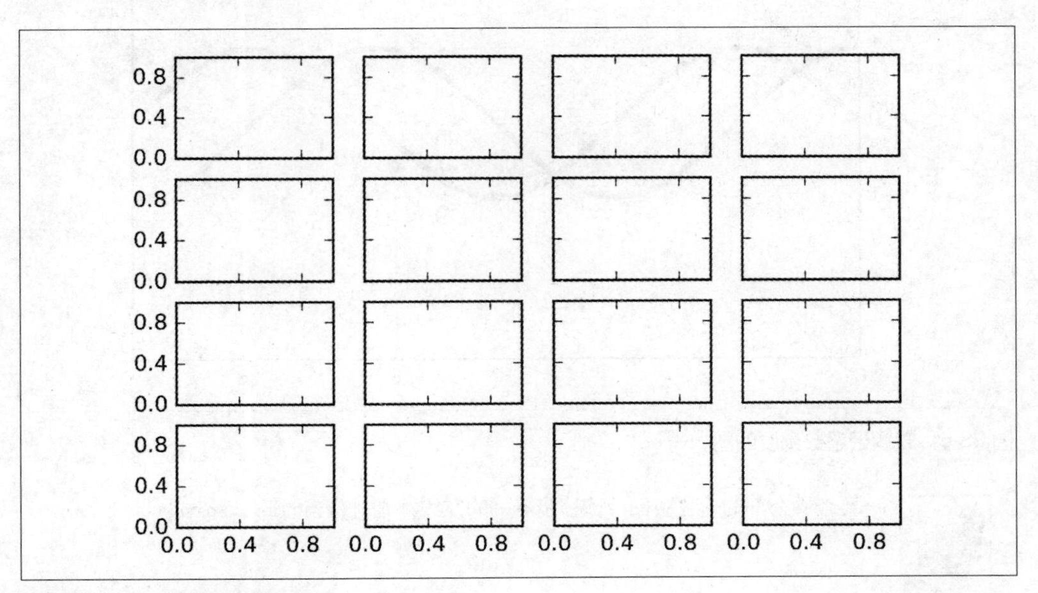

图 33-5：自定义刻度数量

这样图形就显得更简洁了。如果你还想要获得更多的配置功能，那么可以试试 `plt.MultipleLocator`，我们将在下一节中介绍它。

33.4　花哨的刻度格式

Matplotlib 默认的刻度格式可以满足大部分需求。虽然默认配置已经很不错了，但是有时候你可能需要更多的功能，例如绘制图 33-6 中的正弦曲线和余弦曲线。

```
In [9]: # 绘制正弦曲线和余弦曲线
        fig, ax = plt.subplots()
        x = np.linspace(0, 3 * np.pi, 1000)
        ax.plot(x, np.sin(x), lw=3, label='Sine')
        ax.plot(x, np.cos(x), lw=3, label='Cosine')

        # 设置网格、图例和坐标轴上下限
        ax.grid(True)
        ax.legend(frameon=False)
        ax.axis('equal')
        ax.set_xlim(0, 3 * np.pi);
```

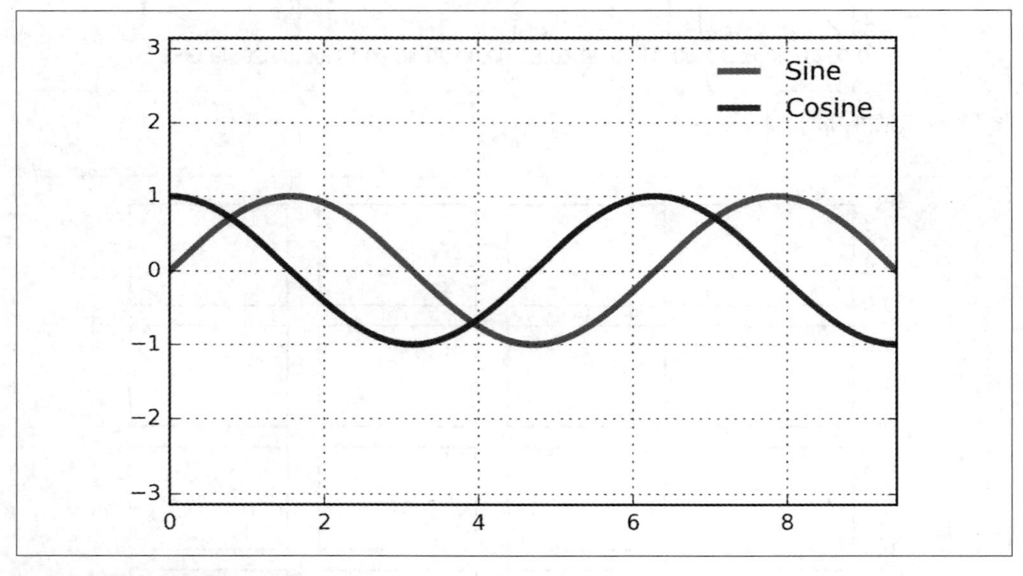

图 33-6：默认带整数刻度的图

要查看全部的彩色版图，请移步本书的在线补充材料：ituring.com.cn/book/3029。

我们可能想稍稍改变一下这幅图。首先，如果将刻度与网格线画在 π 的倍数上，图形会更加自然。可以通过设置一个 `MultipleLocator` 来实现，它可以将刻度放在你提供的数值的倍数上。为了更好地测量，在 π/2 和 π/4 的倍数上添加主要刻度和次要刻度（如图 33-7 所示）：

```
In [10]: ax.xaxis.set_major_locator(plt.MultipleLocator(np.pi / 2))
         ax.xaxis.set_minor_locator(plt.MultipleLocator(np.pi / 4))
         fig
```

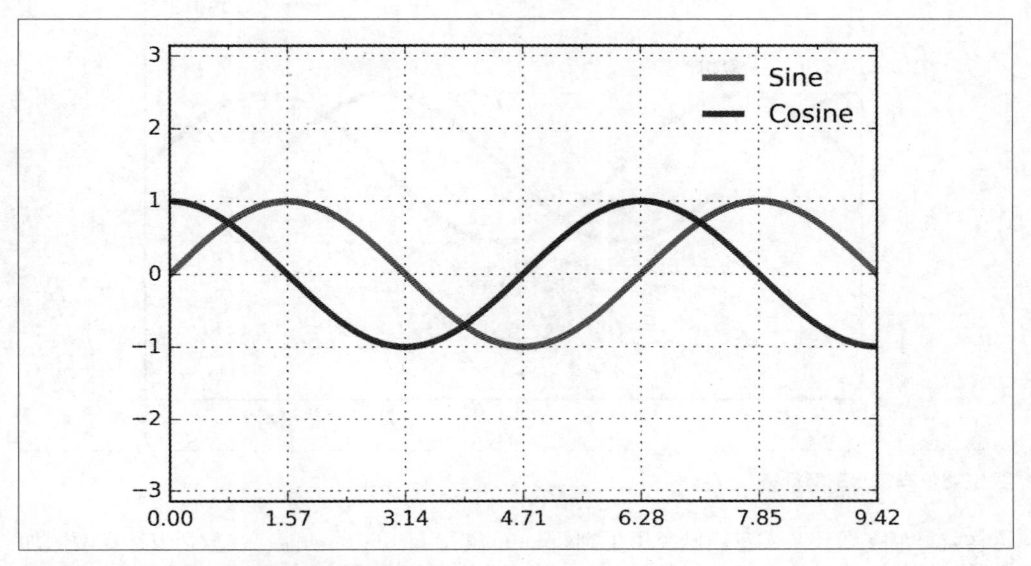

图 33-7：在 π/2 和 π/4 的倍数上显示刻度

然而，这些刻度标签看起来有点儿奇怪：虽然我们知道它们是 π 的倍数，但是用小数表示圆周率不太直观。因此，我们可以用刻度格式生成器来修改。由于没有内置的格式生成器可以直接解决问题，因此需要用 plt.FuncFormatter 来实现，用一个自定义的函数设置不同刻度标签的显示（如图 33-8 所示）：

```
In [11]: def format_func(value, tick_number):
             # 找到π/2 的倍数刻度
             N = int(np.round(2 * value / np.pi))
             if N == 0:
                 return "0"
             elif N == 1:
                 return r"$\pi/2$"
             elif N == 2:
                 return r"$\pi$"
             elif N % 2 > 0:
                 return rf"${N}\pi/2$"
             else:
                 return rf"${N // 2}\pi$"

         ax.xaxis.set_major_formatter(plt.FuncFormatter(format_func))
         fig
```

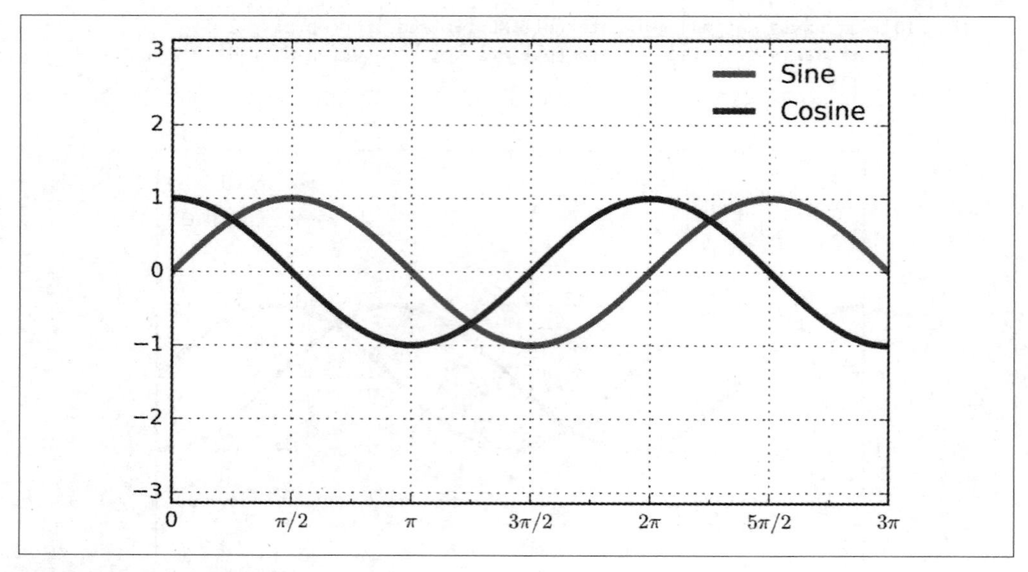

图 33-8：自定义刻度标签

这样就好看多啦！其实我们已经用了 Matplotlib 支持 LaTeX 的功能，在数学表达式两侧加上美元符号（$），这样可以非常方便地显示数学符号和数学公式。在这个示例中，"π"就表示圆周率符号 π。

33.5　格式生成器与定位器小结

前面已经介绍了一些格式生成器与定位器，下面用表格简单地将内置的定位器选项（表 33-1）与格式生成器选项（表 33-2）总结一下。关于两者更详细的信息，请参考各自的程序文档或者 Matplotlib 的在线文档。以下的所有类都在 `plt` 命名空间内。

表 33-1：Matplotlib 的定位器选项

定位器类	描述
`NullLocator`	无刻度
`FixedLocator`	刻度位置固定
`IndexLocator`	用索引作为定位器（如 `x = range(len(y))`）
`LinearLocator`	从 `min` 到 `max` 均匀分布刻度
`LogLocator`	从 `min` 到 `max` 按对数分布刻度
`MultipleLocator`	刻度和范围都是基数（base）的倍数
`MaxNLocator`	为最大刻度找到最优位置
`AutoLocator`	（默认）以 `MaxNLocator` 进行简单配置
`AutoMinorLocator`	次要刻度的定位器

表 33-2：Matplotlib 的格式生成器选项

格式生成器类	描述
NullFormatter	刻度上无标签
IndexFormatter	将一组标签设置为字符串
FixedFormatter	手动为刻度设置标签
FuncFormatter	用自定义函数设置标签
FormatStrFormatter	为每个刻度值设置字符串格式
ScalarFormatter	（默认）为标量值设置标签
LogFormatter	对数坐标轴的默认格式生成器

我们将在后面的章节中看到使用这些功能的更多示例。

第34章

Matplotlib自定义：配置文件与样式表

前几章中的许多主题都涉及调整绘图元素的样式，其实 Matplotlib 也提供了一次性调整图表整体样式的机制。本章首先简单浏览一下 Matplotlib 的运行时配置（runtime configuration，rc）功能，然后看看新式的**样式表**（stylesheets）特性，里面包含了许多漂亮的默认配置功能。

34.1 手动配置图形

在这一部分我们已经介绍过如何修改单个图形配置，使得最终图形比原来的看起来漂亮一点儿。可以对每个单独的图形进行个性化设置。举个例子，看看由下面这个土掉渣的默认配置生成的频次直方图（如图 34-1 所示）：

```
In [1]: import matplotlib.pyplot as plt
        plt.style.use('classic')
        import numpy as np

        %matplotlib inline

In [2]: x = np.random.randn(1000)
        plt.hist(x);
```

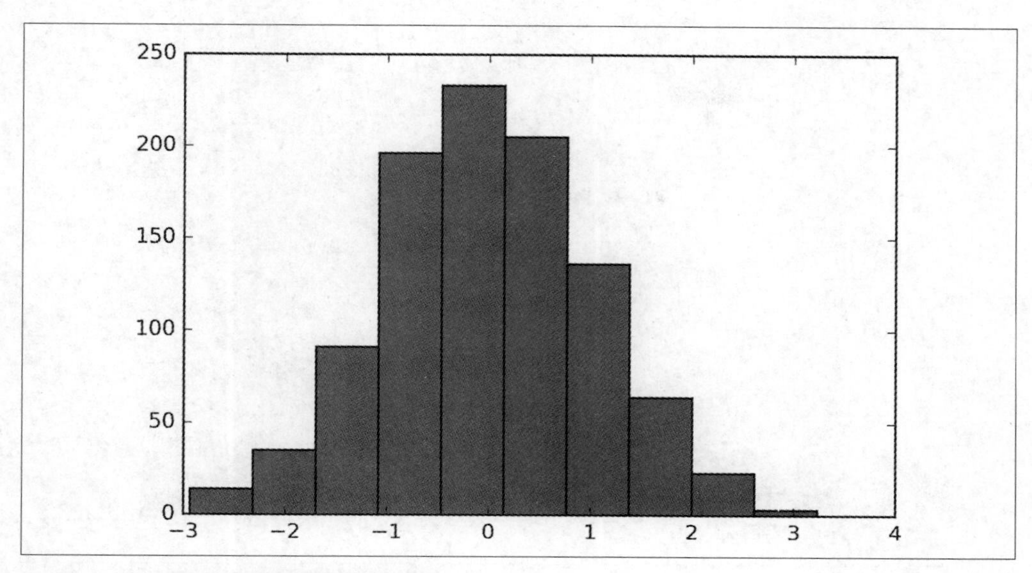

图 34-1：Matplotlib 默认配置的频次直方图

通过手动调整，可以让它成为美图，最终效果如图 34-2 所示：

```
In [3]: # 用灰色背景
        fig = plt.figure(facecolor='white')
        ax = plt.axes(facecolor='#E6E6E6')
        ax.set_axisbelow(True)

        # 画上白色的网格线
        plt.grid(color='w', linestyle='solid')

        # 隐藏坐标轴的线条
        for spine in ax.spines.values():
            spine.set_visible(False)

        # 隐藏上边与右边的刻度
        ax.xaxis.tick_bottom()
        ax.yaxis.tick_left()

        # 弱化刻度与标签
        ax.tick_params(colors='gray', direction='out')
        for tick in ax.get_xticklabels():
            tick.set_color('gray')
        for tick in ax.get_yticklabels():
            tick.set_color('gray')

        # 设置频次直方图轮廓色与填充色
        ax.hist(x, edgecolor='#E6E6E6', color='#EE6666');
```

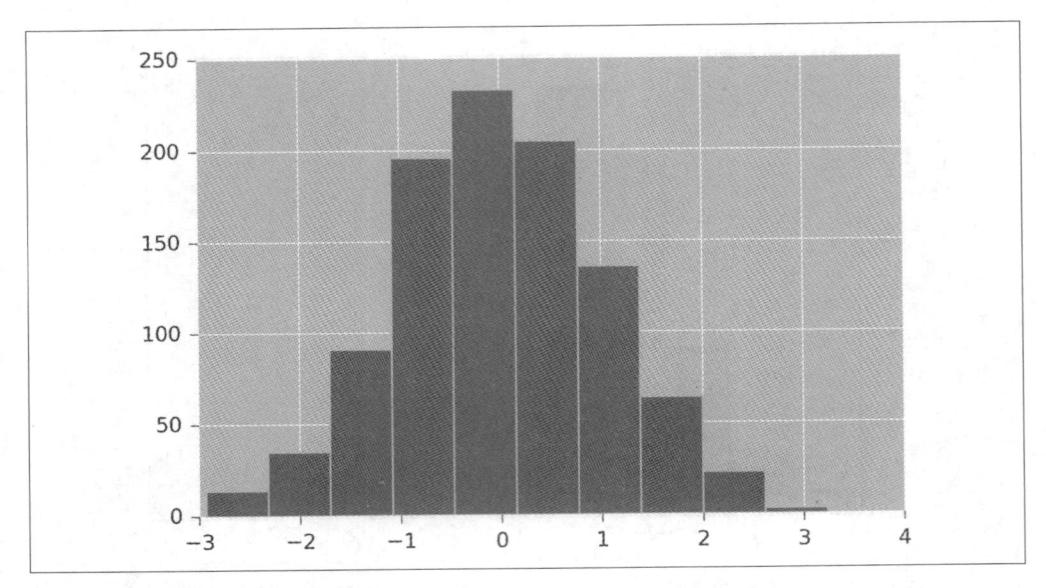

图 34-2：手动配置的频次直方图

这样看起来就漂亮多了。你可能会觉得它的风格与 R 语言的 ggplot 可视化程序包有点儿像。但这样设置可太费劲儿了！我们肯定不希望每做一个图都这样手动配置一番。好在已经有一种方法可以让我们只配置一次默认图形，就能将其应用到所有图形上。

34.2 修改默认配置：rcParams

Matplotlib 每次加载时，都会定义一个运行时配置（rc），其中包含了所有你创建的图形元素的默认风格。你可以用 plt.rc 简便方法随时修改这个配置。来看看如何调整 rc 参数，用默认图形实现之前手动调整的效果。

可以用 plt.rc 函数来修改配置参数：

```
In [4]: from matplotlib import cycler
        colors = cycler('color',
                        ['#EE6666', '#3388BB', '#9988DD',
                         '#EECC55', '#88BB44', '#FFBBBB'])
        plt.rc('figure', facecolor='white')
        plt.rc('axes', facecolor='#E6E6E6', edgecolor='none',
               axisbelow=True, grid=True, prop_cycle=colors)
        plt.rc('grid', color='w', linestyle='solid')
        plt.rc('xtick', direction='out', color='gray')
        plt.rc('ytick', direction='out', color='gray')
        plt.rc('patch', edgecolor='#E6E6E6')
        plt.rc('lines', linewidth=2)
```

设置完成之后，来创建一个图形看看效果（如图 34-3 所示）：

```
In [5]: plt.hist(x);
```

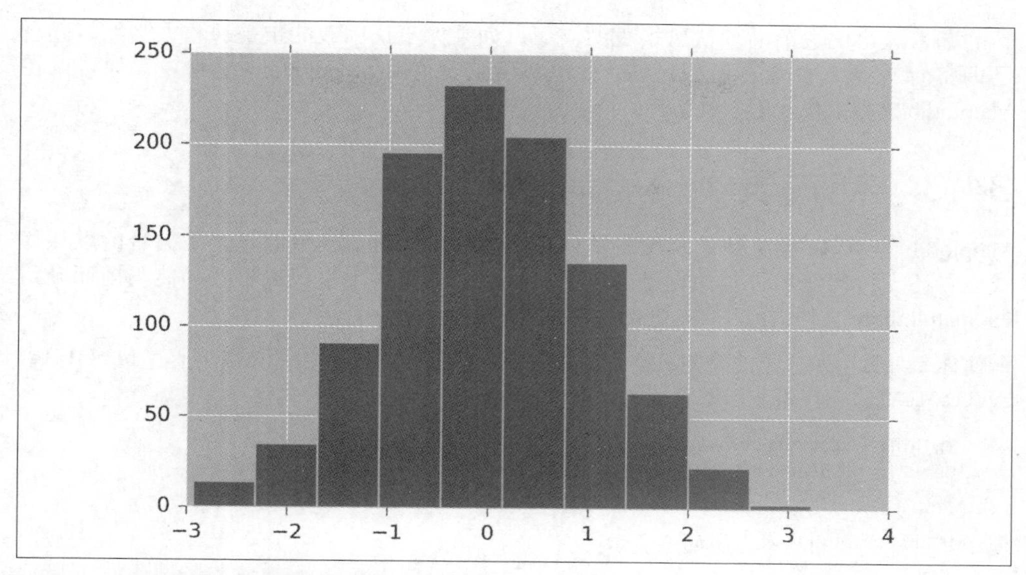

图 34-3：用 rc 函数自定义频次直方图

再画一些线图看看 rc 参数的效果（如图 34-4 所示）：

```
In [6]: for i in range(4):
            plt.plot(np.random.rand(10))
```

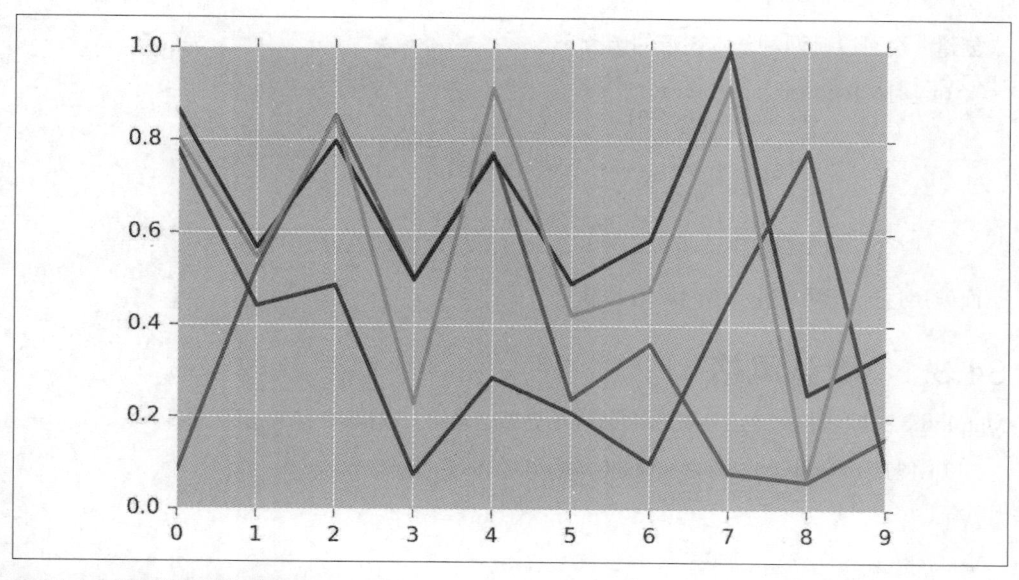

图 34-4：自定义风格的线图

新的艺术风格比之前的默认风格更漂亮了。如果你不认同我的审美风格，当然可以自己调整 rc 参数，创造自己的风格。这些设置会保存在 .matplotlibrc 文件中，你可以在 Matplotlib 文档中找到更多信息。

34.3 样式表

Matplotlib 的 style 模块是调整图表整体样式的一种新机制，里面包含了大量的默认样式表，还支持创建和打包你自己的风格。虽然这些样式表实现的格式功能与前面介绍的 .matplotlibrc 文件类似，但是它的文件扩展名是 .mplstyle。

即使你不打算创建自己的绘图风格，样式表包含的默认内容也非常有用。通过 plt.style.available 命令可以看到所有可用的风格，下面简单介绍前 5 种风格：

```
In [7]: plt.style.available[:5]
Out[7]: ['Solarize_Light2', '_classic_test_patch', 'bmh', 'classic',
        >'dark_background']
```

使用某种样式表的基本方法如下所示：

```
plt.style.use('stylename')
```

但需要注意的是，这样会改变后面所有的风格！如果需要，你可以使用风格上下文管理器（context manager）临时更换至另一种风格：

```
with plt.style.context('stylename'):
    make_a_plot()
```

来创建一个可以画两种基本图形的函数：

```
In [8]: def hist_and_lines():
            np.random.seed(0)
            fig, ax = plt.subplots(1, 2, figsize=(11, 4))
            ax[0].hist(np.random.randn(1000))
            for i in range(3):
                ax[1].plot(np.random.rand(10))
            ax[1].legend(['a', 'b', 'c'], loc='lower left')
```

下面就用这个函数来演示不同风格的显示效果。

34.3.1 默认风格

Matplotlib 的默认样式在 2.0 版本中进行了更新，让我们先来看看（见图 34-5）：

```
In [9]: with plt.style.context('default'):
            hist_and_lines()
```

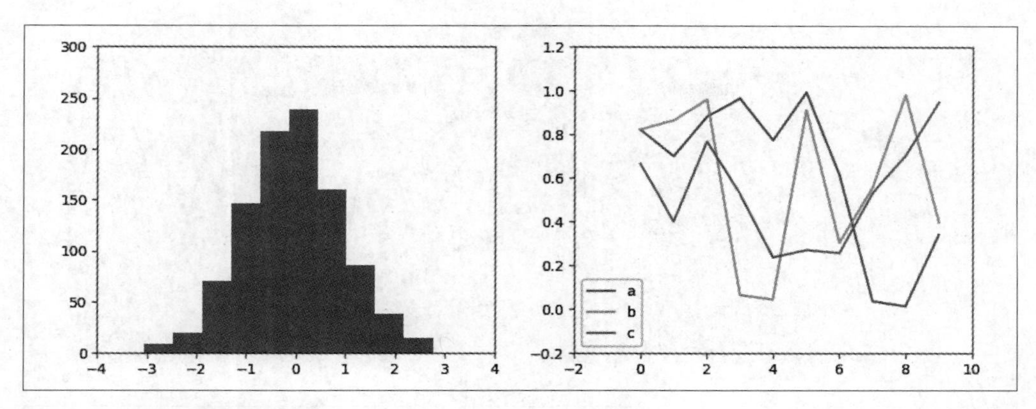

图 34-5：Matplotlib 的默认风格

34.3.2 FiveThirtyEight 风格

FiveThirtyEight 风格模仿的是著名网站 FiveThirtyEight 的绘图风格。如图 34-6 所示，这种风格使用深色的粗线条和透明的坐标轴：

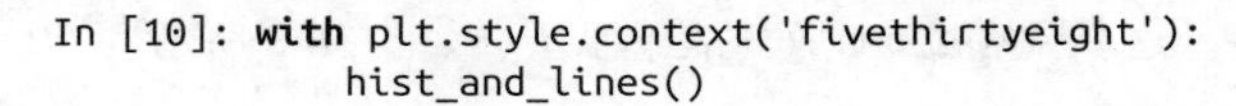

```
In [10]: with plt.style.context('fivethirtyeight'):
             hist_and_lines()
```

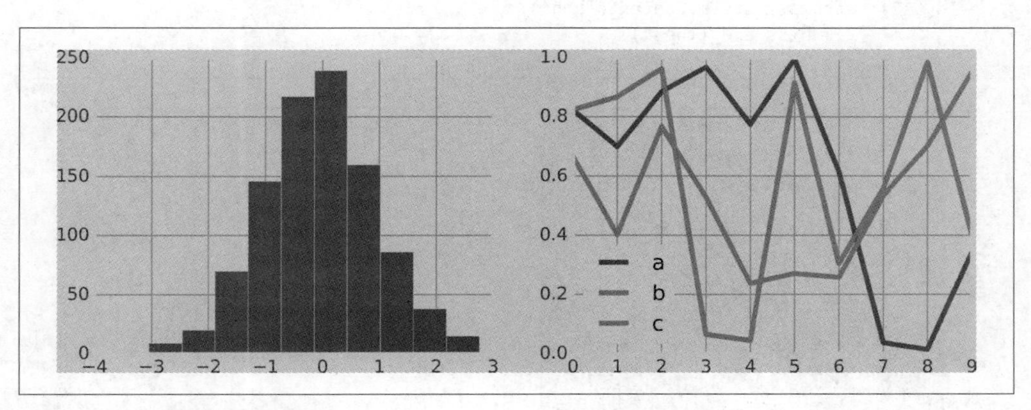

图 34-6：FiveThirtyEight 风格

34.3.3 ggplot 风格

R 语言的 ggplot 是非常流行的可视化工具，Matplotlib 的 ggplot 风格就是模仿这个程序包的默认风格（如图 34-7 所示）：

```
In [11]: with plt.style.context('ggplot'):
             hist_and_lines()
```

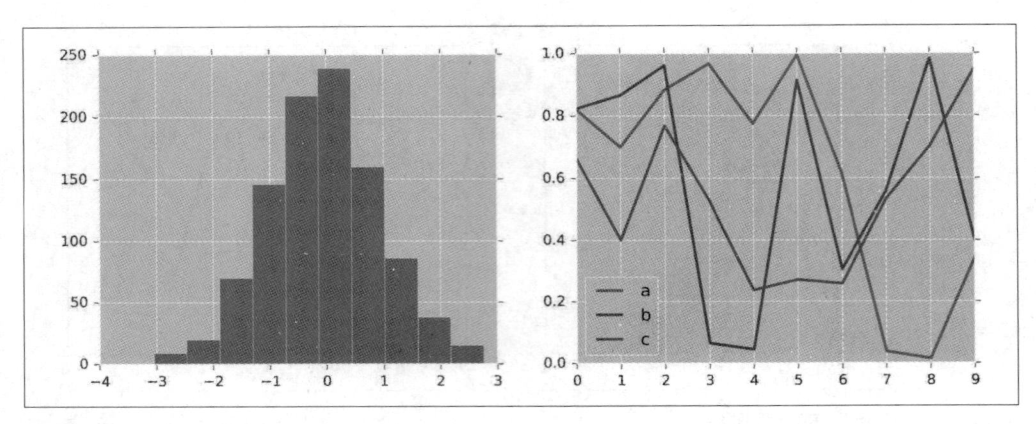

图 34-7：ggplot 风格

34.3.4 bmh 风格

Cameron Davidson-Pilon 写了一本短小精悍的在线图书叫 *Probabilistic Programming and Bayesian Methods for Hackers*。整本书的图形都是用 Matplotlib 创建的，通过一组 rc 参数创建了一种引人注目的绘图风格。这个风格被 bmh 样式表继承了（如图 34-8 所示）：

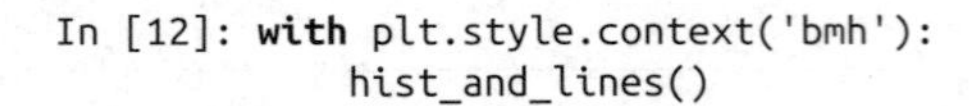

```
In [12]: with plt.style.context('bmh'):
             hist_and_lines()
```

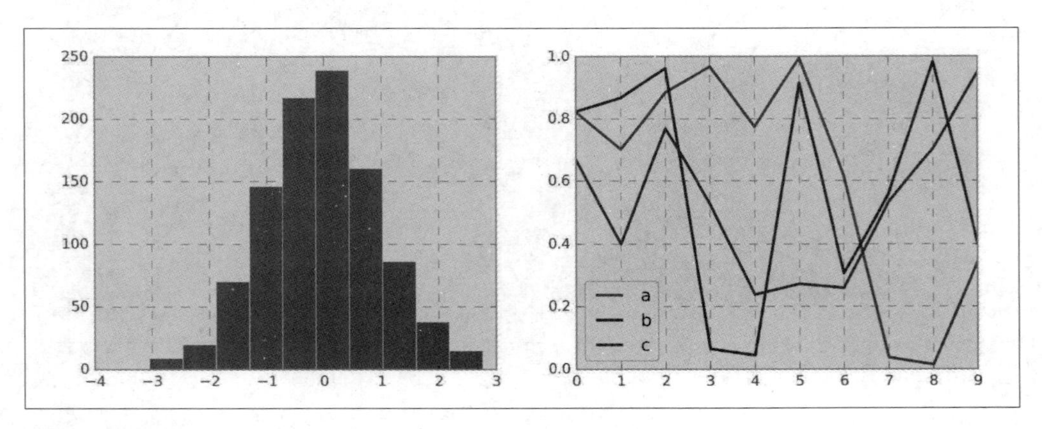

图 34-8：bmh 风格

34.3.5 黑色背景风格

在演示文档中展示图形时，用黑色背景而非白色背景往往会取得更好的效果。dark_background 风格就是为此设计的（如图 34-9 所示）：

```
In [13]: with plt.style.context('dark_background'):
             hist_and_lines()
```

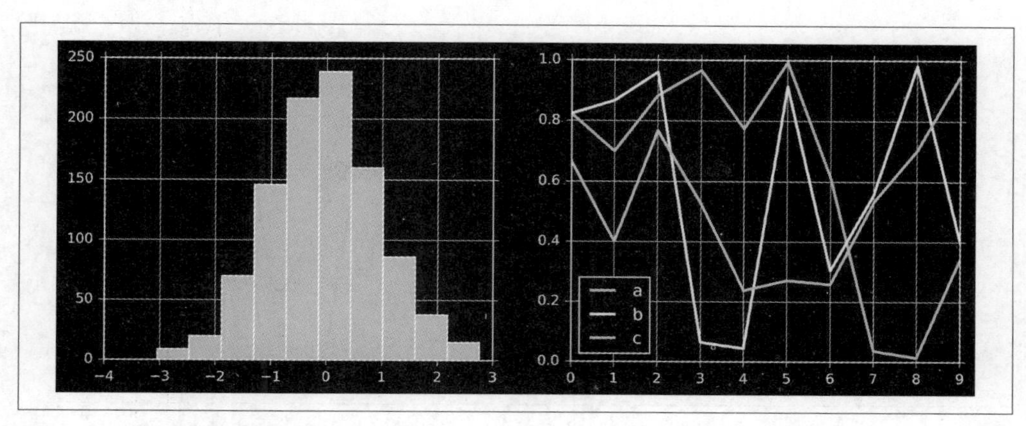

图 34-9：dark_background 风格

34.3.6 灰度风格

有时你可能会做一些需要打印的图形，不能使用彩色。这时使用 grayscale 风格的效果最好，如图 34-10 所示：

```
In [14]: with plt.style.context('grayscale'):
             hist_and_lines()
```

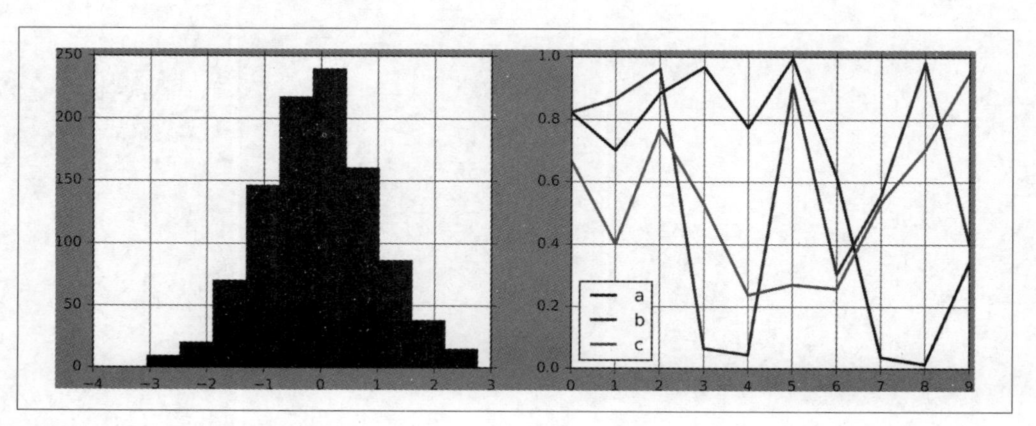

图 34-10：grayscale 风格

34.3.7 Seaborn 风格

Matplotlib 还有一些灵感来自 Seaborn 程序库（将在第 36 章详细介绍）的风格。这些风格非常漂亮，也是我自己在探索数据时一直使用的默认风格（如图 34-11 所示）：

```
In [15]: with plt.style.context('seaborn-whitegrid'):
             hist_and_lines()
```

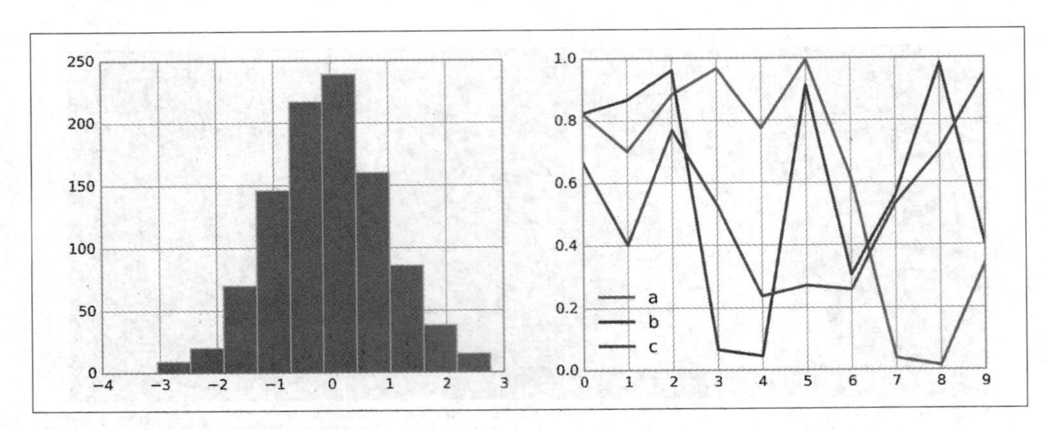

图 34-11：Seaborn 绘图风格

花点儿时间探索一下这些内置绘图样式，找一个你喜欢的吧！在创建这本书的图形时，我通常会用一种或几种内置的绘图风格。

第35章

用Matplotlib画三维图

Matplotlib 原本只能画二维图。大概在 1.0 版本的时候，Matplotlib 实现了一些建立在二维图基础上的三维图功能，于是一组画三维图可视化的便捷（尚不完美）工具便诞生了。我们可以导入 Matplotlib 自带的 mplot3d 工具箱来画三维图：

```
In [1]: from mpl_toolkits import mplot3d
```

导入这个子模块之后，就可以在创建任意一个普通坐标轴的过程中加入 projection='3d' 关键字，从而创建一个三维坐标轴（如图 35-1 所示）：

```
In [2]: %matplotlib inline
        import numpy as np
        import matplotlib.pyplot as plt

In [3]: fig = plt.figure()
        ax = plt.axes(projection='3d')
```

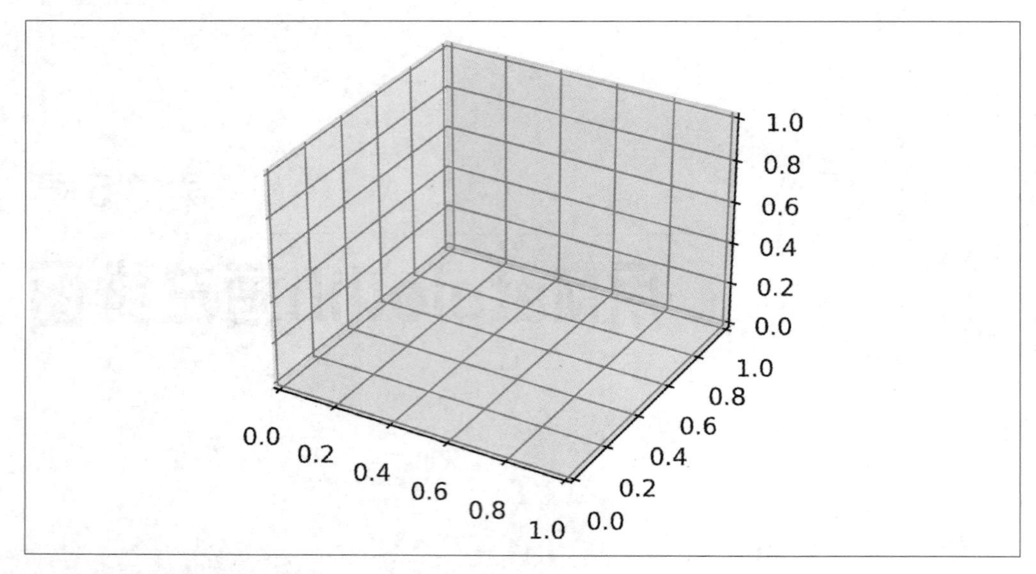

图 35-1：一个空的三维坐标轴

有了三维坐标轴之后，我们就可以在上面画出各种各样的三维图了。三维图的优点是在 Notebook 里可以交互浏览而非静止不动。和之前介绍的交互式图形一样，需要用 `%matplotlib notebook` 而不是 `%matplotlib inline` 运行代码。

35.1 三维数据点与线

最基本的三维图是由 (x, y, z) 三维坐标点构成的线图与散点图。与前面介绍的普通二维图类似，可以用 `ax.plot3D` 与 `ax.scatter3D` 函数来创建它们。由于三维图函数的参数与二维图函数的参数基本相同，因此你可以参考第 26 章和第 27 章的内容，获取关于控制输出结果的更多信息。下面来画一个三角螺旋线（trigonometric spiral），在线上随机分布一些散点（如图 35-2 所示）：

```
In [4]: ax = plt.axes(projection='3d')

        # 三维线的数据
        zline = np.linspace(0, 15, 1000)
        xline = np.sin(zline)
        yline = np.cos(zline)
        ax.plot3D(xline, yline, zline, 'gray')

        # 三维散点的数据
        zdata = 15 * np.random.random(100)
        xdata = np.sin(zdata) + 0.1 * np.random.randn(100)
        ydata = np.cos(zdata) + 0.1 * np.random.randn(100)
        ax.scatter3D(xdata, ydata, zdata, c=zdata, cmap='Greens');
```

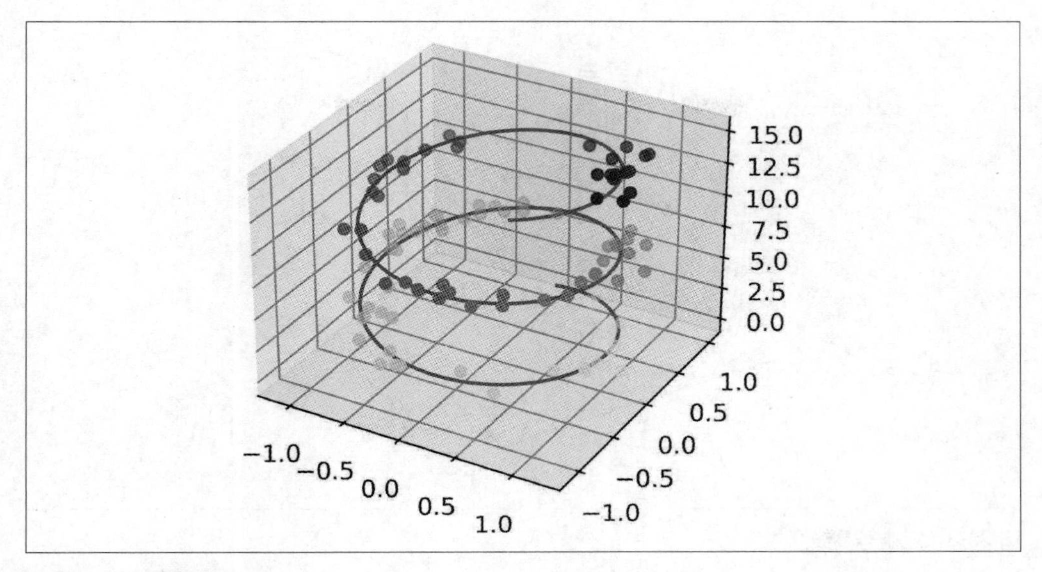

图 35-2：三维点线图

默认情况下，散点会自动改变透明度，以在平面上呈现出立体感。有时在静态图形上观察三维效果很费劲，通过交互视图（interactive view）就可以让所有数据点呈现出极佳的视觉效果。

35.2　三维等高线图

与第 28 章介绍的等高线类似，`mplot3d` 也有用同样的输入数据创建三维晕渲（relief）图的工具。与二维 `ax.contour` 图形一样，`ax.contour3D` 要求所有数据都是二维网格数据的形式，并且 *z* 轴数值由函数计算。下面演示用一个三维正弦函数画的三维等高线图（如图 35-3 所示）：

```
In [5]: def f(x, y):
            return np.sin(np.sqrt(x ** 2 + y ** 2))

        x = np.linspace(-6, 6, 30)
        y = np.linspace(-6, 6, 30)

        X, Y = np.meshgrid(x, y)
        Z = f(X, Y)

In [6]: fig = plt.figure()
        ax = plt.axes(projection='3d')
        ax.contour3D(X, Y, Z, 40, cmap='binary')
        ax.set_xlabel('x')
        ax.set_ylabel('y')
        ax.set_zlabel('z');
```

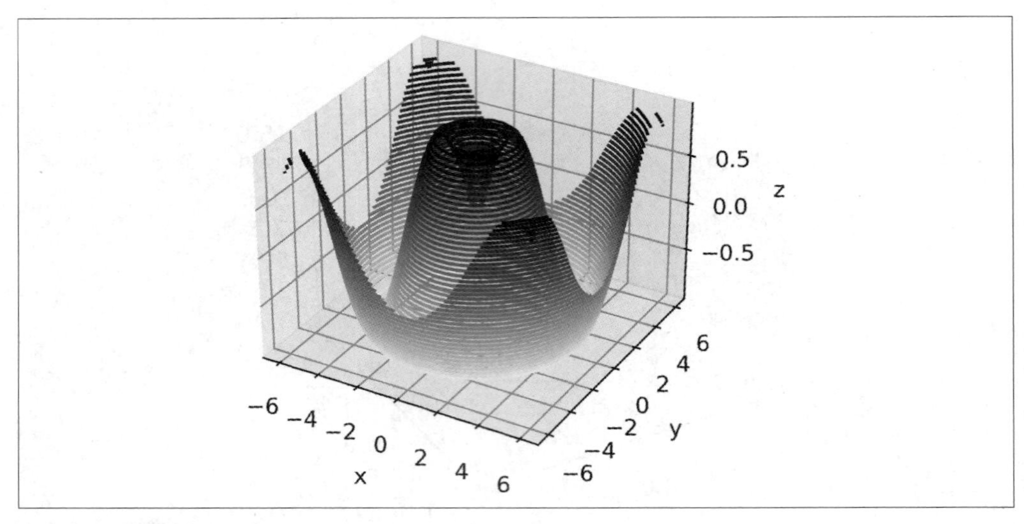

图 35-3：三维等高线图

默认的初始观察角度有时不是最优的，`view_init` 可以调整观察角度与方位角（azimuthal angle）。在这个示例中（结果如图 35-4 所示），我们把俯仰角调整为 60 度（这里的 60 度是 *x-y* 平面的旋转角度），方位角调整为 35 度（就是绕 *z* 轴顺时针旋转 35 度）：

```
In [7]: ax.view_init(60, 35)
        fig
```

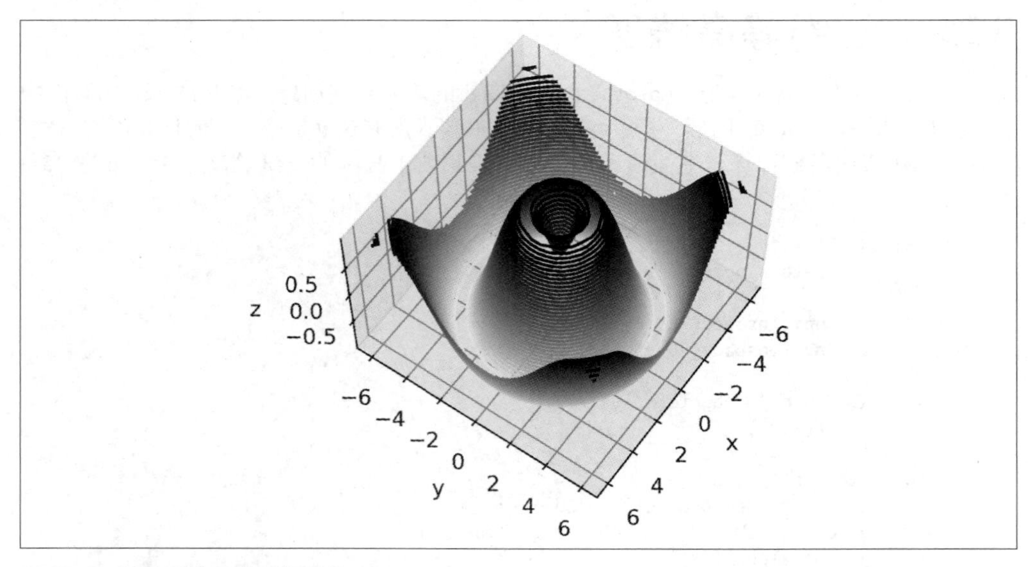

图 35-4：调整三维图的观察视角

其实，也可以在 Matplotlib 的交互式后端界面直接通过点击、拖动图形，实现同样的交互旋转效果。

35.3　线框图和曲面图

还有两种画网格数据的三维图没有介绍，就是线框图和曲面图。它们都是将网格数据映射成三维曲面，得到的三维形状非常容易可视化。下面是一个线框图示例（如图 35-5 所示）：

```
In [8]: fig = plt.figure()
        ax = plt.axes(projection='3d')
        ax.plot_wireframe(X, Y, Z)
        ax.set_title('wireframe');
```

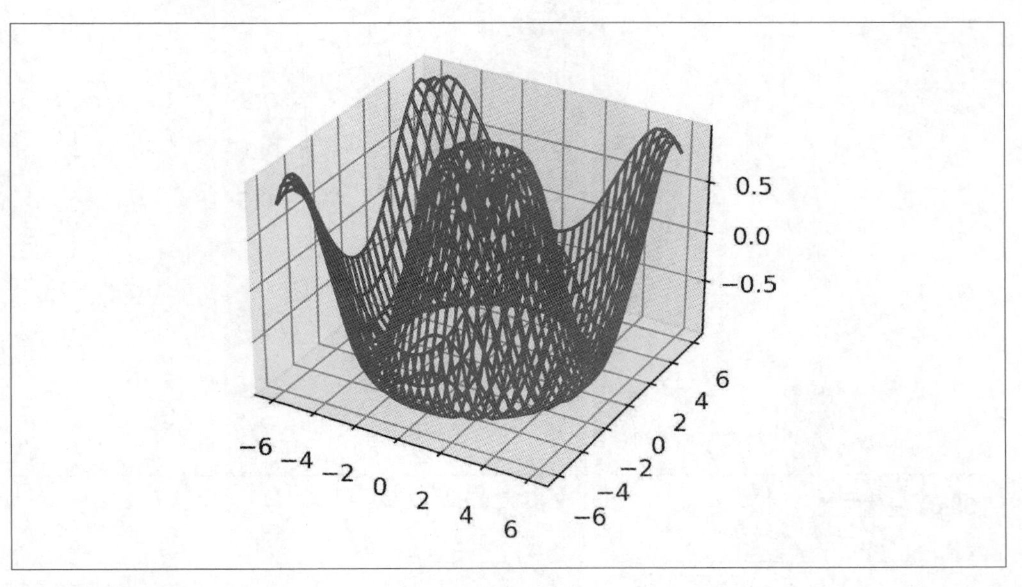

图 35-5：线框图

曲面图与线框图类似，只不过线框图的每个面都是由多边形构成的。只要增加一个配色方案来填充这些多边形，就可以让读者感受到可视化图形表面的拓扑结构了（如图 35-6 所示）：

```
In [9]: ax = plt.axes(projection='3d')
        ax.plot_surface(X, Y, Z, rstride=1, cstride=1,
                        cmap='viridis', edgecolor='none')
        ax.set_title('surface');
```

需要注意的是，画曲面图需要二维数据，但可以不是直角坐标系（也可以用极坐标）。下面的示例创建了一个局部的极坐标网格（polar grid），当我们把它画成 `surface3D` 图形时，可以获得一种使用了切片的可视化效果（如图 35-7 所示）：

```
In [10]: r = np.linspace(0, 6, 20)
         theta = np.linspace(-0.9 * np.pi, 0.8 * np.pi, 40)
         r, theta = np.meshgrid(r, theta)
```

```
X = r * np.sin(theta)
Y = r * np.cos(theta)
Z = f(X, Y)

ax = plt.axes(projection='3d')
ax.plot_surface(X, Y, Z, rstride=1, cstride=1,
                cmap='viridis', edgecolor='none');
```

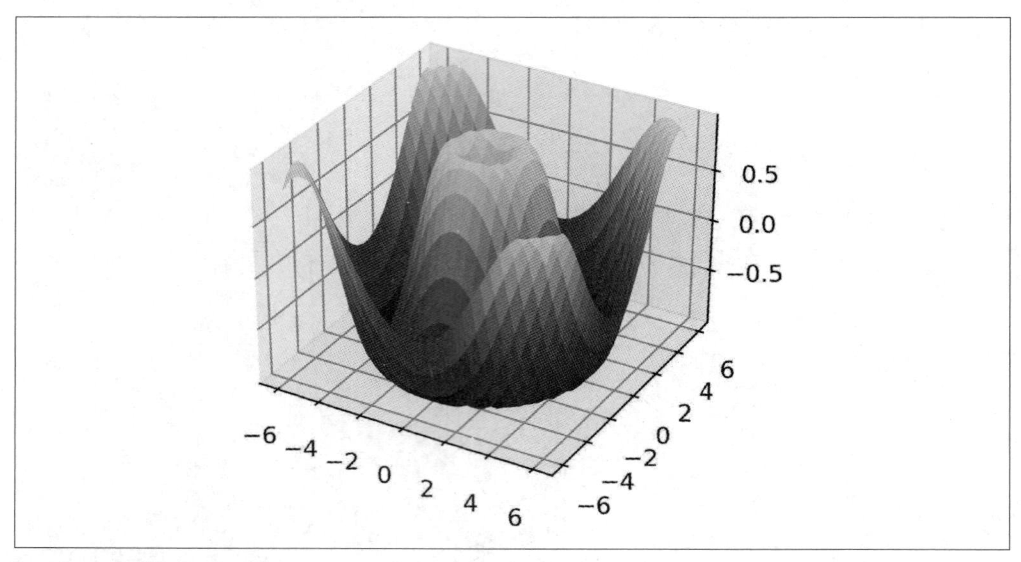

图 35-6：三维曲面图

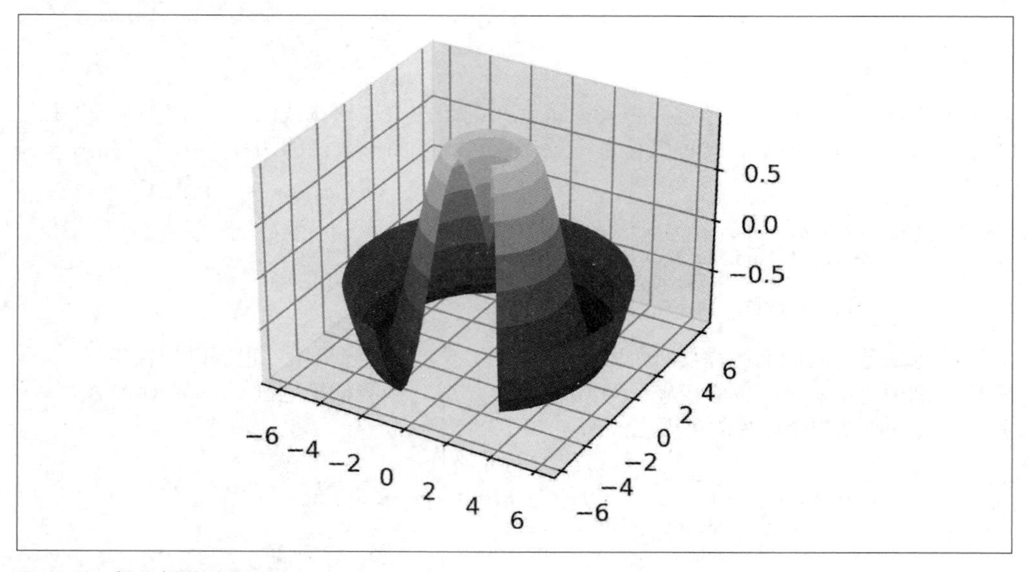

图 35-7：极坐标曲面图

35.4 曲面三角剖分

在某些应用场景中，上述这些要求均匀采样的网格数据显得太过严格且不太容易实现。这时就可以使用三角剖分图形（triangulation-based plot）了。如果没有笛卡儿或极坐标网格的均匀绘制图形，我们该如何用一组随机数据画图呢？

```
In [11]: theta = 2 * np.pi * np.random.random(1000)
         r = 6 * np.random.random(1000)
         x = np.ravel(r * np.sin(theta))
         y = np.ravel(r * np.cos(theta))
         z = f(x, y)
```

可以先为数据点创建一个散点图，对将要采样的图形有一个基本认识（如图 35-8 所示）：

```
In [12]: ax = plt.axes(projection='3d')
         ax.scatter(x, y, z, c=z, cmap='viridis', linewidth=0.5);
```

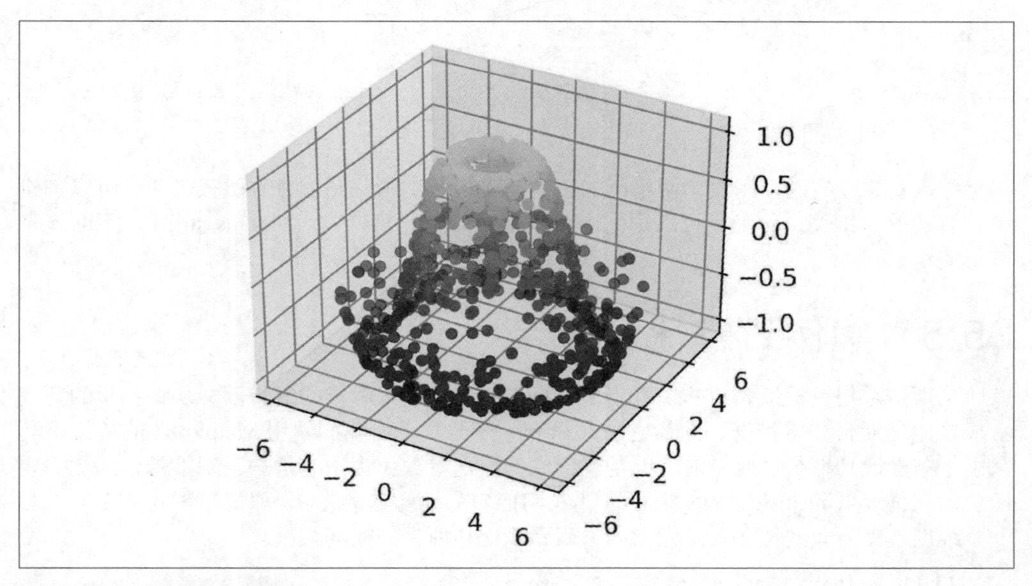

图 35-8：三维采样的曲面图

还有许多地方需要修补，这些工作可以由 ax.plot_trisurf 函数帮助我们完成。它首先找到一组所有点都连接起来的三角形，然后用这些三角形创建曲面（结果如图 35-9 所示，其中 x、y 和 z 参数都是一维数组）：

```
In [13]: ax = plt.axes(projection='3d')
         ax.plot_trisurf(x, y, z,
                         cmap='viridis', edgecolor='none');
```

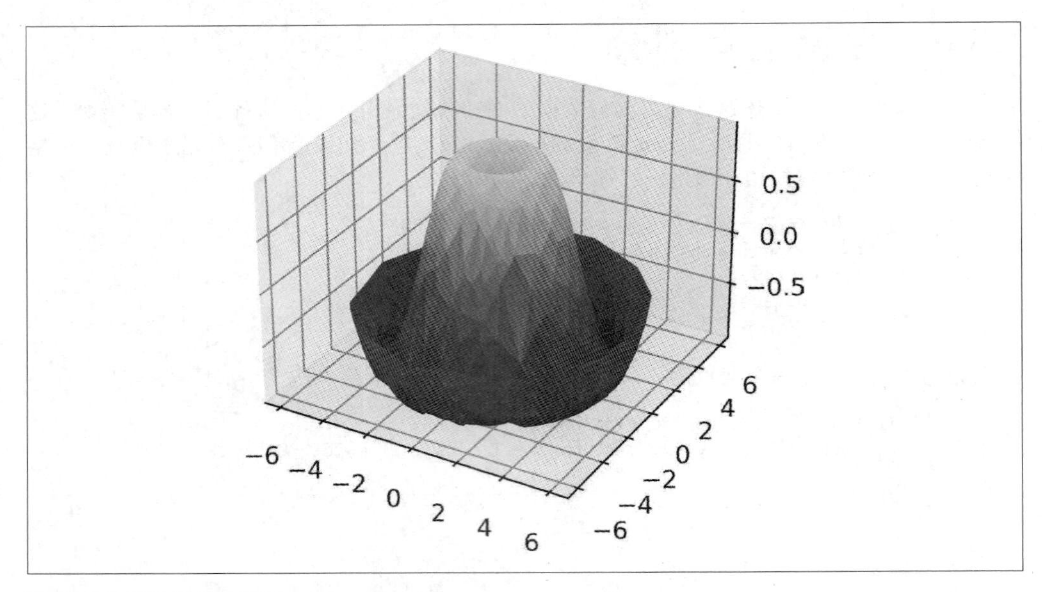

图 35-9：三角剖分曲面图

虽然结果肯定没有之前用均匀网格画的图完美，但是这种三角剖分方法很灵活，可以创建各种有趣的三维图。例如，可以用它画一条三维的默比乌斯带（Möbius strip），下面就来进行演示。

35.5 案例：默比乌斯带

默比乌斯带是把一根纸条扭转 180 度后，再把两头粘起来做成的纸带圈。从拓扑学的角度看，默比乌斯带非常神奇，因为它总共只有一个面！下面我们就用 Matplotlib 的三维工具来画一条默比乌斯带。此时的关键是想出它的绘图参数：由于它是一条二维带，因此需要两个内在维度（intrinsic dimension）。让我们把一个维度定义为 θ，取值范围为 0~2π ；另一个维度定义为 w，取值范围是 −1~1，表示默比乌斯带的宽度：

```
In [14]: theta = np.linspace(0, 2 * np.pi, 30)
         w = np.linspace(-0.25, 0.25, 8)
         w, theta = np.meshgrid(w, theta)
```

有了参数之后，我们必须确定带上每个点的直角坐标 (x, y, z)。

仔细思考一下，我们可能会找到两种旋转关系：一种是纸带圈绕着圆心旋转（角度用 θ 定义），另一种是默比乌斯带在自己的坐标轴上旋转（角度用 φ 定义）。因此，对于一条默比乌斯带，我们必然会有环的一半扭转 180 度，即 $\Delta\varphi = \Delta\theta / 2$。

```
In [15]: phi = 0.5 * theta
```

现在用我们的三角学知识将极坐标转换成三维直角坐标。定义每个点到中心的距离（半径）r，那么直角坐标 (x, y, z) 就是：

```
In [16]: # x-y 平面内的半径
         r = 1 + w * np.cos(phi)

         x = np.ravel(r * np.cos(theta))
         y = np.ravel(r * np.sin(theta))
         z = np.ravel(w * np.sin(phi))
```

最后，要画出默比乌斯带，还必须确保三角剖分是正确的。最好的实现方法就是首先用**基本参数化方法**定义三角剖分，然后用 Matplotlib 将这个三角剖分映射到默比乌斯带的三维空间里，这样就可以画出图形（如图 35-10 所示）：

```
In [17]: # 用基本参数化方法定义三角剖分
         from matplotlib.tri import Triangulation
         tri = Triangulation(np.ravel(w), np.ravel(theta))

         ax = plt.axes(projection='3d')
         ax.plot_trisurf(x, y, z, triangles=tri.triangles,
                         cmap='Greys', linewidths=0.2);

         ax.set_xlim(-1, 1); ax.set_ylim(-1, 1); ax.set_zlim(-1, 1)
         ax.axis('off');
```

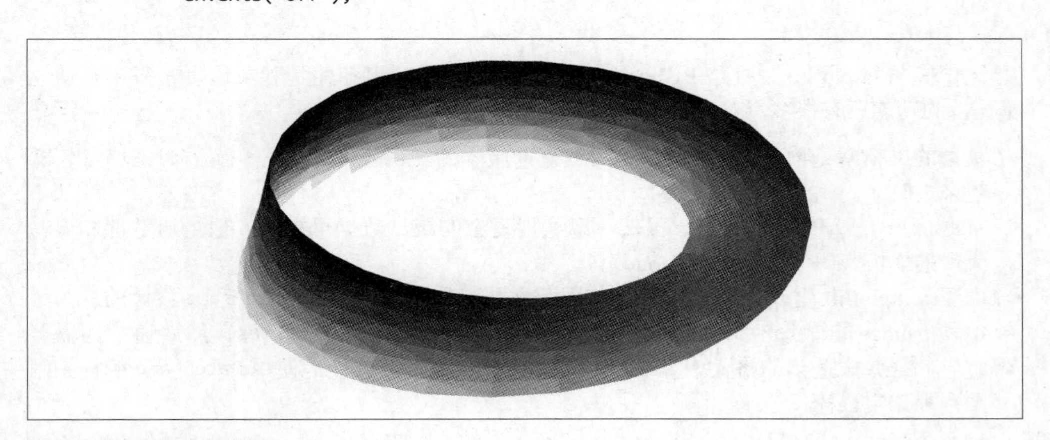

图 35-10：默比乌斯带

将上面所有的 Matplotlib 函数组合起来，就可以创建出丰富多彩的三维图案了。

第36章

用Seaborn做数据可视化

几十年来，Matplotlib 一直是 Python 数据可视化的核心，但即便是骨灰粉也不得不承认它不支持的功能还有很多。对 Matplotlib 的 3 点抱怨总结如下。

- 早期的一个常见抱怨是：Matplotlib 2.0 之前版本的默认颜色和样式配置有时很糟糕，看起来过时了。
- Matplotlib 的 API 比较底层，虽然可以实现复杂的统计数据可视化，但是通常都需要写**大量的**样板代码（boilerplate code）。
- 由于 Matplotlib 比 pandas 早十几年，因此它并不是为 pandas 的 `DataFrame` 设计的。为了实现 pandas 的 `DataFrame` 数据的可视化，你必须先提取每个 `Series`，然后通常还需要将它们合并成适当的格式。如果有一个画图程序库可以智能地使用 `DataFrame` 的标签画图，那一定很棒。

这些问题的终结者就是 Seaborn。Seaborn 在 Matplotlib 的基础上开发了一套 API，为默认的图形样式和颜色设置提供了理智的选择，为常用的统计图形定义了许多简单的高级函数，并与 pandas `DataFrame` 的功能有机结合。

说实话，Matplotlib 团队也一直在努力解决这些问题：现在 Matplotlib 中不仅增加了 `plt.style` 工具（详情请参见第 34 章），而且可以与 pandas 数据无缝衔接。但是即使 Matplotlib 已经有了这些进步，Seaborn 仍然是一款非常好用的附加组件。

按照惯例，Seaborn 通常作为 `sns` 导入：

```
In [1]: %matplotlib inline
        import matplotlib.pyplot as plt
        import seaborn as sns
        import numpy as np
        import pandas as pd

        sns.set() # Seaborn 设置图表样式的方法
```

36.1 Seaborn 图形介绍

Seaborn 的主要思想是用高级命令为统计数据探索和统计模型拟合创建各种图形。

下面将介绍 Seaborn 中的一些数据集和图形类型。虽然所有这些图形都**可以**用 Matplotlib 命令实现（其实 Matplotlib 就是 Seaborn 的底层），但是用 Seaborn API 会更方便。

36.1.1 频次直方图、KDE 和密度图

在进行统计数据可视化时，我们通常想要的就是频次直方图和多变量的联合分布图。在 Matplotlib 里面我们已经见过，相对比较简单（如图 36-1 所示）：

```
In [2]: data = np.random.multivariate_normal([0, 0], [[5, 2], [2, 2]], size=2000)
        data = pd.DataFrame(data, columns=['x', 'y'])

        for col in 'xy':
            plt.hist(data[col], normed=True, alpha=0.5)
```

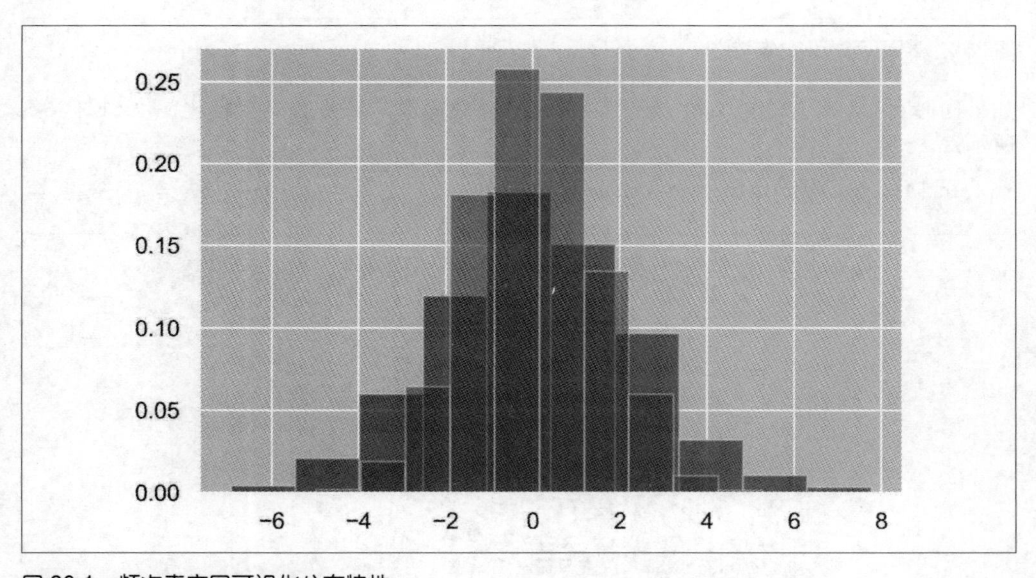

图 36-1：频次直方图可视化分布特性

除了频次直方图，我们还可以用 KDE（详情见第 28 章）获取变量分布的平滑估计。Seaborn 通过 `sns.kdeplot` 来实现（如图 36-2 所示）：

```
In [3]: sns.kdeplot(data=data, shade=True);
```

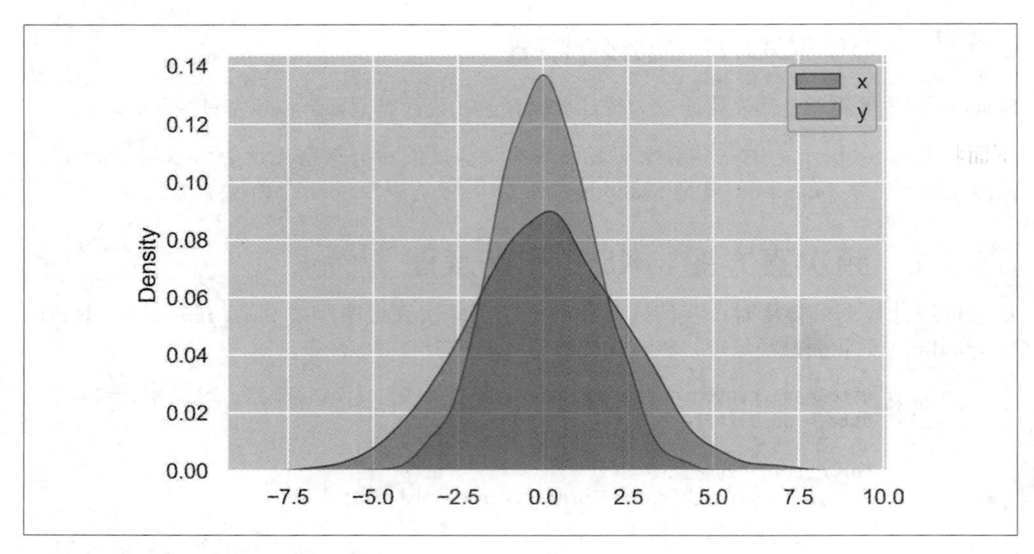

图 36-2：KDE 可视化分布特性

如果向 kdeplot 输入的是 x 和 y 两列，那么可以获得一个二维数据可视化图（如图 36-3 所示）：

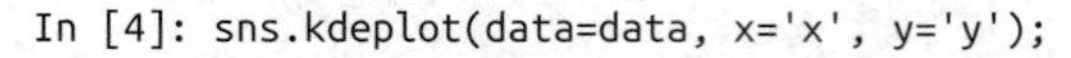

```
In [4]: sns.kdeplot(data=data, x='x', y='y');
```

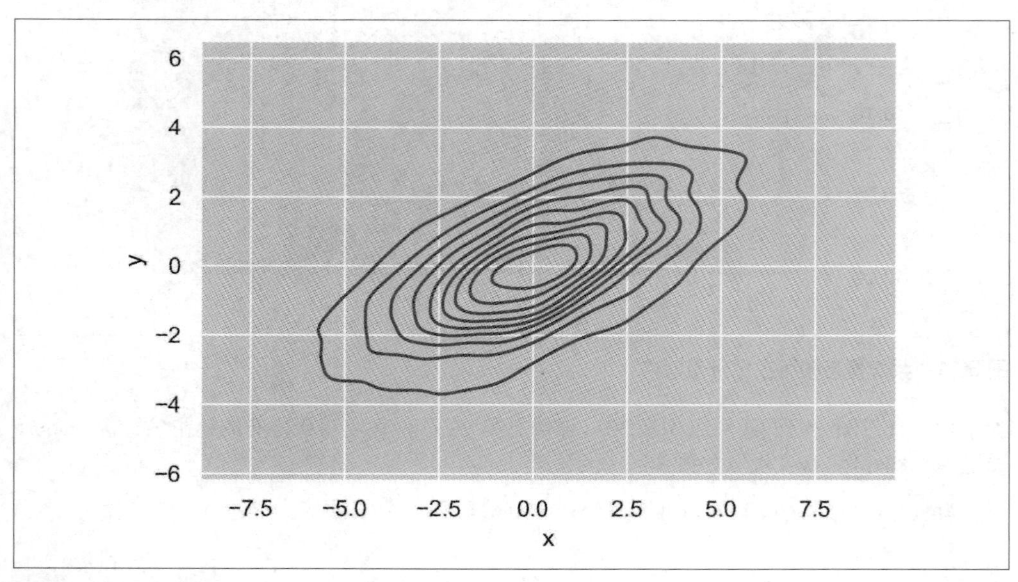

图 36-3：二维 KDE 图

用 sns.jointplot 可以同时看到两个变量的联合分布与单变量的独立分布，我们将在本章后面介绍。

36.1.2 成对图

当你需要对多维数据集进行可视化时，最终都要使用**成对图**（pair plot）。如果想画出所有变量中任意两个变量之间的关系，用成对图探索多维数据不同维度间的相关性非常有效。

下面将用著名的鸢尾花数据集来演示，其中有 3 种鸢尾花的花瓣与花萼数据：

```
In [5]: iris = sns.load_dataset("iris")
        iris.head()
Out[5]:    sepal_length  sepal_width  petal_length  petal_width species
        0           5.1          3.5           1.4          0.2  setosa
        1           4.9          3.0           1.4          0.2  setosa
        2           4.7          3.2           1.3          0.2  setosa
        3           4.6          3.1           1.5          0.2  setosa
        4           5.0          3.6           1.4          0.2  setosa
```

可视化样本中多个维度的关系非常简单，直接用 `sns.pairplot` 即可（如图 36-4 所示）：

```
In [6]: sns.pairplot(iris, hue='species', size=2.5);
```

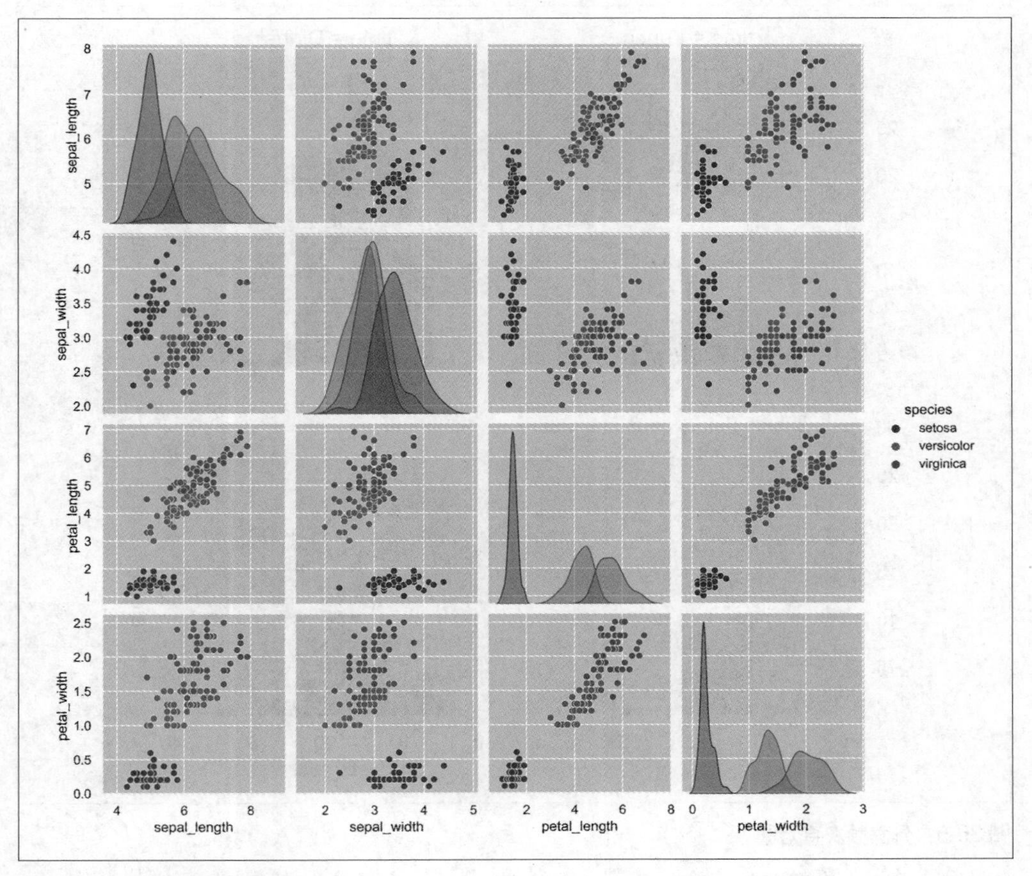

图 36-4：4 个变量的成对图

36.1.3 分面频次直方图

有时观察数据最好的方法就是借助数据子集的频次直方图，如图 36-5 所示。Seaborn 的 FacetGrid 函数[1]让这件事变得非常简单。来看看某个饭店统计的服务员收取小费的数据：

```
In [7]: tips = sns.load_dataset('tips')
        tips.head()
Out[7]:    total_bill   tip     sex smoker  day    time  size
        0       16.99  1.01  Female     No  Sun  Dinner     2
        1       10.34  1.66    Male     No  Sun  Dinner     3
        2       21.01  3.50    Male     No  Sun  Dinner     3
        3       23.68  3.31    Male     No  Sun  Dinner     2
        4       24.59  3.61  Female     No  Sun  Dinner     4

In [8]: tips['tip_pct'] = 100 * tips['tip'] / tips['total_bill']

        grid = sns.FacetGrid(tips, row="sex", col="time", margin_titles=True)
        grid.map(plt.hist, "tip_pct", bins=np.linspace(0, 40, 15));
```

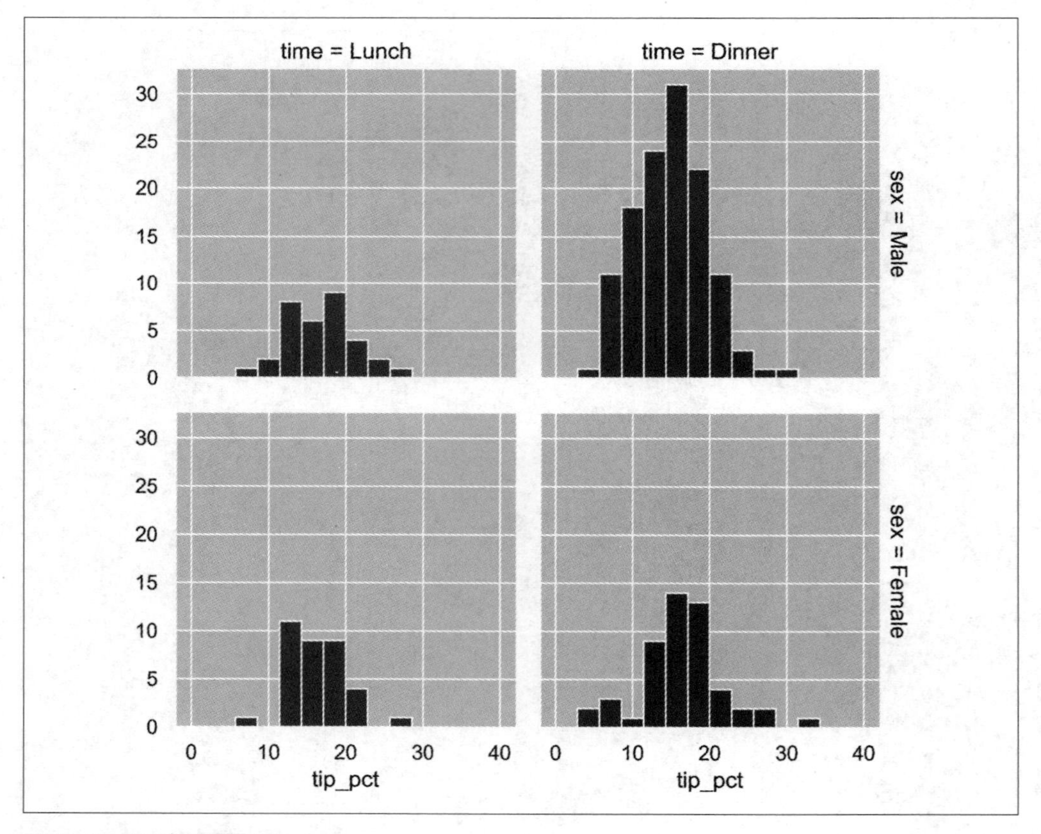

图 36-5：分面频次直方图

注 1：即分面频次直方图，faceted histogram。——译者注

分面频次直方图可以让我们对数据集进行快速探索。例如，我们看到数据集中关于晚餐时段男性服务员的数据远远多于其他类别，而且典型的小费数额似乎在 10% 和 20% 之间，两端都有一些异常值。

36.2 分类图

分类图（categorical plot）也是对数据子集进行可视化的方法。你可以通过它观察一个参数在另一个参数间隔中的分布情况（如图 36-6 所示）：

```
In [9]: with sns.axes_style(style='ticks'):
            g = sns.catplot(x="day", y="total_bill", hue="sex",
                            data=tips, kind="box")
            g.set_axis_labels("Day", "Total Bill");
```

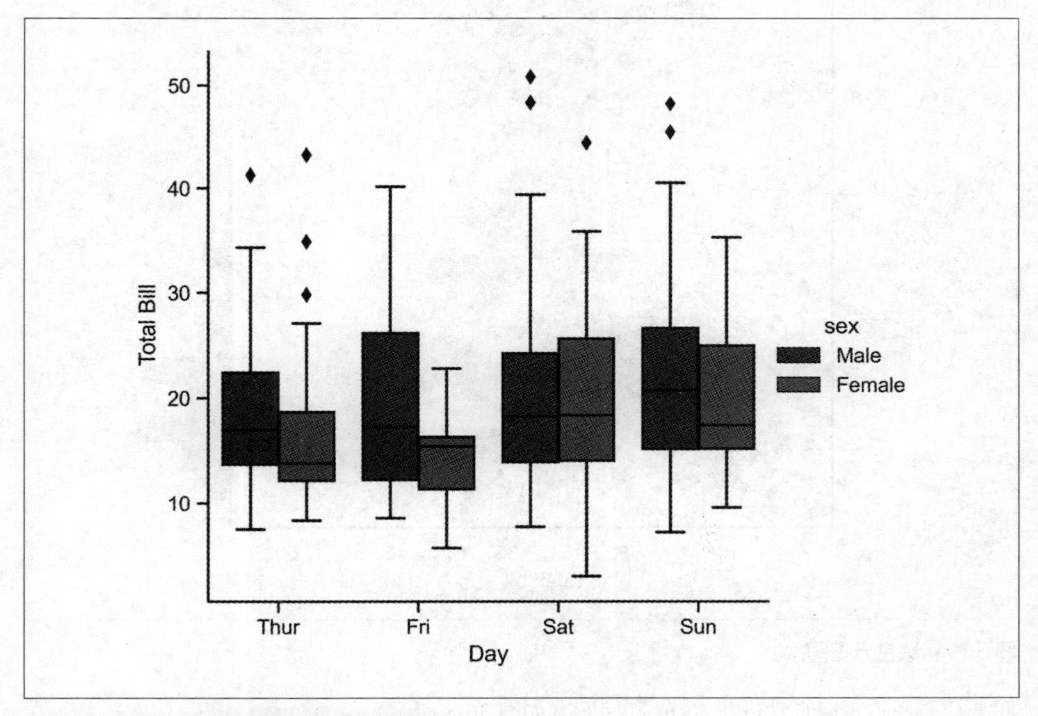

图 36-6：分类图中不同离散类别的分布对比

36.2.1 联合分布

与前面介绍的成对图类似，可以用 `sns.jointplot` 画出不同数据集的联合分布和各数据本身的分布（如图 36-7 所示）：

```
In [10]: with sns.axes_style('white'):
             sns.jointplot(x="total_bill", y="tip", data=tips, kind='hex')
```

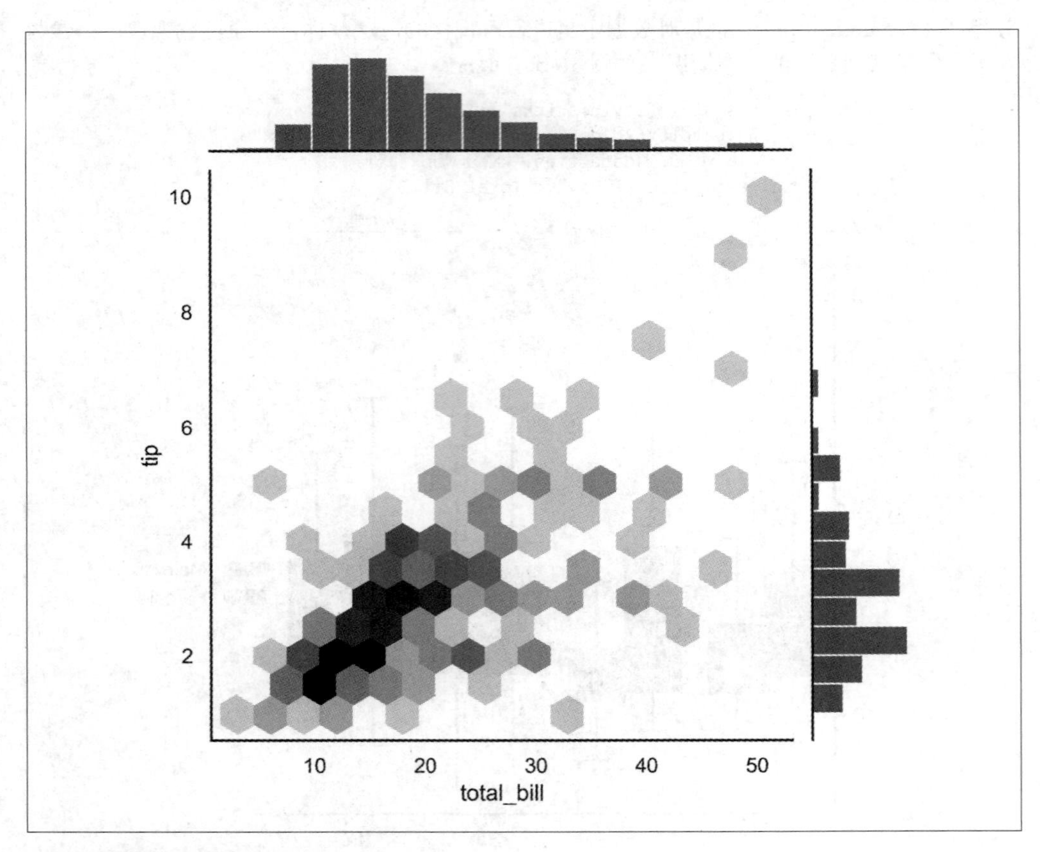

图 36-7：联合分布图

联合分布图也可以自动进行 KDE 和回归（如图 36-8 所示）：

```
In [11]: sns.jointplot(x="total_bill", y="tip", data=tips, kind='reg');
```

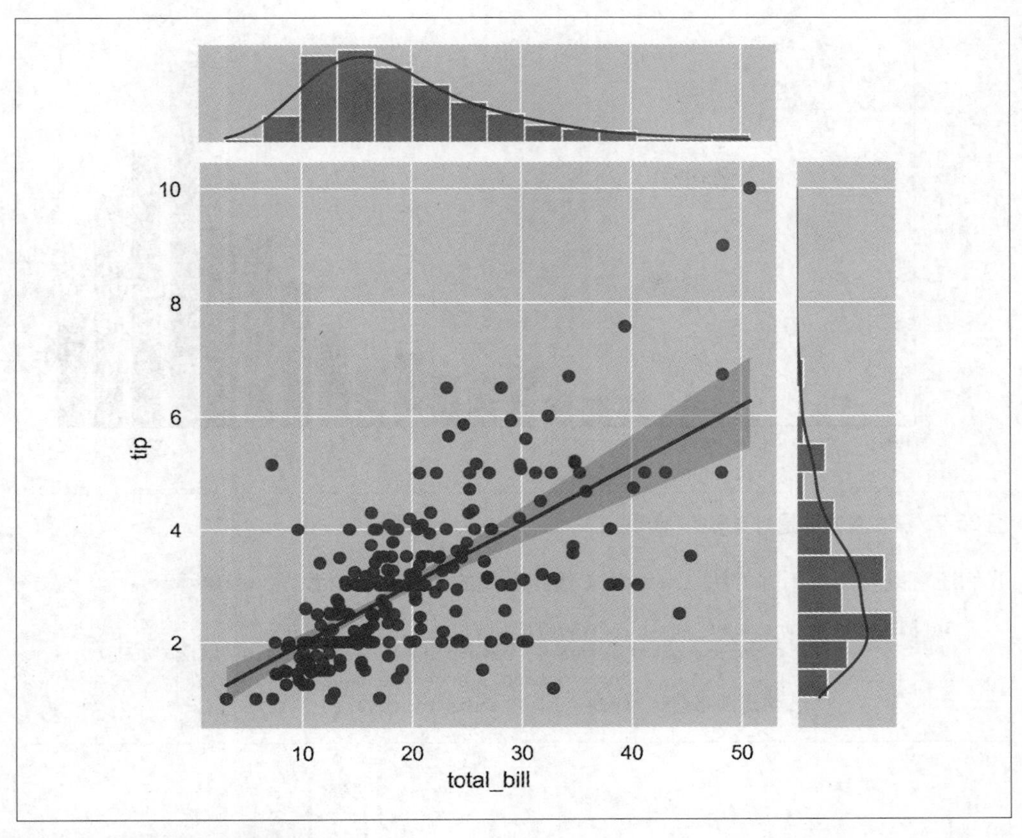

图 36-8：带回归拟合的联合分布

36.2.2 条形图

对于时间序列数据，可以用 sns.factorplot 画出条形图。在下面的示例中，我们将用第 20 章的行星数据来演示（结果如图 36-9 所示）：

```
In [12]: planets = sns.load_dataset('planets')
         planets.head()
Out[12]:             method  number  orbital_period   mass  distance  year
         0  Radial Velocity       1         269.300   7.10     77.40  2006
         1  Radial Velocity       1         874.774   2.21     56.95  2008
         2  Radial Velocity       1         763.000   2.60     19.84  2011
         3  Radial Velocity       1         326.030  19.40    110.62  2007
         4  Radial Velocity       1         516.220  10.50    119.47  2009

In [13]: with sns.axes_style('white'):
             g = sns.catplot(x="year", data=planets, aspect=2,
                             kind="count", color='steelblue')
             g.set_xticklabels(step=5)
```

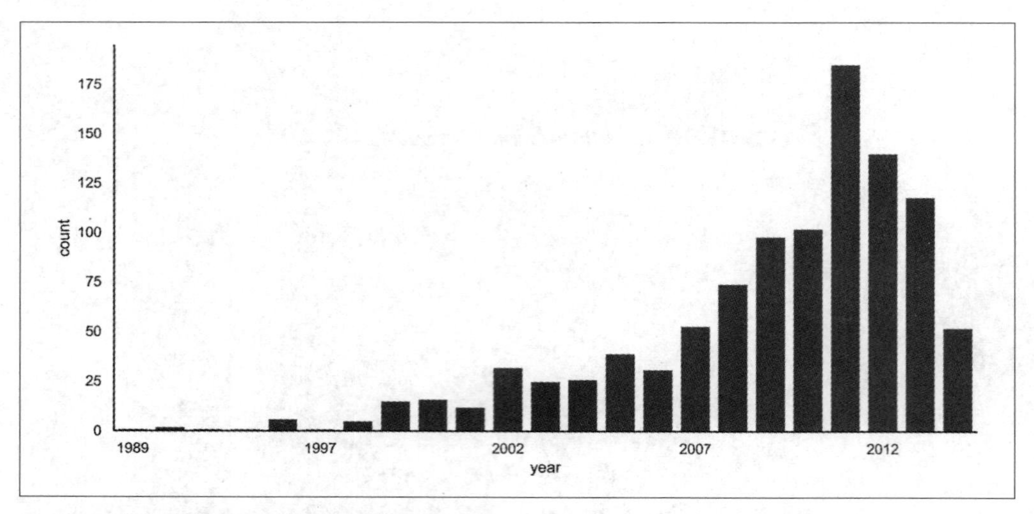

图 36-9：频次直方图是分类图的特殊形式

我们还可以对比用不同方法（method 参数）发现的行星数量（如图 36-10 所示）：

```
In [14]: with sns.axes_style('white'):
             g = sns.catplot(x="year", data=planets, aspect=4.0, kind='count',
                             hue='method', order=range(2001, 2015))
             g.set_ylabels('Number of Planets Discovered')
```

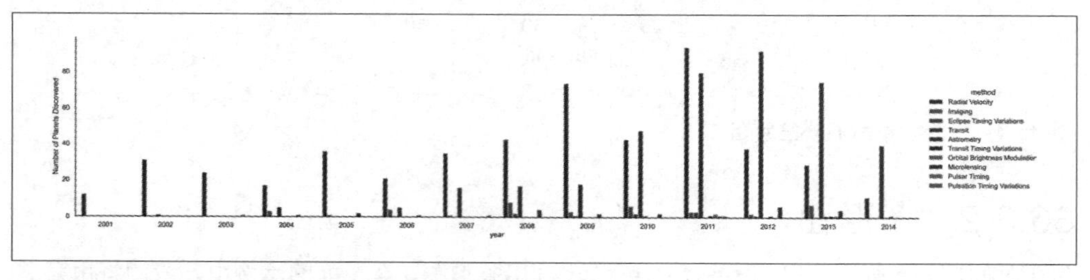

图 36-10：不同年份、不同方法发现的行星数量

关于用 Seaborn 画图的更多信息，请参考 Seaborn 文档，尤其是 Seaborn 画廊示例。

36.3 案例：探索马拉松比赛成绩数据

下面将用 Seaborn 对一场马拉松比赛的成绩进行可视化。首先从数据源网站上抓取数据，然后对数据进行汇总并去掉敏感信息，最后放在 GitHub 上供读者下载。[1]

下面从 GitHub 网站下载数据并加载到 pandas 中：

注 1：如果你对 Python 网络爬虫感兴趣，推荐阅读 Ryan Mitchell 的《Python 网络爬虫权威指南（第 2 版）》。

```
In [15]: # url = ('https://raw.githubusercontent.com/jakevdp/'
         # 'marathon-data/master/marathon-data.csv')
         # !cd data && curl -O {url}

In [16]: data = pd.read_csv('data/marathon-data.csv')
          data.head()
Out[16]:    age gender     split     final
         0   33      M  01:05:38  02:08:51
         1   32      M  01:06:26  02:09:28
         2   31      M  01:06:49  02:10:42
         3   38      M  01:06:16  02:13:45
         4   31      M  01:06:32  02:13:59
```

默认情况下，pandas会把时间列加载为Python字符串格式（类型是object）。可以用DataFrame的dtypes属性查看类型：

```
In [17]: data.dtypes
Out[17]: age         int64
         gender     object
         split      object
         final      object
         dtype: object
```

写一个把字符串转换成时间类型的函数：

```
In [18]: import datetime

         def convert_time(s):
             h, m, s = map(int, s.split(':'))
             return datetime.timedelta(hours=h, minutes=m, seconds=s)

         data = pd.read_csv('data/marathon-data.csv',
                            converters={'split':convert_time, 'final':convert_time})
         data.head()
Out[18]:    age gender           split           final
         0   33      M 0 days 01:05:38 0 days 02:08:51
         1   32      M 0 days 01:06:26 0 days 02:09:28
         2   31      M 0 days 01:06:49 0 days 02:10:42
         3   38      M 0 days 01:06:16 0 days 02:13:45
         4   31      M 0 days 01:06:32 0 days 02:13:59

In [19]: data.dtypes
Out[19]: age                 int64
         gender             object
         split     timedelta64[ns]
         final     timedelta64[ns]
         dtype: object
```

这样，处理时间类型的数据就变容易了。为了能使用Seaborn画图，还需要添加一列，将时间换算成秒：

```
In [20]: data['split_sec'] = data['split'].view(int) / 1E9
         data['final_sec'] = data['final'].view(int) / 1E9
         data.head()
```

```
Out[20]:    age gender           split           final  split_sec  final_sec
         0   33      M 0 days 01:05:38 0 days 02:08:51     3938.0     7731.0
         1   32      M 0 days 01:06:26 0 days 02:09:28     3986.0     7768.0
         2   31      M 0 days 01:06:49 0 days 02:10:42     4009.0     7842.0
         3   38      M 0 days 01:06:16 0 days 02:13:45     3976.0     8025.0
         4   31      M 0 days 01:06:32 0 days 02:13:59     3992.0     8039.0
```

现在可以通过 `jointplot` 函数画图，从而对数据有个认识（如图 36-11 所示）：

```
In [21]: with sns.axes_style('white'):
             g = sns.jointplot(x="split_sec", y="final_sec", data=data, kind='hex')
             g.ax_joint.plot(np.linspace(4000, 16000),
                             np.linspace(8000, 32000), ':k')
```

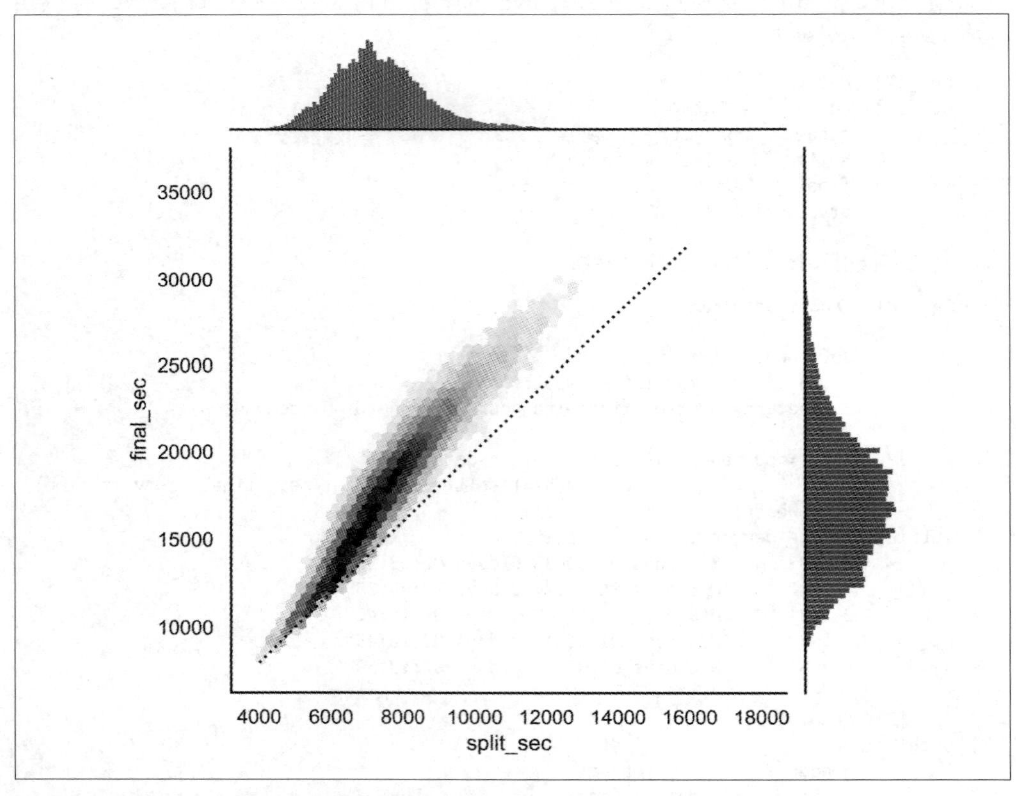

图 36-11：马拉松比赛前半程成绩与全程成绩的对比

图中的点线表示一个人全程保持一个速度跑完马拉松，即上半程与下半程耗时相同。然而实际的成绩分布表明，绝大多数人是越往后跑得越慢（也符合常识）。如果你参加过跑步比赛，那么就一定知道有些人在比赛的后半程速度更快，也就是负分割（negative-split）。

创建一列（`split_frac`，拆分比）来表示前后半程的差异，衡量比赛选手后半程加速或前半程加速的程度：

```
In [22]: data['split_frac'] = 1 - 2 * data['split_sec'] / data['final_sec']
         data.head()
Out[22]:    age gender           split           final  split_sec  final_sec  \
         0   33      M 0 days 01:05:38 0 days 02:08:51     3938.0     7731.0
         1   32      M 0 days 01:06:26 0 days 02:09:28     3986.0     7768.0
         2   31      M 0 days 01:06:49 0 days 02:10:42     4009.0     7842.0
         3   38      M 0 days 01:06:16 0 days 02:13:45     3976.0     8025.0
         4   31      M 0 days 01:06:32 0 days 02:13:59     3992.0     8039.0

            split_frac
         0   -0.018756
         1   -0.026262
         2   -0.022443
         3    0.009097
         4    0.006842
```

如果前后半程的分割差（split difference）小于 0，就表示这个人是负分割选手。让我们画出分割差的分布图（如图 36-12 所示）：

```
In [23]: sns.distplot(data['split_frac'], kde=False);
         plt.axvline(0, color="k", linestyle="--");
```

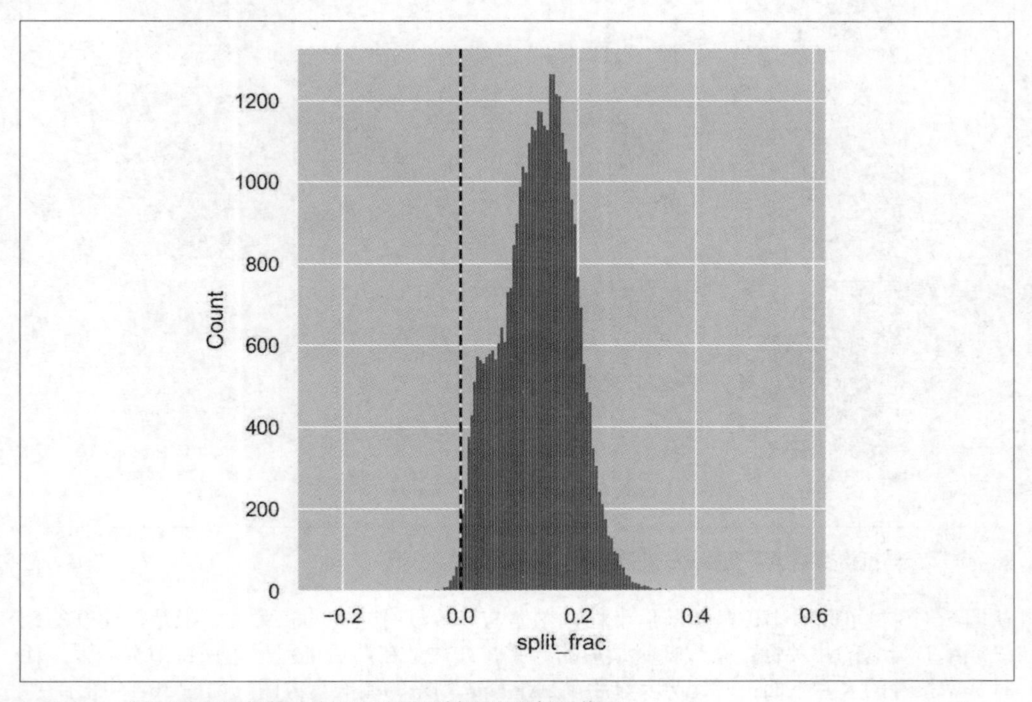

图 36-12：前后半程分割差分布图，0 表示前后半程耗时相同

```
In [24]: sum(data.split_frac < 0)
Out[24]: 251
```

在大约 4 万名马拉松比赛选手中，只有 250 个人能做到后半程加速。

再来看看前后半程分割差与其他变量有没有相关性。用 `PairGrid` 画出所有变量间的相关性的成对图（如图 36-13 所示）：

```
In [25]: g = sns.PairGrid(data, vars=['age', 'split_sec', 'final_sec', 'split_frac'],
                          hue='gender', palette='RdBu_r')
         g.map(plt.scatter, alpha=0.8)
         g.add_legend();
```

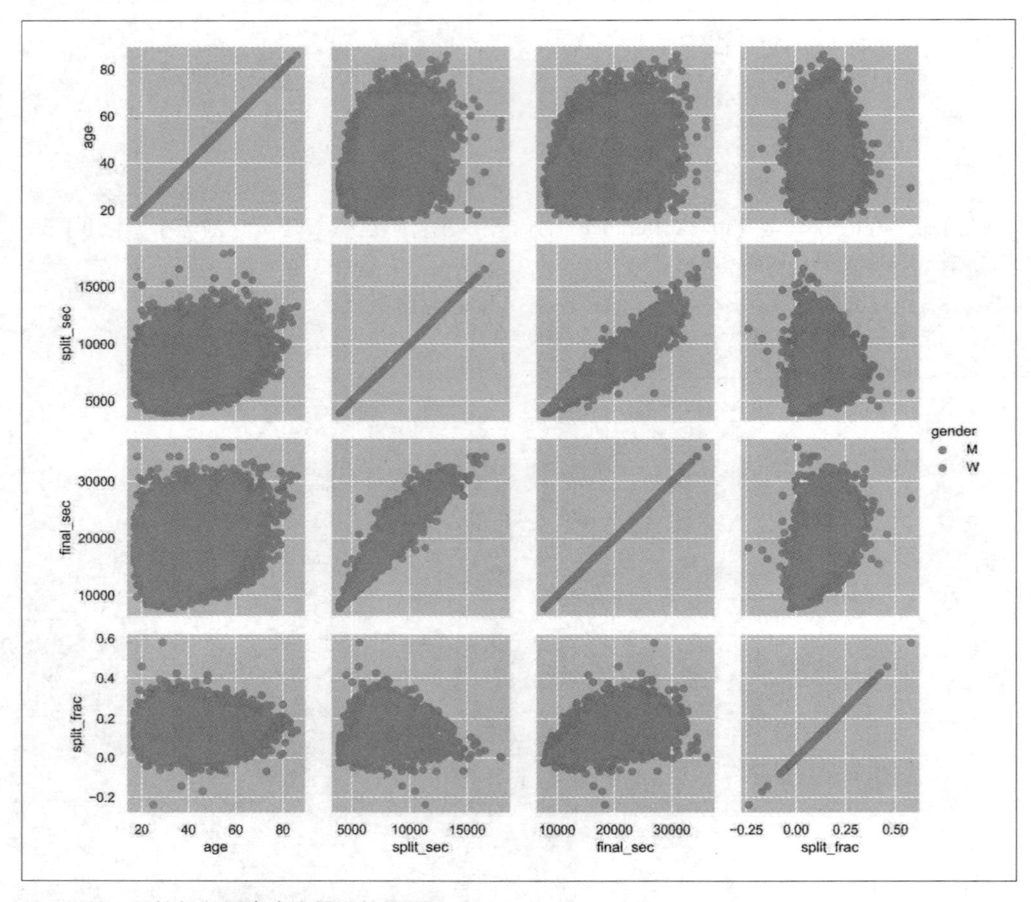

图 36-13：马拉松数据集中变量间的相关性

从图 36-13 中可以看出，虽然前后半程分割差与年龄没有显著的相关性，但是与比赛的最终成绩有显著的相关性：全程耗时最短的选手，往往是在前后半程尽量保持节奏一致、耗时非常接近的人。下面再对比男女选手前后半程分割差的频次直方图（如图 36-14 所示）：

```
In [26]: sns.kdeplot(data.split_frac[data.gender=='M'], label='men', shade=True)
         sns.kdeplot(data.split_frac[data.gender=='W'], label='women', shade=True)
         plt.xlabel('split_frac');
```

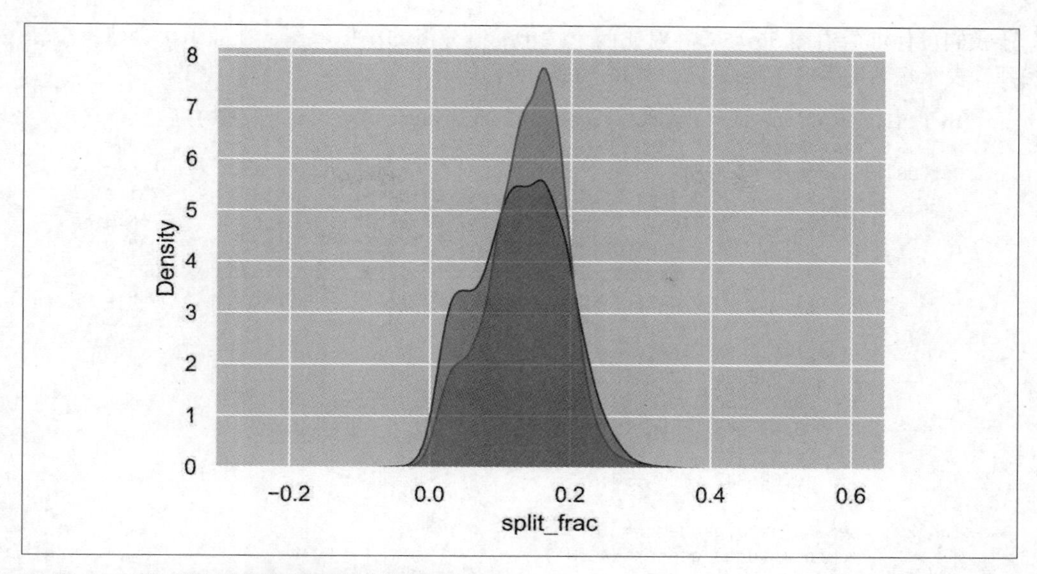

图 36-14：男女选手前后半程分割差分布情况

有趣的是，在前后半程耗时接近的选手中，男选手比女选手要多很多。男女选手的分布看起来几乎都是双峰分布。我们将男女选手不同年龄（age）的分布函数画出来，看看会得到什么启示。

用**小提琴图**（violin plot）进行这两种分布的对比是个不错的办法（如图 36-15 所示）：

```
In [27]: sns.violinplot(x="gender", y="split_frac", data=data,
                        palette=["lightblue", "lightpink"]);
```

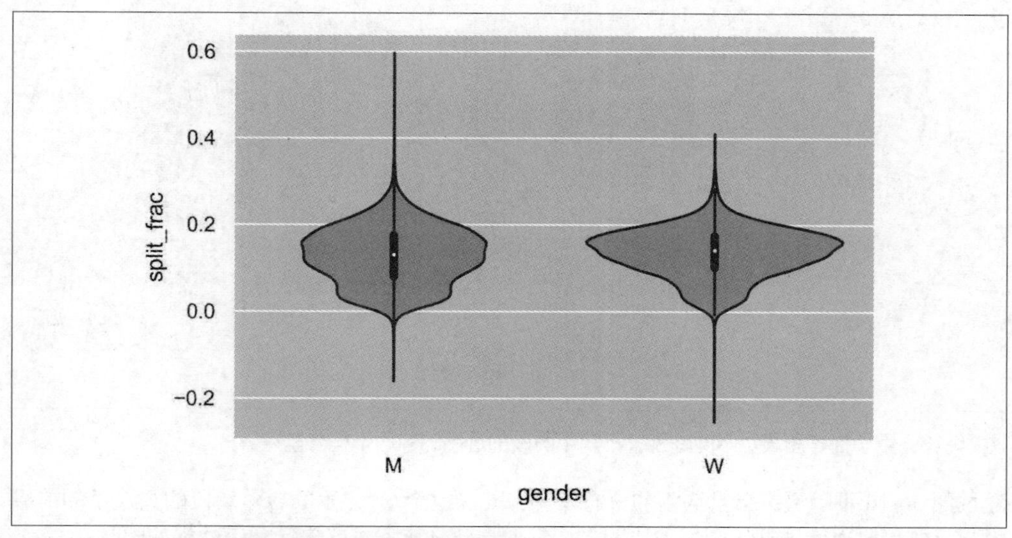

图 36-15：用小提琴图对比男女选手前后半程分割差

让我们再仔细看看图 36-15，并对比两个按年龄段分组的小提琴图。在数组中创建一个新列，表示每名选手的年龄段（如图 36-16 所示）：

```
In [28]: data['age_dec'] = data.age.map(lambda age: 10 * (age // 10))
         data.head()
Out[28]:    age gender           split           final  split_sec  final_sec  \
         0   33      M 0 days 01:05:38 0 days 02:08:51     3938.0     7731.0
         1   32      M 0 days 01:06:26 0 days 02:09:28     3986.0     7768.0
         2   31      M 0 days 01:06:49 0 days 02:10:42     4009.0     7842.0
         3   38      M 0 days 01:06:16 0 days 02:13:45     3976.0     8025.0
         4   31      M 0 days 01:06:32 0 days 02:13:59     3992.0     8039.0

            split_frac  age_dec
         0   -0.018756       30
         1   -0.026262       30
         2   -0.022443       30
         3    0.009097       30
         4    0.006842       30

In [29]: men = (data.gender == 'M')
         women = (data.gender == 'W')

         with sns.axes_style(style=None):
             sns.violinplot(x="age_dec", y="split_frac", hue="gender", data=data,
                            split=True, inner="quartile",
                            palette=["lightblue", "lightpink"]);
```

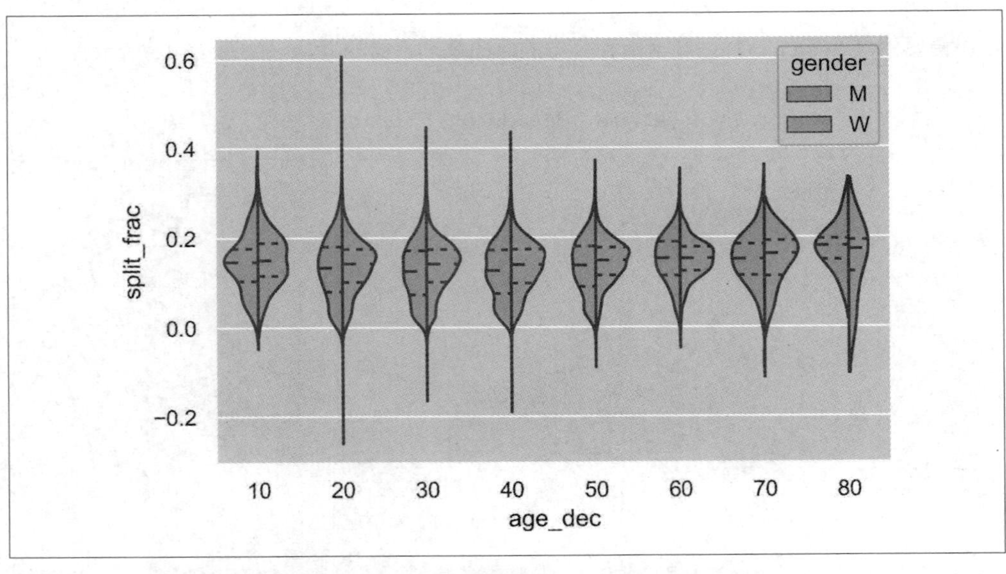

图 36-16：用小提琴图表示不同性别、不同年龄段的选手的前后半程分割差

通过图 36-16 可以看出男女选手的分布差异：20 多岁至 50 多岁的各年龄段的男选手的前后半程分割差概率密度都比同年龄段的女选手低一些（或者可以说任意年龄都如此）。

还有一个令人惊讶的地方是，**所有**八十岁以上女选手的表现都比同年龄段的男选手好。这可能是由于这个年龄段的选手寥寥无几，样本太少：

```
In [30]: (data.age > 80).sum()
Out[30]: 7
```

让我们再看看后半程加速型选手的数据：他们都是谁？前后半程分割差与比赛成绩正相关吗？我们可以轻易地画出图形。下面用 `regplot` 为数据自动拟合一个线性回归模型（如图 36-17 所示）：

```
In [31]: g = sns.lmplot(x='final_sec', y='split_frac', col='gender', data=data,
                        markers=".", scatter_kws=dict(color='c'))
         g.map(plt.axhline, y=0.0, color="k", ls=":");
```

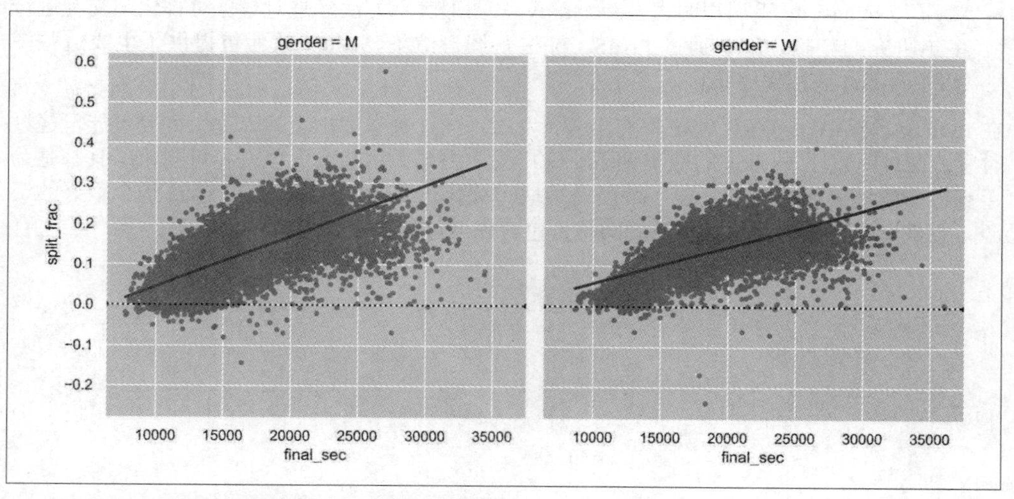

图 36-17：男女选手的前后半程分割差与比赛成绩

显然，无论男女，后半程明显加速的选手都是比赛成绩在 15 000 秒（即约 4 小时）之内的速度较快的选手。低于这个成绩的选手很少有显著的后半程加速。

36.4 参考资料

本书这一部分不可能完全覆盖 Matplotlib 的功能与图形类型。与之前介绍过的其他程序包类似，在探索 Matplotlib 的 API 时，使用 IPython 的 Tab 键补全和帮助功能（详情请参见第 1 章）会非常有效。另外，Matplotlib 的在线文档也是非常有用的参考资料。尤其是 Matplotlib 画廊页面中的内容，其中有几百张不同图形类型的缩略图，每张图都链接到一个用于制作图形的 Python 代码页面。你可以直接观察并学习各种不同的绘图样式与可视化技术。

如果要推荐一本关于 Matplotlib 的参考书，那么我推荐 *Interactive Applications Using Matplotlib*，作者是 Matplotlib 的核心开发者 Ben Root。

36.5 其他 Python 画图程序库

虽然 Matplotlib 是最知名的 Python 可视化程序库，但其实还有许多现代画图工具也值得一探究竟。下面简单介绍几个程序库。

- Bokeh 是一个用 Python 做前端的 JavaScript 可视化程序库，支持非常强大的交互可视化功能，可以处理非常大的批数据和流数据。
- Plotly 是 Plotly 公司开发的同名开源产品，其设计理念与 Bokeh 类似。它的开源社区非常活跃，提供了多种交互式图表类型。
- HoloViews 是一个声明性更强、更统一的应用程序接口，用于在各种后端（包括 Bokeh 和 Matplotlib）生成图表。
- Vega 与 Vega-Lite 采用声明式（declarative）图形表示方法，是对数据可视化与交互进行多年研究的产物。二者通过 JavaScript 进行图形渲染，Altair 软件包提供了生成这些图表的 Python 应用程序接口。

在 Python 社区中，可视化领域一直在不断发展，预计到本书出版时，这个列表可能已经过时了。此外，由于 Python 的应用领域非常广泛，因此你可能会发现许多可视化工具都是为了更特殊的场景而构建的。要了解所有这些可视化工具可能很难，但 PyViz 是个很好的资源，它是一个开放的、社区驱动的网站，包含许多可视化工具的教程和示例。

第五部分

机器学习

本书最后一部分主要通过 Python 的 scikit-learn 介绍机器学习这个非常广泛的主题。你可以将机器学习视为一类算法，它使用程序探索数据集中的特定模式，再“学习”数据并进行预测。由于机器学习是一个庞大的课题，因此这里无法对机器学习领域进行全面的介绍。本部分也不是一本完整的 scikit-learn 软件包使用手册（你可以参考 50.4 节中列出的资源）。本部分的目标如下。

- 介绍机器学习的基本术语和概念。
- 介绍 scikit-learn 的 API 及用法示例。
- 详细介绍一些最重要的机器学习方法的具体用法和使用场景。

本部分的许多内容来自我在 PyCon、SciPy、PyData 和其他会议上做的 scikit-learn 培训和分享。这些年来，许多技术分享的听众与合作者为我提供了宝贵的反馈意见，使本部分内容愈加通俗易懂。

第37章

什么是机器学习

在介绍各种机器学习方法之前，先看看究竟什么是机器学习，什么不是机器学习。机器学习经常被归类为人工智能（artificial intelligence）的子领域，但我觉得这种归类方法有误导之嫌。虽然对机器学习的研究确实是源自人工智能领域，但是在数据科学应用中，把机器学习看作一种**数据建模方式**更合适。

在机器学习中，当我们给模型提供可以适应观测数据的**可调参数**时，“学习”就开始了；此时的程序被认为从数据中“学习”。一旦模型可以拟合旧的观测数据，它们就可以预测并理解新的观测数据。至于这种基于数学模型的“学习”在多大程度上类似于人脑的“学习”，留给读者思考。

由于理解机器学习问题的类型对于有效使用各种机器学习工具至关重要，因此首先介绍机器学习方法的分类。

本章中的所有图表均基于实际的机器学习计算生成，其背后的代码放在了在线附录中。

37.1 机器学习的分类

机器学习可以分为两种主要类型：监督学习（supervised learning）和无监督学习（unsupervised learning）。

监督学习是指对数据的若干特征与若干标签（类型）之间的关联性进行建模；只要模型被确定，就可以应用到新的未知数据上。这类学习过程有时可以进一步分为**分类**（classification）任务与**回归**（regression）任务。在分类任务中，标签都是离散值；在回归任务中，标签都是连续值。我们会在后面的内容中介绍这两种监督学习方法。

无监督学习是指对不带任何标签的数据的特征进行建模。这类模型包括**聚类**（clustering）任务和**降维**（dimensionality reduction）任务。聚类算法可以将数据分成不同的组别，而降维算法追求用更简洁的方式来表示数据。我们同样会在后面的内容中介绍这两种无监督学习方法。

另外，还有一种**半监督学习**（semi-supervised learning）方法，介于监督学习与无监督学习之间。半监督学习方法通常在数据标签不完整时使用。

37.2　机器学习应用的定性示例

下面来介绍一些简单的机器学习任务示例。这些例子旨在对这一部分将要探讨的机器学习任务的类型提供一个直观的概述。在后面的章节中，我们将更深入地介绍相关模型的具体用法。如果想尽早了解这些技术的更多细节，请参见在线附录中生成下面各个示例中彩图的 Python 代码。

37.2.1　分类：预测离散标签

先来看一个简单的分类任务。假设我们有一些带标签的数据点，希望用它们对那些不带标签的数据点进行分类。

假设这些数据点的分布如图 37-1 所示。我们看到的是二维数据，也就是说每个数据点都有两个**特征**，在平面上用数据点的 (x, y) 位置表示。另外，每个数据点还有一个**类型标签**。类型标签一共有两种，用数据点的两种颜色表示。我们想根据这些特征和标签创建一个模型，帮助我们判断新的数据点是“蓝色”还是“红色”。

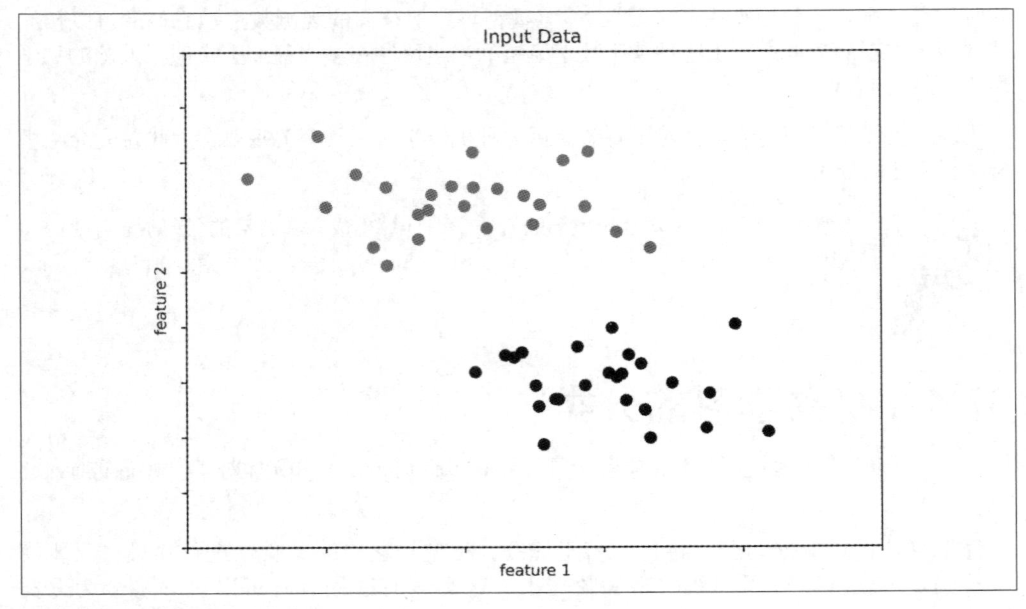

图 37-1：简单的分类学习数据集

有许多可以完成分类任务的模型，这里先用最简单的一种。假设平面上有一条可以将两种类型的点分开的直线，直线的两侧各是一种类型的点。在这里，**模型**其实就是“一条可以进行分类的直线”，而**模型参数**就是描述这条直线的位置与方向的数值。这些模型参数的最优解都可以通过从数据中学习获得（也就是机器学习的“学习”），这个过程通常被称为**训练模型**。

图 37-2 是为这组数据分类而训练的模型。

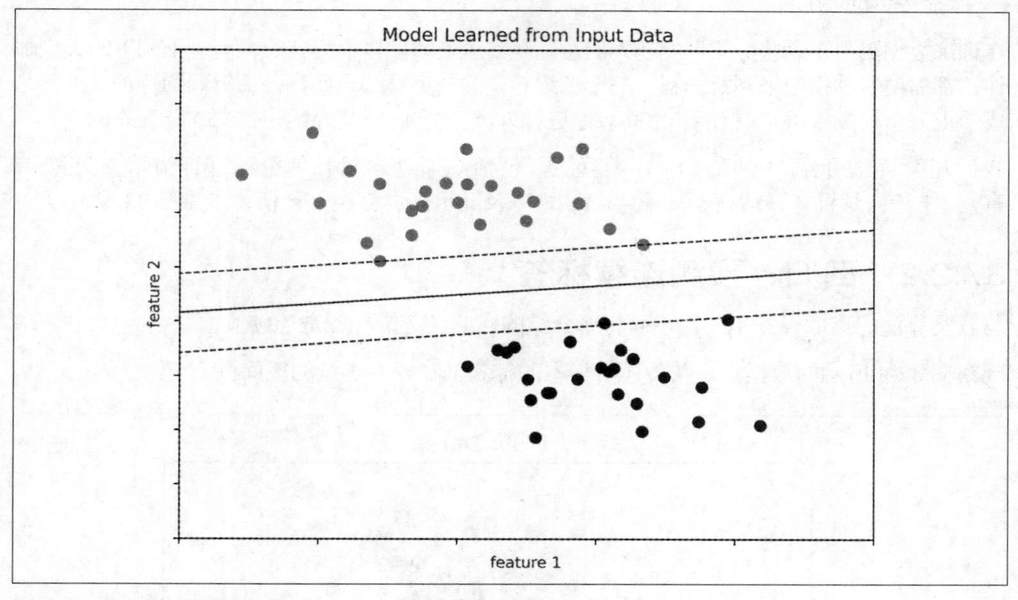

图 37-2：简单的分类模型

模型现在已经训练好了，可以将其应用于新的未标记数据。也就是说，我们可以拿一组新数据，通过模型绘制分类边界，然后根据这个模型为新数据分配标签，如图 37-3 所示。这个阶段通常被称为**预测**。

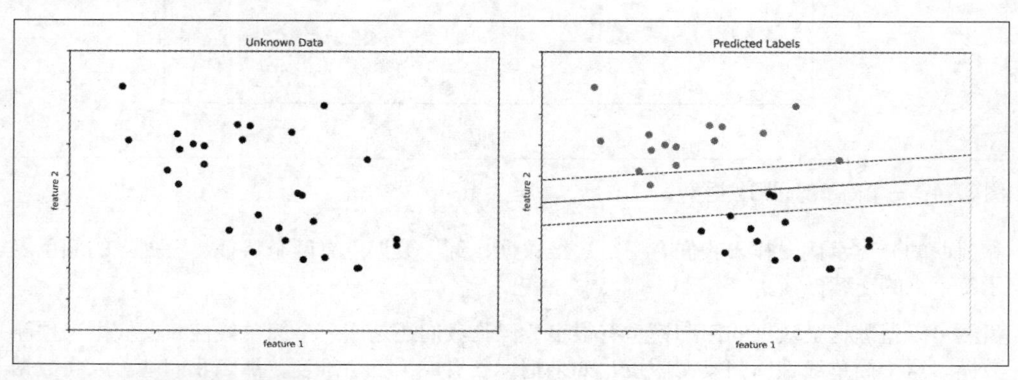

图 37-3：对新数据应用分类模型

这就是机器学习中分类的基本思想，“分类”指的是数据具有离散的类别标签。一开始，你可能会觉得分类非常简单：直接观察数据，然后画一条分割线就可以了。但是，机器学习方法的真正用途是解决大型高维度数据集的分类问题，比如常见的分类任务——垃圾邮件自动识别。在这类任务中，我们通常使用以下特征与标签：

- **特征 1, 特征 2, …，特征 *n*** → 垃圾邮件关键词与短语出现的频次归一化向量（“Viagra”“Extended warranty”等）
- **标签** →“垃圾邮件”或“普通邮件”

在训练数据集中，这些标签可能是人们通过观察少量邮件样本得到的，而对于剩下的大量邮件，都需要通过模型来判断标签。一个训练有素的分类算法只要具备足够好的特征（通常是成千上万个词或短语），就能非常高效地进行分类。第 41 章将介绍一个文本分类的例子。

我们还会详细介绍一些重要的分类算法，包括高斯朴素贝叶斯分类（详情请参见第 41 章）、支持向量机（详情请参见第 43 章），以及随机森林分类（详情请参见第 44 章）。

37.2.2 回归：预测连续标签

与分类算法的离散标签不同，下面将要介绍的回归任务的标签是连续值。

观察图 37-4 所示的数据集，其中所有样本的标签都在一个连续的区间内。

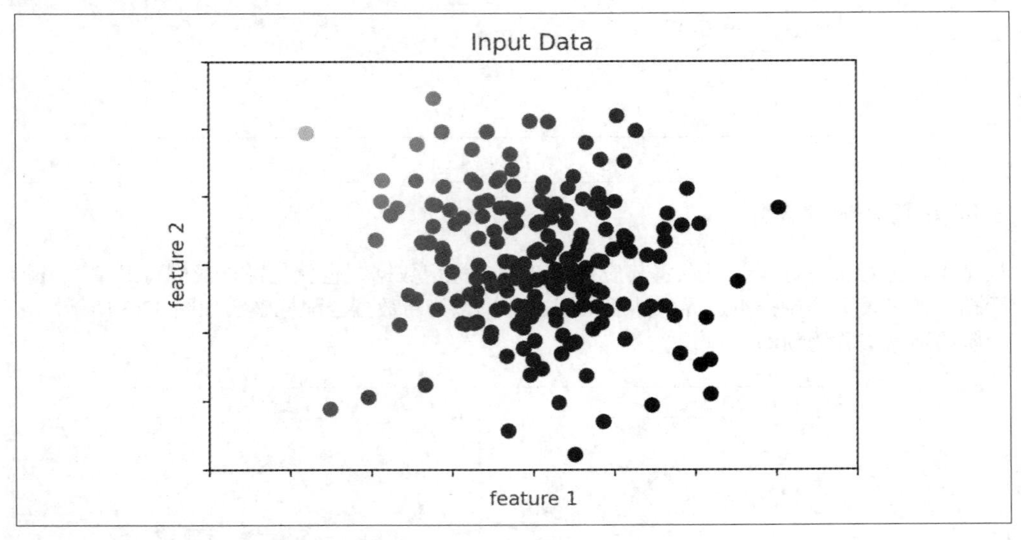

图 37-4：一个简单的回归数据集

和前面的分类示例一样，我们有一个二维数据，每个数据点有两个特征。数据点的颜色表示每个点的连续标签。

虽然可以处理这类数据的回归模型有很多，但是我们还是用一个简单线性回归模型来预测数据。这个简单线性回归模型假设，如果把标签看成第三个维度，那么我们就可以将数据拟合成一个平面——这就是著名的二维平面上线性拟合问题的高阶情形。

我们可以将数据可视化成图 37-5 的形式。

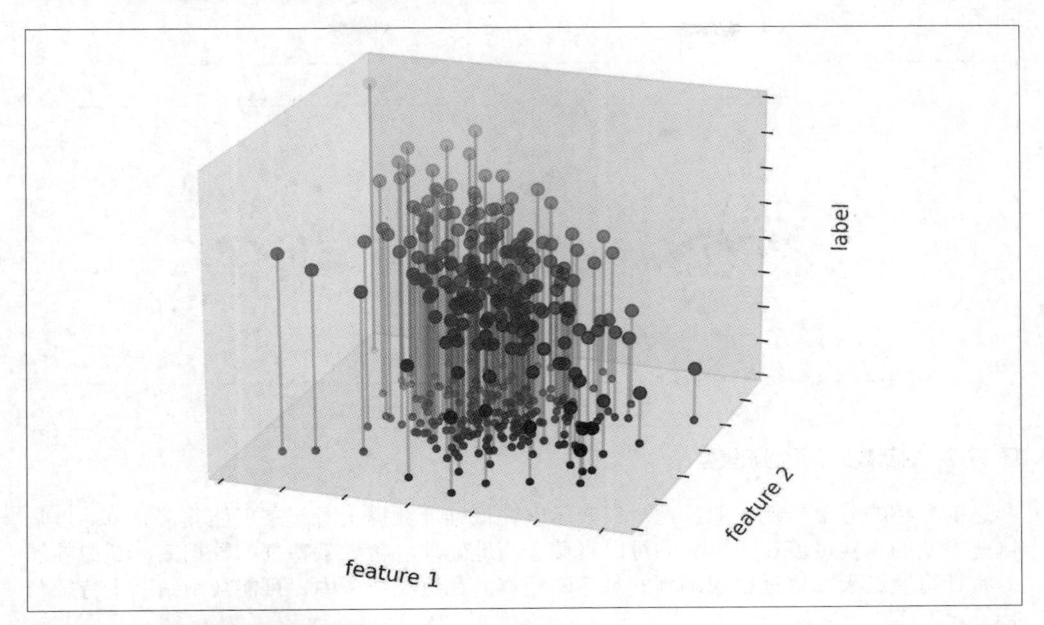

图 37-5：回归数据的三维视角

请注意，这里的**特征 1**（feature 1）**与特征 2**（feature 2）平面同图 37-4 中的二维图形是一样的，只不过这里同时用颜色和三维坐标轴的位置来表示标签。通过这个视角，就有理由相信：如果将三维数据拟合成一个平面，就可以对任何输入参数集进行标签预测。回到原来的二维投影图形上，拟合平面时获得的结果如图 37-6 所示。

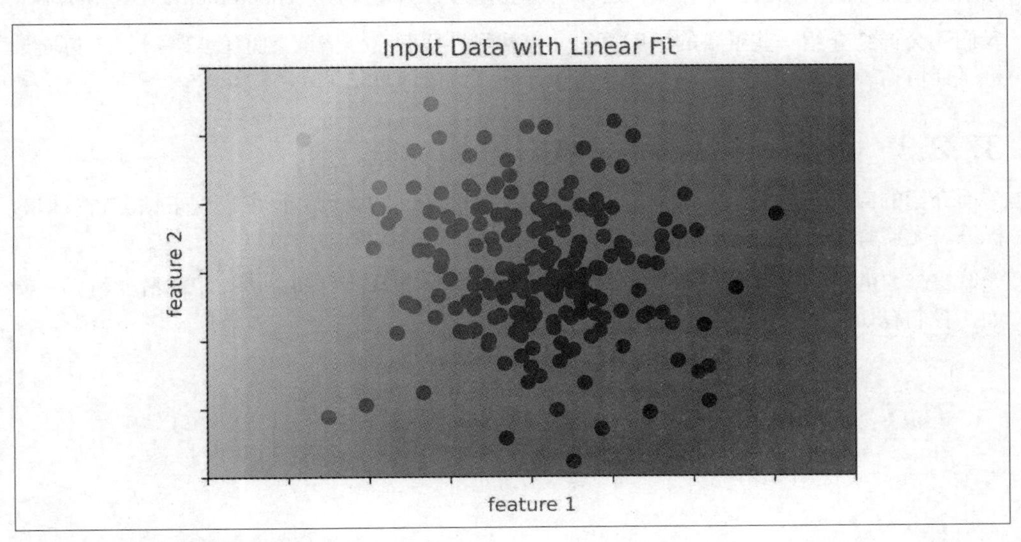

图 37-6：回归模型的结果

这个拟合平面为预测新数据点的标签提供了依据。我们可以直观地找到结果，如图 37-7 所示。

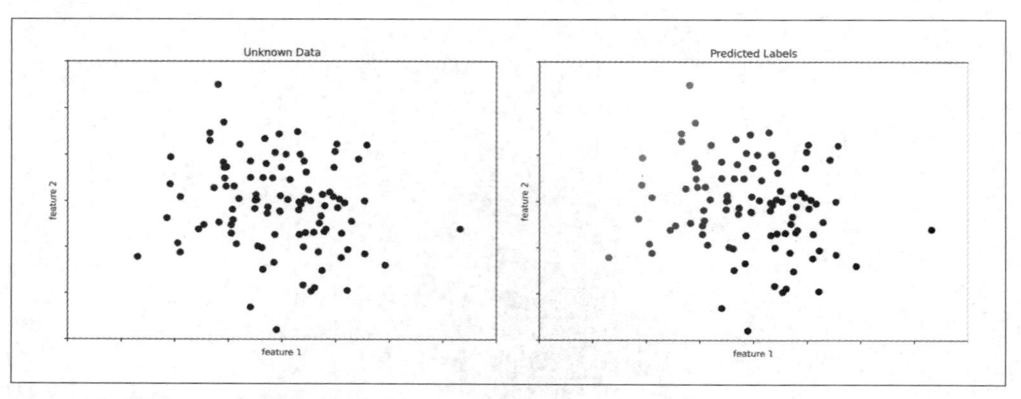

图 37-7：对新数据应用回归模型

和之前介绍的分类示例类似，这个回归示例在低维度数据上看起来可能非常简单。但是这些方法的真实价值在于，它们可以直截了当地处理包含大量特征的数据集。类似的任务有计算通过天文望远镜观测到的星系的距离。在这类任务中，可能会用到以下特征与标签：

- **特征 1, 特征 2, …，特征 *n*** → 具有若干波长或颜色的星系的亮度
- **标签** → 星系的距离或红移（redshift）

少数星系的距离可以通过一组独立的观测（通常非常复杂，成本也非常高）来确定。之后，我们就可以利用适当的回归模型估计其他星系的距离，而不需要为整个星系集合采用昂贵的观测方法。在天文学领域，这种问题被称为“测光红移”（photometric redshift）。

我们还会详细介绍一些重要的回归算法，包括线性回归（详情请参见第 42 章）、支持向量机（详情请参见第 43 章），以及随机森林回归（详情请参见第 44 章）。

37.2.3 聚类：为无标签数据添加标签

前面介绍的回归与分类示例都是监督学习算法的例子，需要建立一个模型来预测新数据的标签。无监督学习中的模型将探索没有任何已知标签的数据。

无监督学习的一个常见应用是“聚类”——数据被聚类算法自动分成若干离散的组别。例如，我们有如图 37-8 所示的一组二维数据。

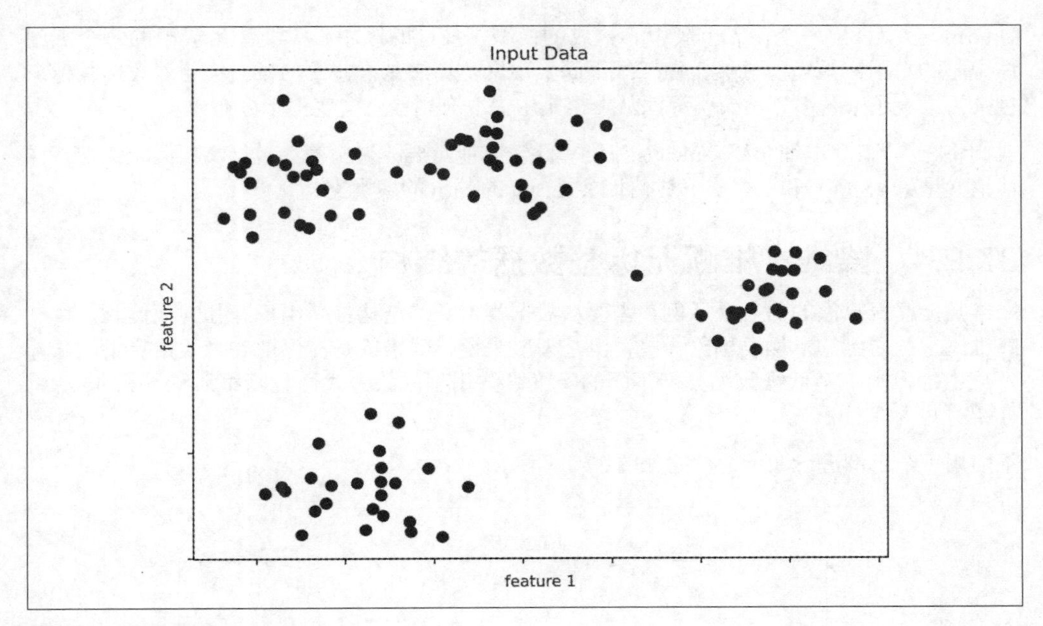

图 37-8：聚类数据

仅通过肉眼观察，就可以很清晰地判断出这些点应该归于哪个组。一个聚类模型会根据输入数据的固有结构判断数据点之间的相关性。通过最快、最直观的 *k*-means 聚类算法（详情请参见第 47 章），可以发现如图 37-9 所示的簇（cluster）。

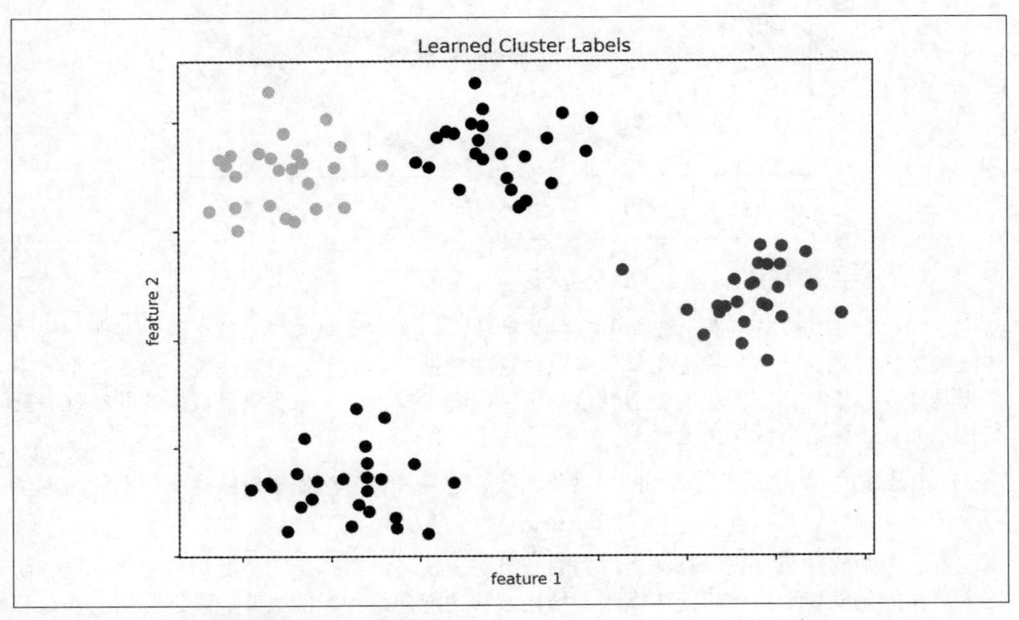

图 37-9：*k*-means 聚类模型给出的数据标签

k-means 会拟合出一个由 *k* 个簇中心构成的模型，最优的簇中心需要满足簇中的每个点到该中心的总距离最短。显然，在二维平面上用聚类算法显得非常幼稚，但随着数据量越来越大、维度越来越多，用聚类算法从数据集中提取有用信息会变得十分有效。

我们将在第 47 章详细介绍 *k*-means 聚类算法。其他重要的聚类算法包括高斯混合模型（详情请参见第 48 章）和谱聚类（详情请参见 scikit-learn 的聚类文档）。

37.2.4 降维：推断无标签数据的结构

降维是无监督算法的另一个示例，需要从数据集本身的结构推断出标签和其他信息。虽然降维比之前看到的示例要抽象一些，但是一般来说，降维就是在保证高维数据质量的条件下从中抽取出一个低维数据集。不同的降维算法用不同的方式衡量降维质量，第 46 章将介绍这些内容。

下面用一个示例进行演示，数据如图 37-10 所示。

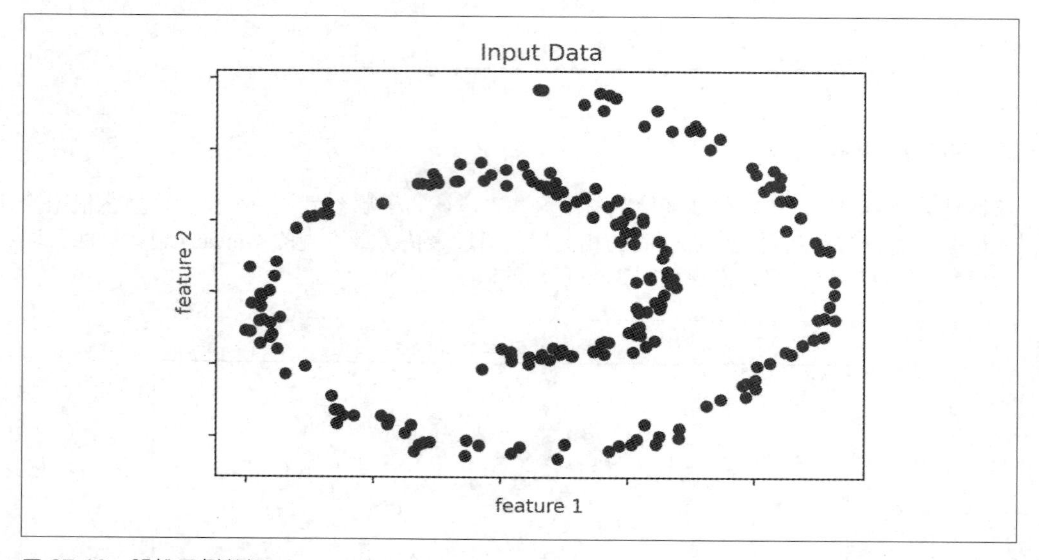

图 37-10：降维示例数据

从图 37-10 中可以清晰地看出数据中存在某种结构：这些数据点在二维平面上按照一维螺旋线整齐地排列。在某种程度上，你可以说这些数据“本质上”只有一维，虽然这个一维数据是嵌在二维数据空间里的。适合这个示例的降维模型不仅需要满足数据的非线性嵌套结构，而且还要给出低维表现形式。

图 37-11 是通过 Isomap 算法得到的可视化结果，它是一种专门用于解决这类问题的流形学习算法。

请注意，图中的颜色（表示算法提取到的一维潜变量）沿着螺旋线呈现均匀变化，这表明这个算法的确发现了肉眼所能观察到的结构。和之前介绍的示例类似，降维算法同样只有在处理高维数据时才能大展拳脚。例如，我们可能需要对一个包含 100 或 1000 个特征的数据集内部的重要关联进行可视化。要对一个 1000 维的数据进行可视化是个巨大的挑战，一种解决办法就是利用降维技术，在更容易处理的二维或三维空间中对数据进行可视化。

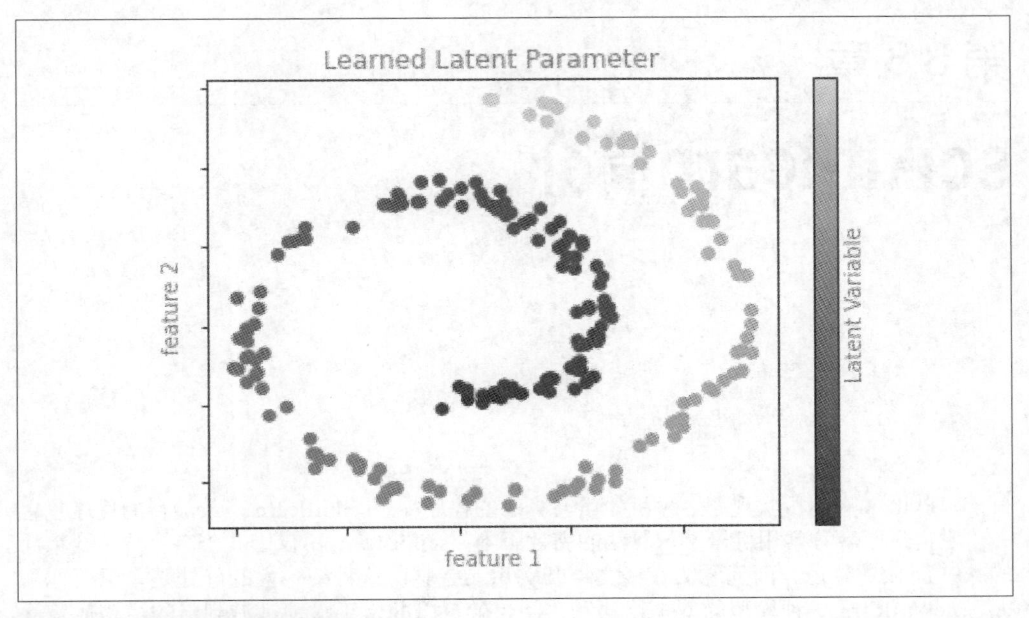

图 37-11：降维算法给出的数据标签

我们还会详细介绍一些重要的降维算法，包括主成分分析（详情请参见第 45 章）和各种流形学习算法，如 Isomap 算法、局部线性嵌入算法（详情请参见第 46 章）。

37.3 小结

前面介绍了机器学习方法的基本类型的示例。虽然我们略过了许多重要的实践细节，但我还是希望这一章的内容可以让你对机器学习方法所能解决的问题类型有所了解。

综上所述，本章介绍的主要内容如下。

- **监督学习**：可以基于带标签的训练数据预测新数据标签的模型。
  - **分类**：可以预测两个或多个离散分类标签的模型。
  - **回归**：可以预测连续标签的模型。
- **无监督学习**：识别无标签数据结构的模型。
  - **聚类**：检测、识别数据中不同组别的模型。
  - **降维**：从高维数据中检测、识别低维数据结构的模型。

后面几章会深入介绍各个类型的具体算法，并通过一些有趣的示例说明这些算法的使用场景。

第38章

scikit-learn简介

目前，Python 有不少实现了各种机器学习算法的程序库。scikit-learn 是最流行的程序包之一，它提供了各种常用机器学习算法的高效版本。scikit-learn 不仅因其干净、统一、精简的 API 而独具特色，而且它的在线文档既实用又完整。这种统一性的好处是，只要你掌握了 scikit-learn 一种模型的基本用法和语法，就可以非常平滑地过渡到新的模型或算法上。

本章对 scikit-learn 的 API 进行概述。真正理解 API 的组成部分将对更深入地理解机器学习算法与方法大有裨益。

我们首先介绍 scikit-learn 的**数据表示**（data representation），然后介绍**估计器**（Estimator）API，最后通过一个有趣的示例演示如何用这些工具探索手写数字图像。

38.1　scikit-learn 的数据表示

机器学习是从数据创建模型的学问，因此你首先需要了解怎样表示数据才能让计算机理解。在 scikit-learn 中表示数据的最佳方法就是用数据表。

基本的数据表就是二维网格数据，其中的行表示数据集中的每个样本，而列表示构成每个样本的相关特征。例如，Ronald Fisher 在 1936 年对鸢尾花数据集的经典分析。我们用 Seaborn 程序库下载数据并加载到 pandas 的 `DataFrame` 中。前几行数据如下：

```
In [1]: import seaborn as sns
        iris = sns.load_dataset('iris')
        iris.head()
Out[1]:    sepal_length  sepal_width  petal_length  petal_width species
        0           5.1          3.5           1.4          0.2  setosa
        1           4.9          3.0           1.4          0.2  setosa
```

```
2          4.7         3.2          1.3          0.2  setosa
3          4.6         3.1          1.5          0.2  setosa
4          5.0         3.6          1.4          0.2  setosa
```

其中的每行数据表示每朵被观察的鸢尾花，行数表示数据集中记录的鸢尾花总数。一般情况下，会将矩阵的行称为**样本**（sample），行数记为 `n_samples`。

类似地，每列数据表示每个样本某个特征的量化值。一般情况下，会将矩阵的列称为**特征**（feature），列数记为 `n_features`。

38.1.1 特征矩阵

这个表格布局通过二维数组或矩阵的形式将信息清晰地表达出来，所以我们通常把这类矩阵称为**特征矩阵**（features matrix）。特征矩阵通常存储在名为 `X` 的变量中。它是维度为 `[n_samples, n_features]` 的二维矩阵，通常可以用 NumPy 数组或 pandas 的 `DataFrame` 来表示，不过 scikit-learn 也支持 SciPy 的稀疏矩阵。

样本（即每一行）通常是指数据集中的每个对象。例如，样本可能是一朵花、一个人、一篇文档、一幅图像，或者一首歌、一部影片、一个天体，甚至是任何可以通过一组量化方法进行测量的实体。

特征（即每一列）通常是指每个样本都具有的某种量化观测值。一般情况下，特征是实数，但有时也可能是布尔类型或者离散值。

38.1.2 目标数组

除了特征矩阵 `X` 之外，我们一般还需要一个**标签**或**目标**数组，通常简记为 `y`。目标数组一般是一维数组，其长度就是样本总数 `n_samples`，通常用一维的 NumPy 数组或 pandas 的 `Series` 表示。目标数组可以是连续的数值类型，也可以是离散的类型 / 标签。虽然 scikit-learn 的有些估计器可以处理具有多目标值的二维 `[n_samples, n_targets]` 目标数组，但此处基本上只涉及常见的一维目标数组问题。

如何区分目标数组的特征与特征矩阵中的特征列时常让人困惑。目标数组的特征通常是我们希望**从数据中预测**的量化结果；借用统计学的术语，`y` 就是因变量。以前面的示例数据为例，我们需要通过其他测量值来建立模型，预测花的品种（species），而这里的 `species` 列就可以看成目标数组。

知道这一列是目标数组之后，就可以用 Seaborn（详情请参见第 36 章）对数据进行可视化（如图 38-1 所示）：

```
In [2]: %matplotlib inline
        import seaborn as sns
        sns.pairplot(iris, hue='species', height=1.5);
```

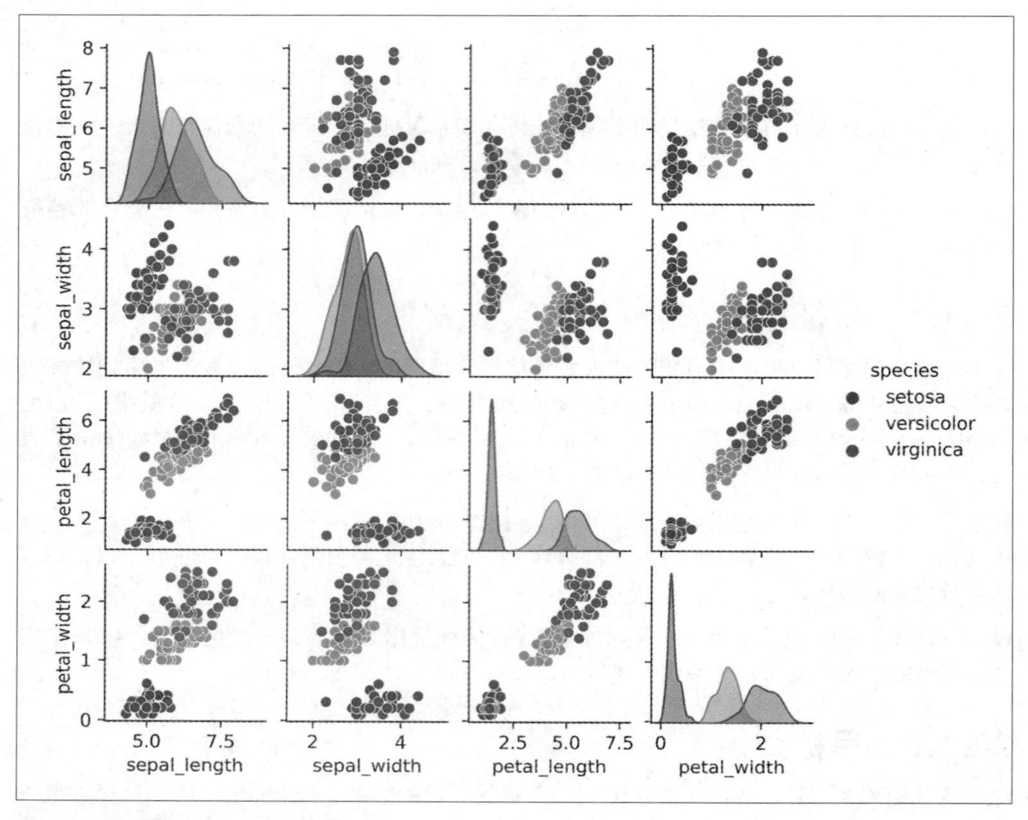

图 38-1：鸢尾花数据集的可视化

在使用 scikit-learn 之前，我们需要从 DataFrame 中抽取特征矩阵和目标数组。可以用第三部分介绍的 pandas DataFrame 基本操作来实现：

```
In [3]: X_iris = iris.drop('species', axis=1)
        X_iris.shape
Out[3]: (150, 4)

In [4]: y_iris = iris['species']
        y_iris.shape
Out[4]: (150,)
```

特征矩阵和目标数组的布局如图 38-2 所示。

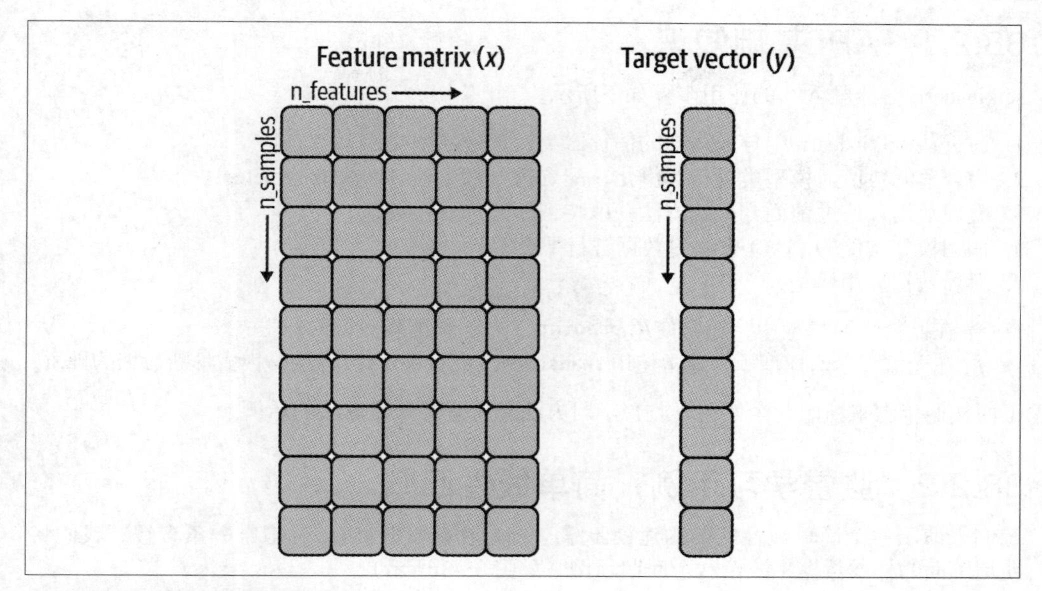

图 38-2：scikit-learn 数据表布局 [1]

有了适当的数据形式之后，我们就可以开始学习 scikit-learn 的**估计器** API 了。

38.2 scikit-learn 的估计器 API

scikit-learn API 主要遵照以下设计原则。关于 scikit-learn API 的学术论文也对此有所概述。

一致性

　所有对象共享一组精简的方法接口，并保持一致的文档风格。

可检查性

　所有参数值都是公共属性。

限制对象层级

　只有算法可以用 Python 类表示。数据集都用标准数据类型（NumPy 数组、pandas `DataFrame`、SciPy 稀疏矩阵）表示，参数名称用标准的 Python 字符串。

函数组合

　许多机器学习任务都可以用一串基本算法实现，scikit-learn 尽力支持这种可能。

合理的默认值

　当模型需要用户设置参数时，scikit-learn 预先定义适当的默认值。

只要你理解了这些设计原则，就会发现 scikit-learn 非常容易使用。scikit-learn 中的所有机器学习算法都是通过估计器 API 实现的，它为各种机器学习应用提供了统一的接口。

注 1：生成此图的代码可以在在线附录中找到。

38.2.1 API 基础知识

scikit-learn 估计器 API 的使用步骤如下所示。

1. 通过从 scikit-learn 中导入适当的估计器类，选择模型类。
2. 用合适的数值对模型类进行实例化，配置模型超参数（hyperparameter）。
3. 整理数据，通过前面介绍的方法获取特征矩阵和目标数组。
4. 调用模型实例的 `fit()` 方法对数据进行拟合。
5. 对新数据应用模型：
    - 在监督学习模型中，通常使用 `predict()` 方法预测新数据的标签；
    - 在无监督学习模型中，通常使用 `transform()` 或 `predict()` 方法转换或推断数据的性质。

下面按照步骤来演示几个使用了监督学习方法和无监督学习方法的示例。

38.2.2 监督学习示例：简单线性回归

我们来演示一个简单线性回归的建模步骤——为散点数据集 (x, y) 拟合一条直线。我们将使用下面的样本数据来演示这个回归示例（如图 38-3 所示）：

```
In [5]: import matplotlib.pyplot as plt
        import numpy as np

        rng = np.random.RandomState(42)
        x = 10 * rng.rand(50)
        y = 2 * x - 1 + rng.randn(50)
        plt.scatter(x, y);
```

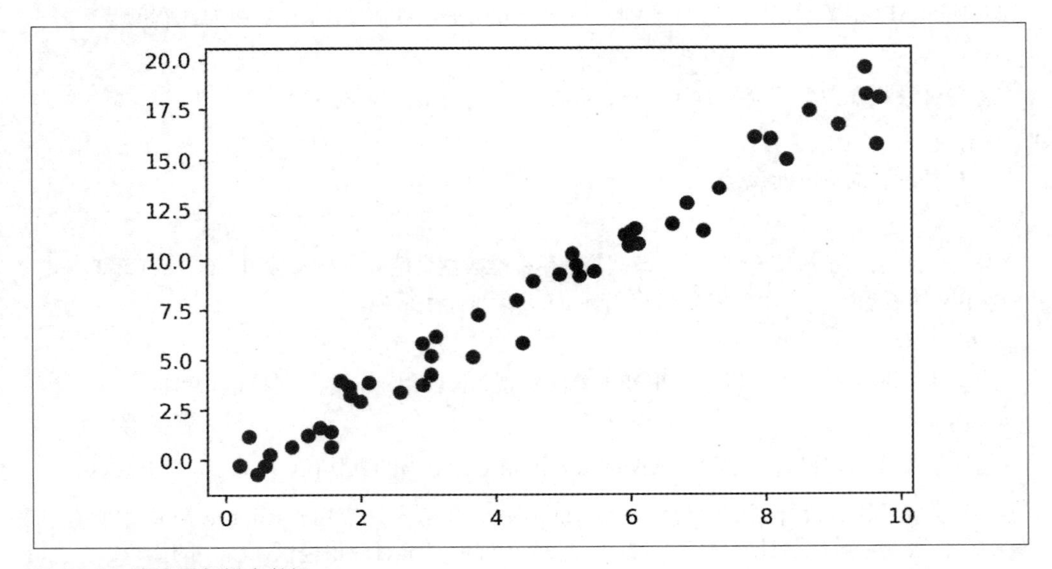

图 38-3：线性回归样本数据

有了数据，就可以将前面介绍的步骤付诸实现了。

1. 选择模型类

在 scikit-learn 中，每个模型类都是一个 Python 类。因此，如果我们想要计算一个简单线性回归模型，那么可以直接导入线性回归类：

```
In [6]: from sklearn.linear_model import LinearRegression
```

除了简单线性模型，常用的线性模型还有许多，具体内容请参考 `sklearn.linear_model` 模块文档。

2. 选择模型超参数

请注意，**模型类与模型实例不同。**

选择了模型类之后，还有许多参数需要配置。根据不同模型的不同情况，你可能需要回答以下问题。

- 我们需要拟合偏移量（即 y 轴截距）吗？
- 我们需要对模型进行归一化处理吗？
- 我们需要对特征进行预处理以提高模型的灵活性吗？
- 我们打算在模型中使用哪种正则化类型？
- 我们打算使用多少模型组件[1]？

有些重要的参数必须在**选择模型类时**确定。这些参数通常被称为**超参数**，即在模型拟合数据之前必须被确定的参数。在 scikit-learn 中，我们通常在模型实例化阶段选择超参数。第 39 章将介绍如何定量地选择超参数。

对于这个线性回归示例来说，可以实例化 `LinearRegression` 类并用 `fit_intercept` 超参数设置是否想要拟合直线的截距：

```
In [7]: model = LinearRegression(fit_intercept=True)
        model
Out[7]: LinearRegression()
```

需要注意的是，对模型进行实例化其实仅仅是存储了超参数的值。我们还没有将模型应用到数据上：scikit-learn 的 API 将**选择模型**和**将模型应用到数据**区分得很清楚。

3. 将数据整理成特征矩阵和目标数组

前面介绍了 scikit-learn 的数据表示方法，它需要一个二维特征矩阵和一个一维目标数组。虽然我们的目标数组 `y` 已经有了正确形式（长度为 `n_samples` 的数组），但还需要将数据 `x` 整理成 `[n_samples, n_features]` 矩阵的形式。

在这个示例中，可以对一维数组进行简单的维度变换：

```
In [8]: X = x[:, np.newaxis]
        X.shape
Out[8]: (50, 1)
```

注 1：model component，如 GMM 中的每个正态分布都是一个 component。——译者注

4. 用模型拟合数据

现在就可以将模型应用到数据上了，这一步通过模型的 fit() 方法即可完成：

```
In [9]: model.fit(X, y)
Out[9]: LinearRegression()
```

fit() 命令会在模型内部进行大量运算，运算结果将存储在模型属性中，供用户使用。在 scikit-learn 中，所有通过 fit() 方法获得的模型参数都带一条下划线。例如，在线性回归模型中，模型参数如下所示：

```
In [10]: model.coef_
Out[10]: array([ 1.9776566])

In [11]: model.intercept_
Out[11]: -0.9033107255311146
```

这两个参数分别表示样本数据拟合直线的斜率和截距。与前面样本数据的定义（斜率为 2、截距为 -1）进行比对，会发现拟合结果与样本非常接近。

模型参数的不确定性是机器学习经常遇到的问题。一般情况下，scikit-learn 不会为用户提供直接从模型参数中获得结论的工具；与其说解释模型参数是**机器学习**问题，不如说它是**统计建模**问题。机器学习的重点是模型的**预测**。如果你想深入理解模型拟合参数的意义，还有其他工具可使用，包括 statsmodels Python 程序包。

5. 预测新数据的标签

当模型训练完成后，监督机器学习的主要任务就是基于模型对新数据（即不属于训练集的数据）的预测来评估该模型。在 scikit-learn 中，我们用 predict() 方法进行预测。在本例中，“新数据”是特征矩阵的 x 轴坐标的值，我们需要用模型预测出目标数组的 y 轴坐标的值：

```
In [12]: xfit = np.linspace(-1, 11)
```

首先，将这些 x 值转换成 [n_samples, n_features] 的特征矩阵形式，之后将其输入到模型中：

```
In [13]: Xfit = xfit[:, np.newaxis]
         yfit = model.predict(Xfit)
```

最后，把原始数据和拟合结果都可视化出来（如图 38-4 所示）：

```
In [14]: plt.scatter(x, y)
         plt.plot(Xfit, yfit);
```

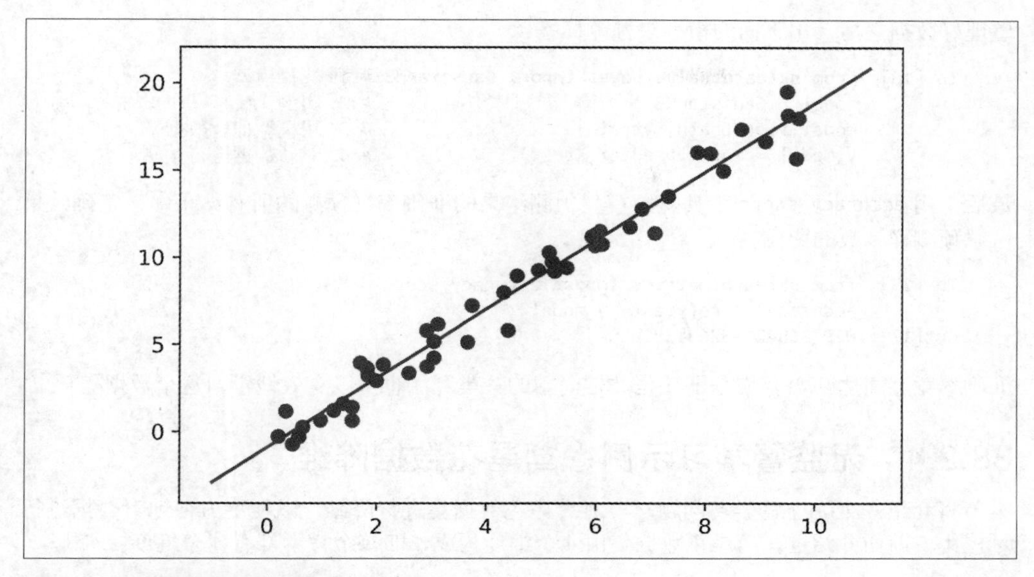

图 38-4：对数据的简单线性回归拟合

通常都是用一些基准指标来验证模型的学习效果，我们将在下面的示例中介绍这些指标。

38.2.3 监督学习示例：鸢尾花数据分类

再介绍一个监督学习示例，还是用前面介绍过的鸢尾花数据集。这个示例的问题是：如何为鸢尾花数据集建立模型，先用一部分数据进行训练，再用模型预测出其他样本的标签？

我们将使用非常简单的高斯朴素贝叶斯（Gaussian naive Bayes）方法完成这个任务，这个方法假设每个特征中属于每一类的观测值都符合高斯分布（详情请参见第 41 章）。因为高斯朴素贝叶斯方法的速度很快，而且不需要选择超参数，所以通常很适合作为初步分类手段，在借助更复杂的模型进行优化之前使用。

由于需要用模型之前没有接触过的数据评估它的训练效果，因此得先将数据分割成**训练集**（training set）和**测试集**（testing set）。虽然分割数据集完全可以手动实现，但是借助 `train_test_split` 函数会更方便：

```
In [15]: from sklearn.model_selection import train_test_split
         Xtrain, Xtest, ytrain, ytest = train_test_split(X_iris, y_iris,
                                                         random_state=1)
```

整理好数据之后，用下面的模型来预测标签：

```
In [16]: from sklearn.naive_bayes import GaussianNB # 1. 选择模型类
         model = GaussianNB()                       # 2. 实例化模型
         model.fit(Xtrain, ytrain)                  # 3. 用模型拟合数据
         y_model = model.predict(Xtest)             # 4. 对新数据进行预测
```

最后，用 accuracy_score 工具验证模型预测结果的准确率（预测的所有结果中，正确结果占总预测样本数的比例）：

```
In [17]: from sklearn.metrics import accuracy_score
         accuracy_score(ytest, y_model)
Out[17]: 0.9736842105263158
```

准确率竟然高达 97%，看来即使是非常简单的分类算法也可以有效地学习这个数据集！

38.2.4 无监督学习示例：鸢尾花数据降维

本节将介绍一个无监督学习问题——对鸢尾花数据集进行降维，以便更方便地对数据进行可视化。前面介绍过，鸢尾花数据集由 4 个维度构成，即每个样本都有 4 个维度。

降维的任务是找到一个可以保留数据本质特征的低维矩阵来表示高维数据。降维通常用于辅助数据可视化，毕竟用二维数据画图比用四维甚至更高维的数据画图方便！

下面将使用**主成分分析**（principal component analysis，PCA，详情请参见第 45 章）方法，这是一种快速的线性降维技术。我们将用模型返回两个主成分，也就是用二维数据表示鸢尾花的四维数据。

同样按照前面介绍过的建模步骤操作：

```
In [18]: from sklearn.decomposition import PCA  # 1. 选择模型类
         model = PCA(n_components=2)            # 2. 实例化模型
         model.fit(X_iris)                      # 3. 用模型拟合数据
         X_2D = model.transform(X_iris)         # 4. 将数据转换为二维
```

现在来画出结果。一种快速的处理方法是先将二维数据插入到鸢尾花的 DataFrame 中，然后用 Seaborn 的 lmplot 方法画图（如图 38-5 所示）：

```
In [19]: iris['PCA1'] = X_2D[:, 0]
         iris['PCA2'] = X_2D[:, 1]
         sns.lmplot(x="PCA1", y="PCA2", hue='species', data=iris, fit_reg=False);
```

从二维数据表示图中可以看出，虽然 PCA 算法根本不知道花的种类标签，但不同种类的花还是被很清晰地区分开来！这表明用一种比较简单的分类方法就能够有效地学习这份数据集，就像前面看到的那样。

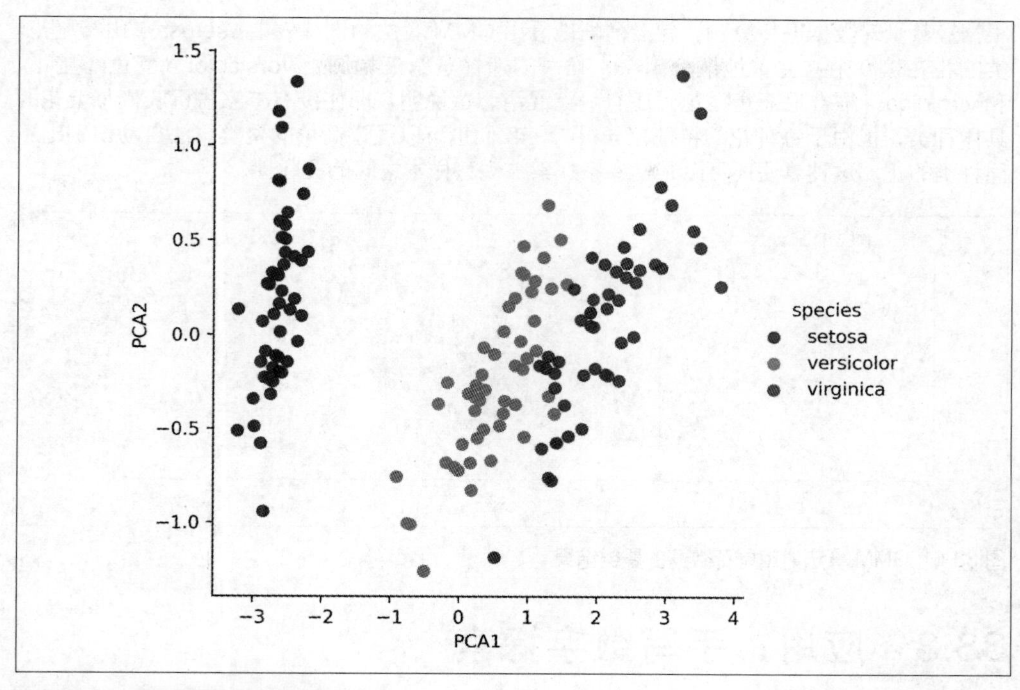

图 38-5：鸢尾花数据的二维投影

38.2.5 无监督学习示例：鸢尾花数据聚类

再看看如何对鸢尾花数据进行聚类。聚类算法要对没有任何标签的数据集进行分组。我们将用一个强大的聚类方法——**高斯混合模型**（Gaussian mixture model，GMM），具体细节将在第 48 章中介绍。GMM 模型试图将数据构造成若干服从高斯分布的概率密度函数簇。

我们可以像下面这样拟合高斯混合模型：

```
In [20]: from sklearn.mixture import GaussianMixture       # 1. 选择模型类
         model = GaussianMixture(n_components=3,
                                 covariance_type='full')  # 2. 实例化模型
         model.fit(X_iris)                                 # 3. 用模型拟合数据
         y_gmm = model.predict(X_iris)                     # 4. 确定簇标签
```

和之前一样，将簇标签添加到鸢尾花的 `DataFrame` 中，然后用 Seaborn 画出结果（如图 38-6 所示）：

```
In [21]: iris['cluster'] = y_gmm
         sns.lmplot(x="PCA1", y="PCA2", data=iris, hue='species',
                    col='cluster', fit_reg=False);
```

根据簇数量对数据进行分割，就会清晰地看出 GMM 算法的训练效果：setosa（山鸢尾花）类的花在簇 0 中被完美地区分出来，唯一的遗憾是第三幅图中 versicolor（变色鸢尾花）和 virginica（维吉尼亚鸢尾花）还有一点混淆。这说明，即使没有专家告诉我们每朵花的具体种类，但由于每种花的特征差异很大，我们也可以通过简单的聚类算法**自动**识别出不同种类的花。这种算法还可以帮助专家探索被观察样本之间的关联性。

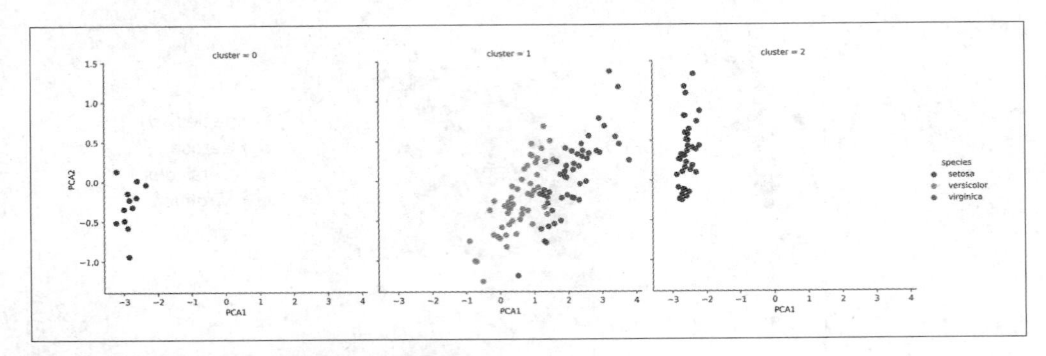

图 38-6：GMM 算法对鸢尾花数据的聚类结果

38.3 应用：手写数字探索

为了将前面介绍的内容应用到更有趣的问题上，我们来挑战一个光学字符识别问题：手写数字识别。简单地说，这个问题包括图像中字符的定位和识别两部分。为了演示方便，我们选择使用 scikit-learn 中自带的手写数字数据集。

38.3.1 加载并可视化手写数字

首先用 scikit-learn 的数据获取接口加载数据，并简单统计一下：

```
In [22]: from sklearn.datasets import load_digits
         digits = load_digits()
         digits.images.shape
Out[22]: (1797, 8, 8)
```

这份图像数据是一个三维数组：共有 1797 个样本，每张图像都是 8 像素 ×8 像素。对前 100 张图进行可视化（如图 38-7 所示）：

```
In [23]: import matplotlib.pyplot as plt

         fig, axes = plt.subplots(10, 10, figsize=(8, 8),
                                  subplot_kw={'xticks':[], 'yticks':[]},
                                  gridspec_kw=dict(hspace=0.1, wspace=0.1))

         for i, ax in enumerate(axes.flat):
             ax.imshow(digits.images[i], cmap='binary', interpolation='nearest')
             ax.text(0.05, 0.05, str(digits.target[i]),
                     transform=ax.transAxes, color='green')
```

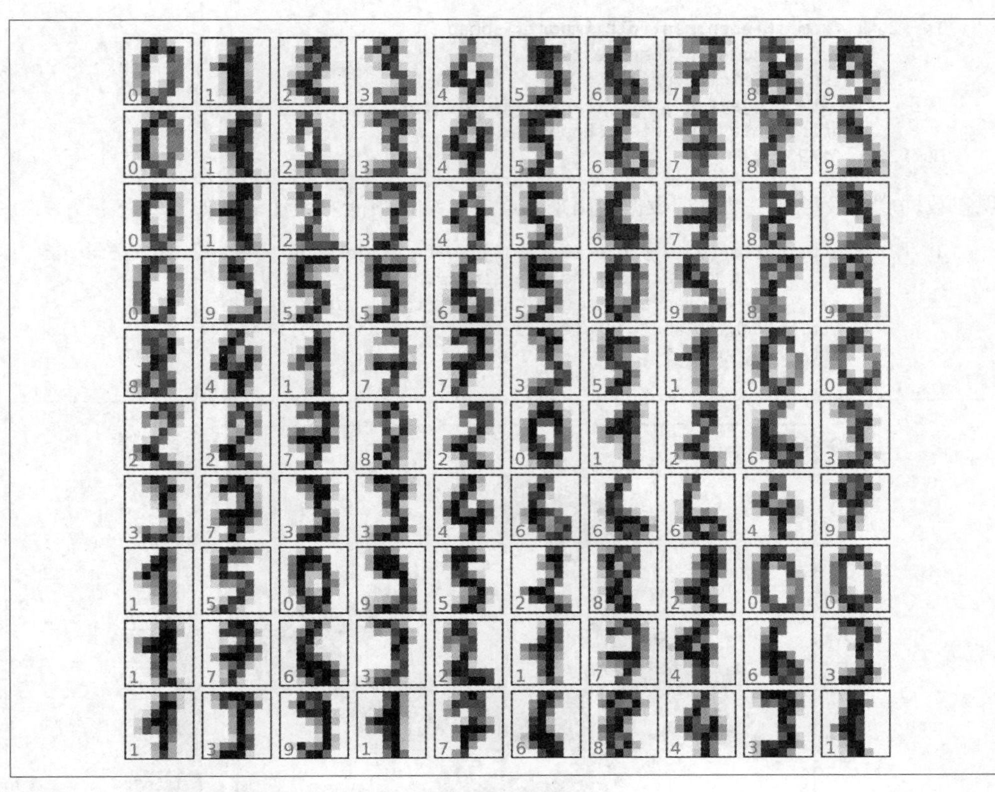

图 38-7：手写数字数据集，每个样本都是 8 像素 ×8 像素

为了在 scikit-learn 中使用数据，需要一个维度为 `[n_samples, n_features]` 的二维特征矩阵——可以将每个样本图像的所有像素都作为特征，也就是将每个数字的 8 像素 ×8 像素平铺成长度为 64 的一维数组。另外，还需要一个目标数组，用来表示每个数字的真实值（标签）。这两份数据已经放在手写数字数据集的 `data` 与 `target` 属性中，直接使用即可：

```
In [24]: X = digits.data
         X.shape
Out[24]: (1797, 64)

In [25]: y = digits.target
         y.shape
Out[25]: (1797,)
```

从上面的代码中可以看出，一共有 1797 个样本和 64 个特征。

38.3.2 无监督学习：降维

虽然我们想对具有 64 维参数空间的样本进行可视化，但是在如此高维度的空间中进行可视化十分困难。因此，我们需要借助无监督学习方法将维度降到二维。这次试试用流形学习算法中的 Isomap（详情请参见第 46 章）算法对数据进行降维：

```
In [26]: from sklearn.manifold import Isomap
         iso = Isomap(n_components=2)
         iso.fit(digits.data)
         data_projected = iso.transform(digits.data)
         print(data_projected.shape)
Out[26]: (1797, 2)
```

现在数据已经投影到二维。把数据画出来，看看从结构中能发现什么（如图 38-8 所示）：

```
In [27]: plt.scatter(data_projected[:, 0], data_projected[:, 1], c=digits.target,
                     edgecolor='none', alpha=0.5,
                     cmap=plt.cm.get_cmap('viridis', 10))
         plt.colorbar(label='digit label', ticks=range(10))
         plt.clim(-0.5, 9.5);
```

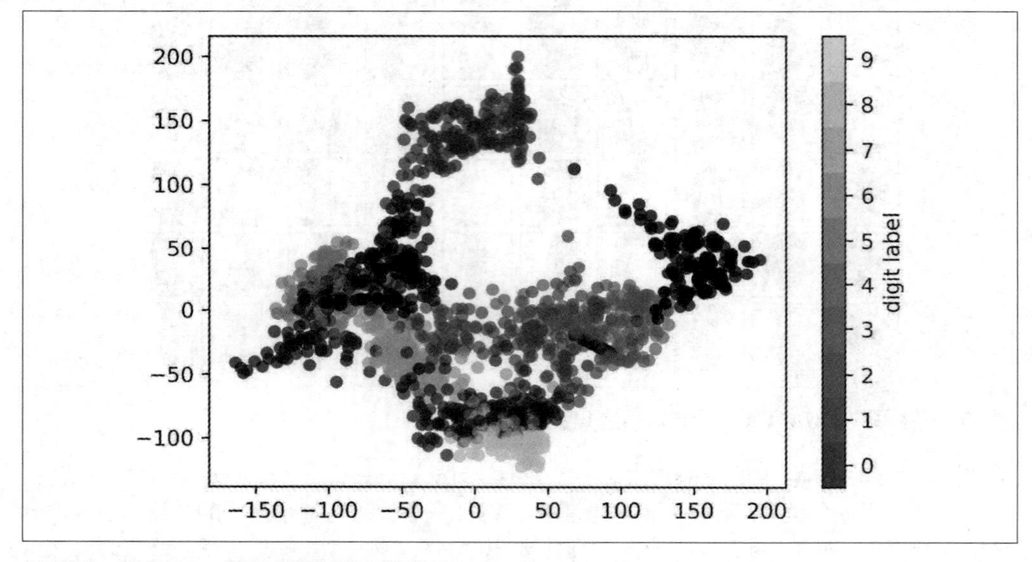

图 38-8：经 Isomap 算法处理后的手写数字

这幅图呈现出了非常直观的效果，让我们知道数字在 64 维空间中的分离（可识别）程度。例如，在参数空间中，数字 0（黑色）和数字 1（紫色）基本不会重叠。根据常识也是如此：数字 0 是中间一片空白，而数字 1 是中间一片黑。另外，从图中会发现，数字 1 和数字 4 好像有点儿混淆——也许是有些人写数字 1 的时候喜欢在上面加个“帽子”，因此看起来就像是数字 4。

虽然有些瑕疵，但从总体上看，各个数字在参数空间中的分离程度还是令人满意的。这其实告诉我们：用一个非常简单的监督分类算法就可以完成任务。下面来演示一下。

38.3.3 数字分类

我们需要找到一个分类算法，对手写数字进行分类。和前面学习鸢尾花数据一样，先将数据分成训练集和测试集，然后用高斯朴素贝叶斯模型来拟合：

```
In [28]: Xtrain, Xtest, ytrain, ytest = train_test_split(X, y, random_state=0)

In [29]: from sklearn.naive_bayes import GaussianNB
         model = GaussianNB()
         model.fit(Xtrain, ytrain)
         y_model = model.predict(Xtest)
```

模型预测已经完成，现在将模型在训练集中的正确识别样本量与总训练样本量进行对比，获得模型的准确率：

```
In [30]: from sklearn.metrics import accuracy_score
         accuracy_score(ytest, y_model)
Out[30]: 0.8333333333333334
```

可以看出，通过一个非常简单的模型，数字识别率就可以达到 83%！但是，仅依靠这个指标我们无法知道模型**哪里**做得不够好，解决这个问题的一种办法就是用**混淆矩阵**（confusion matrix）。可以用 scikit-learn 计算混淆矩阵，然后用 Seaborn 画出来（如图 38-9 所示）：

```
In [31]: from sklearn.metrics import confusion_matrix

         mat = confusion_matrix(ytest, y_model)

         sns.heatmap(mat, square=True, annot=True, cbar=False, cmap='Blues')
         plt.xlabel('predicted value')
         plt.ylabel('true value');
```

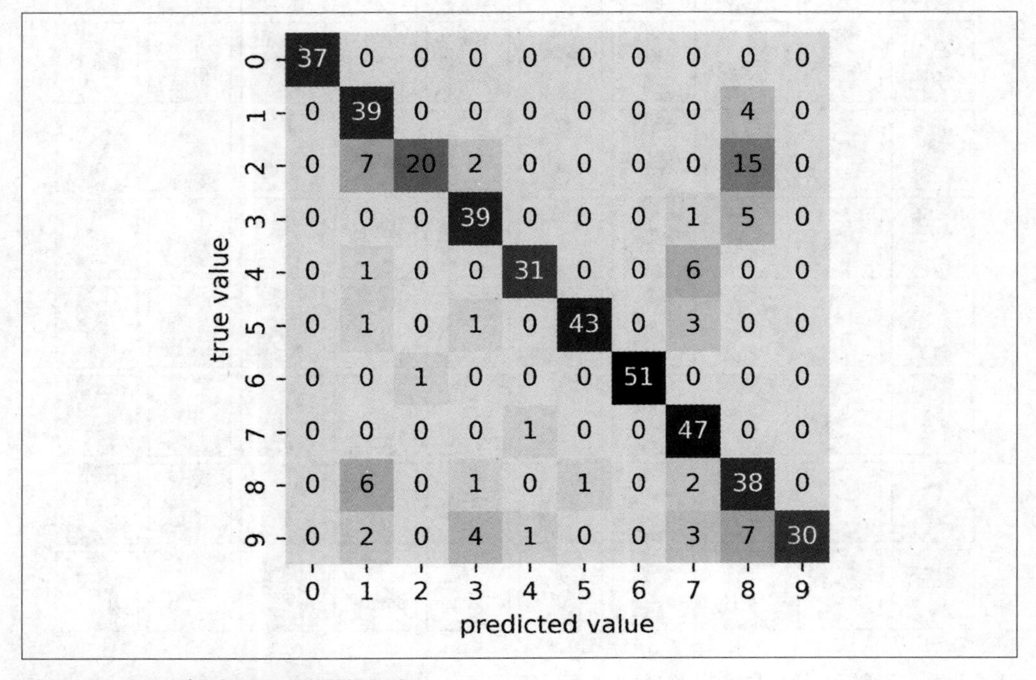

图 38-9：用混淆矩阵显示分类器误判率

从图 38-9 中可以看出，误判的主要原因在于许多数字 2 被误判成了数字 1 或数字 8。

另一种显示模型特征的直观方式是将样本画出来，然后把预测标签放在左下角，用绿色表示预测正确，用红色表示预测错误（如图 38-10 所示）：

```
In [32]: fig, axes = plt.subplots(10, 10, figsize=(8, 8),
                                  subplot_kw={'xticks':[], 'yticks':[]},
                                  gridspec_kw=dict(hspace=0.1, wspace=0.1))

         test_images = Xtest.reshape(-1, 8, 8)

         for i, ax in enumerate(axes.flat):
             ax.imshow(test_images[i], cmap='binary', interpolation='nearest')
             ax.text(0.05, 0.05, str(y_model[i]),
                     transform=ax.transAxes,
                     color='green' if (ytest[i] == y_model[i]) else 'red')
```

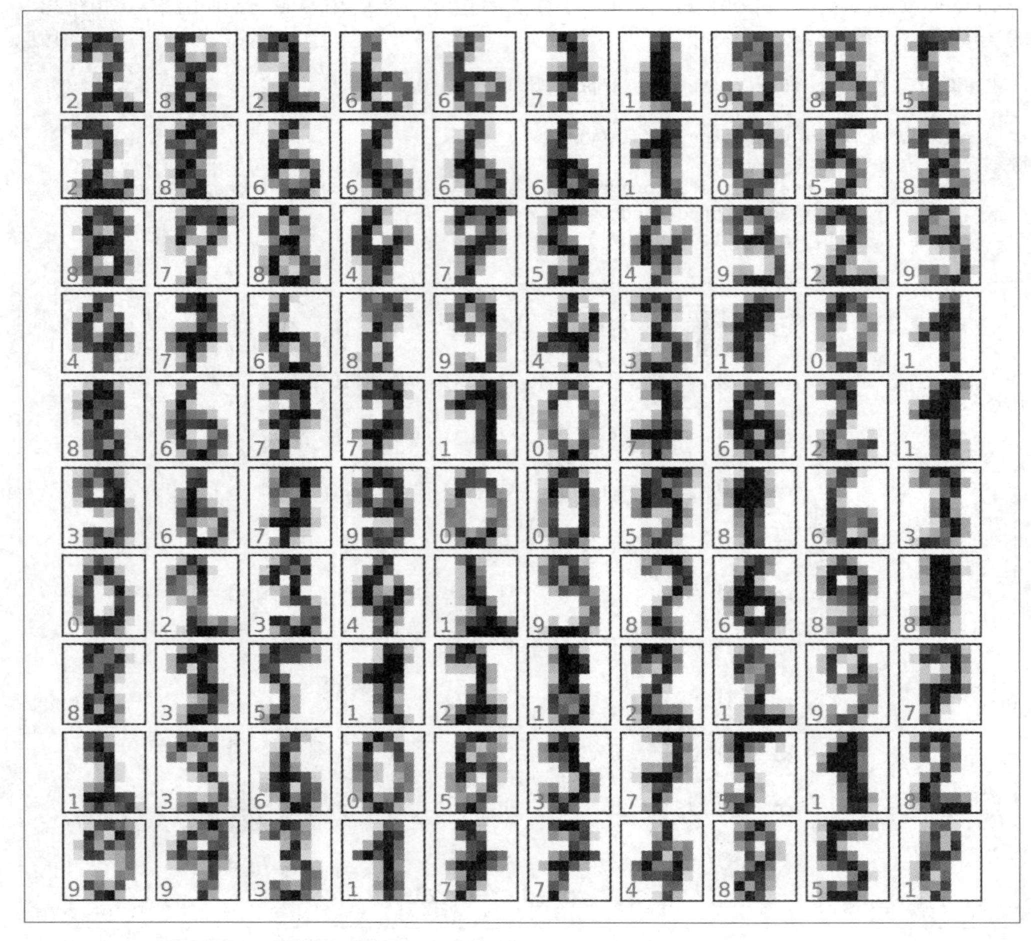

图 38-10：正确（绿色）与错误（红色）预测标签

通过观察这部分样本数据，我们能知道模型哪里的学习不够好。如果希望分类准确率达到 83%，可能需要借助更加复杂的算法，例如支持向量机（详情请参见第 43 章）、随机森林（详情请参见第 44 章）等。

38.4 小结

本章介绍了 scikit-learn 中数据表示方法和估计器 API 的基本特征。除了估计器的类型不同，导入模型 / 实例化模型 / 拟合数据 / 预测数据的步骤是完全相同的。对估计器 API 有了基本认识之后，你可以参考 scikit-learn 文档继续学习更多知识，并在你的数据上尝试不同的模型。

从下一章开始学习的内容可能是机器学习中最重要的部分，那就是模型选择与模型验证。

第39章

超参数与模型验证

在上一章中，我们介绍了应用监督机器学习模型的基本步骤：

1. 选择模型类；
2. 选择模型超参数；
3. 用模型拟合训练数据；
4. 用模型预测新数据的标签。

前两步——模型选择和超参数选择——可能是有效使用各种机器学习工具和技术的最重要的环节。为了做出正确的选择，我们需要一种方式来**验证**选中的模型和超参数是否可以很好地拟合数据。这看似很简单，但要顺利地完成必须避过很多坑。

39.1 模型验证

模型验证（model validation）其实很简单，就是在选择模型和超参数之后，将模型应用于部分训练数据，并将预测值与实际值进行比较，以此评估其有效性。

本节，我们首先通过一个简单方法实现模型验证，告诉你为什么那样做行不通。之后，介绍如何用留出集（holdout set）与交叉验证（cross-validation）实现更可靠的模型验证。

39.1.1 错误的模型验证方法

让我们再用前面介绍过的鸢尾花数据来演示一个简单的模型验证方法。首先加载数据：

```
In [1]: from sklearn.datasets import load_iris
        iris = load_iris()
        X = iris.data
        y = iris.target
```

然后选择模型和超参数。这里使用一个 *k* 近邻分类器，超参数为 n_neighbors=1。这是一个非常简单直观的模型，“新数据的标签与其最接近的训练数据的标签相同”：

```
In [2]: from sklearn.neighbors import KNeighborsClassifier
        model = KNeighborsClassifier(n_neighbors=1)
```

然后训练模型，并用它来预测已知标签的数据的标签：

```
In [3]: model.fit(X, y)
        y_model = model.predict(X)
```

最后，计算模型的准确率：

```
In [4]: from sklearn.metrics import accuracy_score
        accuracy_score(y, y_model)
Out[4]: 1.0
```

准确率得分是 1.0，也就是说模型预测标签的正确率是 100%。但是这样测量的准确率可靠吗？我们真的有一个在任何时候准确率都是 100% 的模型吗？

你可能已经猜到了，答案是否定的。其实这个方法有个根本缺陷：**它用同一套数据训练和评估模型**。另外，最近邻模型是一种**基于实例**的估计器，只会简单地存储训练数据，然后把新数据与存储的已知数据进行对比来预测标签。在理想情况下，模型的准确率**总是** 100%。

39.1.2 正确的模型验证方法：留出集

那怎么进行模型验证呢？利用**留出集**可以更好地评估模型性能，也就是说，先从用来训练模型的数据中留出一部分，然后用这部分留出来的数据检验模型性能。在 scikit-learn 中用 train_test_split 工具就可以实现：

```
In [5]: from sklearn.model_selection import train_test_split
        # 每个数据集平分成两半
        X1, X2, y1, y2 = train_test_split(X, y, random_state=0,
                                          train_size=0.5)

        # 用模型拟合训练数据
        model.fit(X1, y1)

        # 在测试集中评估模型的准确率
        y2_model = model.predict(X2)
        accuracy_score(y2, y2_model)
Out[5]: 0.9066666666666666
```

这样就可以获得更合理的结果了：最近邻分类器在这份留出集上的准确率是 90%。这里的留出集类似于新数据，因为模型之前没有“见”过它们。

39.1.3 交叉验证

用留出集进行模型验证有一个缺点，就是模型失去了一部分训练机会。在上面的模型中，有一半数据都没有为模型训练做出贡献。这显然不是最优解，而且可能还会出现问题，尤其是在训练数据集规模比较小的时候。

解决这个问题的一种方法是**交叉验证**，也就是做一组拟合，让数据的每个子集既是训练集又是验证集。用图形来说明的话，就如图 39-1 所示。

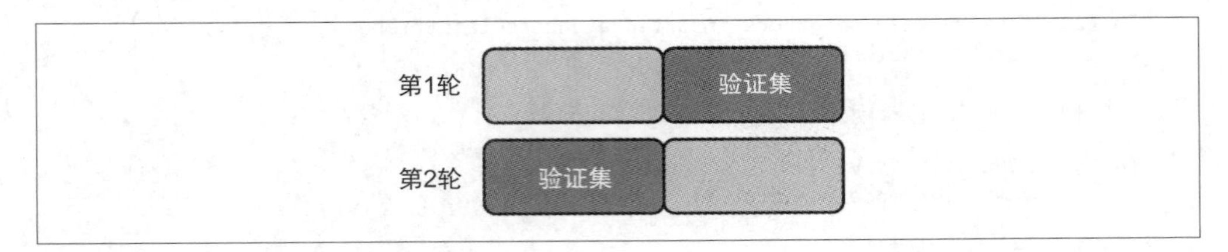

图 39-1：2 折交叉验证

这里进行了两轮验证试验，轮流用其中的一半数据作为留出集。如果还用前面的数据集，我们可以这样实现交叉验证：

```
In [6]: y2_model = model.fit(X1, y1).predict(X2)
        y1_model = model.fit(X2, y2).predict(X1)
        accuracy_score(y1, y1_model), accuracy_score(y2, y2_model)
Out[6]: (0.96, 0.9066666666666666)
```

这样就可以获得两个准确率，将二者结合（例如求均值）可以获取一个更准确的模型总体性能。这种形式的交叉验证被称为 2 **折交叉验证**——将数据集分成两个子集，轮流将每个子集作为验证集。

可以通过扩展这个概念，在数据中实现更多轮的试验，例如图 39-2 中是一个 5 折交叉验证。

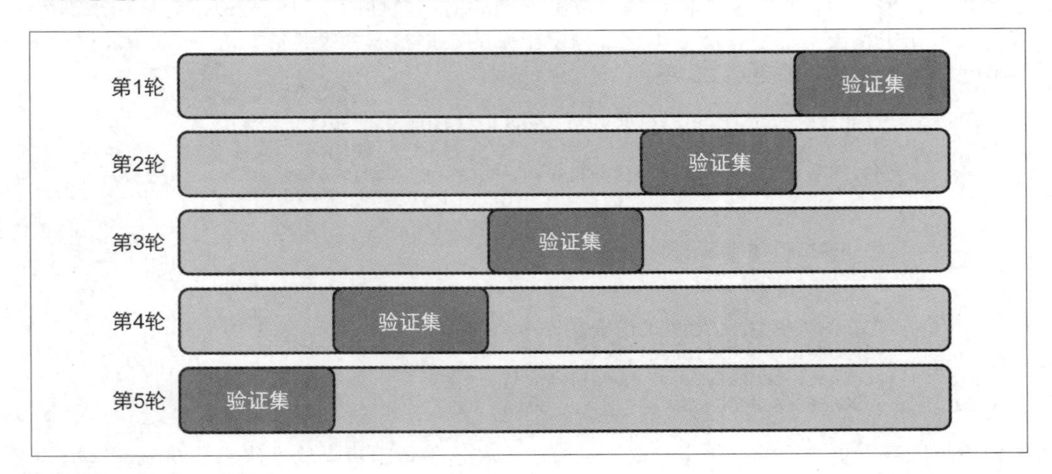

图 39-2：5 折交叉验证[1]

把数据分成 5 组，每一轮依次用模型拟合其中的 4 组数据，再预测第 5 组数据，评估模型的准确率。手动实现这些过程会很无聊，用 scikit-learn 的 `cross_val_score` 函数可以非常简便地实现：

注 1：生成此图的代码可以在本书的在线附录中找到。

```
In [7]: from sklearn.model_selection import cross_val_score
        cross_val_score(model, X, y, cv=5)
Out[7]: array([0.96666667, 0.96666667, 0.93333333, 0.93333333, 1.        ])
```

对数据的不同子集重复进行交叉验证，可以让我们对算法的性能有更好的认识。

scikit-learn 为不同应用场景提供了各种交叉验证方法，都以迭代器（iterator）形式在 `model_selection` 模块中实现。例如，我们可能会遇到交叉验证的轮数与样本数相同的极端情况，也就是说我们每次只有一个样本用于测试，其他样本全用于训练。这种交叉验证类型被称为**留一交叉验证**，具体用法如下：

```
In [8]: from sklearn.model_selection import LeaveOneOut
        scores = cross_val_score(model, X, y, cv=LeaveOneOut())
        scores
Out[8]: array([1., 1., 1., 1., 1., 1., 1., 1., 1., 1., 1., 1., 1., 1., 1., 1., 1.,
               1., 1., 1., 1., 1., 1., 1., 1., 1., 1., 1., 1., 1., 1., 1., 1., 1.,
               1., 1., 1., 1., 1., 1., 1., 1., 1., 1., 1., 1., 1., 1., 1., 1., 1.,
               1., 1., 1., 1., 1., 1., 1., 1., 1., 1., 1., 1., 1., 1., 1., 1., 1.,
               1., 1., 0., 1., 0., 1., 1., 1., 1., 1., 1., 1., 1., 1., 1., 0., 1.,
               1., 1., 1., 1., 1., 1., 1., 1., 1., 1., 1., 1., 1., 1., 1., 1., 1.,
               1., 1., 1., 1., 0., 1., 1., 1., 1., 1., 1., 1., 1., 1., 1., 1., 1.,
               0., 1., 1., 1., 1., 1., 1., 1., 1., 1., 1., 1., 1., 1., 0., 1., 1.,
               1., 1., 1., 1., 1., 1., 1., 1., 1., 1., 1., 1., 1., 1.])
```

由于我们有 150 个样本，留一交叉验证会生成 150 轮试验，每次试验的预测结果要么是成功（得分 1.0），要么是失败（得分 0.0）。计算所有试验的准确率的均值就可以得到模型的预测准确性了：

```
In [9]: scores.mean()
Out[9]: 0.96
```

其他交叉验证机制的用法大同小异。想了解更多关于 scikit-learn 交叉验证的内容，可以用 IPython 探索 `sklearn.model_selection` 子模块，也可以浏览 scikit-learn 的交叉验证文档。

39.2 选择最优模型

前面已经介绍了验证与交叉验证的基础知识，让我们更进一步，看看如何选择模型和超参数。这是机器学习实践中最重要的部分，但是许多机器学习入门教程都一笔带过了这些内容。

关键问题是：**假如模型效果不好，应该如何改善**？答案可能有以下几种：

- 用更复杂 / 更灵活的模型
- 用更简单 / 更确定的模型
- 采集更多的训练样本
- 采集更多数据，为每个样本添加更多特征

问题的答案往往与直觉相悖。换一种更复杂的模型有时可能会产生更差的结果，增加更多的训练样本也未必能改善性能。能否有效提升模型的性能，是区分机器学习实践者成功与否的标志。

39.2.1 偏差与方差的均衡

寻找“最优模型”的问题基本可以看成找出**偏差**与**方差**平衡点的问题。图 39-3 显示的是对同一数据集进行拟合的两种回归模型。

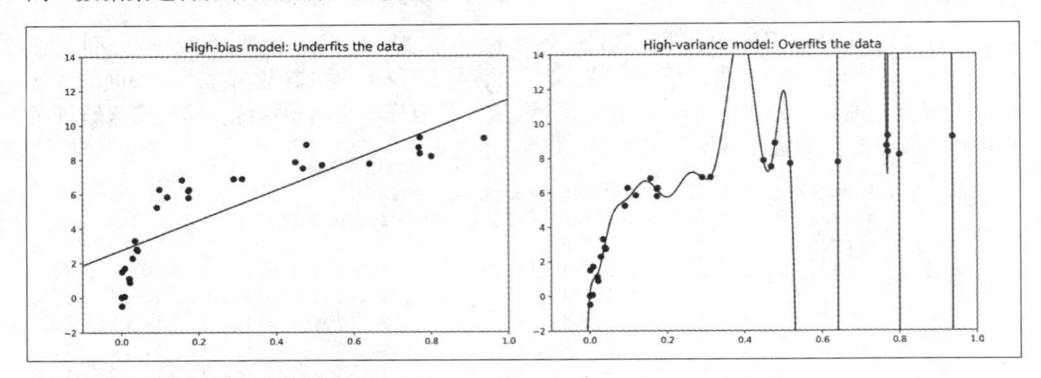

图 39-3：高偏差与高方差回归模型 [1]

显然，这两个模型拟合得都不是很好，但它们的问题却不一样。

左边的模型试图用一条直线来拟合数据。但在这种情况下，一条直线无法准确地分割数据，因此直线模型永远不可能很好地描述这份数据。这样的模型被认为对数据**欠拟合**，也就是说，模型没有足够的灵活性来适应数据的所有特征。另一种说法就是模型具有高偏差。

右边的模型试图用高阶多项式拟合数据。虽然这个模型足够灵活，可以近乎完美地适应数据的所有特征，但与其说它十分准确地描述了训练数据，不如说它过多地学习了数据中的噪声，而不是数据的本质属性。这样的模型被认为对数据**过拟合**，也就是模型过于灵活，在适应数据所有特征的同时，也适应了随机误差。另一种说法就是模型具有高方差。

现在让我们换个角度，看看如果用两个模型分别预测新数据的 y 值是什么效果。在图 39-4 中，红色 / 灰色的点是从训练集中遗漏的。

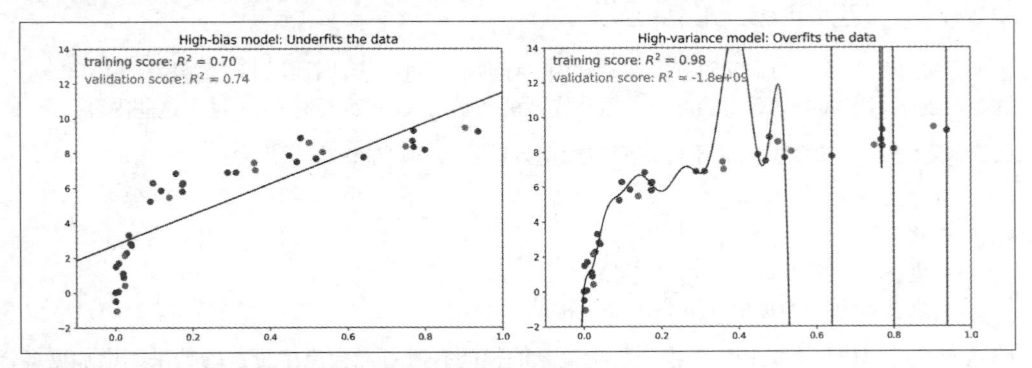

图 39-4：高偏差与高方差模型的训练得分与验证得分 [2]

注 1：生成此图的代码可以在本书的在线附录中找到。

注 2：生成此图的代码可以在本书的在线附录中找到。

这个分数是 R^2，也称为判定系数，用来衡量模型与目标值均值的对比结果。$R^2 = 1$ 表示模型与数据完全吻合，$R^2 = 0$ 表示模型不比简单取均值好，R^2 为负数表示模型性能很差。从这两个模型的得分可以得出两条一般性的结论。

- 对于高偏差模型，模型在验证集上的表现与在训练集上的表现类似。
- 对于高方差模型，模型在验证集上的表现远远不如在训练集上的表现。

如果我们有能力不断调整模型的复杂度，那么我们可能希望训练得分和验证得分如图 39-5 所示。图 39-5 通常被称为**验证曲线**，具有以下特征。

- 训练得分肯定高于验证得分。一般情况下，模型拟合自己接触过的数据，比拟合没接触过的数据效果要好。
- 使用复杂度较低的模型（高偏差）时，训练数据往往欠拟合，说明模型对训练数据和新数据都缺乏预测能力。
- 而使用复杂度较高的模型（高方差）时，训练数据往往过拟合，说明模型对训练数据的预测能力很强，但是对新数据的预测能力很差。
- 当使用复杂度适中的模型时，验证曲线得分最高。这说明在该模型复杂度条件下，偏差与方差达到了均衡状态。

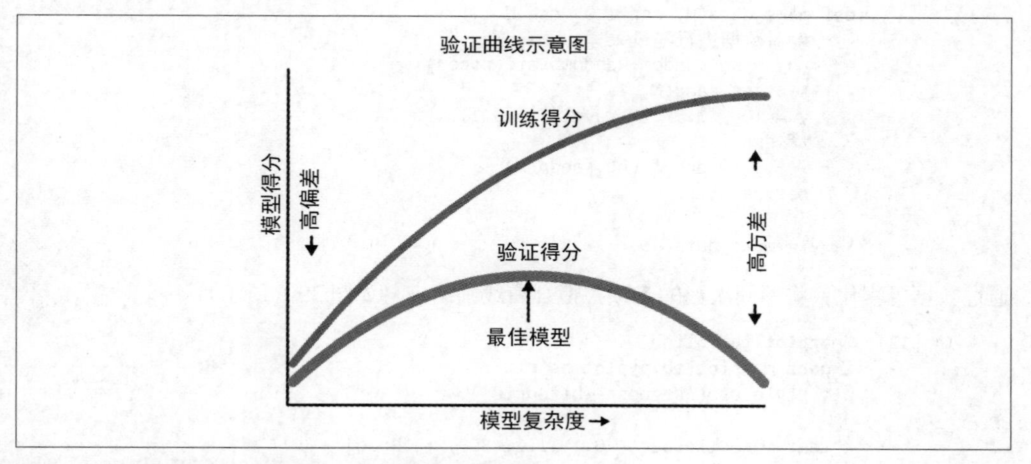

图 39-5：模型复杂度、训练得分与验证得分的关系图[1]

对于不同模型，复杂度的调整方法大不相同。后文在深入介绍各种模型时，会讲解每种模型的调整方法。

39.2.2 scikit-learn 验证曲线

下面来看一个例子，用交叉验证计算一类模型的验证曲线。这里用**多项式回归**模型，它是线性回归模型的一般形式，其多项式的次数是一个可调参数。例如，多项式次数为 1 其实就是将数据拟合成一条直线。若模型有参数 a 和 b，则模型为：

注 1：生成此图的代码可以在本书的在线附录中找到。

$$y = ax + b$$

多项式次数为 3，则是将数据拟合成一条三次曲线。若模型有参数 a、b、c、d，则模型为：

$$y = ax^3 + bx^2 + cx + d$$

推而广之，可以得到任意次数的多项式。在 scikit-learn 中，可以用一个带多项式预处理器的简单线性回归模型实现。我们将用一个**管道命令**来组合这两种操作（多项式特征与管道命令将在第 40 章介绍）：

```
In [10]: from sklearn.preprocessing import PolynomialFeatures
         from sklearn.linear_model import LinearRegression
         from sklearn.pipeline import make_pipeline

         def PolynomialRegression(degree=2, **kwargs):
             return make_pipeline(PolynomialFeatures(degree),
                                  LinearRegression(**kwargs))
```

现在来创造一些数据给模型拟合：

```
In [11]: import numpy as np

         def make_data(N, err=1.0, rseed=1):
             # 对数据进行随机采样
             rng = np.random.RandomState(rseed)
             X = rng.rand(N, 1) ** 2
             y = 10 - 1. / (X.ravel() + 0.1)
             if err > 0:
                 y += err * rng.randn(N)
             return X, y

         X, y = make_data(40)
```

通过数据可视化，将不同次数的多项式拟合曲线画出来（如图 39-6 所示）：

```
In [12]: %matplotlib inline
         import matplotlib.pyplot as plt
         plt.style.use('seaborn-whitegrid')

         X_test = np.linspace(-0.1, 1.1, 500)[:, None]

         plt.scatter(X.ravel(), y, color='black')
         axis = plt.axis()
         for degree in [1, 3, 5]:
             y_test = PolynomialRegression(degree).fit(X, y).predict(X_test)
             plt.plot(X_test.ravel(), y_test, label='degree={0}'.format(degree))
         plt.xlim(-0.1, 1.0)
         plt.ylim(-2, 12)
         plt.legend(loc='best');
```

这个例子中控制模型复杂度的关键是多项式的次数，它只要是非负整数就可以。那么问题来了：究竟多项式的次数是多少，偏差（欠拟合）与方差（过拟合）才能平衡？

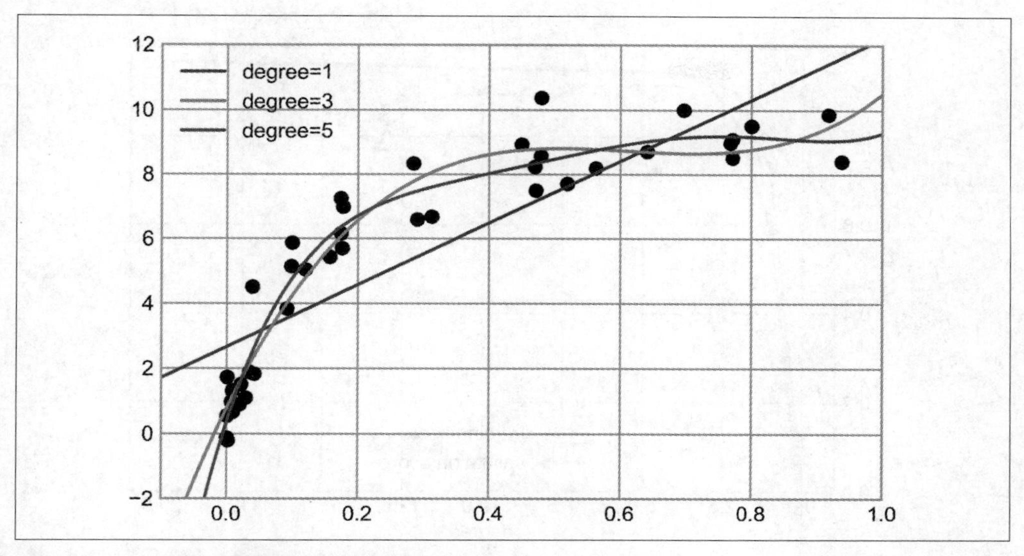

图 39-6：用 3 种多项式回归模型拟合一份数据

我们可以通过可视化验证曲线来回答这个问题——利用 scikit-learn 的 `validation_curve` 函数就可以非常简单地实现。只要提供模型、数据、参数名称和验证范围信息，函数就会自动计算验证范围内的训练得分和验证得分（如图 39-7 所示）：

```
In [13]: from sklearn.model_selection import validation_curve
         degree = np.arange(0, 21)
         train_score, val_score = validation_curve(
             PolynomialRegression(), X, y,
             param_name='polynomialfeatures__degree',
             param_range=degree, cv=7)

         plt.plot(degree, np.median(train_score, 1),
                  color='blue', label='training score')
         plt.plot(degree, np.median(val_score, 1),
                  color='red', label='validation score')
         plt.legend(loc='best')
         plt.ylim(0, 1)
         plt.xlabel('degree')
         plt.ylabel('score');
```

图 39-7 展示了我们想要的：训练得分总是比验证得分高；训练得分随着模型复杂度的提升而单调递增；验证得分增长到最高点后由于过拟合而开始骤降。

从验证曲线中可以发现，偏差与方差均衡性最好的是三次多项式。我们可以计算结果，并将模型画在原始数据上（如图 39-8 所示）：

```
In [14]: plt.scatter(X.ravel(), y)
         lim = plt.axis()
         y_test = PolynomialRegression(3).fit(X, y).predict(X_test)
         plt.plot(X_test.ravel(), y_test);
         plt.axis(lim);
```

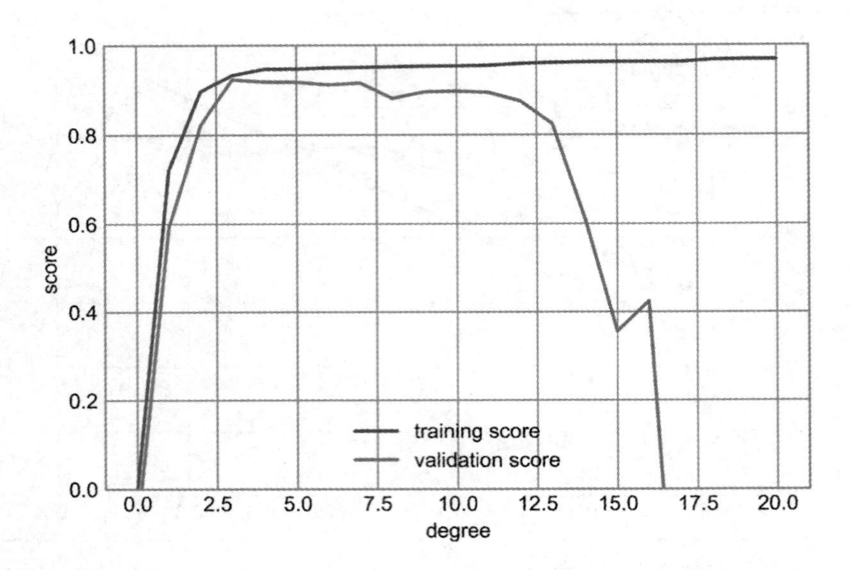

图 39-7：图 39-9 中数据的验证曲线

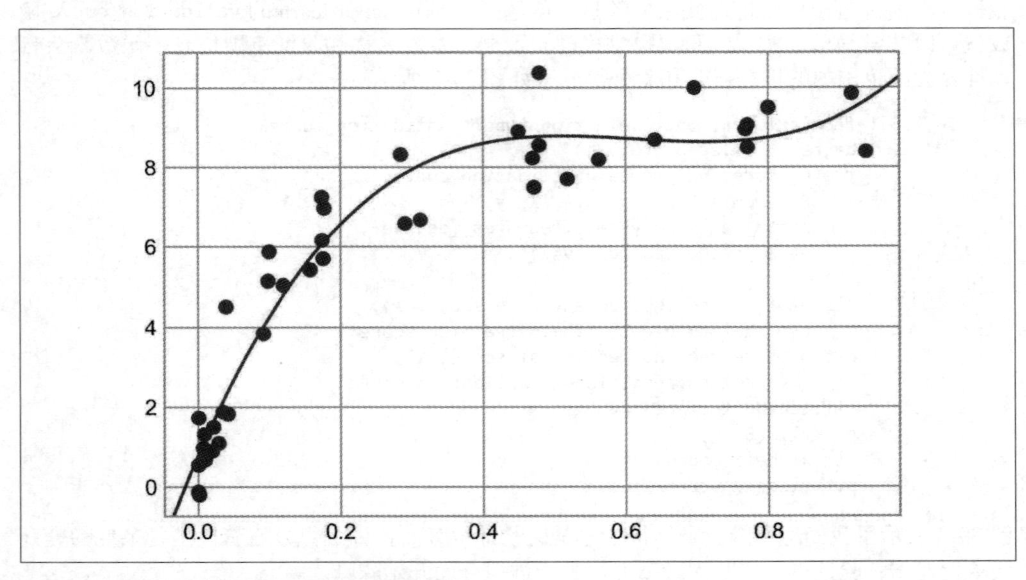

图 39-8：图 39-6 中数据的交叉验证最优模型

虽然寻找最优模型并不需要我们计算训练得分，但是检查训练得分与验证得分之间的关系可以让我们对模型的性能有更加直观的认识。

39.3　学习曲线

影响模型复杂度的另一个重要因素是最优模型往往受到训练数据量的影响。例如，生成一个包含数据点的数量为原来的 5 倍的数据集（200 个点）（如图 39-9 所示）：

```
In [15]: X2, y2 = make_data(200)
         plt.scatter(X2.ravel(), y2);
```

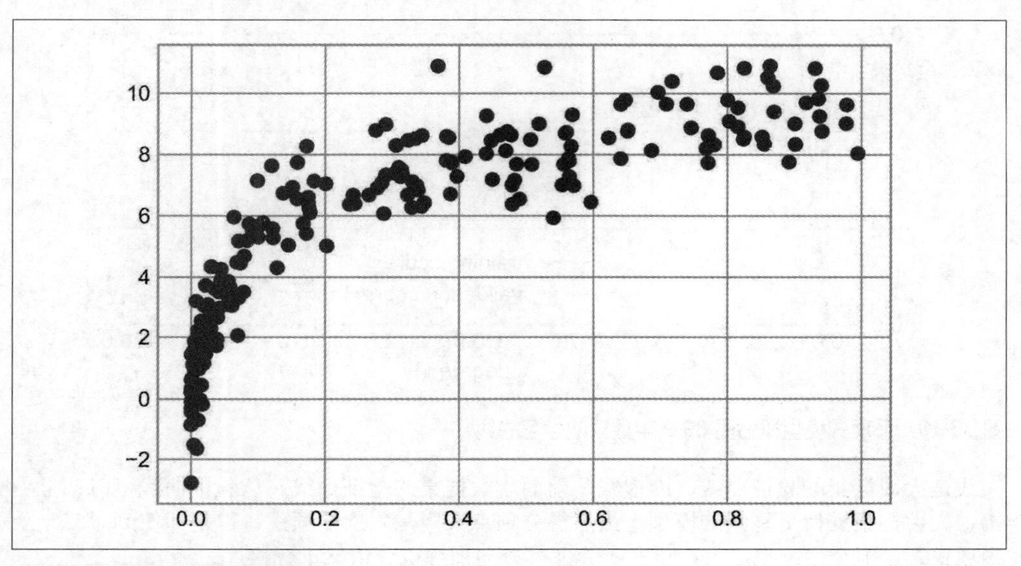

图 39-9：演示学习曲线的数据

还用前面的方法画出这个大数据集的验证曲线。为了对比，把之前的曲线也画出来（如图 39-10 所示）：

```
In [16]: degree = np.arange(21)
         train_score2, val_score2 = validation_curve(
             PolynomialRegression(), X2, y2,
             param_name='polynomialfeatures__degree',
             param_range=degree, cv=7)

         plt.plot(degree, np.median(train_score2, 1),
                  color='blue', label='training score')
         plt.plot(degree, np.median(val_score2, 1),
                  color='red', label='validation score')
         plt.plot(degree, np.median(train_score, 1),
                  color='blue', alpha=0.3, linestyle='dashed')
         plt.plot(degree, np.median(val_score, 1),
                  color='red', alpha=0.3, linestyle='dashed')
         plt.legend(loc='lower center')
         plt.ylim(0, 1)
         plt.xlabel('degree')
         plt.ylabel('score');
```

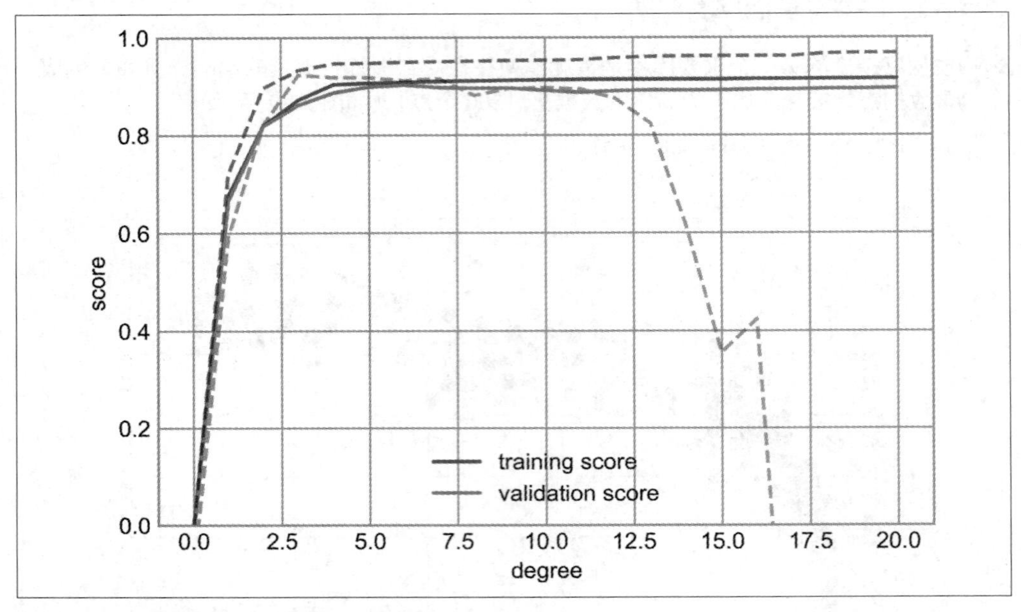

图 39-10：多项式模型拟合图 39-9 中数据的学习曲线

实线是大数据集的验证曲线，而虚线是前面小数据集的验证曲线。从验证曲线可以明显看出，大数据集支持更复杂的模型：虽然得分顶点大概是六次多项式，但是即使到了二十次多项式，过拟合情况也不太严重——验证得分与训练得分依然十分接近。

通过观察验证曲线的变化趋势，可以发现有两个影响模型效果的因素：模型复杂度和训练数据集的规模。通常，我们将模型看成与训练数据规模相关的函数，通过不断扩大数据集的规模来拟合模型，以此来观察模型的行为。反映训练集规模的训练得分 / 验证得分曲线被称为**学习曲线**（learning curve）。

学习曲线的特征包括以下 3 点。

- 特定复杂度的模型对较小的数据集容易**过拟合**：此时训练得分较高，验证得分较低。
- 特定复杂度的模型对较大的数据集容易**欠拟合**：随着数据集的增大，训练得分会不断降低，而验证得分会不断升高。
- 模型的验证得分永远不会高于训练得分：两条曲线一直在靠近，但永远不会相交。

有了这 3 条特征，就可以画出如图 39-11 所示的学习曲线。

学习曲线最重要的特征是，随着训练样本数量的增加，分数会收敛到某个特定的值。因此，一旦你的数据多到模型得分已经收敛，**那么增加更多的训练样本也无济于事**。改善模型性能的唯一方法就是换模型（通常是换成更复杂的模型）。

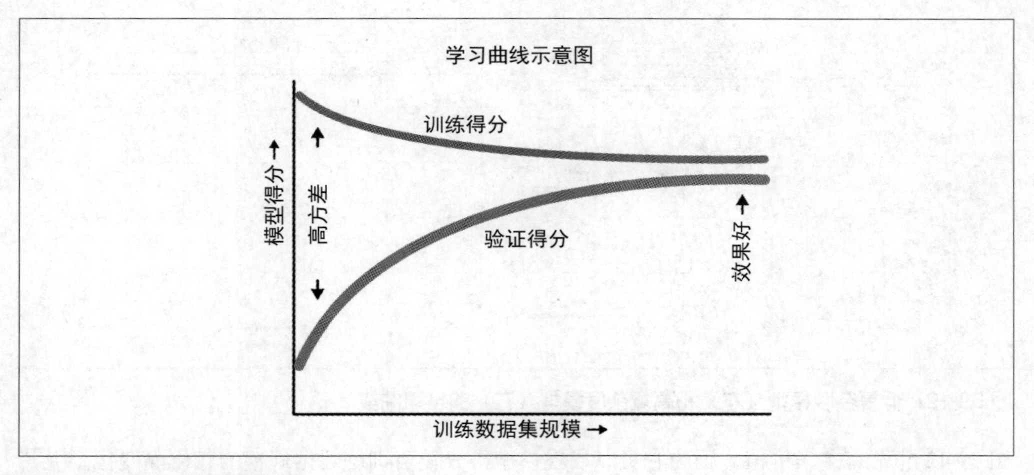

图 39-11：学习曲线原理图[1]

scikit-learn 中计算模型学习曲线的函数非常简单。下面来计算前面数据集的二次多项式模型和九次多项式模型的学习曲线（如图 39-12 所示）：

```
In [17]: from sklearn.model_selection import learning_curve

         fig, ax = plt.subplots(1, 2, figsize=(16, 6))
         fig.subplots_adjust(left=0.0625, right=0.95, wspace=0.1)

         for i, degree in enumerate([2, 9]):
             N, train_lc, val_lc = learning_curve(
                 PolynomialRegression(degree), X, y, cv=7,
                 train_sizes=np.linspace(0.3, 1, 25))

             ax[i].plot(N, np.mean(train_lc, 1),
                        color='blue', label='training score')
             ax[i].plot(N, np.mean(val_lc, 1),
                        color='red', label='validation score')
             ax[i].hlines(np.mean([train_lc[-1], val_lc[-1]]), N[0],
                          N[-1], color='gray', linestyle='dashed')

             ax[i].set_ylim(0, 1)
             ax[i].set_xlim(N[0], N[-1])
             ax[i].set_xlabel('training size')
             ax[i].set_ylabel('score')
             ax[i].set_title('degree = {0}'.format(degree), size=14)
             ax[i].legend(loc='best')
```

注 1：生成此图的代码可以在本书的在线附录中找到。

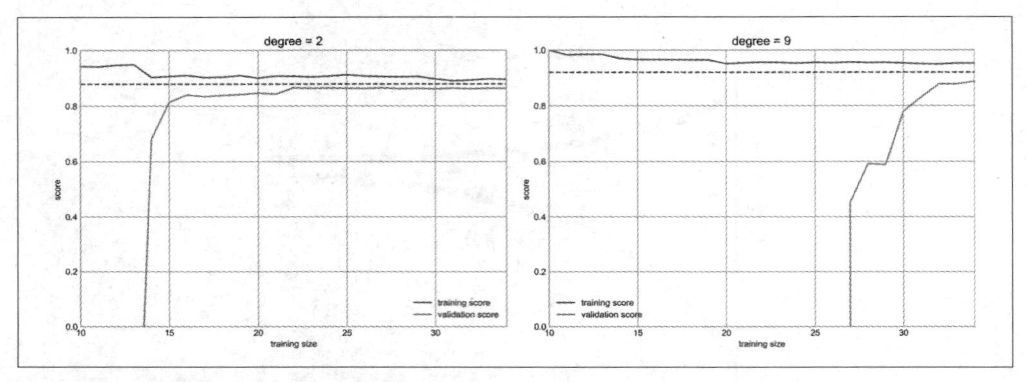

图 39-12：低复杂度模型（左）和高复杂度模型（右）的学习曲线

图 39-12 非常有参考价值，因为它可以展现模型得分随着训练数据规模的变化而变化。尤其当学习曲线已经收敛时（即训练曲线和验证曲线已经贴在一起），**再增加训练数据也不能显著改善拟合效果**。这种情况就类似于图 39-12 中左图显示的二次多项式模型的学习曲线。

提高收敛得分的唯一办法就是换模型（通常是换成更复杂的模型）。如图 39-12 中右图所示，采用复杂度更高的模型之后，虽然学习曲线的收敛得分提高了（对比虚线所在位置），但是模型的方差也变大了（对比训练得分与验证得分的差异即可看出）。如果我们为复杂度更高的模型继续增加训练数据，那么学习曲线最终也会收敛。

为模型和数据集画出学习曲线，可以帮你找到正确的方向，不断改进学习的效果。

39.4 验证实践：网格搜索

前面的内容已经让我们对偏差与方差的均衡有了直观的认识，它们与模型的复杂度和训练集的大小有关。在实际工作中，模型通常有多个参数可以调节，因此验证曲线和学习曲线的图形会从曲线变成多维曲面。这种高维可视化很难展现，因此我们更倾向于找到验证得分最高的模型。

scikit-learn 在 `grid_search` 中提供了一些自动化工具，使得这种搜索变得更加简便。下面是用网格搜索寻找最优多项式回归模型的示例。我们将在模型特征的二维网格中寻找最优值，包括多项式的次数和回归模型是否拟合截距。我们可以用 scikit-learn 的 `GridSearchCV` 元估计器来设置这些参数：

```
In [18]: from sklearn.model_selection import GridSearchCV

         param_grid = {'polynomialfeatures__degree': np.arange(21),
                       'linearregression__fit_intercept': [True, False]}

         grid = GridSearchCV(PolynomialRegression(), param_grid, cv=7)
```

请注意，和普通的估计器一样，这个元估计器此时还没有应用到任何数据上。调用 `fit` 方法在每个网格点上拟合模型，同时记录每个点的得分：

```
In [19]: grid.fit(X, y);
```

模型拟合完成了，可以获取最优参数了：

```
In [20]: grid.best_params_
Out[20]: {'linearregression__fit_intercept': False, 'polynomialfeatures__degree': 4}
```

最后，还可以用最优参数的模型拟合数据，并画图显示（如图 39-13 所示）：

```
In [21]: model = grid.best_estimator_

         plt.scatter(X.ravel(), y)
         lim = plt.axis()
         y_test = model.fit(X, y).predict(X_test)
         plt.plot(X_test.ravel(), y_test);
         plt.axis(lim);
```

GridSearchCV 提供了许多参数选项，包括自定义得分函数、并行计算，以及随机化搜索等能力。更多内容，请参考第 49 章和第 50 章中的示例，或者参考 scikit-learn 的网格搜索文档。

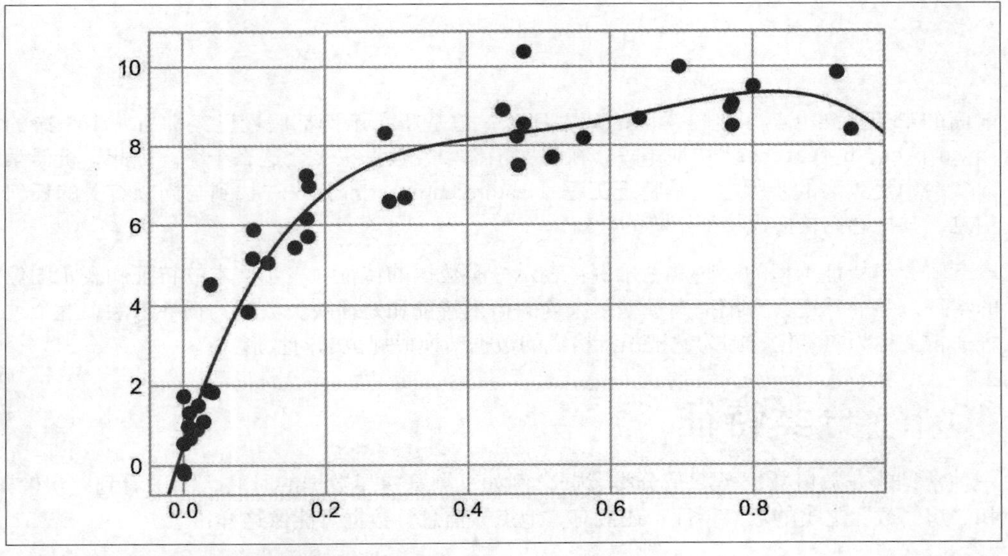

图 39-13：自动化网格搜索的最优拟合模型

39.5 小结

本章首先探索了模型验证与超参数优化的概念，重点介绍了偏差与方差均衡的概念，以及如何将这个概念应用在模型拟合过程中。尤其值得注意的是，我们发现通过验证集或交叉验证方法调整参数至关重要，这样做可以避免较复杂 / 灵活模型引起的过拟合问题。

接下来将介绍一些常用模型的具体细节、可用的优化方法，以及自由参数（free parameter）对模型复杂度的影响。在学习新的机器学习方法时，请时刻牢记本章介绍的内容！

第40章

特征工程

前面的章节虽然介绍了机器学习的基本理念，但是所有示例都假设已经拥有一个干净的 [n_samples, n_features] 特征矩阵。在现实工作中，数据很少会这么干净。因此，机器学习实践中更重要的步骤之一是**特征工程**（feature engineering）——找到与问题有关的任何信息，并把它们转换成特征矩阵的数值。

本章将介绍特征工程的一些常见示例：表示分类数据的特征、表示文本的特征和表示图像的特征。另外，还会介绍提高模型复杂度的衍生特征和处理缺失数据的插补方法。这个过程通常被称为向量化，因为它把任意格式的数据转换成规范的向量形式。

40.1 分类特征

一种常见的非数值数据类型是**分类**数据。例如，浏览房屋数据的时候，除了看到“房价”和“房间数”之类的数值特征，还会有“地点”信息，数据可能像这样：

```
In [1]: data = [
            {'price': 850000, 'rooms': 4, 'neighborhood': 'Queen Anne'},
            {'price': 700000, 'rooms': 3, 'neighborhood': 'Fremont'},
            {'price': 650000, 'rooms': 3, 'neighborhood': 'Wallingford'},
            {'price': 600000, 'rooms': 2, 'neighborhood': 'Fremont'}
        ]
```

你可能会把分类特征用映射关系编码成整数：

```
In [2]: {'Queen Anne': 1, 'Fremont': 2, 'Wallingford': 3};
```

但是，在 scikit-learn 中这么做并不是一个好办法：这个程序包的所有模块都有一个基本假设，那就是数值特征可以反映代数量（algebraic quantity）。因此，这样映射编码可能会让人觉得存在 Queen Anne < Fremont < Wallingford，甚至还有 Wallingford – Queen Anne =

Fremont，这显然是没有意义的。

面对这种情况，常用的解决方法是**独热编码**。它可以有效增加额外的列，分别用 0 和 1 表示每个分类值有或无。当你的数据是像上面那样的字典列表时，用 scikit-learn 的 `DictVectorizer` 类就可以实现：

```
In [3]: from sklearn.feature_extraction import DictVectorizer
        vec = DictVectorizer(sparse=False, dtype=int)
        vec.fit_transform(data)
Out[3]: array([[     0,      1,      0, 850000,      4],
               [     1,      0,      0, 700000,      3],
               [     0,      0,      1, 650000,      3],
               [     1,      0,      0, 600000,      2]])
```

你会发现，`neighborhood` 字段转换成了三列来表示三个地点标签，每一行中用 1 所在的列对应一个地点。当这些分类特征编码之后，你就可以像之前一样拟合 scikit-learn 模型了：

如果要看每一列的含义，可以用下面的代码查看特征名称：

```
In [4]: vec.get_feature_names_out()
Out[4]: array(['neighborhood=Fremont', 'neighborhood=Queen Anne',
               'neighborhood=Wallingford', 'price', 'rooms'], dtype=object)
```

但这种方法也有一个明显的缺陷：如果你的分类特征有许多枚举值，那么数据集的规模就会急剧增大。然而，由于被编码的数据中有许多 0，因此用稀疏矩阵表示会非常高效：

```
In [5]: vec = DictVectorizer(sparse=True, dtype=int)
        vec.fit_transform(data)
Out[5]: <4x5 sparse matrix of type '<class 'numpy.int64'>'
                with 12 stored elements in Compressed Sparse Row format>
```

在拟合和评估模型时，scikit-learn 的几乎所有估计器都支持稀疏矩阵输入。scikit-learn 中另外两个为分类特征编码的工具是 `sklearn.preprocessing.OneHotEncoder` 和 `sklearn.feature_extraction.FeatureHasher`。

40.2 文本特征

另一种常见的特征工程需求是将文本转换成一组数值。例如，绝大多数社交媒体数据的自动化采集，都是依靠将文本编码成数字的技术手段。这种数据最简单的编码方法之一就是**单词统计**：给你几个文本，让你统计每个词出现的次数，然后放到表格中。

例如，考虑下面 3 个短语：

```
In [6]: sample = ['problem of evil',
                  'evil queen',
                  'horizon problem']
```

面对单词统计的数据向量化问题时，可以创建一个列来表示单词“problem”、单词“of”和单词“evil”等。虽然手动操作也可以，但是用 scikit-learn 的 `CountVectorizer` 来实现更轻松：

```
In [7]: from sklearn.feature_extraction.text import CountVectorizer

        vec = CountVectorizer()
        X = vec.fit_transform(sample)
        X
Out[7]: <3x5 sparse matrix of type '<class 'numpy.int64'>'
                with 7 stored elements in Compressed Sparse Row format>
```

结果是一个稀疏矩阵，里面记录了每个短语中每个单词的出现次数。如果用带列标签的 DataFrame 来表示这个稀疏矩阵就更方便了：

```
In [8]: import pandas as pd
        pd.DataFrame(X.toarray(), columns=vec.get_feature_names_out())
Out[8]:    evil  horizon  of  problem  queen
        0     1        0   1        1      0
        1     1        0   0        0      1
        2     0        1   0        1      0
```

不过这种统计方法也有一些问题：原始的单词统计会让一些常用词聚集太高的权重，在分类算法中这样并不合理。解决这个问题的一种方法就是 **TF–IDF**（term frequency–inverse document frequency，词频 – 逆文档频率），即通过单词在文档中出现的频率来衡量其权重[1]。计算这些特征的语法和之前的示例类似：

```
In [9]: from sklearn.feature_extraction.text import TfidfVectorizer
        vec = TfidfVectorizer()
        X = vec.fit_transform(sample)
        pd.DataFrame(X.toarray(), columns=vec.get_feature_names_out())
Out[9]:        evil   horizon        of   problem     queen
        0  0.517856  0.000000  0.680919  0.517856  0.000000
        1  0.605349  0.000000  0.000000  0.000000  0.795961
        2  0.000000  0.795961  0.000000  0.605349  0.000000
```

关于 TF–IDF 分类问题的示例，请参见第 41 章。

40.3 图像特征

机器学习还有一种常见需求，那就是对**图像**进行编码。我们在第 38 章处理手写数字图像时使用的方法，是最简单的图像编码方法：用像素表示图像。但是在其他类型的任务中，这类方法可能不太合适。

虽然完整地介绍图像特征的提取技术超出了本章的范围，但是你可以在 scikit-image 项目中找到许多标准方法的高品质实现。关于同时使用 scikit-learn 和 scikit-image 的示例，请参见第 50 章。

注 1：IDF 的大小与一个词的常见程度成反比。——译者注

40.4 衍生特征

还有一种有用的特征是输入特征经过数学变换衍生出来的新特征。我们在第 39 章中从输入数据构造**多项式特征**时，曾经见过这类特征。我们发现，将一个线性回归转换成多项式回归时，并不是通过改变模型来实现的，而是通过变换输入数据来实现的。

例如，下面的数据显然不能用一条直线描述（如图 40-1 所示）：

```
In [10]: %matplotlib inline
         import numpy as np
         import matplotlib.pyplot as plt

         x = np.array([1, 2, 3, 4, 5])
         y = np.array([4, 2, 1, 3, 7])
         plt.scatter(x, y);
```

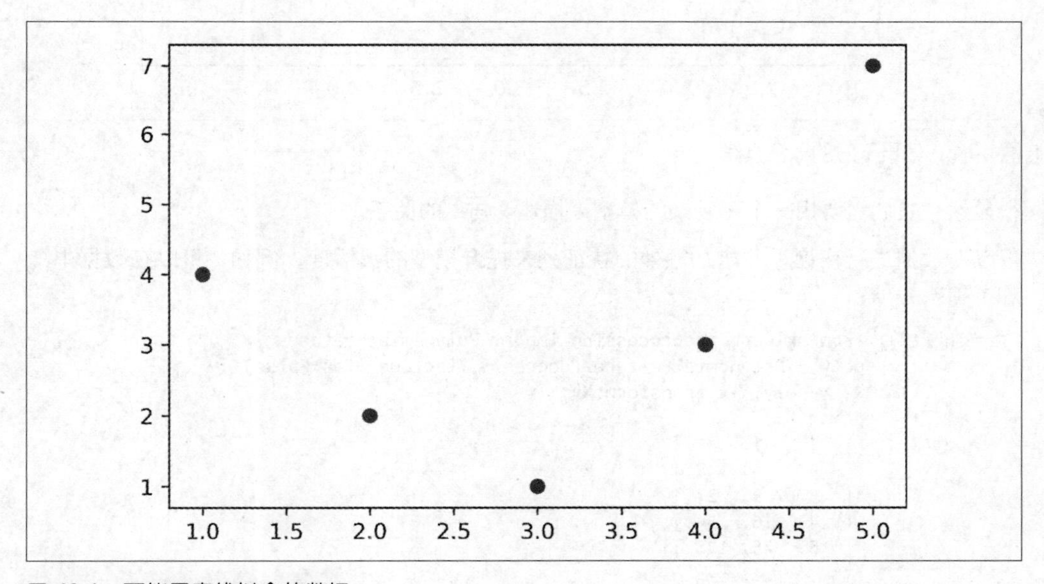

图 40-1：不能用直线拟合的数据

但是我们仍然用 LinearRegression 拟合出一条直线，并获得直线的最优解（如图 40-2 所示）：

```
In [11]: from sklearn.linear_model import LinearRegression
         X = x[:, np.newaxis]
         model = LinearRegression().fit(X, y)
         yfit = model.predict(X)
         plt.scatter(x, y)
         plt.plot(x, yfit);
```

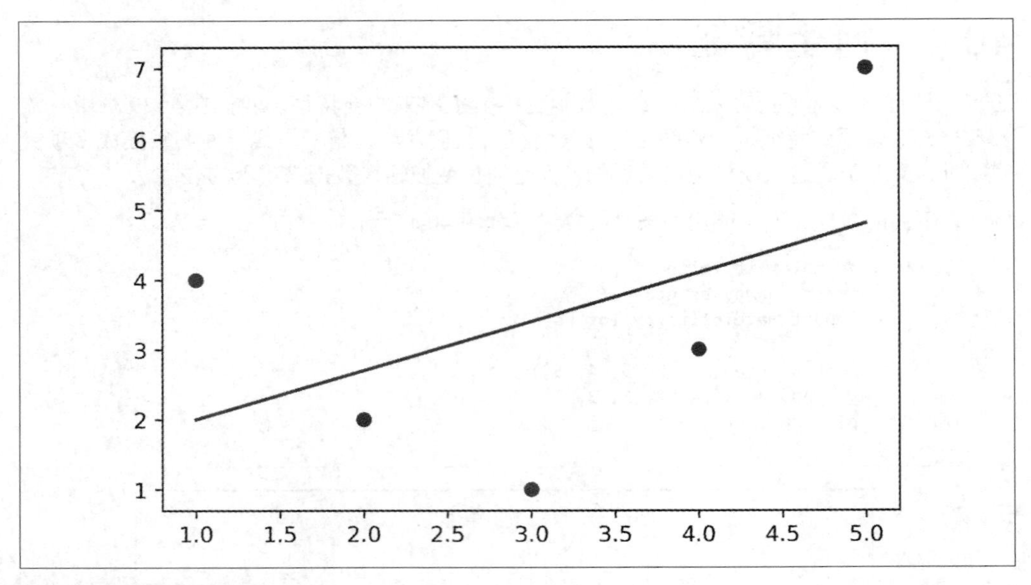

图 40-2：效果不好的拟合直线

很显然，我们需要用一个更复杂的模型来描述 x 与 y 的关系。

可以对数据进行变换，并增加额外的特征列来提升模型的灵活度。例如，可以在数据中增加多项式特征：

```
In [12]: from sklearn.preprocessing import PolynomialFeatures
         poly = PolynomialFeatures(degree=3, include_bias=False)
         X2 = poly.fit_transform(X)
         print(X2)
Out[12]: [[  1.   1.   1.]
          [  2.   4.   8.]
          [  3.   9.  27.]
          [  4.  16.  64.]
          [  5.  25. 125.]]
```

在衍生特征矩阵中，第 1 列表示 x，第 2 列表示 x^2，第 3 列表示 x^3。通过对这个扩展的输入矩阵计算线性回归，就可以获得更接近原始数据的结果了（如图 40-3 所示）：

```
In [13]: model = LinearRegression().fit(X2, y)
         yfit = model.predict(X2)
         plt.scatter(x, y)
         plt.plot(x, yfit);
```

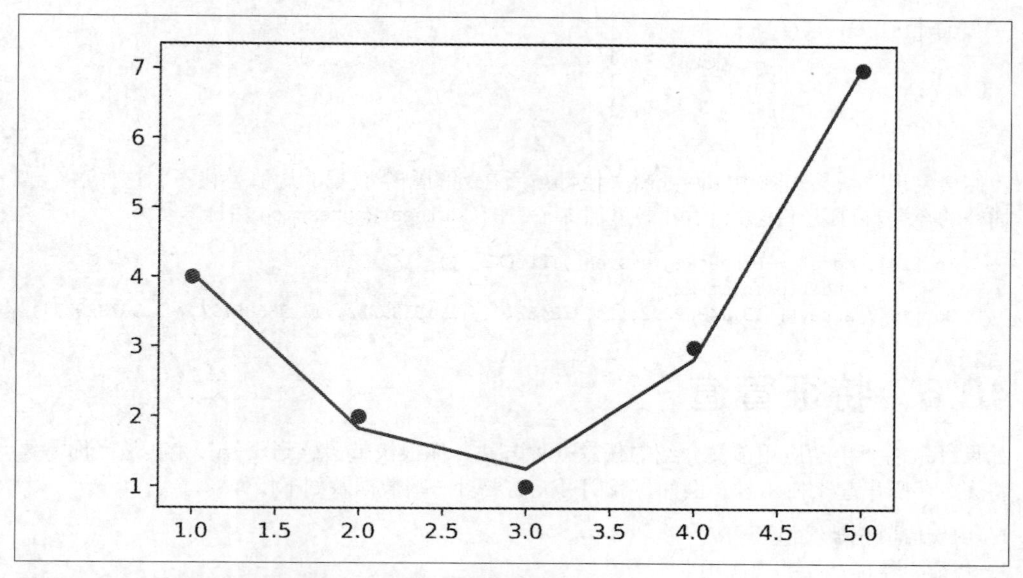

图 40-3：对数据衍生的多项式特征进行线性拟合的结果

这种不改变模型，而是通过变换输入来改善模型效果的理念，正是许多更强大的机器学习方法的基础。第 42 章介绍**基函数回归**时将详细介绍这个理念，它通常被认为是强大的**核方法**（kernel method，第 43 章将详细介绍）的驱动力之一。

40.5 缺失值插补

特征工程中还有一种常见的需求是处理缺失值。我们在第 16 章介绍过 `DataFrame` 的缺失值处理方法，也看到了 `NaN` 通常用来表示缺失值。例如，有如下一个数据集：

```
In [14]: from numpy import nan
         X = np.array([[ nan, 0,   3  ],
                       [ 3,   7,   9  ],
                       [ 3,   5,   2  ],
                       [ 4,   nan, 6  ],
                       [ 8,   8,   1  ]])
         y = np.array([14, 16, -1,  8, -5])
```

当将一个普通的机器学习模型应用于这份数据时，首先需要用适当的值替换这些缺失数据。这个操作被称为缺失值**插补**，相应的策略有很多，有的简单（例如用列均值替换缺失值），有的复杂（例如用矩阵填充或其他模型来处理缺失值）。

复杂方法在不同的应用中各不相同，这里不再深入介绍。对于一般的插补方法，如使用均值、中位数、众数，scikit-learn 中有 `SimpleImputer` 类可以实现：

```
In [15]: from sklearn.impute import SimpleImputer
         imp = SimpleImputer(strategy='mean')
         X2 = imp.fit_transform(X)
         X2
```

```
Out[15]: array([[4.5, 0. , 3. ],
                [3. , 7. , 9. ],
                [3. , 5. , 2. ],
                [4. , 5. , 6. ],
                [8. , 8. , 1. ]])
```

我们会发现，结果矩阵中的两处缺失值都被所在列的剩余数据的均值替代了。这样这个被插补的数据就可以直接放到估计器里训练了，例如 `LinearRegression` 估计器：

```
In [16]: model = LinearRegression().fit(X2, y)
         model.predict(X2)
Out[16]: array([ 13.14869292, 14.3784627 , -1.15539732, 10.96606197, -5.33782027])
```

40.6 特征管道

如果经常需要手动应用前文介绍的任意一种方法，你很快就会感到厌倦，尤其是当你需要将多个步骤串起来使用时。例如，我们可能需要对一些数据做如下操作：

1. 用均值填充缺失值
2. 将衍生特征转换为二次项
3. 拟合线性回归模型

为了实现这种管道处理过程，scikit-learn 提供了一个 `Pipeline` 对象，如下所示：

```
In [17]: from sklearn.pipeline import make_pipeline

         model = make_pipeline(SimpleImputer(strategy='mean'),
                               PolynomialFeatures(degree=2),
                               LinearRegression())
```

这个管道看起来就像一个标准的 scikit-learn 对象，可以对任何输入数据进行所有步骤的处理：

```
In [18]: model.fit(X, y)  # 和上面一样，X 带有缺失值
         print(y)
         print(model.predict(X))
Out[18]: [14 16 -1  8 -5]
         [14. 16. -1.  8. -5.]
```

这样的话，所有的步骤都会自动完成。请注意，为了简化演示，我们将模型应用到已经训练过的数据上，模型能够非常完美地预测结果（详情请参见第 39 章）。

关于 scikit-learn 管道实战的更多示例，请参考第 41~43 章的内容。

第41章

专题：朴素贝叶斯分类

前面四章概述了机器学习的概念。在第五部分的后面几章中，我们将首先介绍四种监督学习算法，然后介绍四种无监督学习算法。本章介绍第一种监督学习方法——朴素贝叶斯分类。

朴素贝叶斯模型是一组非常简单快速的分类算法，通常适用于维度非常高的数据集。它们运行速度快，而且可调参数少，因此非常适合为分类问题提供快速粗糙的基本方案。本章重点介绍朴素贝叶斯分类器（naive Bayes classifier）的工作原理，并通过一些示例演示朴素贝叶斯分类器在数据集上的应用。

41.1 贝叶斯分类

朴素贝叶斯分类器建立在贝叶斯分类方法的基础上，其数学基础是贝叶斯定理——一个描述统计量的条件概率关系的公式。在贝叶斯分类中，我们希望确定一个具有某些特征的样本被赋予某类标签的概率，通常记为 $P(L\mid \text{特征})$。贝叶斯定理告诉我们，可以直接用下面的公式计算这个概率：

$$P(L\mid \text{特征}) = \frac{P(\text{特征}\mid L)P(L)}{P(\text{特征})}$$

假如需要确定两种标签，分别定义为 L_1 和 L_2，一种方法就是计算这两个标签的后验概率的比值：

$$\frac{P(L_1\mid \text{特征})}{P(L_2\mid \text{特征})} = \frac{P(\text{特征}\mid L_1)P(L_1)}{P(\text{特征}\mid L_2)P(L_2)}$$

现在需要一种模型来计算每个标签的 $P(\text{特征}\mid L_i)$。这种模型被称为**生成模型**，因为它可以设置生成输入数据的假设随机过程（或称为概率分布）。为每种标签设置生成模型是贝叶斯分类器训练过程的主要部分。虽然这个训练步骤通常很难做，但是我们可以通过对模型进行随机分布的假设来简化训练工作。

之所以称为“朴素”或“朴素贝叶斯”，是因为如果对每种标签的生成模型进行非常简单的假设，就能找到每种类型的生成模型的近似解，然后就可以使用贝叶斯分类。不同类型的朴素贝叶斯分类器是由对数据的不同假设决定的，下面将介绍一些示例来进行演示。

首先导入需要使用的程序库：

```
In [1]: %matplotlib inline
        import numpy as np
        import matplotlib.pyplot as plt
        import seaborn as sns
        plt.style.use('seaborn-whitegrid')
```

41.2 高斯朴素贝叶斯

最容易理解的朴素贝叶斯分类器可能就是高斯朴素贝叶斯（Gaussian naive Bayes）了，这个分类器假设**每个标签的数据都服从简单的高斯分布**。想象你有下面的数据（如图 41-1 所示）：

```
In [2]: from sklearn.datasets import make_blobs
        X, y = make_blobs(100, 2, centers=2, random_state=2, cluster_std=1.5)
        plt.scatter(X[:, 0], X[:, 1], c=y, s=50, cmap='RdBu');
```

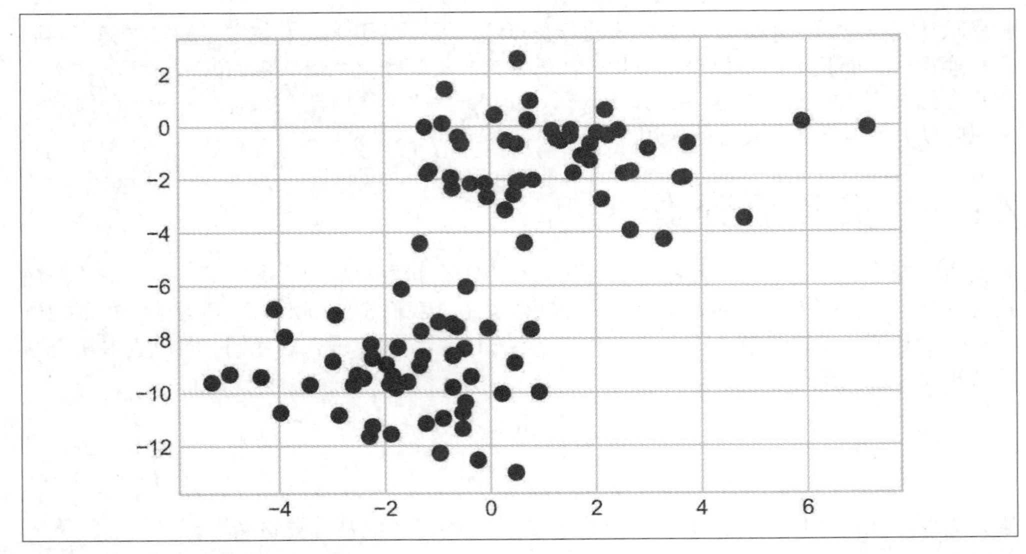

图 41-1：高斯朴素贝叶斯分类数据

一种快速创建简单模型的方法就是假设数据服从高斯分布，且变量无协方差（no covariance，指线性无关）。只要计算出每个标签的所有样本点的均值和标准差，再定义一个高斯分布，就可以拟合模型了。这个简单的高斯假设分类的结果如图 41-2 所示。

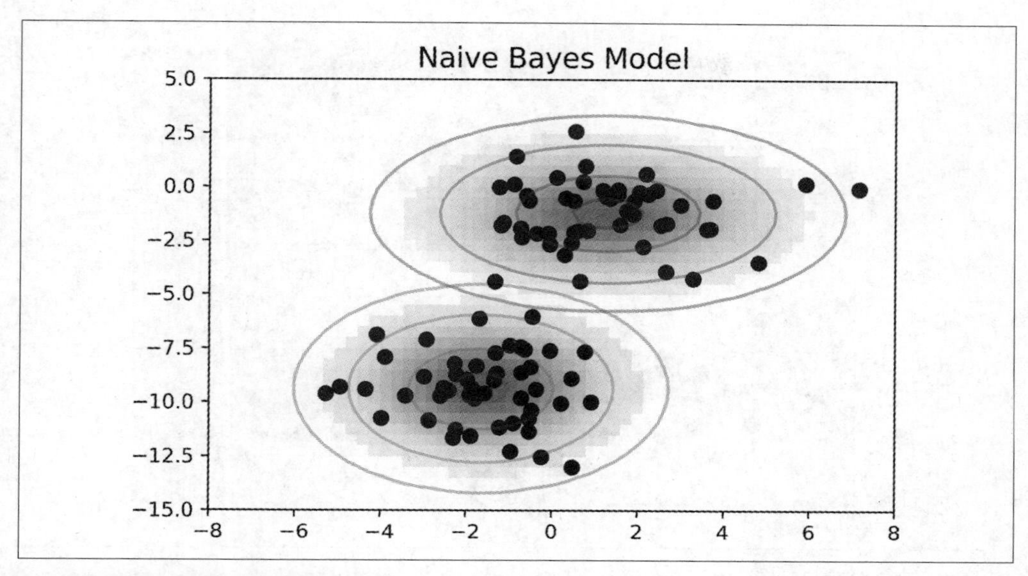

图 41-2：高斯朴素贝叶斯模型可视化图[1]

图 41-2 中的椭圆曲线表示每个标签的高斯生成模型，越靠近椭圆中心，可能性越大。通过每种类型的生成模型，可以计算出任意数据点的似然估计（likelihood）P (特征 | L_1)，然后根据贝叶斯定理计算出后验概率比值，从而确定每个数据点的可能性最大的标签。

该步骤在 scikit-learn 的 sklearn.naive_bayes.GaussianNB 估计器中实现：

```
In [3]: from sklearn.naive_bayes import GaussianNB
        model = GaussianNB()
        model.fit(X, y);
```

现在生成一些新数据来预测标签：

```
In [4]: rng = np.random.RandomState(0)
        Xnew = [-6, -14] + [14, 18] * rng.rand(2000, 2)
        ynew = model.predict(Xnew)
```

可以将这些新数据画出来，看看决策边界的位置（如图 41-3 所示）：

```
In [5]: plt.scatter(X[:, 0], X[:, 1], c=y, s=50, cmap='RdBu')
        lim = plt.axis()
        plt.scatter(Xnew[:, 0], Xnew[:, 1], c=ynew, s=20, cmap='RdBu', alpha=0.1)
        plt.axis(lim);
```

注 1：生成此图的代码可在本书在线附录中找到。

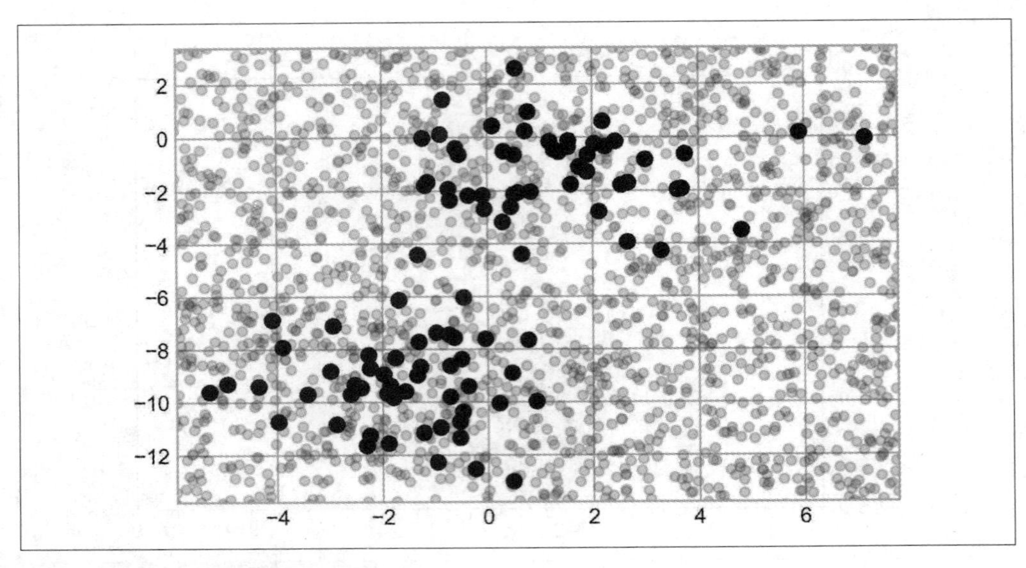

图 41-3：高斯朴素贝叶斯分类可视化图

可以在分类结果中看到一条稍显弯曲的边界。通常，高斯朴素贝叶斯模型生成的边界是二次曲线。

贝叶斯主义（Bayesian formalism）的一个优质特性是它天生支持概率分类，我们可以用 `predict_proba` 方法计算样本属于某个标签的概率：

```
In [6]: yprob = model.predict_proba(Xnew)
        yprob[-8:].round(2)
Out[6]: array([[0.89, 0.11],
               [1.  , 0.  ],
               [1.  , 0.  ],
               [1.  , 0.  ],
               [1.  , 0.  ],
               [1.  , 0.  ],
               [0.  , 1.  ],
               [0.15, 0.85]])
```

这个数组分别给出了前两个标签的后验概率。如果你需要评估分类器的不确定性，那么这类贝叶斯方法非常有用。

当然，由于分类的最终效果只依赖于一开始的模型假设，因此高斯朴素贝叶斯经常得不到非常好的结果。但是，在许多场景中，尤其是特征较多的时候，这种假设并不妨碍高斯朴素贝叶斯成为一种有用的方法。

41.3 多项式朴素贝叶斯

前面介绍的高斯假设并不意味着每个标签的生成模型只能用这一种假设。还有一种常用的假设是多项式朴素贝叶斯（multinomial naive Bayes），它假设特征是由一个简单多项式分布生成的。多项式分布可以描述各种类型样本出现次数的概率，因此多项式朴素贝叶斯非常适合用于描述出现次数或者出现次数比例的特征。

这个理念和前面介绍的一样，只不过模型数据的分布不再是高斯分布，而是多项式分布而已。

案例：文本分类

多项式朴素贝叶斯通常用于文本分类，其中特征是待分类文本中的单词出现次数或者频次。第 40 章介绍过文本特征提取的方法，这里用 20 个网络新闻组语料库（20 Newsgroups corpus，约 20 000 篇新闻）中的单词出现次数作为特征，演示如何用多项式朴素贝叶斯对这些新闻组进行分类。

首先，下载数据并看看新闻组的名字：

```
In [7]: from sklearn.datasets import fetch_20newsgroups

        data = fetch_20newsgroups()
        data.target_names
Out[7]: ['alt.atheism',
         'comp.graphics',
         'comp.os.ms-windows.misc',
         'comp.sys.ibm.pc.hardware',
         'comp.sys.mac.hardware',
         'comp.windows.x',
         'misc.forsale',
         'rec.autos',
         'rec.motorcycles',
         'rec.sport.baseball',
         'rec.sport.hockey',
         'sci.crypt',
         'sci.electronics',
         'sci.med',
         'sci.space',
         'soc.religion.christian',
         'talk.politics.guns',
         'talk.politics.mideast',
         'talk.politics.misc',
         'talk.religion.misc']
```

为了简化演示过程，只选择 4 类新闻，下载训练集和测试集：

```
In [8]: categories = ['talk.religion.misc', 'soc.religion.christian',
                      'sci.space', 'comp.graphics']
        train = fetch_20newsgroups(subset='train', categories=categories)
        test = fetch_20newsgroups(subset='test', categories=categories)
```

选其中一篇新闻看看：

```
In [9]: print(train.data[5][48:])
Out[9]: Subject: Federal Hearing
        Originator: dmcgee@uluhe
        Organization: School of Ocean and Earth Science and Technology
```

```
Distribution: usa
Lines: 10


Fact or rumor....?  Madalyn Murray O'Hare an atheist who eliminated the
use of the bible reading and prayer in public schools 15 years ago is now
going to appear before the FCC with a petition to stop the reading of the
Gospel on the airways of America.  And she is also campaigning to remove
Christmas programs, songs, etc from the public schools.  If it is true
then mail to Federal Communications Commission 1919 H Street Washington DC
20054 expressing your opposition to her request.  Reference Petition number

2493.
```

为了让这些数据能用于机器学习，需要将每个字符串的内容转换成数值向量。可以创建一个管道，将 TF–IDF 向量化方法（详情请参见第 40 章）与多项式朴素贝叶斯分类器组合在一起：

```
In [10]: from sklearn.feature_extraction.text import TfidfVectorizer
         from sklearn.naive_bayes import MultinomialNB
         from sklearn.pipeline import make_pipeline

         model = make_pipeline(TfidfVectorizer(), MultinomialNB())
```

通过这个管道，就可以将模型应用到训练数据上，预测出每个测试数据的标签：

```
In [11]: model.fit(train.data, train.target)
         labels = model.predict(test.data)
```

这样就得到了每个测试数据的预测标签，可以进一步评估估计器的性能了。例如，用混淆矩阵统计测试数据的真实标签与预测标签的结果（如图 41-4 所示）：

```
In [12]: from sklearn.metrics import confusion_matrix
         mat = confusion_matrix(test.target, labels)
         sns.heatmap(mat.T, square=True, annot=True, fmt='d', cbar=False,
                     xticklabels=train.target_names, yticklabels=train.target_names,
                     cmap='Blues')
         plt.xlabel('true label')
         plt.ylabel('predicted label');
```

从图 41-4 中可以明显看出，虽然用如此简单的分类器可以很好地区分关于宇宙的新闻和关于计算机的新闻，但是宗教新闻和基督教新闻的区分效果却不太好。可能是这两个领域本身就容易令人混淆！

但现在我们有对**任意**字符串进行分类的工具了，只要用管道的 `predict` 方法就可以预测。下面的函数可以快速返回单个字符串的预测结果：

```
In [13]: def predict_category(s, train=train, model=model):
             pred = model.predict([s])
             return train.target_names[pred[0]]
```

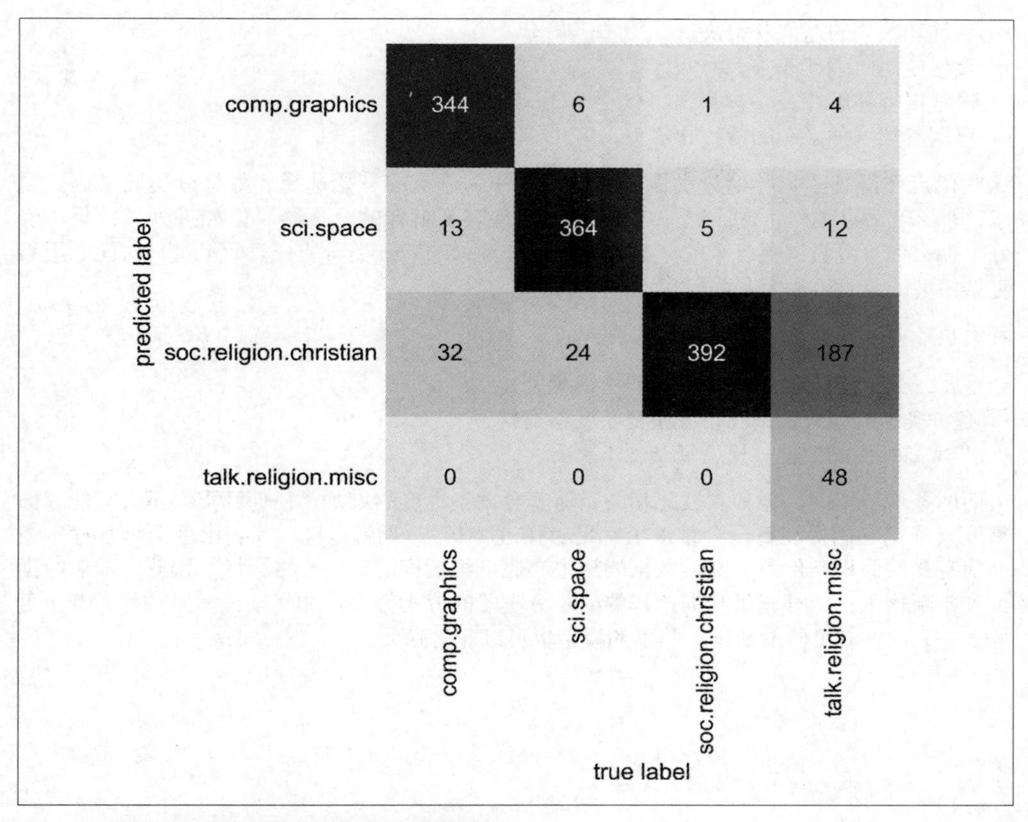

图 41-4：多项式朴素贝叶斯文本分类器混淆矩阵

下面试试模型预测效果：

```
In [14]: predict_category('sending a payload to the ISS')
Out[14]: 'sci.space'

In [15]: predict_category('discussing the existence of God')
Out[15]: 'soc.religion.christian'

In [16]: predict_category('determining the screen resolution')
Out[16]: 'comp.graphics'
```

虽然这个分类器不过是个简易的概率模型，用于计算字符串中每个单词的（加权）频率，但是它的分类效果非常好。由此可见，即使是一个非常简单的算法，只要能合理利用并在大量高维数据上进行训练，就可以获得意想不到的效果。

41.4　朴素贝叶斯的应用场景

由于朴素贝叶斯分类器对数据有严格的假设，因此它的训练效果通常比复杂模型的差。其优点主要体现在以下 4 个方面。

- 训练和预测的速度非常快。
- 直接使用概率预测。
- 通常很容易解释。
- 可调参数（如果有的话）非常少。

这些优点使得朴素贝叶斯分类器通常很适合作为分类的初始选择。如果分类效果满足要求，那么万事大吉，你获得了一个非常快速且容易解释的分类器。但如果分类效果不够好，那么你可以尝试更复杂的分类模型，与朴素贝叶斯分类器的分类效果进行对比，看看复杂模型的分类效果究竟如何。

朴素贝叶斯分类器非常适合以下场景。

- 假设分布函数与数据匹配（实践中很少见）。
- 各种类型的区分度很高，模型复杂度不重要。
- 非常高维度的数据，模型复杂度不重要。

后面两条看似不同，但其实彼此相关：随着数据集维度的增加，任何两点都不太可能逐渐靠近（毕竟它们得在**每一个维度**上都足够接近才行）。也就是说，在新维度会增加样本数据信息量的假设条件下，高维数据的簇中心比低维数据的簇中心更分散。因此，随着数据维度不断增加，像朴素贝叶斯这样的简单分类器的分类效果会和复杂分类器一样，甚至更好——只要你有足够的数据，简单的模型也可以非常强大。

第42章

专题：线性回归

如果说朴素贝叶斯（详情请参见第41章）是解决分类任务的好起点，那么线性回归模型就是解决回归任务的好起点。这些模型之所以大受欢迎，是因为它们的拟合速度非常快，而且很容易解释。你可能对线性回归模型最简单的形式（即对二维数据拟合一条直线）已经很熟悉了，不过经过扩展，这些模型可以对更复杂的数据行为进行建模。

本章将先快速地介绍线性回归问题背后的数学基础知识，然后介绍如何对线性回归模型进行一般化处理，使其能够解释数据中更复杂的模式。

首先导入常用的程序库：

```
In [1]: %matplotlib inline
        import matplotlib.pyplot as plt
        plt.style.use('seaborn-whitegrid')
        import numpy as np
```

42.1 简单线性回归

首先来介绍最广为人知的线性回归模型——将数据拟合成一条直线。直线拟合的模型方程为 $y = ax + b$，其中 a 是直线的**斜率**，b 是直线的**截距**。

看看下面的数据，它们是从斜率为 2、截距为 −5 的直线中抽取的散点（如图 42-1 所示）：

```
In [2]: rng = np.random.RandomState(1)
        x = 10 * rng.rand(50)
        y = 2 * x - 5 + rng.randn(50)
        plt.scatter(x, y);
```

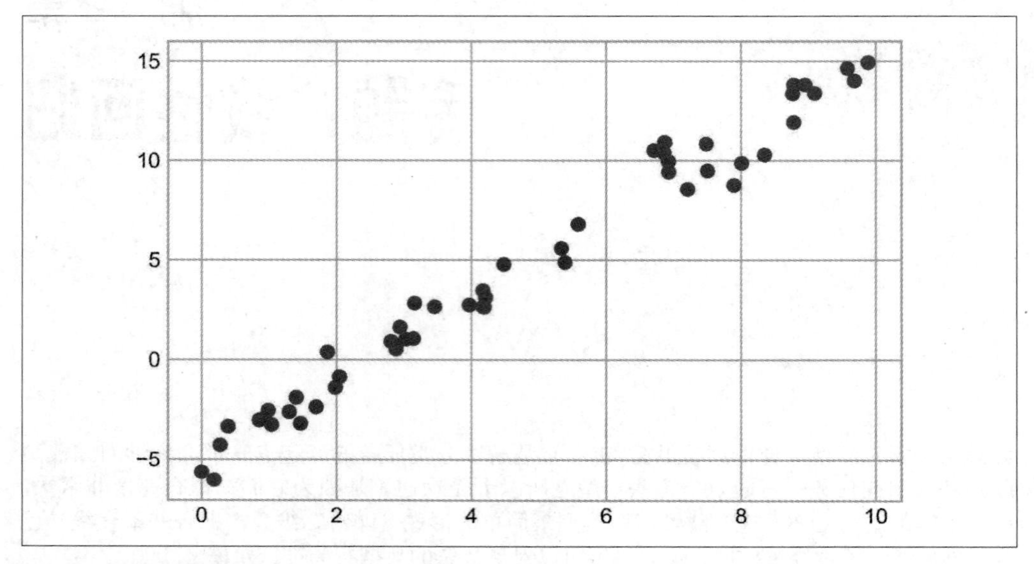

图 42-1：线性回归数据

可以用 scikit-learn 的 LinearRegression 估计器来拟合数据，并获得最佳拟合直线（如图 42-2 所示）：

```
In [3]: from sklearn.linear_model import LinearRegression
        model = LinearRegression(fit_intercept=True)

        model.fit(x[:, np.newaxis], y)

        xfit = np.linspace(0, 10, 1000)
        yfit = model.predict(xfit[:, np.newaxis])

        plt.scatter(x, y)
        plt.plot(xfit, yfit);
```

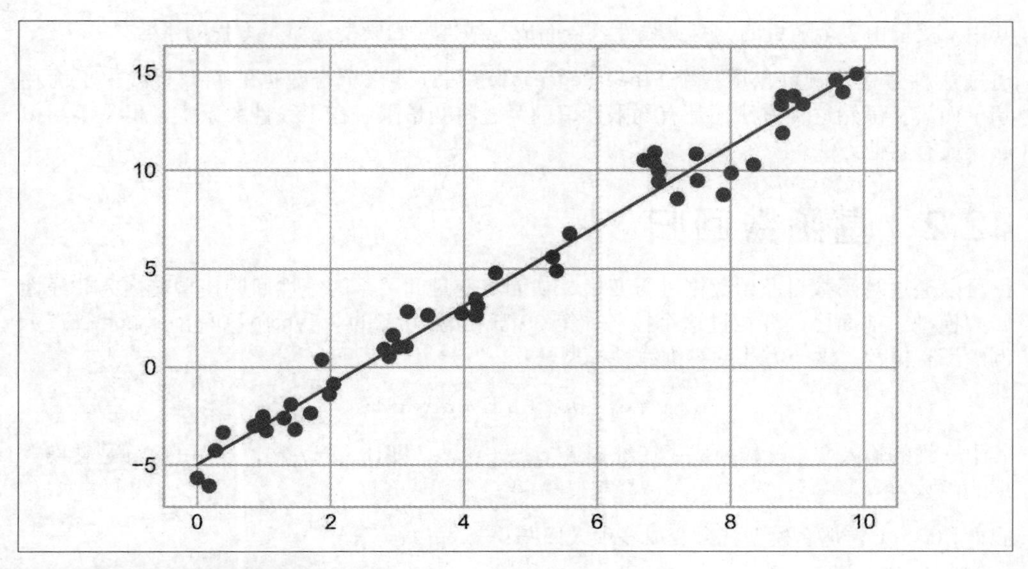

图 42-2：简单的线性回归模型

数据的斜率和截距都在模型的拟合参数中，scikit-learn 通常会在参数后面加一条下划线，即 `coef_` 和 `intercept_`：

```
In [4]: print("Model slope:     ", model.coef_[0])
        print("Model intercept:", model.intercept_)
Out[4]: Model slope:     2.0272088103606953
        Model intercept: -4.998577085553204
```

可以看到，拟合结果与用于生成数据的真实值非常接近，这正是我们想要的。

然而，`LinearRegression` 估计器能做的可远不止这些。除了简单的直线拟合，它还可以处理多维度的线性回归模型：

$$y = a_0 + a_1x_1 + a_2x_2 + \cdots$$

里面有多个 x 变量。从几何学的角度看，这个模型是为三维空间中的数据点拟合一个平面，或者是为更高维度的数据点拟合一个超平面。

虽然这类回归模型的多维特性导致它们很难可视化，但是我们可以用 NumPy 的矩阵乘法运算符创建一些数据，从而演示这类拟合过程：

```
In [5]: rng = np.random.RandomState(1)
        X = 10 * rng.rand(100, 3)
        y = 0.5 + np.dot(X, [1.5, -2., 1.])
        model.fit(X, y)
        print(model.intercept_)
        print(model.coef_)
Out[5]: 0.50000000000001
        [ 1.5 -2.   1. ]
```

其中 y 变量由 3 个随机的 x 变量线性组合而成，线性回归模型还原了方程的系数。

通过这种方式，就可以用一个 `LinearRegression` 估计器来拟合数据的回归直线、平面和超平面了。虽然这种方法还是有局限性，因为它将变量限制在了线性关系上，但是不用担心，还有其他方法。

42.2 基函数回归

你可以通过**基函数**对原始数据进行变换，从而将变量间关系的线性回归模型转换为非线性回归模型。前面已经介绍过这个技巧，第 39 章和第 40 章的 `PolynomialRegression` 管道示例中都有提及。这个方法的多维线性模型是：

$$y = a_0 + a_1x_1 + a_2x_2 + a_3x_3 + \cdots$$

其中一维的输入变量 x 转换成了三维变量 x_1、x_2 和 x_3，即让 $x_n = f_n(x)$，这里的 $f_n()$ 是转换数据的函数。

假如 $f_n(x) = x^n$，那么模型就会变成多项式回归：

$$y = a_0 + a_1x + a_2x^2 + a_3x^3 + \cdots$$

需要注意的是，这个模型**仍然是一个线性模型**，也就是说系数 a_n 彼此不会相乘或相除。我们其实是将一维的 x 投影到了高维空间，因此通过线性模型就可以拟合出 x 与 y 间更复杂的关系。

42.2.1 多项式基函数

多项式投影非常有用，因此 scikit-learn 内置了 `PolynomialFeatures` 转换器来实现这个功能：

```
In [6]: from sklearn.preprocessing import PolynomialFeatures
        x = np.array([2, 3, 4])
        poly = PolynomialFeatures(3, include_bias=False)
        poly.fit_transform(x[:, None])
Out[6]: array([[ 2.,  4.,  8.],
               [ 3.,  9., 27.],
               [ 4., 16., 64.]])
```

转换器通过指数函数将一维数组转换成了三维数组。这个新的高维数组之后可以放在线性回归模型中。

就像在第 40 章介绍的那样，最简洁的方式是用管道实现这一过程。让我们创建一个 7 次多项式回归模型：

```
In [7]: from sklearn.pipeline import make_pipeline
        poly_model = make_pipeline(PolynomialFeatures(7),
                                   LinearRegression())
```

数据经过转换之后，我们就可以用线性模型来拟合 x 和 y 之间更复杂的关系了。例如，下面是一条带噪的正弦波（如图 42-3 所示）：

```
In [8]: rng = np.random.RandomState(1)
        x = 10 * rng.rand(50)
        y = np.sin(x) + 0.1 * rng.randn(50)

        poly_model.fit(x[:, np.newaxis], y)
        yfit = poly_model.predict(xfit[:, np.newaxis])

        plt.scatter(x, y)
        plt.plot(xfit, yfit);
```

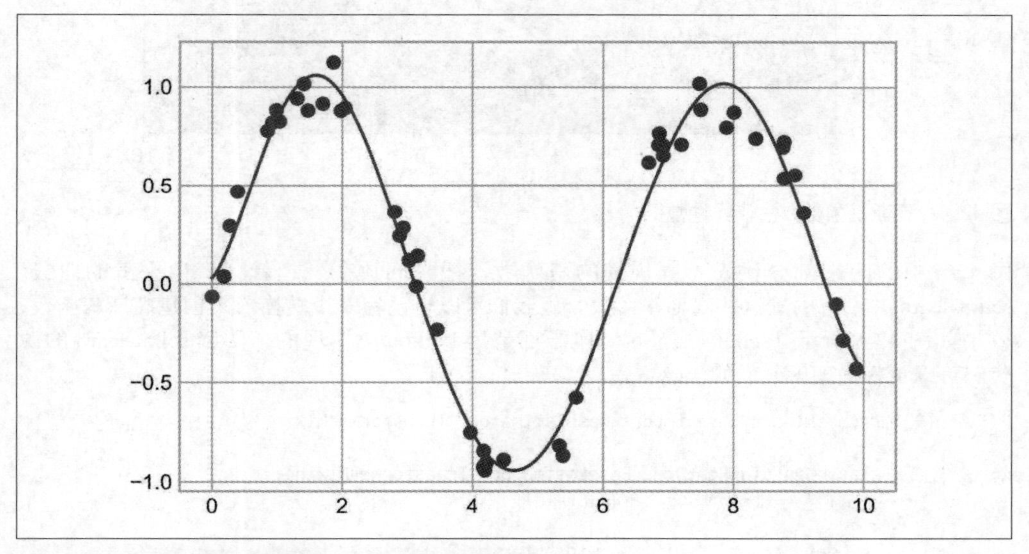

图 42-3：线性多项式回归模型拟合非线性训练数据

通过运用 7 次多项式基函数，这个线性模型可以对非线性数据拟合出极好的效果！

42.2.2　高斯基函数

当然还有其他类型的基函数。例如，有一种常用的拟合模型方法使用的并不是一组多项式基函数，而是一组高斯基函数。最终结果如图 42-4 所示。

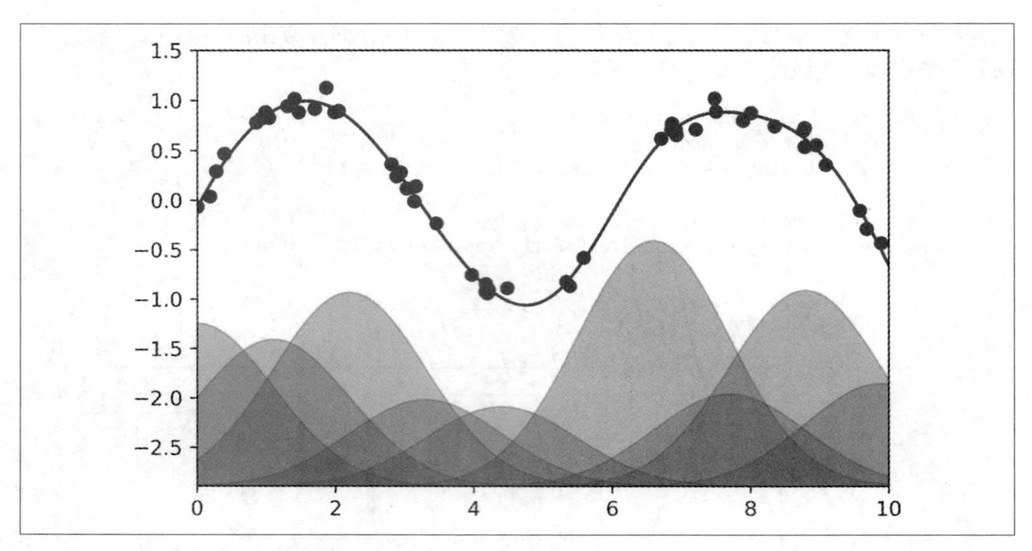

图 42-4：高斯基函数拟合非线性数据[1]

图 42-4 中的阴影部分代表不同规模的基函数，把它们放在一起就会产生平滑的曲线。scikit-learn 并没有内置这些高斯基函数，但我们可以自己写一个转换器来创建高斯基函数，效果如图 42-5 所示（scikit-learn 的转换器都是用 Python 类实现的，阅读 scikit-learn 的源代码可以更好地理解它们的创建方式）：

```
In[9]: from sklearn.base import BaseEstimator, TransformerMixin

       class GaussianFeatures(BaseEstimator, TransformerMixin):
           """ 一维输入均匀分布的高斯特征 """

           def __init__(self, N, width_factor=2.0):
               self.N = N
               self.width_factor = width_factor

           @staticmethod
           def _gauss_basis(x, y, width, axis=None):
               arg = (x - y) / width
               return np.exp(-0.5 * np.sum(arg ** 2, axis))

           def fit(self, X, y=None):
               # 在数据区间中创建 N 个高斯分布中心
               self.centers_ = np.linspace(X.min(), X.max(), self.N)
               self.width_ = self.width_factor * (self.centers_[1] - self.centers_[0])
               return self

           def transform(self, X):
               return self._gauss_basis(X[:, :, np.newaxis], self.centers_,
                                        self.width_, axis=1)
```

注 1：生成此图的代码可在在线附录中找到。

```
gauss_model = make_pipeline(GaussianFeatures(20),
                            LinearRegression())
gauss_model.fit(x[:, np.newaxis], y)
yfit = gauss_model.predict(xfit[:, np.newaxis])

plt.scatter(x, y)
plt.plot(xfit, yfit)
plt.xlim(0, 10);
```

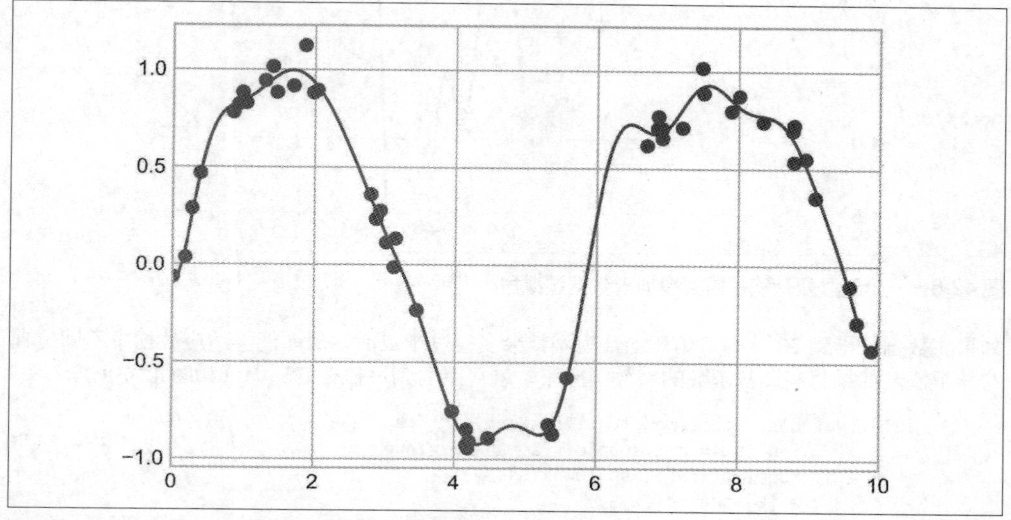

图 42-5：通过自定义转换器，实现高斯基函数拟合

我们之所以将这个示例放在这里，是为了演示多项式基函数并不是什么魔法：如果你对数据的产生过程有某种直觉，那么就可以自己先定义一些基函数，然后像这样使用它们。

42.3 正则化

虽然在线性回归模型中引入基函数会让模型变得更加灵活，但是也很容易造成过拟合（详情请参见第 39 章）。例如，如果选择了太多高斯基函数，那么最终的拟合结果看起来可能并不好（如图 42-6 所示）：

```
In [10]: model = make_pipeline(GaussianFeatures(30),
                               LinearRegression())
         model.fit(x[:, np.newaxis], y)

         plt.scatter(x, y)
         plt.plot(xfit, model.predict(xfit[:, np.newaxis]))

         plt.xlim(0, 10)
         plt.ylim(-1.5, 1.5);
```

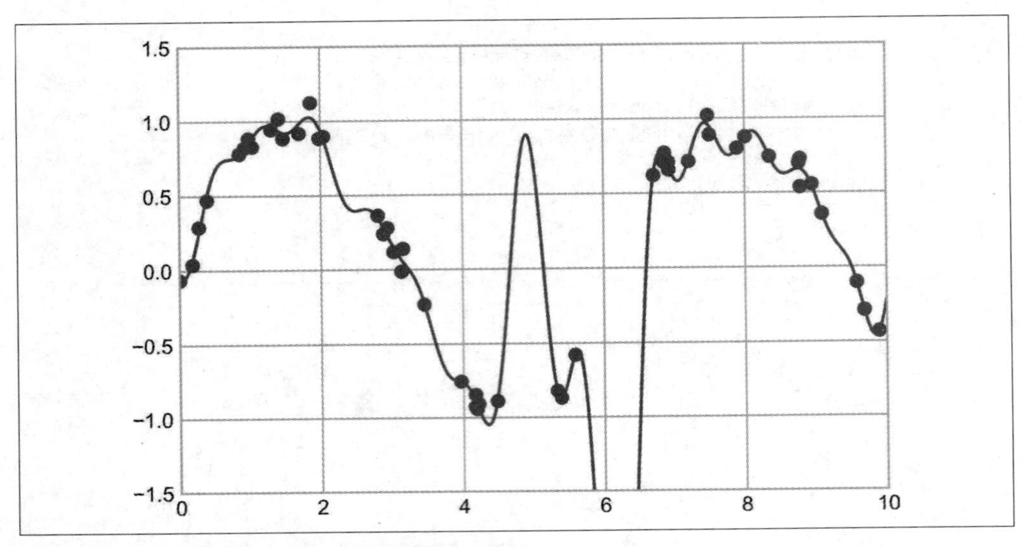

图 42-6：一个过度复杂的基函数模型对数据过拟合

如果将数据投影到 30 维的基函数上，模型就会变得过于灵活，从而能够适应数据中不同位置的异常值。如果将高斯基函数的系数画出来，就可以看到过拟合的原因（如图 42-7 所示）：

```
In [11]: def basis_plot(model, title=None):
             fig, ax = plt.subplots(2, sharex=True)
             model.fit(x[:, np.newaxis], y)
             ax[0].scatter(x, y)
             ax[0].plot(xfit, model.predict(xfit[:, np.newaxis]))
             ax[0].set(xlabel='x', ylabel='y', ylim=(-1.5, 1.5))

             if title:
                 ax[0].set_title(title)

             ax[1].plot(model.steps[0][1].centers_,
                        model.steps[1][1].coef_)
             ax[1].set(xlabel='basis location',
                       ylabel='coefficient',
                       xlim=(0, 10))

         model = make_pipeline(GaussianFeatures(30), LinearRegression())
         basis_plot(model)
```

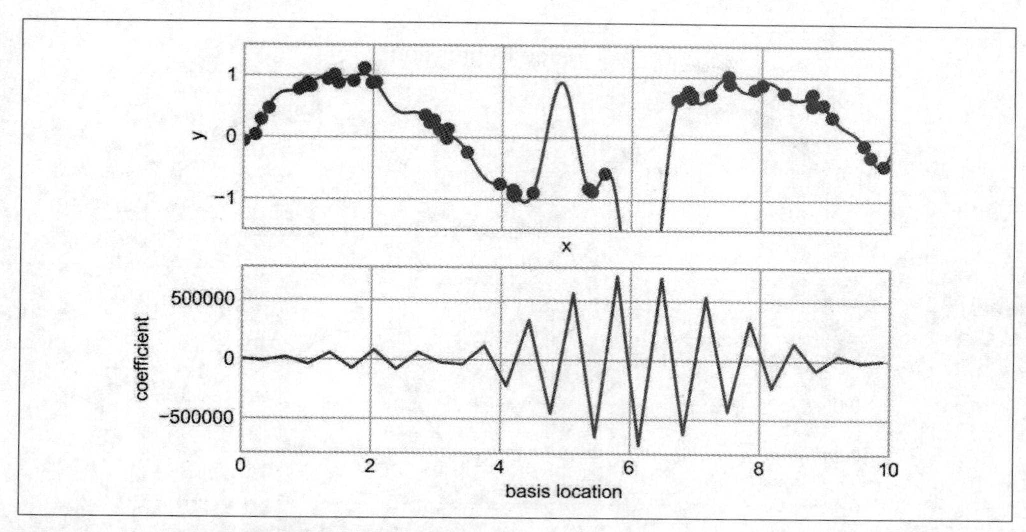

图 42-7：过度复杂的模型中高斯基函数的系数

图 42-7 中的下图显示了每个位置上基函数的幅度。当基函数重叠的时候，通常就表明出现了过拟合：相邻基函数的系数会变得很大且效果相互抵消。这显然是有问题的，如果对较大的模型参数进行惩罚（penalize），从而抑制模型的异常波动，应该就可以解决这个问题了。这个惩罚机制被称为**正则化**（regularization），有几种不同的表现形式。

42.3.1 岭回归（L_2 范数正则化）

正则化最常见的形式可能是**岭回归**（ridge regression），或者 **L_2 范数正则化**（有时也被称为**吉洪诺夫正则化**，Tikhonov regularization）。其处理方法是对模型系数 θ_n 的平方和（L_2 范数）进行惩罚，模型拟合的惩罚项为：

$$P = \alpha\sum_{n=1}^{N}\theta_n^2$$

其中，α 是一个自由参数，用来控制惩罚的力度。这种带惩罚项的模型内置在 scikit-learn 的 `Ridge` 估计器中（如图 42-8 所示）：

```
In [12]: from sklearn.linear_model import Ridge
         model = make_pipeline(GaussianFeatures(30), Ridge(alpha=0.1))
         basis_plot(model, title='Ridge Regression')
```

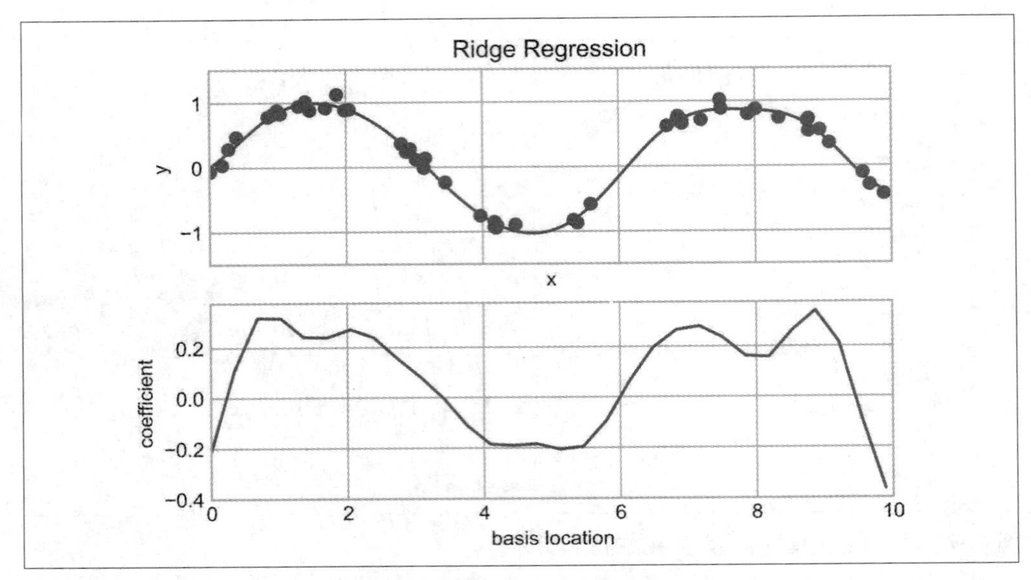

图 42-8：岭回归（L_2 范数）正则化处理过度复杂的模型（与图 42-7 对比）

参数 α 是控制最终模型复杂度的关键。如果 $\alpha \to 0$，那么模型就恢复到标准线性回归结果；如果 $\alpha \to \infty$，那么所有模型响应都会被压制。岭回归的一个重要优点是，它可以非常高效地计算，因此相比原始的线性回归模型，几乎没有消耗更多的计算资源。

42.3.2 Lasso 回归（L_1 范数正则化）

另一种常用的正则化被称为 **Lasso 回归**或 **L_1 范数正则化**，其处理方法是对模型系数绝对值的和（L_1 范数）进行惩罚：

$$P = \alpha \sum_{n=1}^{N} |\theta_n|$$

虽然它在形式上非常接近岭回归，但是其结果与岭回归差别很大。例如，由于其几何特性，Lasso 回归倾向于构建**稀疏模型**；也就是说，它更喜欢将模型系数设置为 0。

用模型系数的 L_1 范数正则化实现前面的示例可以看到这一行为（如图 42-9 所示）：

```
In [13]: from sklearn.linear_model import Lasso
         model = make_pipeline(GaussianFeatures(30),
                               Lasso(alpha=0.001, max_iter=2000))
         basis_plot(model, title='Lasso Regression')
```

通过 Lasso 回归惩罚，基函数的大多数系数变成了 0，所以模型变成了原来基函数的一小部分。与岭回归正则化类似，参数 α 控制惩罚力度，并且可以通过交叉验证来确定（详情请参见第 39 章）。

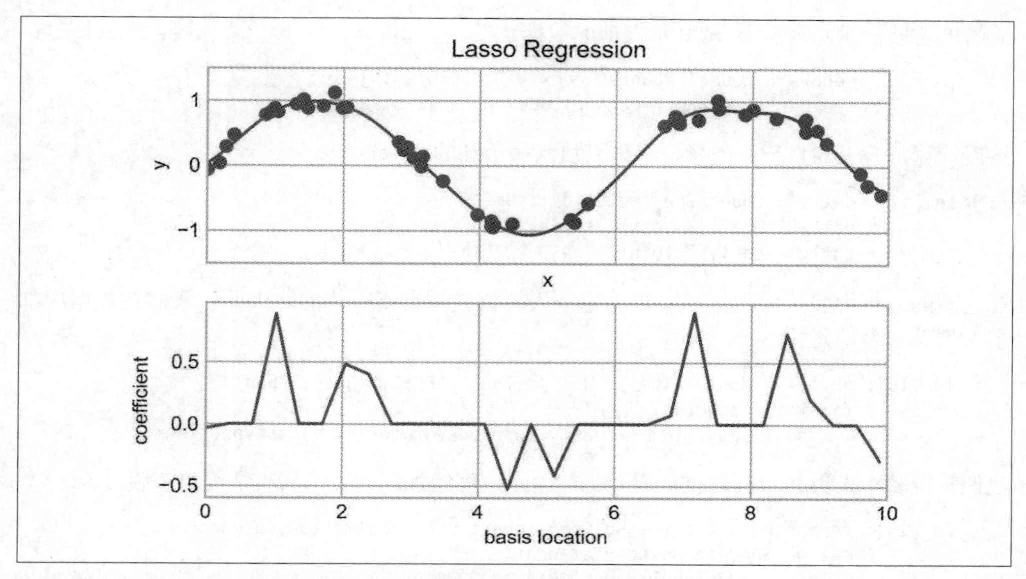

图 42-9：Lasso（L_1 范数）正则化处理过度复杂的模型（与图 42-8 对比）

42.4 案例：预测自行车流量

下面来尝试预测美国西雅图弗雷蒙特桥上的自行车流量，数据源自不同天气、季节和其他条件下通过该桥的自行车统计数据。我们在第 23 章见过这些数据。在本节中，我们将自行车数据与其他数据集连接起来，以确定天气和季节因素（气温、降雨量和白昼时间）对通过这座桥的自行车流量的影响程度。NOAA 提供了每日的站点天气预报数据（我用的站点 ID 是 USW00024233）。可以用 pandas 轻松地将两份数据连接起来。然后，创建一个简单的线性回归模型来探索与自行车流量相关的天气和其他因素，从而评估任意一种因素对骑车人数的影响。

值得注意的是，这是一个演示在统计模型框架中如何应用 scikit-learn 工具的案例，模型参数被假设为具有可以解释的含义。就像前面介绍过的那样，虽然这并不是一个介绍标准机器学习方法的案例，但是对模型的解释在其他模型中也适用。

首先加载两个数据集，用日期作为索引：

```
In [14]: # url = 'https://raw.githubusercontent.com/jakevdp/bicycle-data/main'
         # !curl -O {url}/FremontBridge.csv
         # !curl -O {url}/SeattleWeather.csv

In [15]: import pandas as pd
         counts = pd.read_csv('FremontBridge.csv',
                              index_col='Date', parse_dates=True)
         weather = pd.read_csv('SeattleWeather.csv',
                               index_col='DATE', parse_dates=True)
```

为简单起见，我们来看看 2020 年之前的数据：

```
In [16]: counts = counts[counts.index < "2020-01-01"]
         weather = weather[weather.index < "2020-01-01"]
```

然后计算每一天的自行车流量，将结果放到一个新的 DataFrame 中：

```
In [17]: daily = counts.resample('d').sum()
         daily['Total'] = daily.sum(axis=1)
         daily = daily[['Total']] # 去掉其他列
```

在之前的分析中我们发现，同一周内每一天的模式都是不一样的。因此，我们在数据中加上 7 列表示星期几：

```
In [18]: days = ['Mon', 'Tue', 'Wed', 'Thu', 'Fri', 'Sat', 'Sun']
         for i in range(7):
             daily[days[i]] = (daily.index.dayofweek == i).astype(float)
```

我们觉得骑车人数在节假日也有所变化。因此，再增加一列表示当天是否为节假日：

```
In [19]: from pandas.tseries.holiday import USFederalHolidayCalendar
         cal = USFederalHolidayCalendar()
         holidays = cal.holidays('2012', '2020')
         daily = daily.join(pd.Series(1, index=holidays, name='holiday'))
         daily['holiday'].fillna(0, inplace=True)
```

我们还认为白昼时间也会影响骑车人数。因此，用标准的天文计算来添加这列信息（见图 42-10）：

```
In [20]: def hours_of_daylight(date, axis=23.44, latitude=47.61):
             """ 计算指定日期的白昼时间 """
             days = (date - pd.datetime(2000, 12, 21)).days
             m = (1. - np.tan(np.radians(latitude))
                  * np.tan(np.radians(axis) * np.cos(days * 2 * np.pi / 365.25)))
             return 24. * np.degrees(np.arccos(1 - np.clip(m, 0, 2))) / 180.

         daily['daylight_hrs'] = list(map(hours_of_daylight, daily.index))
         daily[['daylight_hrs']].plot()
         plt.ylim(8, 17)
Out[20]: (8.0, 17.0)
```

我们还可以在数据中增加每一天的平均气温和总降雨量。除了降雨量的数值之外，再增加一个标记表示是否下雨（是否降雨量为 0）：

```
In [21]: weather['Temp (F)'] = 0.5 * (weather['TMIN'] + weather['TMAX'])
         weather['Rainfall (in)'] = weather['PRCP']
         weather['dry day'] = (weather['PRCP'] == 0).astype(int)

         daily = daily.join(weather[['Rainfall (in)', 'Temp (F)', 'dry day']])
```

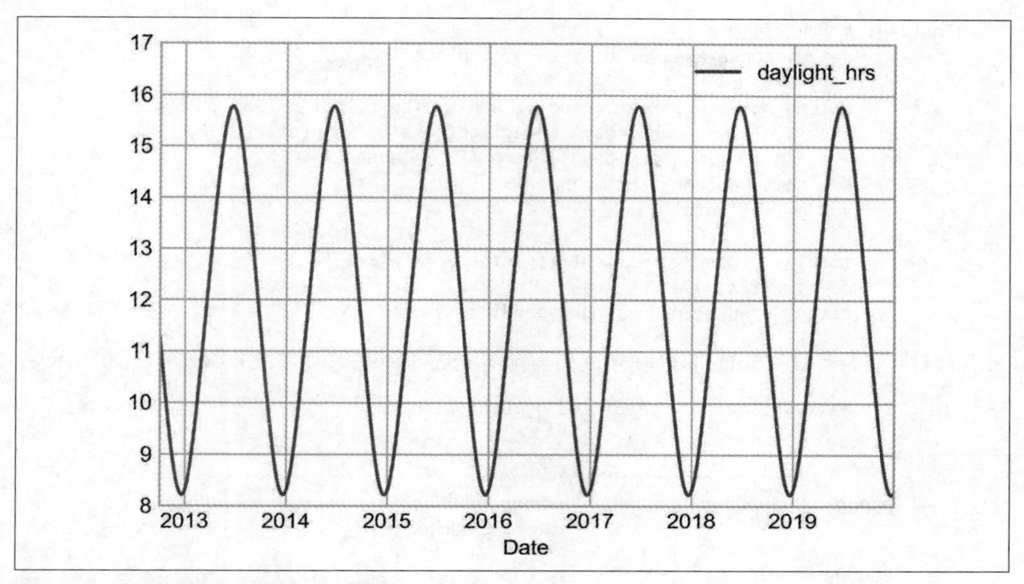

图 42-10：西雅图数据白昼时间可视化

最后，增加一个从 1 开始递增的计数器，表示一年已经过去了多少天。这个特征可以让我们看到每一天自行车流量的增加或减少：

```
In [22]: daily['annual'] = (daily.index - daily.index[0]).days / 365.
```

数据已经准备就绪，来看看前几行：

```
In [23]: daily.head()
Out[23]:             Total  Mon  Tue  Wed  Thu  Fri  Sat  Sun  holiday \
         Date
         2012-10-03  14084.0  0.0  0.0  1.0  0.0  0.0  0.0  0.0      0.0
         2012-10-04  13900.0  0.0  0.0  0.0  1.0  0.0  0.0  0.0      0.0
         2012-10-05  12592.0  0.0  0.0  0.0  0.0  1.0  0.0  0.0      0.0
         2012-10-06   8024.0  0.0  0.0  0.0  0.0  0.0  1.0  0.0      0.0
         2012-10-07   8568.0  0.0  0.0  0.0  0.0  0.0  0.0  1.0      0.0

                     daylight_hrs Rainfall (in)  Temp (F)  dry day    annual
         Date
         2012-10-03     11.277359           0.0      56.0        1  0.000000
         2012-10-04     11.219142           0.0      56.5        1  0.002740
         2012-10-05     11.161038           0.0      59.5        1  0.005479
         2012-10-06     11.103056           0.0      60.5        1  0.008219
         2012-10-07     11.045208           0.0      60.5        1  0.010959
```

有了这些数据之后，就可以选择需要使用的列，然后对数据建立线性回归模型。我们不在模型中使用截距，而是设置 fit_intercept = False，因为每一天的总流量（Total 字段）基本上可以作为当天的截距[1]：

注 1：其实此线性回归模型使用截距，即设置 fit_intercept = True，拟合结果也不变。——译者注

```
In [24]: # 剔除有空值的行
         daily.dropna(axis=0, how='any', inplace=True)

         column_names = ['Mon', 'Tue', 'Wed', 'Thu', 'Fri', 'Sat', 'Sun',
                         'holiday', 'daylight_hrs', 'Rainfall (in)',
                         'dry day', 'Temp (F)', 'annual']
         X = daily[column_names]
         y = daily['Total']

         model = LinearRegression(fit_intercept=False)
         model.fit(X, y)
         daily['predicted'] = model.predict(X)
```

最后，对比自行车真实流量（Total 字段）与预测流量（predicted 字段）（如图 42-11 所示）：

```
In [25]: daily[['Total', 'predicted']].plot(alpha=0.5);
```

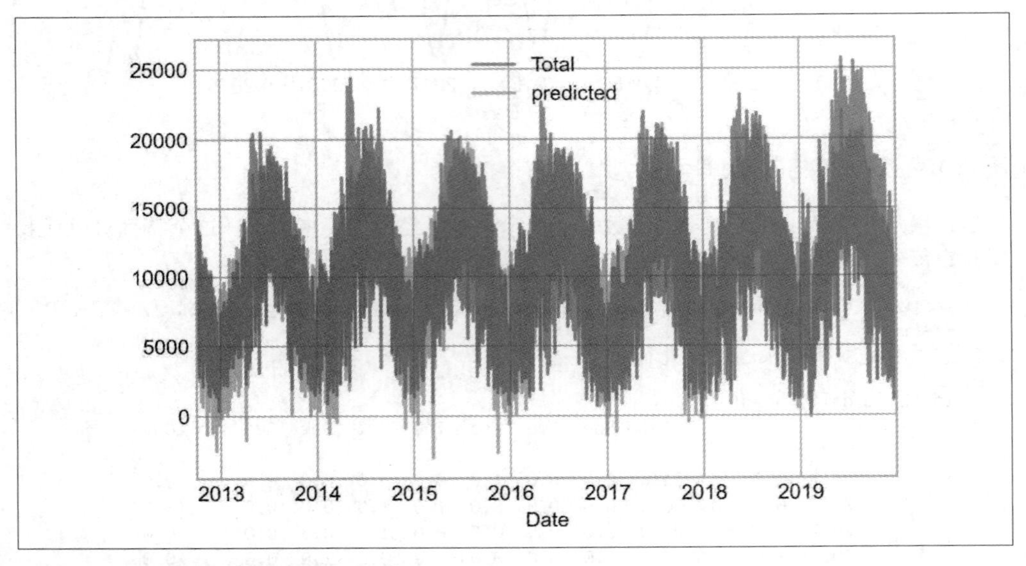

图 42-11：回归模型预测的自行车流量

从数据和模型预测不完全吻合这一事实来看，显然我们丢失了一些关键特征。要么是由于特征没有收集全（即可能还有其他因素会影响人们是否骑车），要么是有一些非线性关系我们没有考虑到（例如，可能人们在气温过高或过低时都不愿意骑车）。但是，这个近似解已经足以说明问题。下面让我们看看模型的系数，评估各个特征对每日自行车流量的影响：

```
In [26]: params = pd.Series(model.coef_, index=X.columns)
         params
Out[26]: Mon             -3309.953439
         Tue             -2860.625060
         Wed             -2962.889892
         Thu             -3480.656444
         Fri             -4836.064503
         Sat            -10436.802843
```

```
Sun              -10795.195718
holiday           -5006.995232
daylight_hrs        409.146368
Rainfall (in)     -2789.860745
dry day            2111.069565
Temp (F)            179.026296
annual              324.437749
dtype: float64
```

如果不对这些数据的不确定性进行评估，就很难解释它们。可以用自助采样方法快速计算数据的不确定性：

```
In [27]: from sklearn.utils import resample
         np.random.seed(1)
         err = np.std([model.fit(*resample(X, y)).coef_
                       for i in range(1000)], 0)
```

有了估计误差之后，再来看这些结果：

```
In [28]: print(pd.DataFrame({'effect': params.round(0),
                             'uncertainty': err.round(0)}))
Out[28]:                  effect  uncertainty
         Mon            -3310.0        265.0
         Tue            -2861.0        274.0
         Wed            -2963.0        268.0
         Thu            -3481.0        268.0
         Fri            -4836.0        261.0
         Sat           -10437.0        259.0
         Sun           -10795.0        267.0
         holiday        -5007.0        401.0
         daylight_hrs     409.0         26.0
         Rainfall (in)  -2790.0        186.0
         dry day         2111.0        101.0
         Temp (F)         179.0          7.0
         annual           324.0         22.0
```

大致来说，effect 列显示了特征的变化如何影响骑车人数的变化。首先，周末骑车的人比工作日少很多。其次，白昼时间每增加 1 小时，骑车人数增加 409 ± 26 人；温度每上升 1 华氏度，骑车人数增加 179 ± 7 人；如果不下雨，那么骑车人数增加 2111 ± 101 人；降雨量每增加 1 英寸，骑车人数减少 2790 ±186 人。在考虑了所有影响因素之后，我们发现每年日骑车人数增加（日环比增幅）324 ± 22 人。

我们的模型的确丢失了一些重要信息。例如，变量的非线性影响因素（例如降雨**和**寒冷天气的影响）和非线性趋势（例如人们在气温过高或过低时可能都不愿意骑车）在模型中都没有体现。另外，我们丢掉了一些细颗粒度的数据（例如下雨天的早晨和下雨天的傍晚之间的差异），还忽略了相邻日期的相关性（例如，星期二下雨对星期三骑车人数的影响，或者连续多日的阴雨天后突然放晴对骑车人数的影响），这些都可能对骑车人数产生影响。现在你手上已经有了工具，如果愿意，可以进一步进行分析。

第43章

专题：支持向量机

支持向量机（support vector machine，SVM）是非常强大、灵活的监督学习方法，既可用于分类，也可用于回归。在本章中，我们将介绍支持向量机的原理，并用它解决分类问题。

首先还是导入需要用的程序库：

```
In [1]: %matplotlib inline
        import numpy as np
        import matplotlib.pyplot as plt
        plt.style.use('seaborn-whitegrid')
        from scipy import stats
```

43.1 支持向量机的由来

在前面介绍贝叶斯分类（详情请参见第41章）时，我们首先对每个类进行了随机分布的假设，然后用生成的模型估计新数据点的标签。那是**生成式分类**方法，这里将介绍**判别式分类**方法：不再为每类数据建模，而是用一条分割线（二维空间中的直线或曲线）或者一个流形（多维空间中的曲线、曲面等概念的推广）将各种类型分开。

下面用一个简单的分类示例来演示，其中两种类型的数据可以被清晰地分割开（如图43-1所示）：

```
In [2]: from sklearn.datasets import make_blobs
        X, y = make_blobs(n_samples=50, centers=2,
                          random_state=0, cluster_std=0.60)
        plt.scatter(X[:, 0], X[:, 1], c=y, s=50, cmap='autumn');
```

这个线性判别式分类器尝试画一条将数据分成两部分的直线，这样就构成了一个分类模型。对于图43-1中的二维数据来说，这个任务其实可以手动完成。但是我们马上发现一个问题：在这两种类型之间，有不止一条直线可以将它们完美分开。

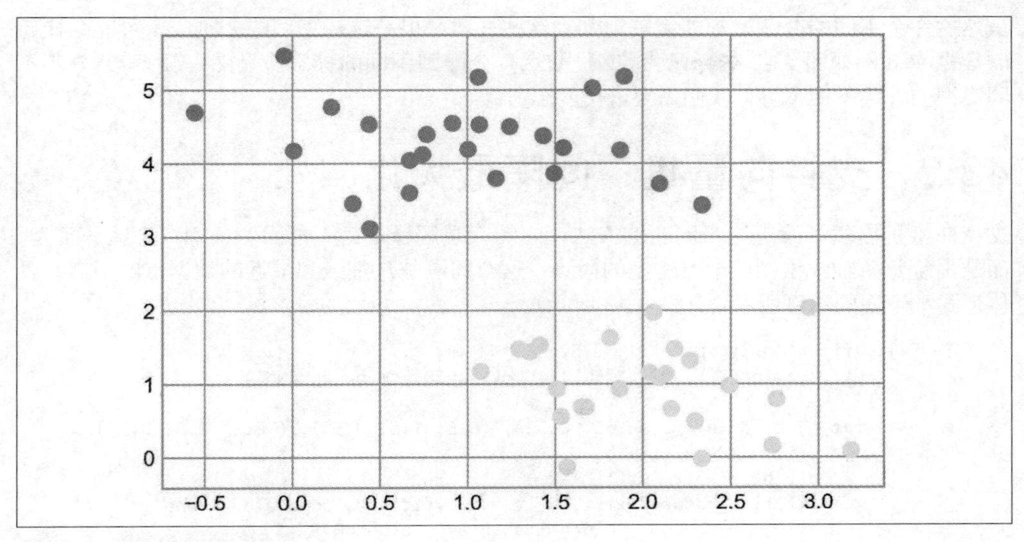

图 43-1：简单分类数据

可以把它们画出来看看（如图 43-2 所示）：

```
In [3]: xfit = np.linspace(-1, 3.5)
        plt.scatter(X[:, 0], X[:, 1], c=y, s=50, cmap='autumn')
        plt.plot([0.6], [2.1], 'x', color='red', markeredgewidth=2, markersize=10)

        for m, b in [(1, 0.65), (0.5, 1.6), (-0.2, 2.9)]:
            plt.plot(xfit, m * xfit + b, '-k')

        plt.xlim(-1, 3.5);
```

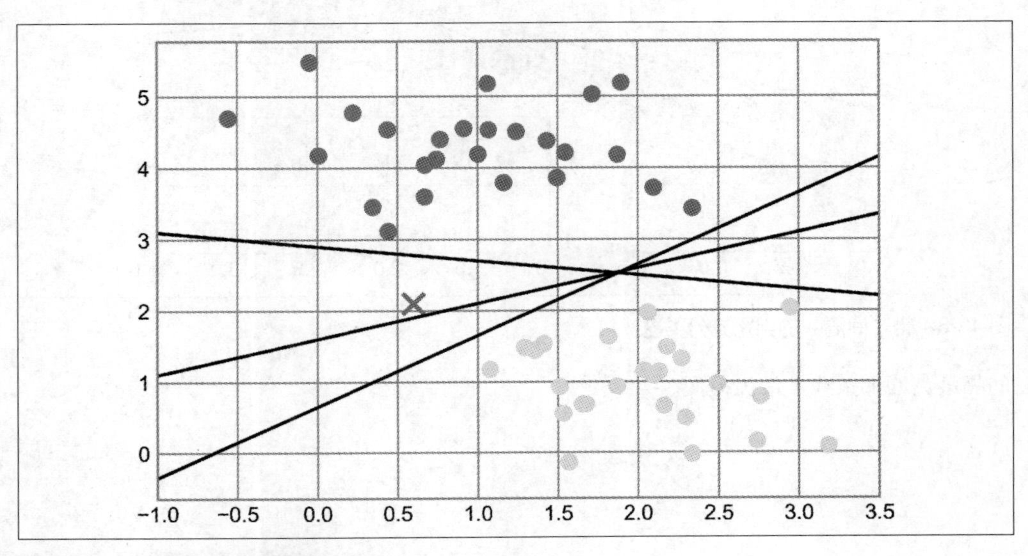

图 43-2：3 个完美的线性判别式分类器

虽然这 3 个不同的分割器都能完美地判别这些样本，但是选择不同的分割线，可能会让新的数据点（例如图 43-2 中标记为“X”的点）分配到不同的标签。显然，“画一条分割不同类型的直线”还不够，我们需要进一步思考。

43.2 支持向量机：间隔最大化

支持向量机提供了改进这个问题的方法，它的直观解释是：不再画一条细线来区分类型，而是围绕每条细线绘制一个有宽度的间隔，这个间隔是从细线到最近的数据点的距离。具体形式如下面的示例所示（如图 43-3 所示）：

```
In [4]: xfit = np.linspace(-1, 3.5)
        plt.scatter(X[:, 0], X[:, 1], c=y, s=50, cmap='autumn')

        for m, b, d in [(1, 0.65, 0.33), (0.5, 1.6, 0.55), (-0.2, 2.9, 0.2)]:
            yfit = m * xfit + b
            plt.plot(xfit, yfit, '-k')
            plt.fill_between(xfit, yfit - d, yfit + d, edgecolor='none',
                             color='lightgray', alpha=0.5)

        plt.xlim(-1, 3.5);
```

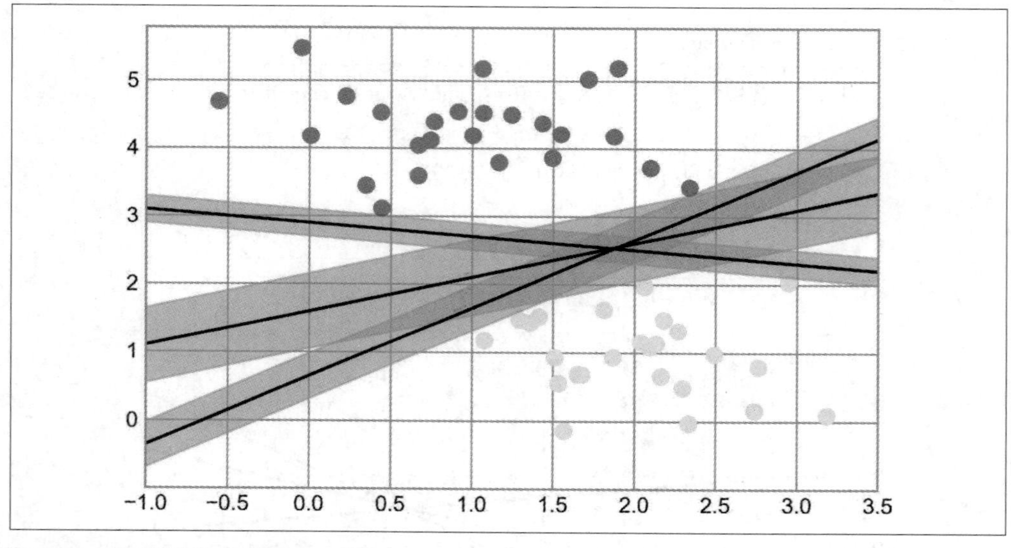

图 43-3：带“间隔”的判别式分类器

间隔最大的那条线是最优模型。

43.2.1　拟合支持向量机

来看看这个数据的真实拟合结果：用 scikit-learn 的支持向量机分类器在数据上训练一个 SVM 模型。这里用一个线性核函数，并将参数 C 设置为一个很大的数（后面会介绍这些设置的意义）：

```
In [5]: from sklearn.svm import SVC # " 支持向量机分类器 "
        model = SVC(kernel='linear', C=1E10)
        model.fit(X, y)
Out[5]: SVC(C=10000000000.0, kernel='linear')
```

为了实现更好的可视化分类效果，创建一个辅助函数来画出 SVM 的决策边界（如图 43-4 所示）：

```
In [6]: def plot_svc_decision_function(model, ax=None, plot_support=True):
            """ 画二维 SVC 的决策函数 """
            if ax is None:
                ax = plt.gca()
            xlim = ax.get_xlim()
            ylim = ax.get_ylim()

            # 创建评估模型的网格
            x = np.linspace(xlim[0], xlim[1], 30)
            y = np.linspace(ylim[0], ylim[1], 30)
            Y, X = np.meshgrid(y, x)
            xy = np.vstack([X.ravel(), Y.ravel()]).T
            P = model.decision_function(xy).reshape(X.shape)

            # 画决策边界和间隔
            ax.contour(X, Y, P, colors='k',
                       levels=[-1, 0, 1], alpha=0.5,
                       linestyles=['--', '-', '--'])

            # 画支持向量
            if plot_support:
                ax.scatter(model.support_vectors_[:, 0],
                           model.support_vectors_[:, 1],
                           s=300, linewidth=1, edgecolors='black',
                           facecolors='none');
            ax.set_xlim(xlim)
            ax.set_ylim(ylim)

In [7]: plt.scatter(X[:, 0], X[:, 1], c=y, s=50, cmap='autumn')
        plot_svc_decision_function(model);
```

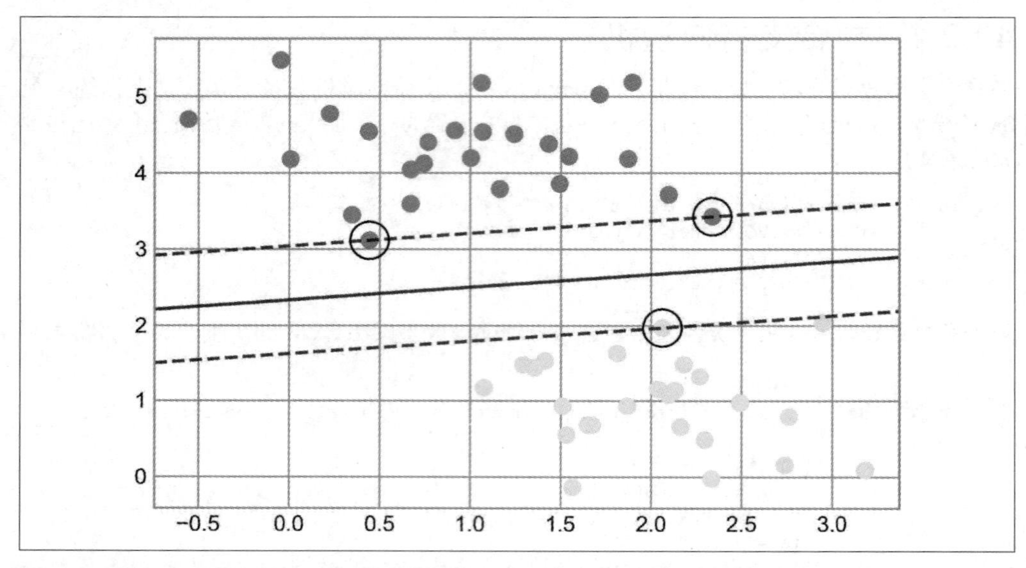

图 43-4：带间隔（虚线）和支持向量（圆圈）的支持向量机分类器的拟合数据结果

这是最大化两组数据点之间间隔的分割线。你会发现有一些点正好就在间隔边缘上，在图 43-5 中用黑圆圈表示。这些点是拟合的关键支持点，被称为**支持向量**，支持向量机算法也因此得名。在 scikit-learn 里面，支持向量的坐标存放在分类器的 `support_vectors_` 属性中：

```
In [8]: model.support_vectors_
Out[8]: array([[ 0.44359863,  3.11530945],
               [ 2.33812285,  3.43116792],
               [ 2.06156753,  1.96918596]])
```

分类器能够成功拟合的关键，就是这些支持向量的位置——任何在正确分类一侧、远离间隔的点都不会影响拟合结果！从技术角度解释的话，这是因为这些点不会对拟合模型的损失函数产生任何影响，所以只要它们没有跨越间隔，它们的位置和数量就都无关紧要。例如，可以分别画出数据集前 60 个点和前 120 个点的拟合结果，并进行对比（如图 43-5 所示）：

```
In [9]: def plot_svm(N=10, ax=None):
            X, y = make_blobs(n_samples=N, centers=2,
                              random_state=0, cluster_std=0.60)
            X = X[:N]
            y = y[:N]
            model = SVC(kernel='linear', C=1E10)
            model.fit(X, y)

            ax = ax or plt.gca()
            ax.scatter(X[:, 0], X[:, 1], c=y, s=50, cmap='autumn')
            ax.set_xlim(-1, 4)
            ax.set_ylim(-1, 6)
            plot_svc_decision_function(model, ax)
```

```
fig, ax = plt.subplots(1, 2, figsize=(16, 6))
fig.subplots_adjust(left=0.0625, right=0.95, wspace=0.1)
for axi, N in zip(ax, [60, 120]):
    plot_svm(N, axi)
    axi.set_title('N = {0}'.format(N))
```

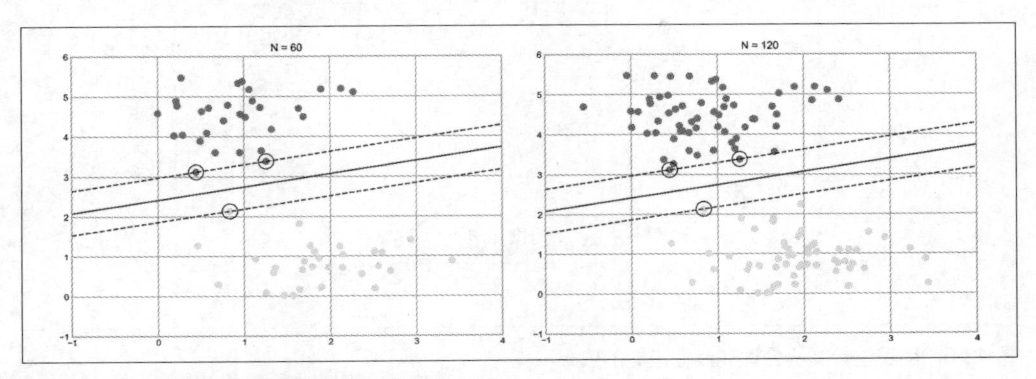

图 43-5：新训练数据点对 SVM 模型的影响

我们在图 43-5 的左图中看到的是前 60 个训练样本的模型和支持向量。在右图中，虽然我们画了前 120 个训练样本的支持向量，但是模型并没有改变：左图中的 3 个支持向量仍然适用于右图。这种对远离间隔的数据点不敏感的特点正是 SVM 模型的优点之一。

如果你正在运行 Notebook，可以用 IPython 的交互组件动态观察 SVM 模型的这个特点：

```
In [10]: from ipywidgets import interact, fixed
         interact(plot_svm, N=(10, 200), ax=fixed(None));
Out[10]: interactive(children=(IntSlider(value=10, description='N', max=200, min=10),
          > Output()), _dom_classes=('widget-...
```

43.2.2 超越线性边界：核函数 SVM 模型

将 SVM 模型与**核函数**组合使用，功能会非常强大。我们在第 42 章介绍基函数回归时介绍过一些核函数。那时，我们将数据投影到多项式和高斯基函数定义的高维空间中，从而实现用线性分类器拟合非线性关系。

在 SVM 模型中，我们可以沿用同样的思路。为了应用核函数，引入一些非线性可分的数据（如图 43-6 所示）：

```
In [11]: from sklearn.datasets import make_circles
         X, y = make_circles(100, factor=.1, noise=.1)

         clf = SVC(kernel='linear').fit(X, y)

         plt.scatter(X[:, 0], X[:, 1], c=y, s=50, cmap='autumn')
         plot_svc_decision_function(clf, plot_support=False);
```

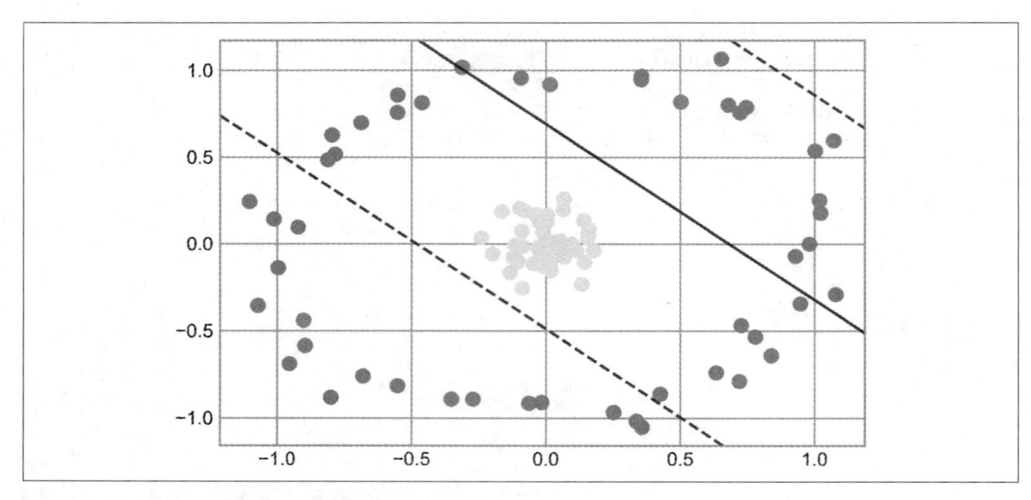

图 43-6：用线性分类器处理非线性边界的效果

显然，这里需要用非线性判别方法来分割数据。回顾一下第 42 章介绍的基函数回归方法，想想如何将数据投影到高维空间，从而使线性分割器可以派上用场。例如，一种简单的投影方法是计算一个以数据的中间簇（middle clump）为中心的**径向基函数**：

```
In [12]: r = np.exp(-(X ** 2).sum(1))
```

可以通过三维图来可视化新增的维度（如图 43-7 所示）：

```
In [13]: from mpl_toolkits import mplot3d

         ax = plt.subplot(projection='3d')
         ax.scatter3D(X[:, 0], X[:, 1], r, c=y, s=50, cmap='autumn')
         ax.view_init(elev=20, azim=30)
         ax.set_xlabel('x')
         ax.set_ylabel('y')
         ax.set_zlabel('r');
```

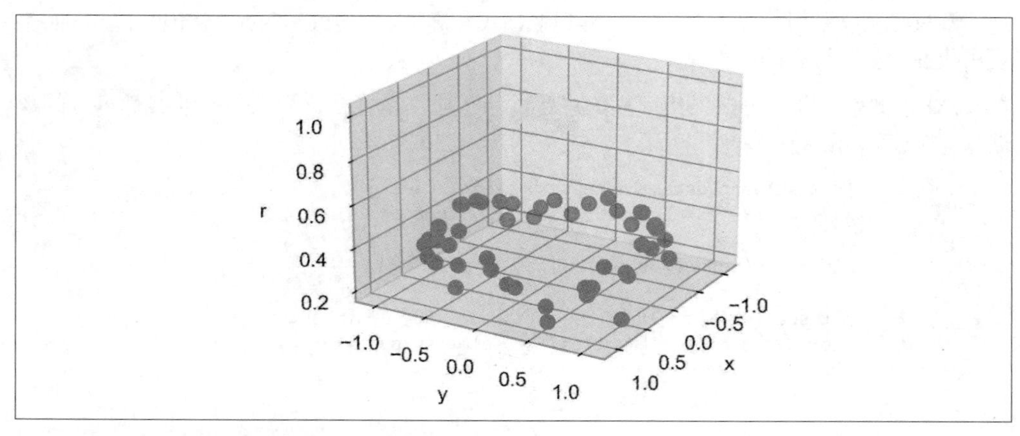

图 43-7：可以进行线性分割的第三个维度

增加新维度之后，数据变成了线性可分状态。如果现在画一个分割平面，例如 r =0.7，即可将数据分开。

我们还需要仔细选择和优化投影方式；如果不能将径向基函数集中到正确的位置，那么就得不到如此干净、线性可分的结果。通常，选择基函数比较困难，我们需要让模型自动指出最合适的基函数。

一种策略是计算基函数在数据集上**每个**点的变换结果，让 SVM 算法从所有结果中筛选出最优解。这种基函数变换方式被称为**核变换**，是基于每对数据点之间的相似度（或者核函数）计算的。

这种策略的问题是，如果将 N 个数据点投影到 N 维空间，当 N 不断增大的时候就会出现维数灾难，计算量巨大。但**核函数技巧**提供了一个小程序，可以隐式计算核变换数据的拟合，也就是说，不需要建立完全的 N 维核函数投影空间。这个核函数技巧内置在 SVM 模型中，是 SVM 方法如此强大的原因之一。

在 scikit-learn 里面，我们可以应用核函数化的 SVM 模型将线性核转变为 RBF（径向基函数）核，设置 `kernel` 模型超参数即可：

```
In [14]: clf = SVC(kernel='rbf', C=1E6)
         clf.fit(X, y)
Out[14]: SVC(C=1000000.0)
```

我们使用之前定义的函数来可视化拟合效果并确定支持向量（如图 43-8 所示）：

```
In [15]: plt.scatter(X[:, 0], X[:, 1], c=y, s=50, cmap='autumn')
         plot_svc_decision_function(clf)
         plt.scatter(clf.support_vectors_[:, 0], clf.support_vectors_[:, 1],
                     s=300, lw=1, facecolors='none');
```

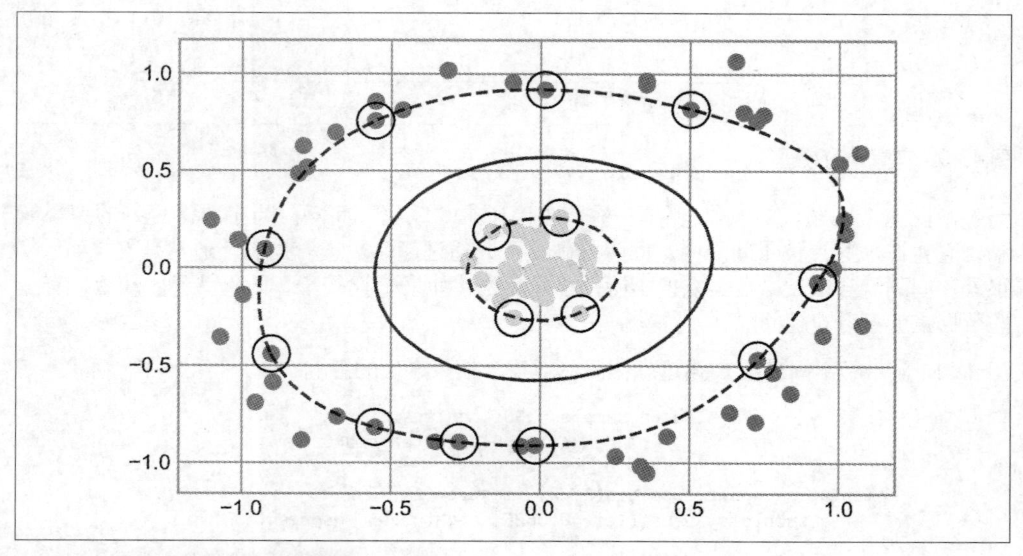

图 43-8：核函数化的 SVM 模型拟合数据

通过使用这个核函数化的支持向量机，我们找到了一条合适的非线性决策边界。在机器学习中，核变换策略经常用于将快速的线性方法变换成快速的非线性方法，尤其是对于那些可以应用核函数技巧的模型。

43.2.3　SVM 优化：软化间隔

到目前为止，我们介绍的模型都是在处理非常干净的数据集，里面都有非常完美的决策边界。但如果你的数据有一些重叠该怎么办呢？例如，有如下所示的一些数据（如图 43-9 所示）：

```
In [16]: X, y = make_blobs(n_samples=100, centers=2,
                           random_state=0, cluster_std=1.2)
         plt.scatter(X[:, 0], X[:, 1], c=y, s=50, cmap='autumn');
```

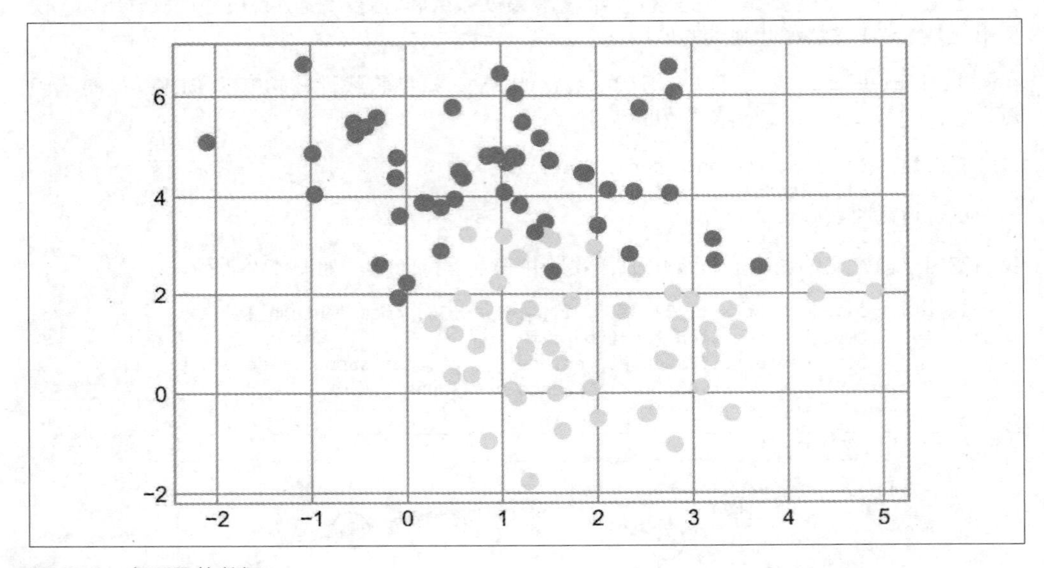

图 43-9：有重叠的数据

为了解决这个问题，SVM 实现了一些修正因子来“软化”间隔。为了取得更好的拟合效果，它允许一些点位于间隔内。间隔的硬度可以通过超参数进行控制，通常是 C。如果 C 很大，间隔就会很硬，数据点便不能位于间隔内；如果 C 比较小，间隔就会比较软，有一些数据点就可以穿越间隔。

图 43-10 显示了不同参数 C 通过软化间隔对拟合效果产生的影响：

```
In [17]: X, y = make_blobs(n_samples=100, centers=2,
                           random_state=0, cluster_std=0.8)

         fig, ax = plt.subplots(1, 2, figsize=(16, 6))
         fig.subplots_adjust(left=0.0625, right=0.95, wspace=0.1)
```

```
for axi, C in zip(ax, [10.0, 0.1]):
    model = SVC(kernel='linear', C=C).fit(X, y)
    axi.scatter(X[:, 0], X[:, 1], c=y, s=50, cmap='autumn')
    plot_svc_decision_function(model, axi)
    axi.scatter(model.support_vectors_[:, 0],
                model.support_vectors_[:, 1],
                s=300, lw=1, facecolors='none');
    axi.set_title('C = {0:.1f}'.format(C), size=14)
```

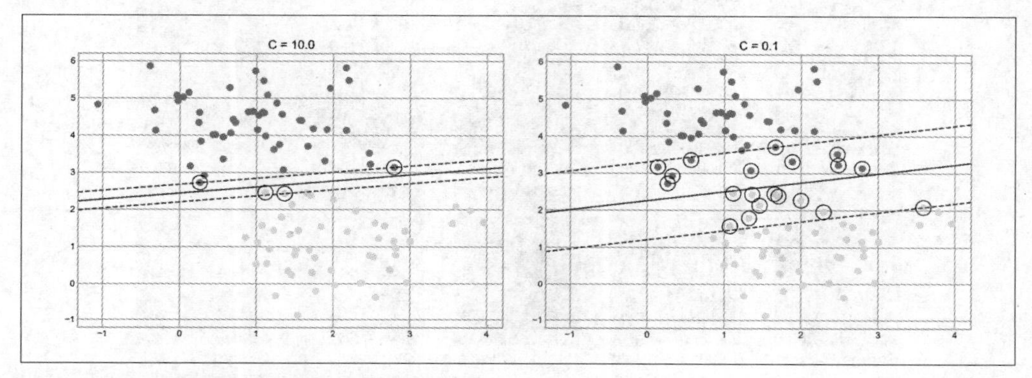

图 43-10：不同参数 C 的支持向量机拟合效果

参数 C 的最优值视数据集的具体情况而定，并且应该通过交叉验证或者类似的程序来调整（详情请参见第 39 章）。

43.3 案例：人脸识别

我们用人脸识别案例来演示支持向量机的实战过程。这里用 Wild 数据集中带标记的人脸图像，该数据集包含了数千张公众人物的照片。scikit-learn 内置了获取照片数据集的功能：

```
In [18]: from sklearn.datasets import fetch_lfw_people
         faces = fetch_lfw_people(min_faces_per_person=60)
         print(faces.target_names)
         print(faces.images.shape)
Out[18]: ['Ariel Sharon' 'Colin Powell' 'Donald Rumsfeld' 'George W Bush'
          'Gerhard Schroeder' 'Hugo Chavez' 'Junichiro Koizumi' 'Tony Blair']
         (1348, 62, 47)
```

让我们画一些人脸，看看需要处理的数据（如图 43-11 所示）：

```
In [19]: fig, ax = plt.subplots(3, 5, figsize=(8, 6))
         for i, axi in enumerate(ax.flat):
             axi.imshow(faces.images[i], cmap='bone')
             axi.set(xticks=[], yticks=[],
                     xlabel=faces.target_names[faces.target[i]])
```

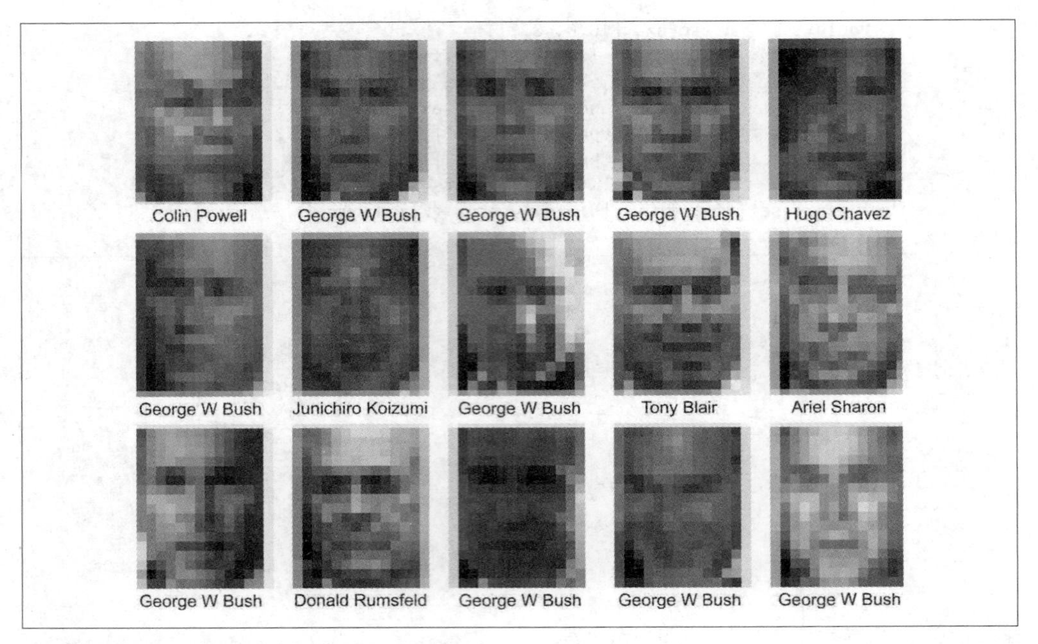

图 43-11：Wild 数据集中带标记的人脸图像

每个图像包含 [62 × 47] 或接近 3000 像素。虽然可以简单地将每个像素作为一个特征，但是更高效的方法通常是使用预处理器来提取更有意义的特征。这里使用主成分分析（详情请参见第 45 章）来提取 150 个基本元素，然后将其提供给支持向量机分类器。可以将这个预处理器和分类器打包成管道：

```
In [20]: from sklearn.svm import SVC
         from sklearn.decomposition import PCA
         from sklearn.pipeline import make_pipeline

         pca = PCA(n_components=150, whiten=True,
                   svd_solver='randomized', random_state=42)
         svc = SVC(kernel='rbf', class_weight='balanced')
         model = make_pipeline(pca, svc)
```

为了测试分类器的训练效果，将数据集分成训练集和测试集进行交叉验证：

```
In [21]: from sklearn.model_selection import train_test_split
         Xtrain, Xtest, ytrain, ytest = train_test_split(faces.data, faces.target,
                                                         random_state=42)
```

最后，用网格搜索交叉验证来寻找最优参数组合。通过不断调整参数 `C`（控制间隔的硬度）和参数 `gamma`（控制径向基函数核的大小），确定最优模型：

```
In [22]: from sklearn.grid_search import GridSearchCV
         param_grid = {'svc__C': [1, 5, 10, 50],
                       'svc__gamma': [0.0001, 0.0005, 0.001, 0.005]}
         grid = GridSearchCV(model, param_grid)
```

```
%time grid.fit(Xtrain, ytrain)
print(grid.best_params_)
Out[22]: CPU times: user 1min 19s, sys: 8.56 s, total: 1min 27s
Wall time: 36.2 s
{'svc__C': 10, 'svc__gamma': 0.001}
```

最优参数落在了网格的中间位置。如果它们落在了边缘位置，可能就需要扩展网格搜索范围，以确保最优参数可以被搜索到。

有了交叉验证的模型，现在就可以对测试集中的数据进行标签预测了：

```
In [23]: model = grid.best_estimator_
         yfit = model.predict(Xtest)
```

将一些测试图片与预测结果进行对比（如图 43-12 所示）：

```
In [24]: fig, ax = plt.subplots(4, 6)
         for i, axi in enumerate(ax.flat):
             axi.imshow(Xtest[i].reshape(62, 47), cmap='bone')
             axi.set(xticks=[], yticks=[])
             axi.set_ylabel(faces.target_names[yfit[i]].split()[-1],
                            color='black' if yfit[i] == ytest[i] else 'red')
         fig.suptitle('Predicted Names; Incorrect Labels in Red', size=14);
```

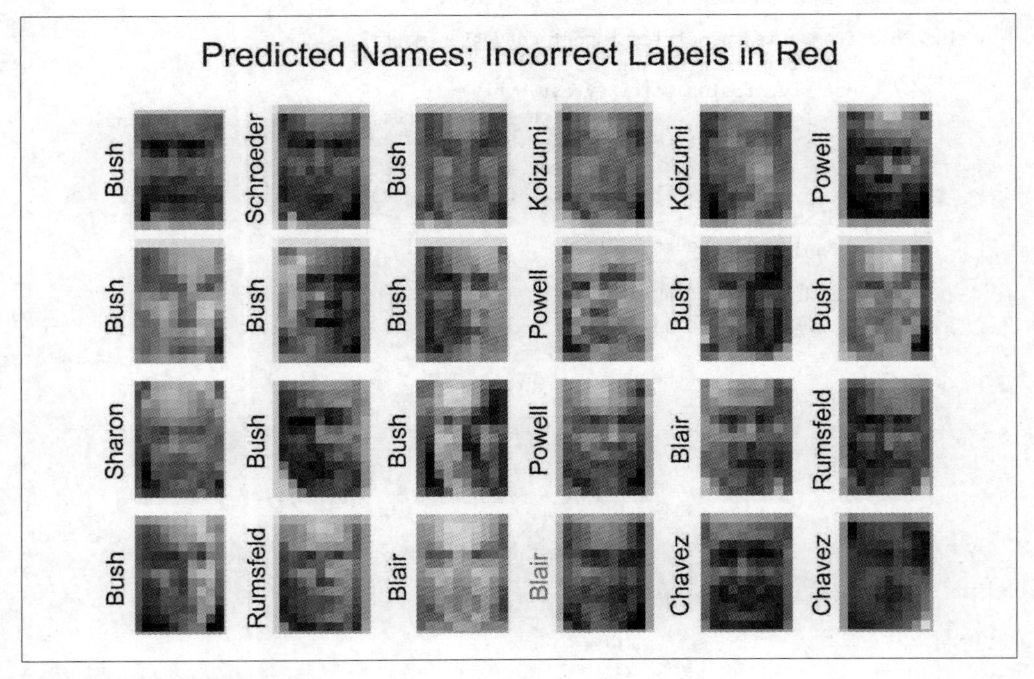

图 43-12：模型预测的标签

在这个小样本中，我们的最优估计器只判断错了一张照片（最后一行中布什的照片被误判为布莱尔）。我们可以打印分类效果报告，它会列举每个标签的统计结果，从而获得对估计器性能更全面的认识：

```
In [25]: from sklearn.metrics import classification_report
         print(classification_report(ytest, yfit,
                                     target_names=faces.target_names))
Out[25]:                    precision    recall  f1-score   support

              Ariel Sharon       0.65      0.73      0.69        15
              Colin Powell       0.80      0.87      0.83        68
           Donald Rumsfeld       0.74      0.84      0.79        31
             George W Bush       0.92      0.83      0.88       126
         Gerhard Schroeder       0.86      0.83      0.84        23
               Hugo Chavez       0.93      0.70      0.80        20
         Junichiro Koizumi       0.92      1.00      0.96        12
                Tony Blair       0.85      0.95      0.90        42

                  accuracy                           0.85       337
                 macro avg       0.83      0.84      0.84       337
              weighted avg       0.86      0.85      0.85       337
```

还可以画出这些标签的混淆矩阵（如图 43-13 所示）：

```
In [26]: from sklearn.metrics import confusion_matrix
         import seaborn as sns
         mat = confusion_matrix(ytest, yfit)
         sns.heatmap(mat.T, square=True, annot=True, fmt='d',
                     cbar=False, cmap='Blues',
                     xticklabels=faces.target_names,
                     yticklabels=faces.target_names)
         plt.xlabel('true label')
         plt.ylabel('predicted label');
```

图 43-13 可以帮助我们清晰地判断哪些标签容易被分类器误判。

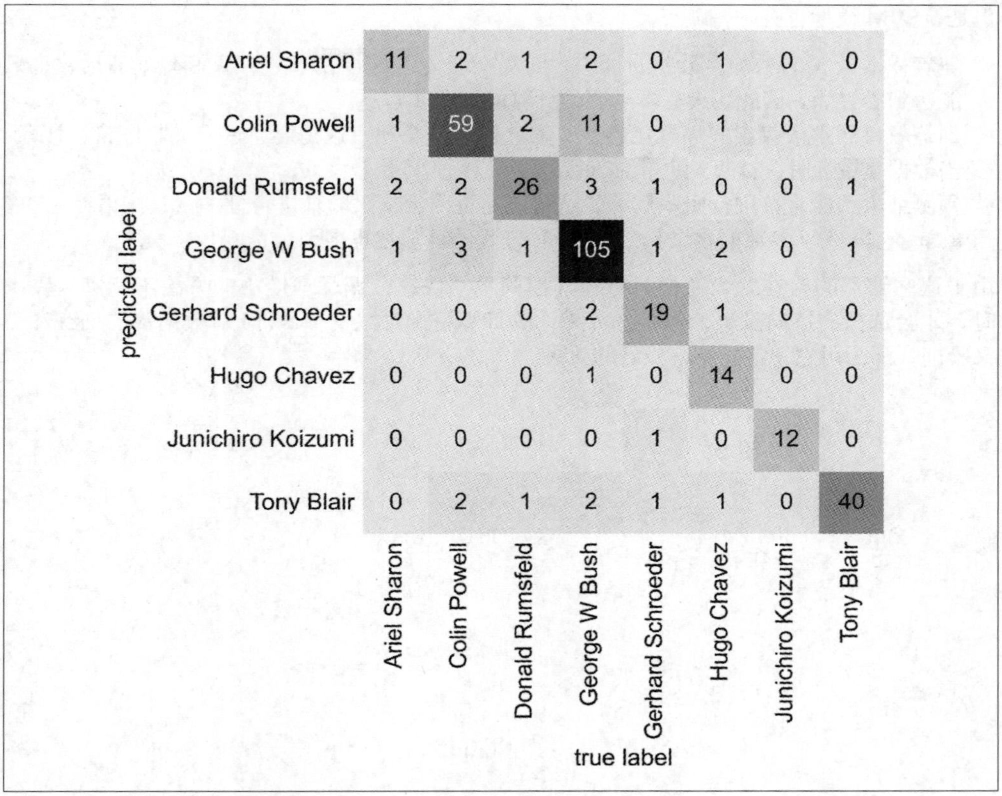

predicted label \ true label	Ariel Sharon	Colin Powell	Donald Rumsfeld	George W Bush	Gerhard Schroeder	Hugo Chavez	Junichiro Koizumi	Tony Blair
Ariel Sharon	11	2	1	2	0	1	0	0
Colin Powell	1	59	2	11	0	1	0	0
Donald Rumsfeld	2	2	26	3	1	0	0	1
George W Bush	1	3	1	105	1	2	0	1
Gerhard Schroeder	0	0	0	2	19	1	0	0
Hugo Chavez	0	0	0	1	0	14	0	0
Junichiro Koizumi	0	0	0	0	1	0	12	0
Tony Blair	0	2	1	2	1	1	0	40

图 43-13：人脸数据的混淆矩阵

真实世界中的人脸识别问题的照片通常不会被切割得这么整齐（即使像素相同），两类人脸分类机制的唯一差别其实是特征选择：你需要用更复杂的算法找到人脸，然后提取图片中与像素化无关的人脸特征。这类问题有一个不错的解决方案，就是用 OpenCV 配合其他手段，包括最先进的通用图像和人脸图像的特征提取工具，来获取人脸特征数据。

43.4　小结

本章简单介绍了支持向量机的基本原则。支持向量机是一种强大的分类方法，主要有如下 4 点理由。

- 模型依赖的支持向量比较少，说明它们都是非常精致的模型，消耗的内存少。
- 一旦模型训练完成，预测阶段的速度就非常快。
- 由于模型只受间隔附近的点的影响，因此它们对于高维数据的学习效果非常好——即使训练比样本维度还高的数据也没有问题，而这是其他算法难以企及的。
- 因与核函数方法的配合而极具通用性，能够适用于不同类型的数据。

但是，SVM 模型也有一些缺点。

- 随着样本量 N 的增加，最差的训练时间复杂度会达到 $O[N^3]$；经过高效处理后，也只能达到 $O[N^2]$。因此，大样本学习的计算成本会非常高。
- 训练效果严重依赖于间隔软化参数 C 的选择是否合理。这需要通过交叉验证自行搜索；当数据集较大时，计算量也非常大。
- 预测结果不能直接进行概率解释。这可以通过内部交叉验证进行评估（具体请参见 SVC 的 `probability` 参数的定义），但是评估过程的计算量也很大。

由于这些缺点的存在，我通常只有在其他简单、快速、调优难度小的方法不能满足需求时，才会选择支持向量机。但是，如果你的计算资源足以支撑 SVM 对数据集的训练和交叉验证，那么用它一定能获得极好的效果。

第44章

专题：决策树与随机森林

前文详细介绍了一个简单的生成式分类器（朴素贝叶斯分类器，详情请参见第 41 章）和一个强大的判别式分类器（支持向量机，详情请参见第 43 章）。下面将介绍另一种强大的非参数算法——**随机森林**。随机森林是一种**集成**方法，通过集成多个比较简单的估计器形成累积效果。这种集成方法的学习效果经常出人意料，往往能超过各个组成部分的总和；也就是说，若干估计器的多数投票（majority vote）的最终效果往往优于单个估计器投票的效果！本章将通过示例来演示。

首先还是导入标准的程序库：

```
In [1]: %matplotlib inline
        import numpy as np
        import matplotlib.pyplot as plt
        plt.style.use('seaborn-whitegrid')
```

44.1　随机森林的基础：决策树

随机森林是建立在决策树基础上的**集成学习器**。因此，首先来介绍一下决策树。

决策树采用非常直观的方式对事物进行分类或打标签：你只需问一系列的问题就可以进行分类了。例如，如果你想建立一棵决策树来判断旅行时遇到的一只动物的种类，就可以提出如图 44-1 所示的问题。

二叉树分支方法可以非常有效地进行分类：在一棵结构合理的决策树中，每个问题基本上都可将可能的种类减半；即使是对大量种类进行决策时，也可以很快地缩小选择范围。不过，决策树的难点在于设计每一步的问题。在实现决策树的机器学习算法中，问题通常是因分类边界是与特征轴平行[1]的形式分割数据而造成的；也就是说，决策树的每个节点都根

注 1：其实也有多变量决策树可以获得多特征线性组合的决策边界。——译者注

据一个特征的阈值将数据分成两组。下面通过示例来演示。

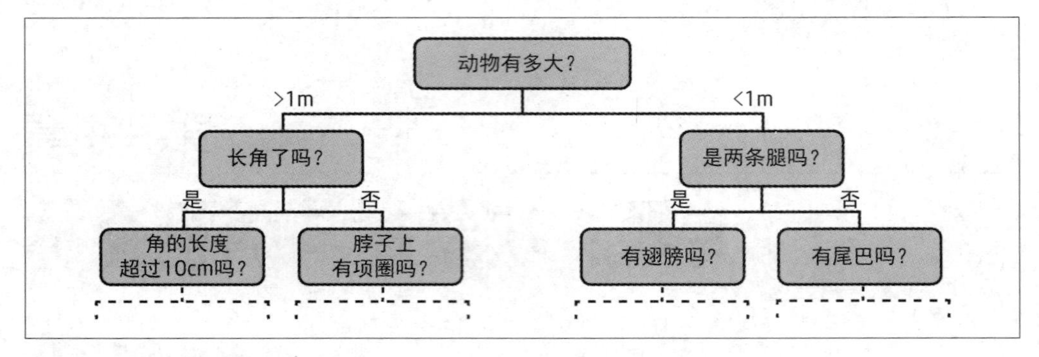

图 44-1：二叉决策树示例[1]

44.1.1 创建一棵决策树

看看下面的二维数据，它一共有 4 种标签（如图 44-2 所示）：

```
In [2]: from sklearn.datasets import make_blobs

        X, y = make_blobs(n_samples=300, centers=4,
                          random_state=0, cluster_std=1.0)
        plt.scatter(X[:, 0], X[:, 1], c=y, s=50, cmap='rainbow');
```

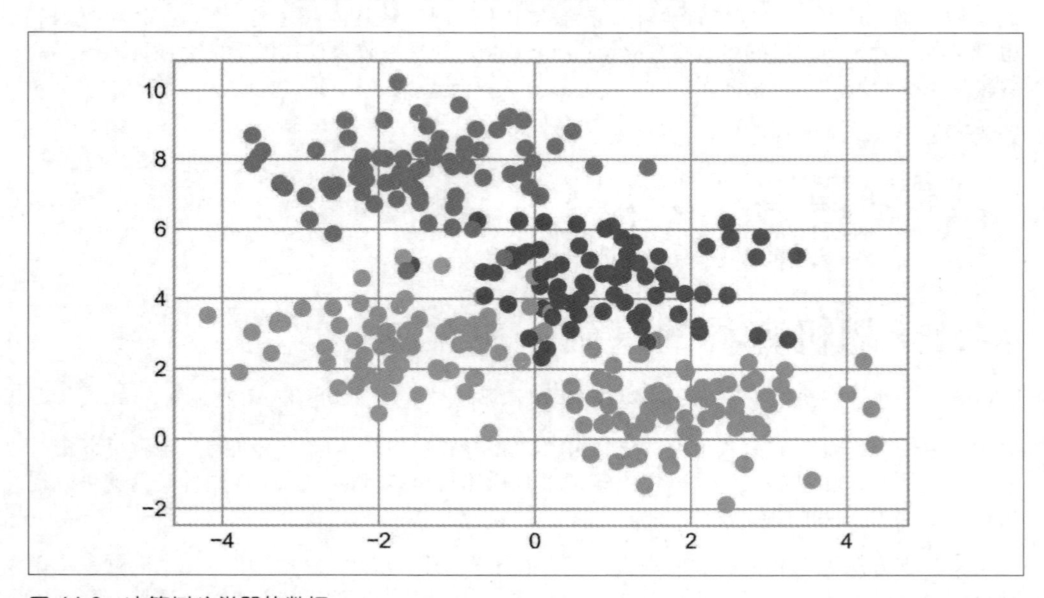

图 44-2：决策树分类器的数据

注 1：生成此图的代码可在在线附录中找到。

在这组数据上构建的简单决策树不断将数据的一个特征或另一个特征按照某种判定条件进行分割。每分割一次，都将新区域内点的多数投票结果标签分配到该区域上。图 44-3 展示了决策树对这组数据前 4 次分割的可视化结果。

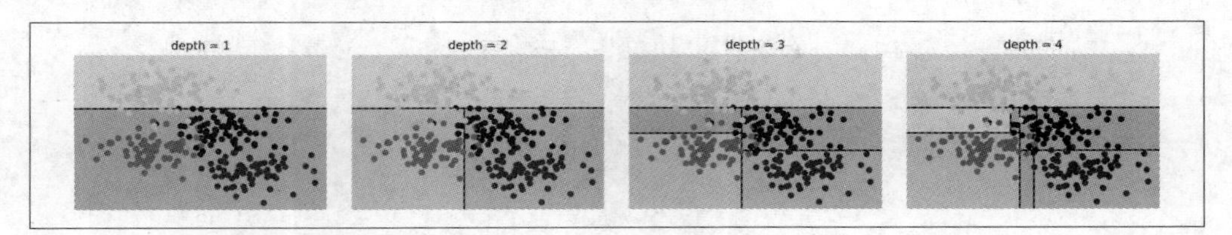

图 44-3：决策树分割数据的过程[1]

需要注意的是，在第 1 次分割之后，上半个分支里的所有数据点都没有变化，因此这个分支不需要继续分割。除非一个节点只包含一种颜色，否则每次分割时都需要按照两个特征中的一个对**每个**区域进行分割。

如果想在 scikit-learn 中使用决策树拟合数据，可以用 `DecisionTreeClassifier` 估计器：

```
In [3]: from sklearn.tree import DecisionTreeClassifier
        tree = DecisionTreeClassifier().fit(X, y)
```

快速写一个辅助函数，对分类器的结果进行可视化：

```
In [4]: def visualize_classifier(model, X, y, ax=None, cmap='rainbow'):
            ax = ax or plt.gca()

            # 画出训练数据
            ax.scatter(X[:, 0], X[:, 1], c=y, s=30, cmap=cmap,
                       clim=(y.min(), y.max()), zorder=3)
            ax.axis('tight')
            ax.axis('off')
            xlim = ax.get_xlim()
            ylim = ax.get_ylim()

            # 用估计器拟合数据
            model.fit(X, y)
            xx, yy = np.meshgrid(np.linspace(*xlim, num=200),
                                 np.linspace(*ylim, num=200))
            Z = model.predict(np.c_[xx.ravel(), yy.ravel()]).reshape(xx.shape)

            # 为结果生成彩色图
            n_classes = len(np.unique(y))
            contours = ax.contourf(xx, yy, Z, alpha=0.3,
                                   levels=np.arange(n_classes + 1) - 0.5,
                                   cmap=cmap, zorder=1)

            ax.set(xlim=xlim, ylim=ylim)
```

现在可以检查决策树分类的结果了（如图 44-4 所示）：

```
In [5]: visualize_classifier(DecisionTreeClassifier(), X, y)
```

注 1：生成此图的代码可在在线附录中找到。

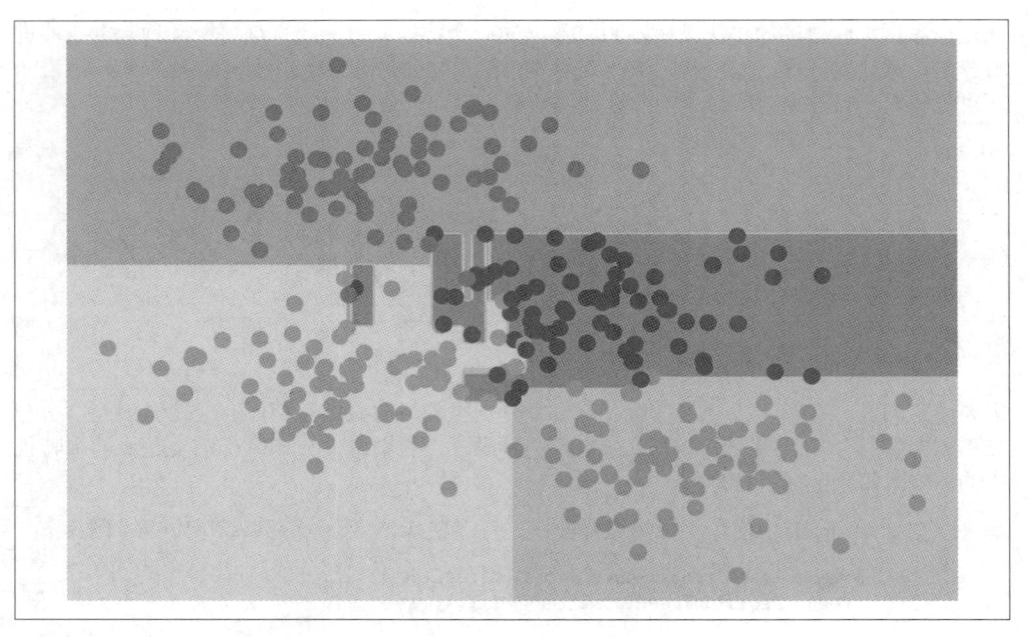

图 44-4：决策树分类可视化

如果你正在运行 Notebook，那么可以用在线附录里的辅助脚本（helpers_05_08.py）来生成决策树创建过程的交互式可视化：

```
In [6]: # helpers_05_08.py 文件位于在线附录
        import helpers_05_08
        helpers_05_08.plot_tree_interactive(X, y);
Out[6]: interactive(children=(Dropdown(description='depth', index=1, options=(1, 5),
          > value=5), Output()), _dom_classes...
```

请注意，随着决策树深度的增加，我们可能会看到形状非常奇怪的分类区域。例如，在深度为 5 的时候，在黄色区域与蓝色区域中间有一个狭长的浅紫色区域。这显然不是根据数据本身的分布情况生成的正确分类结果，而更像是一个特殊的数据样本或数据噪声形成的干扰结果。也就是说，这棵决策树刚刚分到第 5 层，数据就出现了过拟合。

44.1.2 决策树与过拟合

这种过拟合其实是决策树的一般属性——决策树非常容易陷得很深，因此往往会拟合局部数据，而没有对整个数据分布的大局观。换个角度看这种过拟合，可以认为模型训练的是数据的不同子集。例如，在图 44-5 中我们训练了两棵不同的决策树，每棵树拟合一半数据。

显然，在一些区域，两棵树产生了一致的结果（例如 4 个角上）；而在另一些区域，两棵树的分类结果差异很大（例如两类之间的区域）。不一致往往发生在分类比较模糊的地方，因此假如将两棵树的结果组合起来，可能会获得更好的结果。

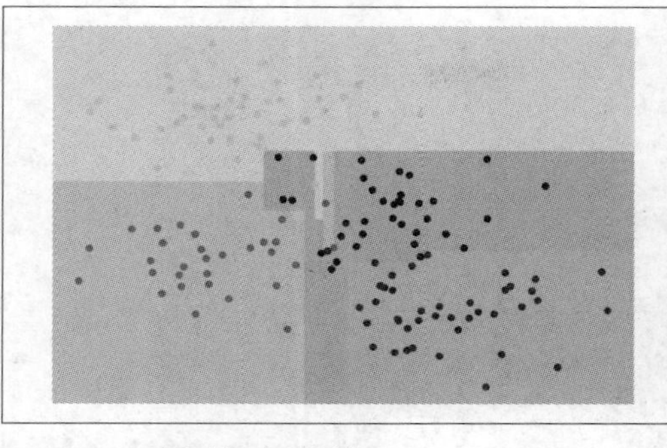
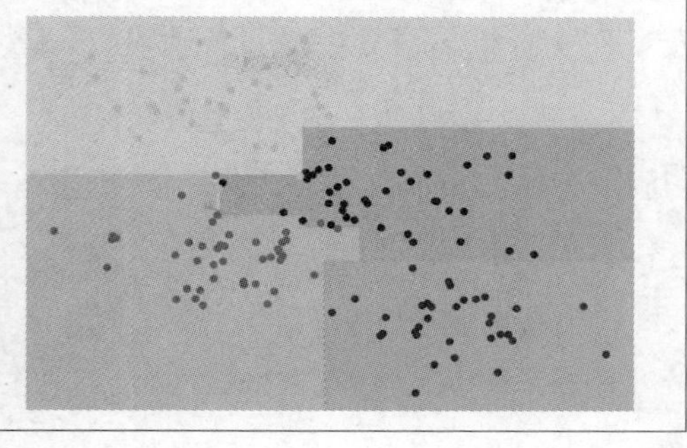

图 44-5：两棵随机决策树[1]

如果你正在运行 Notebook，可以用下面的函数交互地浏览决策树对数据随机子集训练的结果：

```
In [7]: # helpers_05_08.py 文件位于在线附录
        import helpers_05_08
        helpers_05_08.randomized_tree_interactive(X, y)
Out[7]: interactive(children=(Dropdown(description='random_state', options=(0, 100),
         > value=0), Output()), _dom_classes...
```

就像用两棵决策树的信息改善分类结果一样，我们可能想用更多决策树的信息来改善分类结果。

44.2 估计器集成算法：随机森林

通过组合多个过拟合估计器来降低过拟合程度其实是一种集成学习方法，称为**装袋算法**。装袋算法使用并行估计器对数据进行有放回抽取集成（也可以说是大杂烩），每个估计器都对数据过拟合，通过求均值可以获得更好的分类结果。随机决策树的集成算法就是**随机森林**。

我们可以用 scikit-learn 的 `BaggingClassifier` 元估计器来实现这种装袋分类器（如图 44-6 所示）：

```
In [8]: from sklearn.tree import DecisionTreeClassifier
        from sklearn.ensemble import BaggingClassifier

        tree = DecisionTreeClassifier()
        bag = BaggingClassifier(tree, n_estimators=100, max_samples=0.8,
                                random_state=1)

        bag.fit(X, y)
        visualize_classifier(bag, X, y)
```

在这个示例中，我们让每个估计器拟合训练样本中 80% 的随机数。其实，如果我们用随机方法（stochasticity）确定数据的分割方式，决策树拟合的随机性会更有效；这样做可以让所有数据在每次训练时都被拟合，但拟合的结果仍然是随机的。例如，当需要确定对哪个特征进行分割时，随机树可能会从最前面的几个特征中挑选。关于随机化策略选择的更多技术细节，请参考 scikit-learn 文档。

注 1：生成此图的代码可在在线附录中找到。

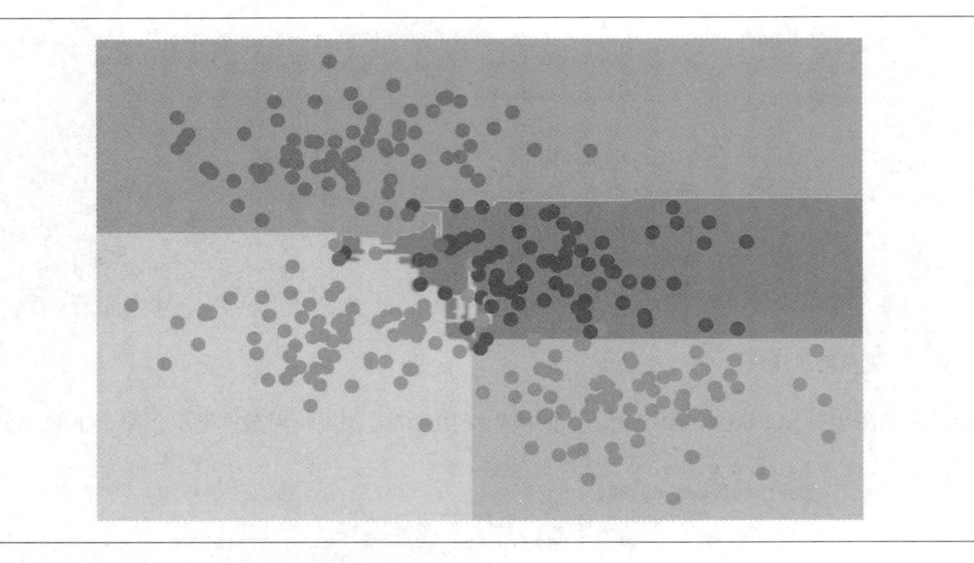

图 44-6：随机决策树的集成算法的决策边界

在 scikit-learn 里对随机决策树集成算法的优化是通过 RandomForestClassifier 估计器实现的，它会自动进行随机化决策。你只要选择一组估计器，它们就可以非常快速地完成（如果需要可以并行计算）每棵树的拟合任务（如图 44-7 所示）：

```
In [9]: from sklearn.ensemble import RandomForestClassifier

        model = RandomForestClassifier(n_estimators=100, random_state=0)
        visualize_classifier(model, X, y);
```

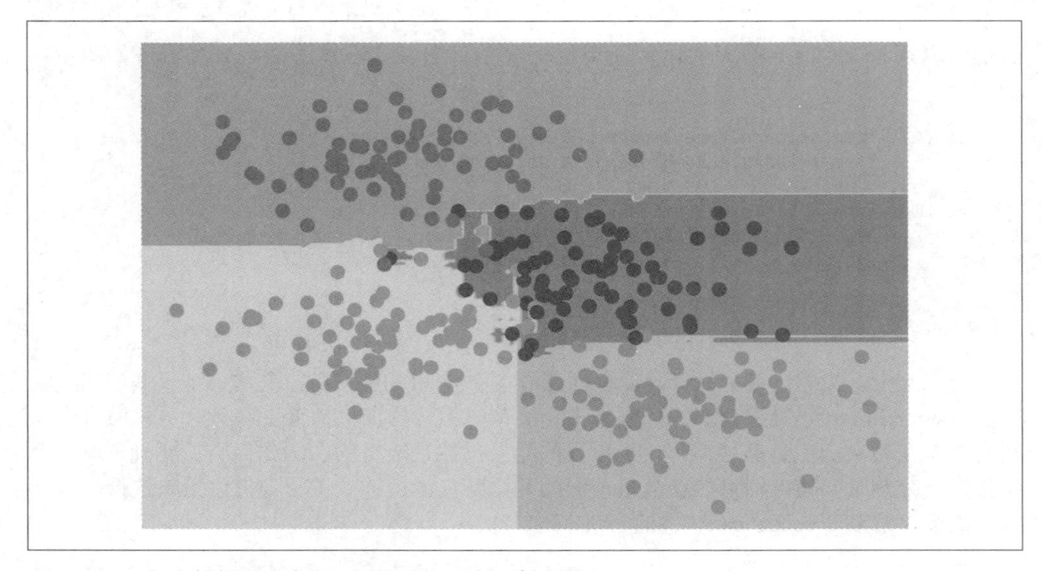

图 44-7：随机森林的决策边界，优化过的决策树集成算法

从图 44-7 中可以看出，如果使用 100 棵随机决策树，就可以得到一个非常接近我们关于参数空间应该如何分割的直觉的整体模型。

44.3 随机森林回归

前面介绍了随机森林分类的内容。其实随机森林也可以用作回归（处理连续变量，而不是离散变量）。随机森林回归的估计器是 RandomForestRegressor，其语法与我们之前看到的非常类似。

下面的数据是通过快慢振荡组合而成的（如图 44-8 所示）：

```
In [10]: rng = np.random.RandomState(42)
         x = 10 * rng.rand(200)

         def model(x, sigma=0.3):
             fast_oscillation = np.sin(5 * x)
             slow_oscillation = np.sin(0.5 * x)
             noise = sigma * rng.randn(len(x))

             return slow_oscillation + fast_oscillation + noise

         y = model(x)
         plt.errorbar(x, y, 0.3, fmt='o');
```

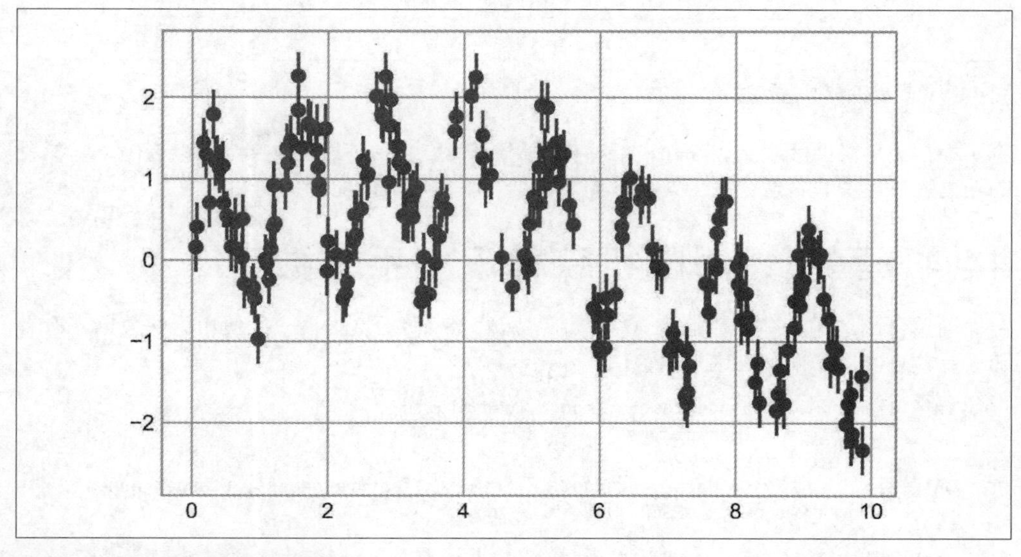

图 44-8：随机森林回归的数据

通过随机森林回归器，可以获得下面的最佳拟合曲线（如图 44-9 所示）：

```
In [11]: from sklearn.ensemble import RandomForestRegressor
         forest = RandomForestRegressor(200)
         forest.fit(x[:, None], y)
```

```
xfit = np.linspace(0, 10, 1000)
yfit = forest.predict(xfit[:, None])
ytrue = model(xfit, sigma=0)

plt.errorbar(x, y, 0.3, fmt='o', alpha=0.5)
plt.plot(xfit, yfit, '-r');
plt.plot(xfit, ytrue, '-k', alpha=0.5);
```

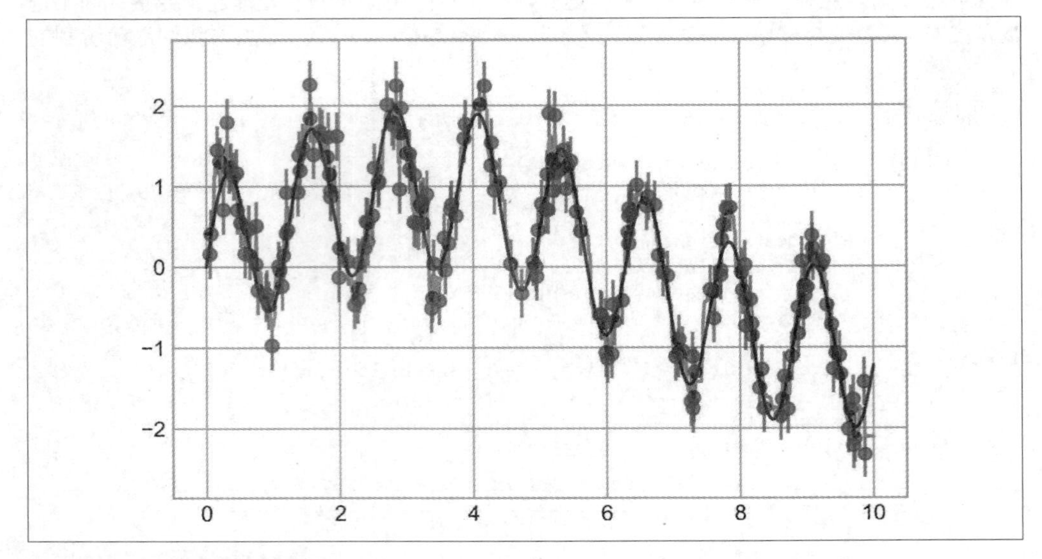

图 44-9：随机森林拟合数据

真实模型用平滑曲线表示，而随机森林模型用锯齿线表示。从图 44-9 中可以看出，非参数的随机森林模型非常适合用于处理多周期数据，不需要我们配置多周期模型。

44.4 案例：用随机森林识别手写数字

前面简单介绍过手写数字数据集（详情请参见第 38 章）。这里再一次使用这些数据，看看随机森林分类器如何解决这个问题。

```
In [12]: from sklearn.datasets import load_digits
         digits = load_digits()
         digits.keys()
Out[12]: dict_keys(['data', 'target', 'frame', 'feature_names', 'target_names',
          > 'images', 'DESCR'])
```

显示前几个数字图像，看看分类的对象（如图 44-10 所示）：

```
In [13]: # 设置图形对象
         fig = plt.figure(figsize=(6, 6))  # 图像大小（以英寸为单位）
         fig.subplots_adjust(left=0, right=1, bottom=0, top=1,
                             hspace=0.05, wspace=0.05)
```

```
    # 画数字：每个数字是 8 像素 × 8 像素
    for i in range(64):
        ax = fig.add_subplot(8, 8, i + 1, xticks=[], yticks=[])
        ax.imshow(digits.images[i], cmap=plt.cm.binary, interpolation='nearest')

        # 用 target 值给图像作标注
        ax.text(0, 7, str(digits.target[i]))
```

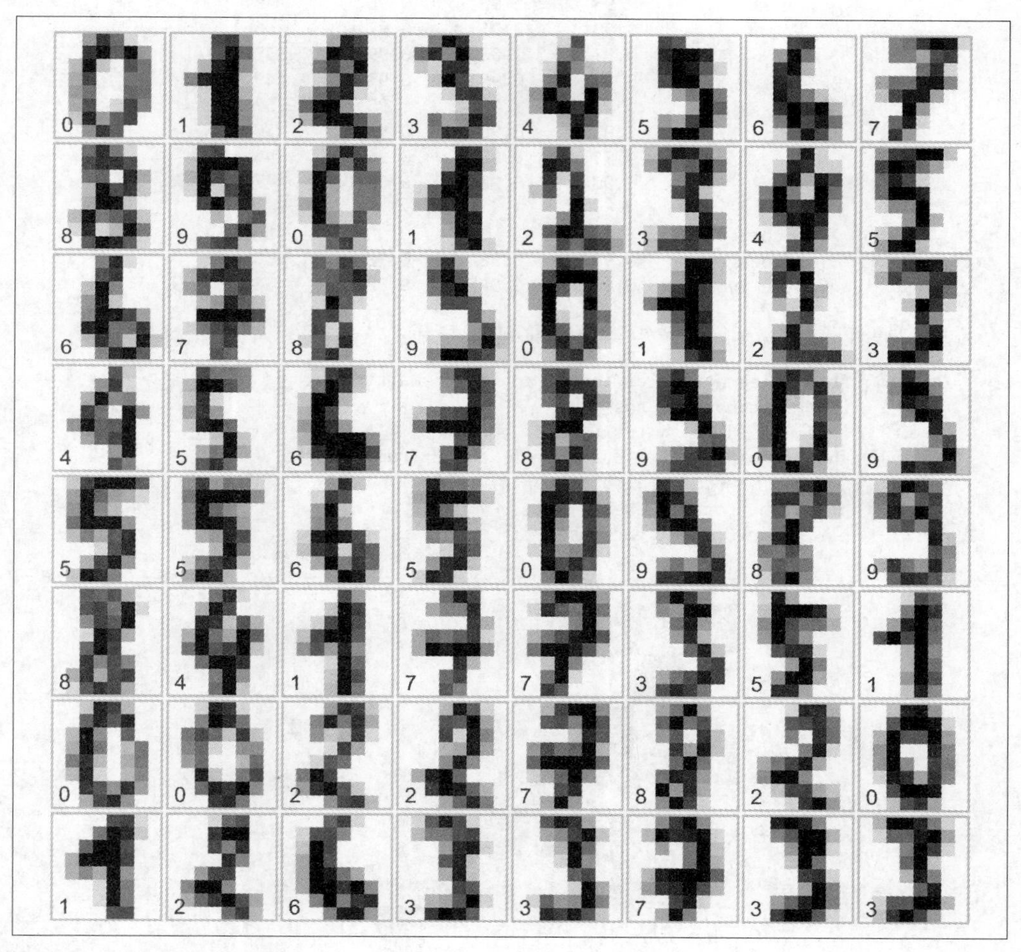

图 44-10：手写数字图像

用随机森林快速对数字进行分类：

```
In [14]: from sklearn.model_selection import train_test_split

         Xtrain, Xtest, ytrain, ytest = train_test_split(digits.data, digits.target,
                                                         random_state=0)
         model = RandomForestClassifier(n_estimators=1000)
         model.fit(Xtrain, ytrain)
         ypred = model.predict(Xtest)
```

看看分类器的分类结果报告：

```
In [15]: from sklearn import metrics
         print(metrics.classification_report(ypred, ytest))
Out[15]:              precision    recall  f1-score   support
                   0       1.00      0.97      0.99        38
                   1       0.98      0.98      0.98        43
                   2       0.95      1.00      0.98        42
                   3       0.98      0.96      0.97        46
                   4       0.97      1.00      0.99        37
                   5       0.98      0.96      0.97        49
                   6       1.00      1.00      1.00        52
                   7       1.00      0.96      0.98        50
                   8       0.94      0.98      0.96        46
                   9       0.98      0.98      0.98        47

            accuracy                           0.98       450
           macro avg       0.98      0.98      0.98       450
        weighted avg       0.98      0.98      0.98       450
```

为了更好地验证结果，画出混淆矩阵（如图 44-11 所示）：

```
In [16]: from sklearn.metrics import confusion_matrix
         import seaborn as sns
         mat = confusion_matrix(ytest, ypred)
         sns.heatmap(mat.T, square=True, annot=True, fmt='d',
                     cbar=False, cmap='Blues')
         plt.xlabel('true label')
         plt.ylabel('predicted label');
```

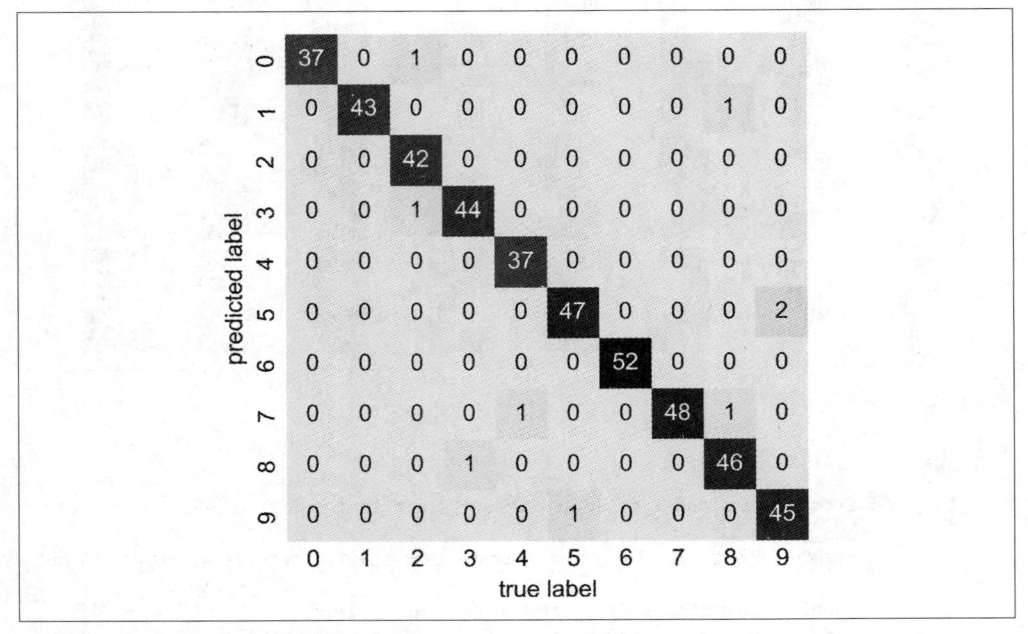

图 44-11：用随机森林识别手写数字的混淆矩阵

我们会发现，用一个简单、未调优的随机森林对手写数字进行分类，就可以获得非常高的分类准确率。

44.5 小结

这一章首先简要介绍了**集成估计器**的概念，然后重点介绍了随机森林模型——一种随机决策树集成算法。随机森林是一种强大的机器学习方法，它有以下几点优势。

- 因为决策树的原理很简单，所以它的训练和预测速度都非常快。另外，多任务可以直接并行计算，因为每棵树都是完全独立的。
- 多棵树可以进行概率分类：多个估计器之间的多数投票可以给出概率的估计值（使用 scikit-learn 的 `predict_proba()` 方法）。
- 非参数模型很灵活，在其他估计器都欠拟合的任务上表现突出。

随机森林的主要缺点在于其结果不太容易解释，也就是说，如果你想要总结分类模型的**意义**，随机森林可能不是最佳选择。

第45章

专题：主成分分析

在前面的内容里，我们详细介绍了监督学习估计器，这些估计器在带标签的数据上训练，从而预测新数据的标签。后面将介绍几个无监督估计器，这些估计器可以从无标签的数据中挖掘出有趣的信息。

本章将介绍主成分分析（principal component analysis，PCA），它可能是应用最广的无监督算法之一。虽然 PCA 是一种非常基础的降维算法，但它仍然是一个非常有用的工具，尤其适用于数据可视化、噪声过滤、特征提取和特征工程等领域。我们首先简单介绍 PCA 算法的概念，再通过几个示例演示 PCA 更高级的应用。

还是先导入需要用的程序包：

```
In [1]: %matplotlib inline
        import numpy as np
        import matplotlib.pyplot as plt
        plt.style.use('seaborn-whitegrid')
```

45.1 PCA 简介

PCA 是一种快速、灵活的数据降维无监督方法，第 38 章已经对该算法做过初步介绍。下面来可视化一个包含 200 个数据点的二维数据集，从而演示该算法的操作（如图 45-1 所示）：

```
In [2]: rng = np.random.RandomState(1)
        X = np.dot(rng.rand(2, 2), rng.randn(2, 200)).T
        plt.scatter(X[:, 0], X[:, 1])
        plt.axis('equal');
```

从图 45-1 中可以看出，x 变量和 y 变量显然具有线性关系，这让我们回想起第 42 章介绍的线性回归数据。但是这里的问题稍有不同：与回归分析中试图根据 x 值**预测** y 值的思路不同，无监督学习试图探索 x 值和 y 值之间的**相关性**。

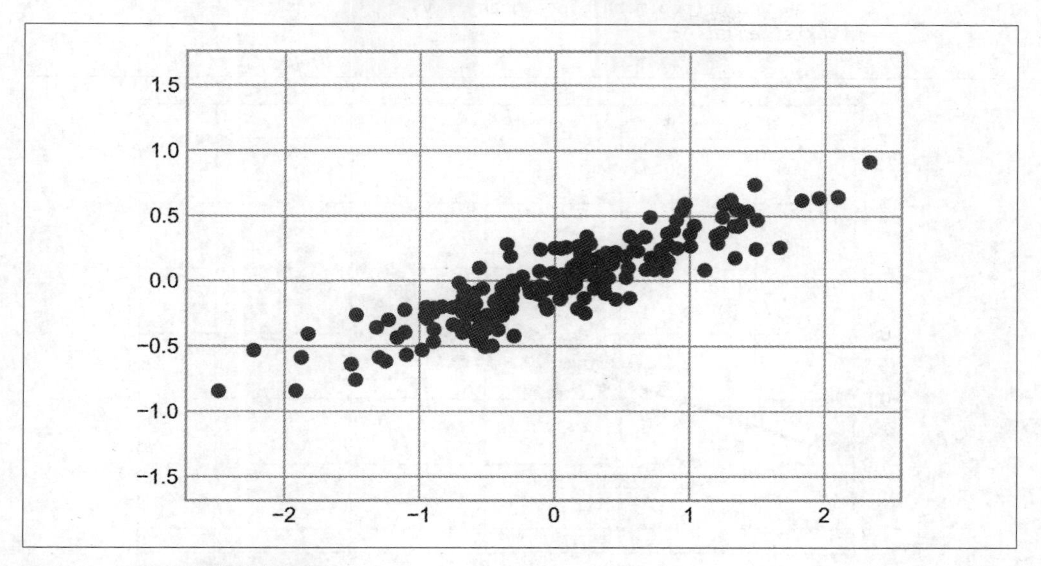

图 45-1：PCA 算法的数据示例

在 PCA 中，一种量化两个变量间关系的方法是在数据中找到一组**主轴**，并用这些主轴来描述数据集。利用 scikit-learn 的 PCA 估计器，可以进行如下计算：

```
In [3]: from sklearn.decomposition import PCA
        pca = PCA(n_components=2)
        pca.fit(X)
Out[3]: PCA(n_components=2)
```

该拟合从数据中学习到了一些指标，其中最重要的是成分和解释方差：

```
In [4]: print(pca.components_)
Out[4]: [[-0.94446029 -0.32862557]
         [-0.32862557  0.94446029]]

In [5]: print(pca.explained_variance_)
Out[5]: [0.7625315 0.0184779]
```

为了查看这些数字的含义，在数据图上将这些指标以向量形式画出来，用“成分”定义向量的方向，将“解释方差”作为向量的平方长度（如图 45-2 所示）：

```
In [6]: def draw_vector(v0, v1, ax=None):
            ax = ax or plt.gca()
            arrowprops=dict(arrowstyle='->', linewidth=2,
                            shrinkA=0, shrinkB=0)
        ax.annotate('', v1, v0, arrowprops=arrowprops)

        # 画出数据
        plt.scatter(X[:, 0], X[:, 1], alpha=0.2)
        for length, vector in zip(pca.explained_variance_, pca.components_):
```

```
    v = vector * 3 * np.sqrt(length)
    draw_vector(pca.mean_, pca.mean_ + v)
plt.axis('equal');
```

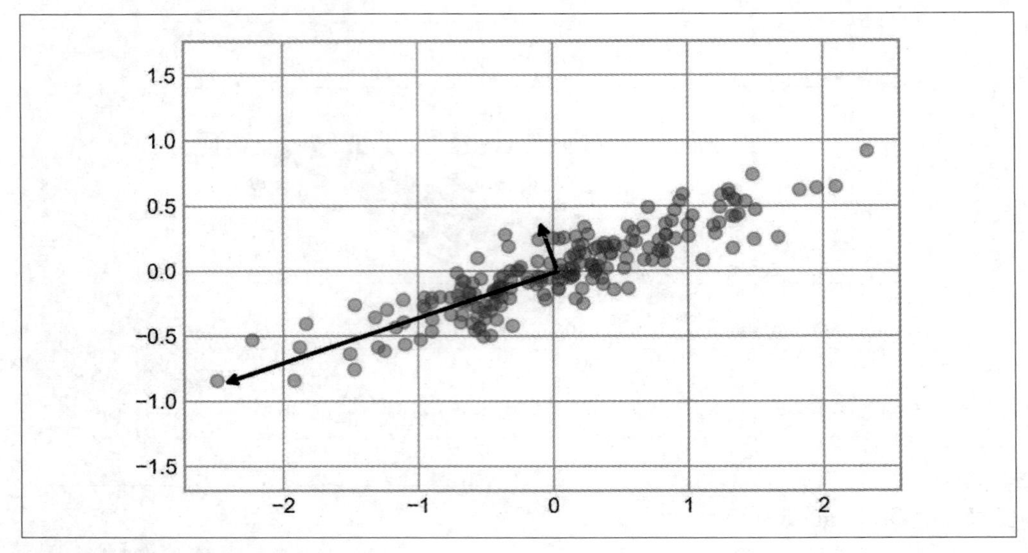

图 45-2：数据中主轴的可视化

这些向量表示数据的**主轴**，每个向量的长度表示该轴在描述数据分布中的“重要程度”——更准确地说，它衡量了数据投影到主轴上的方差的大小。每个数据点在主轴上的投影就是数据的“主成分”。

如果将原始数据和这些主成分都画出来，将得到如图 45-3 所示的结果。

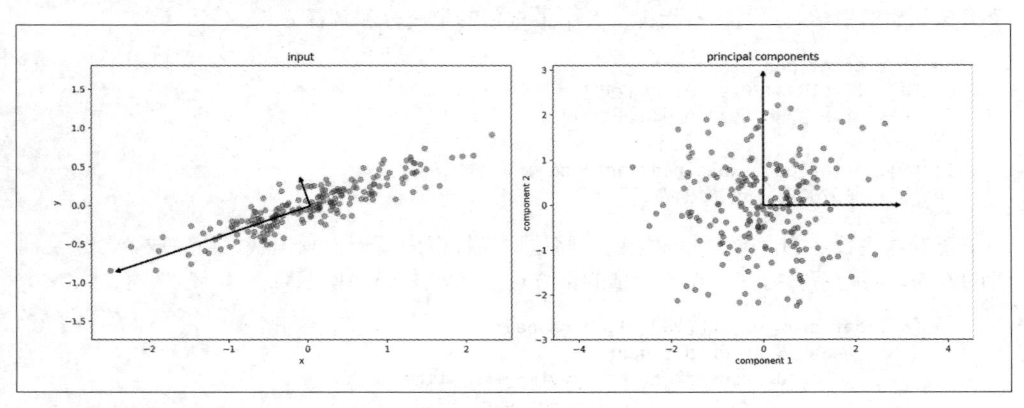

图 45-3：数据主轴的变换[1]

注 1：生成此图的代码可在在线附录中找到。

这种从数据的坐标轴到主轴的变换是一个**仿射变换**，仿射变换包含平移（translation）、旋转（rotation）和均匀缩放（uniform scaling）3 个步骤。

虽然这个寻找主成分的算法看起来就像是在解数学谜题，但是 PCA 在现实的机器学习和数据探索中有着非常广泛的应用。

45.1.1 用 PCA 降维

用 PCA 降维意味着去除一个或多个最小主成分，从而得到一个更低维度且保留最大数据方差的数据投影。

一个利用 PCA 做降维变换的示例如下所示：

```
In [7]: pca = PCA(n_components=1)
        pca.fit(X)
        X_pca = pca.transform(X)
        print("original shape:   ", X.shape)
        print("transformed shape:", X_pca.shape)
Out[7]: original shape:    (200, 2)
        transformed shape: (200, 1)
```

变换的数据被投影到一个单一维度。为了理解降维的效果，我们来进行数据降维的逆变换，并且与原始数据一起画出（如图 45-4 所示）：

```
In [8]: X_new = pca.inverse_transform(X_pca)
        plt.scatter(X[:, 0], X[:, 1], alpha=0.2)
        plt.scatter(X_new[:, 0], X_new[:, 1], alpha=0.8)
        plt.axis('equal');
```

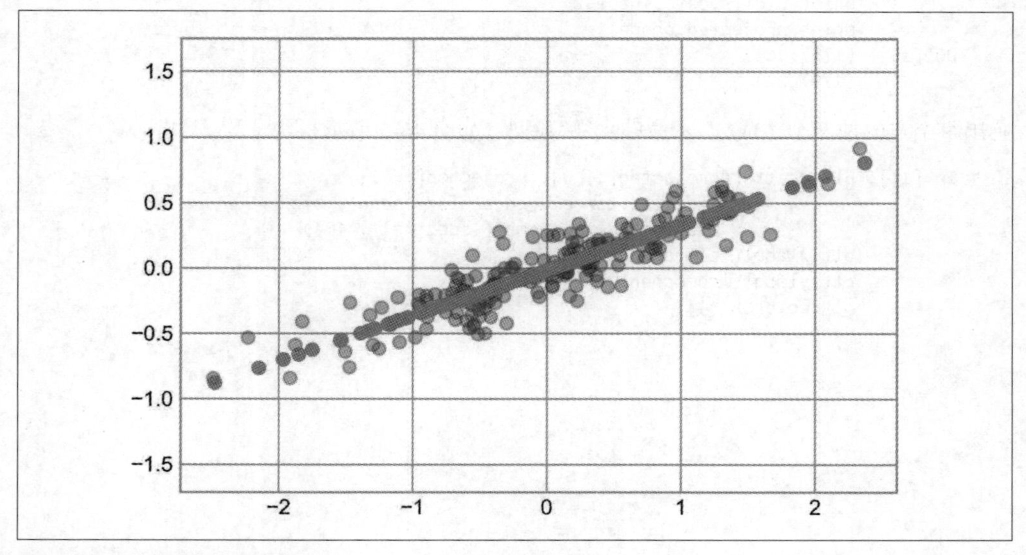

图 45-4：PCA 降维的可视化

浅色的点是原始数据，深色的点是投影的版本。我们可以很清楚地看到 PCA 降维的含义：沿着最不重要的主轴的信息都被去除了，仅留下了含有最高方差值的数据成分。被去除的那一小部分方差值（与主轴上分布的点成比例，如图 45-4 所示）基本可以看成数据在降维后损失的“信息”量。

这种降维后的数据集在某种程度上足以体现数据中最重要的关系：虽然有 50% 的数据特征被削减，但数据点的总体关系仍然被大致保留了下来。

45.1.2 用 PCA 做数据可视化：手写数字

降维的有用之处在数据仅有两个维度时可能不是很明显，但是当数据维度很高时，它的价值就有所体现了。为了证明这一点，来介绍一个将 PCA 用于手写数字数据的应用（详情请参见第 44 章）。

首先导入数据：

```
In [9]: from sklearn.datasets import load_digits
        digits = load_digits()
        digits.data.shape
Out[9]: (1797, 64)
```

前面介绍过，该手写数字数据集包含 8 像素 ×8 像素的图像，也就是说它是 64 维的。为了获得这些数据点间关系的直观感受，使用 PCA 将这些数据投影到一个可操作的维度，比如说二维：

```
In [10]: pca = PCA(2)  # 从 64 维投影至二维
         projected = pca.fit_transform(digits.data)
         print(digits.data.shape)
         print(projected.shape)
Out[10]: (1797, 64)
         (1797, 2)
```

画出每个点的前两个主成分，更好地了解数据（如图 45-5 所示）：

```
In [11]: plt.scatter(projected[:, 0], projected[:, 1],
                     c=digits.target, edgecolor='none', alpha=0.5,
                     cmap=plt.cm.get_cmap('spectral', 10))
         plt.xlabel('component 1')
         plt.ylabel('component 2')
         plt.colorbar();
```

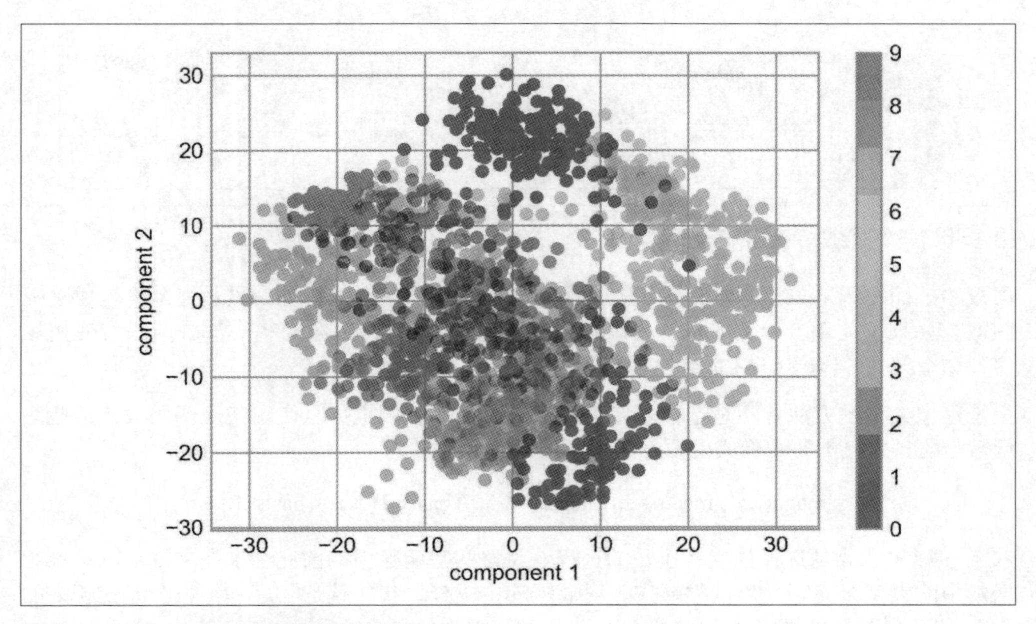

图 45-5：将 PCA 用于手写数字数据

我们已经介绍过这些成分的含义：整个数据是一个 64 维的点云，而且这些点还是每个数据点沿着最大方差方向的投影。我们找到了在 64 维空间中最优的延伸和旋转方案，使得我们可以看到这些点在二维平面的布局。上述工作都是以无监督的方式进行的，即没有参考标签。

45.1.3 成分的含义

我们可以进一步提出问题：削减的维度有什么**含义**？可以从基向量组合的角度来理解这个问题。例如，训练集中的每幅图像都是由一组 64 个像素值构成的向量定义的，称其为向量 $\boldsymbol{x}$：

$$\boldsymbol{x} = [x_1, x_2, x_3, \cdots, x_{64}]$$

我们可以用像素的概念来理解。也就是说，为了构建一幅图像，将向量的每个元素与对应描述的像素（单位列向量）相乘，然后将这些结果加和就是这幅图像：

$$\text{image}(\boldsymbol{x}) = x_1 \cdot (\text{pixel 1}) + x_2 \cdot (\text{pixel 2}) + x_3 \cdot (\text{pixel 3}) + \cdots + x_{64} \cdot (\text{pixel 64})$$

我们可以将数据的降维理解为删除绝大部分元素，仅保留少量元素的基向量（basis vector）。如果仅使用前 8 个像素，我们会得到数据的 8 维投影（如图 45-6 所示）。但是它并不能反映整幅图像，因为我们丢掉了几乎 90% 的像素信息。

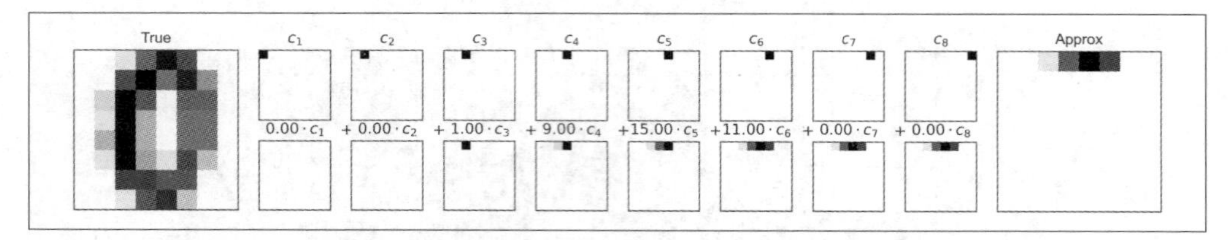

图 45-6：一个通过丢弃像素信息实现的降维[1]

面板的上面一行是单个的像素信息，下面一行是这些像素值的累加，累加值最终构成这幅图像。如果仅使用 8 个像素成分，就仅能构建这幅 64 像素图像的一小部分。只有使用该序列和全部的 64 像素，才能恢复原始图像。

但是逐像素表示方法并不是选择基向量的唯一方式。我们也可以使用其他基函数，这些基函数包含预定义的每个像素的贡献，如下所示：

$$\text{image}(\boldsymbol{x}) = \text{mean} + x_1 \cdot (\text{basis 1}) + x_2 \cdot (\text{basis 2}) + x_3 \cdot (\text{basis 3}) \cdots$$

PCA 可以被认为是选择最优基函数的过程，将这些基函数中的前几个加起来就足以重构数据集中的大部分元素。用低维形式表现数据的主成分，其实就是与序列每一个元素相乘的系数。图 45-7 是用均值加上前 8 个 PCA 基函数重构数字的效果。

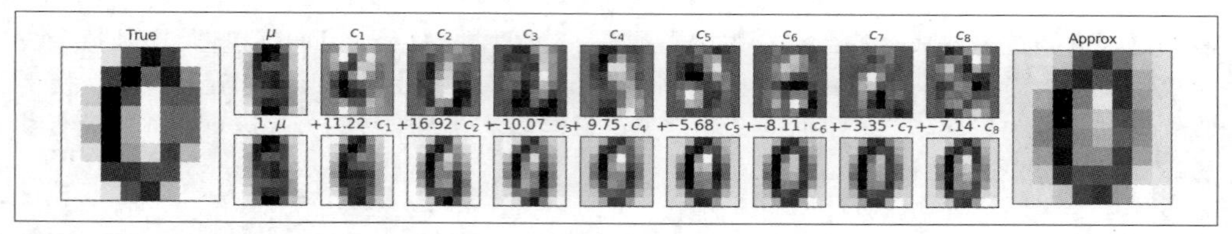

图 45-7：通过丢弃最不重要的主成分实现降维的巧妙方法（与图 45-6 相比）[2]

与像素基不同的是，PCA 基可以通过为一个均值加上 8 个成分，来恢复输入图像最显著的特征。每个成分中像素的数量必然是二维数据示例中向量的方向。这就是 PCA 提供数据的低维表示的原理：它发现一组比原始的像素基向量更能有效表示输入数据的基函数。

45.1.4 选择成分的数量

在实际使用 PCA 的过程中，正确估计用于描述数据的成分的数量是非常重要的环节。我们可以将**累计解释方差贡献率**看作关于成分数量的函数，从而确定所需成分的数量（如图 45-8 所示）。

```
In [12]: pca = PCA().fit(digits.data)
         plt.plot(np.cumsum(pca.explained_variance_ratio_))
         plt.xlabel('number of components')
         plt.ylabel('cumulative explained variance');
```

注 1：生成此图的代码可在在线附录中找到。

注 2：生成此图的代码可在在线附录中找到。

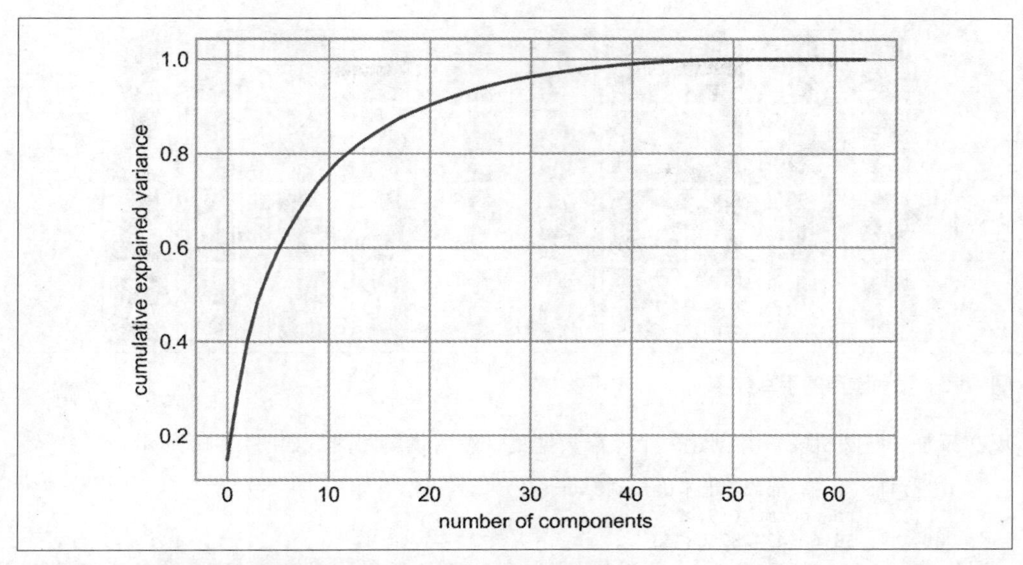

图 45-8：累计解释方差贡献率，表示 PCA 保留数据内容的性能

这条曲线量化了总的 64 维方差中有多少包含在了前 N 个主成分中。例如，可以看到前 10 个成分包含了几乎 75% 的方差。因此，如果你希望描述接近 100% 的方差，那么就需要大约 50 个成分。

由图 45-8 可知，二维的投影会损失很多信息（正如解释方差所表示的）。我们需要大约 20 个成分来保持 90% 的方差。基于一个更高维的数据集来看这张图可以帮助你理解多次观察中冗余的水平。

45.2 用 PCA 做噪声过滤

PCA 也可以被用作过滤噪声数据的方法——任何方差远大于噪声影响的成分，应该相对不受噪声的影响。因此，如果你仅用主成分的最大子集重构该数据，那么应该可以实现选择性保留信号并且去除噪声。

用手写数字数据看看噪声过滤是如何实现的。首先画出几个无噪声的输入数据（如图 45-9 所示）：

```
In [13]: def plot_digits(data):
             fig, axes = plt.subplots(4, 10, figsize=(10, 4),
                                      subplot_kw={'xticks':[], 'yticks':[]},
                                      gridspec_kw=dict(hspace=0.1, wspace=0.1))
             for i, ax in enumerate(axes.flat):
                 ax.imshow(data[i].reshape(8, 8),
                           cmap='binary', interpolation='nearest',
                           clim=(0, 16))
         plot_digits(digits.data)
```

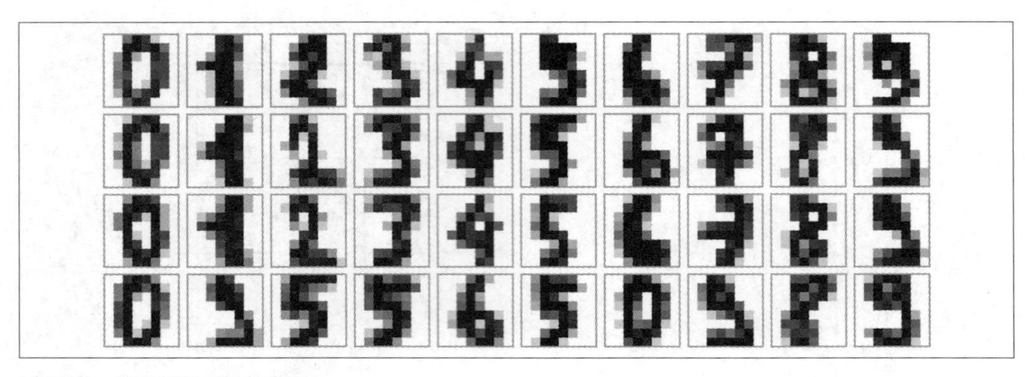

图 45-9：没有噪声的手写数字

现在添加一些随机噪声并创建一个噪声数据集，然后重新画图（如图 45-10 所示）。

```
In [14]: rng = np.random.default_rng(42)
         rng.normal(10, 2)
Out[14]: 10.609434159508863

In [15]: rng = np.random.default_rng(42)
         noisy = rng.normal(digits.data, 4)
         plot_digits(noisy)
```

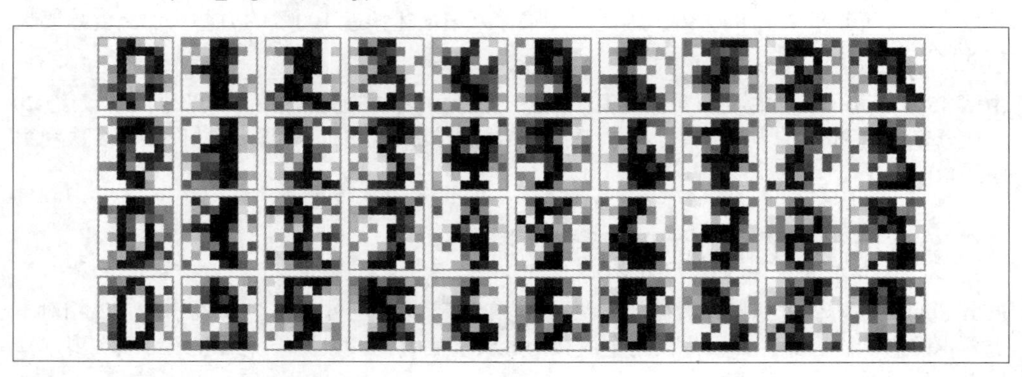

图 45-10：加上高斯随机噪声的数字

通过肉眼观察，可以很清楚地看到图像是带噪声的，也包含错误的像素。让我们用噪声数据训练一个 PCA，要求投影后保留 50% 的方差：

```
In [16]: pca = PCA(0.50).fit(noisy)
         pca.n_components_
Out[16]: 12
```

这里 50% 的方差对应 12 个主成分。现在来计算出这些成分，然后利用逆变换重构过滤后的手写数字（如图 45-11 所示）：

```
In [17]: components = pca.transform(noisy)
         filtered = pca.inverse_transform(components)
         plot_digits(filtered)
```

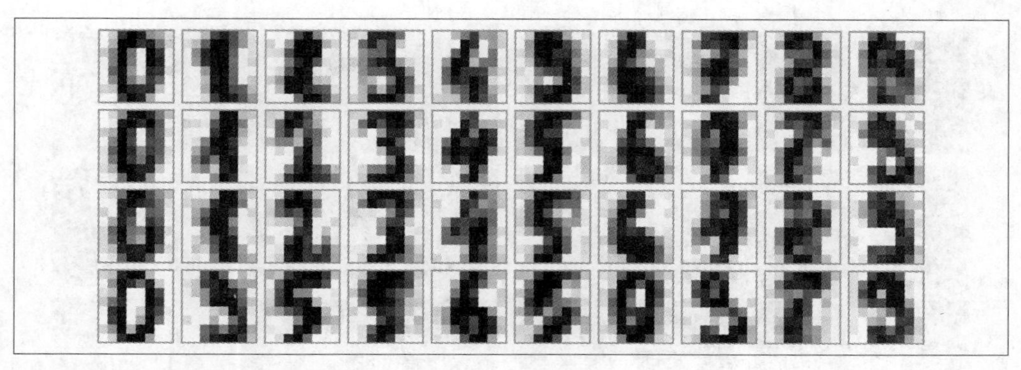

图 45-11：用 PCA 去噪后的手写数字

这个信号保留 / 噪声过滤的性质使 PCA 成为一种非常有用的特征选择方式。例如，与其在很高维的数据上训练分类器，你可以选择在一个低维主成分表示中训练分类器，该分类器将自动过滤输入数据中的随机噪声。

45.3 案例：特征脸

之前我们介绍过一个将 PCA 投影结果作为特征选择器，用支持向量机做人脸识别的示例（详情请参见第 43 章）。现在让我们回顾之前的内容，再探索一些新知识。回想一下 scikit-learn 中 Wild 数据集带标签的人脸数据：

```
In [18]: from sklearn.datasets import fetch_lfw_people
         faces = fetch_lfw_people(min_faces_per_person=60)
         print(faces.target_names)
         print(faces.images.shape)
Out[18]: ['Ariel Sharon' 'Colin Powell' 'Donald Rumsfeld' 'George W Bush'
          'Gerhard Schroeder' 'Hugo Chavez' 'Junichiro Koizumi' 'Tony Blair']
         (1348, 62, 47)
```

我们来看展开该数据集的主轴。因为这是一个非常大的数据集，所以我们将利用 PCA 估计器中的`random` EigenSolver：它使用一个随机方法来估计前 *N* 个主成分，比标准的 PCA 估计器速度更快（但准确率有所下降），并且特别适用于高维数据（这里的维度将近 3000）。来看看前 150 个成分：

```
In [19]: pca = PCA(150, svd_solver='randomized', random_state=42)
         pca.fit(faces.data)
Out[19]: PCA(n_components=150, random_state=42, svd_solver='randomized')
```

将这个例子中带有前面几个主成分的图像可视化是非常有趣的（这些成分被称作**特征向量**，因此这种类型的图像通常被称作**特征脸**）。正如你在图 45-12 中看到的，这些特征脸正如其名一样吓人：

```
In [20]: fig, axes = plt.subplots(3, 8, figsize=(9, 4),
                                  subplot_kw={'xticks':[], 'yticks':[]},
                                  gridspec_kw=dict(hspace=0.1, wspace=0.1))
         for i, ax in enumerate(axes.flat):
             ax.imshow(pca.components_[i].reshape(62, 47), cmap='bone')
```

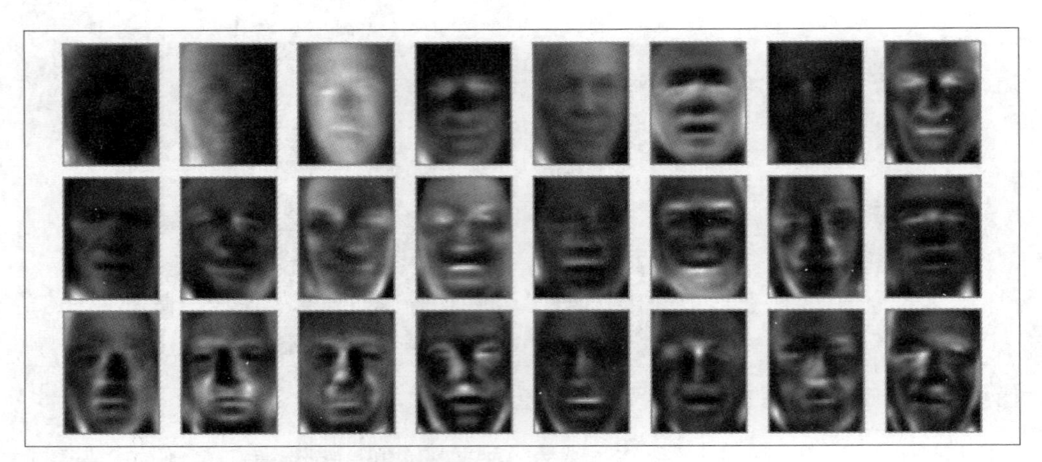

图 45-12：从 LFW 数据集中学习到的特征脸的可视化

结果非常有趣。让我们先来观察一下图像之间的不同：前面几张特征脸（从左上角开始）看起来和照向脸的光线的角度有关，而后面的主向量似乎是挑选出了特定的特征，例如眼睛、鼻子和嘴唇。来看看这些成分的累计方差，以及该投影保留了多少数据信息（如图 45-13 所示）：

```
In [21]: plt.plot(np.cumsum(pca.explained_variance_ratio_))
         plt.xlabel('number of components')
         plt.ylabel('cumulative explained variance');
```

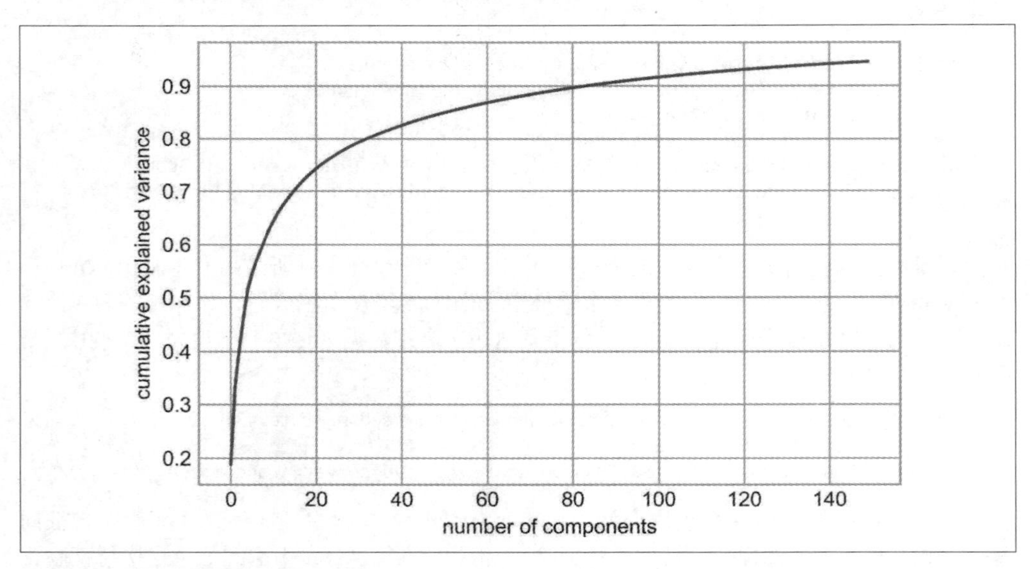

图 45-13：LFW 数据的累计解释方差

可以看到，这 150 个成分包含了 90% 以上的方差。这使我们相信，利用这 150 个成分可以恢复数据的大部分必要特征。为了使以上结论更准确，可以比较输入图像和利用这 150 个成分重构的图像（如图 45-14 所示）：

```
In [22]: # 计算成分和投影的人脸
         pca = pca.fit(faces.data)
         components = pca.transform(faces.data)
         projected = pca.inverse_transform(components)
In [23]: # 画出结果
         fig, ax = plt.subplots(2, 10, figsize=(10, 2.5),
                                subplot_kw={'xticks':[], 'yticks':[]},
                                gridspec_kw=dict(hspace=0.1, wspace=0.1))
         for i in range(10):
             ax[0, i].imshow(faces.data[i].reshape(62, 47), cmap='binary_r')
             ax[1, i].imshow(projected[i].reshape(62, 47), cmap='binary_r')

         ax[0, 0].set_ylabel('full-dim\ninput')
         ax[1, 0].set_ylabel('150-dim\nreconstruction');
```

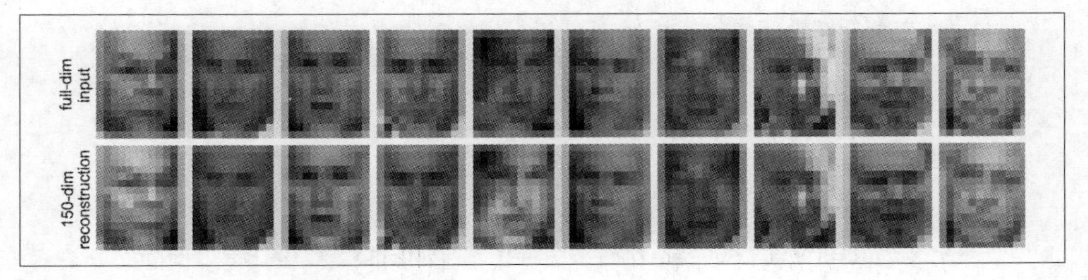

图 45-14：LFW 数据的 150 维 PCA 重构

图 45-14 中上面一行显示的是输入图像，而下面一行显示的是从大约 3000 个原始特征中精选出的 150 个特征的重构图像。这个可视化结果清楚地展示了为什么第 43 章中使用的 PCA 特征选择如此成功：虽然它将数据的维度缩减到了原来的约二十分之一，但是投影数据还是包含了足够的信息，使我们可以通过肉眼识别出图像中的人物。这说明我们的分类算法只需要在 150 维的数据上训练，而不需要在 3000 维的数据上训练。维度的选择取决于选定的算法，而选择合适的算法会带来更好的分类效果。

45.4 小结

本章讨论了用 PCA 进行降维、高维数据的可视化、噪声过滤，以及高维数据的特征选择。由于 PCA 用途广泛、可解释性强，因此可以有效应用于大量情景和学科中。对于任意高维的数据集，我倾向于从 PCA 开始，可视化点间的关系（正如手写数字示例中的处理方式），理解数据中的主要方差（正如特征脸示例中的处理方式），理解固有的维度（通过画出解释方差比）。当然，PCA 并不是一个针对每个高维数据集都有用的算法，但是它提供了一条直接且有效的路径来获得对高维数据的洞见。

PCA 的主要弱点是容易受到数据集中异常值的影响。出于这个原因，很多效果更好的 PCA 变体被开发出来，这些 PCA 变体方法迭代执行，剔除被原始成分描述得很糟糕的数据点。scikit-learn 的 `sklearn.decomposition` 子模块中有很多有趣的 PCA 变体，其中一个是 `SparsePCA`，它引入了一个正则项（详情请参见第 42 章）来保证成分的稀疏性。

在接下来的内容中，我们将学习其他以 PCA 思想为基础的无监督学习方法。

第46章

专题：流形学习

前一章介绍了如何用 PCA 降维——在减少数据集特征的同时，保留数据点间的必要关系。虽然 PCA 是一种灵活、快速且容易解释的算法，但是它对存在**非线性**关系的数据集的处理效果并不好，我们将在后面介绍几个示例。

为了弥补这个缺陷，我们选择另外一种方法——**流形学习**（manifold learning）。流形学习是一种无监督估计器，它试图将数据集描述为嵌入高维空间的低维流形。当你思考流形时，建议你设想有一张纸——一个存在于我们所熟悉的三维世界中的二维物体。

提到流形学习这个术语时，可以把这张纸看成嵌入三维空间中二维流形。在三维空间中旋转、重定向或者伸展这张纸，都不会改变它的平面几何特性：这些操作和线性嵌入类似。如果你弯折、卷曲或者弄皱这张纸，它仍然是一个二维流形，但是嵌入到一个三维空间就不再是线性的了。流形学习算法将试图学习这张纸的二维特征，即使它被弯曲后放入一个三维空间中。

本章将深入介绍几种流形方法，包括多维标度法（multidimensional scaling，MDS）、局部线性嵌入法（locally linear embedding，LLE）和等距映射法（isometric mapping，Isomap）。

首先还是导入标准的程序库：

```
In [1]: %matplotlib inline
        import matplotlib.pyplot as plt
        plt.style.use('seaborn-whitegrid')
        import numpy as np
```

46.1 流形学习："HELLO"

为了使这些概念更清楚，先生成一些二维数据来定义一个流形。下面用函数创建一组数据，构成单词"HELLO"的形状：

```
In [2]: def make_hello(N=1000, rseed=42):
        # 画出“HELLO”文字形状的图像，并保存成 PNG
        fig, ax = plt.subplots(figsize=(4, 1))
        fig.subplots_adjust(left=0, right=1, bottom=0, top=1)
        ax.axis('off')
        ax.text(0.5, 0.4, 'HELLO', va='center', ha='center',
                weight='bold', size=85)
        fig.savefig('hello.png')
        plt.close(fig)

        # 打开这个 PNG，并将一些随机点画进去
        from matplotlib.image import imread
        data = imread('hello.png')[::-1, :, 0].T
        rng = np.random.RandomState(rseed)
        X = rng.rand(4 * N, 2)
        i, j = (X * data.shape).astype(int).T
        mask = (data[i, j] < 1)
        X = X[mask]
        X[:, 0] *= (data.shape[0] / data.shape[1])
        X = X[:N]
        return X[np.argsort(X[:, 0])]
```

调用该函数并且画出结果数据（如图 46-1 所示）：

```
In [3]: X = make_hello(1000)
        colorize = dict(c=X[:, 0], cmap=plt.cm.get_cmap('rainbow', 5))
        plt.scatter(X[:, 0], X[:, 1], **colorize)
        plt.axis('equal');
```

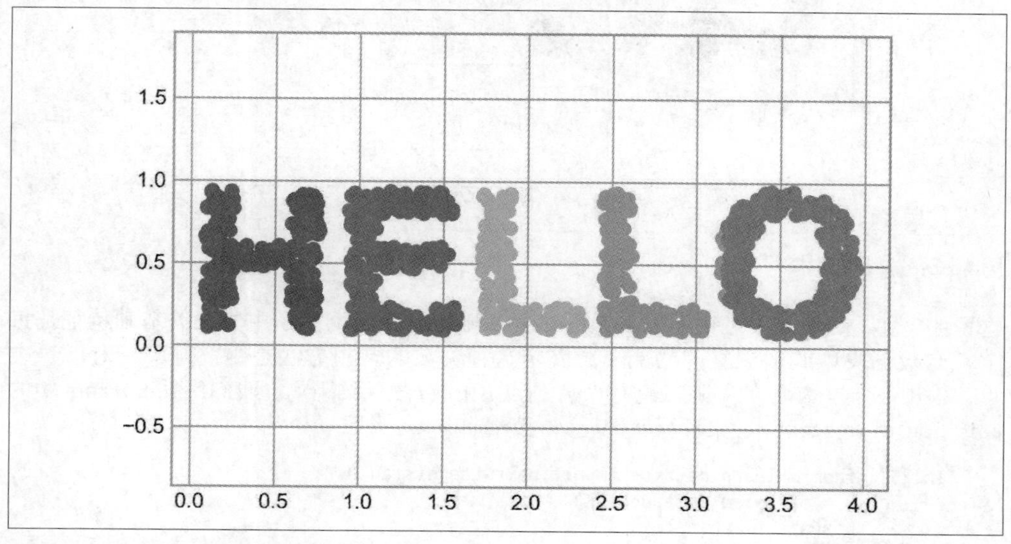

图 46-1：用于流形学习的数据

输出图像包含了很多二维的点，它们组成了单词“HELLO”的形状。这个数据形式可以帮助我们通过可视化的方式展现算法的使用过程。

46.1.1　多维标度法（MDS）

通过观察这个数据集，可以看到数据集中选中的 x 值和 y 值并不是对数据的最基本描述：即使放大、缩小或旋转数据，“HELLO”仍然很明显。例如，如果用一个旋转矩阵来旋转数据，x 和 y 的值将会改变，但是数据形状基本还是一样的（如图 46-2 所示）：

```
In [4]: def rotate(X, angle):
            theta = np.deg2rad(angle)
            R = [[np.cos(theta), np.sin(theta)],
                 [-np.sin(theta), np.cos(theta)]]
            return np.dot(X, R)

        X2 = rotate(X, 20) + 5
        plt.scatter(X2[:, 0], X2[:, 1], **colorize)
        plt.axis('equal');
```

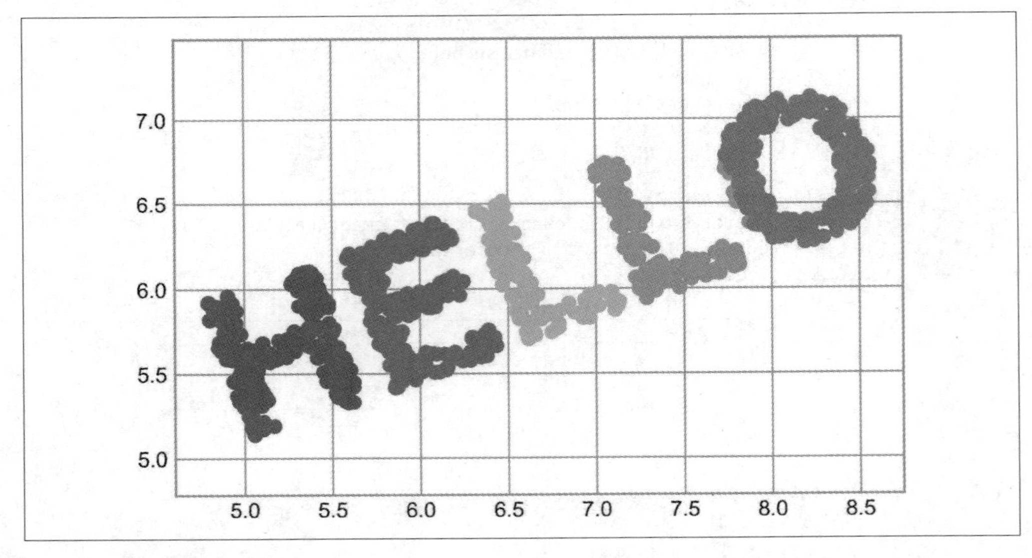

图 46-2：旋转数据集

这说明 x 和 y 的值并不是数据间关系的必要基础特征。这个例子中真正的基础特征是每个点与数据集中其他点之间的**距离**。表示这种关系的常用方法是距离矩阵：对于 N 个点，构建一个 $N \times N$ 的矩阵，元素 (i, j) 是点 i 和点 j 之间的距离。我们用 scikit-learn 中的 `pairwise_distances` 函数来计算原始数据的距离矩阵：

```
In [5]: from sklearn.metrics import pairwise_distances
        D = pairwise_distances(X)
        D.shape
Out[5]: (1000, 1000)
```

正如前面承诺的，对于 N =1000 个点，获得了一个 1000×1000 的矩阵。画出该矩阵（如图 46-3 所示）：

```
In [6]: plt.imshow(D, zorder=2, cmap='viridis', interpolation='nearest')
        plt.colorbar();
```

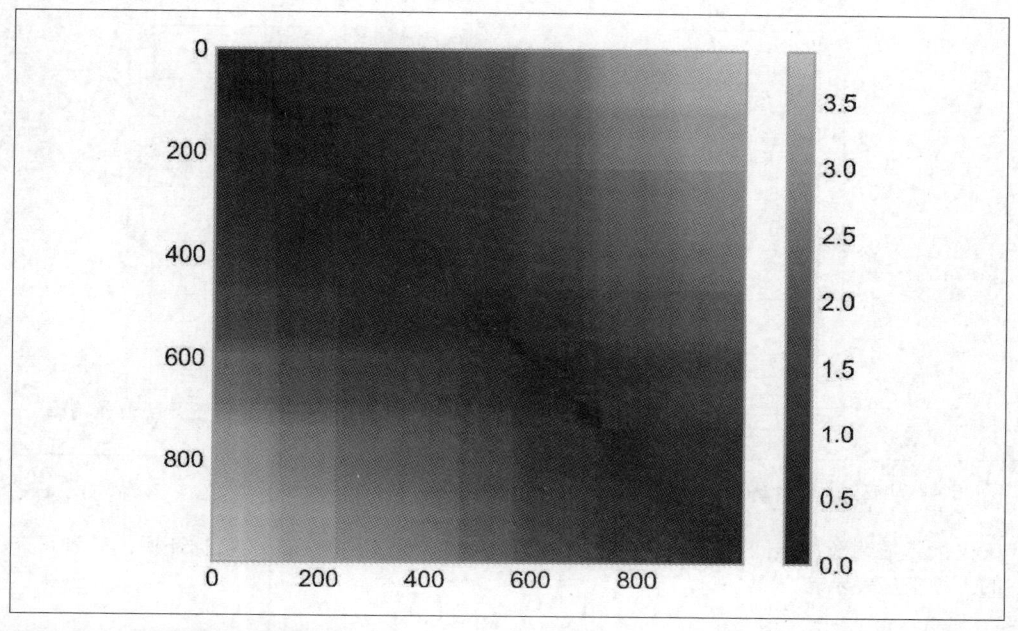

图 46-3：可视化数据点对间的距离

如果用类似方法为已经做过旋转和平移变换的数据构建一个距离矩阵，将看到同样的结果：

```
In [7]: D2 = pairwise_distances(X2)
        np.allclose(D, D2)
Out[7]: True
```

这个距离矩阵是数据集内部关系的一种表现形式，这种形式与数据集的旋转和平移无关，但距离矩阵的可视化效果却显得不够直观。图 46-3 丢失了我们之前在数据中看到的关于“HELLO”的所有视觉特征。

虽然从 (x, y) 坐标计算这个距离矩阵很简单，但是从距离矩阵转换回 *x* 和 *y* 坐标值却非常困难。这就是多维标度法可以解决的问题：它可以将一个数据集的距离矩阵还原成一个 *D* 维坐标表示。下面来看看多维标度法是如何还原距离矩阵的——MDS 模型将非相似性（dissimilarity）参数设置为 precomputed 来处理距离矩阵（如图 46-4 所示）：

```
In [8]: from sklearn.manifold import MDS
        model = MDS(n_components=2, dissimilarity='precomputed', random_state=1701)
        out = model.fit_transform(D)
        plt.scatter(out[:, 0], out[:, 1], **colorize)
        plt.axis('equal');
```

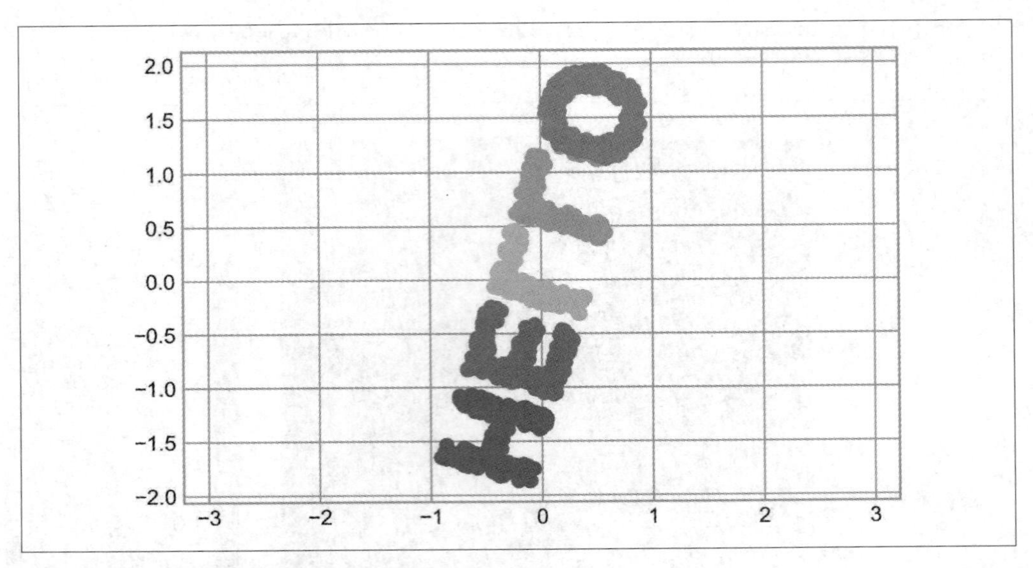

图 46-4：从成对距离计算 MDS 嵌入

仅仅依靠描述数据点间关系的 $N \times N$ 距离矩阵，MDS 算法就可以为数据还原出一种可能的二维坐标表示。

46.1.2 将 MDS 用于流形学习

既然距离矩阵可以从任意维度的数据中计算出来，那么这种方法的有用性就变得更加明显。既然可以在一个二维平面中简单地旋转数据，那么也可以用以下函数将其投影到三维空间（特别是用前面介绍过的三维旋转矩阵）：

```
In [9]: def random_projection(X, dimension=3, rseed=42):
            assert dimension >= X.shape[1]
            rng = np.random.RandomState(rseed)
            C = rng.randn(dimension, dimension)
            e, V = np.linalg.eigh(np.dot(C, C.T))
            return np.dot(X, V[:X.shape[1]])

        X3 = random_projection(X, 3)
        X3.shape
Out[9]: (1000, 3)
```

将这些点画出来，看看可视化效果（如图 46-5 所示）：

```
In [10]: from mpl_toolkits import mplot3d
         ax = plt.axes(projection='3d')
         ax.scatter3D(X3[:, 0], X3[:, 1], X3[:, 2],
                      **colorize);
```

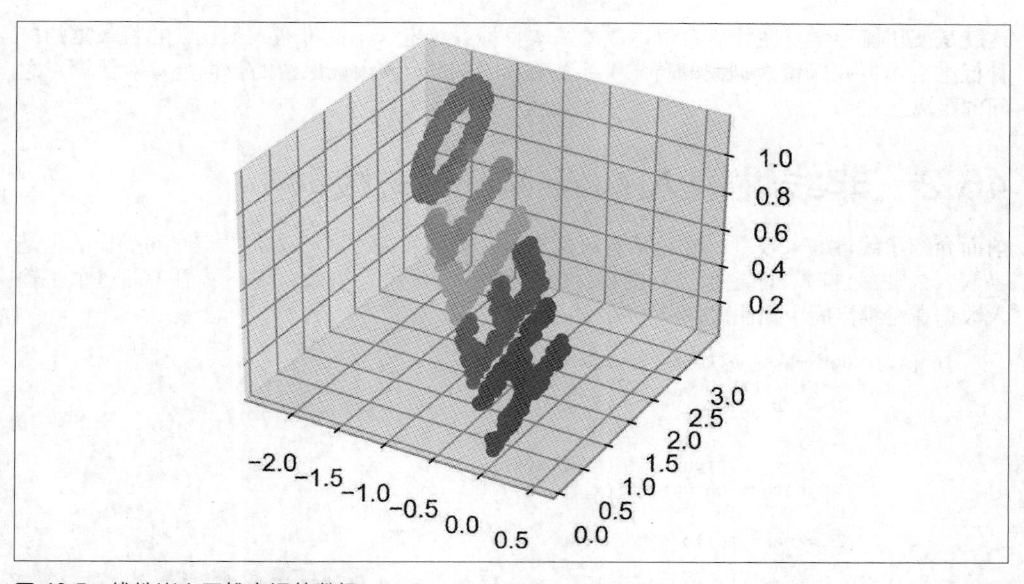

图 46-5：线性嵌入三维空间的数据

现在可以通过 MDS 估计器输入这个三维数据，计算距离矩阵，然后得出距离矩阵的最优二维嵌入结果。结果还原了原始数据的形状（如图 46-6 所示）：

```
In [11]: model = MDS(n_components=2, random_state=1701)
         out3 = model.fit_transform(X3)
         plt.scatter(out3[:, 0], out3[:, 1], **colorize)
         plt.axis('equal');
```

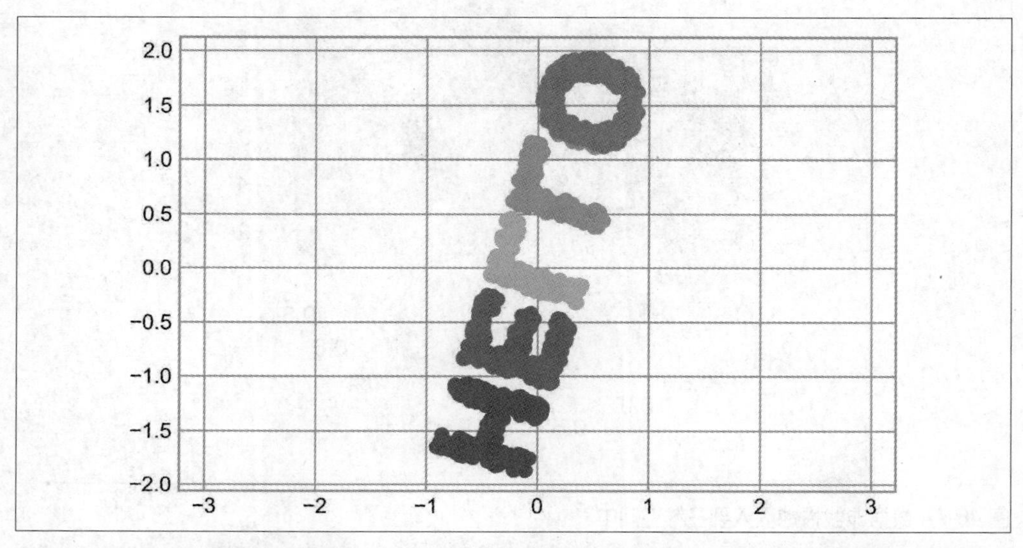

图 46-6：用 MDS 模型处理三维数据，还原了数据在低维空间中的相对结构，尽管可能经历了旋转和反射变换

这就是使用流形学习估计器希望达成的基本目标：给定一个高维嵌入数据，寻找数据的一种低维表示，并保留数据间的特定关系。在 MDS 的示例中，保留的数据是每对数据点之间的距离。

46.2 非线性嵌入：当 MDS 失败时

前面介绍了**线性**嵌入模型，它包括将数据旋转、平移和缩放到一个高维空间的操作。但是当嵌入为非线性时，即超越简单的操作时，MDS 算法就会失效。现在看看下面这个将输入数据在三维空间中扭曲成“S”形状的示例：

```
In [12]: def make_hello_s_curve(X):
             t = (X[:, 0] - 2) * 0.75 * np.pi
             x = np.sin(t)
             y = X[:, 1]
             z = np.sign(t) * (np.cos(t) - 1)
             return np.vstack((x, y, z)).T

         XS = make_hello_s_curve(X)
```

虽然这也是一个三维数据，但是这个嵌入更加复杂（如图 46-7 所示）：

```
In [13]: from mpl_toolkits import mplot3d
         ax = plt.axes(projection='3d')
         ax.scatter3D(XS[:, 0], XS[:, 1], XS[:, 2],
                      **colorize);
```

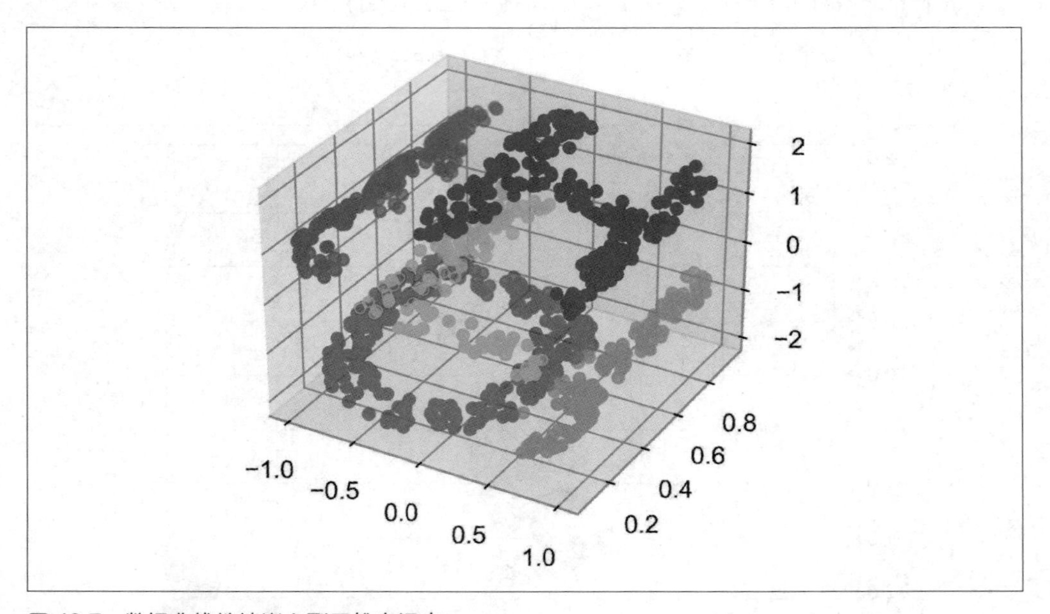

图 46-7：数据非线性地嵌入到三维空间中

虽然数据点间基本的关系仍然存在，但是这次数据以非线性的方式进行了变换：它被卷绕成了“S”形。

如果尝试用一个简单的 MDS 算法来处理这个数据，就无法展示数据非线性嵌入的特征，进而导致我们丢失这个嵌入式流形的内部基本关系特性（如图 46-8 所示）：

```
In [14]: from sklearn.manifold import MDS
         model = MDS(n_components=2, random_state=2)
         outS = model.fit_transform(XS)
         plt.scatter(outS[:, 0], outS[:, 1], **colorize)
         plt.axis('equal');
```

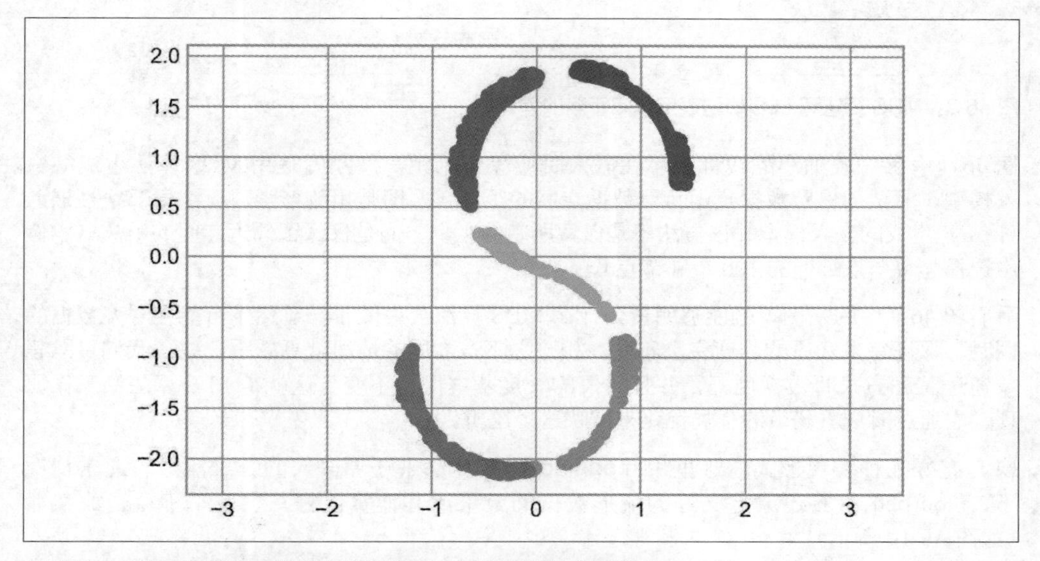

图 46-8：将 MDS 算法应用于非线性数据时无法还原其内部结构

即使是最优的二维线性嵌入也不能破解 S 曲线的谜题，而且还丢失了原始数据的 y 轴信息。

46.3 非线性流形：局部线性嵌入

那么该如何改进呢？在学习新的内容之前，先来回顾一下问题的源头：MDS 算法在构建嵌入时，总是试图保留相距很远的数据点之间的距离。如果修改算法，让它只保留比较接近的点之间的距离呢？嵌入的结果可能会与我们的期望更接近。

可以将这两种思路想象成图 46-9 所示的情况。

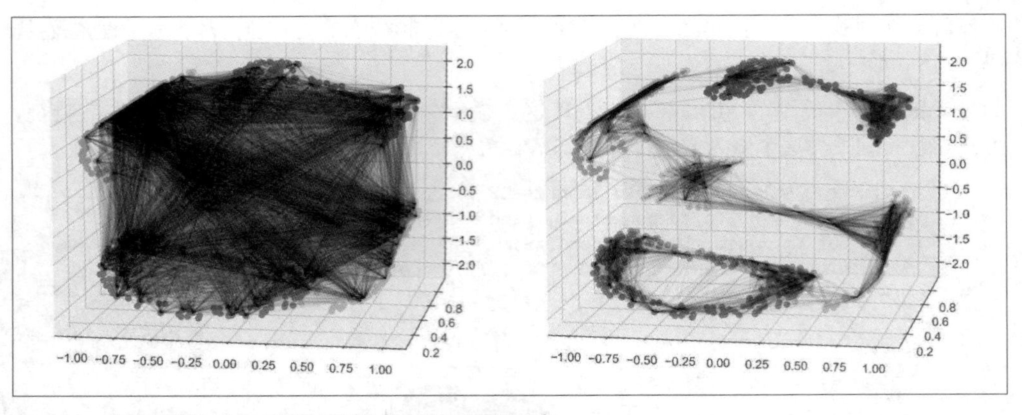

图 46-9：MDS 算法和 LLE 算法表示点间距离的差异[1]

图 46-9 中每一条细小的线都表示在嵌入时应保留的距离。左图是用 MDS 算法生成的嵌入模型，它试图保留数据集中每对数据点间的距离；右图是用流形学习算法**局部线性嵌入**（LLE）生成的嵌入模型，该方法不是保留**所有**的距离，而是仅保留**邻近点**间的距离（本例中选择与每个点最近的 100 个邻节点）。

看看图 46-9 中的左图，就能够明白为什么 MDS 算法会失效了：显然不可能在展开数据的同时，保证每条线段的长度完全不变。相比之下，右图的情况就更乐观一些。我们可以想象通过某种方式将数据展开，并且线段的长度基本保持不变。这就是 LLE 算法的工作原理，它通过对成本函数的全局优化来反映这个逻辑。

LLE 有好几种表现形式，这里用 modified LLE 算法来还原嵌入的二维流形。通常情况下，modified LLE 还原定义好的流形数据的效果比其他算法好，它几乎不会造成扭曲（如图 46-10 所示）：

```
In [15]: from sklearn.manifold import LocallyLinearEmbedding
         model = LocallyLinearEmbedding(
             n_neighbors=100, n_components=2,
             method='modified', eigen_solver='dense')
         out = model.fit_transform(XS)

         fig, ax = plt.subplots()
         ax.scatter(out[:, 0], out[:, 1], **colorize)
         ax.set_ylim(0.15, -0.15);
```

注 1：生成此图的代码可在在线附录中找到。

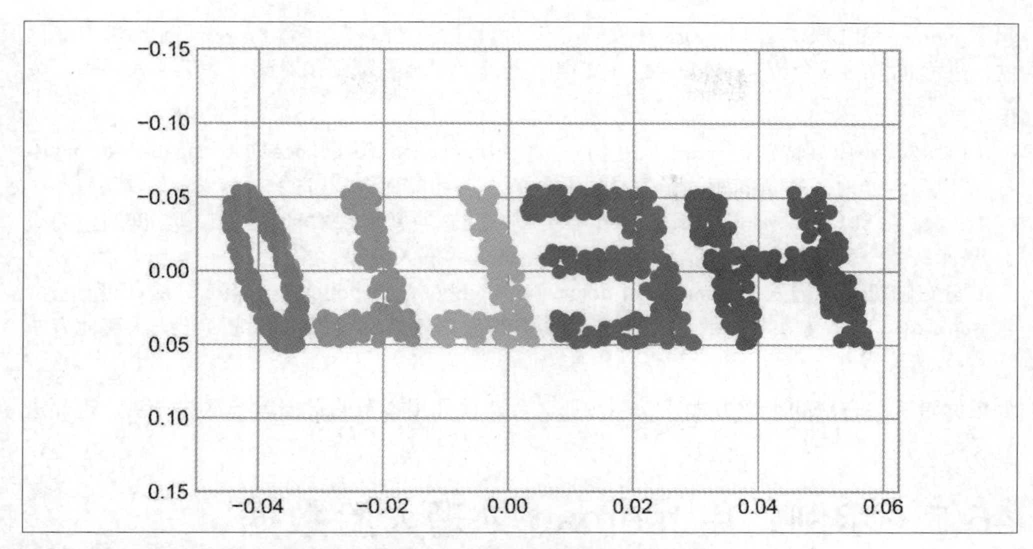

图 46-10：局部线性嵌入可以从非线性嵌入数据中恢复潜在数据特征

比起原始流形，这个结果虽然出现了一定程度的扭曲，但还是保留了数据的基本关系特性。

46.4 关于流形方法的一些思考

虽然这些示例十分精彩，但是由于流形学习在实际应用中的要求非常严格，因此除了对高维数据进行简单的定性可视化之外，流形学习很少被用于其他情况。

以下是流形学习的一些特殊挑战，并与 PCA 算法进行了比较。

- 在流形学习中，并没有好的框架来处理缺失值。相比之下，PCA 算法中有用于处理缺失值的迭代方法。
- 在流形学习中，数据中的噪声会造成流形“短路”，并且严重影响嵌入结果。相比之下，PCA 可以自然地从最重要的成分中滤除噪声。
- 流形嵌入的结果通常高度依赖于所选取的邻节点的个数，并且通常没有确定的定量方式来选择最优的邻节点个数。相比之下，PCA 算法中并不存在这样的问题。
- 在流形学习中，全局最优的输出维度数很难确定。相比之下，PCA 可以基于解释方差来确定输出的维度数。
- 在流形学习中，嵌入维度的含义并不总是很清楚。而在 PCA 算法中，主成分有非常明确的含义。
- 在流形学习中，流形方法的计算复杂度为 $O[N^2]$ 或 $O[N^3]$。而 PCA 可以选择随机方法，通常速度更快（详情请参见 megaman 程序包中的一些具有可扩展能力的流形学习实现）。

虽然以上列举的都是流形学习相比于 PCA 算法的缺点，但是流形学习还有一个明显的优点，那就是它能保留数据中的非线性关系。正因为这个原因，我通常的做法是：先用 PCA 探索数据的线性特征，再用流形方法探索数据的非线性特征。

除了 Isomap 和 LLE，scikit-learn 还实现了其他几个常见的流形学习方法（前几章中使用过，后面也会继续介绍），scikit-learn 文档中进行了充分的讨论和对比。基于个人经验，我给出以下几点建议。

- LLE 及其变体（特别是 modified LLE）在 `sklearn.manifold.LocallyLinearEmbedding` 中实现。它们对于简单问题的学习效果非常好，例如前面介绍过的 S 曲线。
- Isomap 在 `sklearn.manifold.Isomap` 中实现。LLE 通常对现实世界的高维数据的学习效果比较差，但是 Isomap 算法往往会获得比较好的嵌入效果。
- t-**分布随机邻域嵌入**（t-distributed stochastic neighbor embedding，t-SNE）算法在 `sklearn.manifold.TSNE` 中实现。将它用于高度聚类的数据效果比较好，但是该方法比其他方法学习速度慢。

如果你对这些方法的工作方式感兴趣，那么我建议你用本节的数据运行这些方法，进而进行对比。

46.5 示例：用 Isomap 处理人脸数据

流形学习经常被用于探索高维数据点之间的关系。常见的高维数据示例就是图像数据。例如，一组 1000 像素的图像经常被看成 1000 维度的点集合，每幅图像中每一个像素的亮度信息定义了相应维度上的坐标值。

我们用 Isomap 方法处理一些人脸数据——Wild 数据集中带标签的人脸数据，这个数据集在第 43 章和第 45 章已经出现过。执行以下命令就会下载该数据集，并将其保存到与代码相同的目录下，供后续使用：

```
In [16]: from sklearn.datasets import fetch_lfw_people
         faces = fetch_lfw_people(min_faces_per_person=30)
         faces.data.shape
Out[16]: (2370, 2914)
```

我们有 2370 幅图像，每一幅图像有 2914 个像素。换句话说，这些图像可以被看成一个 2914 维空间中的数据点。

先将几幅图像快速可视化，看看要处理的数据（如图 46-11 所示）：

```
In [17]: fig, ax = plt.subplots(4, 8, subplot_kw=dict(xticks=[], yticks=[]))
         for i, axi in enumerate(ax.flat):
             axi.imshow(faces.images[i], cmap='gray')
```

当我们在第 45 章中使用这份数据时，我们的目标本质上是压缩：使用成分从低维表示重建输入。

PCA 的用途非常广泛，在这种情况下也可以使用，我们希望画出这 2914 维数据的一个低维嵌入结果，以此来了解图像之间的基本关系。可以从计算 PCA 开始，从而查看解释方差的比率。通过这个比率，就可以判断需要多少线性特征才能描述数据（如图 46-12 所示）：

```
In [18]: from sklearn.decomposition import PCA
         model = PCA(100, svd_solver='randomized').fit(faces.data)
         plt.plot(np.cumsum(model.explained_variance_ratio_))
```

```
plt.xlabel('n components')
plt.ylabel('cumulative variance');
```

图 46-11：人脸图像

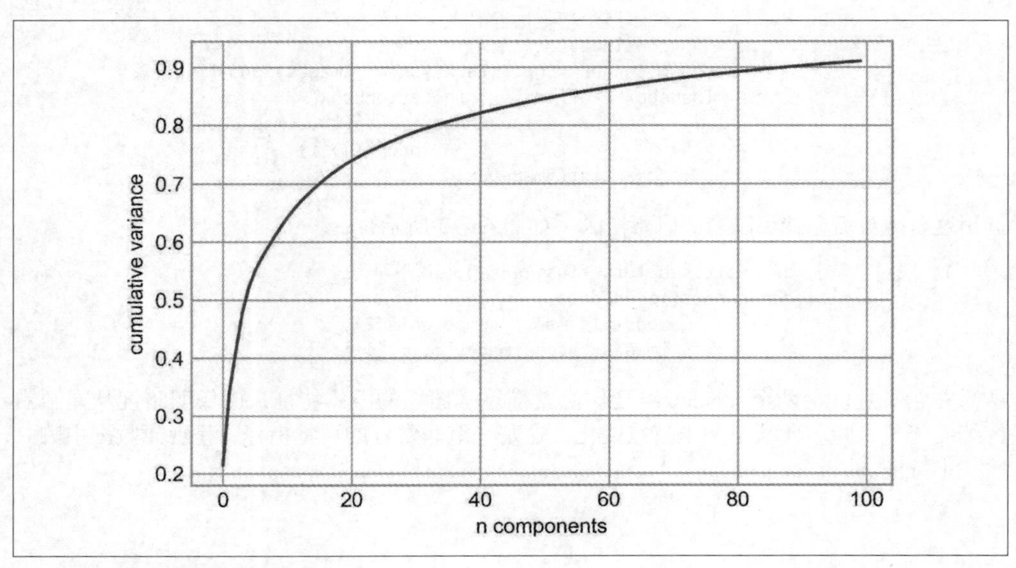

图 46-12：PCA 投影的累计方差

我们发现，这个数据大约需要 100 个成分才能保存 90% 的方差，这说明该数据的维度非常高，仅通过几个线性成分无法描述。

由于存在上述问题，非线性流形嵌入方法，如 LLE 和 Isomap，就可以派上用场了。用前面的方法对这些人脸数据计算一个 Isomap 嵌入：

```
In [19]: from sklearn.manifold import Isomap
         model = Isomap(n_components=2)
         proj = model.fit_transform(faces.data)
         proj.shape
Out[19]: (2370, 2)
```

输出是所有输入图像的一个二维投影。为了更好地理解该投影表示的含义，来定义一个函数，在不同的投影位置输出图像的缩略图：

```
In [20]: from matplotlib import offsetbox

         def plot_components(data, model, images=None, ax=None,
                             thumb_frac=0.05, cmap='gray'):
             ax = ax or plt.gca()

             proj = model.fit_transform(data)
             ax.plot(proj[:, 0], proj[:, 1], '.k')

             if images is not None:
                 min_dist_2 = (thumb_frac * max(proj.max(0) - proj.min(0))) ** 2
                 shown_images = np.array([2 * proj.max(0)])
                 for i in range(data.shape[0]):
                     dist = np.sum((proj[i] - shown_images) ** 2, 1)
                     if np.min(dist) < min_dist_2:
                         # 不展示相距很近的点
                         continue
                     shown_images = np.vstack([shown_images, proj[i]])
                     imagebox = offsetbox.AnnotationBbox(
                         offsetbox.OffsetImage(images[i], cmap=cmap),
                                               proj[i])
                     ax.add_artist(imagebox)
```

调用这个函数后，就可以看到以下结果（如图 46-13 所示）：

```
In [21]: fig, ax = plt.subplots(figsize=(10, 10))
         plot_components(faces.data,
                         model=Isomap(n_components=2),
                         images=faces.images[:, ::2, ::2])
```

结果非常有趣。前两个 Isomap 维度仿佛就描述了图像的整体特征：图像明暗度从左至右持续变化，人脸朝向从下到上持续变化。这是一组非常好的视觉指标，呈现了数据中的一些基本特征。

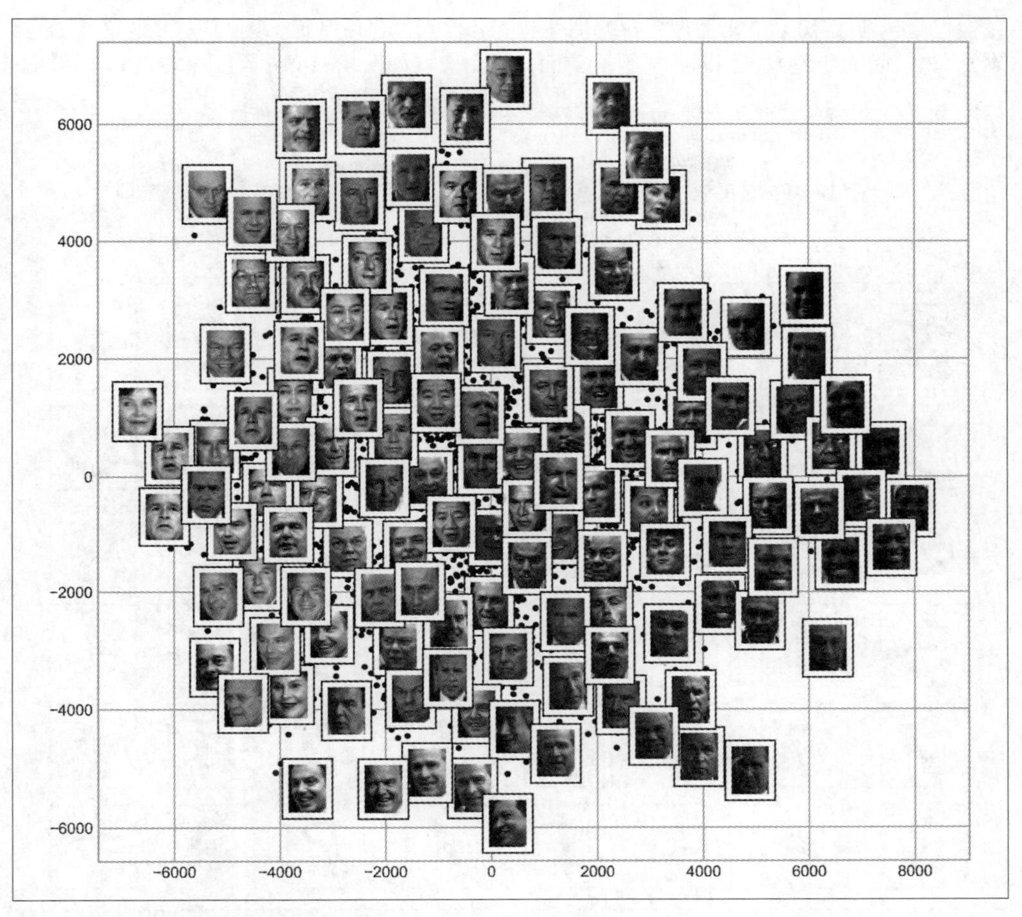

图 46-13：人脸数据的 Isomap 嵌入

我们可以根据这个结果对数据进行分类，并像第 43 章做过的那样，用流形特征作为分类算法的输入数据。

46.6 示例：手写数字的可视化结构

本例是另外一个使用流形学习进行可视化的例子，用到的是 MNIST 手写数字数据集。该数据集和我们在第 44 章中看到的类似，但是每幅图像包含的像素更多。可以用 scikit-learn 工具从 OpenML 官网下载该数据集。

```
In [22]: from sklearn.datasets import fetch_openml
         mnist = fetch_openml('mnist_784')
         mnist.data.shape
Out[22]: (70000, 784)
```

该数据集包含了 70 000 幅图像，每幅图像有 784 像素（也就是说，图像是 28 像素 ×28 像素）。与前面的处理方式相同，先看看前面几幅图像（如图 46-14 所示）：

```
In [23]: mnist_data = np.asarray(mnist.data)
         mnist_target = np.asarray(mnist.target, dtype=int)

         fig, ax = plt.subplots(6, 8, subplot_kw=dict(xticks=[], yticks=[]))
         for i, axi in enumerate(ax.flat):
             axi.imshow(mnist_data[1250 * i].reshape(28, 28), cmap='gray_r')
```

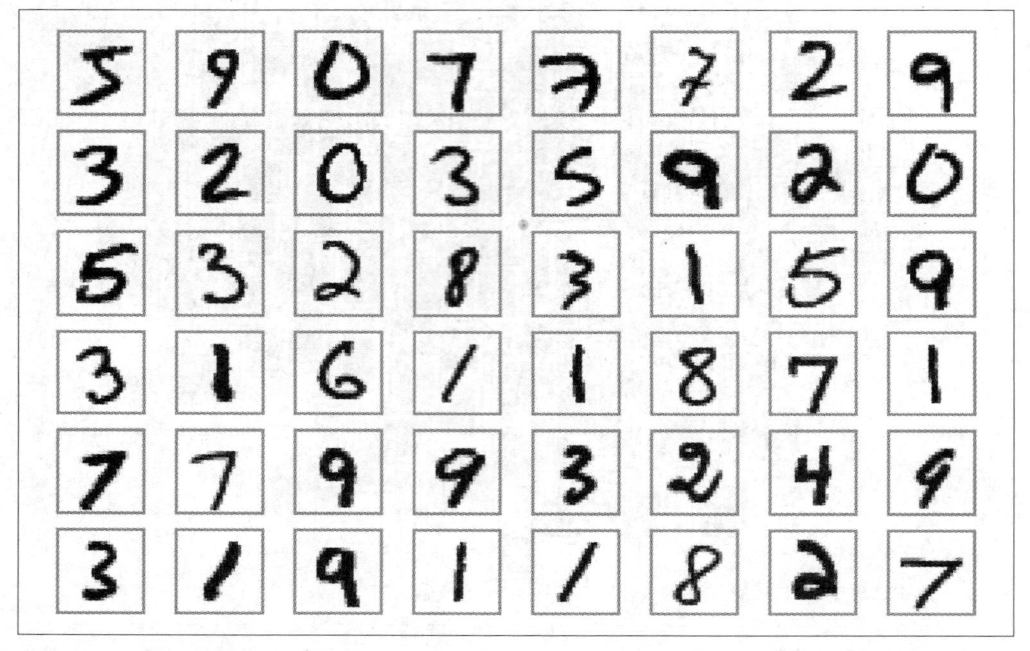

图 46-14：MNIST 手写数字

图 46-14 让我们对该数据集中的各种手写风格有了个直观印象。

下面来计算这些数据的流形学习投影，如图 46-15 所示。考虑到计算速度的影响，我们仅使用数据集的 1/30 进行学习，大概包括 2000 个数字样本点。（由于流形学习的计算扩展性比较差，因此一开始用几千个示例数据也许是不错的选择，这样可以在完整计算之前进行相对快速的探索。）图 46-15 展示了结果。

```
In [24]: # 由于计算完整的数据集需要花很长时间，因此仅使用数据集的 1/30
         data = mnist.data[::30]
         target = mnist.target[::30]

         model = Isomap(n_components=2)
         proj = model.fit_transform(data)
```

```
plt.scatter(proj[:, 0], proj[:, 1], c=target,
                        cmap=plt.cm.get_cmap('jet', 10))
plt.colorbar(ticks=range(10))
plt.clim(-0.5, 9.5);
```

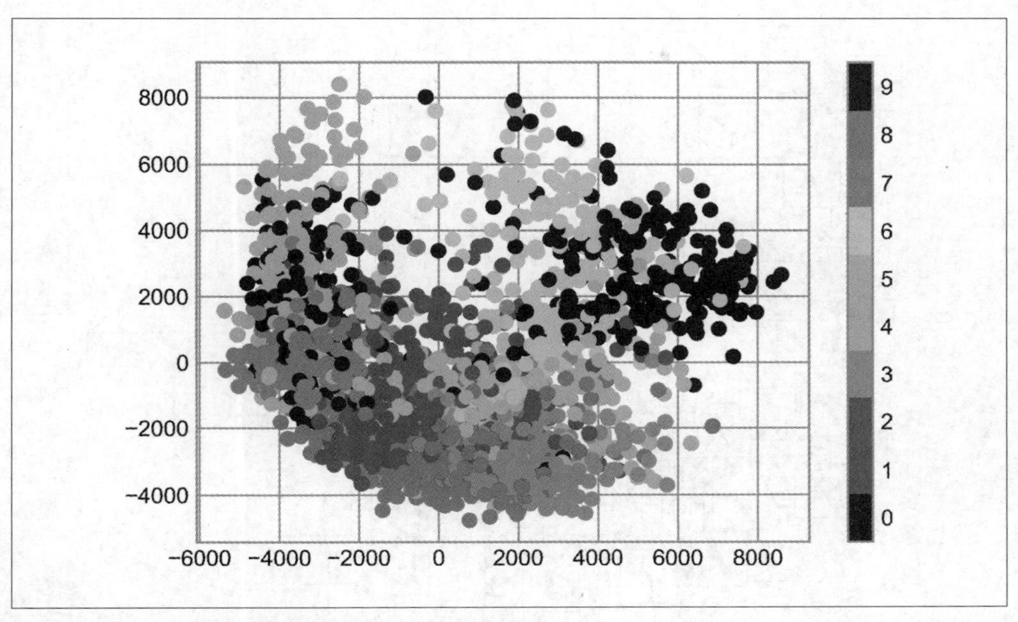

图 46-15：MNIST 手写数字数据的 Isomap 嵌入

该散点图结果展示了数据点间的一些关系，但是点的分布有一点拥挤。我们可以一次只查看一个数字，来获得更清楚的结果（如图 46-16 所示）：

```
In [25]: # 选择 1/4 的数字 "1" 来投影
         data = mnist.data[mnist.target == 1][::4]

         fig, ax = plt.subplots(figsize=(10, 10))
         model = Isomap(n_neighbors=5, n_components=2, eigen_solver='dense')
         plot_components(data, model, images=data.reshape((-1, 28, 28)),
                         ax=ax, thumb_frac=0.05, cmap='gray_r')
```

结果表明，数据集中数字 1 的形式是多种多样的。数据在投影空间中分布在一个较宽的曲面上，像是沿着数字的方向。当你沿着图像向上看，会发现一些戴着“帽子”且/或带有“底座”的数字 1，虽然这些形式在整个数据集中非常少。可见，流形投影可以让我们发现数据中的异常点（例如，邻近的数字片段被偷偷放入抽取的图像中）。

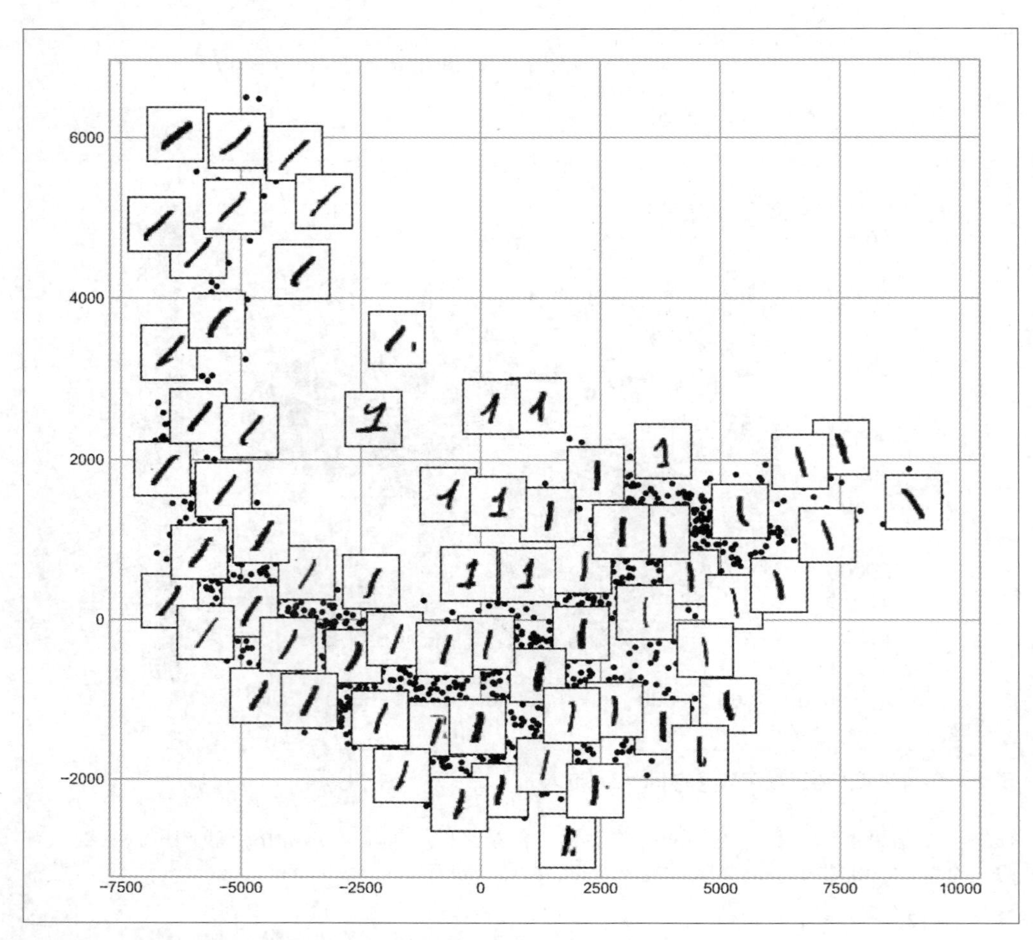

图 46-16：MNIST 数据集中数字 1 的 Isomap 嵌入

虽然这种方法可能对数字分类任务并没有帮助，但是它确实可以帮助我们更好地理解数据，并且能提供一些进一步分析数据的线索，例如，在构建分类管道模型之前，该如何对数据进行预处理。

第47章

专题：*k*-means聚类

在前面几章中，我们探索了一种无监督机器学习模型：降维。下面将介绍另一种无监督机器学习模型：聚类算法。聚类算法直接从数据的内在性质中学习最优的划分结果或者确定离散标签类型。

虽然在 scikit-learn 或其他地方有许多聚类算法，但最容易理解的聚类算法可能还是 *k*-means 聚类算法，在 `sklearn.cluster.KMeans` 中实现。

首先还是先导入标准程序包：

```
In [1]: %matplotlib inline
        import matplotlib.pyplot as plt
        plt.style.use('seaborn-whitegrid')
        import numpy as np
```

47.1 *k*-means 简介

k-means 算法在不带标签的多维数据集中寻找确定数量的簇。最优的聚类结果需要符合以下两个假设。

- **簇中心**（cluster center）是属于该簇的所有数据点坐标的算术平均值。
- 一个簇的每个点到该簇中心的距离，比到其他簇中心的距离短。

这两个假设是 *k*-means 模型的基础，后面会具体介绍如何用该算法解决问题。先通过一个简单的数据集看看 *k*-means 算法的处理结果。

首先，生成一个二维数据集，该数据集包含 4 个明显的簇。由于要演示无监督算法，因此去除可视化图中的标签（如图 47-1 所示）：

```
In [2]: from sklearn.datasets import make_blobs
        X, y_true = make_blobs(n_samples=300, centers=4,
                               cluster_std=0.60, random_state=0)
        plt.scatter(X[:, 0], X[:, 1], s=50);
```

通过肉眼观察，可以很轻松地挑选出 4 个簇。而 *k*-means 算法可以自动完成 4 个簇的识别工作，并且在 scikit-learn 中使用通用的估计器 API：

```
In [3]: from sklearn.cluster import KMeans
        kmeans = KMeans(n_clusters=4)
        kmeans.fit(X)
        y_kmeans = kmeans.predict(X)
```

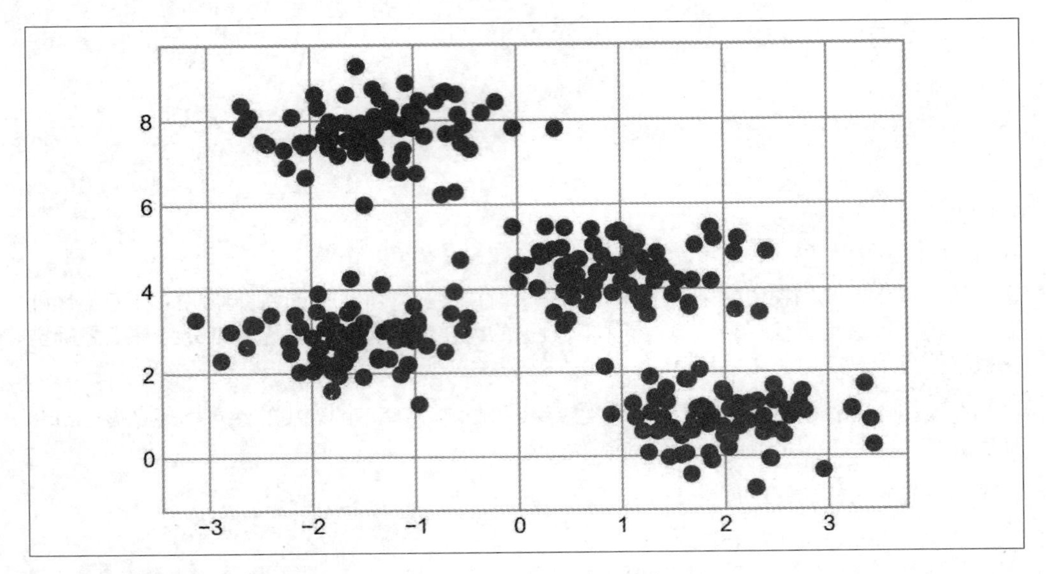

图 47-1：数据聚类

下面用带彩色标签的数据来展示聚类结果（如图 47-2 所示）。同时，画出簇中心，这些簇中心是由 *k*-means 估计器确定的：

```
In [4]: plt.scatter(X[:, 0], X[:, 1], c=y_kmeans, s=50, cmap='viridis')

        centers = kmeans.cluster_centers_
        plt.scatter(centers[:, 0], centers[:, 1], c='black', s=200);
```

告诉你个好消息，*k*-means 算法可以（至少在这个简单的例子中）将点指定到某一个簇，就类似于通过肉眼观察然后将点指定到某个簇。你可能会好奇，这些算法究竟是如何快速找到这些簇的，毕竟可能存在的簇分配组合方案会随着数据点的增长而呈现指数级增长，做这样的穷举搜索需要消耗大量时间。好在有算法可以避免这种穷举搜索——*k*-means 方法使用了一种容易理解、便于重复的**期望最大化**算法取代了穷举搜索。

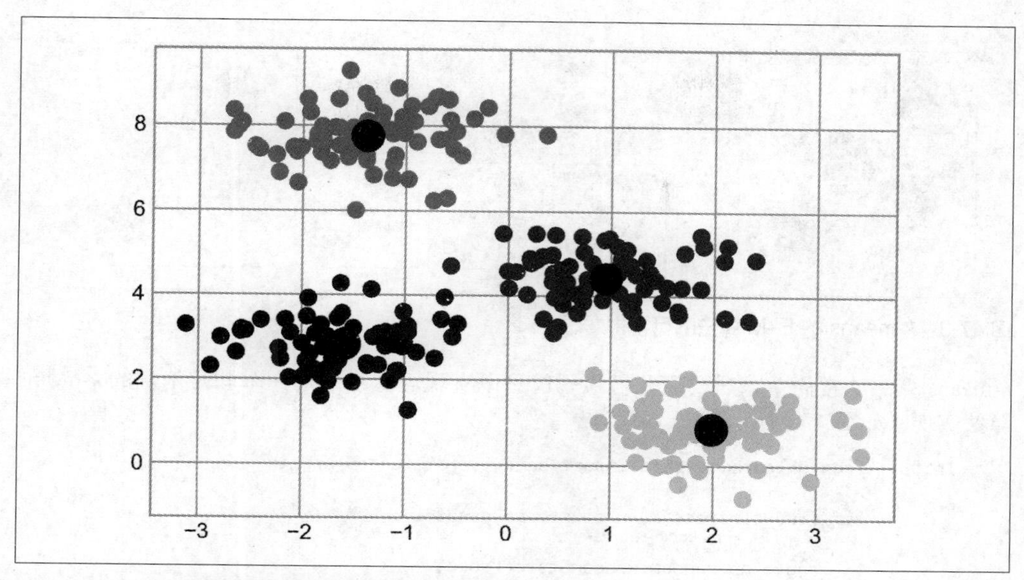

图 47-2：*k*-means 簇中心和用不同颜色区分的簇

47.2 *k*-means 算法：期望最大化

期望最大化（expectation-maximization，E-M）是一种非常强大的算法，应用于数据科学的很多场景中。*k*-means 是该算法的一个非常简单并且易于理解的应用，下面将简单介绍 E-M 算法。简单来说，期望最大化方法包含以下步骤。

1. 猜测一些簇中心。
2. 重复直至收敛。

   a. **期望步**（E-step）：将点分配至离其最近的簇中心。
   b. **最大化步**（M-step）：将簇中心设置为所有点坐标的平均值。

期望步（E-step，expectation step）不断更新每个点是属于哪一个簇的期望值，**最大化步**（M-step，maximization step）它通过最大化一个适应度函数，确定簇中心的位置——在本例中，簇中心的坐标简化为对每个簇中所有数据点的坐标求平均值。

关于这个算法的资料非常多，但是这些资料可以总结为：在典型环境下，每一次重复 E-step 和 M-step 都会得到更好的聚类效果。

将这个算法可视化，如图 47-3 所示。数据从初始化状态开始，经过三次迭代后收敛。关于此图的交互式可视化版本，请见在线附录中的代码。

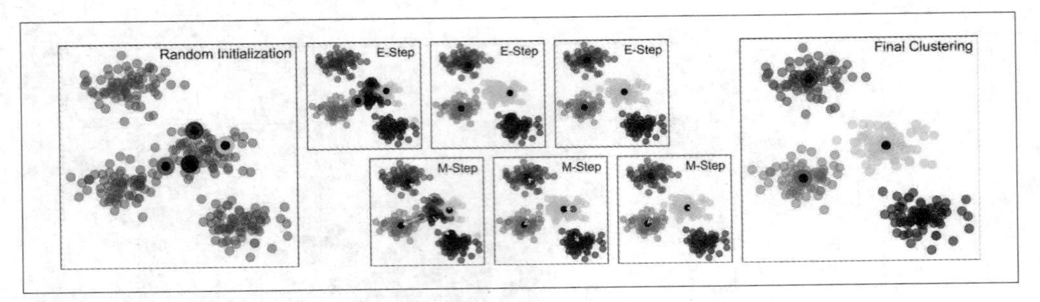

图 47-3：*k*-means 的 E–M 算法的可视化[1]

k-means 算法非常简单，只要用几行代码就可以实现它。以下是一个非常基础的 *k*-means 算法实现（如图 47-4 所示）：

```
In [5]: from sklearn.metrics import pairwise_distances_argmin

        def find_clusters(X, n_clusters, rseed=2):
            # 1. 随机选择簇中心
            rng = np.random.RandomState(rseed)
            i = rng.permutation(X.shape[0])[:n_clusters]
            centers = X[i]

            while True:
                # 2a. 基于最近的中心指定标签
                labels = pairwise_distances_argmin(X, centers)

                # 2b. 根据点的平均值找到新的中心
                new_centers = np.array([X[labels == i].mean(0)
                                        for i in range(n_clusters)])


                # 2c. 确认收敛
                if np.all(centers == new_centers):
                    break
                centers = new_centers

            return centers, labels

        centers, labels = find_clusters(X, 4)
        plt.scatter(X[:, 0], X[:, 1], c=labels,
                    s=50, cmap='viridis');
```

虽然大部分可用的聚类算法底层其实都是对上述示例的进一步扩展，但上述函数解释了期望最大化方法的核心内容。在使用期望最大化算法时，需要注意几个问题。

注 1：生成此图的代码可在在线附录中找到。

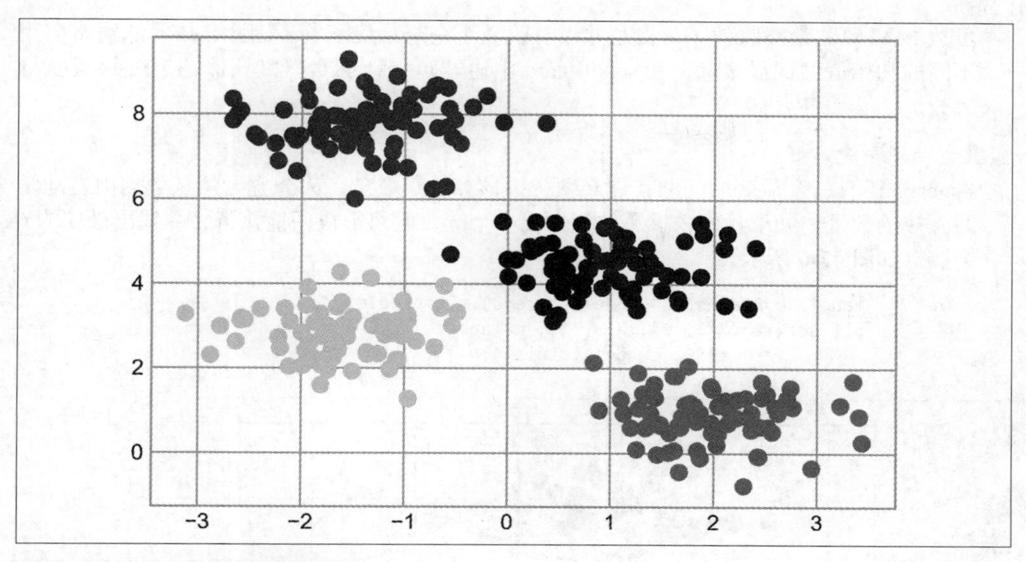

图 47-4：用 *k*-means 进行数据聚类

可能不会达到全局最优结果

首先，虽然 E–M 算法可以在每一步中改进结果，但是它并不保证可以获得**全局**最优的解决方案。例如，如果在上述简单的步骤中使用一个随机种子（random seed），那么某些初始值可能会导致很糟糕的聚类结果（如图 47-5 所示）：

```
In [6]: centers, labels = find_clusters(X, 4, rseed=0)
        plt.scatter(X[:, 0], X[:, 1], c=labels,
                    s=50, cmap='viridis');
```

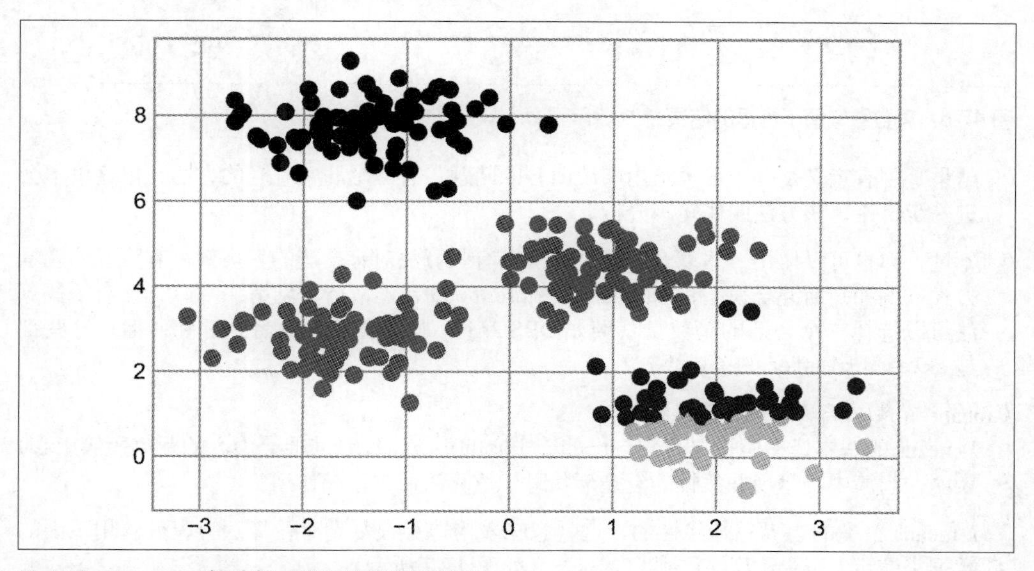

图 47-5：*k*-means 算法的一个糟糕的收敛结果

虽然 E–M 算法最终收敛了，但是并没有收敛至全局最优配置。因此，该算法通常会用不同的初始值尝试很多遍，在 scikit-learn 中通过 `n_init` 参数（默认值是 10）设置执行次数。

簇数量必须事先定好

k-means 还有一个显著的问题：你必须告诉该算法簇数量，因为它无法从数据中自动学习到簇的数量。如果我们告诉算法识别出 6 个簇，它将很快乐地执行，并找出最佳的 6 个簇（如图 47-6 所示）：

```
In [7]: labels = KMeans(6, random_state=0).fit_predict(X)
        plt.scatter(X[:, 0], X[:, 1], c=labels,
                    s=50, cmap='viridis');
```

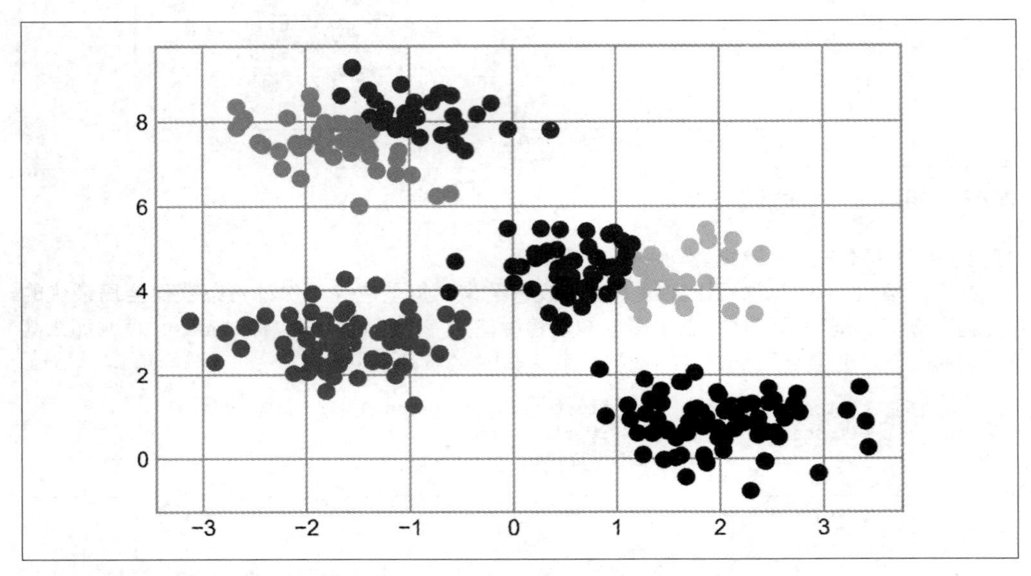

图 47-6：簇数量取值不合适的结果

结果是否有意义是一个很难给出明确回答的问题。有一个非常直观的方法，但这里不会进一步讨论，该方法叫作轮廓分析。

不过，你也可以使用一些复杂的聚类算法，有些算法对每个簇的聚类效果有更好的度量方式（例如高斯混合模型，Gaussian mixture model，详情请参见第 48 章），还有一些算法可以选择一个合适的簇数量（例如 DBSCAN、均值漂移，或者是近邻传播，这些都是 `sklearn.cluster` 的子模块）。

k-means 算法只能确定线性聚类边界

k-means 的基本模型假设（点到自己的簇中心的距离，比到其他簇中心的距离短簇中心）表明，当簇中心呈现非线性的复杂形状时，该算法通常不起作用。

k-means 聚类的边界总是线性的，这就意味着当边界很复杂时，算法会失效。用下面的数据来演示 *k*-means 算法得到的簇标签（如图 47-7 所示）：

```
In [8]: from sklearn.datasets import make_moons
        X, y = make_moons(200, noise=.05, random_state=0)
```

```
In [9]: labels = KMeans(2, random_state=0).fit_predict(X)
        plt.scatter(X[:, 0], X[:, 1], c=labels,
                    s=50, cmap='viridis');
```

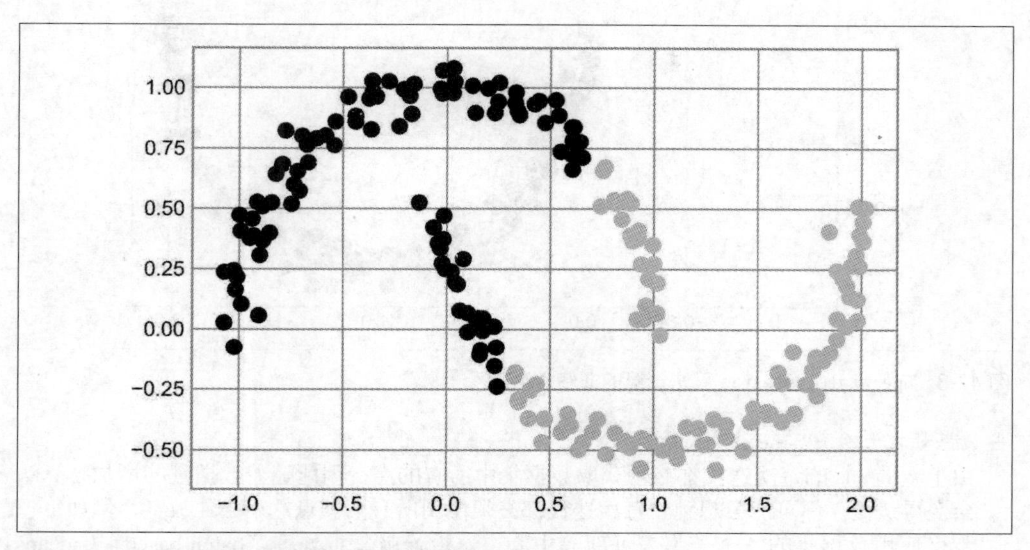

图 47-7：将 *k*-means 算法用于非线性边界的失败案例

这个情形让人想起第 43 章介绍的内容，当时我们通过一个核变换将数据投影到更高维的空间，投影后的数据使线性分离成为可能。或许可以使用同样的技巧解决 *k*-means 算法无法处理非线性边界的问题。

这种核 *k*-means 算法在 scikit-learn 的 `SpectralClustering` 估计器中实现，它使用最近邻图（the graph of nearest neighbors）来计算数据的高维表示，然后用 *k*-means 算法分配标签（如图 47-8 所示）：

```
In [10]: from sklearn.cluster import SpectralClustering
         model = SpectralClustering(n_clusters=2,
                                    affinity='nearest_neighbors',
                                    assign_labels='kmeans')
         labels = model.fit_predict(X)
         plt.scatter(X[:, 0], X[:, 1], c=labels,
                     s=50, cmap='viridis');
```

可以看到，通过核变换方法，核 *k*-means 就能够找到簇之间复杂的非线性边界了。

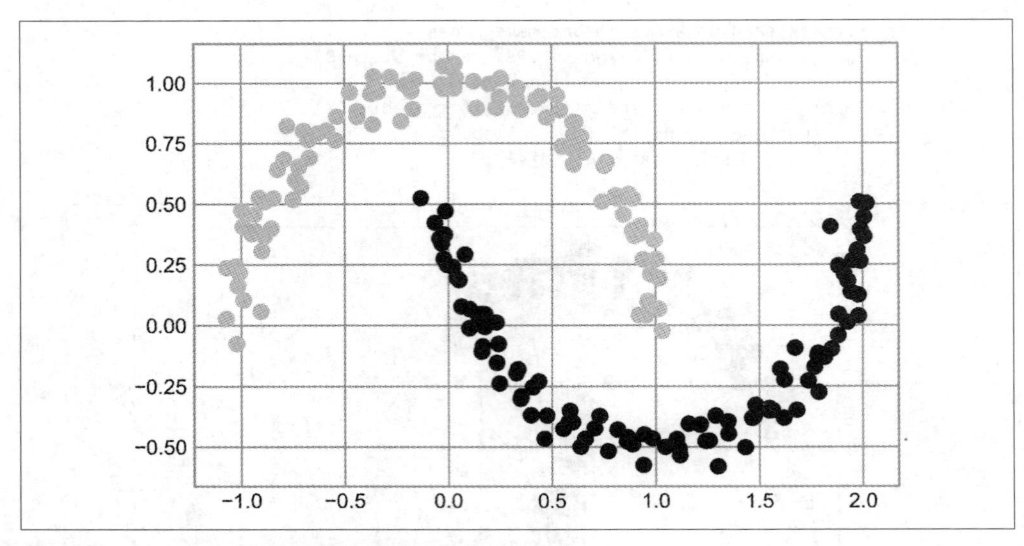

图 47-8：SpectralClustering 算法计算的非线性边界

当数据量较大时，k-means 会很慢

由于 *k*-means 的每次迭代都必须获取数据集中所有的点，因此随着数据量的增加，算法会变得缓慢。你可能会想到将每次迭代都必须使用所有数据点这个条件放宽，例如每一步仅使用数据集的一个子集来更新簇中心。这恰恰就是批处理（batch-based）*k*-means 算法的核心思想，该算法在 `sklearn.cluster.MiniBatchKMeans` 中实现。该算法的接口和标准的 `KMeans` 接口相同，后面将用一个示例来演示它的用法。

47.3 案例

了解了算法的限制条件之后，就可以在合适的场景中发挥 *k*-means 的优势了。下面来看两个案例。

47.3.1 案例 1：用 *k*-means 算法处理手写数字

首先，将 *k*-means 算法用于第 44 章和第 45 章演示的手写数字数据。这次试试能不能**不使用原始的标签信息**，就用 *k*-means 算法识别出类似的数字。这个过程就好像是在**事先**没有标签信息的情况下，探索新数据集的含义。

首先导入手写数字，再使用 `KMeans` 聚类。手写数字数据集包含 1797 个样本，每个样本有 64 个特征，其实就是 8×8 图像中的每个像素：

```
In [11]: from sklearn.datasets import load_digits
         digits = load_digits()
         digits.data.shape
Out[11]: (1797, 64)
```

聚类过程和之前的一样：

```
In [12]: kmeans = KMeans(n_clusters=10, random_state=0)
         clusters = kmeans.fit_predict(digits.data)
         kmeans.cluster_centers_.shape
Out[12]: (10, 64)
```

结果是在 64 维中有 10 个簇。需要注意的是，这些簇中心本身就是 64 维像素的点，可以将这些点看成该簇中“具有代表性”（typical）的数字。这些簇中心如图 47-9 所示。

```
In [13]: fig, ax = plt.subplots(2, 5, figsize=(8, 3))
         centers = kmeans.cluster_centers_.reshape(10, 8, 8)
         for axi, center in zip(ax.flat, centers):
             axi.set(xticks=[], yticks=[])
             axi.imshow(center, interpolation='nearest', cmap=plt.cm.binary)
```

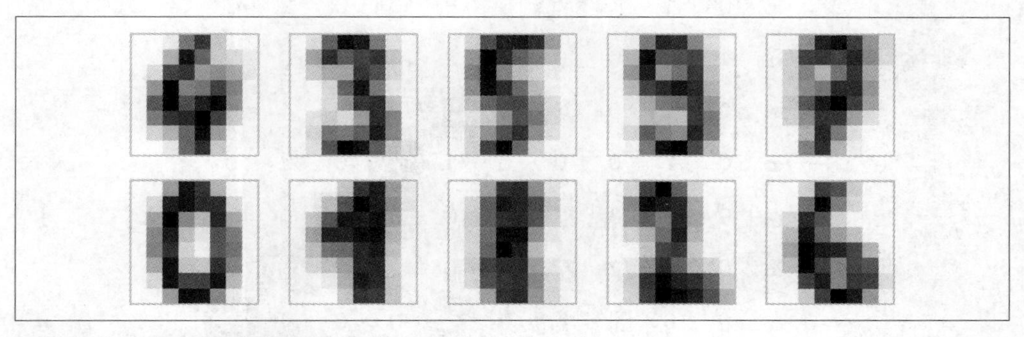

图 47-9：用 *k*-means 算法得到的簇中心

我们会发现，**即使没有标签**，KMeans 算法也可以找到可辨识的数字中心，但是 1 和 8 例外。

由于 *k*-means 并不知道簇的真实标签，因此 0~9 标签可能并不是顺序排列的。我们可以将每个学习到的簇标签和真实标签进行匹配，从而解决这个问题：

```
In [14]: from scipy.stats import mode

         labels = np.zeros_like(clusters)
         for i in range(10):
             mask = (clusters == i)
             labels[mask] = mode(digits.target[mask])[0]
```

现在就可以检查无监督聚类算法在查找相似数字时的准确性了：

```
In [15]: from sklearn.metrics import accuracy_score
         accuracy_score(digits.target, labels)
Out[15]: 0.7935447968836951
```

仅通过一个简单的 *k*-means 算法，就可以获得手写数字数据集 80% 的分组准确率！下面再看看混淆矩阵（如图 47-10 所示）：

```
In [16]: from sklearn.metrics import confusion_matrix
         import seaborn as sns
         mat = confusion_matrix(digits.target, labels)
```

```
sns.heatmap(mat.T, square=True, annot=True, fmt='d',
            cbar=False, cmap='Blues',
             xticklabels=digits.target_names,
             yticklabels=digits.target_names)
plt.xlabel('true label')
plt.ylabel('predicted label');
```

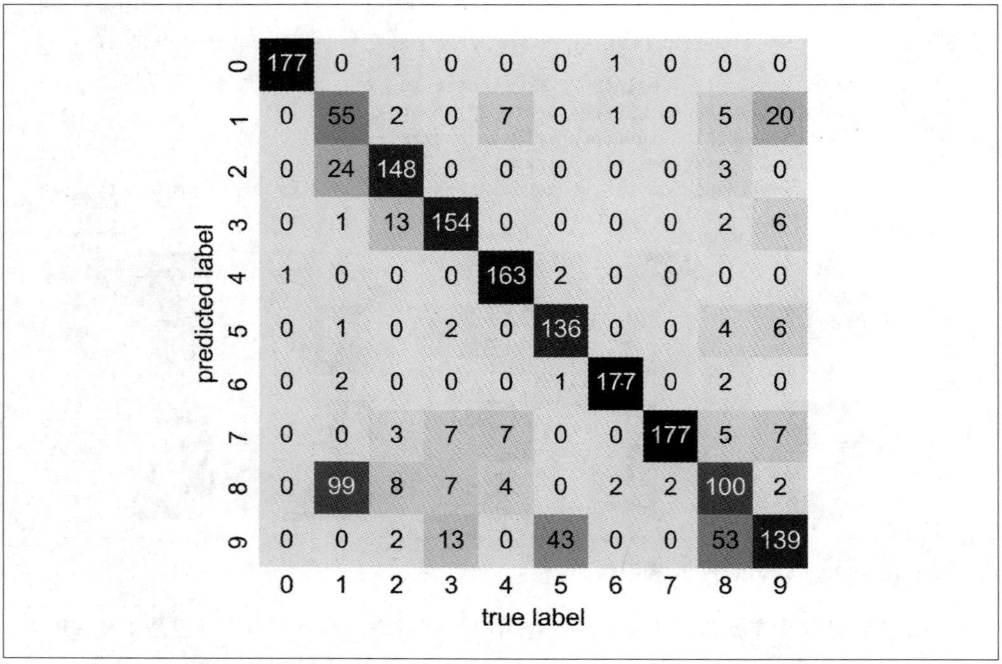

图 47-10：*k*-means 分类器的混淆矩阵

正如我们之前看到的簇中心图，混淆的地方主要是在数字 8 和 1。但仍然可以看出，通过 *k*-means 可以构建一个数字分类器，该数字分类器**不需要任何已知的标签**。

其实还可以更进一步，使用 t-分布随机邻域嵌入算法（t-SNE 详情请参见第 46 章）在执行 *k*-means 之前对数据进行预处理。t-SNE 是一个非线性嵌入算法，特别擅长保留簇中的数据点。下面来看看如何实现：

```
In [17]: from sklearn.manifold import TSNE

         # 投影数据：这一步将耽误几秒钟
         tsne = TSNE(n_components=2, init='random',
                     learning_rate='auto',random_state=0)
         digits_proj = tsne.fit_transform(digits.data)

         # 计算簇
         kmeans = KMeans(n_clusters=10, random_state=0)
         clusters = kmeans.fit_predict(digits_proj)
```

```
         # 排列标签
         labels = np.zeros_like(clusters)
         for i in range(10):
             mask = (clusters == i)
             labels[mask] = mode(digits.target[mask])[0]

         # 计算准确率
         accuracy_score(digits.target, labels)
Out[17]: 0.9415692821368948
```

同样在**没有标签**的情况下，它可以达到 94% 的分类准确率，这就是合理使用无监督学习的力量。无监督学习可以从数据集中抽取难以用手眼直接提取的信息。

47.3.2 案例 2：将 *k*-means 用于色彩压缩

聚类算法的另一个有趣应用是图像色彩压缩（本例改编自 scikit-learn 的“使用 *k*-means 进行色彩量化”）。设想你有一幅包含几百万种颜色的图像，但其实大多数图像中的很大一部分色彩通常是不会被眼睛注意到的，而且图像中的很多像素都拥有类似或者相同的颜色。

如图 47-11 所示，该图像来源于 scikit-learn 的 datasets 模块（在本例中，你需要安装 Python 的 PIL 图像程序包）：

```
In [18]: # 需要安装 PIL 图像程序包
         from sklearn.datasets import load_sample_image
         china = load_sample_image("china.jpg")
         ax = plt.axes(xticks=[], yticks=[])
         ax.imshow(china);
```

图 47-11：输入图像

该图像存储在一个三维数组 (height, width, RGB) 中，以 0~255 的整数表示红 / 蓝 / 绿信息：

```
In [19]: china.shape
Out[19]: (427, 640, 3)
```

我们可以将这组像素转换成三维颜色空间中的一群数据点。首先将数据变形为 [n_samples, n_features]，然后缩放颜色至其取值为 0~1：

```
In [20]: data = china / 255.0 # 转换成 0~1 区间值
         data = data.reshape(-1, 3)
         data.shape
Out[20]: (273280, 3)
```

还可以在颜色空间中对这些像素进行可视化。为了演示方便，这里只使用包含前 10 000 个像素的子集（如图 47-12 所示）：

```
In [21]: def plot_pixels(data, title, colors=None, N=10000):
             if colors is None:
                 colors = data

             # 随机选择一个子集
             rng = np.random.RandomState(0)
             i = rng.permutation(data.shape[0])[:N]
             colors = colors[i]
             R, G, B = data[i].T

             fig, ax = plt.subplots(1, 2, figsize=(16, 6))
             ax[0].scatter(R, G, color=colors, marker='.')
             ax[0].set(xlabel='Red', ylabel='Green', xlim=(0, 1), ylim=(0, 1))

             ax[1].scatter(R, B, color=colors, marker='.')
             ax[1].set(xlabel='Red', ylabel='Blue', xlim=(0, 1), ylim=(0, 1))

             fig.suptitle(title, size=20);

In [22]: plot_pixels(data, title='Input color space: 16 million possible colors')
```

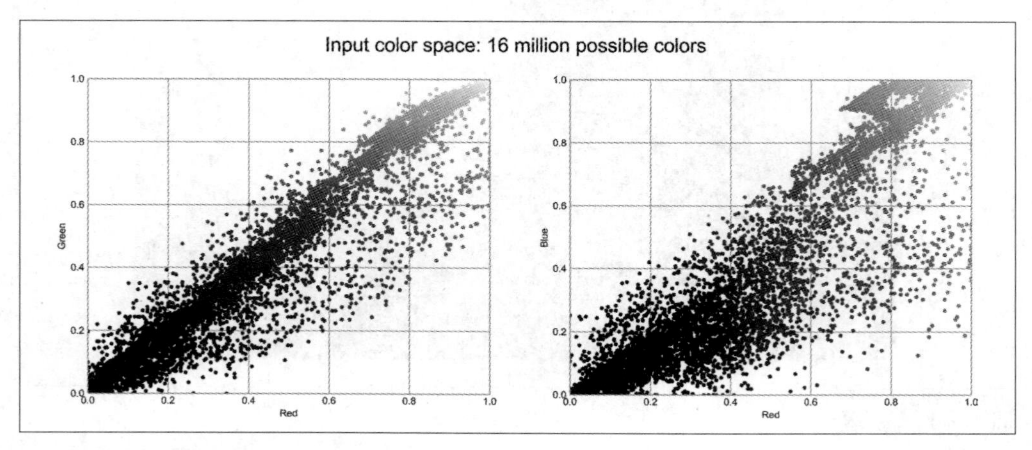

图 47-12：RGB 颜色空间中的像素分布

现在对像素空间（特征矩阵）使用 *k*-means 聚类，将 16 000 000 种颜色缩减到 16 种。因为我们处理的是一个非常大的数据集，所以将使用 `mini-batch` *k*-means 算法对数据集的子集进行计算。这种算法比标准的 *k*-means 算法速度更快（如图 47-13 所示）：

```
In [23]: from sklearn.cluster import MiniBatchKMeans
         kmeans = MiniBatchKMeans(16)
         kmeans.fit(data)
         new_colors = kmeans.cluster_centers_[kmeans.predict(data)]

         plot_pixels(data, colors=new_colors,
                     title="Reduced color space: 16 colors")
```

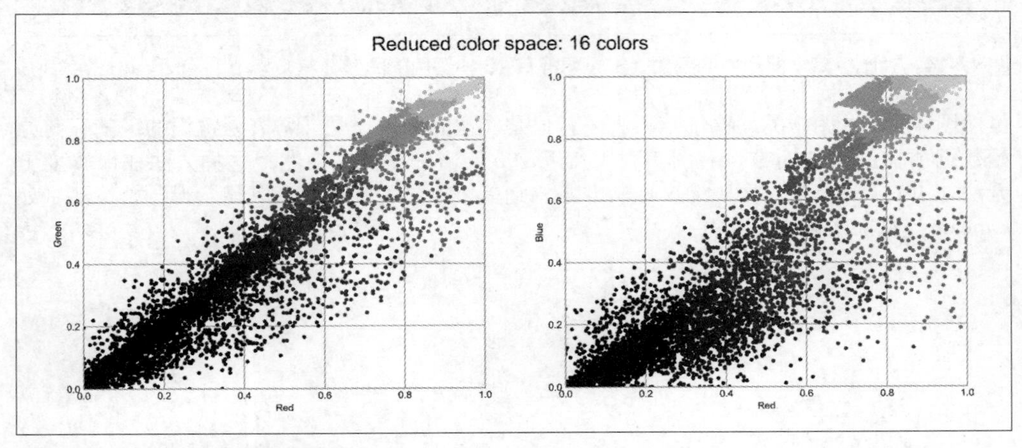

图 47-13：RGB 颜色空间中的 16 个簇

用计算的结果对原始像素重新着色，即每个像素被指定为距离其最近的簇中心的颜色。用新的颜色在图像空间（427 × 640）而不是像素空间（273 280 × 3）里重新画图展示效果（如图 47-14 所示）：

```
In [24]: china_recolored = new_colors.reshape(china.shape)

         fig, ax = plt.subplots(1, 2, figsize=(16, 6),
                                subplot_kw=dict(xticks=[], yticks=[]))
         fig.subplots_adjust(wspace=0.05)
         ax[0].imshow(china)
         ax[0].set_title('Original Image', size=16)
         ax[1].imshow(china_recolored)
         ax[1].set_title('16-color Image', size=16);
```

图 47-14：对比拥有全部颜色的图像（左）和拥有 16 种颜色的图像（右）

虽然图 47-14 右图中的某些细节丢失了，但是图像总体上还是非常容易辨识的。就存储原始数据所需的字节而言，右图实现了接近 100 万倍的压缩！当然，这种方法在保真度上无法与 JPEG 等专为图像压缩设计的方案相媲美，但是这个示例足以显示无监督算法（如 *k*-means）解决问题的力量。

第48章

专题：高斯混合模型

前一章介绍的 *k*-means 聚类模型非常简单并且易于理解，但是它的简单性也为实际应用带来了挑战，特别是在实际应用中，*k*-means 的非概率性和它仅根据到簇中心的距离来指派簇的特点将导致性能低下。本章将介绍高斯混合模型，该模型可以被看作 *k*-means 思想的一个扩展，但它也是一种非常强大的聚类评估工具。

还是从标准导入开始：

```
In [1]: %matplotlib inline
        import matplotlib.pyplot as plt
        plt.style.use('seaborn-whitegrid')
        import numpy as np
```

48.1 高斯混合模型诞生的原因：*k*-means 算法的缺陷

下面来介绍 *k*-means 算法的不足之处，并思考如何改进我们的聚类模型。就像我们在前一章中看到的，只要给定简单且分离性非常好的数据，*k*-means 算法就可以找到合适的聚类结果。

例如，只要有简单的数据簇，*k*-means 算法就可以快速给这些簇做标记，标记结果和通过肉眼观察到的簇的结果十分接近（如图 48-1 所示）：

```
In [2]: # 生成数据
        from sklearn.datasets import make_blobs
        X, y_true = make_blobs(n_samples=400, centers=4,
                               cluster_std=0.60, random_state=0)
        X = X[:, ::-1] # 交换列是为了更好地画图
```

```
In [3]: # 用 k-means 标签画出数据
        from sklearn.cluster import KMeans
        kmeans = KMeans(4, random_state=0)
        labels = kmeans.fit(X).predict(X)
        plt.scatter(X[:, 0], X[:, 1], c=labels, s=40, cmap='viridis');
```

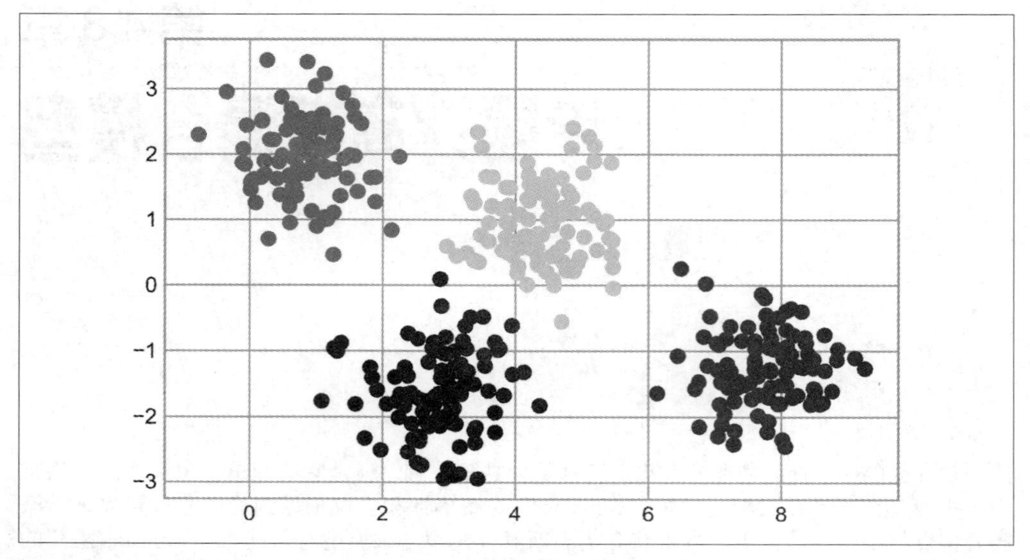

图 48-1：简单数据的 *k*-means 标签

直接观察就能发现，某些点的归属簇比其他点的归属簇更明确。例如，中间的两个簇似乎有一小块区域重合了，因此我们对重合部分的点将被分配到哪个簇不是很有信心。不幸的是，*k*-means 模型本身也没有可以度量簇的分配概率或不确定性的方法（虽然可以用数据重抽样方法 bootstrap 来估计不确定性）。因此，我们必须找到一个更通用的模型。

理解 *k*-means 模型的一种方法是，它在每个簇的中心放置了一个圆圈（在更高维的空间中是一个超空间），圆圈半径根据最远的点与簇中心的距离算出。这个半径作为训练集分配簇的硬切断（hard cutoff），即在这个圆圈之外的任何点都不是该簇的成员。可以用以下函数将这个聚类模型可视化（如图 48-2 所示）：

```
In [4]: from sklearn.cluster import KMeans
        from scipy.spatial.distance import cdist

        def plot_kmeans(kmeans, X, n_clusters=4, rseed=0, ax=None):
            labels = kmeans.fit_predict(X)

            # 画出输入数据
            ax = ax or plt.gca()
            ax.axis('equal')
            ax.scatter(X[:, 0], X[:, 1], c=labels, s=40, cmap='viridis', zorder=2)
```

```
    # 画出 k-means 模型的表示
    centers = kmeans.cluster_centers_
    radii = [cdist(X[labels == i], [center]).max()
             for i, center in enumerate(centers)]
    for c, r in zip(centers, radii):
        ax.add_patch(plt.Circle(c, r, ec='black', fc='lightgray',
                                lw=3, alpha=0.5, zorder=1))
```

```
In [5]: kmeans = KMeans(n_clusters=4, random_state=0)
        plot_kmeans(kmeans, X)
```

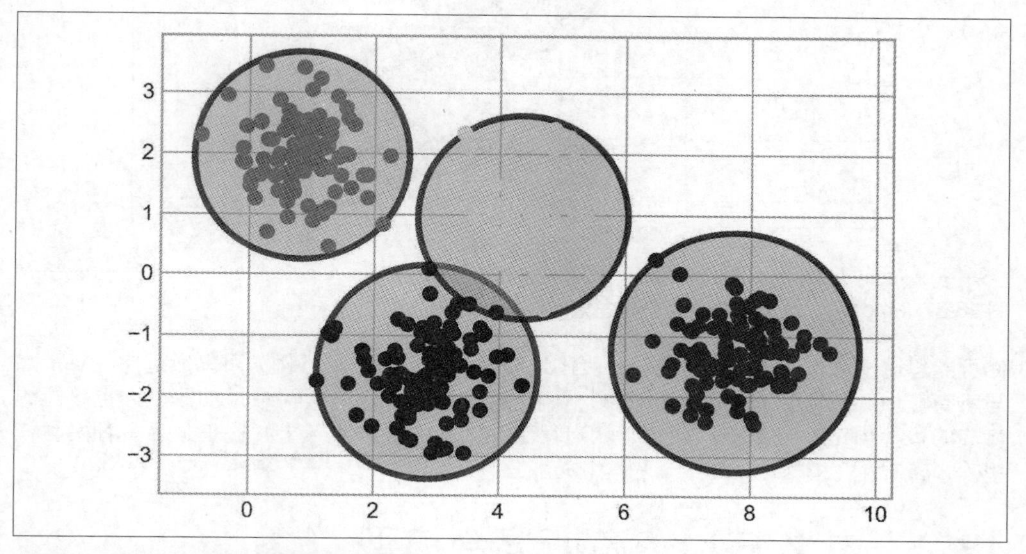

图 48-2：*k*-means 模型隐含的圆形的簇

k-means 的一个重要特征是它要求这些簇的模型**必须是圆形**：*k*-means 算法没有内置的方法来实现椭圆形的簇。因此，如果对同样的数据进行一些转换，簇的分配就会变得混乱（如图 48-3 所示）：

```
In [6]: rng = np.random.RandomState(13)
        X_stretched = np.dot(X, rng.randn(2, 2))

        kmeans = KMeans(n_clusters=4, random_state=0)
        plot_kmeans(kmeans, X_stretched)
```

通过肉眼观察，可以发现这些变形的簇并不是圆形的，因此圆形簇的拟合效果非常糟糕。总之，*k*-means 对这个问题有点无能为力，只能强行将数据拟合至 4 个圆形的簇，但导致多个圆形的簇混在一起、相互重叠，右下部分尤其明显。有人可能会想用 PCA（详情请参见第 45 章）先预处理数据，从而解决这个问题。但实际上，PCA 也不能保证这样的全局操作不会导致单个数据被圆形化。

k-means 的这两个缺点——簇的形状缺少灵活性、缺少簇分配的概率——使得它对许多数据集（特别是低维数据集）的拟合效果不尽如人意。

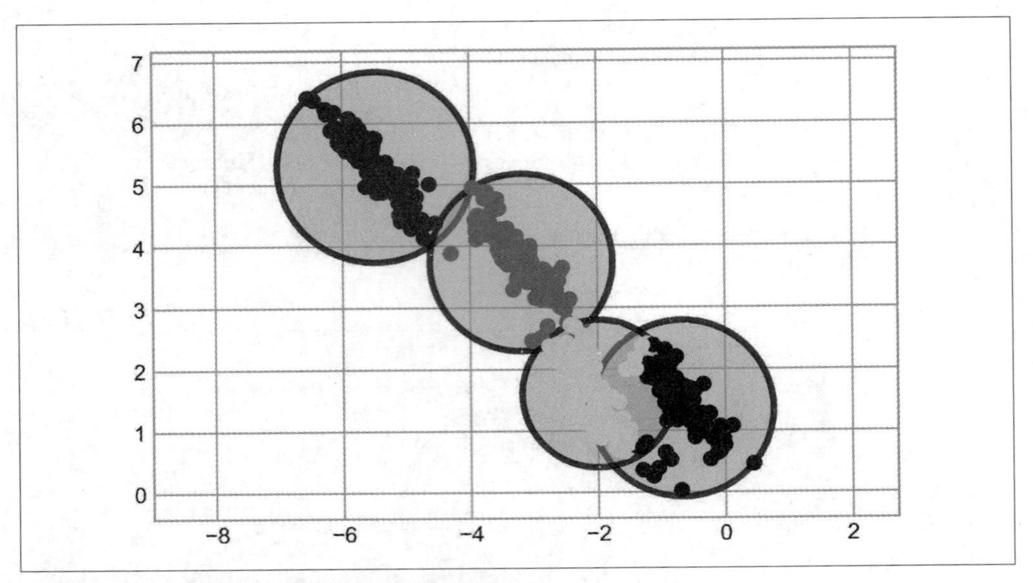

图 48-3：*k*-means 算法对非圆形簇的拟合效果很差

你可能想通过对 *k*-means 模型进行一般化处理来弥补这些不足，例如可以通过比较每个点与**所有**簇中心的距离来度量簇分配的不确定性，而不仅仅是关注最近的簇。你也可能想将簇的边界由圆形放宽至椭圆形，从而得到非圆形的簇。实际上，这正是另一种聚类模型——高斯混合模型——的两个基本组成部分。

48.2 广义 E-M：高斯混合模型

一个高斯混合模型（Gaussian mixture model，GMM）试图找到多维高斯概率分布的混合体，从而获得任意数据集最好的模型。在最简单的场景中，GMM 可以用与 *k*-means 相同的方式寻找簇（如图 48-4 所示）：

```
In [7]: from sklearn.mixture import GaussianMixture
        gmm = GaussianMixture(n_components=4).fit(X)
        labels = gmm.predict(X)
        plt.scatter(X[:, 0], X[:, 1], c=labels, s=40, cmap='viridis');
```

但由于 GMM 有一个隐含的概率模型，因此它也有可能找到簇分配的概率结果——在 scikit-learn 中用 `predict_proba` 方法实现。这个方法返回一个大小为 `[n_samples, n_clusters]` 的矩阵，矩阵会给出任意点属于某个簇的概率：

```
In [8]: probs = gmm.predict_proba(X)
        print(probs[:5].round(3))
Out[8]: [[0.    0.531 0.469 0.   ]
         [0.    0.    0.    1.   ]
         [0.    0.    0.    1.   ]
         [0.    1.    0.    0.   ]
         [0.    0.    0.    1.   ]]
```

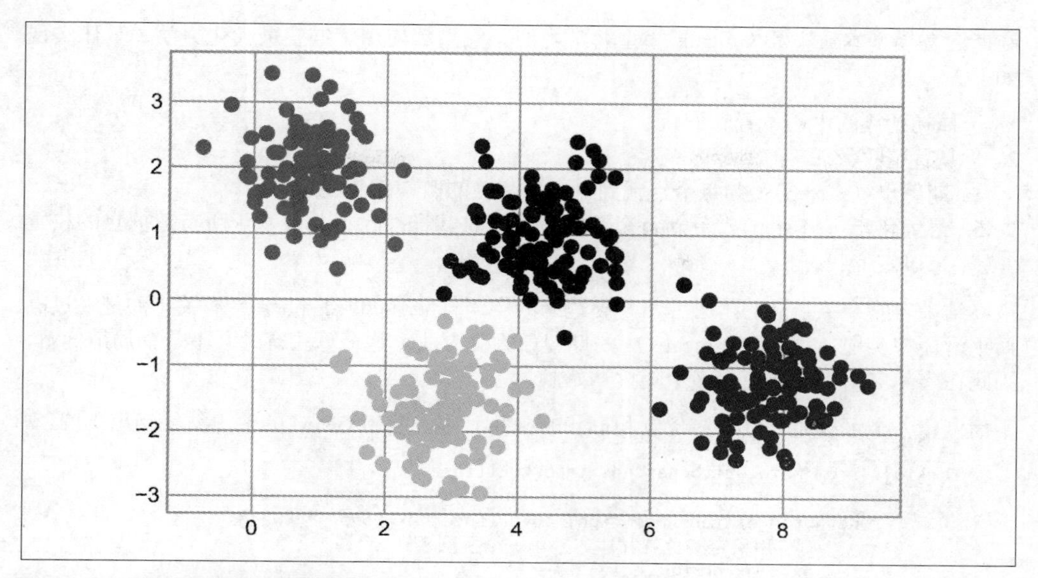

图 48-4：高斯混合模型得到的数据标签

我们可以将这个不确定性可视化，用每个点的大小体现预测的不确定性。由图 48-5 可知，在簇边界上的点反映了簇分配的不确定性：

```
In [9]: size = 50 * probs.max(1) ** 2  # 使用平方强调不同数据点的差异
        plt.scatter(X[:, 0], X[:, 1], c=labels, cmap='viridis', s=size);
```

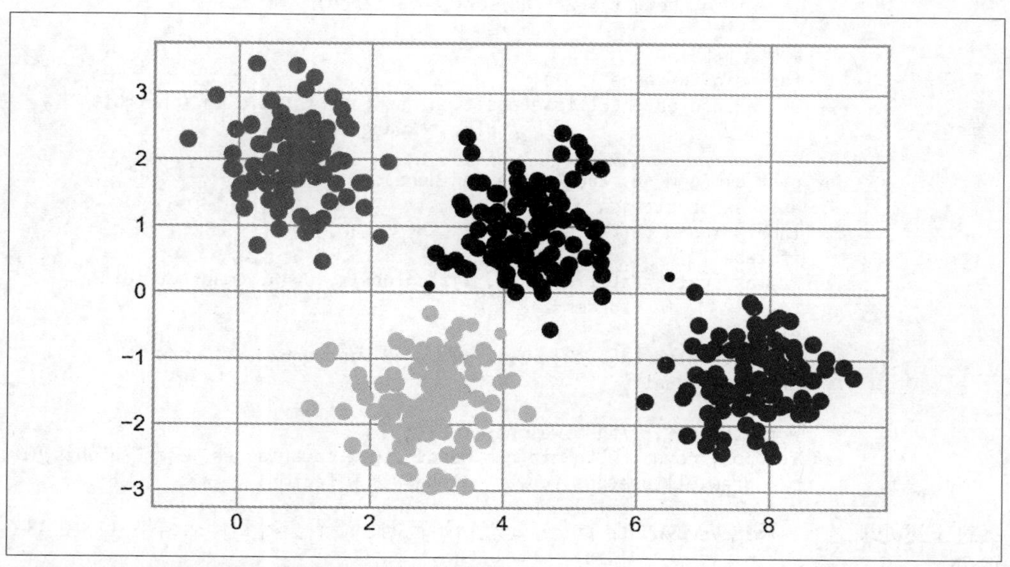

图 48-5：GMM 概率标签：用点的大小反映概率

高斯混合模型本质上和 k-means 模型非常类似，它们都使用了期望最大化方法，具体实现如下。

1. 选择初始簇的中心位置和形状。
2. 重复直至收敛。
   a. **期望步**（E-step）：为每个点找到对应每个簇的概率作为权重。
   b. **最大化步**（M-step）：更新每个簇的位置，将其标准化，并且基于**所有**数据点的权重来确定形状。

最终结果表明，每个簇的结果并不与硬边缘的空间（hard-edged sphere）有关，而是通过高斯平滑模型实现。正如在 k-means 中的期望最大化方法，这个算法有时并不是全局最优解，因此在实际应用中需要使用多个随机初始解。

下面创建一个可视化 GMM 簇位置和形状的函数，该函数用 GMM 的输出结果画出椭圆：

```
In [10]: from matplotlib.patches import Ellipse

         def draw_ellipse(position, covariance, ax=None, **kwargs):
             """ 用给定的位置和协方差画一个椭圆 """
             ax = ax or plt.gca()

             # 将协方差转换成主轴
             if covariance.shape == (2, 2):
                 U, s, Vt = np.linalg.svd(covariance)
                 angle = np.degrees(np.arctan2(U[1, 0], U[0, 0]))
                 width, height = 2 * np.sqrt(s)
             else:
                 angle = 0
                 width, height = 2 * np.sqrt(covariance)

             # 画出椭圆
             for nsig in range(1, 4):
                 ax.add_patch(Ellipse(position, nsig * width, nsig * height,
                                      angle, **kwargs))

         def plot_gmm(gmm, X, label=True, ax=None):
             ax = ax or plt.gca()
             labels = gmm.fit(X).predict(X)
             if label:
                 ax.scatter(X[:, 0], X[:, 1], c=labels, s=40, cmap='viridis',
                            zorder=2)
             else:
                 ax.scatter(X[:, 0], X[:, 1], s=40, zorder=2)
             ax.axis('equal')

             w_factor = 0.2 / gmm.weights_.max()
             for pos, covar, w in zip(gmm.means_, gmm.covariances_, gmm.weights_):
                 draw_ellipse(pos, covar, alpha=w * w_factor)
```

经过上述处理之后，再给 GMM 的四个成分处理初始数据，看看会得到什么结果（如图 48-6 所示）：

```
In [11]: gmm = GaussianMixture(n_components=4, random_state=42)
         plot_gmm(gmm, X)
```

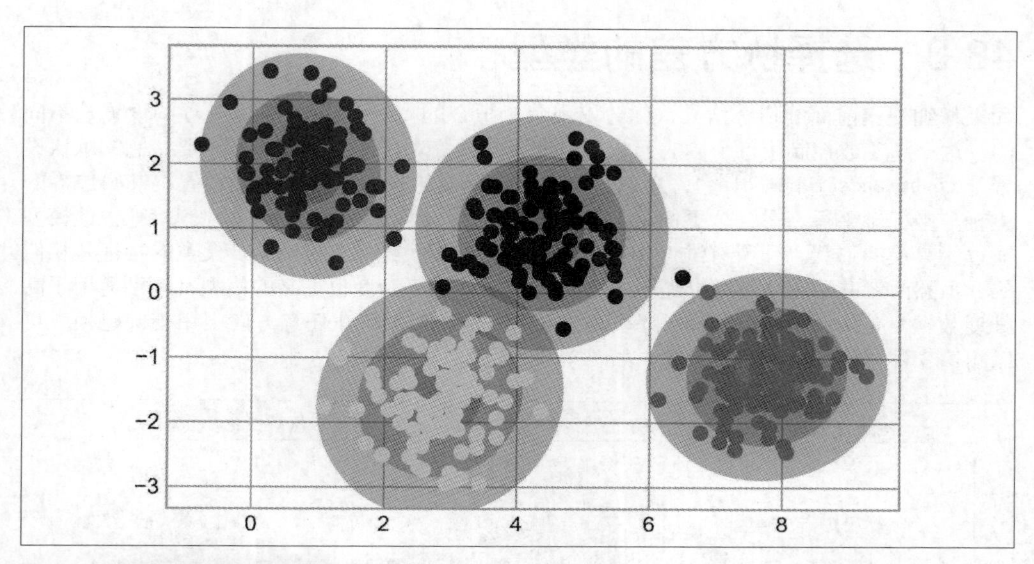

图 48-6：在圆形簇情况下的 GMM 的四个成分

同理，也可以用 GMM 方法来拟合扩展过的数据集。高斯模型允许使用全协方差（full covariance），即使是非常扁平的椭圆形簇，该模型也可以处理（如图 48-7 所示）：

```
In [12]: gmm = GaussianMixture(n_components=4, covariance_type='full',
                               random_state=42)
         plot_gmm(gmm, X_stretched)
```

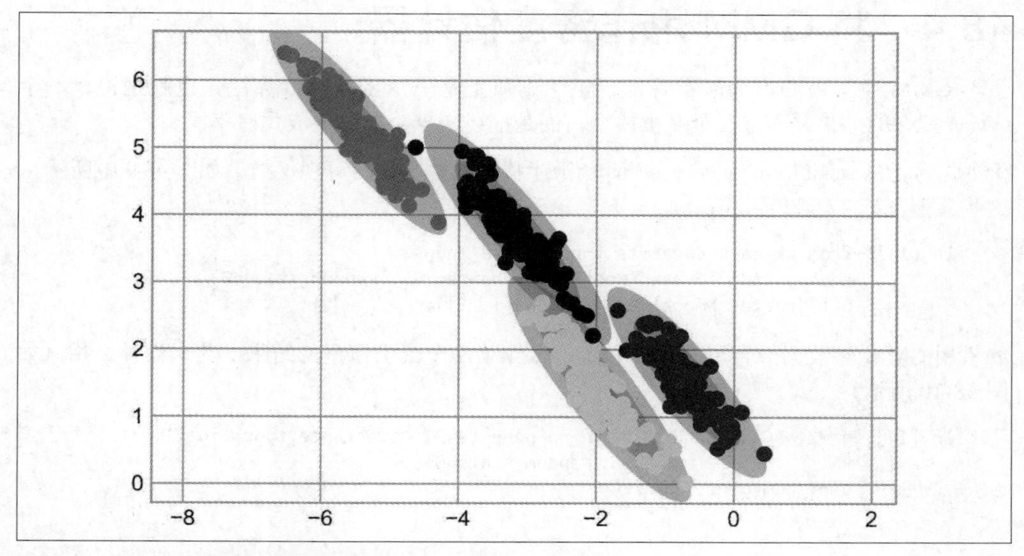

图 48-7：在非圆形簇情况下的 GMM 的四个成分

从图 48-7 中明显可以看出，GMM 突破了前面 *k*-means 算法的两个局限性。

48.3　选择协方差的类型

如果仔细观察前面的拟合结果，你会发现每个拟合的 covariance_type 选项的设置是不同的。这个超参数控制了每个簇的形状自由度，其设置对任何问题都非常重要。它的默认设置是 covariance_type="diag"，意思是簇在每个维度的尺寸都可以单独设置，椭圆边界的主轴与坐标轴平行。另一个更简单、更快的模型是 covariance_type="spherical"，该模型通过约束簇的形状，让所有维度相等。这样得到的聚类结果和 *k*-means 聚类的特征是相似的，虽然两者并不完全相同。还有一个更复杂、计算复杂度也更高的模型（特别适用于高维度数据）是 covariance_type="full"，该模型允许每个簇在任意方向上用椭圆建模。可以用这 3 种方法可视化同一个簇，如图 48-8 所示。

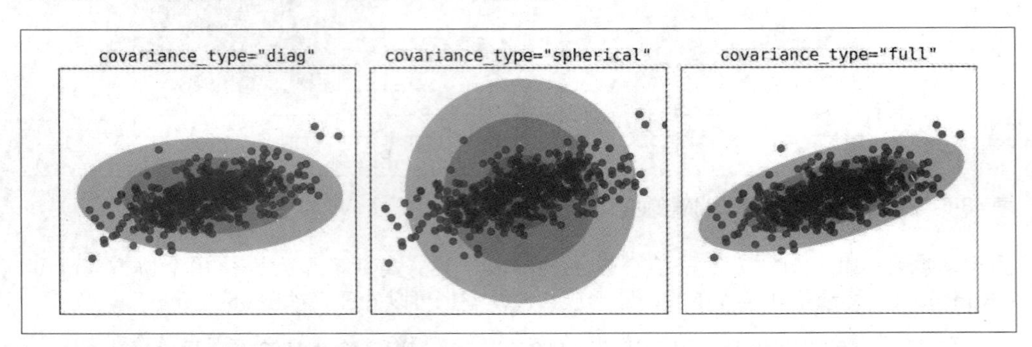

图 48-8：GMM 协方差类型的可视化[1]

48.4　将 GMM 用作密度估计器

虽然 GMM 通常被归类为聚类算法，但它本质上是一个**密度估计**算法，也就是说，一个 GMM 拟合的结果并不是一个聚类模型，而是描述数据分布的生成式概率模型。

例如，考虑从 scikit-learn 的 make_moons 函数生成的一些数据（可视化结果如图 48-9 中所示），这些数据在第 47 章介绍过：

```
In [13]: from sklearn.datasets import make_moons
         Xmoon, ymoon = make_moons(200, noise=.05, random_state=0)
         plt.scatter(Xmoon[:, 0], Xmoon[:, 1]);
```

如果用 GMM 对数据拟合出两个成分，那么作为一个聚类模型的结果，其实没什么用（如图 48-10 所示）：

```
In [14]: gmm2 = GaussianMixture(n_components=2, covariance_type='full',
                                random_state=0)
         plot_gmm(gmm2, Xmoon)
```

注 1：生成此图的代码可在在线附录中找到。

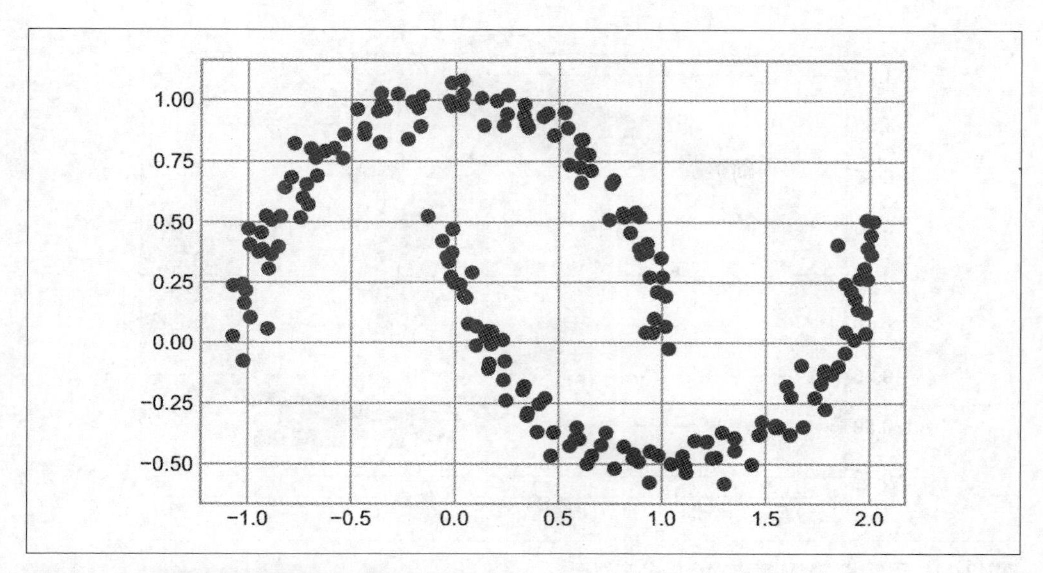

图 48-9：将 GMM 应用于具有非线性边界的簇

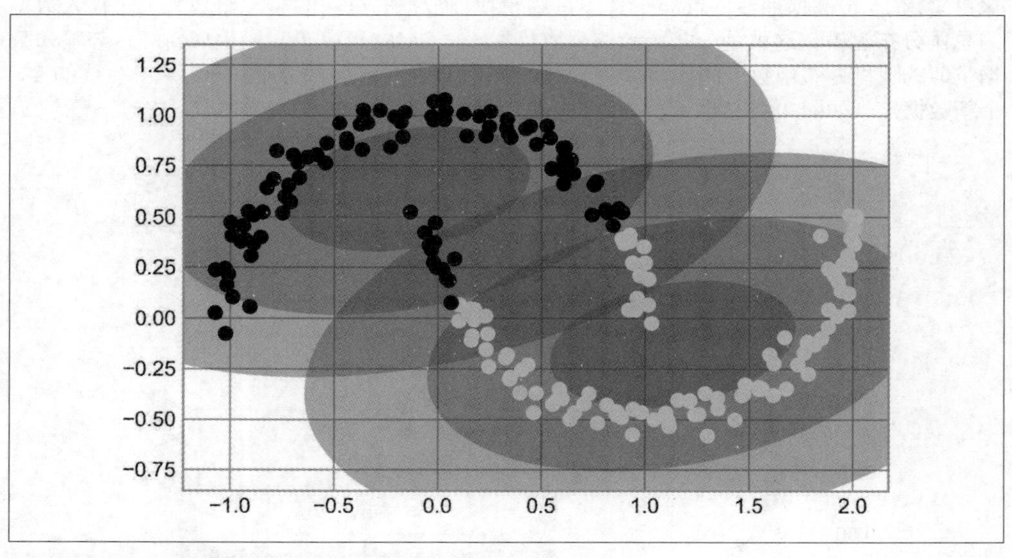

图 48-10：用带两个成分的 GMM 拟合非线性的簇

但如果选用更多的成分而忽视簇标签，就可以找到一个更接近输入数据的拟合结果（如图 48-11 所示）：

```
In [15]: gmm16 = GaussianMixture(n_components=16, covariance_type='full',
                                 random_state=0)
         plot_gmm(gmm16, Xmoon, label=False)
```

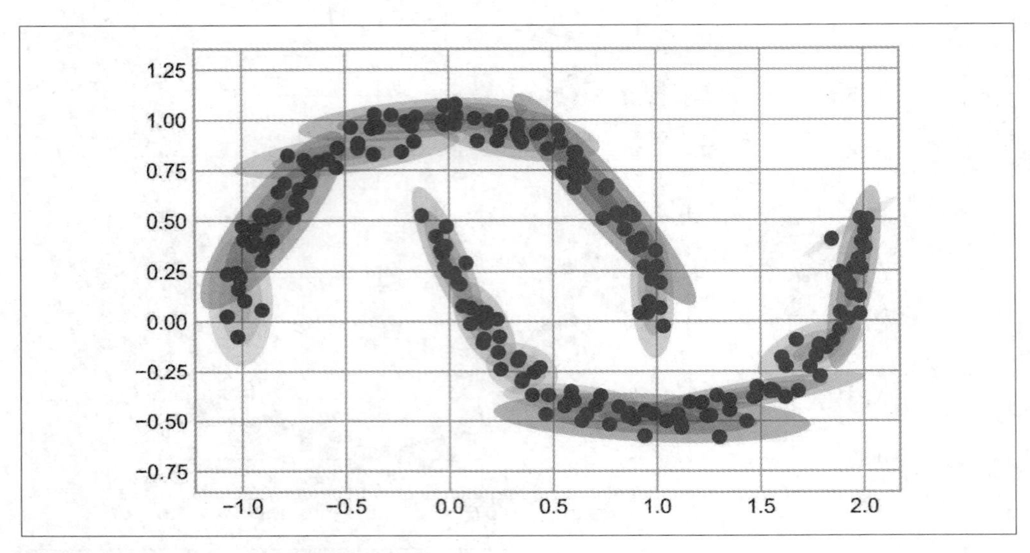

图 48-11：用很多 GMM 簇来对点的分布建模

这里采用 16 个高斯曲线的混合形式不是为了找到数据的分隔的簇，而是为了对输入数据的总体**分布**建模。这就是分布函数的生成模型——GMM 可以为我们生成新的、与输入数据类似的随机分布函数。例如，下面是用 GMM 拟合原始数据获得的 16 个成分生成的 400 个新数据点（如图 48-12 所示）：

```
In [16]: Xnew, ynew = gmm16.sample(400)
         plt.scatter(Xnew[:, 0], Xnew[:, 1]);
```

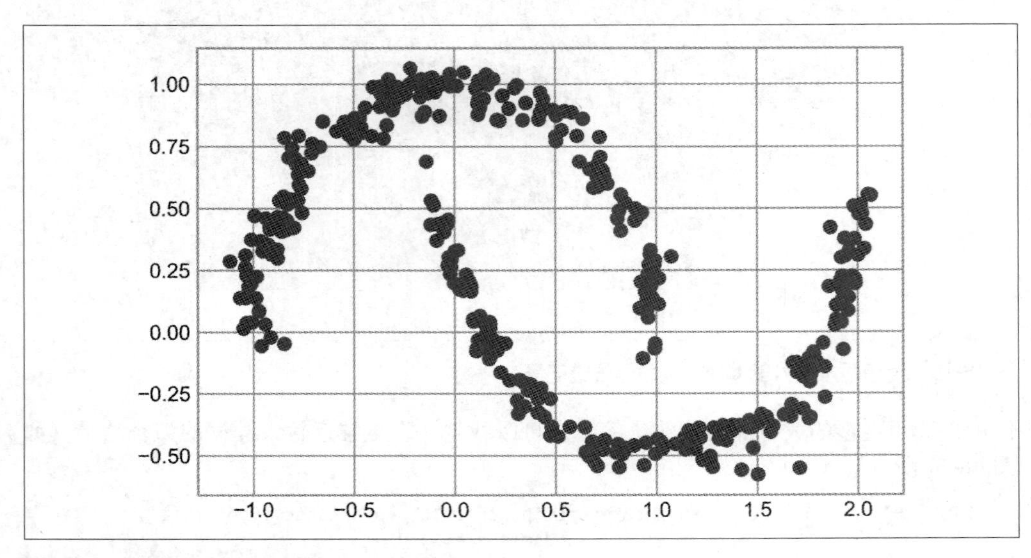

图 48-12：带 16 个成分的 GMM 生成的新数据

GMM 是一种非常方便的建模方法，可以为数据估计出任意维度的随机分布。

作为一种生成模型，GMM 提供了一种确定数据集最优成分数量的方法。由于生成模型本身就是数据集的概率分布，因此可以利用该模型来评估数据的**似然估计**，并利用交叉验证防止过拟合。还有一些纠正过拟合的标准分析方法，例如用赤池信息量准则（Akaike information criterion，AIC）、贝叶斯信息准则（Bayesian information criterion，BIC）调整模型的似然估计。scikit-learn 的 `GaussianMixture` 估计器已经内置了以上两种度量准则的计算方法，在 `GaussianMixture` 方法中使用它们很方便。

下面将 AIC 和 BIC 分别作为月球数据集的 GMM 成分数量的函数（如图 48-13 所示）：

```
In [17]: n_components = np.arange(1, 21)
         models = [GaussianMixture(n, covariance_type='full',
                                   random_state=0).fit(Xmoon)
                   for n in n_components]

         plt.plot(n_components, [m.bic(Xmoon) for m in models], label='BIC')
         plt.plot(n_components, [m.aic(Xmoon) for m in models], label='AIC')
         plt.legend(loc='best')
         plt.xlabel('n_components');
```

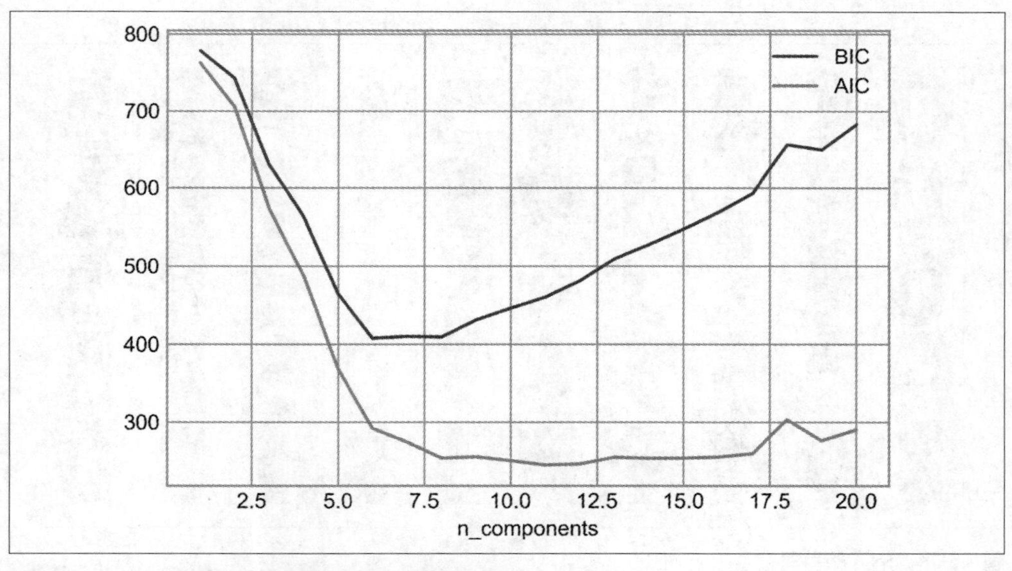

图 48-13：AIC 和 BIC 选择 GMM 成分数量的可视化

簇的最优数量是使 AIC 或 BIC 最小的值，具体取决于我们更希望使用哪一种近似。AIC 告诉我们，选择 16 个成分可能太多了，8~12 个成分可能是更好的选择。针对这类问题，BIC 推荐了一个更简单的模型。

这里需要注意的是，成分数量的选择度量的是 GMM 作为**密度估计器**的性能，而不是作为**聚类算法**的性能。建议你还是把 GMM 当成一个密度估计器，仅在简单数据集中才将它用作聚类算法。

48.5 示例：用 GMM 生成新的数据

前面介绍了一个将 GMM 作为数据生成模型，根据输入数据的分布创建一个新样本集的示例。这次还利用这个思路，为前面使用过的标准手写数字库生成新的手写数字。

首先，用 scikit-learn 的数据工具导入手写数字数据：

```
In [18]: from sklearn.datasets import load_digits
         digits = load_digits()
         digits.data.shape
Out[18]: (1797, 64)
```

然后，画出前 50 个数据，看看这些数据（如图 48-14 所示）：

```
In [19]: def plot_digits(data):
             fig, ax = plt.subplots(5, 10, figsize=(8, 4),
                                    subplot_kw=dict(xticks=[], yticks=[]))
             fig.subplots_adjust(hspace=0.05, wspace=0.05)
             for i, axi in enumerate(ax.flat):
                 im = axi.imshow(data[i].reshape(8, 8), cmap='binary')
                 im.set_clim(0, 16)
         plot_digits(digits.data)
```

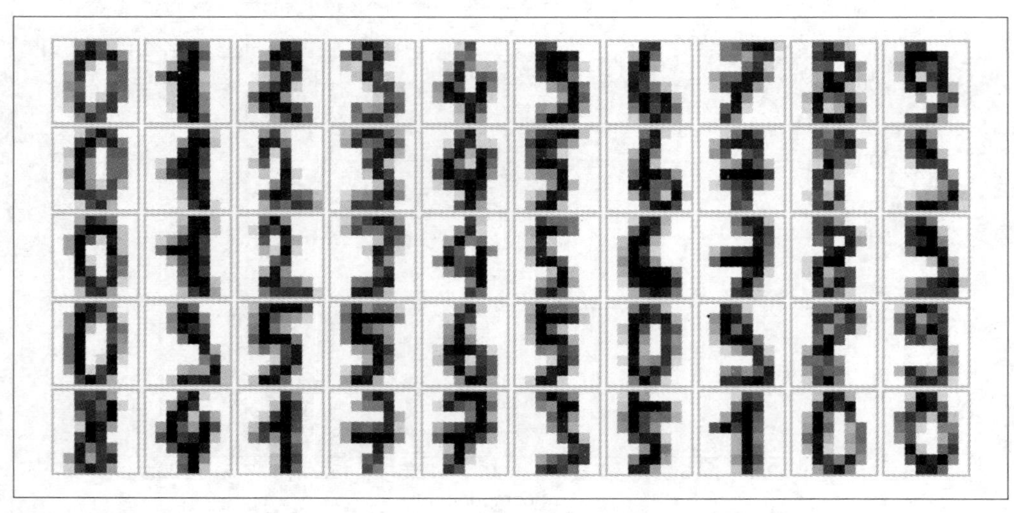

图 48-14：输入的手写数字

现在有将近 1800 个 64 维的数字，我们可以创建一个 GMM 来生成更多的数字。GMM 在这样一个高维空间中可能不太容易收敛，因此先使用一个不可逆的降维算法。我们在这里用 PCA，让 PCA 算法保留投影后样本数据 99% 的方差：

```
In [20]: from sklearn.decomposition import PCA
         pca = PCA(0.99, whiten=True)
         data = pca.fit_transform(digits.data)
         data.shape
Out[20]: (1797, 41)
```

结果降到了 41 维，在削减了接近 1/3 的维度的同时，几乎没有信息损失。再对这个投影数据使用 AIC，从而得到 GMM 成分数量的粗略估计（如图 48-15 所示）：

```
In [21]: n_components = np.arange(50, 210, 10)
         models = [GaussianMixture(n, covariance_type='full', random_state=0)
                   for n in n_components]
         aics = [model.fit(data).aic(data) for model in models]
         plt.plot(n_components, aics);
```

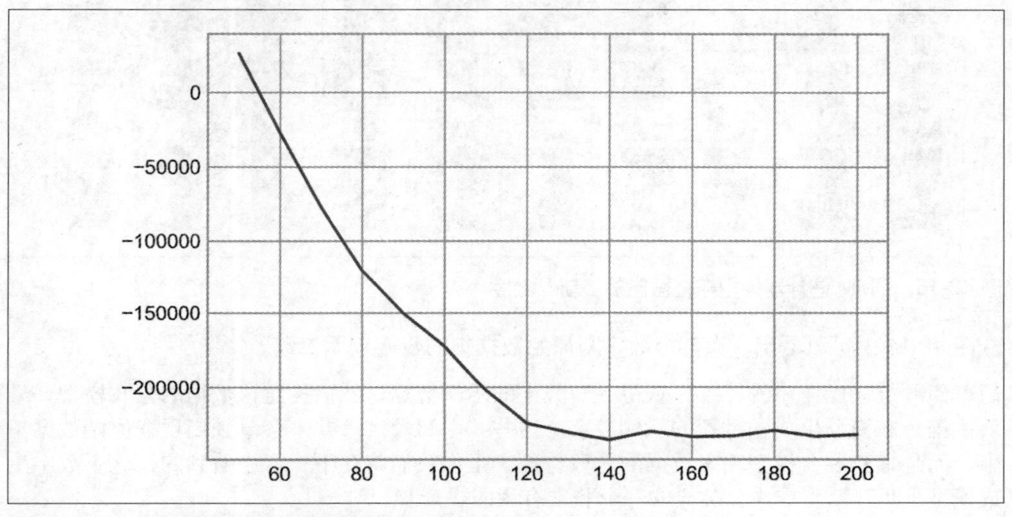

图 48-15：用 AIC 曲线选择合适数量的 GMM 成分

在大约 140 个成分的时候，AIC 是最小的。我们将使用这个模型，用它快速拟合数据，并且确认它已经收敛：

```
In [22]: gmm = GaussianMixture(140, covariance_type='full', random_state=0)
         gmm.fit(data)
         print(gmm.converged_)
Out[22]: True
```

现在可以在 41 维投影空间中画出这 100 个点的示例，将 GMM 作为生成模型：

```
In [23]: data_new, label_new = gmm.sample(100)
         data_new.shape
Out[23]: (100, 41)
```

最后，可以通过 PCA 对象的逆变换来构建新的数字（如图 48-16 所示）：

```
In [24]: digits_new = pca.inverse_transform(data_new)
         plot_digits(digits_new)
```

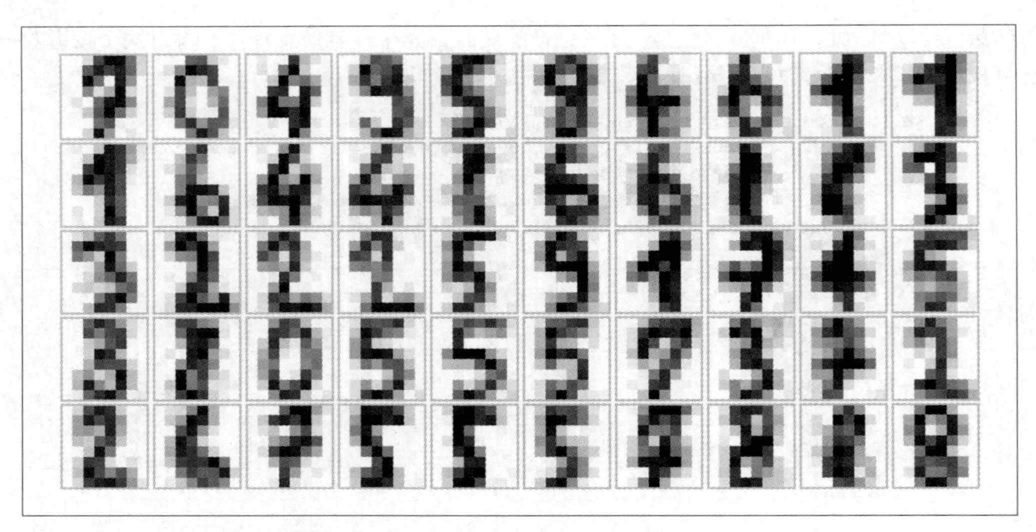

图 48-16：GMM 估计器模型随机画出的“新”数字

从图 48-16 中可以看出，大部分数字与原始数据集的数字别无二致。

简单回顾上述操作步骤：首先获得手写数字的示例数据，然后构建该数据的分布模型，最后依据分布模型生成一批新的示例数字。这些“手写数字”并不会单独出现在原始数据集中，而是捕获混合模型输入数据的一般特征。正如我们将在下一章中看到的，这个数字生成模型是贝叶斯生成式分类器的一个非常有用的成分。

第49章

专题：核密度估计

前一章介绍了高斯混合模型（GMM）——一种介于聚类估计器和密度估计器之间的混合算法。我们之前提过，密度估计器是一种利用 *D* 维数据集生成 *D* 维概率分布估计的算法。GMM 算法用不同高斯分布的加权汇总来表示概率分布估计。从某种意义上说，**核密度估计**（kernel density estimation，KDE）算法将高斯混合理念扩展到了逻辑极限。它通过为每个点生成一个高斯分布成分来构建混合模型，从而实现了一种本质上属于非参数化的密度估计器。这一章将介绍 KDE 的由来与用法。

以标准的导入开始：

```
In [1]: %matplotlib inline
        import matplotlib.pyplot as plt
        plt.style.use('seaborn-whitegrid')
        import numpy as np
```

49.1 KDE 的由来：直方图

正如前面讨论的，密度估计器是一种试图对生成数据集的概率分布进行建模的算法。你可能很熟悉一维数据的一个简单的密度估计器——直方图估计器。直方图将数据分成若干区间，统计落入每个区间内的点的数量，然后用直观的方式将结果可视化。

例如，下面创建两组服从正态分布的数据：

```
In [2]: def make_data(N, f=0.3, rseed=1):
            rand = np.random.RandomState(rseed)
            x = rand.randn(N)
            x[int(f * N):] += 5
            return x

        x = make_data(1000)
```

前面介绍过，基于计数的标准直方图可以用 `plt.hist()` 函数来生成。只要确定直方图的 `density` 参数，就可以得到一个正态分布直方图，图中区间的高度并不反映统计频次，而是反映概率密度（如图 49-1 所示）：

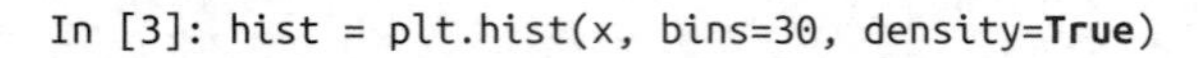

```
In [3]: hist = plt.hist(x, bins=30, density=True)
```

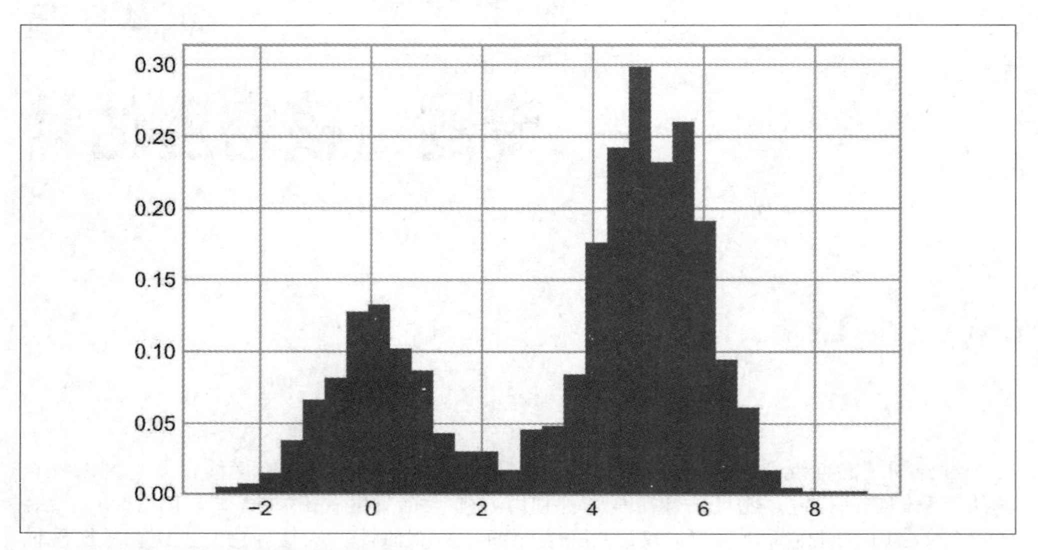

图 49-1：服从不同正态分布的组合数据

值得注意的是，在区间不变的条件下，这个标准化（计算概率密度）只是简单地改变了 y 轴的比例，相对高度仍然与频次直方图一致。标准化是为了让直方图的总面积等于 1，可以通过检查直方图函数的输出结果来确认这一点：

```
In [4]: density, bins, patches = hist
        widths = bins[1:] - bins[:-1]
        (density * widths).sum()
Out[4]: 1.0
```

使用直方图作为密度估计器时需要注意的是，区间大小和位置的选择不同，产生的统计特征也不同。例如，如果只看数据中的 20 个点，选择不同的区间将会导致完全不同的解读方式（直方图）。考虑以下示例（如图 49-2 所示）：

```
In [5]: x = make_data(20)
        bins = np.linspace(-5, 10, 10)

In [6]: fig, ax = plt.subplots(1, 2, figsize=(12, 4),
                               sharex=True, sharey=True,
                               subplot_kw={'xlim':(-4, 9),
                                           'ylim':(-0.02, 0.3)})
        fig.subplots_adjust(wspace=0.05)
        for i, offset in enumerate([0.0, 0.6]):
            ax[i].hist(x, bins=bins + offset, normed=True)
            ax[i].plot(x, np.full_like(x, -0.01), '|k',
                       markeredgewidth=1)
```

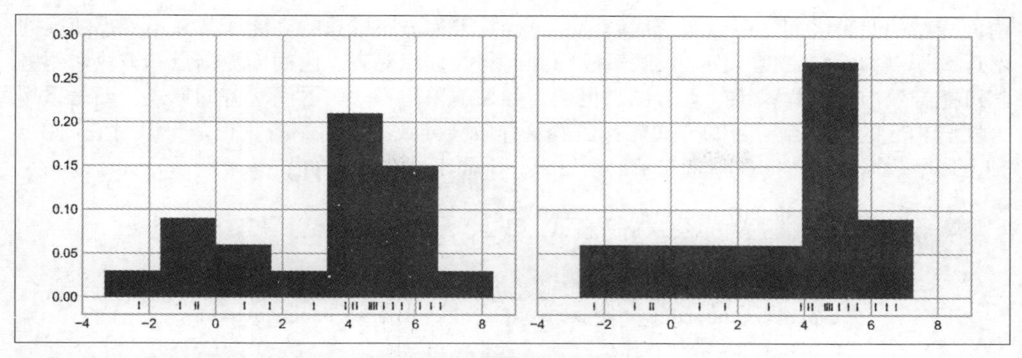

图 49-2：直方图的问题：区间的位置会影响数据的解读方式

图 49-2 中左边的直方图很清楚地显示了一个双峰分布，右边的图显示了一个带有长尾的单峰分布。如果没有看到前面的代码，你可能会认为这两个直方图描述的是不同的数据。这样怎么能相信直方图的可视化结果呢？如何才能改进这个问题呢？

让我们先退一步，将直方图看成一堆方块，我们把每个方块堆在数据集中每个数据点所在的区间内。通过图来直观地展示（如图 49-3 所示）：

```
In [7]: fig, ax = plt.subplots()
        bins = np.arange(-3, 8)
        ax.plot(x, np.full_like(x, -0.1), '|k',
                markeredgewidth=1)
        for count, edge in zip(*np.histogram(x, bins)):
            for i in range(count):
                ax.add_patch(plt.Rectangle((edge, i), 1, 1, ec='black', alpha=0.5))
        ax.set_xlim(-4, 8)
        ax.set_ylim(-0.2, 8)
Out[7]: (-0.2, 8)
```

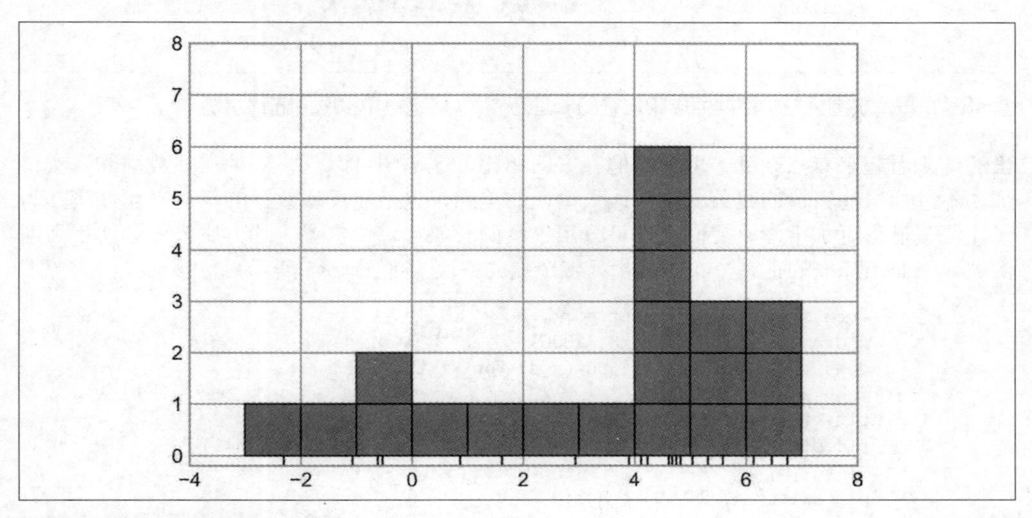

图 49-3：方块堆叠的直方图

前面介绍的两种区间之所以会造成解读差异，是因为方块堆叠的高度通常并不能反映区间附近数据点的实际密度，而是反映了区间如何与数据点对齐。区间内数据点和方块对不齐将可能导致前面那样糟糕的直方图。但是，如果不采用方块与**区间**对齐的形式，而是采用方块与**相应的数据点**对齐的方式呢？虽然这样做会导致方块对不齐，但是可以对它们在 x 轴上每个数据点位置的贡献求和来找到结果。下面来试一试（如图 49-4 所示）：

```
In [8]: x_d = np.linspace(-4, 8, 2000)
        density = sum((abs(xi - x_d) < 0.5) for xi in x)

        plt.fill_between(x_d, density, alpha=0.5)
        plt.plot(x, np.full_like(x, -0.1), '|k', markeredgewidth=1)

        plt.axis([-4, 8, -0.2, 8]);
```

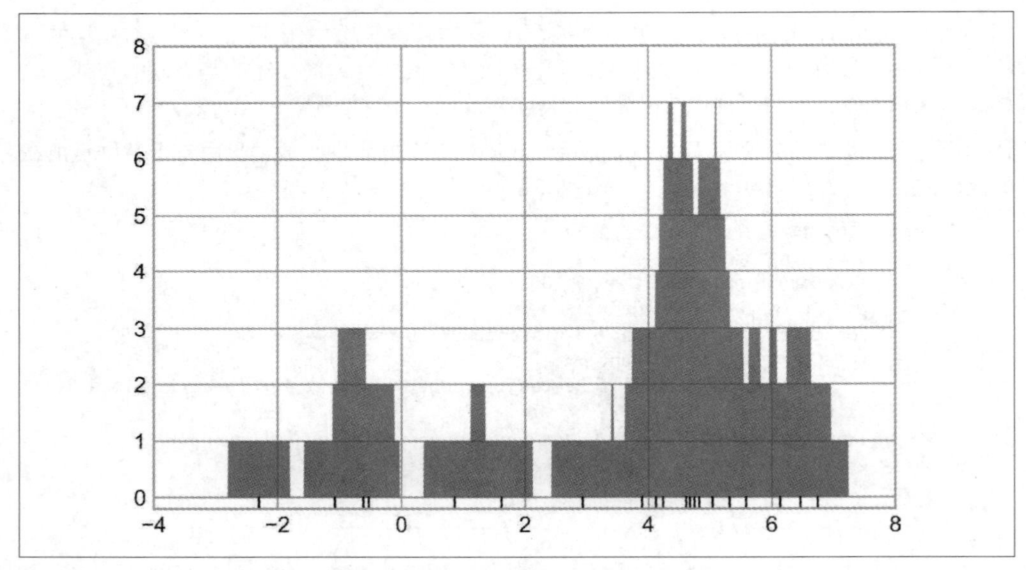

图 49-4：每个块围绕各个数据点居中堆叠的“直方图”，这是一个核密度估计示例

虽然结果看起来有点杂乱，但与标准直方图相比，这幅图可以更全面地反映数据的真实特征。不过，这些粗糙的线条既没有让人愉悦的美感，也不能反映数据的任何真实性质。为了让线条显得更加平滑，我们也许可以用平滑函数取代每个位置上的方块，例如使用高斯函数。下面用标准的正态分布曲线代替每个点的方块（如图 49-5 所示）：

```
In [9]: from scipy.stats import norm
        x_d = np.linspace(-4, 8, 1000)
        density = sum(norm(xi).pdf(x_d) for xi in x)

        plt.fill_between(x_d, density, alpha=0.5)
        plt.plot(x, np.full_like(x, -0.1), '|k', markeredgewidth=1)

        plt.axis([-4, 8, -0.2, 5]);
```

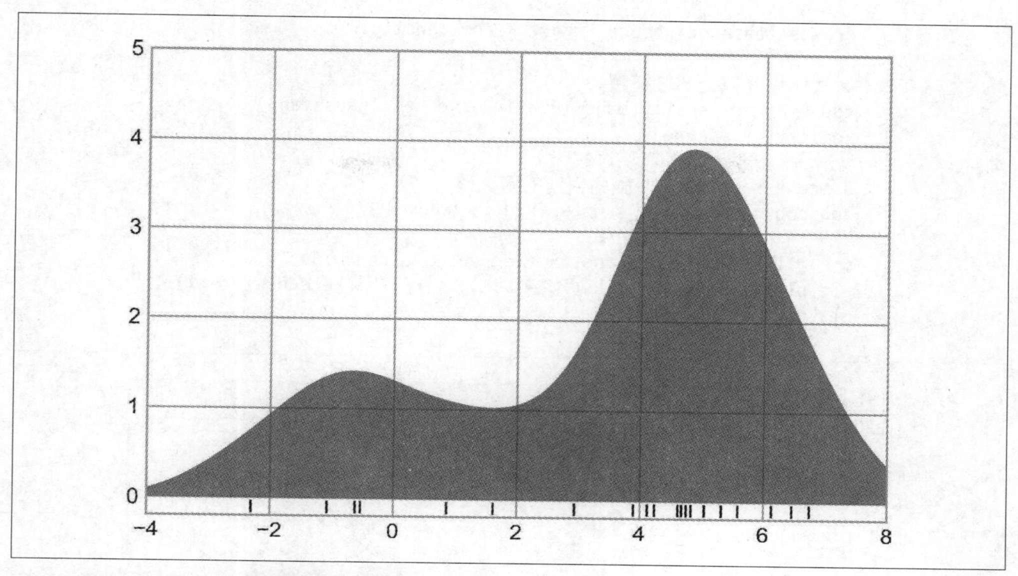

图 49-5：用高斯内核实现的核密度估计

这幅平滑的图像是由每个点所在位置的高斯分布构成的，这样可以更准确地表现数据分布的形状，并且拟合方差更小（也就是说，进行不同的抽样时，数据的改变更小）。

我们在前两幅图中采用的是一维核密度估计：在每个点的位置都放置了一个“核”——第一幅图中是一个正方形或大帽子形的核，第二幅图中是一个高斯核——并将它们的总和作为密度的估计值。有了这种直观认识之后，让我们详细介绍核密度估计。

49.2 核密度估计的实际应用

核密度估计的自由参数是**核类型**（kernel），它可以指定每个点的核密度分布的形状。而**核带宽**（kernel bandwidth）参数控制每个点的核的大小。在实际应用中，有很多核可用于核密度估计，特别是 scikit-learn 的 KDE 实现支持 6 个核，详情请阅读 scikit-learn 的核密度估计文档。

虽然 Python 中有多个版本的核密度估计算法实现（特别是在 SciPy 和 `statsmodels` 包中），但是我更倾向于使用 scikit-learn 的版本，因为它更高效、更灵活。它在 `sklearn.neighbors.KernelDensity` 估计器中实现，借助 6 个核中的一个和二三十个距离量度中的一个，就可以处理具有多个维度的 KDE。由于 KDE 计算量非常大，因此 scikit-learn 估计器底层使用了一种基于树的算法，可以利用 `atol`（绝对容错）和 `rtol`（相对容错）参数来平衡计算时间与准确性。我们可以用 scikit-learn 的标准交叉验证工具来确定核带宽，后面将会介绍这些内容。

下面先来看一个简单的示例，利用 scikit-learn 的 `KernelDensity` 估计器来重现前面的图像（如图 49-6 所示）：

```
In [10]: from sklearn.neighbors import KernelDensity

         # 实例化并拟合 KDE 模型
         kde = KernelDensity(bandwidth=1.0, kernel='gaussian')
         kde.fit(x[:, None])

         # score_samples 返回概率密度的对数值
         logprob = kde.score_samples(x_d[:, None])

         plt.fill_between(x_d, np.exp(logprob), alpha=0.5)
         plt.plot(x, np.full_like(x, -0.01), '|k', markeredgewidth=1)
         plt.ylim(-0.02, 0.22);
```

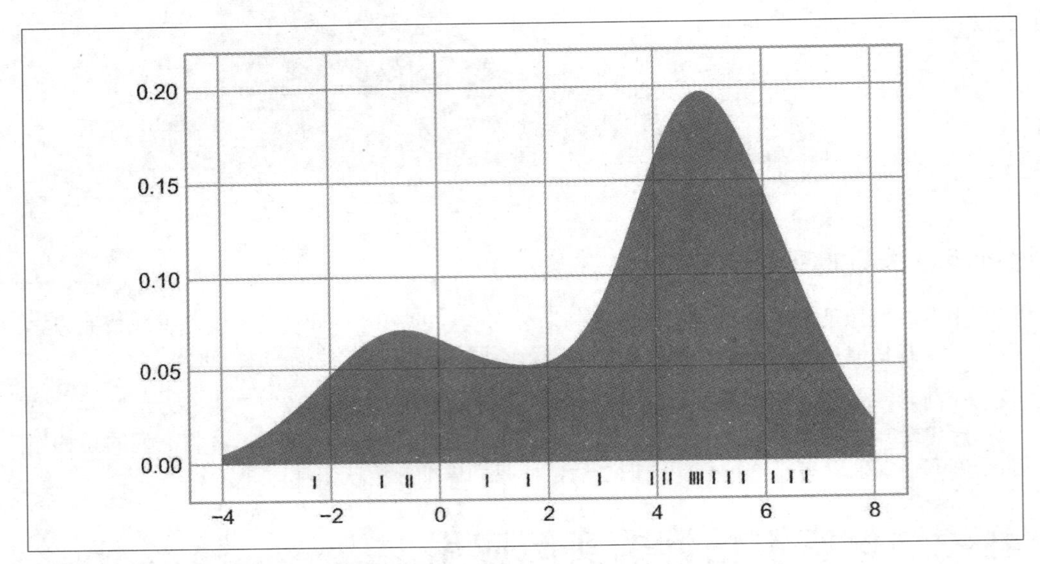

图 49-6：用 scikit-learn 计算的核密度估计

这里的结果经过了标准化处理，以保证曲线下的面积为 1。

49.3 通过交叉验证选择带宽

在 KDE 中，带宽的选择不仅对于找到合适的密度估计非常重要，也是在密度估计中控制偏差 – 方差平衡的关键：带宽过窄将导致估计呈现高方差（即过拟合），而且每个点的出现与缺失都会带来很大的不同；带宽过宽将导致估计呈现高偏差（即欠拟合），而且带宽较大的核还会破坏数据结构。

关于如何利用统计方法快速对数据做出严格假设，从而确定密度估计的最佳带宽的研究由来已久。如果你查看 SciPy 和 `statsmodels` 包中 KDE 的实现，就能看到基于这些规则的实现。

前面介绍过，机器学习中超参数的调优通常都是通过交叉验证来完成的。scikit-learn 团队在设计 `KernelDensity` 估计器时，就设想了直接使用 scikit-learn 的标准网格搜索工具。这里用 `GridSearchCV` 来优化前面数据集的密度估计带宽。因为我们要处理的数据集规模比较小，所以使用留一法进行交叉验证，该方法在每次做交叉验证时，都会最小化训练集的损失。

```
In [11]: from sklearn.model_selection import GridSearchCV
         from sklearn.model_selection import LeaveOneOut

         bandwidths = 10 ** np.linspace(-1, 1, 100)
         grid = GridSearchCV(KernelDensity(kernel='gaussian'),
                             {'bandwidth': bandwidths},
                             cv=LeaveOneOut())
         grid.fit(x[:, None]);
```

现在就可以找到似然估计值最大化时（在本例中默认是对数似然估计值）的带宽：

```
In [12]: grid.best_params_
Out[12]: {'bandwidth': 1.1233240329780276}
```

这个最优带宽与前面示例图像中使用的带宽 1.0（也是 `scipy.stats.norm` 的默认宽度）非常接近。

49.4 示例：不是很朴素的贝叶斯

下面这个示例用 KDE 做贝叶斯生成式分类，同时演示如何使用 scikit-learn 自定义估计器。

在第 41 章中，我们介绍了朴素贝叶斯分类方法，为每一个类创建了一个简单的生成模型，并用这些模型构建了一个快速的分类器。在高斯朴素贝叶斯分类中，生成模型是与坐标轴平行的高斯分布。如果利用 KDE 这样的核密度估计算法，我们就可以去掉“朴素”的成分，使用更成熟的生成模型描述每一个类。虽然它还是贝叶斯分类，但是它不再朴素。

一般分类器的生成算法如下所示。

1. 通过标签分割训练数据。
2. 为每个集合拟合一个 KDE 来获得数据的生成模型，这样就可以用任意的 x 观察值和 y 标签计算出似然估计值 $P(x \mid y)$。
3. 根据训练集中每个类的样本数量，计算每个类的先验概率 $P(y)$。
4. 对于一个未知的点 x，每个类的后验概率是 $P(x \mid y) \propto P(x \mid y)P(y)$，而后验概率最大的类就是分配给该点的标签。

这个算法很简单也很容易理解，难点是在 scikit-learn 框架下使用网格搜索和交叉验证来实现。

以下代码用 scikit-learn 框架实现上面的算法，我们将在代码中详细剖析该算法：

```
In [13]: from sklearn.base import BaseEstimator, ClassifierMixin


         class KDEClassifier(BaseEstimator, ClassifierMixin):
             """基于 KDE 的贝叶斯生成式分类

             参数
             ----------
```

```
    bandwidth : float
        每个类中的核带宽
    kernel : str
        核函数的名称，传递给 KernelDensity
    """
    def __init__(self, bandwidth=1.0, kernel='gaussian'):
        self.bandwidth = bandwidth
        self.kernel = kernel

    def fit(self, X, y):
        self.classes_ = np.sort(np.unique(y))
        training_sets = [X[y == yi] for yi in self.classes_]
        self.models_ = [KernelDensity(bandwidth=self.bandwidth,
                                      kernel=self.kernel).fit(Xi)
                        for Xi in training_sets]
        self.logpriors_ = [np.log(Xi.shape[0] / X.shape[0])
                           for Xi in training_sets]
        return self

    def predict_proba(self, X):
        logprobs = np.array([model.score_samples(X)
                             for model in self.models_]).T
        result = np.exp(logprobs + self.logpriors_)
        return result / result.sum(axis=1, keepdims=True)

    def predict(self, X):
        return self.classes_[np.argmax(self.predict_proba(X), 1)]
```

49.4.1 解析自定义估计器

下面来分段查看代码，并介绍算法的主要特征：

```
from sklearn.base import BaseEstimator, ClassifierMixin

class KDEClassifier(BaseEstimator, ClassifierMixin):
    """基于 KDE 的贝叶斯生成式分类

    参数
    ----------
    bandwidth : float
        每个类中的核带宽
    kernel : str
        核函数的名称，传递给 KernelDensity
    """
```

在 scikit-learn 中，每个估计器都是一个类，可以很方便地继承 BaseEstimator 类（其中包含了各种标准功能），也支持适当的混合类（mixin，多重继承方法）。例如，除了标准功能之外，BaseEstimator 还包含复制一个估计器以用于交叉验证所必需的逻辑，另外，ClassifierMixin 也定义了一个用于交叉验证的 score 方法。后面会提供一个文档字符串，它可以被 IPython 的帮助功能捕获到（详情请参见第 1 章）。

接下来是类初始化方法：

```
def __init__(self, bandwidth=1.0, kernel='gaussian'):
    self.bandwidth = bandwidth
    self.kernel = kernel
```

这是 KDEClassifier() 实例化对象时执行的代码。在 scikit-learn 中，除了将参数值传递给 self 之外，**初始化不包含任何操作**。这一点很重要，因为 BaseEstimator 中包含的逻辑需要满足用于交叉验证、网格搜索和其他功能的估计器的复制和修改需求。同样，__init__ 中所有的参数都是显式的，例如，不要使用 *args 或 **kwargs，因为这些可变参数在交叉验证方法中无法被正确理解。

接下来用 fit 方法处理训练数据：

```
def fit(self, X, y):
    self.classes_ = np.sort(np.unique(y))
    training_sets = [X[y == yi] for yi in self.classes_]
    self.models_ = [KernelDensity(bandwidth=self.bandwidth,
                                  kernel=self.kernel).fit(Xi)
                    for Xi in training_sets]
    self.logpriors_ = [np.log(Xi.shape[0] / X.shape[0])
                       for Xi in training_sets]
    return self
```

首先在训练数据集中找到所有类（对标签去重），为每个类训练一个 KernelDensity 模型；然后，根据输入样本的数量计算类的先验概率；最后用 fit 函数返回 self，这么做可以串联所有命令。例如：

```
label = model.fit(X, y).predict(X)
```

请注意，所有拟合结果都将存储在一个带后下划线的变量中（例如 self.logpriors_）。这一招在 scikit-learn 中很好使，你可以快速浏览一个估计器的所有拟合结果（利用 IPython 的 Tab 自动补全），并且查看哪个结果与训练数据的拟合最好。

终于，我们得到了对新数据进行标签预测的逻辑：

```
def predict_proba(self, X):
    logprobs = np.vstack([model.score_samples(X)
                          for model in self.models_]).T
    result = np.exp(logprobs + self.logpriors_)
    return result / result.sum(axis=1, keepdims=True)

def predict(self, X):
    return self.classes_[np.argmax(self.predict_proba(X), 1)]
```

因为这是一个概率分类器，所以首先实现 predict_proba 方法，它返回的是每个类概率的数组，数组的形状为 [n_samples, n_classes]。这个数组中的 [i, j] 表示样本 i 属于 j 类的后验概率，计算方式是用似然估计先乘以类的先验概率，再进行归一化。

最后，predict 方法根据这些概率返回概率值最大的类。

49.4.2 使用自定义估计器

我们尝试用自定义估计器解决前面介绍过的一个问题：手写数字的分类问题。首先导入手写数字，然后对一个带宽范围内的数据使用 GridSearchCV 元估计器（详情请参见第 39 章），计算交叉验证值：

```
In [14]: from sklearn.datasets import load_digits
         from sklearn.model_selection import GridSearchCV

         digits = load_digits()

         grid = GridSearchCV(KDEClassifier(),
                             {'bandwidth':np.logspace(0, 2, 100)})
         grid.fit(digits.data, digits.target);
```

接下来画出交叉验证值曲线，用交叉验证值作为带宽函数（如图 49-7 所示）：

```
In [15]: fig, ax = plt.subplots()
         ax.semilogx(np.array(grid.cv_results_['param_bandwidth']),
                     grid.cv_results_['mean_test_score'])
         ax.set(title='KDE Model Performance', ylim=(0, 1),
                xlabel='bandwidth', ylabel='accuracy')
         print(f'best param: {grid.best_params_}')
         print(f'accuracy = {grid.best_score_}')
Out[15]: best param: {'bandwidth': 6.135907273413174}
         accuracy = 0.9677298050139276
```

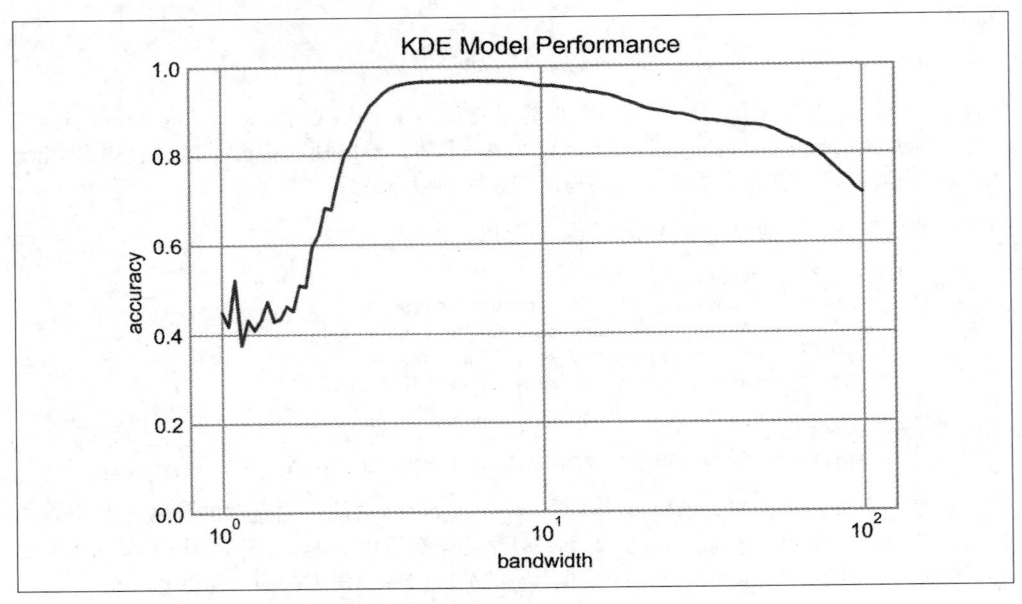

图 49-7：基于 KDE 的贝叶斯分类器的验证曲线

我们发现，这个不是很朴素的贝叶斯分类器的交叉验证准确率超过了 96%，而朴素贝叶斯分类器的准确率仅有约 80%：

```
In [16]: from sklearn.naive_bayes import GaussianNB
         from sklearn.model_selection import cross_val_score
         cross_val_score(GaussianNB(), digits.data, digits.target).mean()
Out[16]: 0.8069281956050759
```

这种生成式分类器的好处是结果很容易解释：我们不仅得到了每个未知样本的一个带概率的分类结果，而且还得到了一个可以对比的数据点分布**全模型**（full model）。如果需要的话，这个分类器还可以提供一个直观的可视化窗口，而 SVM 和随机森林这样的算法却难以实现这个功能。

如果你想进一步改进这个 KDE 分类模型，那么你可以这么做：

- 允许每一个类的带宽各不相同；
- 不用预测值优化带宽，而是基于训练数据中每个类的生成模型的似然估计值优化带宽（即使用 `KernelDensity` 的值，而不使用预测的准确值）。

最后，如果你希望构建自己的估计器，那么也可以用高斯混合模型代替 KDE 来构建一个类似的贝叶斯分类器。

第 50 章

应用：人脸识别管道

本部分介绍了机器学习的许多核心概念和算法，然而，要将这些概念应用到真实工作中是有难度的。真实世界的数据集通常充满噪声和杂质，有的可能是缺少特征，有的可能是数据形式很难转换成整齐的 [n_samples, n_features] 特征矩阵。在应用本章介绍的任何方法之前，都需要先从数据中提取特征。提取特征这件事情并没有"万灵药"，只能靠数据科学家不断地磨炼直觉、积累经验。

机器学习中最有趣也最具挑战性的任务之一是图像识别，前面已经介绍过一些通过像素级特征进行分类的案例。在真实世界中，数据通常不会这么整齐，用简单的像素特征也就不合适了。正因如此，有关图像数据**特征提取**方法的研究取得了大量成果（详情请参见第 40 章）。

在本章中，我们将介绍一种图像特征提取技术——方向梯度直方图（Histogram of Oriented Gradients，HOG）。它可以将图像像素转换成向量形式，该向量形式与图像的具体内容有关，与图像的合成因素（如照度，illumination）无关。我们将根据这些特征，使用前面介绍过的机器学习算法和概念，开发一个简单的人脸识别管道。

首先还是导入标准的程序库：

```
In [1]: %matplotlib inline
        import matplotlib.pyplot as plt
        plt.style.use('seaborn-whitegrid')
        import numpy as np
```

50.1 HOG 特征

HOG 是一个简单的特征提取程序，专门用来识别图像中包含的行人。HOG 方法包含以下 5 个步骤。

1. 图像标准化（可选），这一步会消除照度对图像的影响。

2. 用对水平方向和垂直方向的亮度梯度敏感的两个过滤器处理图像，捕捉图像的边、角和纹理信息。
3. 将图像切割成预定义大小的图块，然后计算每个图块内梯度方向的频次直方图。
4. 对比每个图块与相邻图块的频次直方图，并做标准化处理，进一步消除照度对图像的影响。
5. 获得描述每个图块信息的一维特征向量。

scikit-image 项目内置了一个快速的 HOG 提取器，可以用它快速获取并可视化每个图块的方向梯度（如图 50-1 所示）：

```
In [2]: from skimage import data, color, feature
        import skimage.data

        image = color.rgb2gray(data.chelsea())
        hog_vec, hog_vis = feature.hog(image, visualise=True)

        fig, ax = plt.subplots(1, 2, figsize=(12, 6),
                               subplot_kw=dict(xticks=[], yticks=[]))
        ax[0].imshow(image, cmap='gray')
        ax[0].set_title('input image')

        ax[1].imshow(hog_vis)
        ax[1].set_title('visualization of HOG features');
```

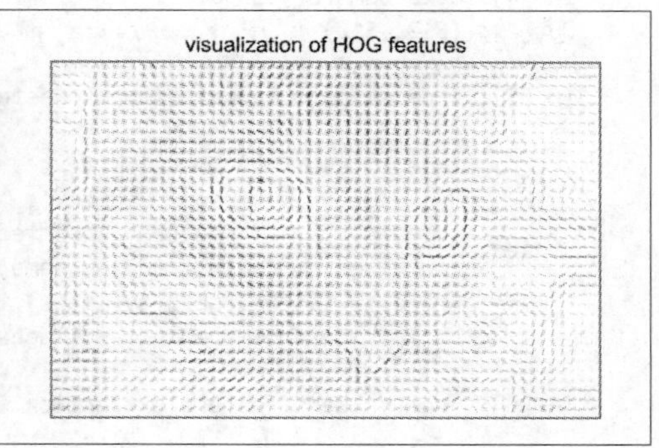

图 50-1：用 HOG 方法提取的图像特征的可视化

50.2 HOG 实战：一个简单的人脸识别器

有了图像的 HOG 特征后，就可以用 scikit-learn 的任意估计器创建一个简单的人脸识别算法，这里使用线性支持向量机（详情请参见第 43 章），具体步骤如下。

1. 获取一组人脸图像缩略图，构建“正”（positive）训练样本。
2. 获取另一组人脸图像缩略图，构建“负”（negative）训练样本。
3. 提取训练样本的 HOG 特征。
4. 对样本训练一个线性 SVM 模型。
5. 为“未知”图像传递一个移动的窗口，用模型评估窗口中是否含有人脸。

6. 如果发现和已知图像重叠，就将它们组合成一个窗口。

下面一步一步来实现。

50.2.1 获取一组正训练样本

首先找一些能体现人脸变化的图像作为正训练样本。我们利用 Wild 数据集里面带标签的人脸图像，用 scikit-learn 可以直接下载：

```
In [3]: from sklearn.datasets import fetch_lfw_people
        faces = fetch_lfw_people()
        positive_patches = faces.images
        positive_patches.shape
Out[3]: (13233, 62, 47)
```

这样就可以获得用于训练的 13 000 张人脸照片了。

50.2.2 获取一组负训练样本

之后需要获取一组近似大小、不含人脸的缩略图。解决这个问题的一种方法是引入别的图像语料库，然后按需求抽取缩略图。这里使用 scikit-image 的图像数据，再用 scikit-image 的 `PatchExtractor` 提取缩略图：

```
In [4]: data.camera().shape
Out[4]: (512, 512)

In [5]: from skimage import data, transform

        imgs_to_use = ['camera', 'text', 'coins', 'moon',
                       'page', 'clock', 'immunohistochemistry',
                       'chelsea', 'coffee', 'hubble_deep_field']
        raw_images = (getattr(data, name)() for name in imgs_to_use)
        images = [color.rgb2gray(image) if image.ndim == 3 else image
                  for image in raw_images]

In [6]: from sklearn.feature_extraction.image import PatchExtractor

        def extract_patches(img, N, scale=1.0, patch_size=positive_patches[0].shape):
            extracted_patch_size = tuple((scale * np.array(patch_size)).astype(int))
            extractor = PatchExtractor(patch_size=extracted_patch_size,
                                       max_patches=N, random_state=0)
            patches = extractor.transform(img[np.newaxis])
            if scale != 1:
                patches = np.array([transform.resize(patch, patch_size)
                                    for patch in patches])
            return patches
        negative_patches = np.vstack([extract_patches(im, 1000, scale)
                                      for im in images for scale in [0.5, 1.0, 2.0]])
        negative_patches.shape
Out[6]: (30000, 62, 47)
```

现在就有了 30 000 张尺寸合适、不含人脸的图像。先来看一些图像，直观感受一下（如图 50-2 所示）：

```
In [7]: fig, ax = plt.subplots(6, 10)
        for i, axi in enumerate(ax.flat):
            axi.imshow(negative_patches[500 * i], cmap='gray')
            axi.axis('off')
```

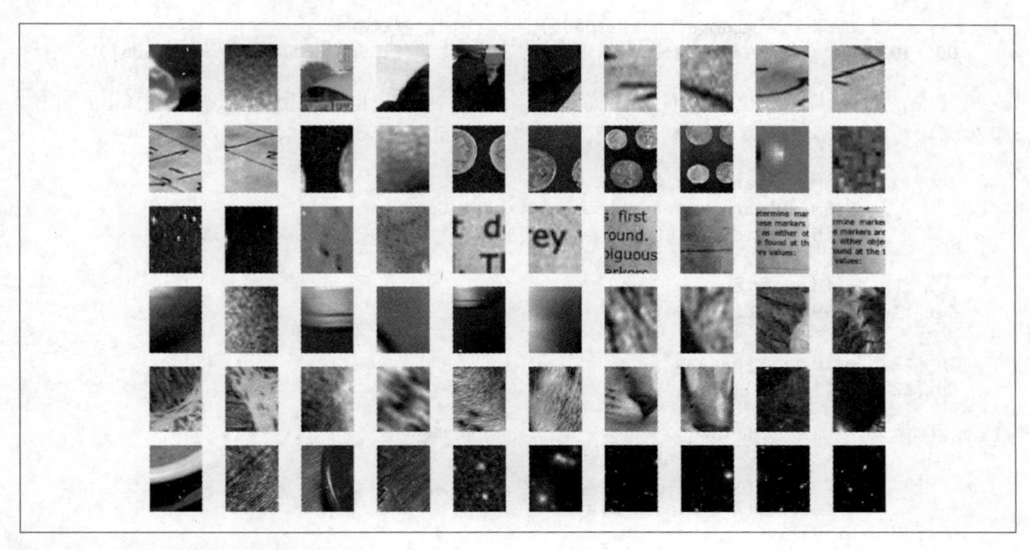

图 50-2：没有人脸的负图像训练集

我们希望这些图像可以让我们的算法学会“没有人脸”是什么样子。

50.2.3 组合数据集并提取 HOG 特征

现在已经有了正样本和负样本，接下来将它们组合起来，然后计算 HOG 特征。这些步骤需要耗费点儿时间，因为对每张图像进行 HOG 特征提取的计算量可不小：

```
In [8]: from itertools import chain
        X_train = np.array([feature.hog(im)
                            for im in chain(positive_patches,
                                            negative_patches)])
        y_train = np.zeros(X_train.shape[0])
        y_train[:positive_patches.shape[0]] = 1
In [9]: X_train.shape
Out[9]: (43233, 1215)
```

这样，我们就获得了 43 000 个训练样本，每个样本有 1215 个特征。现在有了特征矩阵，可以给 scikit-learn 训练了。

50.2.4 训练一个支持向量机

下面用本章介绍过的工具来创建一个缩略图分类器。对于高维度的二元分类（是不是人脸）任务，用线性支持向量机是个不错的选择。这里用 scikit-learn 的 `LinearSVC`，因为它比 `SVC` 更适合用于处理大量样本。

首先，用简单的高斯朴素贝叶斯评估器算一个初始解：

```
In [10]: from sklearn.naive_bayes import GaussianNB
         from sklearn.model_selection import cross_val_score

         cross_val_score(GaussianNB(), X_train, y_train)
Out[10]: array([0.94795883, 0.97143518, 0.97224471, 0.97501735, 0.97374508])
```

我们发现，对于训练数据，即使用简单的朴素贝叶斯算法也可以获得 95% 以上的准确率。现在再用支持向量机分类，用网格搜索获取最优的间隔软化参数 C：

```
In [11]: from sklearn.svm import LinearSVC
         from sklearn.model_selection import GridSearchCV
         grid = GridSearchCV(LinearSVC(), {'C': [1.0, 2.0, 4.0, 8.0]})
         grid.fit(X_train, y_train)
         grid.best_score_
Out[11]: 0.9885272620319941

In [12]: grid.best_params_
Out[12]: {'C': 1.0}
```

这将准确率提升到了接近 99%。用最优的估计器重新训练数据集：

```
In [13]: model = grid.best_estimator_
         model.fit(X_train, y_train)
Out[13]: LinearSVC()
```

50.2.5　在新图像中寻找人脸

模型已经训练完成，让我们拿一张新图像来检验模型的训练效果。使用一张宇航员照片的局部图像（如图 50-3 所示），在上面运行一个移动窗口来评估每次移动的结果：

```
In [14]: test_image = skimage.data.astronaut()
         test_image = skimage.color.rgb2gray(test_image)
         test_image = skimage.transform.rescale(test_image, 0.5)
         test_image = test_image[:160, 40:180]

         plt.imshow(test_image, cmap='gray')
         plt.axis('off');
```

图 50-3：一幅用于人脸识别的图像

然后，创建一个不断在图像中移动的窗口，并计算每次移动位置的 HOG 特征：

```
In [15]: def sliding_window(img, patch_size=positive_patches[0].shape,
                            istep=2, jstep=2, scale=1.0):
             Ni, Nj = (int(scale * s) for s in patch_size)
             for i in range(0, img.shape[0] - Ni, istep):
                 for j in range(0, img.shape[1] - Ni, jstep):
                     patch = img[i:i + Ni, j:j + Nj]
                     if scale != 1:
                         patch = transform.resize(patch, patch_size)
                     yield (i, j), patch

         indices, patches = zip(*sliding_window(test_image))
         patches_hog = np.array([feature.hog(patch) for patch in patches])
         patches_hog.shape
Out[15]: (1911, 1215)
```

最后，收集这些 HOG 特征，并用训练好的模型来评估每个窗口中是否有人脸：

```
In[16]: labels = model.predict(patches_hog)
        labels.sum()
Out[16]: 48.0
```

在近 2000 幅图像中，总共发现了 48 幅图像中有人脸。用矩形把收集到信息画在图像上（如图 50-4 所示）：

```
In [17]: fig, ax = plt.subplots()
         ax.imshow(test_image, cmap='gray')
         ax.axis('off')

         Ni, Nj = positive_patches[0].shape
         indices = np.array(indices)

         for i, j in indices[labels == 1]:
             ax.add_patch(plt.Rectangle((j, i), Nj, Ni, edgecolor='red',
                                        alpha=0.3, lw=2, facecolor='none'))
```

图 50-4：包含人脸的窗口

所有窗口都重叠在一起，并找到了图像中的人脸！简单的几行 Python 代码就有着巨大的威力。

50.3　注意事项与改进方案

如果你继续研究前面的代码和示例，就会发现在声称得到了一个产品级的人脸识别器之前，还有一些工作要做。有些问题已经解决了，但还有一些内容有待完善。

我们的训练集，尤其是负样本特征（negative feature）并不完整

这个问题的关键在于，有许多类似人脸的纹理并不在训练集里面，因此我们的模型非常容易产生假正（false positive）错误。如果你用前面的算法评估**完整的**宇航员照片就可能会出错：模型可能会将图像中的其他地方误判为人脸。

如果引入更多的负训练集图像，应该可以改善这个问题。另一种改善方案是用更直接的方法，例如**困难负样本挖掘**（hard negative mining）。在困难负样本挖掘方法中，给分类器看一些它没见过的新图像，找出分类器识别错误的所有假正图像，然后将这些图像添加到训练集中，再重新训练分类器。

目前的管道只搜索一个尺寸

我们的算法会丢失一些尺寸不是 62 像素 ×47 像素的人脸。可以采用不同尺寸的窗口来解决这个问题，每次将图形提供给模型之前，都用 `skimage.transform.resize` 重置图像尺寸。其实前面使用的 `sliding_window` 函数已经具备这种功能。

应该将包含人脸的重叠窗口合并

一个产品级的管道不应该让同一张脸重复出现 30 次，而应将这些重叠的窗口合并成一个。可以通过无监督的聚类方法（MeanShift 聚类就是其中的一种好办法）来解决，或者通过程序性方法来解决，比如**非极大值抑制**（nonmaximum suppression），这是一种在机器视觉中常用的算法。

管道可以更具流线型

一旦解决了以上问题，就可以创建一个更具流线型的管道，将获取训练图像和预测滑动窗口输出的功能都封装在管道中，这样效果会更好。这正体现了 Python 作为一个数据科学工具的优势：只要花一点儿功夫，就可以完成原型代码，并打包成设计优良的面向对象 API，让用户可以轻松地使用它们。我觉得这条建议可以作为“读者练习”，感兴趣的读者可以试试。

最新进展：深度学习

不得不说，HOG 和其他程序性特征提取方法已经不是最新的技术了。许多现代的物体识别管道都在使用各种深度神经网络（通常被称为深度学习）。你可以将神经网络看成一种估计器，具有自我学习的能力，可以从数据中确定最优特征提取策略，而不需要依赖用户的直觉。

虽然该领域近年来取得了令人惊叹的成果，但深度学习在概念上与前几章探讨的机器学习模型并无太大区别。深度学习主要的进步在于能够利用现代计算机硬件（通常是由功能强大的机器组成的大型集群）在更大的训练数据语料库上训练更灵活的模型。虽然规模不同，但最终目标都是一样的：从数据中建立模型。

如果有兴趣了解更多内容，那么下一节中的参考资料将为你提供一个有用的起点！

50.4 机器学习参考资料

本书这一部分内容是 Python 机器学习的快速入门，主要使用 scikit-learn 中的工具。虽然本部分很长，但是仍然有一些非常有趣且重要的算法和方法没有覆盖。在这里，我想为那些有意愿继续学习 Python 机器学习的人推荐一些资源。

scikit-learn 网站

scikit-learn 网站中不仅有本章涉及的一些模型的文档和示例，还有很多有用的内容。如果你希望了解最重要并且最常用的机器学习算法，这个网站是一个非常好的起点。

SciPy、PyCon 和 PyData 教程视频

scikit-learn 和其他机器学习主题是许多 Python 会议的教程中经久不衰的热门话题，特别是 PyCon、SciPy 和 PyData 会议。这些会议大多在网上免费发布主题演讲、讲座和教程的视频，可以通过适当的网络搜索（例如，“PyCon 2022 视频”）轻松找到这些视频。

《Python 机器学习基础教程》[1]，Andreas C. Müller 和 Sarah Guido 著

该书涵盖了本书第五部分讨论的许多机器学习基础知识，但与本书最相关的是它介绍了 scikit-learn 的许多高级功能，包括更多的估计器、模型验证和流水线方法。

《Python 机器学习：基于 PyTorch 和 scikit-learn》，Sebastian Raschka 著

Sebastian Raschka 的这本书从本书第五部分中的一些基本主题入手，深入浅出地展示了如何利用著名的 PyTorch 库将这些概念应用于更复杂、计算更密集的深度学习和强化学习模型。

注 1：该书已由人民邮电出版社出版，详见 ituring.cn/book/1915。——编者注

关于作者

杰克 · 万托布拉斯（Jake VanderPlas）是 Google Research 的一名软件工程师，专注于开发支持数据密集型研究的工具。Jake 参与开发了多个 Python 数据科学工具，包括 scikit-learn、SciPy、Astropy、JAX 等众多知名程序包，创建并开发了 Python 可视化库 Altair。他长期活跃于数据科学社区，并在数据科学相关会议上进行科学计算分享与培训。

关于封面

本书封面上的动物是一种名为墨西哥毒蜥（珠毒蜥，Heloderma horridum）的爬行动物，主要栖息于墨西哥和危地马拉的部分地区。heloderma 在希腊语中意为“布满颗粒的皮肤”，指的是这种蜥蜴特有的念珠纹理的皮肤。这些小凸起被称为骨鳞片（osteoderm），内嵌着骨片，为蜥蜴提供了像甲胄一样的保护。

墨西哥毒蜥的身体覆盖着醒目的黑黄相间的斑点和条纹。它头部宽大，尾部粗壮，尾内脂肪丰富，这种独特的生理结构使其在酷热的夏季休眠期间得以生存。这种蜥蜴的体长通常在 22 至 36 英寸（约 55 至 91 厘米）之间，体重约为 1.8 磅（约 0.8 千克）。与许多蛇和蜥蜴一样，墨西哥毒蜥灵敏的舌头是其探索世界的主要工具。它会不断地伸出舌头，以捕捉空气中的气味分子，从而侦测到猎物的存在，或在交配季节寻找潜在伴侣。

墨西哥毒蜥和它的近亲吉拉毒蜥（Gila monster）是世界上仅存的两种有毒蜥蜴。当受到敌人威胁时，墨西哥毒蜥会将其咬住并不断咀嚼，因为它无法一次性释放大量的毒素，只能通过咀嚼动作将毒素渗透到敌人的伤口中。虽然这种咬伤和毒液引起的后续反应非常痛苦，但是很少会对人类造成致命伤害。墨西哥毒蜥的毒液中含有某种化合物，已被合成用于治疗糖尿病，进一步的药理学研究还在进行中。由于栖息地的消失、作为宠物而被捕猎，以及当地人因为害怕而捕杀等原因，墨西哥毒蜥濒临灭绝。目前，它受到它的栖息地墨西哥和危地马拉两国法律的保护。O'Reilly 封面上的许多动物都已濒临灭绝，但它们的存在对世界至关重要。

封面插画由 Karen Montgomery 设计，灵感源于英国作家约翰 · 乔治 · 伍德（John George Wood）所著的 *Animate Creation* 一书中的一幅黑白木刻版画。